装备科技译著出版基金

先进雷达系统波形分集与设计

Waveform Design and Diversity for Advanced Radar Systems

[意] 富尔维奥·吉尼（Fulvio Gini）
[意] 安东尼奥·德·马约（Antonio De Maio） 著
[美] 李·帕顿（Lee Patton）
位寅生 于 雷 译

国防工业出版社
·北京·

著作权合同登记　图字：军-2014-062 号

图书在版编目（CIP）数据

先进雷达系统波形分集与设计/（意）富尔维奥·吉尼（Fulvio Gini），（意）安东尼奥·德·马约（Antonio De Maio），（美）李·帕顿（Lee Patton）著；位寅生，于雷译. —北京：国防工业出版社，2019.1

书名原文：Waveform Design and Diversity forAdvanced Radar Systems

ISBN 978-7-118-11580-2

Ⅰ. ①先…　Ⅱ. ①富…　②安…　③李…　④位…　⑤于…　Ⅲ. ①雷达波形—波形分析　②雷达波形—波形设计　Ⅳ. ①TN951

中国版本图书馆 CIP 数据核字（2018）第 199217 号

Waveform Design and Diversity for Advanced Radar Systems

9781849192651

by Fulvio Gini, Antonio De Maio, Lee K. Patton

※

国防工業出版社 出版发行

（北京市海淀区紫竹院南路 23 号　邮政编码 100048）

三河市腾飞印务有限公司印刷

新华书店经售

*

开本 710×1000　1/16　**印张** 30¼　**字数** 457 千字

2019 年 1 月第 1 版第 1 次印刷　**印数** 1—2000 册　**定价** 198.00 元

（本书如有印装错误，我社负责调换）

国防书店：（010）88540777　　发行邮购：（010）88540776

发行传真：（010）88540755　　发行业务：（010）88540717

译 者 序

雷达波形理论是雷达理论的一个重要分支。雷达波形直接或间接地决定信号处理方法与雷达系统性能。随着现代雷达所处的电磁环境愈加复杂，现代硬件设施水平不断提高，雷达波形设计成为现代雷达体系里优化雷达系统提高雷达性能的一个重要方式。

Waveform Design and Diversity for Advanced Radar System 是我见到的一本非常棒的有关雷达波形设计的书。之前，我总共读过两本很好的有关雷达信号的英文书：第一本书是 C. E Cook 和 Bernfeld 所著的 *Radar Signals: An Introduction to Theory and Application*，由 Archhouse 出版社在 1967 年出版，这本书可以说是非常经典的雷达信号理论专著之一，国内的许多教科书的内容参考了此书；第二本书是 Nadav Levanon 和 Eli Mozeson 合著的 *Radar Signals*，由 John Wiley & Sons 出版社在 2004 年出版，这本书内容十分丰富，还特别提供了 MATLAB 代码用于仿真和分析，是一本非常好的书籍。

Waveform Design and Diversity for Advanced Radar System 是我读的第三本有关雷达信号（波形）的书籍，它有几个显著的特点：①非常新——能够反映雷达波形的最新进展与成果；②非常专——重点是波形分集；③权威性——书籍各章的作者几乎都是业界的牛人，*Radar Signals* 作者本人撰写了该书的第 1 章；④先进性——面向的是先进雷达系统的波形设计。

本书的各章来源于北约关于波形分集的系列讲座，该系列讲座汇集了在该领域世界知名的研究人员，以论坛的形式与北约共同体分享最新研究进展。我非常高兴能把众多学者的成果翻译成中文并在国内出版。

感谢我的博士生毛智能、赵德华、魏文艳在本书翻译过程中给予我的帮助。本书的翻译与出版得到了装发装备科技译著出版基金的资助，在此一并表示感谢。

限于译者水平有限，翻译过程中难免存在不当之处，敬请读者批评指正。

位寅生

2016 年 12 月

目 录

波形分集：雷达未来前进之路

第1章 经典雷达波形设计

第2章 信息论与雷达波形设计

第 6 章 仿生波形分集

第 7 章 汽车雷达系统中的连续波形

第8章 多基地波形分集雷达的脉冲压缩

第9章 多基地雷达系统最优通道选择

第10章 非合作雷达网络的波形设计

第 11 章 基于相位共轭与时间反演的波形设计

第 12 章 有源天线系统的空时分集

第 14 章 基于雷达目标分类的自适应波形设计

第 15 章 基于跟踪的自适应波形设计

第 16 章　基于目标检测与跟踪的自适应极化波形设计

第 17 章　与信号相关的杂波背景下知识辅助发射信号与接收滤波器设计

波形分集：雷达未来前进之路

A. De Maio, A. Farina, F. Gini, L. Patton and M. Wicks

引　言

IEEE 雷达标准 P686/D2（2008 年 1 月）将波形分集定义为“能够为特定场景和任务动态优化雷达性能的雷达波形的适应性。还可以利用其他域的适应性，包括天线的辐射方向图（发送和接收）、时域、频域、编码域和极化域”。如该定义所示，术语“波形分集”并不是指有形物体，而是指遥感范式。该范式的基本要素是测量分集、知识辅助处理与设计和发射自适应。波形分集范式源于军事应用中始终存在的对遥感性能的不懈追求，波形分集的应用已经引出了许多有趣、有前途的遥感概念。最近雷达界许多活动足以证明波形分集的吸引力以及光明前景：

（1）2005 年，美国空军科研办公室（AFOSR）关于“全谱域自适应波形设计”的多学科大学研究倡议（MURI），涉及来自 11 所大学的多学科研究团队。

（2）2007 年 IEEE《信号处理选题期刊》特刊上关于波形分集的专题。[1]

（3）北约研究技术组织（RTO）举办了一系列有关波形分集与设计的讲座。其目的是为了促进合作研究与信息交流，以便更好地发展及有效利用国防研究与技术来满足联盟军事需求，保持技术领先地位并为北约决策者提供建议。这一系列讲座（SET-119）于 2008 年 9 月至 2010 年 10 月在 12 个国家的 14 个会场成功举办，与会人员超过 500 人。

（4）2009 年 IEEE《信号处理杂志》发布了“波形捷变传感与处理”特刊[2]。

（5）在 2004 年（英国）、2006 年（美国）、2007 年（意大利）、2010 年（加拿大）、2011 年（美国）和 2012 年（美国）举办了关于波形分集与设计的国际会议。

（6）许多国际会议上的专题与教程。例如，2008 年在罗马（意大利）举办的 IEEE 雷达会议上的波形分集教程，2010 年在厄尔巴岛（意大利）举办的第二届认知信息处理研讨会中，一次专题与两次全体会议专门讨论这类问题。

（7）2010 年，赛特出版公司出版了《波形分集与设计的原则》[3]。

（8）2011 年，麦格劳希尔出版公司出版了《波形分集：理论与应用》[4]。

（9）关于先进空时自适应处理与多输入多输出系统的波形设计与分集的格兰特/合作协议奖（2009—2012），由欧洲航空航天研究与发展办公室（EOARD）颁发给那不勒斯费德里克二世大学的安东尼奥·德·马尤教授。

本书的撰写源于上述北约关于波形分集的系列讲座。该系列讲座汇集了在该领域世界知名的研究人员，以论坛的形式与北约共同体分享最新研究进展。除了美国空军研究实验室（AFRL）的迈克尔·威克斯博士外，讲座团队还包括泰雷兹航空公司的巴巴列斯科·弗雷德里克（法国）博士、那不勒斯费德里克二世大学（意大利）的安东尼奥·德·马尤教授、塞莱斯系统集成公司的阿方索·法里纳博士（意大利）、英国伦敦大学学院（英国）的休·格里菲思教授和汉堡技术大学哈尔堡分校（德国）的赫尔曼·洛林教授。这一系列讲座的总体目标是提交一份波形分集概念与相应雷达信号处理技术的最新技术发展水平的评估，从而提高北约科学、工程和军事共同体（对波形分集）的意识。这一系列讲座回顾了当前波形分集的发展情况，介绍了增强和升级系统性能改进的示例，并预测了波形分集技术对未来系统的影响。特别地，集中于如下专题的讲座：

（1）波形分集的历史和军事系统的未来收益。

（2）无源双基地雷达与波形分集。

（3）民用汽车雷达系统。

（4）车对车通信。

（5）基于数学的新颖捷变波形：有色的，非圆稀疏波形，相位共轭与时间反演。

（6）资源管理：波形调度、时间预算优化和共享频谱管理。

（7）无线电频谱问题与波形分集解决方案的特性描述。

（8）雷达应用编码波形设计的新趋势。

（9）仿生波形。

波形分集简史

本书介绍了波形分集概念中的最新技术。然而，在开始讨论这个问题之前，首先回顾现在所说的“波形分集”的历史可能会有所帮助。

现在所说的波形分集起源于 20 世纪 30 年代，当时的研究人员开发了涉及不同的线性调频斜率的技术。然而，在 20 世纪 90 年代之前，波形分集仍然不是以一个单独的研究领域而存在的；而是作为其他各种研究工作的某一部分而存在，包括高功率微波（20 世纪 50 年代）。

模糊函数（AF）是用于评估目标距离与径向速度测量的分辨率、精度和模糊特性的主要工具，其使用已经成为波形分集技术发展中的一个重大突破。它是由威乐引入信号分析中，由伍德沃德引入雷达背景中的[5,6]。然而，AF 却是自 1932 年在热力学上由于魏格纳（诺贝尔奖）研究经典统计力学的量子修正而被人所知[7]。AF 在脉冲压缩意义下有一个严格的解释，在第二次世界大战期间进一步发展，并在大功率速调管面世时获得了新的吸引力（导致它的实际使用）。

20 世纪 60 年代，人们对波形设计用于通信和雷达的杂波抑制、电磁兼容性和扩频技术的兴趣激增。克劳德等发表了关于线性调频雷达的开创性论文[8]。其他人开始研究在杂波背景下的最优发射波形[9-16]。

随着极化调制的发展，分集的使用进一步扩大。范・埃顿[17]的研究表明，通过同时发射正交极化，随着信道间频率差随时间的变化，发射脉冲的持续时间内引入了极化旋转。确实，极化调制也可以将脉冲压缩编码加载到极化捷变雷达的载频上[18]。

对超宽带（UWB）应用的兴趣也一直伴随着极化分集，使得威克斯设计出了应用于宽带的正交极化四相电磁波发射器[19]。该设计提供了一种几乎无色散、世纪带宽、双正交极化的天线。大约在同一时间，“杂波粉碎”被证明可以抑制干扰并解决间隔紧密的目标。杂波粉碎解决分布式目标上的各个散射体，提供适合于感兴趣目标的检测处理的噪声限制区域。

20 世纪 90 年代，无线通信的吸引力增长迅速，波形分集开始成为独立技术。波形分集技术可以为消息信号提供多个独立信道，以增加冗余并降低误码率。无线系统可以在时间、空间、频率和极化中使用分集技术。

除了通信，在雷达应用的最优波形中，新的吸引力也已显现出来。由于允许使用先进脉冲赋形技术的自适应雷达发射机的出现，用于优化目标检测和识别的匹配照射的概念也受到相当大的关注[20-22及其参考文献]。该理论得出了优化的传输波形和对应的接收机响应，使信噪比（SNR）最大化。

回到天线与波形系统联合设计的概念，分布式孔径开始被认为是经典设计的多基地雷达系统概念的泛化。目前正在研究分布孔径的精细角度分辨率，其中正交波形和频率分集被应用于抑制栅瓣[23]。这类系统被提议用于精确打击以及地面动目标显示的应用。同时，通过利用空间分集代替带宽，射频层析成像已被证明可以使用多种波形来提高分辨率，如多波段波形以及超窄带波形的发射[24]。波形设计与空间分集相结合的统一方法显然推动了最新的技术。从每个阵元辐射出的信号不再被假定为相同，这就产生了新的功能。频率分集阵列，也由于具有产生随距离而改变聚焦方向的波束方向图的潜力，而正在被研究[25]。

最近，多输入多输出（MIMO）雷达[26]新模式开辟了波形分集新的前沿领域。由于存在多个发射与接收天线阵列，波形分集使 MIMO 雷达在数项基本特性上相对于传统系统更具优越性，包括显著改善的参数辨识性[27]、目标检测与参数估计的自适应阵列的直接适用性、在精确目标参数估计与成像的发射方向图设计与波形最优化中大幅增强的灵活性[28]。此外已经证明，空时编码[29]已被证明在存在目标角度分集的统计 MIMO 雷达背景下非常有效[30]。

一个特别有意义的新功能是同时进行多模式操作[31]。多模雷达已存在多年，但这些系统通常都是采用顺序或交错的操作模式，而不能达到真正的同步。这可能会产生问题，例如，当地面动目标指示系统正在跟踪停止移动的目标时，除非其他（成像）传感器起作用，否则目标将会丢失。

最后但并非最不重要的是，认知雷达架构[32-34]最近提供了通过利用多个知识来源（内生（内部）和/或外源（外部））来显著提高适应性（无论是发射还是接收）上的复杂性的潜力。

在总结本节之前，应该指出，允许将不同的波形应用于每个空间信道的轻量级数字可编程波形发生器的出现，使许多当今波形和空间分集功能成为可能。此外，单个振荡器可以连接在一起获得相参性[35]。分布式多通道系统的发展也随着精确参考系统的发展而变得可能。

本书概要

希望读完本书之后，读者能够了解波形分集在雷达应用中的前景，并了解支撑这一研究领域的基本概念。也同样希望，通过充分接受这类颇具代表性的波形分集的概念与应用，读者可以掌握将这些概念融合在一起的通用理论，并对余下的挑战和前进的道路有一个更好的了解。

经验丰富的雷达从业人员或在该领域的研究人员将会发现，这些章节足够自给自足，读者可以以任何顺序阅读。鼓励这类读者跳到任何感兴趣的章节。一些不太有经验的读者可能会受益于对各章节之间联系的了解，其内容如下。

本书从第 1 章的经典（和常规）波形设计的基本概念开始。该章概述了 20 世纪发生的雷达波形分析和设计中最重要的发展。最值得注意的是，在这里提出了匹配滤波和模糊函数的概念。强烈建议刚接触雷达波形设计的读者从第 1 章开始阅读。第 2 章介绍了信息论在波形设计中的作用。据我们所知，这类材料以前从未以书的形式出现过。第 3 章标志着我们首次涉及波形设计中的最新研究。具体而言，该章讨论了在分布式 MIMO 系统情况下定义模糊函数的问题。第 4 章回顾了 MIMO 波形的各种类型，并介绍了它们的构造方法。第 5 章涉及无源雷达。在这种情况下，发射信号不受雷达设计师的控制。可用第 1 章的工具来分析在这种情况下的雷达性能。第 6 章通过研究蝙蝠的回声定位能力来考察雷达波形的基本性质。具体而言，该章证实了波形分集存在于自然界，通过观察这些动物的行为可能会对我们在遥感系统中的方法有所启迪。接下来的一章，第 7 章，提出了关于汽车应用的波形设计方案。该章为读者介绍了着手波形设计时需要考虑的诸多因素。第 8 章讨论了在多基地模式下同时操作多个雷达的困难。第 9 章从双基地模糊函数（第4章中的特例）和克拉美罗下界这两个方面考察了波形分集的几何特点。第10章讨论了多个雷达工作在非合作方式下的波形设计问题，这与第8章中讨论的问题类似。第11章讨论了相位共轭和时间反演的概念，通过将雷达的适应性从接收机挪到发射机的手段，将一种声学中的方法引入到雷达中。该概念研究了时间和空间之间的相互作用（即波形和阵元位置），第12章也同样研究了这一问题。第12章讨论了空时编码在检测与分类应用中的好处。接下来的5章讨论了根据目标、杂波和射频干扰状况的最新环境信息动态设计雷达时能够获得的性能改进。第13章介绍了在射频干扰（RFI）存在情况下的雷达波形设计。这章的主要目的是强调雷达系统约束条件在波形设计问题中的作用。第14章解决了用于分类的波形设计问题。研究了互信息和SNR的作用。由于第2章讨论了许多信息论的基础理论，建议读者与之结合阅读。基于跟踪的波形设计问题在第15章讨论。该章介绍了新的具有挑战性的跟踪应用的波形捷变传感方法，如用于跟踪的MIMO雷达系统，在城镇地形的杂波环境中使用多径回波的雷达系统，以及用于城镇地形的集成MIMO雷达系统。第16章同样介绍了用于目标跟踪的波形设计问题，但使用的是完全不同类型的波形分集，即极化分集。第17章讨论了信号相关的干扰（即杂波）中波形综合与接收机设计问题。该章对于解决信号无关干扰的第13章进行了补充，第15章也解决杂波问题。

有几个主题贯穿本书的各个章节。但是，以三个主题为主。它们是测量分集、知识辅助处理与设计和自适应。我们希望通过在各个章节中找到这些主题，读者能够勾勒它们之间的联系，这将指向遥感应用中新的和惊人的进步。

参考文献

[1] A. Nehorai, F. Gini, M. Greco, A. P. Suppappola, M. Rangaswamy, ‘Introduction to the issue on adaptive waveform design for agile sensing and communication’, *IEEE J Sel. Top. Signal Process.*, vol. 1, no. 1, pp. 2 – 5, June 2007.

[2] A. Papandreou-Suppappola, A. Nehorai, R. Calderbank, ‘Waveform-agile sensing and processing [From the Guest Editors]’, *IEEE Signal Process. Mag.*, vol. 26, no. 1, pp. 10 – 11, January 2009.

[3] M. Wicks, E. Mokole, S. Blunt, R. Schneible, V. Amuso, Editors, *Principles of Waveform Diversity and Design*, Raleigh, NC: SciTech Publishing, 2011.

[4] S. Pillai, K. Y. Li, I. Selesnlck, B. Himed, *Waveform Diversity: Theory & Applications*, New York, NY: McGraw-Hill, 2011.

[5] N. Levanon, E. Mozeson, *Radar Signals*, Hoboken, N J: John Wiley & Sons, 2004.

[6] A. W Rihaczek, *Principles of High Resolution Radar*, New York, N Y: McGraw-Hill, 1969.

[7] E. Wigner, ‘On the quantum correction for thermodynamic equilibrium’, *Phys. Rev.*, vol. 40, no. 5, pp. 749 – 759, June 1932.

[8] J. R. Klauder, A. C. Price, S. Darlington, W J. Albersheim, 'The theory and design of chirp radars', *Bell Syst. Tech. J*, vol. XXXIX, no. 4, pp. 745 – 808, July 1960.

[9] R. Manasse, 'The use of pulse coding to discriminate against clutter', *M. I. T. Lincoln Laboratory*, Lexington, MA, Group Rept. 312 – 12, June 1961.

[10] S. Sussman, 'Least-square synthesis of radar ambiguity functions', *IEEE Trans. Inf. Theory*, vol. 8, no. 3, pp. 246 – 254, April 1962.

[11] L. J. Spafford, 'Optimum radar signal processing in clutter', *IEEE Trans. Inf. Theory*, vol. 14, no. 5, pp. 734 – 743, May 1968.

[12] H. L. Van Trees, 'Optimum signal design and processing for reverberation-limited environments', *IEEE Trans. Mil. Electron.*, vol. MIL – 9, nos. 3 – 4, pp. 212 – 229, July – October 1965.

[13] M. Ares, 'Optimum burst waveforms for detection of targets in uniform range-extended clutter', *Technical Information Series Report R66EMH16 Rept.*, General Electric, Syracuse, NY, March 1966 .

[14] W D. Rummier, 'Clutter suppression by complex weighting of coherent pulse trains', *IEEE Trans. Aerosp. Electron. Syst.*, vol. 2, pp. 689 – 699, November 1966.

[15] D. DeLong, E. Hofstetter, 'On the design of optimum radar waveforms for clutter rejection', *IEEE Trans. Inf. Theory*, vol. 13, no. 3, pp. 454 – 463, July 1967.

[16] C. A. Stutt, L. J. Spafford, 'A " best" mismatched filter response for radarclutter discriminl} tion', IEEE Trans. Inf Theory, vol. IT – 14, no. 2, pp. 280 – 287, March 1968.

[17] P. Van Etten, 'Polarization radar method and system', U. S. Patent 4 053 882, October 11, 1977.

[18] M. N. Cohen, E. S. Sjoberg, 'Intrapulse polarimetric agile radar', *International Conference Radar – 82*, London, UK, pp. 7 – 11, October 1982.

[19] M. C. Wicks, P. V. Etten, 'Orthogonally polarized quadra-phase electromagnetic radiator', U. S. Patent 5 068 671, November 26, 1991.

[20] D. T. Gjessing, 'Matched illumination target adaptive radar for challenging applications', *IEE International Conference on Radar*, London, UK, pp. 287 – 291, October 1987.

[21] A. Farina, F. A. Studer, 'Detection with high resolution radar: great promise, big challenge', *Microwave J.*, pp. 263 – 273, May 1991.

[22] S. U. Pillai, H. S. Oh, D. C. Youla, J. R. Guerci, 'Optimum transmit-receiver design in the presence of signal-dependent interference and channel noise', *IEEE Trans. Inf. Theory*, vol. 46, no. 2, pp. 577 – 584, March 2000.

[23] R. S. Adve, R. A. Schneible, G. Genello, P. Antonik, 'Waveform-space-time adaptive processing for distributed aperture radars', *IEEE International Radar Conference*, Arlington, Virginia, US, pp. 93 – 97, 2005.

[24] M. C. Wicks, B. Himed, J. L. E. Bracken, H. Bascom, J. Clancy, 'Ultra narrow band adaptive tomographic radar' *IEEE Workshop on Computational Advances in Multi-Sensor Adaptive Processing (CAMSAP)*, pp. 36 – 39, December 2005.

[25] P. Antonik, M. C. Wicks, H. D. Griffiths, C. J. Baker, 'Frequency diverse array radars', *IEEE Radar Conference*, Verona NY, US, pp. 215 – 217, April 2006.

[26] J. Li, P. Stoica, *MIMO Radar Signal Processing*, New York, NY: Wiley-IEEE Press, 2008.

[27] J. Li, P. Stoica, L. Xu, W Roberts, 'On parameter identifiability of MIMO radar', *IEEE Signal Process. Lett.*, vol. 14, no. 12, pp. 968 – 971, December 2007.

[28] J. Li, P. Stoica, 'MIMO radar with colocated antennas: review of some recent work', *IEEE Signal Process. Mag.*, vol. 24, no. 5, pp. 106 – 114, September 2007.

[29] A. De Maio, M. Lops, 'Design principles of MIMO radar detectors', *IEEE Trans. Aerosp. Electron. Syst.*, vol. 43, no. 3, pp. 886 – 898, July 2007.

[30] E. Fishler, A. Haimovich, R. Blum, L. Cimini, D. Chizhik, R. Valenzuela, 'Spatial diversity in radars: models and detection performance', *IEEE Trans. Signal Process.*, vol. 54, no. 3, pp. 823 – 838, Verona NY, US, pp. 580 – 582, April 2006.

[31] P. Antonik, M. C. Wicks, H. D. Griffiths, C. J. Baker, 'Multi-mission multi-mode waveform diversity', *IEEE Radar Conference*, May 2006.

[32] J. R. Guerci, *Cognitive Radar, The Knowledge-Aided Fully Adaptive Approach*, London, UK: Artech House, 2010.

[33] S. Haykin, 'Cognitive radar: a way of the future', *IEEE Signal Process. Mag.*, vol. 23, no. 1, pp. 30 – 40, January 2006 .

[34] F. Gini, 'Knowledge based systems for adaptive radar [Guest Editorial]', *IEEE Signal Process. Mag.*, vol. 23, no. 1, pp. 14 – 17, January 2006.

[35] K. Cuomo, 'A bandwidth extrapolation technique for improved range resolution of coherent radar data', *MIT Lincoln Laboratory, Tech. Rep. Project Report CJP* – 60, 1992, DTIC ADA – 258462.

第1章 经典雷达波形设计

Nadav Levanon

摘 要

雷达波形决定了雷达系统的延时－多普勒响应。从该响应中，可以推导出雷达的距离和速度分辨率及其模糊度。本章介绍了脉冲压缩的概念和原理。然后介绍了窄带信号及其处理和分析工具——匹配滤波和模糊函数。这些工具将被用来研究经典的脉冲信号，例如未调制的矩形脉冲、线性调频脉冲和二进制及多相编码脉冲。然后分析多普勒分辨率的关键——相参脉冲串。另外，本章将简要介绍旁瓣抑制（延时和频谱）、脉内多样性和多载波波形以及周期连续波形（CW）。

关键词：雷达；波形；匹配滤波器；模糊函数；脉冲压缩；旁瓣；延时；多普勒；线性调频

1.1 引 言

波形是一个雷达系统的基本特征，其决定了雷达的许多性能。良好的雷达波形选择将使雷达能够：①获得良好的延时（距离）和多普勒（速度）分辨率；②在使用低峰值功率时获得高信号能量；③有效地利用频谱；④获得丰富的同类信号，这能够允许几个雷达在近距离操作，并可以帮助应对电子对抗措施。

雷达系统通常使用窄带信号，即带宽比载波频率窄得多。为了能够使用小型天线，需要载波频率（通常为微波频段）。因此，脉冲带宽的选择需要在以下两者之间做出权衡：①为了获得更高的距离分辨率而使用较宽的带宽；②为了满足硬件要求而使用较窄的带宽。

宽脉冲带宽可以通过调制载波获得。调制的参数可以是三个波形参数中的任意一个——幅度、频率和相位。在早期的雷达中，唯一可能的调制是功率振荡器（例如磁控管）的开关键控。宽带宽来自于传输非常窄的脉冲。为了获得探测远距离目标所需的高脉冲能量，脉冲需具有非常高的峰值功率。

磁控管的局限性是频率和相位不稳定。现代雷达硬件可以产生具有良好控制的频率和相位的波形。这使得雷达“相参”，并且允许频率和相位调制。相参雷达的相位、频率或幅度调制能够增加长脉冲的带宽，使其表现得像窄脉冲。这就是雷达波形设计和处理中的主要课题——“脉冲压缩”。

图 1.1 展示了一个脉冲压缩的例子。作为参考图 1.1（a）展示了具有矩形实包络的未调制带通脉冲。其上面叠加的是经匹配滤波器（MF）处理后接收机获得的延时响应包络。这里，可以认为匹配滤波器输出是波形的自相关函数。得到的响应是一个上升时间等于矩形脉冲宽度的宽三角形，正如从矩形脉冲的自相关函数所预期的。图 1.1（b）表示相同持续时间的发射脉冲，但具有振幅和相位调制。由于调制，延迟响应变得更窄。长脉冲的所有能量都压缩成虚拟短脉冲，因此被称为“脉冲压缩”。延时响应的另一个期望特征是延迟响应的窄主瓣周围的非常低的旁瓣。

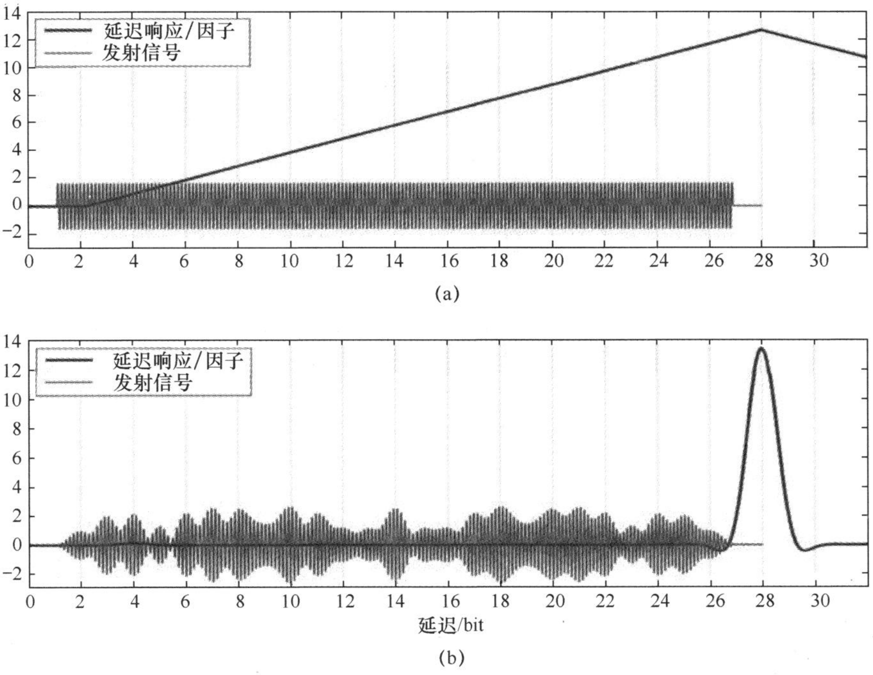

图 1.1　长脉冲的延迟响应：(a) 无及 (b) 有脉冲压缩

两个脉冲的频谱如图 1.2 所示。调制脉冲的频谱主瓣的确更宽。但是，正确的设计可以得到非常低的带外频谱旁瓣。该特征有助于频谱利用和几个雷达的近距离共存。

图 1.3 显示了降低延迟旁瓣的重要性。来自两个相临目标的反射强度可以有很大的不同。其中，图 1.3（a）展示了强目标的高旁瓣是如何掩盖临近的弱目

标的。在低旁瓣下，弱目标才会被显现出来。

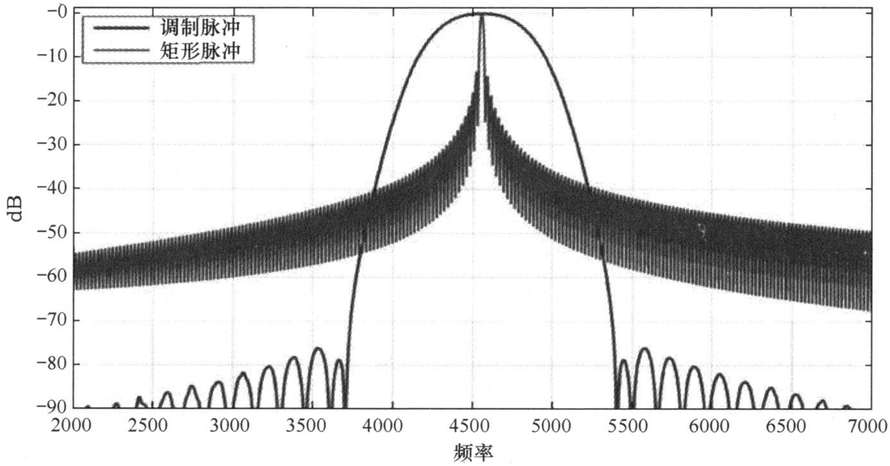

图 1.2　图 1.1 所示的两个脉冲的功率谱

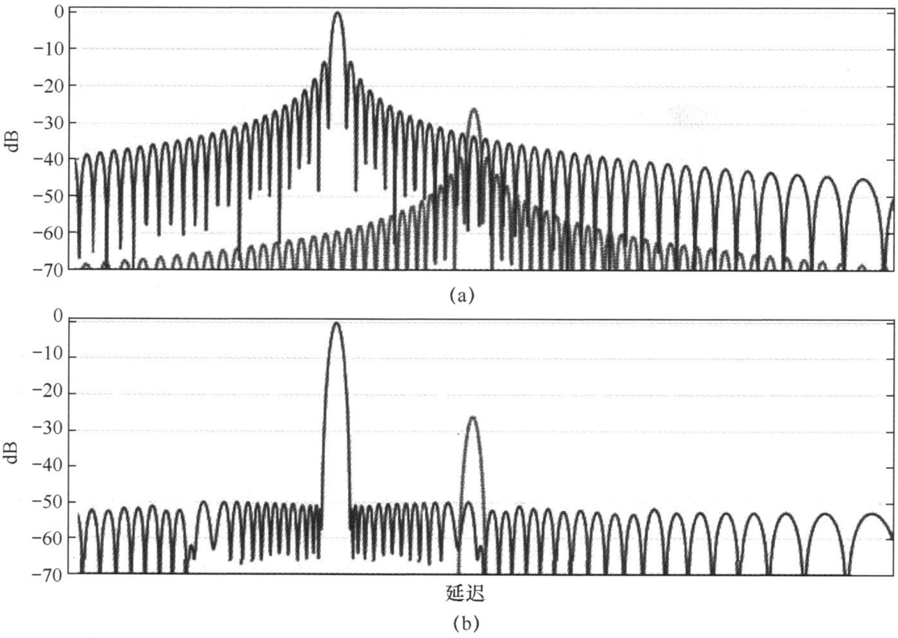

图 1.3　压缩后脉冲的延迟响应：(a) 无 (b) 有旁瓣降低

关于分辨率的另一个问题涉及目标速度，即多普勒频移。高的多普勒分辨率需要长持续时间的相参信号。长时间并不一定意味着长时间连续传递，而可以是长时间的相参处理。由很多宽脉冲间隔的窄脉冲组成的相参脉冲串是可进行长时间相参处理的常见波形。相参处理的间隔时间将被天线波束在目标上的驻留时间或目标回波保持相参的持续时间所限制。

1.2　窄带信号

真实的窄带信号 $s(t)$ 在数学上可以被描述为多种形式。式（1.1）给出了自然形式：

$$s(t) = g(t)\cos[\omega_c t + \phi(t)] \tag{1.1}$$

式中：$g(t)$ 为瞬时自然包络；ω_c 为载波角频率；$\phi(t)$ 为瞬时相位。式（1.2）给出了另一个版本，二次形式：

$$s(t) = g_c(t)\cos\omega_c t - g_s(t)\sin\omega_c t \tag{1.2}$$

当式（1.3）成立时，两种形式相同：

$$g_c(t) = g(t)\cos\phi(t), g_s(t) = g(t)\sin\phi(t) \tag{1.3}$$

式（1.4）给出了相同信号的第三种形式：

$$s(t) = \mathrm{Re}\{u(t)\exp(\mathrm{j}\omega_c t)\}, u(t) = g_c(t) + \mathrm{j}g_s(t) \tag{1.4}$$

变量 $u(t)$ 是信号的复包络。$u(t)$ 包含了信号除了载频之外的所有信息。它不仅是一个数学上的实体，同时还是同步检测、采样和模数转换之后的实际剩余数字信号，这些处理全都是雷达接收机在脉冲压缩和多普勒处理之前执行的。需要指出的是，复包络的大小等于自然包络。因为复包络包含了信号的全部信息，并且因为它实际上用于接收机的信号处理阶段，所以，从这一点而言我们将处理复包络 $u(t)$ 而非实际信号 $s(t)$ 。此后，“信号”一词将指代信号的复包络。

1.3　匹配滤波和模糊函数

对于通信接收机的要求是在存在噪声的环境下发现所传输的消息是什么。由于雷达接收机知道传输的信号的形式，所以对其要求是回答在指定延迟单元内是否存在目标或者只存在噪声。回答这个问题最好的方法是通过使用匹配滤波器[1]。能够证明，在存在加性高斯白噪声的情况，已知信号的检测和延迟估计所需的最高信噪比（SNR）是通过将噪声接收信号和已知发送信号的副本做交叉相关处理得到的。匹配滤波器的脉冲响应 $h(t)$ 是发射信号复包络的延时和时域共轭反转的形式。将滤波器的脉冲响应与接收复包络进行卷积相当于这种互相关。

$$h(t) = Cu^*(t_0 - t) \tag{1.5}$$

式（1.5）包含了两个参数：C 为任意常数，其单位为 $(\mathrm{V}\cdot\mathrm{s})^{-1}$；$t_0$ 为预定延时，这种情况下 SNR 将被最大化，并且执行检测以确定预期信号是否确实收到了。由于因果关系的原因，t_0 必需等于或长于信号的有限持续时间。$(\ )^*$ 表示共轭运算符。

独立于信号波形，在 t_0 时刻匹配滤波器输出值将等于 EC，其中 E 为有限持续时间信号的能量。该时刻的信噪比为 $2E/N_0$，其中 N_0 是白噪声的单边功率谱密度。匹配滤波器在其他延时的输出主要取决于波形设计。

如前所述，对设计信号的匹配滤波器的输出是该信号的自相关。然而，当从移动的点目标反射时，信号的中心频率将产生多普勒偏移

$$v = \frac{-2\dot{R}}{\lambda} \tag{1.6}$$

式中：$\dot{R}$ 为距离变化率；λ 为波长。多普勒偏移 v 使得接收信号复包络变为 $u(t)\exp(\mathrm{j}2\pi vt)$。在这种情况下，作为时间函数的匹配滤波输出将不再形如关于延时 τ 的一维自相关函数。相反，它将被形成像 τ 和 v 的二维函数的固定多普勒切面。这个二维函数被称为模糊函数。它是由 Philip M. Woodward 于 1953 年的在一本精品书中提出的[2]。Woodward 因为“雷达波形设计基本原理的重要先驱工作，包括 Woodward 模糊函数、波形和匹配滤波器分析的标准工具”，获得了 2009 年 IEEE Dennis J. Picard 奖章（图 1.4）。

图 1.4 Philip M. Woodward 获得 IEEE Picard 奖章

模糊函数有几种不同的形式，为了提高旁瓣的可见性，在这里给出一种如式（1.7）的形式。匹配滤波器的实际输出是平方值，即以 dB 表示，由

$20\log|\chi(\tau,v)|$ 给出（本书 log 以 10 为底——译者）。

$$|\chi(\tau,v)| = \left|\int_{-\infty}^{\infty} u(t)u^*(t-\tau)\exp(\mathrm{j}2\pi vt)\,\mathrm{d}t\right| \tag{1.7}$$

雷达波形不能设计为产生任何所需的模糊函数，因为模糊函数必须满足以下三个基本性质：

（1）模糊函数原点处峰值为 1，其他任何位置都不可能比之更高。

（2）模糊函数在 $|\chi(\tau,v)|^2$ 包络下的体积为 1。

（3）模糊函数关于原点对称。

前两个性质假设信号的幅度被归一化以产生单位能量的信号（$E=1$）。如果 $E\neq 1$，则模糊函数峰值等于 E 且体积等于 E^2。这些特性意味着，不能在延迟和多普勒域中设计具有“理想”分辨率的信号，即在原点具有无旁瓣脉冲的模糊函数形状。这种理想模糊函数能够将目标从延时－多普勒平面中的大面积伸展的杂波和其他目标的独立回波中分辨出来。第三个性质表明只绘出模糊函数的两个象限就足够了。我们将绘制第一和第二象限，对应于正多普勒域。

模糊函数的零多普勒切面可以通过令式（1.7）中的 $v=0$ 获得，并且可以认为其与 $u(t)$ 的自相关函数的模值相同。

$$|\chi(\tau,0)| = \left|\int_{-\infty}^{\infty} u(t)u^*(t-\tau)\,\mathrm{d}t\right| \tag{1.8}$$

模糊函数的零延时切面可以通过令式（1.7）中的 $\tau=0$ 获得。这将显示该切面是 $u(t)$ 的模值的函数，而且其独立于任何相位和频率调制。

$$|\chi(0,v)| = \left|\int_{-\infty}^{\infty} u(t)u^*(t)\exp(\mathrm{j}2\pi vt)\,\mathrm{d}t\right| = \left|\int_{-\infty}^{\infty} |u(t)|^2\exp(\mathrm{j}2\pi vt)\,\mathrm{d}t\right| \tag{1.9}$$

1.4 线性调频脉冲

模糊函数的解析表示通常并不易于推导，在大多数情况下模糊函数是通过数值计算得到的。幸运的是，对于常见的脉冲压缩波形（例如式（1.10）描述的线性调频脉冲[3]），模糊函数可以很容易地计算，见式（1.11）。通过将总频率偏差 Δf 设置为零，式（1.10）和式（1.11）将减小到持续时间为 t_p 的非调制矩形脉冲的复包络和模糊函数（图 1.5）。

$$u(t) = \frac{1}{\sqrt{t_\mathrm{p}}}\exp\left(\mathrm{j}\pi\frac{\Delta f}{t_\mathrm{p}}t^2\right),\ -\frac{1}{2}t_\mathrm{p}\leqslant t\leqslant\frac{1}{2}t_\mathrm{p}，\text{其他区域为零} \tag{1.10}$$

$$|\chi(\tau,v)| = \left|\left(1-\frac{|\tau|}{t_p}\right)\frac{\sin\left[\pi(t_p v-\tau\Delta f)\left(1-\frac{|\tau|}{t_p}\right)\right]}{\pi(t_p v-\tau\Delta f)\left(1-\frac{|\tau|}{t_p}\right)}\right|, |\tau| \leqslant t_p, \text{其他区域为零} \tag{1.11}$$

在图 1.5 中，通过将延迟除以脉宽，可以令延迟轴是无量纲的。类似地，通过将多普勒偏移乘以脉宽来使多普勒轴无量纲化。图 1.5 中可以清晰地看到，零多普勒切面是三角形的，如从未调制脉冲的包络的矩形形状的自相关所预期的那样。

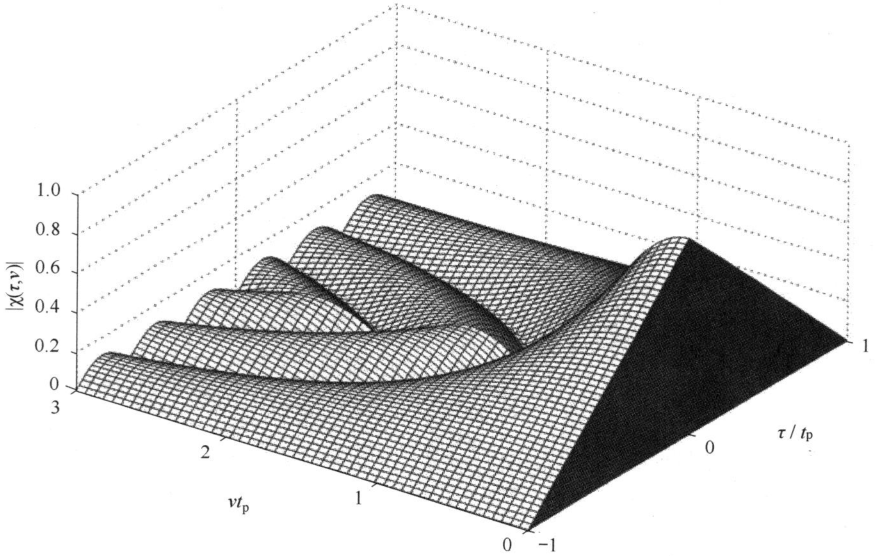

图 1.5　未调制的矩形脉冲的模糊函数

零延迟切面将呈现由式（1.12）给出的 sinc 函数的形状

$$|\chi(0,v)| = \left|\frac{\sin(\pi t_p v)}{\pi t_p v}\right| \tag{1.12}$$

上述零延迟切面对于任何矩形脉冲都是不变的，并不会通过添加相位或频率调制而改变。但是模糊函数的其他位置将会发生显著变化，如图 1.6 所示，其为一个时宽带宽积（TBW）$t_p\Delta f = 20$ 的线性调频脉冲的模糊函数。零多普勒切面表示归一化的主瓣宽度（第一零点宽度）从 1 下降到 $1/(t_p\Delta f)$ 。模糊函数的固定体积现在集中到了一个狭窄的对角脊中，一直延伸到非常高的多普勒值附近。具有这种脊状模糊函数的信号被称为具有多普勒容忍性。这一点将会在后续讨论脉冲串时详细阐述。

图 1.6 所示的其他特征是相对较高的延迟旁瓣。通过用非线性调频替换线性调频可以减轻这个问题，其中在中心频率上花费更多的时间，在边缘处更少。

图 1.3中旁瓣的减小是通过用非线性调频（b）替换线性调频（a）实现的。

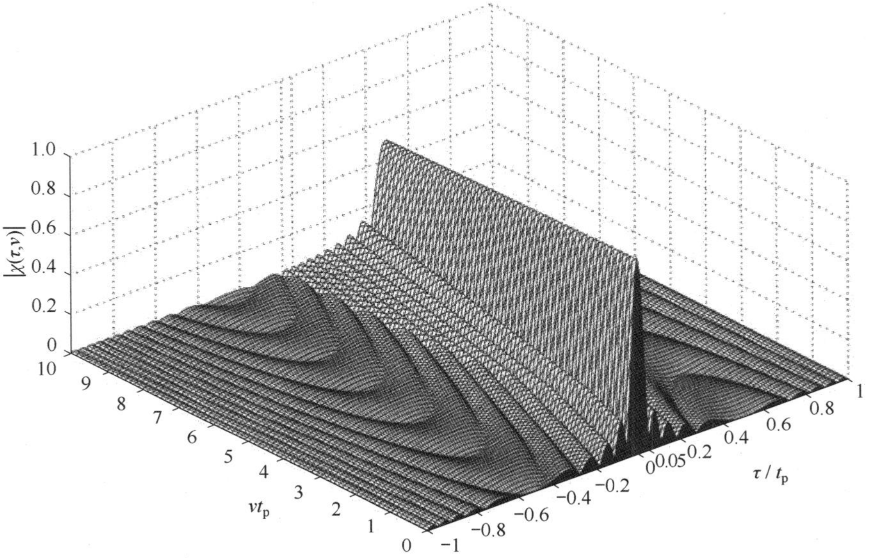

图 1.6　TBW = 20 的线性调频脉冲的模糊函数

1.5　相位编码脉冲

线性调频是在第二次世界大战中发展起来的，如今仍然被广泛地使用。另一个得到公认的脉冲压缩实现方法就是相位编码。脉宽为 t_p 的脉冲被分为 M 个连续的具有相同持续时间 t_b 的片断，因此 $t_p = Mt_b$ 。我们称这些片断为“比特”，术语“片”也经常被使用。每一比特具有其独立的相位。如果该比特具有矩形窗的形状（通常并不是这样），那么相位编码脉冲的复包络如下式给出：

$$u(t) = \frac{1}{\sqrt{Mt_b}}\sum_{m=0}^{M-1} u_m(t - mt_b),\ u_m(t) = \begin{cases} \exp(j\phi_m); & 0 \leqslant t \leqslant t_b \\ 0; & \text{其他区域} \end{cases} \tag{1.13}$$

相位编码可以被分为两种：二相编码和多相编码。二相序列利用两个相位，相隔为 πrad。而多相编码又包括量化的相位（如以 0，π/2，π 和 −π/2 作为量化编码）与非量化的相位两种。参考文献［4］给出了详细的相位编码序列表格。这里将列举几个典型的例子。由于仍然在处理脉冲压缩，因此，要寻找具有良好周期性的信号。当考虑周期波形时，对于连续波雷达，将寻找具有良好的周期性自相关函数（PACF）的信号。

1.5.1　二相序列

普遍认为二相调制比多相调制更容易在硬件层面实现。巴克码序列是该类别中的一种经典信号。该类信号的独特性质是其主瓣与峰值旁瓣比（PSLR）等于序列长度 M。已知最长的巴克码序列的长度 $M = 13$，其序列可以表示为{1111100110101}的形式，其中“1”代表复包络值为 +1，而“0”代表复包络值为 -1。巴克码序列的概念可以扩展到最小峰值旁瓣（MPSL）序列设计。因此，目前已知的主瓣与峰值旁瓣比 PSLR = $M/2$ 的最长二相码的长度 $M = 28$，例如序列{1000111100010001000100101101}。PSLR = $M/3$ 的最长二相码长度 $M = 51$，如序列{110100100100101010010001001100010001111111000111000}。PSLR = $M/4$ 的最长二相码由 Nunn 和 Coxson 发现[5]，其长度 $M = 82$，例如以 16 进制表示的序列{3CB25D380CE3B7765695F}。PSLR = $M/5$ 的最长二相码由 Ferguson 发现，其长度 $M = 113$，例如序列{1E90FC54B4E2 ~ 9765D3FF7628CDCE}。要对长度不是 4 的倍数的序列使用十六进制显示，需要在二进制代码的左侧添加零，然后转换为十六进制。

基于巴克码或者最小峰值旁瓣序列设计的波形的模糊函数形如图钉。长度为 113 的最小峰值旁瓣序列的模糊函数（图 1.7）在原点处具有窄峰值，并且旁瓣的薄基座延伸到信号的完整延迟宽度和很高的多普勒偏移。多普勒域的第一个零点位于 $v = (Mt_b)^{-1}$ 处。延迟域的第一个零点位于 $\tau = t_b$ 处，长度为 113 的最小峰值旁瓣序列的自相关函数如图 1.8 所示。

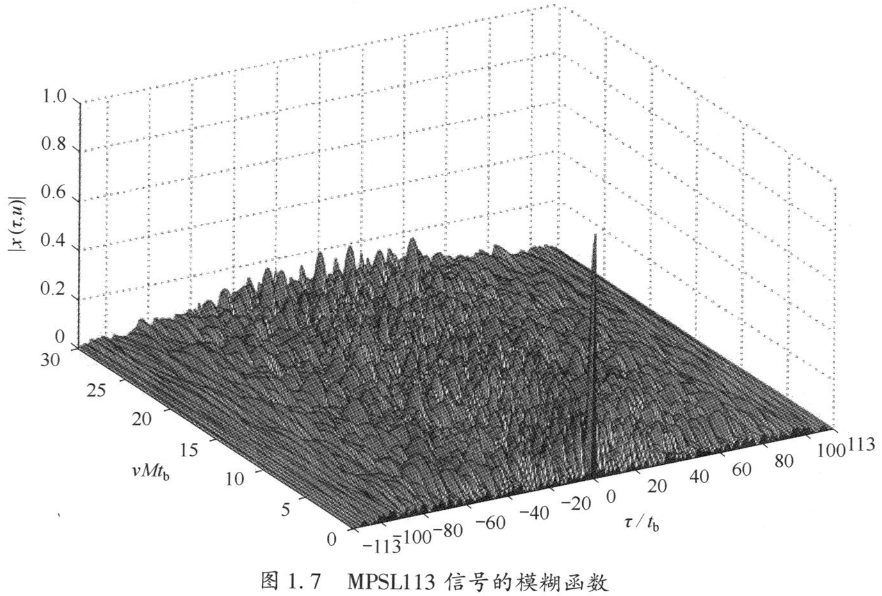

图 1.7　MPSL113 信号的模糊函数

二相序列可以由类噪声信号发生器产生。如由式（1.14）产生的混沌序列，其可以具有几乎一致的概率密度函数（PDF）的 0 和 1 之间的任何值。将阈值设置为 0.5 将产生对于 0 和 1 具有相等概率的几乎随机的二进制序列。三个阈值将生成四元随机序列等。

$$x(n+1) = 4x(n)[1 - x(n)], 0 < x(1) < 1 \tag{1.14}$$

选择不同的初始值将会获得不同的序列。这样的发生器可以产生不同的序列。随机或近似随机序列的问题是它们具有很差的自相关函数（高旁瓣）。考虑编码长度 $M = 45$，序列个数为 2^{45}，其中只有大约 30 个序列具有 PSLR = $M/3$ 的特性，而约 10^{12} 个序列具有 PSLR = $M/12$ 的特性。因此一个随机选择的序列几乎不可能具有良好的自相关函数特性。

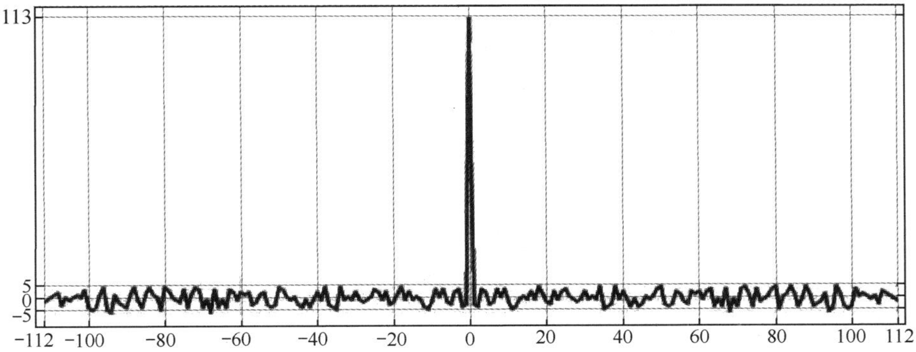

图 1.8　MPSL113 信号的自相关函数

1.5.2　多相编码序列

允许任何相位值（非二相）可以产生较低的旁瓣。但是，最外侧的旁瓣总是为 1（对于任何多相或者二相序列）。多相序列可以分为两类：广义巴克码序列和类线性调频序列（与线性调频信号有关）。长度为 M 的广义巴克码序列的自相关函数具有 PSLR ≤ M。没有已知的系统地构造广义巴克码序列的方法，并且目前的发现都是数值搜索的结果。已知的广义巴克码序列[6]长度最长为 77，其以弧度制表示的相位序列如下所示：

{ 0　0　0.4845　1.3603　1.4634　1.3801　0.6927　0.7873　1.0692
2.3891　3.1182　3.318　4.6628　5.1933　5.8162　1.9713　2.7264　2.5257
2.6028　2.2193　1.1726　1.4781　4.8347　6.2757　1.8101　1.4139　0.0833
0.3092　4.0792　4.663　2.1457　1.4822　5.7726　0.0605　3.2839　0.3516
1.0666　4.7309　3.7367　6.1345　0.548　3.9365　3.5931　5.7626　0.8646
3.5653　3.1847　6.2139　0.5731　3.9051　6.0098　3.9287　4.1518　1.6961
3.4773　0.8679　2.9094　5.6186　0.7961　4.5485　2.6713　5.7668　3.6855
2.2948　1.1224　4.4742　1.3498　6.1329　3.7521　0.547　3.4902　0.2968
3.4031　1.1838　5.2307　2.5273　6.1536}

以上列出的编码 PSLR = 77，而长度为 77 的二相最小峰值旁瓣序列的

PSLR =77/4，其第二峰值旁瓣为12dB。另一方面，产生这样77个不同的相位将不会像在二相编码中产生两个相位（0，π）那么简单。

类线性调频序列是另一类重要的多相编码序列。它们与线性调频编码有关，因此其名称中含有“线性调频”。其与线性调频的关系是对线性调频信号连续变化的相位进行采样。参考文献［4］的第6章包含了这类序列的大量细节。这里将只介绍Lewis和Kretschmer的P3和P4码[7]的表达式：

P3：
$$\phi_m = \frac{\pi}{M}(m-1)^2, m = 1,2,\cdots,M \tag{1.15}$$

P4：
$$\phi_m = \frac{\pi}{M}(m-1)(m-1-M), m = 1,2,\cdots,M \tag{1.16}$$

P4序列与P3序列不同之处在于，其在序列的末端具有最大的序列元素与元素间的相位变化，而不像P3序列一样在序列中部，这意味着P4对带宽边缘处的较低增益放大器较不敏感。类线性调频序列的模糊函数表现为对角脊状，与线性调频信号的模糊函数形状相似。P3、P4和许多其他类线性调频序列具有完美的周期自相关函数，这里完美代表零旁瓣。该属性使这些波形非常适合周期连续波雷达。与从线性调频信号的连续相位变化中采样的离散样本组成相位序列相类似，可以使用由Felhauer提出的来自非线性调频信号的相位样本[8]。这样的相位序列信号将产生较低的周期自相关函数旁瓣和较宽的主瓣。

1.6 相参脉冲串

一个单独的脉冲，无论是否进行脉冲压缩，对于获得可用的多普勒分辨率来说都过短。为了获得足够高的多普勒分辨率，通过发射和处理相参的脉冲串来增加相参处理间隔（CPI）是很有必要的。图1.9给出了这一点的定性证明。图1.9（a）表示转换为中频（IF）后的实际接收信号。中频放大器后的同步检测器产生式（1.3）中定义的检测到的复包络的同相分量g_c和正交分量g_s。由于多普勒偏移，g_c和g_s不是常量。很明显，如果图1.9只包含一个脉冲，则多普勒频移不能被解出。但是，当相参处理间隔至少包含一个多普勒周期，且每个多普勒周期内含有足够多的样本（脉冲）时，多普勒频率可以被无模糊地估计出来。需要注意的是，为了判断多普勒偏移的正负，g_c和g_s都是必需的。

在典型的脉冲多普勒雷达中，雷达在目标上的驻留时间内包含的脉冲个数将比相参处理脉冲数更多。其中一个原因是为了从最远的回波中获得足够多的脉冲。在这种情况下，雷达性能可以由周期模糊函数描述[4]。具有脉冲重复间隔T_r的N个相同脉冲的脉冲串的周期模糊函数是由一个单独脉冲周期的周期模糊函数$|\chi_{T_r}(\tau,v)|$乘以一个只与多普勒偏移v有关的通用表达式得到的。

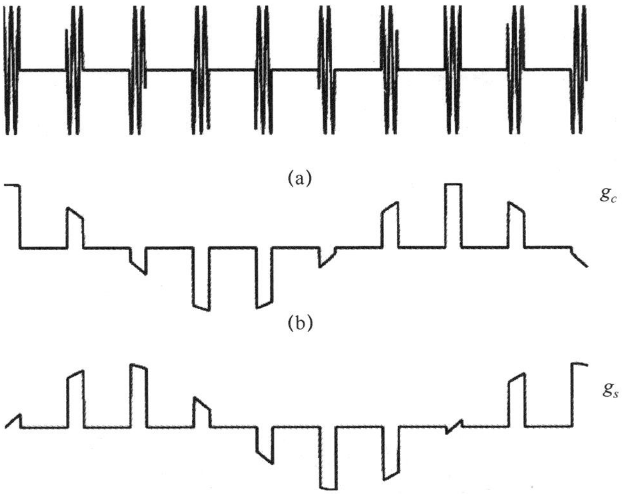

图 1.9　同步检测多普勒偏移脉冲的同相和正交分量

$$|\chi_{NT_r}(\tau,v)| = |\chi_{T_r}(\tau,v)|\left|\frac{\sin(N\pi vT_r)}{N\sin(\pi vT_r)}\right| \tag{1.17}$$

这里单脉冲的周期自相关函数由下式计算

$$|\chi_{T_r}(\tau,v)| = \frac{1}{T_r}\left|\begin{array}{l}\int_0^{\tau}u(t+T_r-\tau)u^*(t)\exp(\mathrm{j}2\pi vt)\mathrm{d}t \\ +\int_{\tau}^{T_r}u(t-\tau)u^*(t)\exp(\mathrm{j}2\pi vt)\mathrm{d}t\end{array}\right| \tag{1.18}$$

式（1.18）适用于任何脉宽，最高包含占空比 100%，即一个周期连续波信号。但是，如果脉冲占空比低于 50%，即 $t_{\mathrm{p}} < T_r/2$，那么式（1.18）减小到单脉冲的自相关函数，即 $|\chi_{T_r}(\tau,v)| = |\chi(\tau,v)|$。

脉冲串的多普勒分辨率等于从零到表达式 $|\sin(N\pi vT_r)/[N\sin(\pi vT_r)]|$ 中第一零点的距离，其位置为 $v=(NT_r)^{-1}$。该分辨率通常比单脉冲的多普勒分辨率 $v=1/t_{\mathrm{p}}$ 小几个数量级。采用压缩脉冲构造相参脉冲串，使得雷达设计者既可以控制延时分辨率又可以控制多普勒分辨率。这将在一个含有八个线性调频脉冲的相参脉冲串的周期模糊函数中得到证明（图 1.10）。其占空比为 20%，脉冲压缩为 20。

图 1.10 中的周期自相关函数被称为“钉床”。主瓣在两个维度上均很窄，但是，其在延时维脉冲重复间隔的整数倍和在多普勒维脉冲重复频率的整数倍上存在很多模糊峰。图 1.11 展示了典型的钉床型周期自相关函数的水平切面。切面

上的标记为延迟和多普勒分辨率和模糊度。注意延迟模糊度和多普勒模糊度的乘积为 1。模糊峰意味着对应于模糊峰值的延时 - 多普勒坐标的来自目标或杂波的返回将与原点处的延时 - 多普勒坐标错误的相关联。举例来说，多普勒偏移上等于脉冲重复频率的反复波瓣表示与该多普勒偏移匹配的滤波器将同样探测到在零多普勒偏移上固定杂波的强回波。这个固有的问题导致所谓的“盲速度”。

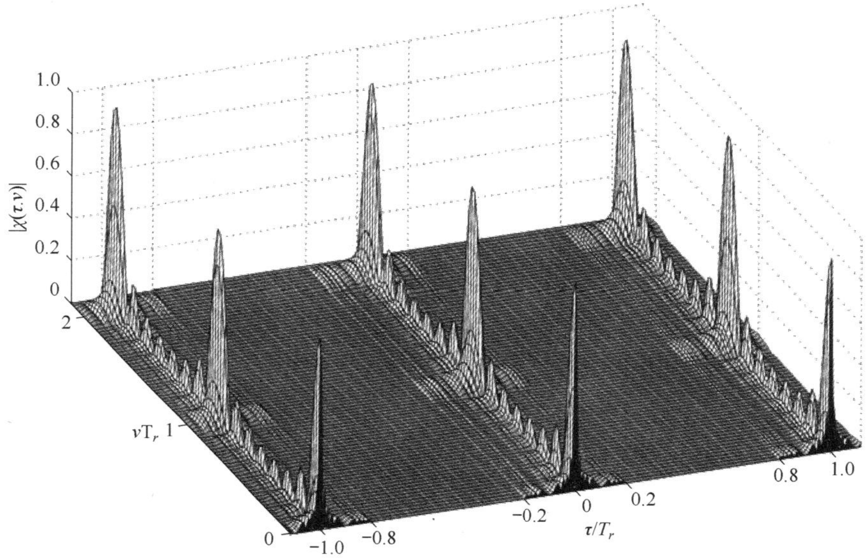

图 1.10　含有八个理想线性调频脉冲的相参脉冲串的周期模糊函数

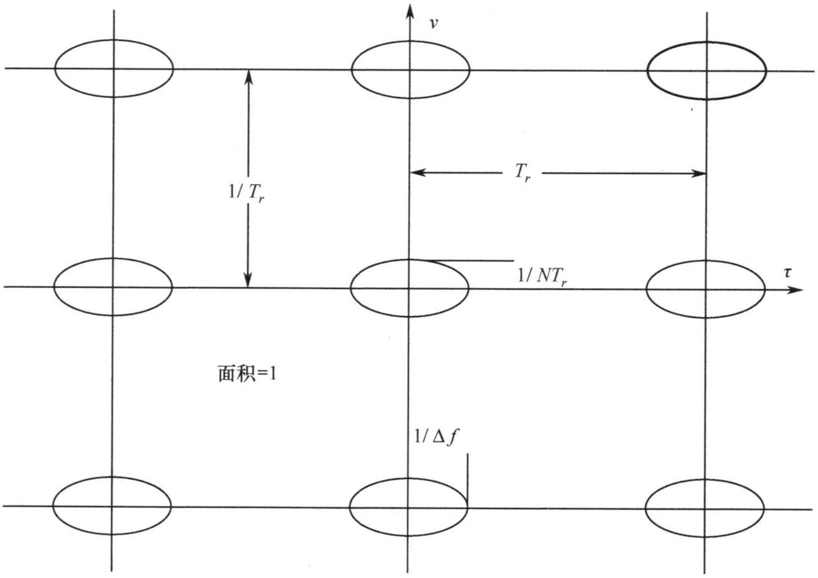

图 1.11　钉板周期模糊函数的水平剖面

除了模糊性之外，传输脉冲串的单站雷达也受到距离遮挡影响，因为接收机在脉冲发射时是被堵塞的。为了解决模糊性和遮挡的问题，在雷达驻留时间中脉冲重复频率可以被改变，即所谓的参差脉冲重复频率。尽管存在其缺点，压缩脉冲的相参脉冲串是非常常见的波形。

1.7　失配滤波器

失配滤波器是优选的处理器，因为其输出可获得最高的可实现信噪比。当使用失配滤波器时，降低距离旁瓣的任务完全取决于波形的选择。当允许有很小的信噪比损失时，可令失配滤波器具有很小的偏差，并且可使雷达设计者拥有更多的自由度来获得理想的延时 - 多普勒响应。早期的报告[9]描述了一个长度为 61 的失配滤波器，消除了巴克 13 信号的延迟响应的近旁瓣。

一种简单而非常有效的失配滤波器是设计用于最小化延迟响应的集成旁瓣（ISL）的滤波器。要控制的唯一附加参数是滤波器的长度，该长度必须等于或长于信号序列的长度。通常，随着滤波器长度的增加，综合旁瓣水平降低，但是信噪比损失增加。为了获得良好的综合旁瓣降低并且具有很小的信噪比损失，被选取的信号的自相关函数应该本身就具有较低的旁瓣。在这种情况下，失配滤波器将只具有微小的误差，因此只造成很小的信噪比损失。为给定的信号设计最小化综合旁瓣水平的滤波器涉及简单的矩阵运算[4,10]。

在图 1.12 中使用长度为 13 的巴克码信号来对比匹配滤波器和长度为 50 的最小化综合旁瓣滤波器的延时响应。当滤波器被设计用来最小化综合旁瓣水平时，很容易看出峰值旁瓣比的增加（从 22dB 到 49dB）。注意到这时信噪比损失只有 0.21dB。尽管没有被显示出来，应该指出失配滤波器具有相对更高的多普勒容忍性。我们重申 dB 代表匹配或失配滤波器响应的对数的 20 倍。

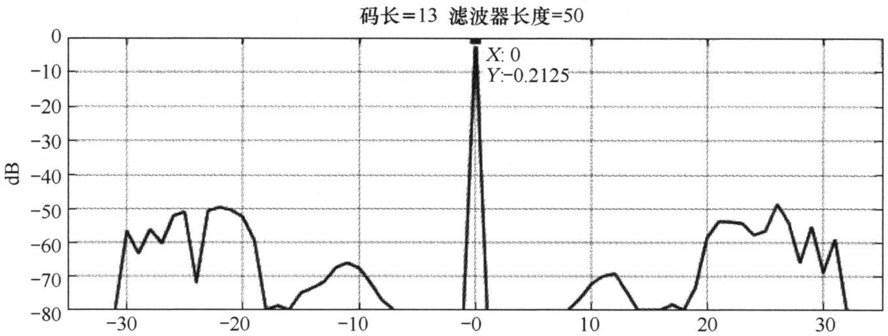

(a)

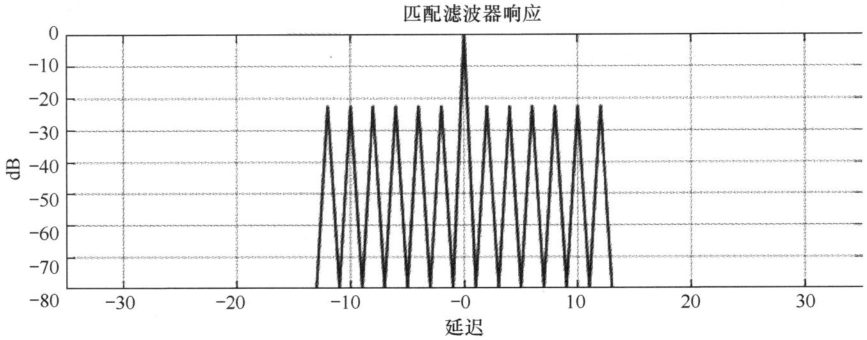

(b)

图 1.12　长度为 13 的巴克码的 50 元失配滤波 MISL 响应（a）匹配滤波响应（b）

并不是所有二相码均能利用失配滤波器来同时获得低信噪比损失和低旁瓣。长度为 13 的巴克码是特殊的例子。若对一个长度为 13 的巴克码进行长度为 117(= 9 × 13) 的失配滤波处理，可实现 99dB 的峰值旁瓣比且只造成 0.213dB 的信噪比损失。寻找好的编码滤波器组是非常消耗计算量的。对于较长编码，目前只处于起步研究阶段[11]。

1.8　频谱效率

单个“比特”的幅度为矩形形状的相位编码脉冲表现出很长的带外频谱旁瓣。这点可由图 1.13 显示的长度为 13 的二相巴克码序列证明。注意，当频谱中的第一零点（被认为是标称带宽）出现在比特持续时间的倒数位置时，$f = 6.5/t_b$ 处的频谱旁瓣只下降了 25dB。这些扩展的频谱旁瓣意味着发射机和接收机的硬件系统需要具有更宽的带宽以便不修改信号。高的频谱旁瓣也可能对该频谱的其他用户造成干扰。

有两种降低频谱旁瓣的基本方法：①降低相位移动速度；②将矩形比特形状替换为可变幅度的比特。关于方法①需要注意的是实现相位移动的最长的时间为整个比特持续时间。在这种情况下，该方法被称为“相位导数”编码。其根本上为一个频率移动编码。

相位导数是通过将每个比特分裂为两半创建的（图 1.14（b））。如果原二相比特具有和前一比特相同的相位，那么该比特前一半的频率将较载频提高 $\Delta f = 0.5/t_b$，其后一半相位将较载频下降相同的 Δf，整个比特持续时间 t_b 内累积的相位移动是 0。如果一个二相比特与其前一比特具有 π 的相位移动，那么该比特的两半内的频率均较载频提高 Δf，累积的相位移动为 π。

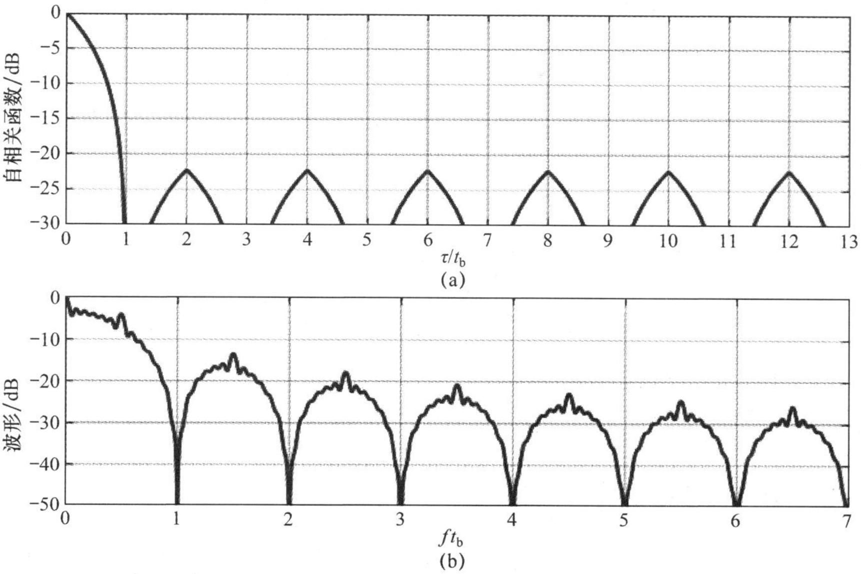

图 1.13　长度为 13 的巴克码：自相关函数（a）及功率谱（b）

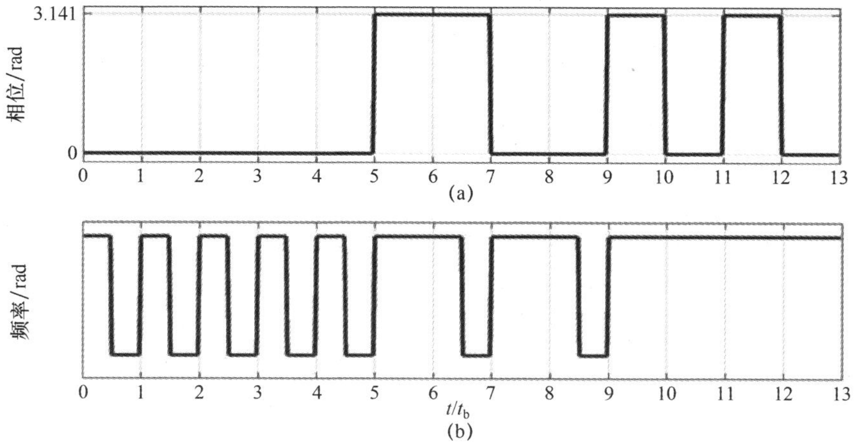

图 1.14　13 位巴克码组成：相位编码（a）和相位衍生编码（b）

图 1.15 展示了长度为 13 的巴克码序列实现相位导数后的性能。注意到其自相关函数旁瓣（图 1.15（a））与原长度为 13 的巴克码序列相同，但其频谱旁瓣以理想的速度快速下降。补充说明，可以为二相编码序列的相位导数版本设计失配滤波器，从而降低延迟响应旁瓣。

第二种降低频谱旁瓣的方法是将矩形比特替换为更加平滑的形状。Chen 和 Cantrell[12] 提出运用“指数加权 sinc 函数”形状。这种比特表示得到的可变幅度信号需要具有线性功率放大器的发射机。“指数加权 sinc 函数”比特被运用在产生如图 1.1（b）所示的脉冲压缩信号。实际上，其频谱（图 1.2）表现出低于 -75dB 的峰值旁瓣。

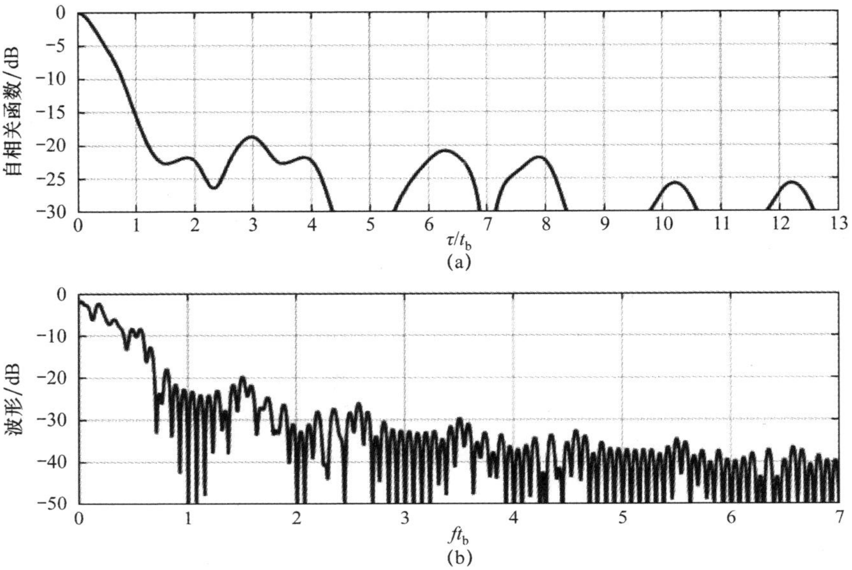

图 1.15　13 位巴克码的相位衍生组成：自相关函数（a）和功率谱（b）

1.9　多种脉冲的相参脉冲串

有序的“钉板”型模糊函数（图 1.10 和图 1.11）是由具有相同脉冲的相参脉冲串得到的。这种有序模式允许与几个不同的非零多普勒频移匹配的相对简单的同时处理。其同样允许对于 M 个脉冲的快速更新（每一脉冲重复间隔更新一次）的相参处理，因为从处理器中取出的最早的脉冲与最新添加到处理器的脉冲完全相同。尽管具有这些重要的优点，许多雷达系统仍然采用了脉内分集。一个动机是减小临近和/或周期的延迟旁瓣。另一个动机是通过增加总带宽来提高延迟分辨率。下面的两个例子将演示这两个性质。

1.9.1　互补脉冲

互补脉冲是基于互补序列的相位编码脉冲[13]。S 个序列，每个序列含有 L 个元素，组成一个互补的集合，对于任何给定的延时，S 个序列的自相关函数旁瓣和为 0。其中更感兴趣的是成对的（$S=2$）二相序列形式。表 1.1 的最上方一行包含了这样的二相序列对的例子，其中序列长度 L 分别等于 2、10 和 26。

从任何已知的长度为 L 的互补脉冲对，可以构建长度为 $2L$ 的两个新的互补，如图 1.16 所示。该例子以一对 $L=2$ 的复数元素开始产生了两对长度为 $L=4$ 的序列。

表 1.1 互补序列的内核

S	L	相位序列/π
2	2	[0 0], [0 1]
2	10	[0 0 1 1 1 1 1 0 1 1], [0 0 1 0 1 0 1 1 0 0]
	10	[0 0 0 0 0 1 0 1 1 0], [0 0 1 1 0 0 0 1 0 1]
2	26	[0 0 0 1 1 0 0 0 1 0 1 1 0 1 0 1 0 1 1 0 0 1 0 0 0 0], [0 0 0 0 1 0 0 1 1 0 1 0 0 0 0 0 1 0 1 1 1 0 0 1 1 1]
2	3	[0 0 1], [0 1/2 0]
2	4	[0 3/2 0 1/2], [0 1/2 0 3/2]
2	5	[0 0 0 1/2 3/2], [3/2 0 1 1/2 0]
3	2	[0 0], [0 2/3], [0 4/3]
3	3	[0 1 1], [0 2/3 7/3], [0 1/3 5/3]
4	3	[0 0 0], [1 0 0], [0 1 0], [0 0 1]
4	5	[0 1 1 1 1], [0 1 1 1 0], [1 0 0 1 0], [1 1 1 0 1]

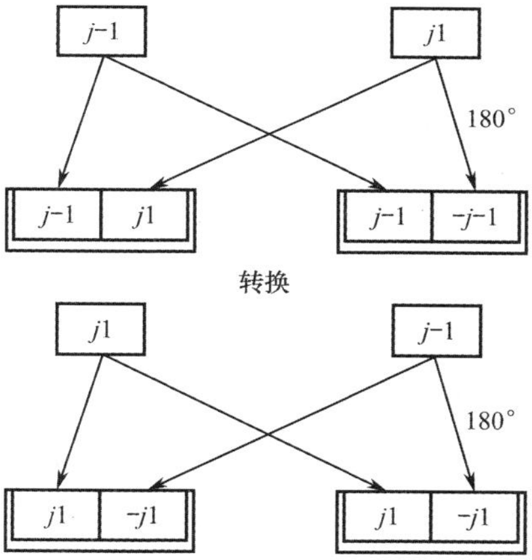

图 1.16 互补对的构造算法

还要注意，具有理想周期性自相关的长度为 M 的任何序列可以产生包含长度为 $L = M$ 个元素的 $S = M$ 个序列的互补集合。集合中的每个序列只是原始序列的不同循环移位。回想一下，式（1.15）和式（1.16）中描述的 P3 或 P4 多相序列表现出理想的周期性自相关。

图 1.17 显示了八个相参脉冲的周期模糊函数，其中每对连续脉冲都被长度为 10 的互补二相序列对编码（表 1.1，第二行）。注意到，零多普勒附近旁瓣（$1 \leqslant |\tau/t_b| \leqslant 10$）被消除了，且第一个循环延迟旁瓣（在 $|\tau/t_b| = 30$ 附近）被降低了。这些是基于互补对的信号的主要优点。

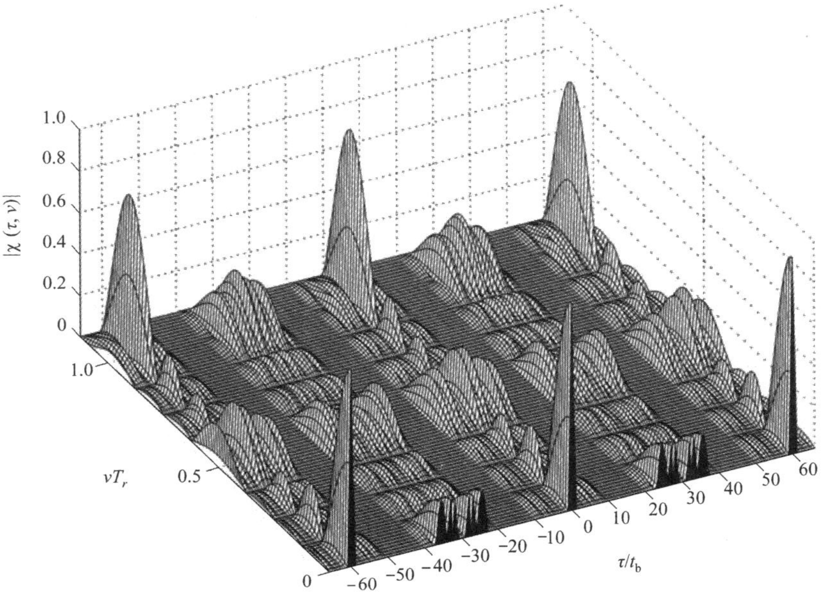

图 1.17　四个互补对的周期模糊函数（$t_p = 10t_b$，$T_r = 30t_b$）

这种信号的主要缺点是在 $vT_r = 0.5$ 附近出现的有意义的附加多普勒循环旁瓣。其原因为该信号的实际周期应为 $2T_r$。实际上，互补序列波形的一个应用是对大气层的垂直探测，该情况下不期望多普勒频移。

1.9.2　频率步进脉冲

脉冲间分集的另一个重要用途是增加信号的总带宽，而不增加单个脉冲的带宽。在频率步进信号中，就是通过逐步增加脉冲的载频（同时保持相参）来实现的。延时分辨率将会提高，因为其只与信号的总带宽有关。

八个脉冲的频率步进序列的频率变化如图 1.18 所示。该例子使用固定的频率步进值令信号频率单调增加，但是他其方式也是可行的。信号参数为脉宽 t_p，频率步进值 Δf，脉冲数 M 和脉冲重复间隔 T_r。总带宽（包含单个脉冲的带宽）近似为 $BW \approx (M-1)df + 1/t_p$。那么时宽带宽积因此为 $t_pBW \approx (M-1)t_pdf + 1$，其中由 $t_p df \approx 1$ 可得

$$t_pBW \approx Mt_pdf \tag{1.19}$$

通常情况下，时宽带宽积与压缩率相同。图 1.19 展示了图 1.18 中参数 $t_pdf = 0.8$ 的八脉冲序列的部分模糊函数（在脉宽上缩放）。图 1.19 表示压缩比为6.4，因此归一化延迟上的第一零点为0.16。为了获得更大的脉冲压缩率，需要更多的脉冲数 M 或者更大的 t_pdf 乘积。不幸的是，当 t_pdf 超过 1 之后将导致模糊函数零多普勒切面上栅瓣的出现。注意图 1.19 中的第二条对角脊，其中心点

为 $\tau = 0, v = 1/T_r$，并且其倾斜度随着 $t_p df$ 增加。当 $t_p df \geqslant 1$ 时，对角脊将会在比脉冲宽度延时更小处通过零多普勒轴，产生栅瓣。

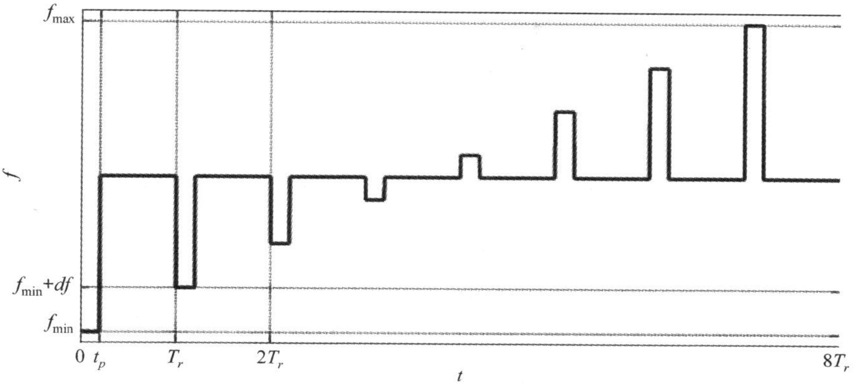

图 1.18 频率步进脉冲串的频率变化

（在 $nT_r + t_p < t < (n+1)T_r, n = 0,1,2\cdots$ 时无发射）

如果将线性频率调制添加到每个脉冲，时宽带宽积 $t_p df$ 可以被增加而不引起栅瓣。这种类型的信号被称为"频率跳变线性调频信号"[4,14]。由八个线性调频脉冲组成的频率步进脉冲串的频率变化如图 1.20 所示。添加的参数为 B，即每个脉冲的线性调频扫频宽度。在参考文献［15］中，显示了 $t_p df$ 与 $t_p B$ 之间的特殊关系将使栅瓣被完全地消除。表 1.2 列出了部分关系。

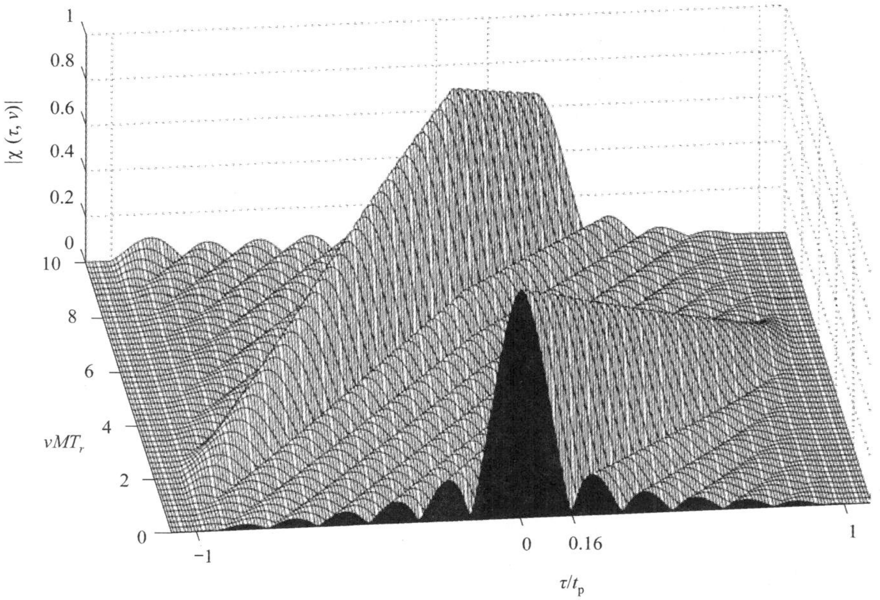

图 1.19 频率步进脉冲串的模糊函数（放大），$t_p df = 0.8$，$M = 8$，$T_r/t_p = 5$

表 1.2　频率步进线性调频脉冲串的栅瓣零点关系

$t_p df$	2	3	3	5	3	4	3	3.5	7
$t_p B$	4	4.5	9	12.5	13.5	16	18	24.5	24.5

图 1.21 显示了图 1.20 中参数 $t_p df = 3$ 且 $t_p B = 4.5$ 的八脉冲序列的部分模糊函数（在脉宽上缩放）。频率步进 Δf 的增加可以提高总带宽，从而将脉冲压缩比提高到接近 19。可证明这种特殊信号的模糊函数可以被描述为相对简单的解析表达式形式，如式 1.20 所示

$$\left|\chi\left(\frac{\tau}{t_p},v\right)\right|_{\left|\frac{\tau}{t_p}\right|\leqslant 1} = \left|\begin{array}{l}\left(1-\frac{|\tau|}{t_p}\right)\mathrm{sinc}\left[\left(t_p v + t_p B\frac{\tau}{t_p}\right)\left(1-\frac{|\tau|}{t_p}\right)\right] \\ \times\dfrac{\sin\left[M\pi\left(T_r v + t_p df\frac{\tau}{t_p}\right)\right]}{M\sin\left[\pi\left(T_r v + t_p df\frac{\tau}{t_p}\right)\right]}\end{array}\right|,\ \left|\frac{\tau}{t_p}\right|\leqslant 1 \tag{1.20}$$

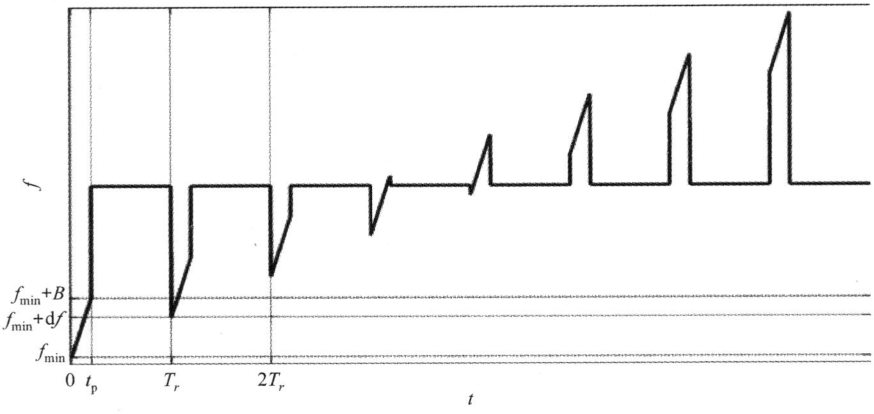

图 1.20　频率步进线性调频脉冲串的频率变化
（在 $nT_r + t_p < t < (n+1)T_r, n = 0,1,2\cdots$ 时无发射）

令式（1.20）中 $B=0$，即可得到传统的不具有脉内线性调频的频率步进波形的模糊函数表达式。令式（1.20）中 $v = 0$ 即可得到信号的自相关函数的幅度。注意，自相关函数 $|\tau| \leqslant t_p$ 内的值将不会被频率步进的顺序所影响。但是，在 T_r 倍数附近的周期延迟旁瓣将被严重的影响。这点可由图 1.22（线性顺序）和图 1.23（Costas 顺序）证明。注意在 Costas[16] 顺序的情况下，第一和第二周期延迟旁瓣比线性顺序的情况下要低得多。将这两种情况与含八个相同脉冲的序列相比，其第一周期延迟旁瓣只比主瓣低 1.16dB。

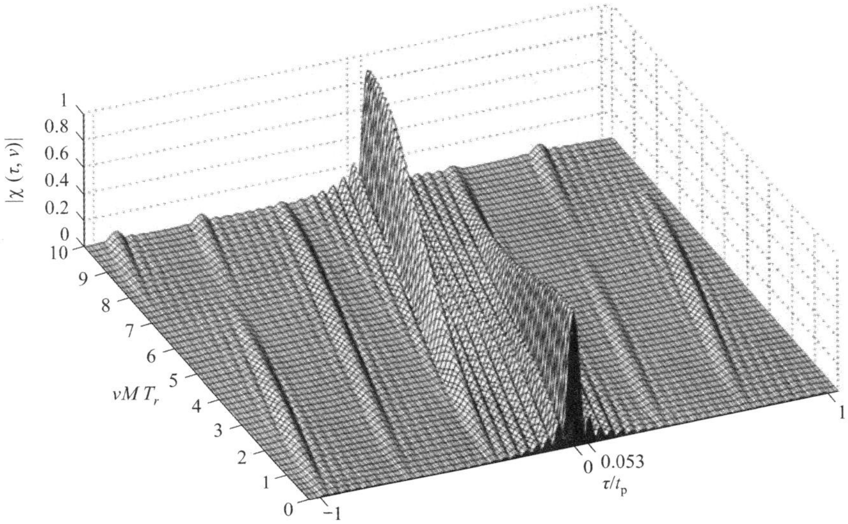

图 1.21　频率步进线性调频脉冲串的模糊函数（放大），
$t_p df = 3$，$t_p B = 4.5$，$M = 8$，$T_r/t_p = 5$

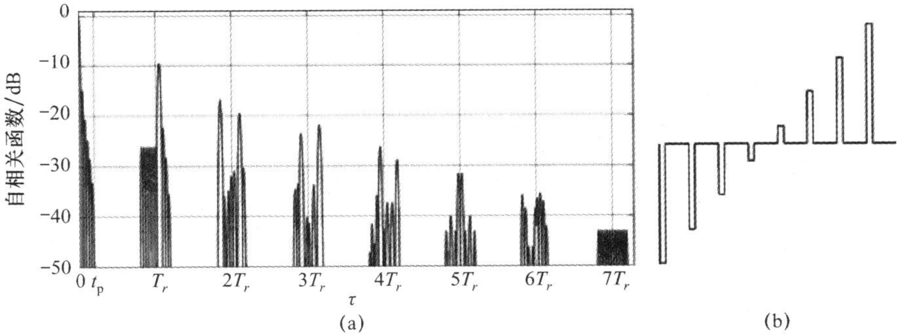

图 1.22　线性变化的频率步进波形（b）的循环自相关旁瓣（a）

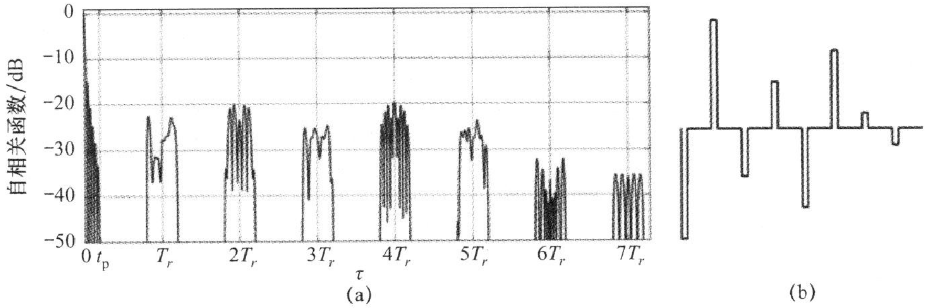

图 1.23　Costas 变化的频率步进波形（b）的循环自相关旁瓣（a）

如图 1.22 和图 1.23 的最左部分（$0 \leqslant \tau \leqslant t_p$）显示，将频率步进顺序由线性转变为 Costas（或任何其他顺序）时，不会影响脉宽内的模糊函数零多普勒切面$\chi(\tau,0)$，$|\tau| \leqslant t_p$。这点对于非零多普勒切面不适用。在 Costas 编码频率步进方式下，高多普勒频移处的模糊函数与如图 1.19 所示的界限清楚的脊状有很大的不同。

1.10 频率编码波形

窄自相关需要宽带宽。截至目前所研究的多种脉冲压缩波形都是通过连续的频率变化获得较宽带宽的（如线性调频信号）。除此之外，脉间频率还可以以连续的步进改变。如果将之前讨论的频率步进脉冲串连接起来组成一个脉冲（$T_r = t_p$），那么就产生了具有频率步进编码的脉冲。之前频率步进脉冲串中的每一个脉冲即成为了这个新的更长的脉冲的一个“比特”。

Costas 在文献［16］中提出了一类著名的频率编码序列，而 Golomb 和 Taylor 在文献［17］中研究了该种序列的构造算法。Costas 序列可以被描述为一个由{0,1}构成的每一行和每一列只含有一个 1 的二维向量。当将该二维向量转化为信号时，行代表频率，列代表时间片，而 1 则代表传输。图 1.23（b）中使用的频率为［1 8 3 6 2 7 5 4］，而其相应的二维向量则如表 1.3 所列。这个特殊的 8 × 8 二维向量之所以成为“Costas”二维向量的原因为，其二维自相关矩阵除了中心元素的值为 8，即等于该序列元素个数外，其余所有元素均为 0 或 1。

表 1.3　一个 8 × 8 的 Costas 矩阵

0	1	0	0	0	0	0	0
0	0	0	0	0	1	0	0
0	0	0	1	0	0	0	0
0	0	0	0	0	0	1	0
0	0	0	0	0	0	0	1
0	0	1	0	0	0	0	0
0	0	0	0	1	0	0	0
1	0	0	0	0	0	0	0

为了将 Costas 二维向量转化为 Costas 信号，必须定义给定频率的发射时长（即“比特”的时长 t_b）。另一个参数是相邻频率之间的频差 df。为了满足正交性 $df = 1/t_b$。Costas 波形可通过以上两个参数定义，且其自相关函数可以计算并画出（图 1.24）。因为存在正交性，自相关函数在网格点处，即在$\chi(\tau = nt_b, v = mdf)$，$n = 0, \pm 1, \cdots, \pm N$；$m = 0, \pm 1, \cdots, \pm N$的值将与二维自相关矩阵（归一化后）相应点的值准确对应。二维自相关矩阵的中心元素对应自相关函数的原

点，即 $\tau = 0, v = 0$。图 1.24（正多普勒）中自相关函数在网格点的值对应表 1.4所列二维自相关矩阵的上半部分（粗体数字所示部分）。

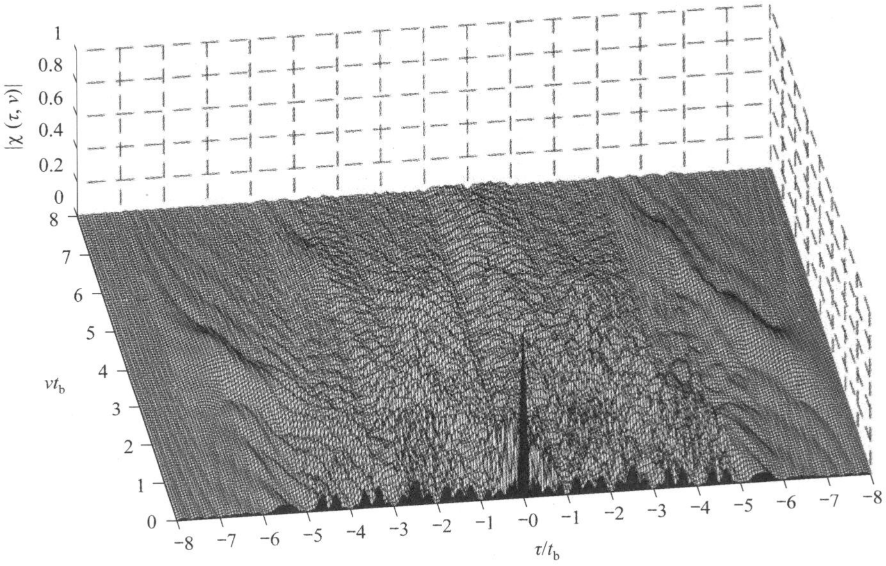

图 1.24　表 1.3 所列 8 元 Costas 信号的模糊函数

表 1.4　表 1.3 矩阵的二维自相关矩阵

0	0	0	0	0	0	0	0	1	0	0	0	0	0	0
0	0	0	0	1	0	0	0	0	0	0	0	1	0	0
0	0	0	0	0	0	1	0	1	0	1	0	0	0	0
0	1	0	0	0	0	1	0	0	0	1	0	0	1	0
0	0	1	0	0	1	0	0	1	1	0	0	0	0	1
0	0	0	1	0	1	1	0	0	1	1	1	0	0	0
0	0	0	1	1	1	1	0	0	1	0	1	1	0	0
0	0	0	0	0	0	0	8	0	0	0	0	0	0	0
0	0	1	1	0	1	0	0	1	1	1	1	0	0	0
0	0	0	1	1	1	0	0	1	1	0	1	0	0	0
1	0	0	0	0	1	1	0	0	1	0	0	1	0	0
0	1	0	0	1	0	0	0	1	0	0	0	0	1	0
0	0	0	0	1	0	1	0	1	0	0	0	0	0	0
0	0	1	0	0	0	0	0	0	0	1	0	0	0	0
0	0	0	0	0	0	1	0	0	0	0	0	0	0	0

二维自相关（表 1.4）显示旁瓣值不高于 1（主瓣值为 N），这暗示了自相关函数的图钉形状。实际的自相关函数（图 1.24）表明不在网格点上时旁瓣值高出 $1/N$，例如在零多普勒轴上。理想情况下（表 1.4）与现实情况中

（图 1.24）的差别解释了数学家对于 Costas 矩阵很感兴趣，而雷达领域中的兴趣不大。这里需要指出的是，John P. Costas 最初提出该信号是应用在声纳领域中，而声纳中通常不会很好地保证相干性。实际上 Costas 信号对于相干性的缺乏并不十分敏感。

数学家对于 Costas 矩阵的兴趣导致了通过构造算法和穷举搜索，大量搜索增加尺寸 N[18]时所有可用序列，最近的（2011 年）Costas 矩阵[19]在表 1.5 中给出，其中 $C(N)$ 等于大小为 N 的 Costas 矩阵数量，$c(N)$ 等于唯一（旋转和反射）的大小为 N 的 Costas 阵列数量。目前公开的报告中没有对于 $N>29$ 时的穷举搜索结果，但是对于多种矩阵尺寸，均有相应的构造算法能够产生成千上万的对应矩阵。例如，在 $N=198$ 时，能够产生超过 20000 个 Costas 矩阵，而在 $N=32$ 或 $N=33$ 时则没有发现对应矩阵。图 1.25 中的实线表示 $C(N)$，如表 1.5 第二列所列。

表 1.3 中所列 Costas 向量的例子指出：①所有 N 个频率都是在相同的时间长度内使用的；②在任何给定的时刻只有一个频率被发送。第一点可使信号具有宽度接近 Ndf 的相对平坦的频谱，而第二点意味着信号为恒幅。以上所述第二点在同时发射两个或更多载频时将会产生改变，即 1.11 节即将讨论的多载频波形。

表 1.5　Costas 序列的数量

N	$C(N)$	$c(N)$	N	$C(N)$	$c(N)$
1	1	1	16	21104	2648
2	2	1	17	18276	2294
3	4	1	18	15096	1892
4	12	2	19	10240	1283
5	40	6	20	6464	810
6	116	17	21	3536	446
7	200	30	22	2052	259
8	444	60	23	872	114
9	760	100	24	200	25
10	2160	277	25	88	12
11	4368	555	26	56	8
12	7852	990	27	204	29
13	12828	1616	28	712	89
14	17252	2168	29	164	23
15	19612	2467			

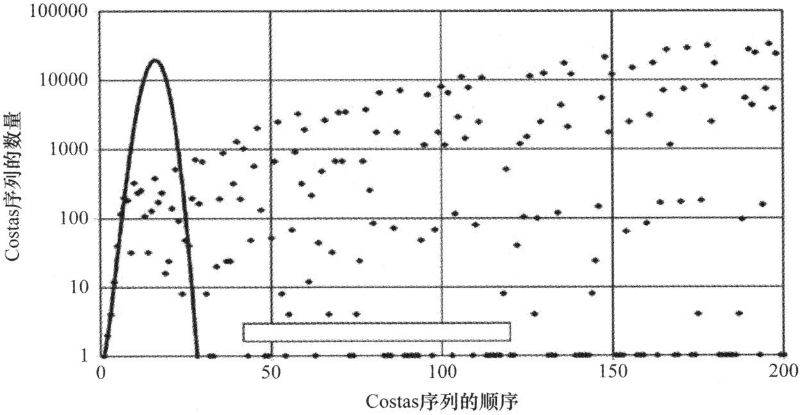

图 1.25　Costas 序列的数量[18]

1.11　多载频波形

多载频波形与之前介绍过的波形（如 Costas 编码波形及频率步进波形）的区别在于其所有的信号频率是同时发射的。图 1.26 的中间区域展示了脉冲信号的时间（列）频率（行）结构。脉冲持续时间被分为了 M 个连续的时间片，每一个时间片的持续时间为 t_b 。在每个时间片发送 N 个载波（在图 1.26 中，$N = M$ ）。对于给定的载频，其所对应的时间片为矩形并且是相位编码的。为了获得正交性，载频间隔 $1/t_b$ 。这种波形在通信中应用非常广泛，其被称为正交频分复用技术（OFDM）。该信号中的相位编码通常包含所要传递的信息。这种波形首先在 2000 年[20]被应用在了雷达领域中。在雷达领域中，信号的相位编码设计是为了获得理想的自相关函数（ACF）。文献［20］中提出了一种设计，该方法通过展现完美周期性自相关（例如 P4 序列）的 M 元素序列的不同循环移位对每个载波进行编码。当所有周期移位均被使用，即产生了相等数量的时间片及载频时，M 个循环移位构成互补集。图 1.26 的底部表示典型的自相关函数形状。当单载频相位编码的雷达信号的自相关函数主瓣宽度为 t_b 时，数量为 M 的多载频信号的自相关函数主瓣宽度将近似为 t_b/M 。当所有载频传输相同的幅度时，其功率谱（图 1.26 的左侧）将具有矩形形状，并且其自相关函数临近旁瓣将相对较高（可参考矩形的傅里叶变换）。为了降低自相关函数的临近旁瓣，可通过对不同载频的幅度加权使其功率谱呈一特定形状，如图 1.26的右侧所示。但是，进行幅度加权将会使自相关函数主瓣展宽。下面给出一个多载频波形的简单例子，其载频数 $N = 4$ ，时间片数 $M = 5$ ，相位结构如表 1.6 所列。

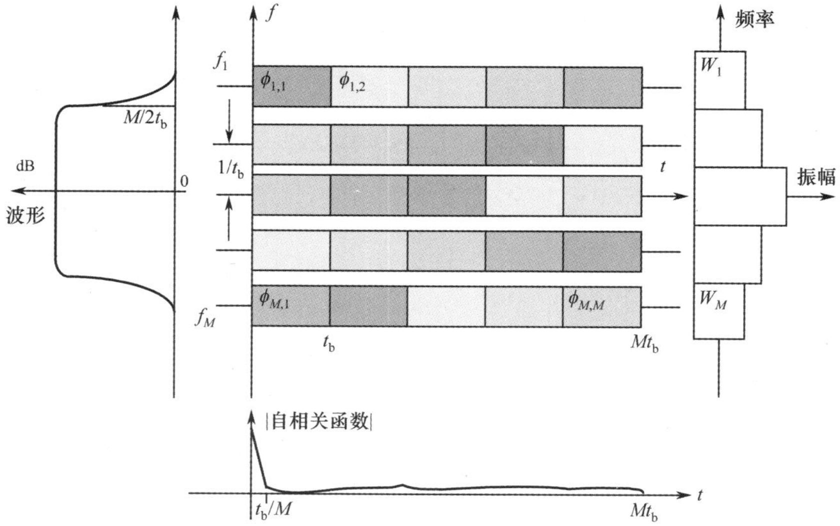

图 1.26　多载频波形的结构

对于给它的波形采用均匀的频率加权，其自相关函数如图 1.27 所示。可以注意到其第一零点位于 $t = t_b/N = t_b/4$ 处，导致脉压比为20（$=MN$）。另外注意到所有零点均位于 t_b 的倍数处，这是由于正交性（即 $df = 1/t_b$）及编码是由互补的集合构成的。

表 1.6　相位/π

0	1	1	1	1
0	1	1	1	0
1	0	0	1	0
1	1	1	0	1

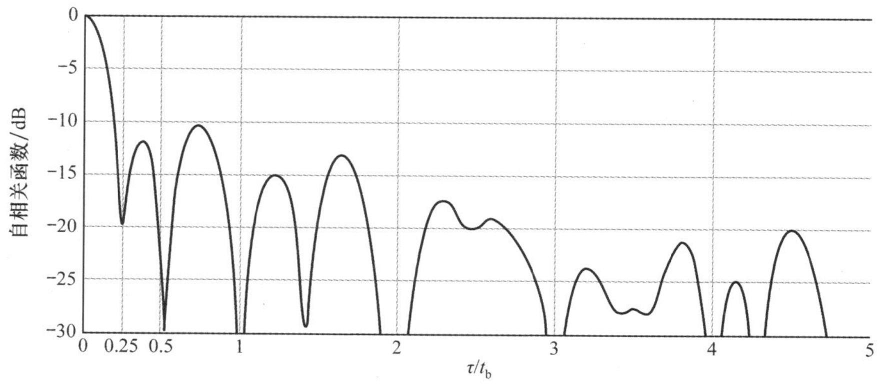

图 1.27　4×5 多载频波形的自相关函数

多载频波形的主要缺点是其变化的幅度。对于给出的多载频波形例子，信号的幅度如图 1.28 所示。变化的幅度对于功率放大器是一个障碍，因此许多用于最小化这种 OFDM 波形的峰值 - 均值包络功率比（PMEPR）的技术[21]（参见参考文献［4］的第 11 章）被提出。当发射机利用阵列天线时，避免该问题的方法是将每个载波馈送到不同的阵元。这种方法及其结果将在关于空时波形的章中讨论（第 12 章）。

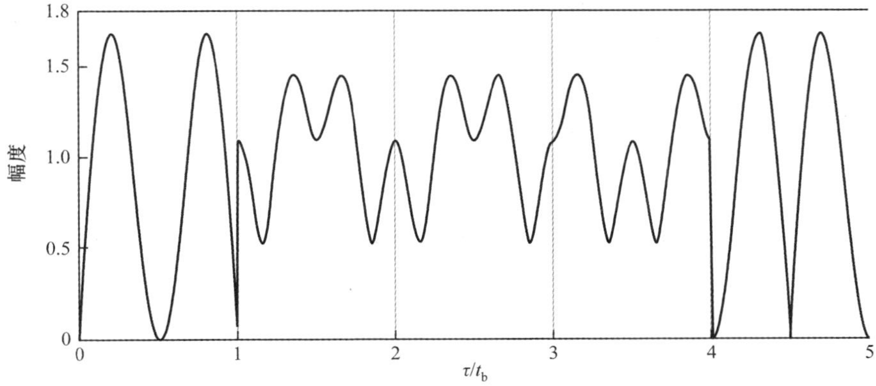

图 1.28　4 × 5 多载频波形的实包络

大尺寸多载波信号看起来非常像随机波形，其特性不能由频谱图所推导出。此外，小的编码排列（如分配序列到载频时）产生相同族的相对正交的信号。该特性将其分类为低截获概率（LPI）信号，并使多载频波形对网络或 MIMO 雷达系统有吸引力。

1.12　周期连续波

在脉冲压缩中，实际脉冲宽度增加，允许雷达使用低峰值功率发射机。最大允许的脉宽是脉冲间隔，这使得雷达成为连续波雷达。在连续波信号中，峰值功率和平均功率相等。连续波的多普勒响应是进行相参处理的周期数 M 的函数，由周期模糊函数给出式（1.14）。事实证明，P4（或 P3）周期连续波雷达的延时 - 多普勒响应与图 1.10 所示的相参脉冲串的延时 - 多普勒响应非常类似，但没有延时旁瓣。周期连续波的两个优点——可能的理想延迟响应和低峰值功率——需要与发射时必须接收带来的影响相权衡。

周期连续波及其相参处理的一般概念如图 1.29 所示。发射波形是相同周期的连续流（图 1.29（a））。接收机只对这些周期中的 M 个进行相参处理。在某些情况下，只有一个周期被相参处理（$M = 1$），并且接收机可以对几个周期的结果添加额外的非相参处理。包含 M 个周期的参考波形可以进行周期间幅度加权以降低多普勒旁瓣（图 1. 29（c），（d））。该参考波形还可以包含在周期内加权以降低延时旁瓣。只有在参考信号的幅度上加权会导致一些信噪比损失。此外，其延时 - 多普勒响应将不再能够从周期模糊函数导出，并且必需使用周期性交叉模糊函数。

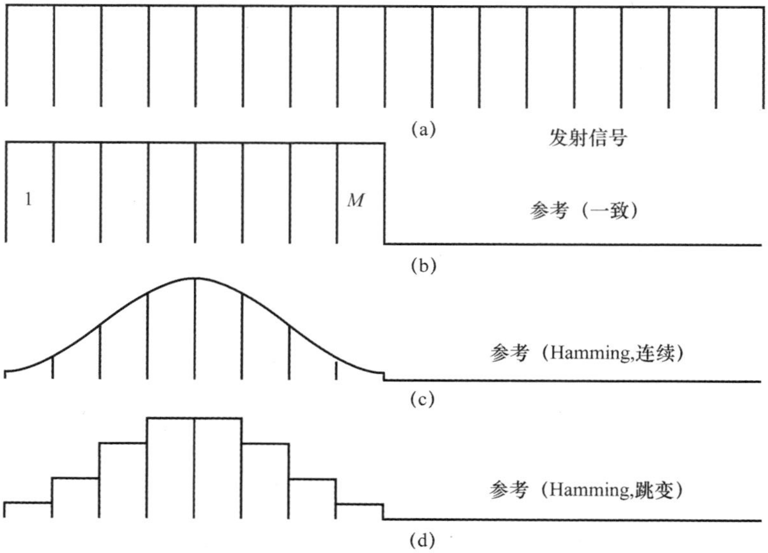

图 1. 29　一个周期连续波的相参处理

目前最流行的周期连续波形是线性调频连续波，本节将首先考虑这种波形。图 1. 31及图 1. 32 给出了两种频率变化的情况。这两种情况都表现出相同的频率偏移及相等的相干处理间隔（CPI）。如图 1. 30 所示的 CPI 包含了八个短的调制周期，而图 1. 31 中只有一个长的周期。

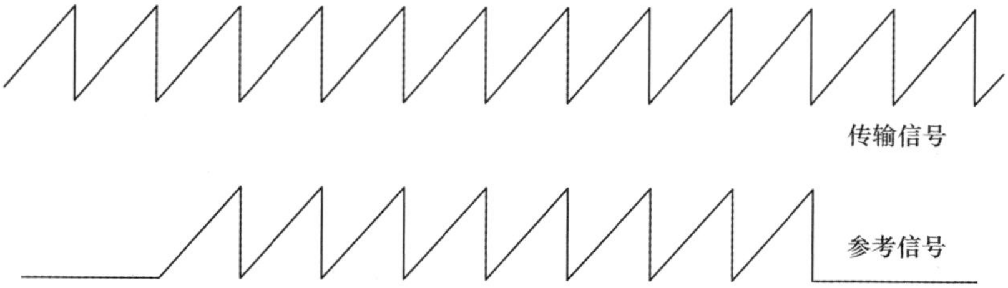

图 1. 30　线性调频连续波：八个短的调制周期被相参处理

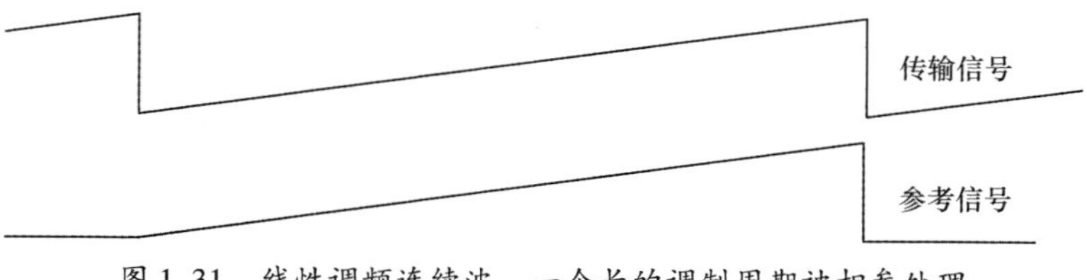

图 1. 31　线性调频连续波：一个长的调制周期被相参处理

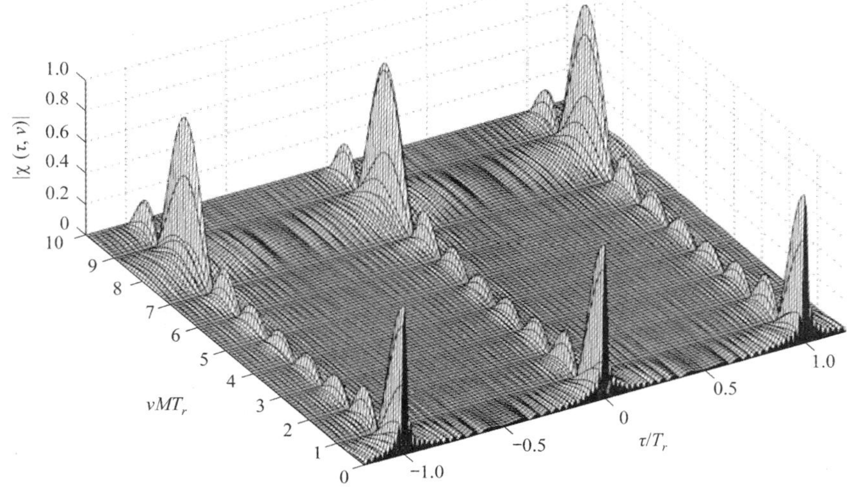

图 1.32　8 周期线性调频连续波的周期模糊函数

$M=8$ 的线性调频连续波的周期模糊函数如图 1.32 所示。其多普勒分辨率等于 M 个周期的持续时间的倒数。第一个多普勒模糊峰出现在单个周期持续时间的倒数处。可以注意到对于典型的非加权线性调频信号，其具有相对高的延迟旁瓣。如果将周期内幅度加权应用于参考信号，则延迟旁瓣可以大大降低。加布莱克曼－哈里斯窗处理后的延时－多普勒响应如图 1.33 所示。当相同的 CPI 被单个调制周期占用时，对应的延时－多普勒响应如图 1.34 所示。再次强调，图 1.33和图 1.34 的延迟和多普勒轴是相同的。

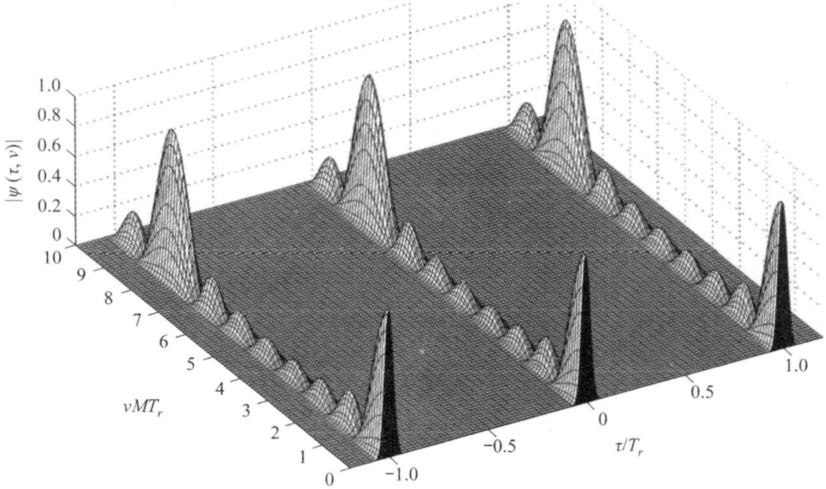

图 1.33　8 周期线性调频连续波经过布莱克曼－哈里斯窗的周期间加权后的延时－多普勒响应

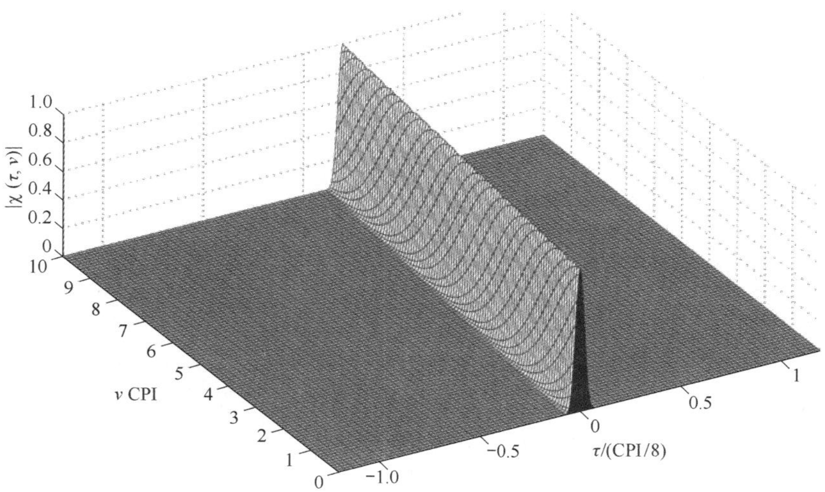

图 1.34　单周期线性调频连续波经过布莱克曼－哈里斯窗的周期间加权后的延时－多普勒响应

当对图 1.33 和图 1.34 进行对比时，可以清晰地观察到当使用单个调制周期时，多普勒信息丢失。仅在一个调制周期进行相干处理的线性调频连续波雷达可以使用“去斜处理”相对简单的处理。其方法为将反射信号与发射信号的延迟部分进行混频，该混频器的输出频率是目标距离的函数。通常可以使用低采样率数字化的相对较低的频率。混频器的输出频率也是目标感应多普勒偏移的函数。两个参数（延迟和多普勒）不能分开。可以通过使用具有相反频率斜率的另一个单个线性调频连续波形周期来缓解这个问题，然后对两个结果进行额外的非相干处理。当超过一个目标被检测到时，一对上下斜率是不够的。M 个周期（图 1.33）的相参处理将能够分辨多个目标的延迟和多普勒。然而，创建用于几个多普勒频移的一组中频比在窄脉冲的相干串中用于该目的的简单 FFT 处理更复杂。

虽然线性调频连续波是一种流行的连续波波形，但是同样可以利用其他的周期调制。任何具有理想周期自相关性质的周期编码都会产生一个无旁瓣的周期延迟响应。大多数类线性调频编码，如式（1.15）和式（1.16）所介绍的 P3 和 P4 码，其均具有理想的周期自相关函数。唯一具有理想周期自相关函数的二相码是巴克 4 码，但由于其过短而不具有很大的价值。然而，Ipatov 二相码与非二相参考之间产生理想的周期互相关性。这种失配处理表现出小的（<1dB）信噪比损耗。举例来说，13 元的 Ipatov 二相码（－＋＋－＋－－－－－－＋－－）与参考序列（−2 3 3 −2 3 −2 −2 −2 −2 −2 3 −2 −2）进行周期互相关处理时其信噪比损失仅为 0.17dB。具有二值参考的最长的 Ipatov 二相码的长度为 121。它的信噪比损耗为 0.46dB。有关 Ipatov 二相码的更多信息（英文），请参见参考文献

[4] 中的第6.5节。

1.13 结 论

在引言中介绍了几种基本的雷达波形及使用匹配或微失配滤波器处理时这些波形的延时-多普勒响应。介绍了单脉冲、脉冲串和周期连续波信号。单脉冲设计的目的是实现显著的脉冲压缩、低延时旁瓣和有效的频谱利用。在相参脉冲串中组合许多脉冲增加了多普勒分辨率。脉冲串内的多样性能够降低临近旁瓣和周期旁瓣，其代价是多普勒周期旁瓣的无序化。连续波信号形式允许低得多的发射峰值功率，但是可以获得与脉冲串相当的延时-多普勒响应。Woodward 提出的模糊函数被广泛地用于显示单脉冲的延时-多普勒响应。其周期形式则被用来分析相参脉冲串和周期连续波信号。经典波形的分析工具和基本库将有助于理解和领会随后各章要讨论的特殊波形。

参考文献

[1] North D O. An analysis of the factors which determine signal/noise discrimination in pulsed carrier systems. *RCA Labs.*, *Princeton*, *NJ*, *Rep. PTR-6C*, 1943; reprinted in *Proc. IEEE*, 1963; 51 (7): 1016-1027.

[2] Woodward PM. *Probability and Information Theory, with Applications to Radar*. Pergamon Press: Oxford, 1953; reprinted by Artech House, 1980.

[3] Klauder JR, Price AC, Darlington S and Albersheim WJ. The theory and design of chirp radars. *BSTJ*, 1960; 39 (4): 745-809; reprinted in *Radars-vol. 3*, *pulse compression*, Barton DK, ed., Artech House, 1975.

[4] Levanon N and Mozeson E. *Radar Signals*. John Wiley & Sons: New York, NY, 2004.

[5] Nunn CJ and Coxson GE. Best known autocorrelation peak sidelobe levels for binary codes of length 71-105. *IEEE Trans. AES*, 2008; 44 (1): 392-395.

[6] Nunn CJ and Coxson GE. Polyphase pulse compression codes with optimal peak and integrated sidelobes. *IEEE Trans. AES*, 2009; 45 (2): 775-781.

[7] Lewis BL and Kretschmer FF. Linear frequency modulation derived polyphase pulse compression codes. *IEEE Trans. AES*, 1982; 18 (5): 637-641.

[8] Felhauer T. Design and analysis of new P (n, k) polyphase pulse compression codes. *IEEE Trans. AES*, 1994; 30 (3): 865-874.

[9] Key EL, Fowle EN and Haggarty RD. A method of side-lobe suppression in phase-coded pulse compression systems. MIT Lincoln Laboratory, Technical Report No. 209, 28 August 1959.

[10] Griep KR, Ritcey JA and Burlingame JJ. Poly-phase codes and optimal filters for multiple user ranging. *IEEE Trans. AES*, 1995; 31 (2): 752-767.

[11] Stoica P, Li J and Xue M. Transmit codes and receive filters for radar. *IEEE Sig. Proc. Mag.*,

2008; 25 (6): 94 – 109.

[12] Chen R and Cantrell B. Highly bandlimited radar signals. 2002 *IEEE Radar Conference*, Long Beach, CA, April 2002, pp. 220 – 226.

[13] Golay MJE. Complementary series. *IRE Trans. IT*, 1961; 7 (2): 82 – 87.

[14] Maron, DE. Non – periodic frequency – jumped burst waveforms. *Proceedings of the IEE International Radar Conference*, London, October 1987, pp. 484 – 488.

[15] LevanonNand Mozeson E. Nullifying ACF grating lobes in stepped – frequency train of LFM pulses. *IEEE Trans. AES*, 2003; 39 (2): 694 – 703.

[16] Costas JP. A study of a class of detection waveforms having nearly ideal range – Doppler ambiguity properties. *Proc. IEEE*, 1984; 72 (8): 996 – 1009.

[17] Golomb SW and Taylor H. Construction and properties of Costas arrays. *Proc. IEEE*, 1984; 72 (9): 1143 – 1163.

[18] Beard JK, Russo JC, Erickson K, Monteleone M and Wright M. Costas array generation and search methodology. *IEEE Trans. AES*, 2007; 43 (2): 522 – 538.

[19] http: //www. costasarrays. org/.

[20] Levanon N. Multifrequency complementary phase – coded radar signal. *IEE Proc. – Radar, Sonar Navig.*, 2000; 147 (6): 276 – 284.

[21] Litsyn S. *Peak Power Control in Multicarrier Communications.* Cambridge University Press: Cambridge, UK, 2007.

第 2 章　信息论与雷达波形设计

Mark R. Bell and Mir Hamza Mahmood

摘　　要

在过去十年中，一些研究人员已将信息论的思想和互信息的最大化应用在了自适应波形雷达和多输入多输出（MIMO）雷达的雷达波形设计中。但是，在何种情况下这些方法能够获得最优或近似最优结果仍然不清楚。在本章中，将回顾雷达波形设计中使用的信息论与信息测度的基本思想，并将简要回顾这一领域最近的一些成果。

关键词：雷达；雷达波形设计；信息论；信息测度

2.1　简　　介

本章回顾了雷达波形设计中使用的信息论与信息测度的基本思想，并且简要回顾这一领域近期的一些成果。目前最常见的争论在于为什么最大化互信息对于雷达波形设计来讲是一件好事。但是，类似于统计模式识别的情况，注意到并没有结果表明最大化互信息是最优的。尤其在雷达目标识别中，没有证据表明在一般的贝叶斯目标识别问题中设计使目标集合与观察到的散射信号之间的互信息最大化的波形是最优的或者是接近最优的。

从 Claude Shannon 于 1948 年在 *A Mathematical Theory of Communication*[1] 中提出信息论的基本概念之后，研究人员开始考虑雷达领域的信息论分析。尤其地，Woodward 和 Davies 开始了信息论在雷达领域中应用的研究[2-5]。1953 年，Woodward 出版了 *Probability and Information Theory with Applications to Radar*[6] 这本书，其中，他提出了从雷达检测的视角来看待信息论的一些指导性方法，并给出了他与 Davies 研究中的一些结果的总结。从这些工作中可以很明显地看到，信息论在开始时被认为适用于雷达问题，尤其是在雷达检测领域。信息论在雷达领域中应用的早期研究的背后的理由被 Woodward 总结如下[6]：

“接收的问题是从信号与不需要的噪声的混合中获取信息，而且有大量的文献对此问题进行了研究。其中大部分都涉及到获得尽可能大的信噪比的方法，理由是噪声最终限制了灵敏度，因此噪声越小越好。这种方法直到现在仍然是有效的，但是其并没有正面应对提取信息的问题。有些时候这种思想是具有误导性的，因为目前并没有理论表明最大化输出信噪比能够保证获取最多的信息。"

Woodward 和 Davies 在工作中运用信息论的思想构造了后验雷达接收机，在带限加性高斯白噪声的情况下导致相关接收机。他们的工作最终导致引入模糊函数，这是评估雷达波形在匹配滤波器处理时的分辨率、辨别度和精度特性的最重要的工具之一。但是，他们没有将上述理由扩展到以提取目标信息为目的的波形设计的问题。

在 20 世纪 80 年代中期，受反隐身雷达超宽带波形设计问题的驱动，休斯飞机公司的 M. R. Bell 开始研究雷达波形设计中信息论的使用[7,8]。在这项工作中，引入了雷达通道模型，并且在平稳高斯噪声情况下计算了高斯目标集合与接收到的雷达信号之间的互信息。在能量、带宽和持续时间约束下解决了设计使目标集合和接收信号之间的信息最大化的问题。另外，通过使用速率失真函数、Fano 不等式和 Shannon 的噪声信道编码定理，给出了将互信息作为度量最大化的使用。

在 20 世纪 80 年代末期及 90 年代初期，洛斯阿拉莫斯国家实验室的 S. D. Briles 使用雷达测量通道模型和速率失真理论分析了雷达中的贝叶斯目标分类性能[9,10]。这项工作的目的是通过使用速率失真函数将贝叶斯分类性能与目标和观测之间的互信息相关联，其中将平均失真定义为平均贝叶斯风险，这被认为是贝叶斯分类器中的误差的概率。这项工作导致了性能界限的计算，而边界提供了作为互信息函数的错误概率的剖析，而边界不紧。虽然如此，框架和理论发展提供了如何利用信息论研究雷达中贝叶斯目标分类性能的深层剖析。

最近，这些想法已经扩展到单目标和多目标环境中的自适应、序贯和 MIMO 雷达波形设计[11-14]。

本章将介绍信息论方法在雷达波形设计中应用的总体概况。首先，给出 Bell 和 Briles 研究结果的综述，接下来将介绍这些想法在自适应、序贯和 MIMO 雷达波形设计中的扩展。

2.2 信息论和雷达波形设计

假设目标已经被检测到，那么雷达系统可以对目标进行某些测量，来确定目标的未知特性。换句话说，雷达系统可以对目标进行测量，来降低关于目标的先验不确定性。在对信道的分析中，信息论提供了一种通过观察信道输出来量化传输消息自先验消息不确定性的下降的方法。该方法能够有效地确定信道的信息传送能力。鉴于信息论在通信系统的分析和设计中的成功，我们可以想考虑在一般的雷达系统的分析和设计中尤其是在雷达波形设计中信息论可以提供什么。虽然信息论对雷达传感问题不像对通信问题应用的那样直接，但它仍然在雷达系统和雷达波形设计中提供了许多有趣的见解。在这种情况下，让我们根据信息论来检查一般的测量过程，以便通过测量机制确定发送给观察者的信息。然后，我们考虑如何将这些结果应用于雷达测量问题。

2.2.1 互信息

考虑一个测量系统，其中有一个测量对象、一个测量机制和一个观察者。假设随机向量 $\boldsymbol{X}$ 是由待测量对象的参数组成，这些参数的概率模型是有意义的。测量机制将向量 $\boldsymbol{X}$ 映射到随机向量 $\boldsymbol{Y}$ 上，观察者观察 $\boldsymbol{Y}$ 通过这种观测，观察者确定 $\boldsymbol{X}$ 的期望描述。假设测量机制存在内在的不准确性，所以该测量包含误差。这可以通过假设测量机制随机地将随机向量 $\boldsymbol{X} \in \boldsymbol{R}_x$ 映射到随机向量 $\boldsymbol{Y} \in \boldsymbol{R}_Y$ 来建模。将 $\boldsymbol{X}$ 和 $\boldsymbol{Y}$ 之间的互信息表示为 $I(\boldsymbol{X};\ \boldsymbol{Y})$。连续随机向量 $\boldsymbol{X}$ 和连续随机向量 $\boldsymbol{Y}$ 之间的互信息 $I(\boldsymbol{X};\ \boldsymbol{Y})$ 定义为[15-18]：

$$
\begin{aligned}
I(\boldsymbol{X};\boldsymbol{Y}) &= E\left[\log\left(\frac{f_{XY}(\boldsymbol{X},\boldsymbol{Y})}{f_X(\boldsymbol{X})f_Y(\boldsymbol{Y})}\right)\right] \\
&= \iint\limits_{R_X R_Y} f_{XY}(\boldsymbol{x},\boldsymbol{y})\log\left(\frac{f_{XY}(\boldsymbol{x},\boldsymbol{y})}{f_X(\boldsymbol{x})f_Y(\boldsymbol{y})}\right)\mathrm{d}\boldsymbol{x}\mathrm{d}\boldsymbol{y} \qquad (2.1) \\
&= \iint\limits_{R_X R_Y} f(\boldsymbol{y}\,|\,\boldsymbol{x})f_X(\boldsymbol{x})\log\left(\frac{f(\boldsymbol{y}\,|\,\boldsymbol{x})}{f_Y(\boldsymbol{y})}\right)\mathrm{d}\boldsymbol{x}\mathrm{d}\boldsymbol{y} \qquad (2.2)
\end{aligned}
$$

式中：$f_{XY}(\boldsymbol{x},\boldsymbol{y})$ 为随机向量 $\boldsymbol{X}$ 和 $\boldsymbol{Y}$ 的联合概率密度函数；$f_X(\boldsymbol{x})$ 和 $f_Y(\boldsymbol{y})$ 分别为边缘概率密度函数；$f(\boldsymbol{y}\,|\,\boldsymbol{x})$ 为描述 $\boldsymbol{X}$ 到 $\boldsymbol{Y}$ 的随机映射的条件概率密度函数（例如通信信道中的信道转换分布），并且该对数可以取任意的底（除非另有说明，在本章中使用以 e 为底的形式，并且将以 e 为底的基准单位的信息称为奈特（nat，1nat = 1.44bit）。

随机向量 $\boldsymbol{X}$ 和 $\boldsymbol{Y}$ 之间的互信息 $I(\boldsymbol{X};\boldsymbol{Y})$ 可以告诉我们向量 $\boldsymbol{Y}$ 中能够提供的关于向量 $\boldsymbol{X}$ 的观测信息的量。互信息越大，通过测量能获得描述目标的信息的量就越多，该测量导致的不确定的先验知识的下降就越大。直观地，我们可能期望测量与被测量的量之间的互信息越大，我们就可以越准确地对我们试图测量的实体进行分类或估计。Berger 在做出下列陈述时暗示了这一想法：“速率失真理论提供了关于错误分类的频率如何随观测数量和质量而变化的知识”[19]，因为速率失真函数将平均失真或误差与实现该误差所需的最小互信息相关联。

2.2.2 互信息和噪声信道编码定理

在信息论中，互信息在定义通信信道的容量方面起到了关键作用，通信信道的信道容量可以以任意小的误差概率通过信道传输信息的最大速率。为了更好地理解互信息，简要回顾一下信道容量的概念以及赋予其意义的关键结果：Shannon 的噪声通道编码定理。关于信息论的更加详细的介绍可以在以下关于这个主题的优秀教科书[15-18]中找到。为了更全面地了解本书中涉及的基本信息理论，建议阅读参考文献［18］的第 2、3、5，以及 7 - 10 章。或者，Claude Shannon 的原始论文[1]给出了对于本篇所涉及的除率失真定理外所有信息论知识的清晰的介绍，而率失真定理可以参考 Berger 的经典文献[19]。

考虑一个简单的通信信道，其输入为连续的随机变量 X，其输出为连续的随机变量 Y。假设输入和输出之间随机的映射由条件概率密度函数 $f_X(x\,|\,\boldsymbol{Y}=y)$ 来控制，为了简便将其写作 $f(x\,|\,y)$。这个情况如图 2.1 所示。那么 $\boldsymbol{X}$ 和 $\boldsymbol{Y}$ 之间的互信息可由下式给出

$$
\begin{aligned}
I(X;Y) &= E\left[\log\left(\frac{f_{XY}(\boldsymbol{X},\boldsymbol{Y})}{f_X(\boldsymbol{X})f_Y(\boldsymbol{Y})}\right)\right] \\
&= \int_{-\infty}^{\infty}\int_{-\infty}^{\infty} f(y\,|\,x)f_X(x)\log\left(\frac{f(y\,|\,x)}{f_Y(y)}\right)\mathrm{d}x\mathrm{d}y
\end{aligned}
$$

其中

$$
f_Y(y) = \int_{-\infty}^{\infty} f(y\,|\,x)f_X(x)\,\mathrm{d}x
$$

所以，通信信道的输入和输出之间的互信息可以看作是信道传输概率密度 $f(y\,|\,x)$ 和信道输入概率密度 $f_X(x)$ 的函数。

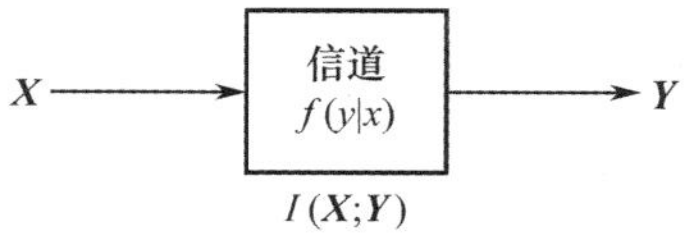

图 2.1　一个简单的实值输入输出的连续值通信信道

对给定的通信信道，即给定信道传输概率密度 $f(y\,|\,x)$，那么互信息 $I(\boldsymbol{X};\boldsymbol{Y})$ 的值仅是信道输入概率密度 $f_X(x)$ 的函数。一般来说，只关心寻找到输入与输出之间的最大可能互信息。这种最大可能的互信息被称为信道的容量 C。

$$
C = \sup_{f_X(x)\in\mathcal{F}}\{\mathrm{I}(\boldsymbol{X};\boldsymbol{Y})\}
$$

式中：$\mathcal{F}$ 为满足可以放置在信道输入上的任何可接受性约束（例如平均有限能量或功率输入）的所有信道输入概率密度函数的集合。如果达到上限（最小上限）的输入概率密度是 $\mathcal{F}$ 的成员，可以用最大值代替上限：

$$
C = \max_{f_X(\boldsymbol{x})\in\mathcal{F}}\{\mathrm{I}(\boldsymbol{X};\boldsymbol{Y})\}
$$

信道容量的含义由 Shannon 的噪声信道编码定理及其推论给出。为了理解这

个定理，考虑如图 2.2 所示的通信系统。假设有一个通信信道，其中 k 个源符号 $\boldsymbol{U}^k = (U_1, \cdots, U_k)$ 被编码为码字 $\boldsymbol{X}^n = (X_1, \cdots, X_n)$ 的形式以便由该连续无记忆信道 n 次传送。对应于每个信道的 n 通道输出由 $\boldsymbol{Y}^n = (Y_1, \cdots, Y_n)$ 表示，它们通过解码器后产生一个 k 个符号的输出 $\boldsymbol{V}^k = (V_1, \cdots, V_n)$，其表示经解码后的信号形式或者说为原样本 $\boldsymbol{U}^k = (U_1, \cdots, U_k)$ 的估计。该通信系统中，如果 $\boldsymbol{U}^k \neq \boldsymbol{V}^k$，则会发生错误。也就是说，错误事件被定义为

$$E = \{\boldsymbol{U}^k \neq \boldsymbol{V}^k\}$$

对于一个长度为 n 的编码，如果其具有 2^{Rn} 个码字，那么其速率为 R。如果存在具有 2^{Rn} 个码字的长度为 n 的编码，则可以实现码率 R，表示为 $(2^{Rn}, n)$，使得当 $n \to \infty$ 时 $P(E) \to 0$。现在给出 Shannon 的噪声信道编码定理（NCCT）及其反定理：

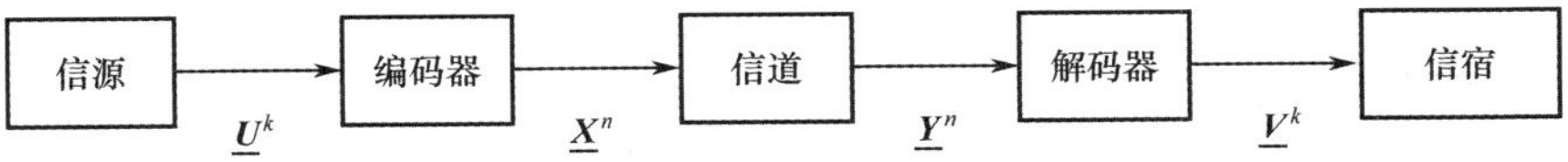

图 2.2　用来传输 k 元样本序列的 n 元信道序列的通信系统框图

噪声信道编码定理：对于信道容量为 C 的无记忆信道，所有 $R < C$ 的传输速率均为可实现的。也就是说，对任意 $R < C$ 的传输速率，存在一个编码序列 $(2^{Rn}, n)$，使得 $n \to \infty$ 时 $P(E) \to 0$。

噪声信道编码定理推论：对于信道容量为 C 的无记忆信道，所有 $R > C$ 的传输速率均为不可实现的。也就是说，对任意 $R > C$ 的传输速率，所有编码序列 $(2^{Rn}, n)$ 均随着 $n \to \infty$ 时 $P(E) \to 1$。

上述定理的证明在参考文献［1］和［15－18］中给出，这些定理表明，信道的容量——即输入和输出之间的最大互信息是一个明确分界。在传输速率低于信道容量时，存在一个长度为 n 的编码，及对应的编码器和译码器，使得 $n \to \infty$ 时，以指数变化 $P(E) \to 0$。从噪声信道编码定理的证明可以看出，即使有一个能够达到信道容量的输入密度函数 $f_x(x)$，仍不能以大于互信息 $I(X;Y)$ 的速率传输信息。

以较小的错误概率实现接近容量的传输速率需要长度为 n 的长码字中的编码信息。如果不进行编码，想要获得接近信道容量的传输速率是不可能的，而且误差概率将变得非常高。这是将信息论应用于雷达领域的最大问题之一，即希望获得雷达性能的严格界限。在通信信道中，编码是可控的，然而在雷达信道中，对编码过程是无法控制的。雷达问题中的编码过程是雷达无法控制的物理散射过程。

2.2.3　互信息和雷达测量

我们将用两种方法说明，测量的参数和测量值之间的互信息越大，描述对象的参数的分类或估计的能力越强。我们将确定可以通过观察随机向量 $\boldsymbol{Y}$ 来分配随

机向量 $\boldsymbol{X}$ 的等概率集合的最大数量；进而将互信息 $I(\boldsymbol{X};\boldsymbol{Y})$ 与平均测量误差通过率失真函数关联起来。这将由以下两个命题所完成。同时还将引用该问题相关的相关结果[20]。

考虑基于 $\boldsymbol{Y}$ 观察将 $\boldsymbol{X}$ 分配进含有 N 个等概率集的问题。也就是说，假设 R_X 已经被划分为 N 个等概率的子集，并且希望基于对测量过程产生的 $\boldsymbol{Y}$ 的观测，将 $\boldsymbol{X}$ 分配到其适合的子集中。

命题 2.1 对于任何基于对 $\boldsymbol{Y}$ 的观测将 $\boldsymbol{X}$ 分配到一个子集中的决策，及对于所有可能的对 R_X 的等概率划分，能够获得任意小的误差概率的划分子集个数 N 的最大值为

$$N = [\mathrm{e}^{I(\boldsymbol{X};\boldsymbol{Y})}] \tag{2.3}$$

为了证明上述命题的正确，给定 $I(\boldsymbol{X};\boldsymbol{Y}) = I_0$ nat，进而能够计算出相应的 N，令其为 N_0，因此

$$N_0 = [\mathrm{e}^{I_0}]$$

进而

$$N_0 \leqslant \mathrm{e}^{I_0} < N_0 + 1$$

由于 log 对于其定域内所有的实数为单调增函数，因此

$$\ln N_0 \leqslant I_0 < \ln(N_0 + 1)$$

根据 Shannon 的噪声信道编码定理，不可能将 $\boldsymbol{X}$ 分配到 $N_0 + 1$ 个等概率集中，除非信道能够传输 $\ln(N_0 + 1)$ nat 的信息量，但是，测量机制不允许这种情况发生，因为 $I_0 < \ln(N_0 + 1)$。

现在考虑互信息与测量误差之间的关系。当检查测量的准确性时，通常可以根据某些误差准则（例如均方误差或相对均方误差）来说明准确度。如果将互信息 $I(\boldsymbol{X};\boldsymbol{Y})$ 与相关的测量误差相关联这将是有用的。速率失真定理为此提供了一个框架。

在进行测量时，试图从测量向量 $\boldsymbol{Y}$ 获得对目标参数向量 $\boldsymbol{X}$ 的描述。由于测量过程中的不准确，不能完全正确地获得 $\boldsymbol{X}$。所以对给定的参数向量 $\boldsymbol{x}$ 和测量向量 $\boldsymbol{y}$ 存在误差（这里大写字母表示随机向量而小写字母表示随机向量所代表的值）。令这个误差或失真为 $d(\boldsymbol{x},\boldsymbol{y})$。假设这个失真对于所有 $\boldsymbol{x} \in R_X$，$\boldsymbol{y} \in R_Y$ 为非负函数。平均失真 δ 是 $d(\boldsymbol{X},\boldsymbol{Y})$ 的期望。因此

$$\delta = E[d(\boldsymbol{X},\boldsymbol{Y})]$$

单个测量的率失真函数 $R(D)$ 定义为

$$R(D) = \min[I(\boldsymbol{X},\boldsymbol{Y});\delta \leqslant D] \tag{2.4}$$

这里，最小化是对于所有满足保真度准则 δ 小于或等于 D 的条件测量机制而言。最小化也可以被限制为满足特定条件集合的测量机制（例如单个测量最多能够使用 E_0 J 的能量）。率失真函数 $R(D)$ 给出了信息必须通过测量机制传输的最小可能速率，以使平均误差或失真 δ 小于或等于 D。

众所周知 $R(D)$ 是关于 D 的非增函数[19,15-18]。所以，平均误差 D 越小，测量机制为了获得该平均误差 D 所需的最小信息速率 $R(D)$ 越大。在以下命题中总结了上述结论。

命题 2.2　令 D 为目标参数向量 $\boldsymbol{X}$ 和测量向量 $\boldsymbol{Y}$ 之间的最大允许平均误差，那么能够获得该 D 的 $I(\boldsymbol{X},\boldsymbol{Y})$ 的最小值是关于 D 的非增函数。

将命题 2.1 和命题 2.2 应用于雷达测量机制时，可以看作将雷达系统设计目标定为最大化目标参数与其测量之间的互信息，进而，至少就目标分类能力或平均测量误差而言，可以期望获得更好的系统性能。但是，这种关系并不像所希望的那样强。命题 2.1 给出了基于观察 $\boldsymbol{Y}$ 可以放置 $\boldsymbol{X}$ 的最大等概率集数量的上界，但其并没有说该上界是可达实现的。类似地，命题 2.2 告诉我们在基于观察 $\boldsymbol{Y}$ 估计 $\boldsymbol{X}$ 的平均误差小于 D 的最小所需的互信息，但并不表示只是因为具有 $I(\boldsymbol{X},\boldsymbol{Y})$ 的特定值就会实现一个错误 D。这两个命题只给了界限，而不是一定会实现的结果。所以尽管最大化互信息似乎是一件合理的事，但并不清楚它是否是最佳的。

一般来说，测量本身与所需测量参数之间的互信息越大，可以对被测量对象说得越多。在考察基于观察 $\boldsymbol{Y}$ 可以分配 $\boldsymbol{X}$ 的等概率集数量的情况中，观察到 $I(\boldsymbol{X},\boldsymbol{Y})$ 越大，等概率集数量越多。在速率失真函数的情况下，如果要求测量越精确，测量机制的信息传输的最小速率就越大。

Kanaya 和 Nakagawa[20] 以教学严谨的方式将互信息与统计决策问题中的贝叶斯风险相关联。对于取自有限参数集中的随机参数 θ，他们定义函数 $R(P,L)$，其确定了使贝叶斯风险小于或等于值 L 时，θ 与一个测量之间的最小所需互信息，给定该随机变量 θ 的概率分布为 P。这个函数与速率失真函数密切相关。他们进而证明，对于足够大量的独立实验，如果与每个实验相关联的测量值超过 $R(P,L)$，平均贝叶斯损失大于 L 的概率随着实验数量的增加而趋近于 0。这个结果虽然有可能只对统计决策过程的设计具有有限的现实意义，但其明确地指出了参数和其测量之间的互信息越大，最佳贝叶斯风险决策过程的预期效果越好。

两个分布之间的互信息与相对熵或 Kullback - Leibler 距离之间的关系同样为最大限度地提高测量和决策问题中的互信息的基本原理提供了有用视角。两个联合分布的随机向量 $\boldsymbol{X}$ 和 $\boldsymbol{Y}$ 的联合概率分布函数 $q_{XY}(\boldsymbol{X},\boldsymbol{Y})$ 和 $r_{XY}(\boldsymbol{X},\boldsymbol{Y})$ 的相对熵或 Kullback-Leibler 距离定义为

$$D(q\parallel r) = \iint_{R_X R_Y} q_{XY}(\boldsymbol{x},\boldsymbol{y})\log\left[\frac{q_{XY}(\boldsymbol{x},\boldsymbol{y})}{r_{XY}(\boldsymbol{x},\boldsymbol{y})}\right]\mathrm{d}\boldsymbol{x}\mathrm{d}\boldsymbol{y} \tag{2.5}$$

注意，这不是真正的距离度量，因为一般来说 $D(q\parallel r)\neq D(r\parallel q)$。但是，在基于 N 个独立同分布随机样本 $\{(\boldsymbol{X}_n,\boldsymbol{Y}_n),n=1,\cdots,N\}$ 的 $H_0:(\boldsymbol{X},\boldsymbol{Y})\sim q_{XY}(\boldsymbol{x},\boldsymbol{y})$ 对 $H_1:(\boldsymbol{X},\boldsymbol{Y})\sim r_{XY}(\boldsymbol{x},\boldsymbol{y})$ 的假设检验中，虚警概率为

$$P_F(N)\approx K_F(N)\exp(-ND(q\parallel r)) \tag{2.6}$$

并且漏警概率（1 减发现概率）为

$$P_M(N) \approx K_M(N)\exp(-ND(r \| q)) \tag{2.7}$$

式中：函数 $K_F(N)$ 和 $K_M(N)$ 分别取决于 H_0 和 H_1 下的观测值的概率密度，对应地，随着 $N \to 1$，$K_F(N) \to 1$ 且 $K_M(N) \to 1$[21]。因此，Kullback-Leibler 距离 $D(q \| r)$ 和 $D(r \| q)$ 是测试的各个误差概率 $P_F(N)$ 和 $P_M(N)$ 的渐进衰减率。

现在如果取 $q_{XY}(\boldsymbol{x},\boldsymbol{y}) = f_{XY}(\boldsymbol{x},\boldsymbol{y})$ 和 $r_{XY}(\boldsymbol{x},\boldsymbol{y}) = f_X(\boldsymbol{x})f_Y(\boldsymbol{y})$，式（2.5）变为

$$\begin{aligned} D(f_{XY} \| f_X \cdot f_Y) &= \iint_{R_X R_Y} = f_{XY}(\boldsymbol{x},\boldsymbol{y})\log\left[\frac{f_{XY}(\boldsymbol{x},\boldsymbol{y})}{f_X(\boldsymbol{x})f_Y(\boldsymbol{y})}\right]\mathrm{d}\boldsymbol{x}\mathrm{d}\boldsymbol{y} \\ &= I(\boldsymbol{X};\boldsymbol{Y}) \end{aligned} \tag{2.8}$$

现在，$r_{XY}(\boldsymbol{x},\boldsymbol{y}) = f_X(\boldsymbol{x})f_Y(\boldsymbol{y})$ 是两个与 $f_{XY}(\boldsymbol{x},\boldsymbol{y})$ 具有相同边缘分布的统计独立随机向量的联合概率密度函数。所以，$D(f_{XY} \| f_X \cdot f_Y) = I(\boldsymbol{X};\boldsymbol{Y})$ 意味着互信息 $I(\boldsymbol{X};\boldsymbol{Y})$ 与两个统计独立随机向量 $\boldsymbol{X}$ 和 $\boldsymbol{Y}$ 的误差概率的渐进指数衰减率相等，但是其实它们并不相等。可以清晰地看出，互信息 $I(\boldsymbol{X};\boldsymbol{Y})$ 越大，$\boldsymbol{X}$ 和 $\boldsymbol{Y}$ 越不独立，因此 $\boldsymbol{X}$ 和 $\boldsymbol{Y}$ 也越相关。实际上，最大化 $I(\boldsymbol{X};\boldsymbol{Y})$ 使上述决策过程的渐进误差速率最小化。所以在这个意义上说，最大化 $I(\boldsymbol{X};\boldsymbol{Y})$ 似乎是一件好事。然而，还没有表明，该方法对于从观察 $\boldsymbol{Y}$ 推断 $\boldsymbol{X}$ 的所有问题是最优的，尤其对于 N 不大时。

另一项将 Kullback-Leibler 距离应用于雷达波形设计的重要工作为 Sowelam 和 Tewfik[22] 的工作。在这项的工作中，考虑了序贯雷达波形设计以区分杂波中的拥有双向扩展反射率函数的两个目标。在序贯测量过程中的每一个波形都被选为使杂波中两个目标响应的 Kullback-Leibler 距离最大化的形式。考虑两种情况，首先在多波形测量过程中假设目标环境是固定的，且通过最优波形选择策略能获得固定的波形库。在这种情况下，波形选择的顺序由目标的散射特性和噪声与杂波的频谱特性决定。在第二个问题中，目标环境在脉间是变化的，这时 Kullback-Leibler 距离是目标的散射特性和噪声及杂波的频谱性质的函数，其可通过单个波形来最大化。在这两种情况下，与具有相同能量的矩形基带信号相比，目标分类性能的显著增加导致两类情况。但是，这种策略很难扩展到两个以上目标的情况。

一个关于互信息与已建立起的统计推断之间的关系的重要推论在 Guo[23] 的工作中被描述了出来。在这项工作中，作者考虑了 $\boldsymbol{X}$ 和 $\boldsymbol{N}$ 是独立的，均值为零方差为 1 的联合分布的高斯随机变量 $\boldsymbol{X}$ 和 $\boldsymbol{Y}$ 与加性高斯噪声信道相关，即

$$\boldsymbol{Y} = \sqrt{\mathcal{S}} \cdot \boldsymbol{X} + \boldsymbol{N}$$

如果将互信息 $I(\boldsymbol{X};\boldsymbol{Y})$ 写成信噪比 S 的函数，我们有

$$I(\mathcal{S}) = I(\mathcal{S} \cdot \boldsymbol{X};\boldsymbol{Y}) = \frac{1}{2}\log(1 + \mathcal{S})$$

给定 $\boldsymbol{Y}$ 时，$\boldsymbol{X}$ 的最小均方误差估计等于条件均值

$$\hat{\boldsymbol{X}}(\boldsymbol{Y}) = \frac{\sqrt{\mathcal{S}}}{1+\sqrt{\mathcal{S}}} \cdot \boldsymbol{Y}$$

那么均方误差 ε 为

$$\varepsilon(\mathcal{S}) = \frac{1}{1+\mathcal{S}}$$

进而

$$\frac{\mathrm{d}}{\mathrm{d}\mathcal{S}} I(\mathcal{S}) = \frac{1}{2}\varepsilon(\mathcal{S}) \cdot \log e$$

或者取以 e 为底的对数，进而信息量单位取 nat。那么

$$\frac{\mathrm{d}}{\mathrm{d}\mathcal{S}} I(\mathcal{S}) = \frac{1}{2}\varepsilon(\mathcal{S}) \tag{2.9}$$

显然，$I(S)$ 随着 S 单调增加，而 $\varepsilon(S)$ 随着 S 单调递减。所以，最大化信噪比最大化了 $\boldsymbol{X}$ 和 $\boldsymbol{Y}$ 之间的互信息，并且最小化了给定 $\boldsymbol{Y}$ 时，$\boldsymbol{X}$ 的 MMSE 估计的均方误差。相等地，最大化互信息 $I(\boldsymbol{X};\boldsymbol{Y})$ 最小化了这种情形下的最小均方误差。Yang 和 Blum[11] 已经注意到这个结果与他们的 MIMO 雷达波形设计的相似性，其使相互信息最大化并且产生感兴趣的参数的最小均方误差估计。

我们所看到的是，在一些情况下，尽可能地将互信息最大化似乎是一个合理的事情，但并不清楚它是一般的最佳方式。它不一定导致最佳的目标识别性能。所以在一般情况下，最大化互信息可以被看作是最可能有意义的探索，但是并不是最优的策略。因为这个原因，我们考虑最优的信息提取波形就是这些最大化观测目标集合和雷达接收机输出之间互信息的波形。正是这种在施加的约束时间和能量约束下的波形，是我们有兴趣寻找的。

2.2.4　目标脉冲响应

雷达目标通常被建模为点目标——具有无穷小物理体积的目标。这种简化的结果为雷达接收机观测到的反射雷达波形是发射波形的幅度变化及时间延迟的复现。对于窄带波形，点目标模型通常是有效的，但是随着雷达带宽 Δf 增加到与 $c/2\Delta z$ 相当，其中 c 为光速且 Δz 为威力范围内雷达目标的空间尺度，点目标模型将不能准确地反映出雷达散射的情况。随着 Δz 变得与 $c/2\Delta f$ 相比拟，回波必须看作为从空间内多个点，甚至一系列连续点所反射的回波的和。结果，接收到的雷达信号是多个发射信号经不同延迟之后的和。表现出这种散射特性的目标被称为扩展目标。

电磁波的传播和散射是线性过程，所以一种传播和散射的建模方式是利用典型的线性系统的输入输出关系。除了是线性的，这个系统也可以是时不变的，即当目标与雷达是相对静止的时候。系统脉冲响应是用于表征系统的输入/输出关

系的便利工具。

为了将线性系统分析应用于散射问题，首先将输入输出量定义为空间中的一对点所在的电场。假设每一点具有一个固定的极化方向，尽管不一定是相同的。输入 $e(t)$ 是在点 P_1 处的电场强度 $\hat{\boldsymbol{x}}$ 。假设平面波沿着 P_1 和原点的连线传播。如果平面波入射到原点处的目标上，在任意观测点 P_2 处将会存在散射电场，在 P_2 处选择任意的极化 $\hat{\boldsymbol{x}}'$ ，并且将 P_2 处以极化方向 $\hat{\boldsymbol{x}}'$ 产生的电场 $v(t)$ 看作线性系统的输出。因此，限制入射平面波的方向和极化，并且选择点 P_2 来衡量具有固定极化方向的散射波，$e(t)$ 和 $v(t)$ 之间的关系是线性系统的关系。同时假设在观测期间散射体是静止的，那么关于 $e(t)$ 和 $v(t)$ 的系统是线性时不变系统。

指定该系统的脉冲响应为 $h(t)$ 。对于一般的 $e(t)$ ，线性系统的输出 $v(t)$ 由如下卷积积分给出：

$$v(t) = \int_{-\infty}^{\infty} h(\tau)e(t-\tau)\mathrm{d}\tau \tag{2.10}$$

设 $e(t)$ 、$v(t)$ 和 $h(t)$ 的傅里叶变换分别为 $E(f)$ 、$H(f)$ 和 $V(f)$ ，那么

$$V(f) = E(f)H(f)$$

虽然假设目标相对于雷达是静止的，但是这种方法也可以推广用于更普遍的运动目标。对于相对于雷达的广泛的目标运动（例如单基地雷达中的径向运动），除了由多普勒效应产生的时间轴收缩或膨胀外，运动目标接收波形 $v(t)$ 与静止目标是相同的。这可以由计算多普勒压缩因子来完成：

$$\gamma = \frac{c + v_{\mathrm{r}}}{c - v_{\mathrm{r}}}$$

式中：c 为光速；v_r 为由目标指向雷达的径向速度。式（2.10）计算出的响应 $v(t)$ 可以替换为 $\sqrt{\gamma}v(\gamma t)$ [24]。或者，式（2.10）的卷积可以替换为包含 Hilbert-Schmidt算子的积分，如文献［25］所描述。

虽然如果已知感兴趣的目标是先验的，确定目标的脉冲响应是有用的，但是有许多这种先验知识未知的情况。在这些情况下，将目标脉冲响应看作为有限能量的随机过程是有意义的。这就是我们将要运用的方法。

作为有限能量的随机过程的脉冲响应 $\boldsymbol{g}(t)$ 可用于对随机目标的散射特性进行建模。随机过程 $\boldsymbol{g}(t)$ 可以被认为是函数的集合 $\{g(t,\omega)\}$ ，其中 $\omega \in \boldsymbol{\Omega}$ 且 $\boldsymbol{\Omega}$ 是基本的样本空间。现在将研究随机脉冲响应 $\boldsymbol{g}(t)$ 的一些特性。

$\boldsymbol{g}(t)$ 必须具有的第一个性质是所有的样本函数 $g(t,\omega)$ 必须满足

$$\int_{-\infty}^{\infty} |g(t,\omega)|^2 \mathrm{d}t \leqslant 1$$

这是由于能量守恒以及电磁波的散射是个被动的过程。假设 $\boldsymbol{g}(t)$ 具有的另一个特性是所有样本函数是因果脉冲响应，即 $g(t,\omega) = 0$ ，$\forall t < 0$ ，$\forall \omega < \boldsymbol{\Omega}$ 。

这是所有线性时不变系统的一个特性。另外，假设每一样本函数 $\{g(t,\omega)\}$ 的傅里叶变换 $|G(f,\omega)|$ 存在。

最后，假设 $\boldsymbol{g}(t)$ 是实高斯随机过程。这对于由很大数量的随机分布在空间中的散射中心组成的目标来说是合理的假设。因为在这种情况下，接收信号的同相和正交分量是或者说至少是近似高斯随机过程的[26,27]。

在本章的其余部分，确定目标的脉冲响应将被表示为 $h(t)$，而随机目标的脉冲响应由随机过程 $\boldsymbol{g}(t)$ 表示。

2.2.4.1　最大互信息波形

考虑如图 2.3 所示的雷达目标信道模型。这里，$x(t)$ 是一个具有能量 E_x 和持续时间 T 的有限能量确定波形，其由发射机发射，以便对雷达目标进行探测。假设 $x(t)$ 限于对称时间间隔 $[-T/2, T/2]$。从而，

$$E_x = \int_{-T/2}^{T/2} |x(t)|^2 \mathrm{d}t \tag{2.11}$$

由于大多数真实雷达系统中的能量约束并不是对发射波形的总能量进行约束，而是对波形平均功率进行约束，因此更加关心平均功率 P_x，其满足 $E_x = P_x T$。还假设 $x(t)$ 被限制在频率间隔 $\mathcal{W} = [f_0, f_0 + W]$ 内。虽然严格来说，不能获得一个具有有限支持的 $x(t)$，其傅里叶变换具有有限支持，假设选择 $\mathcal{W}$，使得只有可忽略的能量驻留在频率间隔 $\mathcal{W}$ 之外。

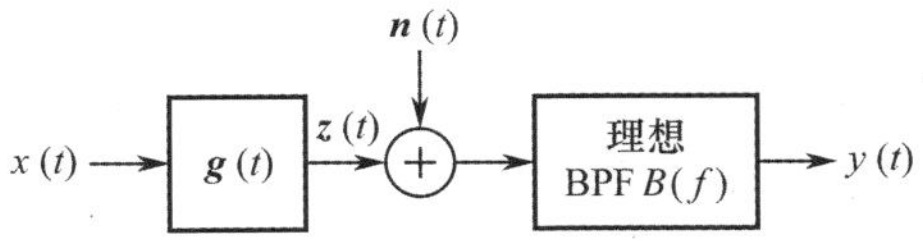

图 2.3　雷达目标通道框图

发射后，雷达波形 $x(t)$ 被目标散射，其具有由随机脉冲响应 $\boldsymbol{g}(t)$ 所建模的散射特性。接收机处接收的散射信号 $\boldsymbol{z}(t)$ 是有限能量的随机过程，由卷积积分给出：

$$\boldsymbol{z}(t) = \int_{-\infty}^{\infty} \boldsymbol{g}(\tau) x(t-\tau) \mathrm{d}\tau$$

随机过程 $\boldsymbol{z}(t)$ 由接收机在存在零均值加性高斯噪声过程 $\boldsymbol{n}(t)$ 的情况下接收。该噪声过程被假设为平稳和遍历的，并且具有单边功率谱密度 $P_{nn}(f) = 2S_{nn}(f)$（对于 $f > 0$）。此外，假设 $\boldsymbol{n}(t)$ 与发射波形 $\boldsymbol{x}(t)$ 和目标响应 $\boldsymbol{g}(t)$ 统计独立。

接收机接收波形如图 2.3 所示为 $\boldsymbol{z}(t) + \boldsymbol{n}(t)$，由被理想线性时不变带通滤波器 $B(f)$ 所滤波，只通过频带 $\mathcal{W}$ 中的频率。明确包含滤波器 $B(f)$ 只是一个事实的描述，即假设发射信号在频率间隔 $\mathcal{W}$ 之外没有显著的能量。因此，$\boldsymbol{z}(t)$ 也

没有，因为它是线性时不变系统对发射信号的响应。

对于一个给定的实现，或者具有傅里叶变换 $G(f,\omega_0)$ 的样本函数 $g(t,\omega_0)$，散射信号 $\boldsymbol{z}(t)$ 的最终频谱可由 $Z(f,\omega_0) = X(f)G(f,\omega_0)$ 所确定。该频谱的幅度平方为 $|Z(f,\omega_0)|^2 = |X(f)|^2 |G(f,\omega_0)|^2$。根据 $\boldsymbol{G}(f)$ 的期望，则 $\boldsymbol{z}(t)$ 的均方谱为

$$E|\boldsymbol{Z}(f)|^2 = |X(f)|^2 E\{|\boldsymbol{G}(f)|^2\}$$

现在，

$$E\{|\boldsymbol{G}(f)|^2\} = |\mu_G(f)|^2 + \sigma_G^2(f)$$

式中：$\mu_G(f)$ 为 $\boldsymbol{G}(f)$ 的均值，$\sigma_G^2(f)$ 是 $\boldsymbol{G}(f)$ 的方差。即

$$\mu_G(f) = E\{\boldsymbol{G}(f)\}$$

和

$$\sigma_G^2(f) = E\{|\boldsymbol{G}(f) - \mu_G(f)|^2\}$$

频谱方差 $\sigma_G^2(f)$ 是随机脉冲响应 $g(t)$ 的傅里叶变换 $\boldsymbol{G}(f)$ 在频率 f 处的方差。在方差 $\sigma_G^2(f)$ 大的频率 f 处，$\boldsymbol{G}(f)$ 的值相对其均值 $\mu_G(f)$ 有很大的变化，同时在方差 $\sigma_G^2(f)$ 小的频率 f 处，相对均值 $\mu_G(f)$ 几乎没有变化。如我们将看到的在其他条件相等的情况下，方差 $\sigma_G^2(f)$ 越大处的频率越能携带更多的关于目标的信息。

对于高斯目标模型，我们主要感兴趣的是 $\sigma_G^2(f)$，由于 $\boldsymbol{x}(t)$ 是已知的，因此与均值 $\mu_G(f)$ 对应的 $\boldsymbol{z}(t)$ 的信号分量是已知的。因此，没有告诉我们关于目标的任何信息。在大多数情况下，$\mu_G(f) = 0$，因为目标在空间中位置随机，存在 $\boldsymbol{g}(t)$ 中的随机延迟 $\boldsymbol{d}$。这对应于随机相位因子 $\exp\{-j2\pi f\boldsymbol{d}\}$，其对于很大范围内分布的 $\boldsymbol{d}$ 是零均值的。因此我们假设 $\mu_G(f) = 0$。

类似地，如果定义

$$\mu_Z(f) = E\{\boldsymbol{Z}(f)\}$$

和

$$\sigma_Z^2(f) = E\{|\boldsymbol{Z}(f) - \mu_Z(f)|^2\}$$

然后，

$$E|\boldsymbol{Z}(f)|^2 = |\mu_Z(f)|^2 + \sigma_Z^2(f)$$

再次观察图 2.3，假设雷达接收机观测 $\boldsymbol{y}(t)$ 一段时间 $\tilde{T}$，以便获得关于目标的信息。观测周期 $\tilde{T}$ 必须足够长以允许接收机捕获所有，而不是极小部分散射信号 $\boldsymbol{z}(t)$ 的能量。知道发射波形的持续时间为 T，而且知道 $\boldsymbol{z}(t)$ 必须至少具有这个长度，因为具有有限持续时间 T_1 和 T_2 的两个波形的卷积结果产生持续时间为 $T_1 + T_2$ 的波形。所以，如果 T_g 是 $\boldsymbol{g}(t)$ 的持续时间，那么 $\boldsymbol{z}(t)$ 的持续时间为 $T + T_g$。

接收信号 $\boldsymbol{y}(t)$ 由散射信号 $\boldsymbol{z}(t)$ 的和通过理想带通滤波器 $B(f)$ 的加性高斯噪声所构成，其占有频带为频率间隔 $\mathcal{W}$。该滤波器的脉冲响应 $h_{\mathcal{W}}(t)$ 为

$$h_{\mathcal{W}}(t) = W\frac{\sin\pi Wt}{\pi Wt}\cos(f_0 + W/2)t$$

该脉冲的持续时间是无限的，但众所周知，大部分能量都集中于时间间隔 $1/W$ 内。因此，假设接收机处理想带通滤波器的脉冲响应持续时间 T_W 为 $T_W \approx 1/W$ 是合理的。

对于大多数感兴趣的雷达波形，例如常用的线性调频信号或其他具有强调制的波形，发射波形的时宽带宽积远大于目标上的分辨单元的数量。因此该发射信号的持续时间远大于 T_g 或 $1/W$。对于这样的系统，$\tilde{T} = T + T_g + T_w \approx T$。

现在，感兴趣的问题可以描述如下：给定具有方差 $\sigma_G^2(f)$ 的随机脉冲响应 $\boldsymbol{g}(t)$ 的高斯目标集合，找到限制于对称时间间隔 $[-T/2, T/2]$ 的波形 $x(t)$ 并且除可忽略的部分能量外，其所有能量均被限制在（单边）频带 $\mathcal{W} = [f_0, f_0 + W]$ 内，并且其在具有单边功率谱密度 $P_{nn}(f)$ 的加性高斯噪声中最大化互信息 $I(\boldsymbol{y}(t);\boldsymbol{g}(t)\mid x(t))$。

2.2.5　最大互信息波形设计

文献 [8] 中最大互信息波形设计的主要结果可如下描述。

定理 2.1　如果 $x(t)$ 是有限能量波形，其能量 E_x 被限制在对称时间间隔 $[-T/2, T/2]$ 内，且除部分可以忽略的能量外，所有能量均被限制在（单边）频带 $\mathcal{W} = [f_0, f_0 + W]$ 内，则具有单边功率谱密度 $P_{nn}(f)$，在加性高斯噪声中的 $\boldsymbol{y}(t)$ 和 $\boldsymbol{g}(t)$ 的互信息 $I(\boldsymbol{y}(t);\boldsymbol{g}(t)\mid x(t))$ 在 $x(t)$ 满足以下幅度平方谱时是最大的：

$$|X(f)|^2 = \max\left[0, A - \frac{P_{nn}(f)\tilde{T}}{2\sigma_G^2(f)}\right] = \max[0, A - r(f)] \tag{2.12}$$

其中 $r(f) = P_{nn}(f)\tilde{T}/2\sigma_G^2(f)$，$A$ 由求解下述方程得出：

$$E_x = \int_{\mathcal{W}}\max\left[0, A - \frac{P_{nn}(f)\tilde{T}}{2\sigma_G^2(f)}\right]\mathrm{d}f \tag{2.13}$$

则得到的互信息 $I(\boldsymbol{y}(t);\boldsymbol{g}(t)\mid x(t))$ 的最大互信息值 $I_{\max}(\boldsymbol{y}(t);\boldsymbol{g}(t)\mid x(t))$ 为

$$\begin{aligned}I_{\max}(\boldsymbol{y}(t);\boldsymbol{g}(t)\mid x(t)) &= \tilde{T}\int_{\mathcal{W}}\max\left[0, \ln A - \ln\left(\frac{P_{nn}(f)\tilde{T}}{2\sigma_G^2(f)}\right)\right]\mathrm{d}f \\ &= \tilde{T}\int_{\mathcal{W}}\max[0, \ln A - \ln r(f)]\mathrm{d}f\end{aligned} \tag{2.14}$$

上述结果的证明在文献［7］和文献［8］中给出。

注意模方谱的特点：

$$|X(f)|^2 = \max\left[0, A - \frac{P_{nn}(f)\tilde{T}}{2\sigma_G^2(f)}\right]$$

其最大化了互信息 $I(\boldsymbol{y}(t);\boldsymbol{g}(t)|x(t))$。如果 $\boldsymbol{G}(f)$ 的方差 $\sigma_G^2(f)$ 对 $f \in \mathcal{W}$ 是保持恒定的，那么 $|X(f)|^2$ 随着 $P_{nn}(f)$ 的变小而变大，且 $|X(f)|^2$ 随着 $P_{nn}(f)$ 的变大而变小，在 $P_{nn}(f) \geqslant 2A\sigma_G^2(f)/\tilde{T}$ 时等于零。类似地，如果 $P_{nn}(f)$ 对所有 $f \in \mathcal{W}$ 是常数，则与加性高斯白噪声情况一样，$|X(f)|^2$ 随着 $\sigma_G^2(f)$ 的变大而变大，随着其变小而变小；对于 $\sigma_G^2(f) \gg P_{nn}(f)\tilde{T}/2A$，$|X(f)|^2 \approx A$；对于 $\sigma_G^2(f) \geqslant P_{nn}(f)\tilde{T}/2A$，$|X(f)|^2 = 0$。为了在物理上说明这个特性，考虑 $\sigma_G^2(f)$ 是频谱 $\boldsymbol{G}(f)$ 的方差。看到具有大的方差 $\sigma_G^2(f)$ 的属于 $\mathcal{W}$ 频率提供的关于目标的信息比具有小的 $\sigma_G^2(f)$ 的那些 f 多。这并不奇怪，因为对于具有小的 $\sigma_G^2(f)$ 的频率，在该频率处目标回波具有更小的不确定性。事实上，对于 $\sigma_G^2(f) = 0$ 的那些频率，在 $\sigma_G^2(f)$ 的结果中完全不存在不确定性，因此，在这些频率上进行任何测量是没有意义的。

注意到 $A = A(E_x, \sigma_G^2(f), P_{nn}(f))$ 是关于发射能量 E_x、目标谱方差 $\sigma_G^2(f)$ 和噪声功率谱密度 $P_{nn}(f)$ 的函数。在所有 $\sigma_G^2(f) \leqslant P_{nn}(f)\tilde{T}/2A$ 的 f 处 $|X(f)|^2 = 0$，可以进而解释为运用在其他某频率或一系列频率处的能量能够获得更大的返回互信息。

图 2.4 给出了对 $|X(f)|^2$、A、$P_{nn}(f)$ 和 $\sigma_G^2(f)$ 之间关系的一种有意义的解释。对比式（2.13）和图 2.4，可以看到，总能量 E_x 对应于图 2.4（*a*）中的阴影区域。而形成阴影区域的上边界的值 A 的线和构成阴影区域下边界的曲线之间的差为 $|X(f)|^2$。这个差异在图 2.4（*b*）中显示了出来。

图 2.4 的这种解释称为“注水”解释，出现在很多关于解决信息论中能量和功率谱分布的问题中[15]。

假设随机脉冲响应 $\boldsymbol{g}(t)$ 是高斯随机过程。因此，散射信号 $\boldsymbol{z}(t)$ 也是高斯随机过程。接收信号 $\boldsymbol{y}(t)$ 同样是高斯随机过程，因为信道噪声是加性高斯噪声。因此，对于给定的 $\sigma_G^2(f)$，在具有高斯输入的加性高斯噪声信道情况下求解信息。众所周知，在加性高斯噪声信道的情况下，对于具有给定方差 σ^2 的信道输入，信道输入与信道输出之间的互信息在输入是高斯的情况下是最大化的。然后，通过假设 $\boldsymbol{g}(t)$ 是高斯随机过程，在我们的问题中我们已经选择了用于高斯噪声信道的高斯输入过程。通过求解最大互信息 $I_{\max}(\boldsymbol{y}(t);\boldsymbol{g}(t)|x(t))$，已经推

导出了 $\boldsymbol{y}(t)$ 和 $\boldsymbol{g}(t)$ 之间最大可获得互信息的上限，其中，对于谱方差为 $\sigma_G^2(f)$ 的任何 $\boldsymbol{g}(t)$ ，在强制的带宽和能量约束下，无论其是否是高斯的均有效。当 $\boldsymbol{g}(t)$ 是高斯的时候，如假设的，实现了这个上限。

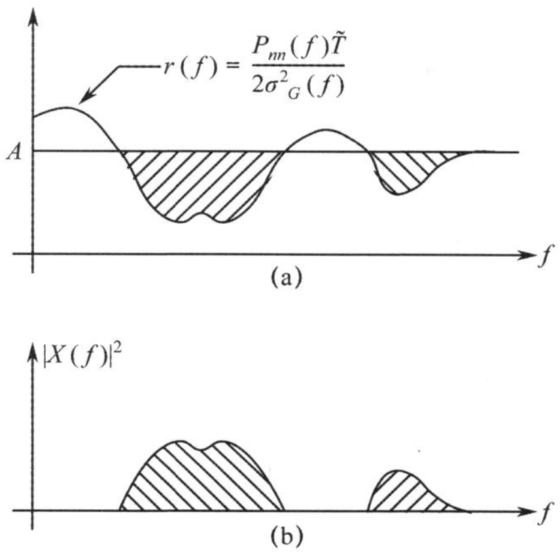

图 2.4　(a) 模方谱 $|X(f)|^2$ 最大化互信息 $I(\boldsymbol{y}(t);\boldsymbol{g}(t)\,|\,x(t))$ 的注水解释法；(b) 模方谱 $|X(f)|^2$ 最大化互信息 $I(\boldsymbol{y}(t);\boldsymbol{g}(t)\,|\,x(t))$。注意与 (a) 中阴影区域的关系

作为对比，现在考虑在最佳目标检测中能量分布在频率上的差异，并在最优信息提取问题中将结果与频率上的能量分布进行比较。文献［8］中提供了最优检测波形设计的如下结果。

定理 2.2　可以使用以下算法设计使接收机滤波器输出端的信噪比最大化的波形/接收机—滤波器对：

1. 计算

$$L(t)=\int_{-\infty}^{\infty}\frac{|H(f)|^2}{S_{nn}(f)}\mathrm{e}^{\mathrm{j}2\pi ft}\mathrm{d}f$$

式中：$S_{nn}(f)$ 为噪声 $n(t)$ 的双边功率谱密度，且 $h(t)$ 是目标的脉冲响应。

2. 解上述积分方程中与最大特征值 $\lambda_{\max}$ 对应的特征方程 $\hat{x}(t)$

$$\lambda_{\max}\hat{x}(t)=\int_{-T/2}^{T/2}\hat{x}(\tau)L(t-\tau)\mathrm{d}\tau$$

缩放 $\hat{x}(\tau)$ ，使其具有能量 E_x 。

3. 计算对应于最优波形 $\hat{x}(t)$ 的频谱 $\hat{X}(f)$

$$\hat{X}(f)=\int_{-\infty}^{\infty}\hat{x}(t)\mathrm{e}^{-\mathrm{j}2\pi ft}\mathrm{d}t$$

4. 实现如下形式的接收滤波器

$$R(f)=\frac{K\overline{\hat{X}(f)H(f)\mathrm{e}^{-\mathrm{j}2\pi f t_0}}}{S_{nn}(f)}$$

式中：K 为一个复常量。

5. 这种设计方法得到的最终信噪比，是在特定约束下可获得的最大信噪比

$$\left(\frac{S}{N}\right)_{t_0}=\lambda_{\max}E_x$$

以上结果的证明在文献［7］和［8］中给出。

现在对比最优检测和估计波形的特点。这将通过考虑其幅度平方谱 $|X(f)|^2$ 来完成。如果在检测波形设计问题中将 $|H(f)|^2$ 解释为目标响应，在估计波形设计问题中将 $\sigma_G^2(f)$ 解释为的目标响应，可以看到 $|H(f)|^2$ 趋向于在目标响应变大的频率点处变大，在噪声功率谱密度变大的频率点处变小。当 T 变大时，对于 $|t|>\frac{T}{2}$，定理 2.2 中的 $L(t)$ 近似为 0，能够得到

$$|X(f)|^2\approx\alpha\frac{|H(f)|^2}{S_{nn}(f)}$$

对于最优检测波形，α 是个常量。在最优估计波形问题中，如式（2.12），利用双边功率谱密度 $S_{nn}(f)=P_{nn}(|f|)/2$，得到

$$|X(f)|^2=\max\left[0,A-\frac{S_{nn}(f)\tilde{T}}{\sigma_G^2(f)}\right]$$

噪声功率谱密度以两种完全不同的方式参与进这两种解决方案中。因此，两种波形的幅度平方谱的形式是完全不同的。最优目标检测问题中波形设计将尽可能多的能量投入到目标模式中，以在噪声加权下获得最大的响应；而最优估计问题中波形设计将可利用能量进行某种分配，以最大化关于目标的可获得的信息。这与开始时在研究雷达波形的信息提取能力时的直观想法一致。因为定理 2.2 给出的最优检测波形致力于将尽可能多的能量投入到在波形周期约束下最大的目标散射模式中，因此其忽略了较小的散射模式。而这些较小的模式有可能包含描述该目标的大量的有用信息，或有可能包含区分两个在最大散射模式下非常相似的目标的信息。在更大的散射模式中增加能量并不会显著增加互信息，或者说，如注水法描述的一样，将能量分配到更小的散射模式中将会使互信息有更大的提升。在定理 2.1 中，已经知道了在目标集合可以被建模为能量有限高斯目标脉冲响应的情况下，如何分配这些能量来最大化互信息。然而，即使该模型不能被直接应用时，上述结果也可作为目标检测和信息提取雷达波形的目标散射模式之间适当分配能量的定性指南。

2.3　将信息论应用在雷达领域的近期工作

最近，一些作者已经研究了在 *MIMO* 雷达及自适应波形雷达的波形设计中应用互信息最大化。现在简要回顾一下这些工作。

Yang 和 *Blum*[11] 研究了在 *MIMO* 雷达波形设计中应用信息论和估计论的方法。除了研究用于估计扩展目标的脉冲响应的最优波形设计问题外，他们还研究了在信息论和估计理论中可能存在的任何可能的等价性。假设发射机具有目标的二阶散射统计特性的先验知识，并且在总功率约束下使用两个标准来执行优化。形成了两个优化问题，在第一个优化问题中，接收模型和随机目标脉冲响应之间的互信息最大化；而在第二个问题中，估计目标脉冲响应的均方误差最小化。可以看出对这两个问题的解决方案都满足相同的矩阵方程（即，这两个问题的解决方案可归纳为寻找满足共同矩阵方程的波形）。因此，得出结论，在总功率约束下，最大化接收波形和随机目标脉冲响应之间互信息的波形也最小化了目标脉冲响应估计的均方误差。最终这两个问题所得到的最优波形设计方法可归纳为经典的注水问题[15]。在考虑两个波形设计问题中的波形的等价性时，他们参考了文献［23］的结果，其中推导出了式（2.9）中所描述的最小均方误差和互信息之间的关系。这项工作表明最大化互信息的波形在用于估计目标脉冲响应的均方误差方面是最优的，但是，对于最大化互信息是否在解决最小化贝叶斯目标分类的错误概率问题中是最优的仍然是一个开放的问题（*Briles*[9,10] 提出了一种分析方法但是并没有完全的解决）。

在文献［12］中，*Leshem* 等人将注水法扩展到了多扩展目标问题中。他们主要感兴趣的是解决多个扩展目标的互信息最大化的问题，但是没有给出这种最优性准则的优点或意义。波形被设计为同时估计和跟踪多个目标的参数。波束形成被用于发射和接收，并且波形是在联合的总功率约束下被设计的。多用户信息论被用在解决相参相控阵的问题中。对于多目标的单波形设计和多波形设计均被研究。单波形设计问题可以被描述为当提供发射信号在功率约束下设计最优的广播信道时，互信息可以被计算出，且其形式与式（2.14）相似。这种解决方案的接收信号可以建模为

$$z_l(f_k) = \boldsymbol{w}_l^{\mathrm{H}}(f_k)\left(\sum_{i=1}^{L}\boldsymbol{a}(\theta_i,f_k)h_i(f_k)\right)s(f_k) + \boldsymbol{w}_l^{\mathrm{T}}\boldsymbol{v}(f_k) \tag{2.15}$$

式中：$\boldsymbol{w}_l^*$ 为在频率 f_k 处第 l 个波束的波束形成权矢量；$\boldsymbol{a}(\theta_i,f_k)$ 为 θ_i 方向上的阵列响应；$h_i(f_k)$ 为第 l 个目标在频率 f_k 处的频率响应；$\boldsymbol{v}(f_k)$ 为在频率 f_k 处的总接收噪声功率。频率为 f_k 的接收信号和多扩展目标下单波形设计中的第 l 个雷达目标特性之间的互信息可如文献［12］计算如下：

$$I(h_l(f_k);z_l(f_k)\mid p) = \Delta f\log\left(1+\frac{\sigma^2_{h_l}(f_k)\ |g_{l,l}(f_k)|^2\ |s(f_k)|^2}{\sum_{l\neq j}|g_{l,j}(f_k)|^2\ |s(f_k)|^2 + s^2_{v_l'}(f_k)}\right) \tag{2.16}$$

式中：$\sigma^2_{h_l}(f_k)$ 为第 l 个雷达目标特性的谱方差；$s(f_k)$ 为发射能量在频率 f_k 处的谱密度，而且

$$g_{l,l}(f_k) = \boldsymbol{w}_l^{\mathrm{H}}(f_k)\boldsymbol{a}(\theta_i,f_k) \tag{2.17}$$

其中

$$\sigma^2_{v_l'}(f_k) = E[\ |w_l^* v|^2] \tag{2.18}$$

将所有离散频点处的以上表达式求和得到的总互信息被认为是在总功率约束下被最大化的目标函数，以获得最佳的发射波形。

对于多个发射波形设计，每个波形被设计为估计一个目标，且假设所有其它目标均为干扰。为了对感兴趣的目标分配更多的能量，对每个目标定义一个优先权重向量。计算每一个目标及接收信号的互信息后，这些互信息的加权和（其权重为优先权重矢量中的对应元素）将成为在总功率约束下被最大化的目标函数。该数学问题与之前分析的单波形设计问题类似。但是，互信息的加权和本身并不是一个有意义的互信息。所以尽管该方法能够获得较好的波形设计结果，但是其并不是对所有有意义的测量准则都是最优的。

Goodman 等人对雷达目标识别问题中的自适应波形设计进行了研究[13]。最优波形设计被整合成一系列的贝叶斯环境下假设检验框架。这里，在每次观测之后都做出决定来选择一个假设，或在没有充分的置信度选择一种假设的时候进行另一次观测。他们的论文考虑了在贝叶斯多假设检验问题下的两种波形设计方法。在第一种方法中，考虑了最大化波形设计的信噪比的方法（标记为特征解），而在第二种方法中，考虑了最大化互信息的方法（描述为注水法）。作者认为，当信噪比最大化时，在贝叶斯框架下很难获得解析解，因此，通过在两类情况下扩展解决方案来制定问题。在双目标情况下，最大化信噪比的波形与目标自相关矩阵最大特征值对应的特征向量是成比例的。目标自相关矩阵：

$$\boldsymbol{\Omega} = (\boldsymbol{Q}_i - \boldsymbol{Q}_2)^{\mathrm{T}}\boldsymbol{R}_n^{-1}(\boldsymbol{Q}_i - \boldsymbol{Q}_2) \tag{2.19}$$

式中：$\boldsymbol{R}_n$ 为噪声协方差矩阵；$\boldsymbol{Q}_i$ 表示目标脉冲响应矩阵。类似地，作者给出了 M 维情况下的总目标自相关矩阵：

$$\boldsymbol{\Omega} = \sum_{i=1}^{M}\sum_{i=i+1}^{M} w_{i,j}(\boldsymbol{Q}_i - \boldsymbol{Q}_j)^{\mathrm{T}}(\boldsymbol{Q}_i - \boldsymbol{Q}_j) \tag{2.20}$$

式中：$w_{i,j}$ 为加权因子，可以控制对第 i 个和第 j 个假设的侧重程度。对于最大互信息的问题，该文章采用了文献［8］中的方法，本章之前的内容中已有所介绍，并重新定义了谱方差 σ^2_G 以纳入 M 维情况下的贝叶斯表示

$$\sigma^2_G = \sum_{i=1}^{M} P_i\ |H_i(f)|^2 - \left|\sum_{i=1}^{M} P_i H_i(f)\right|^2 \tag{2.21}$$

式中：P_i 为第 i 级目标的先验概率。作者指出，他们所提出的波形设计方法在实际的互信息概念下并不是最优的，尽管在直观感觉上是的。已经发现，特征分解法略胜于最大互信息的方法。

虽然如文献［11］所做的工作能够对信息论和估计论下的波形设计方法得出一些结论，但是当多于两个目标类别时，最大化互信息对于贝叶斯目标分类问题下的波形设计是否是最优的或是有作用的仍然没有得到证实。针对 M 个目标类和任意先验的贝叶斯类的最优波形设计的一般问题尚未得到解决，并且该问题看起来并不容易。不幸的是，当 $m>2$ 时文献［22］中的结果不容易扩展到 M 级问题中。知道最大互信息波形是否是最优的、近似最优的或甚至是否是好的在这种情况下是非常有意义的。虽然我们在这个领域进行了初步研究，但问题还没有解决。*Briles*[9,10] 利用速率失真理论研究了目标识别的相关问题，并且能够导出误差概率和互信息的界限，但是没有能够证明在一般情况下最大互信息对于最小化误差概率是最优的。他将目标分类问题建模为通信系统问题，并进而定义了经典的速率失真函数，如下所描述。考虑 M 个目标类的问题，先验概率为 $P(\theta_i)$ 的集合 $\Theta=\{\theta_i:i=1,2,\cdots,M\}$ 表示源状态。定义一个集合 $W=\{W(b\,|\,\theta_i):i=1,2,\cdots,M\}$，其代表源的状态为 θ_i 时决定 b 的条件概率。如果基于对 $\boldsymbol{x}$ 的观测作出了正确的决策，那么损耗函数 $\rho(\theta_i,b_k)$ 将被设为 0，否则为 1。在这个前提下，损耗的期望值，也称为失真可被定义为

$$d(W)=\sum_{i=1}^{M}\sum_{k=1}^{N}P(\theta_i)W(b_k\,|\,\theta_i)\rho(\theta_i,b_k)\tag{2.22}$$

对于给定的先验概率 $P(\theta)$ 及损耗函数 $\rho(\theta,b)$，如果 $d(W)\leqslant D$ 则这个信道被称为 D 可容许的。所有 D 可容许的条件概率密度函数的集合为 $W_D=(W:d(W)\leqslant D)$。速率失真函数在该集合上被定义为

$$R(P,\rho,D)=\min_{w\in W_D}I(P,W)\tag{2.23}$$

在此背景下，*Briles* 研究了贝叶斯环境中的目标分类问题。这样，目标可以呈现或属于任何的已知先验概率的有限集 $\Theta=\{\theta\}$ 中的源状态。向量 $\boldsymbol{x}\in\boldsymbol{X}$ 将基于对目标的状态（特性）作出的决策而被观测。$W(\boldsymbol{x}\,|\,\theta)$ 为观测给定目标特性 θ 的目标特征 $\boldsymbol{x}$ 时的条件概率。观测向量将被集合 $\Psi=\{\psi\}$ 中的决策函数所处理。目标集合 $A=\{\alpha\}$ 是所有可能的估计目标特性的集合。在具有同样的损耗函数时，与上述经典的率失真函数类似，贝叶斯率失真函数被定义为

$$r(\psi(\boldsymbol{x}),P(\theta),W(\boldsymbol{x}\,|\,\theta))=\sum_{\theta\in\Theta}\int_{\mathrm{x}\in\mathrm{X}}P(\theta)W(\boldsymbol{x}\,|\,\theta_i)\rho(\theta_i,\psi(\boldsymbol{x}))\tag{2.24}$$

$$r(P,W)=\min_{\psi\in\Psi}r(\psi(\boldsymbol{x}),P,W)\tag{2.25}$$

$$R(P,L)=\min_{W\in W_L}I(P,W),\ \forall L>0\tag{2.26}$$

其中 $W_L=\{W:d(W)\leqslant L\},\forall L>0$，且 $r(P,W)$ 代表贝叶斯风险，在这种

情况下做为失真来使用。如 *Briles* 指出的，贝叶斯率失真函数与经典率失真函数相比更加难以计算，因为在前一种情况下，失真是优化问题的解（由优化决策制定过程而建立）。而在经典情况中，失真只是简单的均值。然而，*Briles* 指出了经典率失真函数与贝叶斯率失真函数是等价的，从而降低了计算复杂度，并保证了其具有与经典率失真函数同样的凸的、连续的以及严格下降的性质。他的工作的另一个结论由对贝叶斯判决器性能界限的计算中得出，其为，如果源和观测空间的互信息小于由贝叶斯率失真函数针对某种失真（即 $I(P,W) < R(P,L)$）得出的速率，那么误差概率将大于 L。文献［9］给出了详细的证明。

2.4 结　论

本章回顾了在雷达波形设计中应用信息论及信息测量方法的基本思想。还简要回顾了该领域中最近的一些结果。已经回顾了关于最大化互信息，或一般情况下的信息测量，是否对于雷达波形设计是有益的这一最常见的问题。但是，与统计模式识别的情况类似，我们注意到没有结果表明最大化互信息在一般情况下是最优的。特别地，在雷达目标识别问题中，没有证据显示对于一般的贝叶斯目标识别问题，设计最大化目标集和观测的散射信号之间互信息的波形是最优的或是近似最优的。如果可以证明是这样，则影响将是重大的，因为最大互信息的波形设计比用给定的一组统计的目标集合的最佳贝叶斯目标识别的波形设计容易得多。

在这个时候，我们认为将信息论应用在雷达波形设计中的最重要问题是建立起互信息和雷达系统性能之间的紧密关系，或者通过反例证明最大化互信息并不一定是好的要做的事。举例来讲，尽管速率失真理论能够用于建立对实现雷达目标识别中的给定贝叶斯误差所需的互信息的边界，但是这些边界并不一定很多，应用于通信系统的信息论中的容量限制也是如此。我们怀疑造成这种结果的原因是在通信系统中，接近容量的性能是通过对信道编码器的控制和由此产生的错误控制代码来实现的。而在雷达信道中，没有控制编码器，编码是通过物理散射过程完成的。因此，不应该感到惊讶的是边界不一定是紧的。在未编码的通信系统中，通过信道可靠传输的实际信息量可能远远低于输入和输出之间单次使用的互信息。容量只能够通过对源符号进行大量的编码或者利用多信道而实现。这就是 *Shannon* 的噪声信道编码定理所表明的信息。

参考文献

[1] *C. E. Shannon*, ‘*A mathematical theory of communication*’, Bell Sys. Tech. J., *vol.* 27, *pp.* 379 - 423 *and* 623 - 656, 1948. *Reprinted in C. E. Shannon and W. W. Weaver*, The

Mathematical Theory of Communication, *Urbana, IL: University of Illinois Press*, 1949.
[2] *P. M. Woodward and I. L. Davies*, '*A theory of radar information*', Philos. Mag., *vol.* 41, *pp.* 1101 – 17, *October* 1951.
[3] *P. M. Woodward*, '*Information theory and the design of radar receivers*', Proc. IRE, *vol.* 39, *pp.* 1521 – 24, *December* 1951.
[4] *P. M. Woodward and I. L. Davies*, '*Information theory and inverse probability in telecommunications*', Proc. IEE, *vol.* 99: (*Part III*), *pp.* 37 – 44, *March* 1952.
[5] *I. L. Davies*, '*On determining the presence of signals in noise*', Proc. IEE, *vol.* 99: (*Part III*), *pp.* 45 – 51, *March* 1952.
[6] *P. M. Woodward*, Probability and Information Theory, with Applications to Radar, *London, England: Pergamon Press, Ltd.*, 1953.
[7] *M. R. Bell*, InformationTheory and Radar: Mutual Information and the Design and Analysis of RadarWaveforms and Systems, *Ph. D. Dissertation, California Institute of Technology, Pasadena, CA*, 1988.
[8] *M. R. Bell*, '*Information theory and radar waveformdesign*', IEEE Trans. Info. Theory, *vol.* 39, *no.* 5, *pp.* 1578 – 1597, *September* 1993.
[9] *S. D. Briles*, The theory for, and demonstration of, information theory applied to radar target identification, *Ph. D. Dissertation, Kansas State University; published as Los Alamos National Laboratory technical report LA*-12480-*T*, *January* 1993.
[10] *S. D. Briles*, '*Information-theoretic performance bounding of Bayesian identifiers*', SPIE Autom. Object Recog. III, *vol.* 1630, *pp.* 256 – 266, 1993.
[11] *Y. Yang and R. S. Blum*, '*MIMO radar waveform design based on mutual information and minimum mean-square error information*', IEEE Trans. Aerosp. Elect. Syst., *vol.* 43, *no.* 1, *pp.* 330 – 343, *January* 2007.
[12] *A. Leshem, O. Naparstek and A. Nehorai*, '*Information theoretic adaptive radar waveform design for multiple extended antennas*', IEEE J. Sel. Top. Sig. Proc., *vol.* 1, *no.* 1, *pp.* 42 – 55, *June* 2007.
[13] *N. A. Goodman, P. R. Venkata and M. A. Neifeld*, '*Adaptive waveform design and sequential hypothesis testing for target recognition with active sensors*', IEEE J. Sel. Top. Sig. Proc., *vol.* 1, *no.* 1, *pp.* 105 – 113, *June* 2007.
[14] *S. Sen and A. Nehorai*, '*OFDM MIMO radar with mutual-information design for low-grazing angle tracking*', IEEE Trans. Sig. Proc., *vol.* 58, *no.* 6, *pp.* 3152 – 3162, *June* 2010.
[15] *R. G. Gallager*, Information Theory and Reliable Communication, *New York, NY: JohnWiley & Sons*, 1968.
[16] *R. J. McEliece*, The Theory of Information and Coding, *Reading, MA: Addison-Wesley*, 1977.
[17] *R. E. Blahut*, Principles and Practice of Information Theory, *New York, NY: Addison-Wesley*, 1987.
[18] *T. M. Cover and J. A. Thomas*, Elements of Information Theory, 2*nd edn*, *New York, NY: JohnWiley & Sons*, 2006.

[19] *T. Berger*, Rate Distortion Theory, *Englewood Cliffs*, *NJ*: *Prentice-Hall*, 1971.

[20] *F. Kanaya and K. Nakagawa*, '*On the practical implication of mutual information for statistical decision making*', IEEE Trans. Inf. Theory, *vol. IT* – 37, *no.* 4, *pp.* 1151 – 1156, *July* 1991.

[21] *B. C. Levy*, Principles of Signal Detection and Parameter Estimation, *New York*, *NY*: *Springer*, 2010.

[22] *S. M. Sowelam and A. H. Tewfik*, '*Waveform selection in radar target classification*', IEEE Trans. Info. Theory, *vol.* 46, *no.* 3, *May* 2000, *pp.* 1014 – 1029.

[23] *D. Guo*, *S. Shamai* (*Shitz*) *and S. Verdu*, '*Mutual information and minimum mean-square error in Gaussian channels*', IEEE Trans. Info. Theory, *vol.* 51, *no.* 4, *pp.* 1261 – 1282, *April* 2005.

[24] *T. P. Gill*, The Doppler Effect, *NewYork*, *NY*: *Academic Press*, 1965.

[25] *D. Cochran*, *S. D. Howard*, *and B. Moran*, '*Optimal waveform design in the presence of Doppler*', 2011 Defense Applications of Signal Processing Workshop, *DASP2011*, Queensland, Australia, July 10 – 14, 2011.

[26] J. W. Goodman, 'Statistical properties of laser speckle', in J. C. Dainty, Ed., *Laser Speckle and Related Phenomena*, NewYork, NY: Springer-Verlag, 1984.

[27] M. W. Long, *Radar Reflectivity of Land and Sea*, 3 edn, Boston, MA: Artech, 2001.

第3章　多基地模糊函数和传感器布置策略

Ivan Bradaric, Gerard T. Capraro and Michael C. Wicks

摘　要

本章介绍多基地模糊函数的概念，以及如何用它在多基地雷达系统中开发传感器放置策略。多基地模糊函数为给定的多基系统提供了完整的描述，并且其可以在系统参数和性能测量之间建立起联系。其已经在文献中被成功地用于评估与设计接收机加权和波形选择策略。我们把重点放在适当的传感器放置上，作为改进多基地雷达系统性能的一种方式。给出了若干仿真结果，证明了在单个发射器和多个接收器的系统配置中恰当的传感器布置的重要性。分析了可能重新定位发射机（对于固定的接收机）的情况，以及可能移动某些接收机（对于固定的发射机）的情况，以便实现最佳的系统分辨率。还提供了几个示例，展示了在多基地雷达系统中，将波形选择、接收机加权和传感器布置策略联合起来设计的潜在的优势。

关键词：模糊函数；多基地雷达；传感器融合；雷达系统几何结构；波形分集。

3.1　引　言

本章给出了我们在设计和改进多基地雷达系统方面的研究工作。在过去的几年中，针对单个发射机多个接收机的多基雷达系统结构，我们一直在对其波形选择、传感器布置及信号处理策略方面进行研究[1-7]。我们的研究工作的部分总结已经在文献［8］中给出，其中重点在于波形分集，并通过文献［1－3］中的结果对该方法进行了说明。在本章中，将主要研究传感器的布置，以及将传感器布置、波形选择及信号处理策略相结合。

我们一直在对基地雷达系统的传感器布置策略进行研究，我们的研究是在美国空军的一项名为“传感器作为机器人（SaR）”的研究发展计划下进行的，该计划的目标是解决与情报、监视、侦查及21世纪的恐怖主义威胁相关的许多问题。现代的敌人无处不在而且无规律可循，部署单一传感器不足以检测和跟踪多区域内（如城市、乡村及网络）的恐怖分子。美国空军希望预测、查找、确定、跟踪、定位、什么时间、什么位置的情况，他们都要相应的部署和管理同质传感器（例如多个射频传感器）和异质传感器。未来将要求我们将地面上、空中、太空中、网络中，甚至地下的多传感器（例如声学、红外及光电）整合到雷达系统中。SaR 的目标之一是开发一种支持这种集成的架构。

SaR 计划所设想的未来系统将需要在武器系统中执行多级智能处理，用于在载人和无人驾驶平台之间，平台之间、战区之间及指挥中心之间共享数据和信息。任务和目标将在所有层级（即传感器平台、战区等）上实时改变，且传感器也将随之改变，无论其目标为检测目标、跟踪目标、帮助其他传感器识别目标、执行战斗损坏估计还是武器制导。传感器将是独立行动的一种资源，但其也将与全局目标和任务的实时改变一致。将人工智能赋予传感器和传感器平台，将使它们能够以更加有活力和合作的方式进行适应，就像军队部署和派遣某作战部队一样。为了实现这些目标，在传感器内及它们之间加入人工智能、通信、鲁棒性和分集（如波形和几何分集）是非常有必要的，并利用各种技术。在滤波、检测、跟踪、成像、识别、制导、战斗损失评估、通信、命令和控制中，所有阶段的信号、数据和系统处理均需要更高级的软件处理。本章只研究了以上范例一小部分，即在多基雷达系统中联合波形选择和信号处理策略制定恰当的传感器布置策略。

本章的组织结构如下，在 3.2 节中，定义了一个多基地雷达系统。在 3.3 中，给出了多基地模糊函数概念的概述。在 3.4 节中，使用多基地模糊函数来探索多基雷达系统中传感器布置策略。在 3.5 节中给出结论。

3.2 问题的提出

模糊函数是分析雷达系统的常用工具。在单基地雷达中，模糊函数在量化系统性能方面发挥了重要作用，如估计精度、分辨率，杂波消除等。近年来，模糊函数的概念被扩展到双基地和多基地雷达系统中[9-12]。可以证明，多基地雷达的性能与系统几何结构及发射波形是直接相关的。在文献［9］中，文献作者给出了双基地雷达的模糊函数。这项工作在文献［10］和文献［1］中被扩展到了多基地雷达系统的情况。在文献［2］和文献［3］中，多基地模糊函数被用来评价信号处理策略以及波形选择。而传感器布置，无论单独的或是和波形选择及不同接收机之间适当的加权相结合，在文献［4－7］中都进行了研究，且将在本章中进行介绍。

考虑如图 3.1 所示的单个发射机多个接收机雷达系统。文献［13］研究了多发射机情况的问题。本章中，假设非相参数据融合，因为多基地模糊函数最初是基于非相参的 Neyman – Pearson 雷达接收机制定的[10]。

假设相干处理间隔由单个脉冲 $s(t)$ 组成：

$$s(t)=\sqrt{2E}\ \Re\{\tilde{f}(t)\mathrm{e}^{\mathrm{j}\omega_c t}\},0\leqslant t\leqslant T_d \tag{3.1}$$

式中：$\Re\{\cdot\}$ 表示取实部运算符；$\tilde{f}(t)$ 为发射脉冲的复包络；E 和 T_d 分别为脉冲能量和脉宽；而 $\omega_c=2\pi f_c$，其中 f_c 是载频。

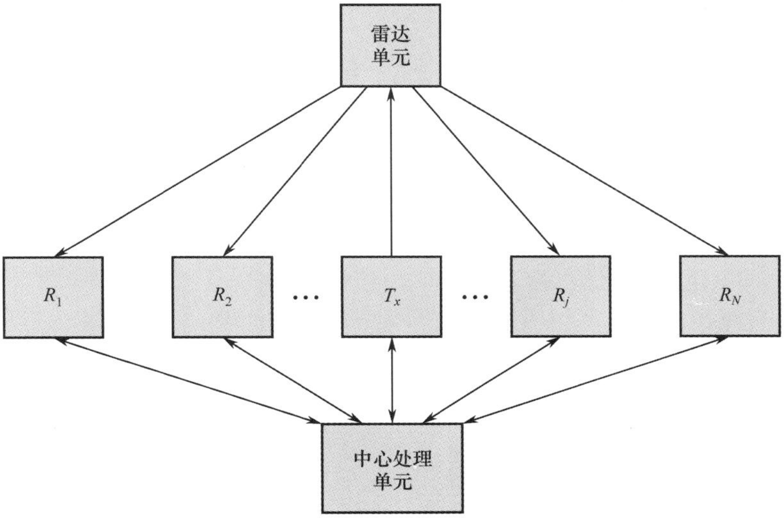

图 3.1　多基地系统几何结构

将第 i 个接收机输入的复包络表示为 $\tilde{r}_i(t)$。忽略杂波时，作出如以下形式的两个假设（H_0：不存在目标，H_1：存在目标）。

$$\begin{aligned}&H_0:\tilde{r}_i(t)=\tilde{n}_i(t)\\&H_1:\tilde{r}_i(t)=\tilde{a}_i\tilde{s}(t-\tau_{ai})\mathrm{e}^{\mathrm{j}\omega_{Dai}t}+\tilde{n}_i(t)\end{aligned} \tag{3.2}$$

式中：$\tilde{a}_i$ 为在发射机、目标和第 i 个接收机之间第 i 条路径上传播和散射效应所产生的复增益；τ_{ai} 和 ω_{Dai} 为在第 i 条路径上传播信号的实际总延时和多普勒偏移；$\tilde{n}_i(t)$ 为在第 i 个接收机输入的加性噪声的复包络。

假设复增益 $\tilde{a}_i$ 具有在 $[0,2\pi]$ 随机分布的相位。而噪声包络 $\tilde{n}_i(t)$ 是白化的零均值复高斯随机过程，其正交分量的功率谱密度为 $N_{0i}/2$，因此第 i 个接收机的匹配滤波器的输出为

$$d_i=\left|\int_{-\infty}^{\infty}\frac{\tilde{r}_i(t)}{\sqrt{N_{0i}}}\tilde{f}^*(t-\tau_{Hi})\mathrm{e}^{-\mathrm{j}\omega_{DHi}t}\mathrm{d}t\right| \tag{3.3}$$

式中：

$\tilde{f}^*(t)$ 代表 $\tilde{f}(t)$ 的复共轭；而 τ_{Hi} 和 ω_{DHi} 分别为假设一个目标出现在雷达探测范围内时发射信号的假设的总延时和多普勒偏移。（本章中，下标 H 和 a 分别

代表假设值和实际值)

信号 $d_i, i = 1,2,\cdots,N$ 表示在每个接收机获得的局部统计量，并且其被用来形成具有以下一般形式的全局统计量 D：

$$D(\boldsymbol{\tau}_H,\boldsymbol{\omega}_{DH}) = \varphi(d_1,d_2,\cdots,d_N;w_1,w_2,\cdots,w_N) \tag{3.4}$$

式中：$\boldsymbol{\tau}_H = [\tau_{H1},\cdots,\tau_{HN}]^{\mathrm{T}}$；$\boldsymbol{\omega}_{DH} = [\omega_{DH1},\cdots,\omega_{DHN}]^{\mathrm{T}}$；$\varphi(\cdot)$ 为一任意函数（一般是非线性的)，且 $w_i, i = 1,2,\cdots,N$ 是加权系数。注意，全局统计量依赖于 $\boldsymbol{\tau}_H$ 和 $\boldsymbol{\omega}_{DH}$（即匹配滤波器如何“调整”)。

式（3.4）完全地描述了多基地雷达系统。我们的目标是建立一个数学框架，在式（3.4）与不同雷达性能度量之间建立起联系。为了实现这个目标，定义了多基地模糊函数。

3.3 多基地模糊函数

在没有噪声的情况下，一般情况下的全局统计值变为

$$D_S = D_{|\tilde{\boldsymbol{n}}(t)=0} = \varphi(d_{1|\tilde{n}_1(t)=0},d_{2|\tilde{n}_2(t)=0},\cdots,d_{N|\tilde{n}_N(t)=0};w_1,w_2,\cdots,w_N) \tag{3.5}$$

式中：$\tilde{\boldsymbol{n}}(t) = [\tilde{n}_1(t),\tilde{n}_2(t),\cdots,\tilde{n}_N(t)]^{\mathrm{T}}$。

定义全局模糊函数如下[10]：

$$\Theta(\tau_H,\tau_a,\omega_{DH},\omega_{Da}) = \frac{1}{K}E[D_s] \tag{3.6}$$

式中：$\boldsymbol{\tau}_a = [\tau_{a1},\cdots,\tau_{aN}]^{\mathrm{T}}$；$\boldsymbol{\omega}_{Da} = [\omega_{Da1},\cdots,\omega_{DaN}]^{\mathrm{T}}$；算子 $E[\cdot]$ 代表数学期望，且 K 是归一化常量，使得 $\Theta(\tau_a,\tau_a,\omega_{Da},\omega_{Da}) = 1$。

注意对于给定目标（固定 $\boldsymbol{\tau}_a$ 和 $\boldsymbol{\omega}_{Da}$）的模糊函数是一个 $2N$ 维的函数。因为我们最终关心的是目标的位置（由其坐标定义，如 x，y 和 z）及其速度矢量（由其导数定义，如 $\dot{x}$，$\dot{y}$ 和 $\dot{z}$)，因此将模糊函数表示为与这些量有关的函数是更实际的。一方面由于延时和多普勒偏移之间高度的非线性，另一方面由于目标坐标和其速度分量，使得对于多基雷达系统的分析变得异常具有挑战性，且系统的几何结构变得非常重要。需要指出的是，单基地雷达系统中不存在上述非线性。

为了简化分析，且更重要的是，为了在建立多基地模糊函数时考虑到系统的几何结构，我们根据目标的位置和速度对所有的接收机进行排列。此外，为了将问题形象化，通常选择两个固定的维度来呈现多基地模糊函数。更一般地，可以将多基地模糊函数定义为在 6 维参数空间中完全定义目标位置和速度所需的任何坐标子集的函数。

让我们考虑二维系统的几何结构，并利用发射机和目标单元之间的距离以及实际目标速度方向作为坐标。一个发射机 – 接收机 – 目标双基地三角模型如

图 3.2所示（注意 R_T 表示发射机和目标之间的距离，而 v 表示目标速度矢量的大小）。

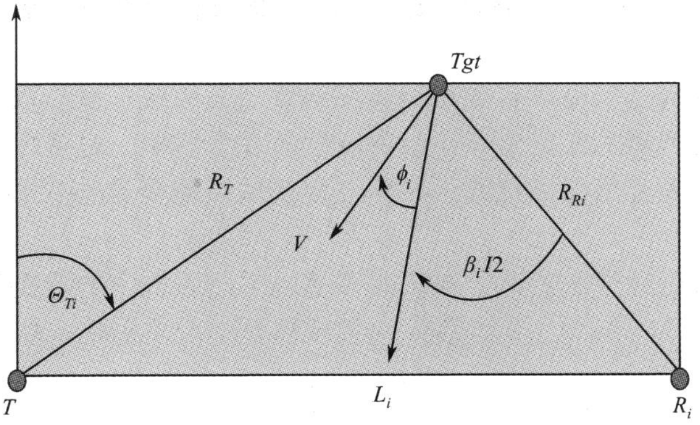

图 3.2　双基地几何结构

令 R_{Ta} 和 v_a 作为实际的目标距离和速度，且令 R_{TH} 和 v_H 表示假设的目标距离和速度。考虑到图 3.2 中的符号和角度指向，可以发现，系统参数之间的非线性关系为

$$\tau_{ai} = \frac{1}{c}\left(R_{Ta} + \sqrt{L_i^2 + R_{Ta}^2 - 2R_{Ta}L_i\sin\theta_{Ti}}\right) \tag{3.7}$$

$$\tau_{Hi} = \frac{1}{c}\left(R_{TH} + \sqrt{L_i^2 + R_{TH}^2 - 2R_{TH}L_i\sin\theta_{Ti}}\right) \tag{3.8}$$

$$\omega_{Dai} = 2\frac{\omega_c}{c}v_a\cos(\phi_{ia})\cos\left(\frac{\beta_{ia}}{2}\right) \tag{3.9}$$

$$\omega_{DHi} = 2\frac{\omega_c}{c}v_H\cos(\phi_{iH})\cos\left(\frac{\beta_{iH}}{2}\right) \tag{3.10}$$

$$\cos\left(\frac{\beta_{ia}}{2}\right) = \sqrt{\frac{1}{2} + \frac{R_{Ta} - L_i\sin\theta_{Ti}}{2\sqrt{R_{Ta}^2 + L_i^2 - 2R_{Ta}L_i\sin\theta_{Ti}}}} \tag{3.11}$$

$$\cos\left(\frac{\beta_{iH}}{2}\right) = \sqrt{\frac{1}{2} + \frac{R_{TH} - L_i\sin\theta_{Ti}}{2\sqrt{R_{TH}^2 + L_i^2 - 2R_{TH}L_i\sin\theta_{Ti}}}} \tag{3.12}$$

式中：c 为电磁波传播速度。

经过对坐标的对齐和转换，全局模糊函数 $\Theta(\tau_H,\tau_a,\omega_{DH},\omega_{Da})$ 成为固定目标参数 R_{Ta} 和 v_a 的二维函数 $\Theta(R_{TH},R_{Ta},v_H,v_a)$ 。多基地模糊函数 $\Theta(R_{TH},R_{Ta},v_H,v_a)$ 为给定的多基地系统的完整描述提供了基础，可用于推导多基地的性能指标。

任意选择加权系数的灵活性为我们提供了一种改变多基地模糊函数的形状的方法。第二种改变模糊函数形状的方法是改变波形。最后，多基地模糊函数还能够通过改变系统几何结构来改变形状。关于前两种提升系统性能的方法的研究结果的综合总结可以参考文献［8］。而将这三种技术结合起来来改变多基地模糊函数形状，且重点在于传感器布置的分析将在 3.4 中给出。

3.4　多基地雷达系统的传感器布置

如之前所提到的，可以将多基地模糊函数定义为在 6 维参数空间中完全定义目标位置和速度所需的任何坐标子集的函数。在示例中，将考虑一个二维系统的几何结构，并仅关注目标的位置。这样，多基地模糊函数将仅表现为关于坐标 x 和 y 的函数。

首先举例说明适当的传感器布置在多基地雷达系统中的重要作用。考虑一个二维多基地系统几何结构，其含有 4 个接收机及 1 个发射机，如图 3.3 所示。

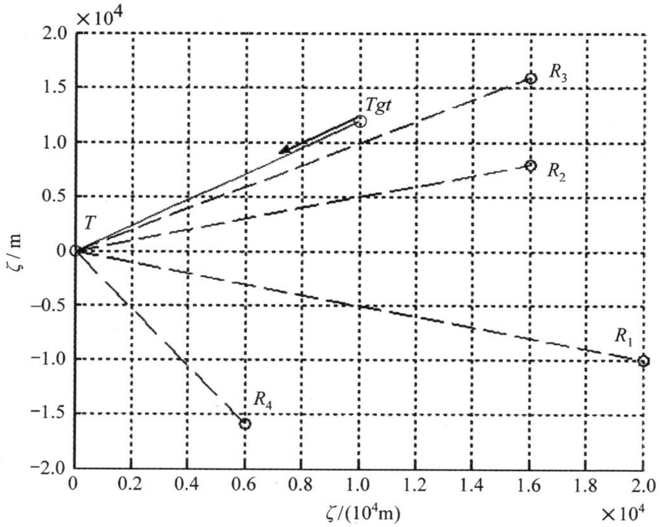

图 3.3　系统几何结构（例 1）

在不失一般性的情况下，将发射机布置在原点（标记为 T），4 个接收机表示为 $R_i, i = 1,2,3,4$，且目标表示为 Tgt。与目标相关联的箭头表示速度矢量。假设目标的速度为 $v_a = 30\text{m/s}$，速度矢量与距离线（发射机和目标之间的连线）的夹角为 $\alpha = \pi$，如图 3.3 中黑箭头所示。而发射机和目标之间的距离假设为 $R_{Ta} = 15.6205\text{km}$。

假设主要关注点是距离分辨率，在 $x - y$ 平面上会出现模糊图，其中 x 轴是发射机和目标之间的连线，而原点为发射机位置。将考察 50m × 100m 的范围。发射波形是长度为 13 的巴克码单脉冲，其带宽约为 600MHz。在这个例子中，还假设所有的接收机都是等幅加权的。多基地模糊函数如图 3.4 所示，其中对应的 –3dB 主瓣等高图如图 3.5 所示。

对于这种系统的几何结构，–3dB 区域面积等于 1.0167m^2。

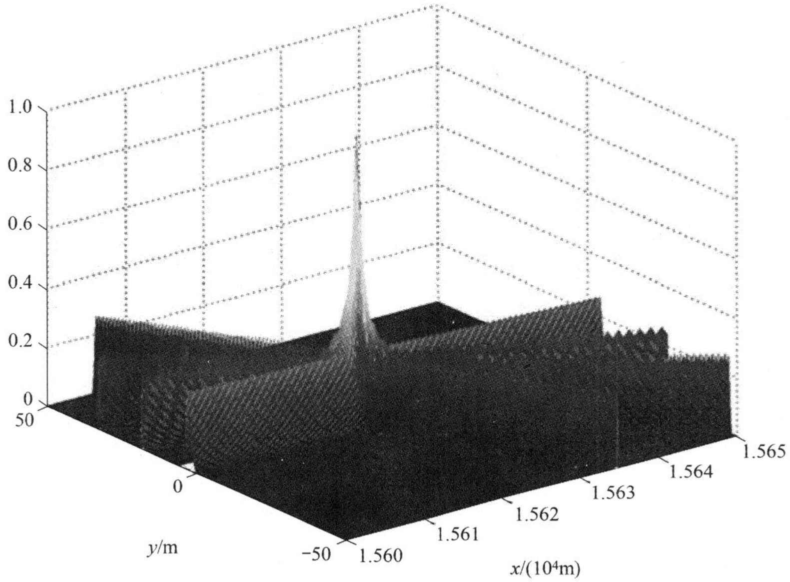

图 3.4　多基地模糊函数（例 1）

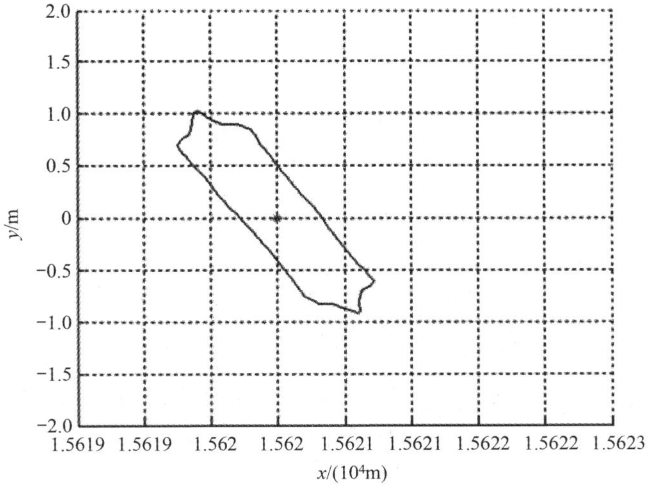

图 3.5　多基地模糊函数（－3dB 等高图，例 1）

让我们考虑一种如图 3.6 所示的不同的系统配置，我们只改变了接收机的位置，而发射机和其与目标之间的相对距离均没有改变）。

对应的多基地模糊函数和 –3dB 主瓣等高图分别如图 3.7 和图 3.8 所示。可以看出，第二种系统配置导致整体更好的距离分辨力。特别地，其 –3dB 区域面积等于 0.3267m^2（减小了 67.87%）。这在如图 3.9 所示的空间中具有多个临近目标的情况下变得非常重要，其中有三辆车沿着同一条道路移动，但是在两条不同的线上。

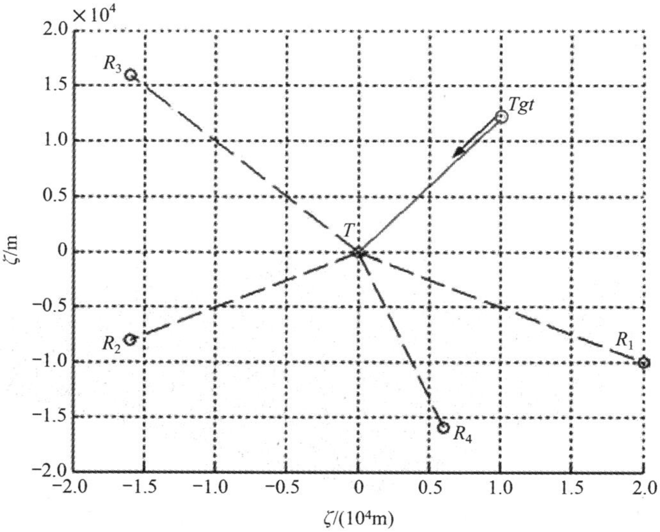

图 3.6　系统几何结构（例 2）

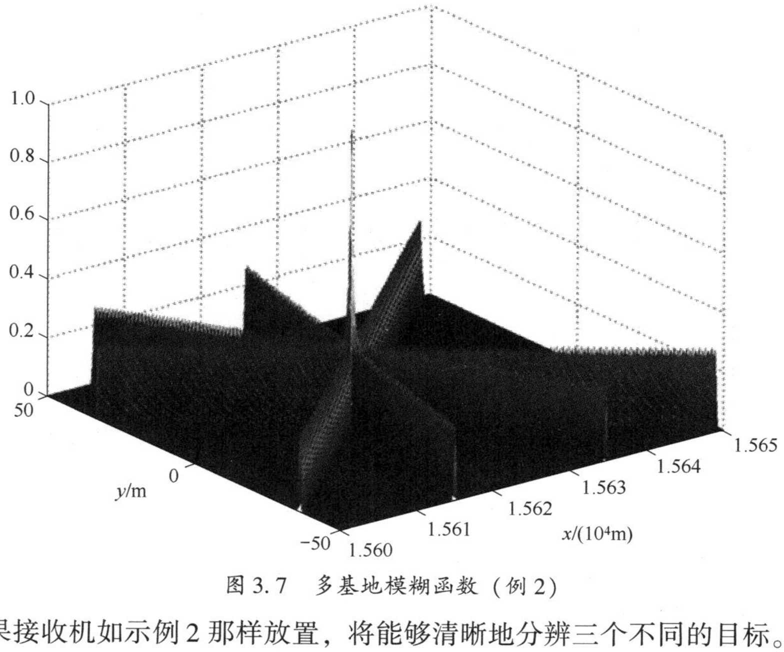

图 3.7　多基地模糊函数（例 2）

如果接收机如示例 2 那样放置，将能够清晰地分辨三个不同的目标。这可由图 3.10，图 3.11（a）和（b）来显示，其分别为三维图、二维图及 -3dB 等高图，其中图中均为归一化的雷达回波（假设无噪声并且三个目标具有相同的反射系数）。

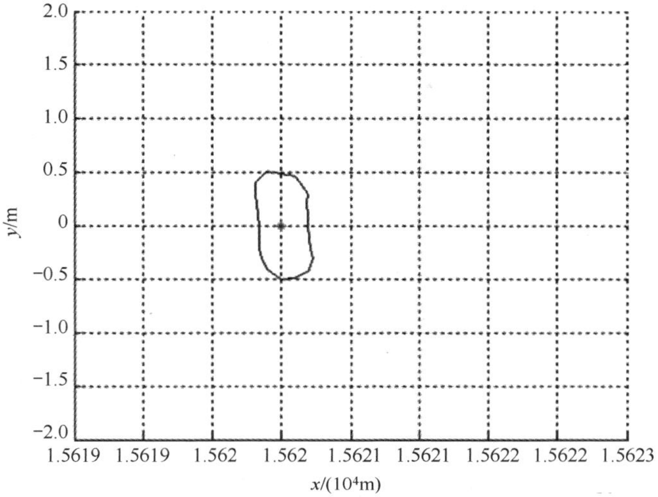

图 3.8 多基地模糊函数（−3dB 等高图，例 2）

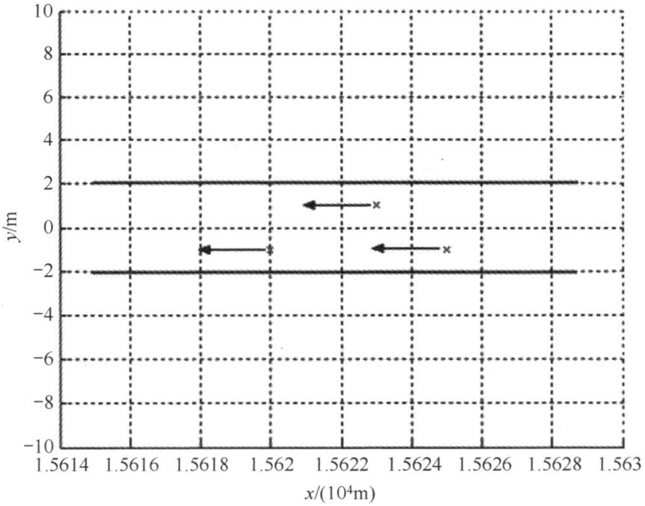

图 3.9 多目标方案

举例来讲，图 3.11（a）清晰地展示了表示三个目标的三个高强度区域。这种程度的目标分辨能力在接收机如例 1 布置时是不可能达到的。

优化传感器布置是一项非常具有挑战性的任务，特别是当需要满足多个有时会相互冲突的性能要求时。另外，在大多数实际应用中，在布置不同的传感器时，不可能有完全的灵活性。人们还可以认为，通过改变发射机和/或接收机的位置，也影响对应的信噪比，这又可以显著影响所得到的检测概率。因此，为了简化问题及最小化改变信噪比的影响，接下来考虑的例子将保持观测区域和所有传感器（发射机和接收机）之间的距离是近似相等的。

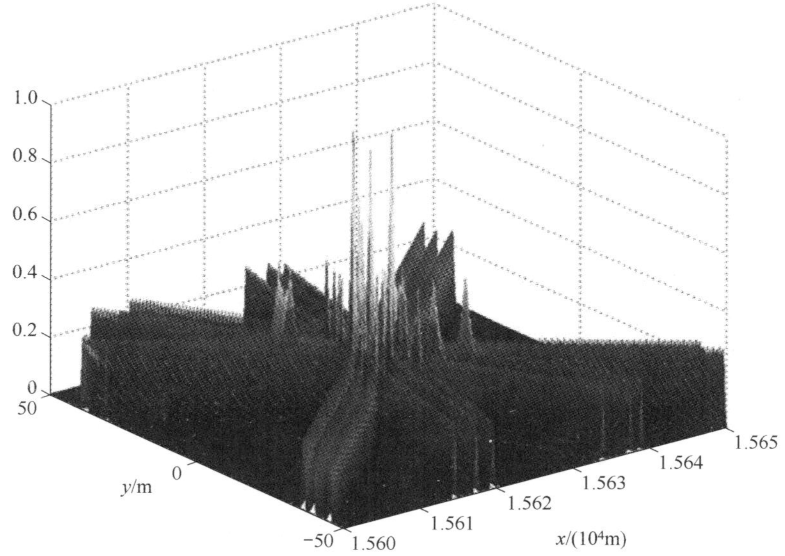

图 3. 10　三目标的多基地模糊函数（例 2 几何结构）

考虑一个具有四个接收机和一个发射机的二维多基地系统配置，如图 3. 12 所示。

目标与所有传感器（发射机和接收机）之间的距离假定为 10km，假设正在观测相对于传感器之间的距离较小的区域（100m × 100m），并且距离分辨率是我们的主要关注点。在这个例子中，传输的波形是脉冲宽度为 44ns 的、长度为 13 的巴克码单脉冲波形，还假设所有的接收机都是相等的加权（由于所有距离相同）。

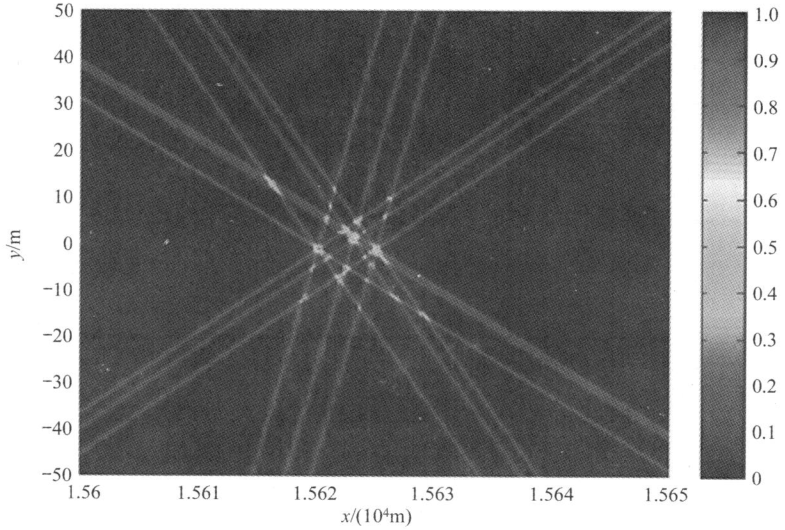

(a)

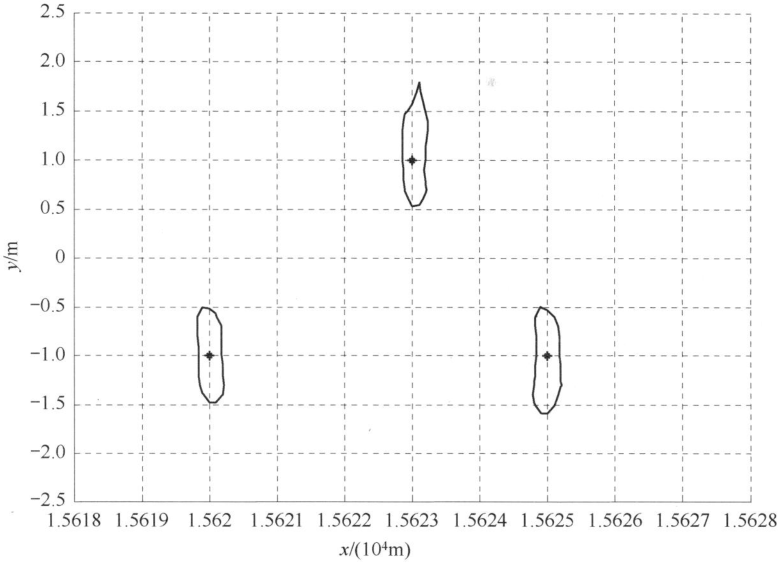

(b)

图 3.11　三目标多基地模糊函数：

（a）强度图，例 2 几何结构；（b）−3dB 等高图，例 2 几何结构

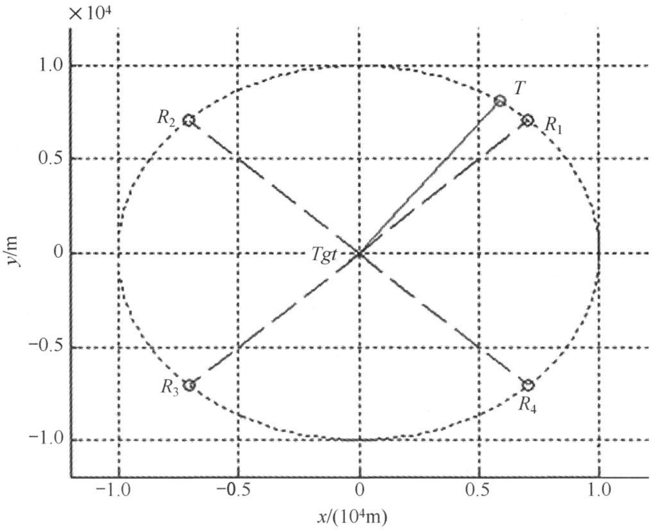

图 3.12　多基地系统几何结构

多基地模糊函数（以 $x-y$ 平面呈现）如图 3.13 所示，而相应的 −3dB 主瓣等高线如图 3.14 所示。

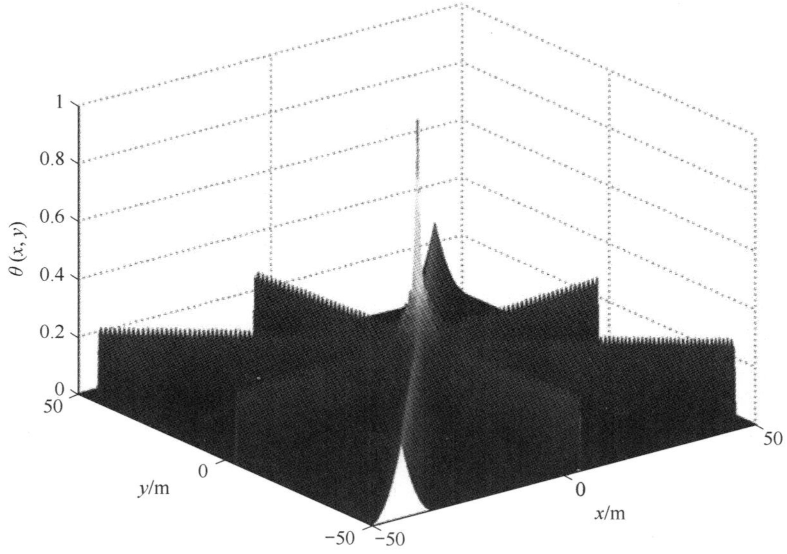

图 3.13 多基地模糊函数

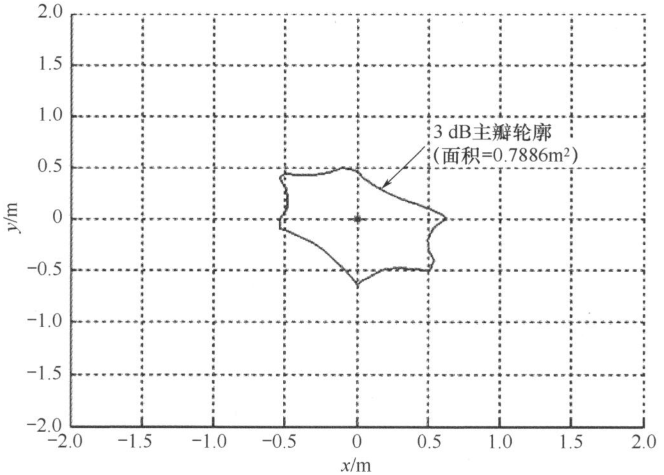

图 3.14 多基地模糊函数（-3dB 等高图）

该例中，-3dB 主瓣等高图面积为 0.7886m^2。将尝试通过改变传感器位置来改善此结果。

首先假设所有的接收机的位置是固定的，而只要与原点的距离保持不变（10km），发射机的位置就可以改变。由于对称性，将发射机沿着如图 3.15 所示的弧移动就足够了。在仿真中，假设发射机功率、天线方向图及发射机与接收机之间的距离能够保证发射机不会对任何的接收机产生干扰。

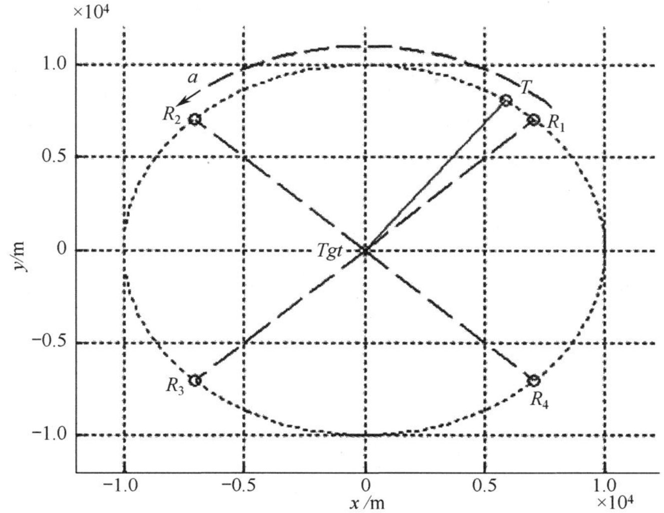

图 3.15 多基系统几何结构（移动发射机）

图 3.16 给出了不同发射机位置时（角度 α 在 0 和 $\pi/2$ 之间变化（见图 3.15)），主瓣 −3dB 等高图面积的变化。

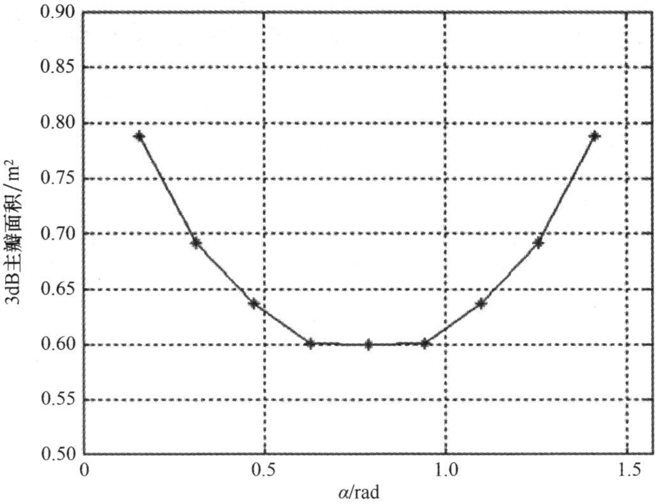

图 3.16 主瓣 −3dB 等高图面积（随着发射机移动）

从图 3.16 中可以看出，为了获得最佳的距离分辨率，发射机应该被放置在接收机 R_1 和 R_2 的中间。这是一个符合预期的结果。没有预料到的是，通过改变发射机位置，能够显著地提高分辨率。举例来说，当 $\alpha = 0.1\pi$ 时，−3dB 等高图面积等于 0.7886m^2，而当 $\alpha = 0.25\pi$（最佳方案）时，−3dB 等高图面积等于 0.6012m^2（降低 23.76%）。该对比如图 3.17 所示。

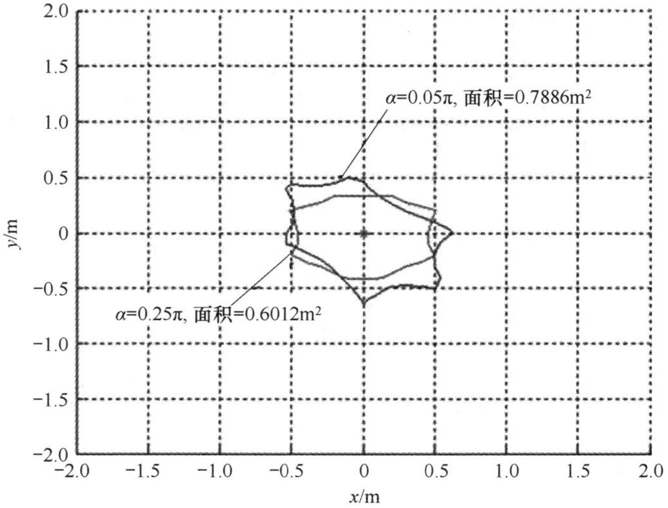

图 3.17 －3dB 等高图对比

现在来尝试通过移动接收机来提高－3dB 分辨率。特别地，假设发射机和接收机 R_1 、R_2 的位置是固定的，而接收机 R_3 和 R_4 可以在保留系统对称性及它们与原点之间距离的情况下进行移动。因此，将沿着如图 3.18 所示的弧移动这两个接收机，并将尝试找到最佳角度 β ，以便获得最佳的－3dB 分辨率。

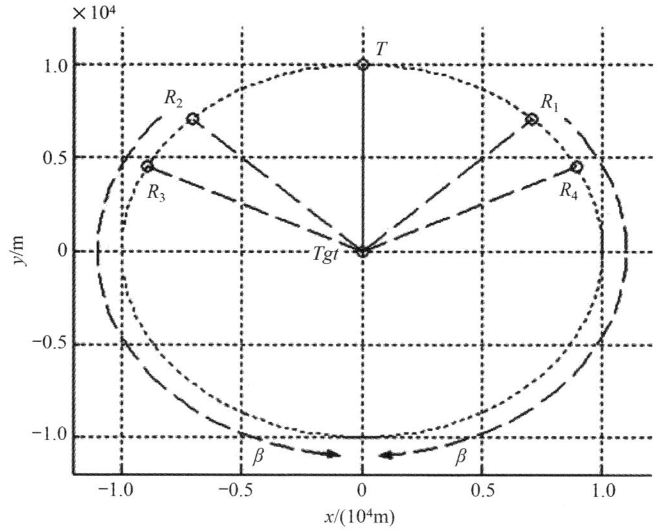

图 3.18 多基地系统几何结构（移动接收机）

图 3.19 显示了不同接收机位置（角度 β 在 0 到 $3\pi/4$ 之间变化）的－3dB 主瓣等高图面积结果。

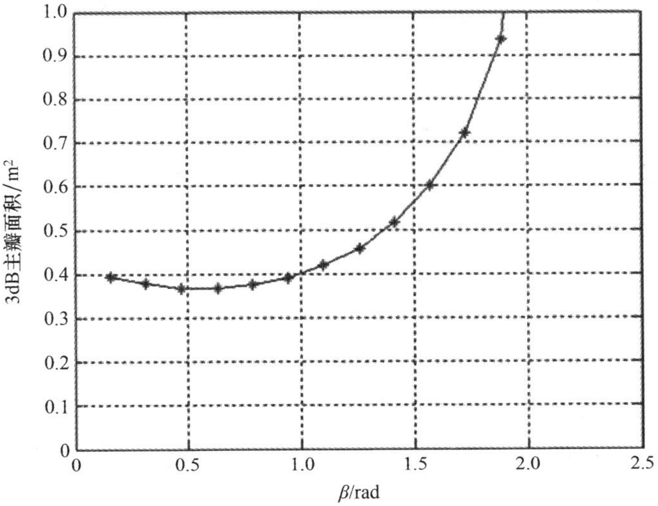

图 3.19　主瓣 -3dB 等高图面积（随着接收机移动）

对于大的 β，双基地结构不理想，且分辨性能差。而对于非常小的 β 角，其接收机 R_3 和 R_4 将非常接近 R_1 和 R_2，因此由于类似双基地的重叠旁瓣，将会使这种情况下的分辨力性能同样变差。可以看出，最佳的结果出现在 $\beta \approx 0.2\pi$（0.6278 rad）时。举例来说，在 $\beta = 0.5\pi$（1.571 rad）时，-3dB 等高图面积等于 0.6012m²，而在 $\beta = 0.2\pi$（如图 3.20 所示最优几何结构）时，-3dB 等高图面积等于 0.3671m²。以上对比如图 3.21 所示。

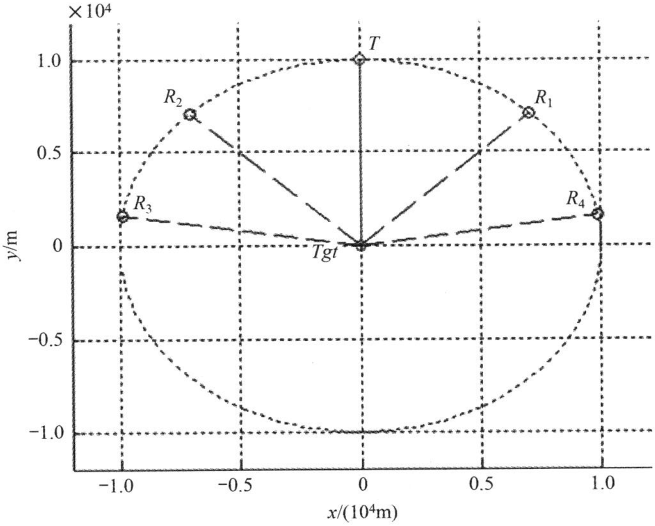

图 3.20　多基地系统几何结构（最优几何结构）

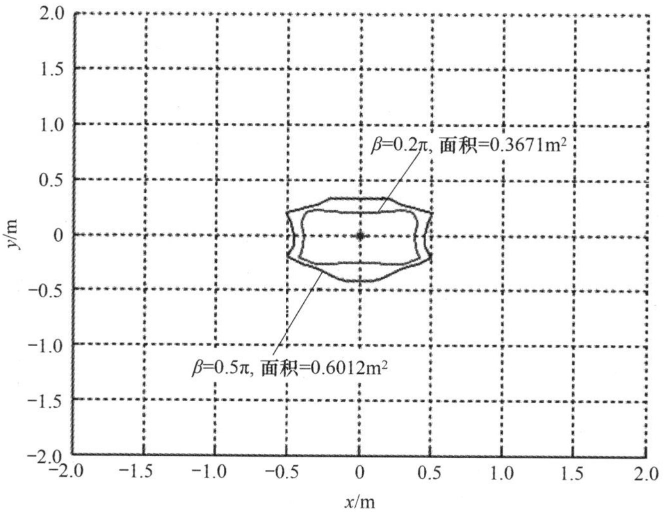

图 3.21 －3dB 等高图对比（移动发射机）

还可以将传感器布置与波形选择及不同接收机的适当的加权相结合。例如，可以通过改变发射波形来进一步提高分辨率。分析了在固定接收机、移动发射机（如图 3.15 所示）时，两种不同波形 Barker13（一种二相波形）和 Frank16（一种多相波形）的－3dB 等高图面积。这两种波形均被假设为脉宽为 44ns 的单脉冲。其结果如图 3.22 所示。

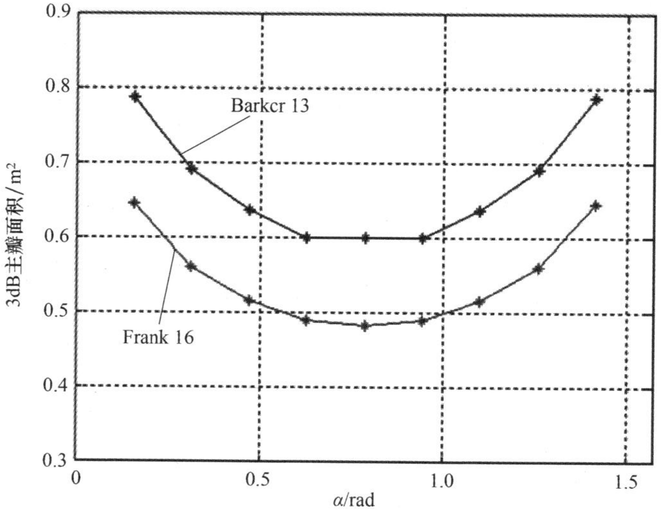

图 3.22 －3dB 等高图面积结果（波形对比）

可以看出，在整个发射机移动范围内，Frank16 波形结果均要优于 Barker13 波形。

另外，可以通过改变与不同接收机相关联的加权系数来提升系统分辨率（改变多基地模糊函数形状）。对于 Frank16 波形及发射机处于不同位置时，优化了加权系数，以实现最小的 -3dB 等高图面积。该优化是在有限区域内，以 0.05 为步长，在 $\sum_{i=1}^{N} c_i = 1$ 的约束下，进行的穷举搜索。优化结果如表 3.1 所列。对应的 -3dB 等高图面积如图 3.23 所示。

表 3.1　最优加权系数

发射机角度	最优加权期数
$\alpha = 0.05\pi$	$c_1 = 0.35, c_2 = 0.35, c_3 = 0.00, c_4 = 0.30$
$\alpha = 0.10\pi$	$c_1 = 0.35, c_2 = 0.40, c_3 = 0.00, c_4 = 0.25$
$\alpha = 0.15\pi$	$c_1 = 0.40, c_2 = 0.40, c_3 = 0.00, c_4 = 0.20$
$\alpha = 0.20\pi$	$c_1 = 0.45, c_2 = 0.45, c_3 = 0.00, c_4 = 0.10$
$\alpha = 0.25\pi$	$c_1 = 0.45, c_2 = 0.45, c_3 = 0.05, c_4 = 0.05$
$\alpha = 0.30\pi$	$c_1 = 0.45, c_2 = 0.45, c_3 = 0.10, c_4 = 0.00$
$\alpha = 0.35\pi$	$c_1 = 0.40, c_2 = 0.40, c_3 = 0.20, c_4 = 0.00$
$\alpha = 0.40\pi$	$c_1 = 0.40, c_2 = 0.35, c_3 = 0.25, c_4 = 0.00$
$\alpha = 0.45\pi$	$c_1 = 0.35, c_2 = 0.35, c_3 = 0.30, c_4 = 0.00$

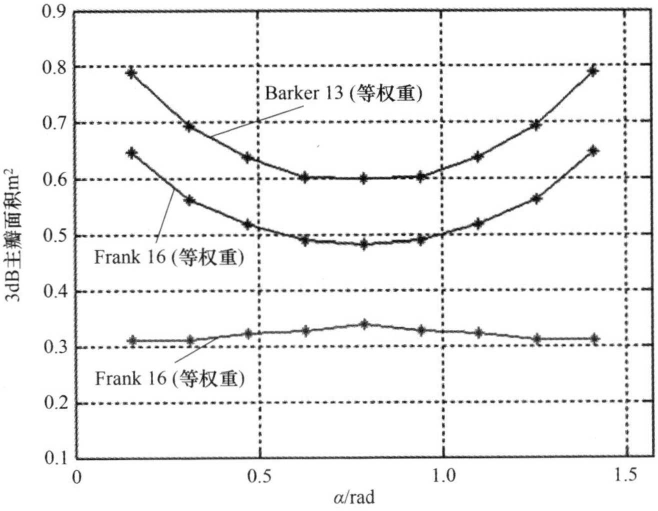

图 3.23　-3dB 等高图面积结果（优化及非优化加权对比）

可以看出，通过适当地改变不同接收机之间的加权系数可以实现 -3dB 等高图面积显著降低。例如，当 $c_1 = c_2 = c_3 = c_4 = 0.25$ 及 $\alpha = 0.25\pi$ 时，-3dB 等高图面积等于 0.4831m^2，而当 $c_1 = c_2 = 0.45$，$c_3 = c_4 = 0.05$ 且 $\alpha = 0.25\pi$ 时，-3dB 等高图面积等于 0.3405m^2（减少了 29.52%）。对比结果如图 3.24 所示。

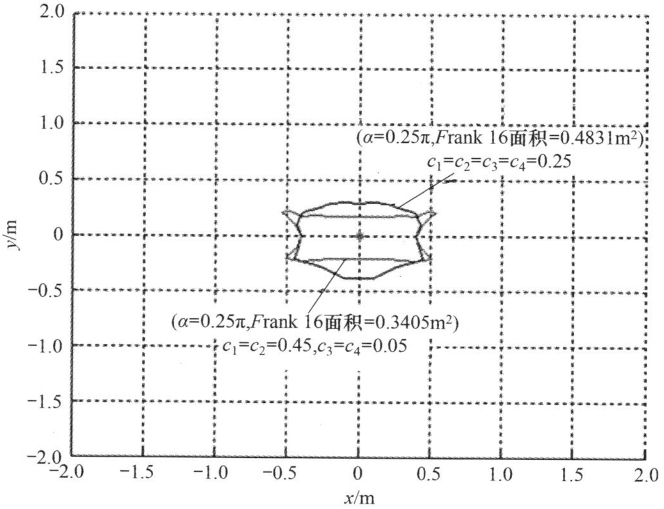

图 3.24 －3dB 等高图对比

如表 3.1 所列的优化结果可以为不同接收机权值的选择提供一定的指导。例如，对特定的性能评价标准（－3dB 等高图面积），似乎当发射机接近接收机 R_1 时，不应考虑来自接收机 R_3（相对的接收机）的信号（见系数 $c_3 = 0$，当 $\alpha = 0.05\pi$，$\alpha = 0.1\pi$，$\alpha = 0.15\pi$ 及 $\alpha = 0.2\pi$ 时），而当发射机接近接收机 R_2 时，不应考虑接收机 R_4 的信号（见系数 $c_4 = 0$，当 $\alpha = 0.3\pi$，$\alpha = 0.35\pi$，$\alpha = 0.4\pi$ 及 $\alpha = 0.45\pi$ 时）。

最后一组例子将传感器布置与适当的多相波形选择联合了起来。考虑 Frank、P3 和 P4 多相编码。这三种编码在雷达系统中比较流行，因为它们不仅具有较好的自相关性质，同时与 Barker 多相码相比具有更好的多普勒容限。它们可以被分类为类线性调频信号的相位编码信号[14]，而且其最初就是从频率调制脉冲的相位推导而来。

Frank 码具有理想的周期性自相关函数。其由线性频率步进脉冲推导而来。对于长度为 M^2 的 Frank 码，其相位序列由以下表达式构成：

$$\varphi_{m,n} = \frac{2\pi}{M}(m-1)(n-1),\quad m = 1,2,\cdots,M \quad n = 1,2,\cdots,M \tag{3.13}$$

P3 和 P4 码是具有非周期特性的类线性调频编码。它们是 Zadoff-Chu 编码[14]的循环移位和抽取版本，它们的相位构造如下（对长度为 M 的编码）：

$$P3:\varphi_m = \begin{cases} \dfrac{\pi}{M}(m-1)^2, m = 1,2,\cdots,M, M = \text{偶} \\ \dfrac{\pi}{M}(m-1)m, m = 1,2,\cdots,M, M = \text{奇} \end{cases} \tag{3.14}$$

$$P4:\varphi_m = \frac{\pi}{M}(m-1)^2 - \pi(m-1) \tag{3.15}$$

尽管这些波形已经在文献中有了深入的研究和对比，但是当将它们应用在多基地系统时，由于多基地系统几何结构导致的多基地模糊函数非线性的特性，预测它们的性能依然是一件具有挑战性的任务。在假设编码具有相同长度和脉冲宽度的情况下，对比 P3、P4 和 Frank 多相码。选择用来对比的波形是非常相似的，并且可预测它们具有相对近似的性能。但是，我们将属于在多基地系统的几何结构下，有时它们的性能能够相差15% ~20%。更重要的是，在某一种性能度量下最优的波形在另一种性能度量下有可能是最差的。

首先，考虑与如图 3.15 所示的移动发射机相似多基地系统几何结构，并且假设所有接收机是等幅加权的（$c_1 = c_2 = c_3 = c_4$）。在不同角度 α 时，对比了 P3、P4 和 Frank 多相码。所有的波形被假设为具有相同的长度 16 及相同的脉宽 32ns。对应的 -3dB 等高图面积如图 3.25 所示。可以看出，对于所有的系统几何结构，P3 码展现出了最好的性能，而 P4 码的 -3dB 等高图面积是最大的。特别地，P3 码性能优于 P4 码 15 -20%，且优于 Frank16 码 10 -12%。图 3.26 显示了这种提升，其中对比了在 $\alpha = \pi/4$ 时 P3 和 P4 码波形。对于 P4 码波形，-3dB 等高图面积为 0.2590m^2，而 P3 码波形为 0.2131m^2（降低了 18%）。

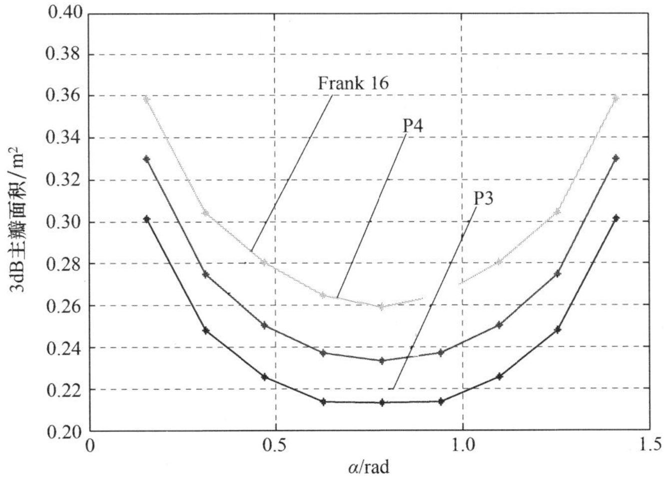

图 3.25 -3dB 等高图面积（例 1，波形对比）

第二个例子涉及一种监视情形，其中希望对一个特定距离方向上的很大范围进行考察。系统的几何形状与第一个例子相似，但是这里假设目标和所有传感器的距离均为 100km，如图 3.27 所示。目标的速度假设为 $v_a = 9.86\mathrm{m/s}$，速度矢量如图中黑箭头所示。

如上文中所提到的，为了将多基地模糊函数形象化，通常选择两个固定的维度。在之前的例子中，多基地模糊函数被表示为 x 和 y 坐标函数。这次，选择发射机与目标之间的距离连线与真实目标速度作为两个维度。则一个 4 脉冲、脉宽

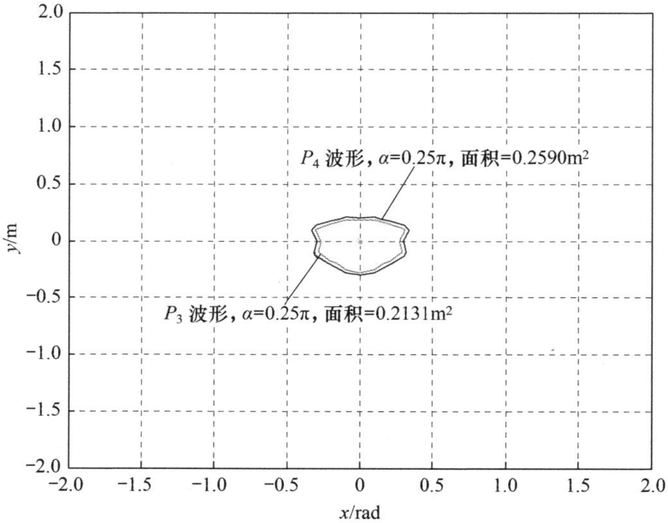

图 3.26　−3dB 等高图对比（例 1）

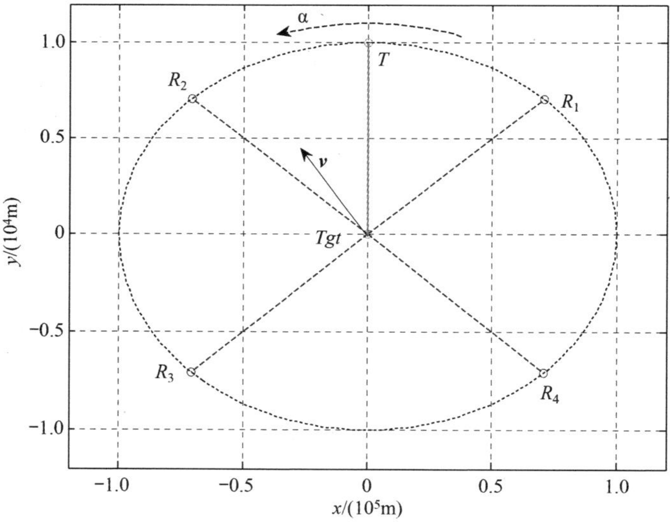

图 3.27　多基地系统几何结构（例 2）

为 32μs，脉冲间隔为 100μs 的 Frank16 码脉冲串的对应的多基地模糊函数如图 3.28所示。

接下来比较 P3、P4 和 Frank 多相码的距离积分旁瓣电平（RISL），其定义如下，

$$\text{RISL} = \sum_{k, R_{RH}^{(k)} \in S} \Theta(R_{RH}^{(k)}, v_H = v_a) \tag{3.16}$$

式中：$R_{RH}^{(k)}, k = 1,2,\cdots$ 为 R_T 的假设值。该度量描述了在给定的感兴趣区域 S 内，

给定的多基地模糊函数切面（这种情况下是 $v_H = v_a$）中的旁瓣电平。在这个例子中，选取的 S 的取值为 50～90km。因此，现在需要寻找一种波形，能够在发射机和目标的距离范围（发射机被放置在与目标 100km 的距离上）内最有效地抑制旁瓣。

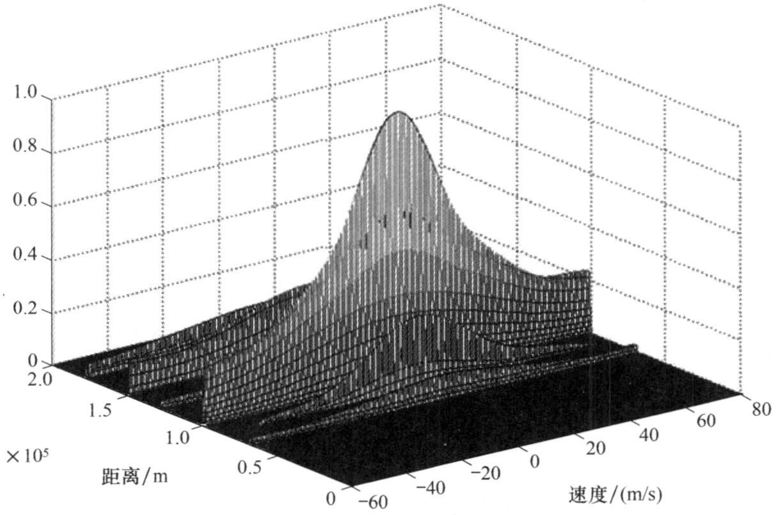

图 3.28　多基地模糊函数（例 2）

由角度 α 描述的发射机不同位置的波形比较结果如图 3.29 所示。所有波形均被假设由脉冲宽度为 32μs，脉冲间隔为 100μs 的 4 个脉冲构成。

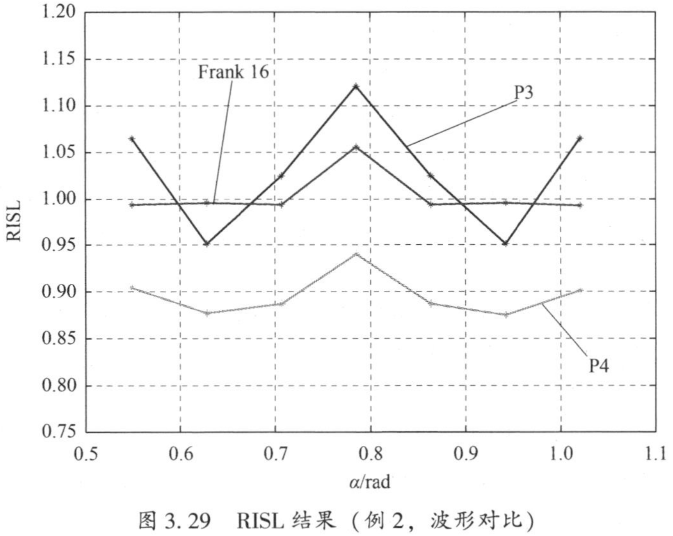

图 3.29　RISL 结果（例 2，波形对比）

可以看出，对于所考虑的几何形状，此时 P4 波形优于 P3 和 Frank 16 波形

10% ~20%。例如，对于 $\alpha = 0.25\pi$，P3 波形的 RISL 为 1.1210，而 P4 波形的 RISL 为 0.9407（降低 16%），如图 3.30 所示。

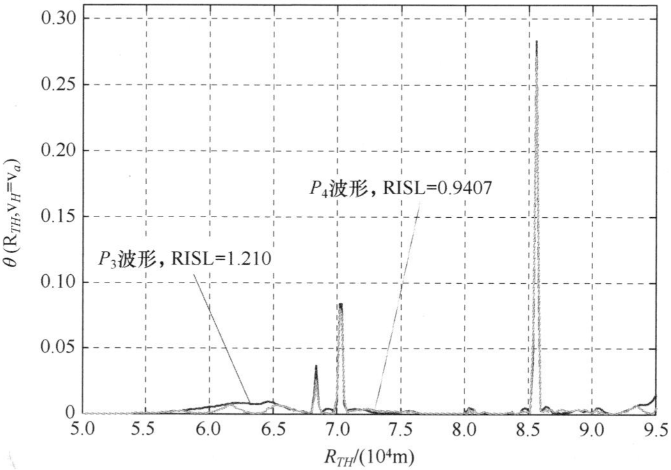

图 3.30　RISL 比较（例 2）

3.5　结　论

本章介绍了多基地模糊函数的概念，以及如何用它来评估和提升多基地雷达系统性能。多基地模糊函数提供了对给定多基系统的完整描述，并且其能够在系统参数与性能度量之间建起良好的联系。通过恰当的分析和有意义的图形表示，多基地模糊函数可以帮助开发雷达波形选择规则和接收机加权和布置策略。研究适当的传感器布置作为一种提升多基雷达系统性能的方法。给出了若干仿真结果，说明了恰当的传感器布置在使用单个发射机多个接收机的系统结构中的重要性。分析了可能重新定位发射机（对于固定接收机）和可能移动一些接收机（对于固定发射机）的情况，以便实现最佳的系统分辨率。还给出了若干例子，清晰地表明了组合波形选择、接收机加权及传感器布置策略的潜在优势。

未来的工作需要对多个发射机的情形进行研究（文献［13］给出了一个分析框架），同时允许更灵活的传感器布置，考虑到由距离变化和目标的反射率导致的信噪比变化的后果。

除此之外，为了实现我们在仿真中设想的多基地雷达系统，今后还有许多实际问题需要解决和研究。包括发射机和接收机的时间及位置同步、避免自干扰及将同一地点的多部接收机回波响应融合所需要的通信链路等。

参考文献

[1] G. T. Capraro, I. Bradaric, D. D. Weiner, R. Day, J. Parretta and M. C. Wicks, 'Waveform diversity in multistatic radar', *International Waveform Diversity and Design Conference*, Lihue, HI, USA, January 2006.

[2] I. Bradaric, G. T. Capraro, D. D. Weiner and M. C. Wicks, 'Multistatic radar systems signal processing', 2006 *IEEE Radar Conference*, Verona, NY, USA, April, 2006.

[3] I. Bradaric, G. T. Capraro and P. Zulch, 'Signal processing and waveform selection strategies in multistatic radar systems', *International Waveform Diversity and Design Conference*, Pisa, Italy, June 2007, invited paper.

[4] I. Bradaric, G. T. Capraro and M. C. Wicks, 'Waveform diversity for different multistatic radar configurations', *Asilomar Conference on Signals, Systems, and Computers*, Pacific Grove, CA, USA, November 2007.

[5] I. Bradaric, G. T. Capraro and M. C. Wicks, 'Sensor placement for improved target resolution in distributed radar systems', *IEEE Radar Conference*, Rome, Italy, May 2008.

[6] I. Bradaric, G. T. Capraro and M. C. Wicks, 'Multistatic ambiguity function-a tool for waveform selection in distributed radar systems', *Fourth International Waveform Diversity and Design Conference*, Orlando, FL, USA, February 2009.

[7] C. T. Capraro, I. Bradaric, G. T. Capraro and T. K. Lue, 'Using genetic algorithms for radar waveform selection', *IEEE Radar Conference*, Rome, Italy, May 2008.

[8] M. Wicks, V. Amuso, E. Mokole, S. Blunt and R. Schneible (Eds.), *Principles of Waveform Diversity and Design*, Raleigh, NC: SciTech Publishing, Inc., 2010.

[9] T. Tsao, M. Slamani, P. K. Varshney, D. Weiner and H. Schawarzlander, 'Ambiguity function for a bistatic radar', *IEEE Trans. Aerosp. Elect. Sys.*, vol. 33, no. 3, pp. 1041 – 1051, July 1997.

[10] D. D. Weiner, M. C. Wicks and G. T. Capraro, 'Waveform diversity and sensors as robots in advanced military systems', 1*st International Waveform Diversity and Design Conference*, Edinburgh, UK, November 2004.

[11] H. D. Griffiths and C. J. Baker, 'Measurements and analysis of ambiguity functions of passive radar transmissions', *IEEE International Radar Conference*, Washington, DC, 2005.

[12] I. Papoutsis, C. J. Baker and H. D. Griffiths, 'Netted radar and the ambiguity function', *IEEE International Radar Conference*, Washington, DC, 2005.

[13] I. Bradaric, G. T. Capraro, D. D. Weiner and M. C. Wicks, 'A framework for the analysis of multistatic radar systems with multiple transmitters', *International Conference on Electromagnetics in Advanced Applications*, Torino, Italy, September 2007.

[14] N. Levanon and E. Mozeson, *Radar Signals*, New York, NY: John Wiley & Sons, 2004.

第4章 MIMO雷达波形设计

Ming Xue, Jian Li and Petre Stoica

摘 要

本章回顾了具有共置天线的 MIMO 雷达中各种不同的探测波形发射方案。为了在接收端分离发射波形以获得 MIMO 雷达提供的大的虚拟阵列尺寸，需要一组正交探测波形集。而增加的虚拟孔径尺寸可以给 MIMO 雷达系统提供许多优势，包括更好的空间分辨率，改进的参数识别能力，增强的关于地面运动目标显示（GMTI）和雷达成像方面的性能。在这里，讨论了几种 MIMO 雷达发射方案，包括快时间码分多址（FT-CDMA），频分多址（FDMA），时分多址（TDMA），随机 TDMA（R-TDMA），多普勒分多址（DDMA）和慢时间 CDMA（ST－CDMA）。这些发射方案的优点和局限性也将得到论述，并用简单的范例进行说明。

关键词：探测波形；MIMO 雷达；共置天线

4.1 引 言

现代雷达能够测量潜在目标的距离、方位角、俯仰角和多普勒频率。目标与雷达之间的距离由发射的无线电波形和接收到的被目标反射的回波信号之间的时间延迟确定。除了距离之外，人们还可能想知道目标的角位置，即方位和俯仰角。为此，雷达需要朝一个特定的方向发射聚焦的无线电波束，以检测在此方向的目标。目标的距离和角位置提供了该目标的位置信息。当目标运动时，例如当目标是一个机载平台时，我们对于目标的速度也有极大的兴趣。目标的速度通常通过来自运动目标的回波信号的多普勒效应来测量。因此，雷达可以测量一个目标四维（4-D）的信息：距离、方位角、俯仰角和多普勒频率。如果为简化分析而省略掉俯仰角，则可以如图 4.1 所示那样在三维（3-D）空间中绘制出目标的参数。在接下来的论述中都将局限在该三维空间中，但可以很容易地扩展到考虑俯仰角的情况。

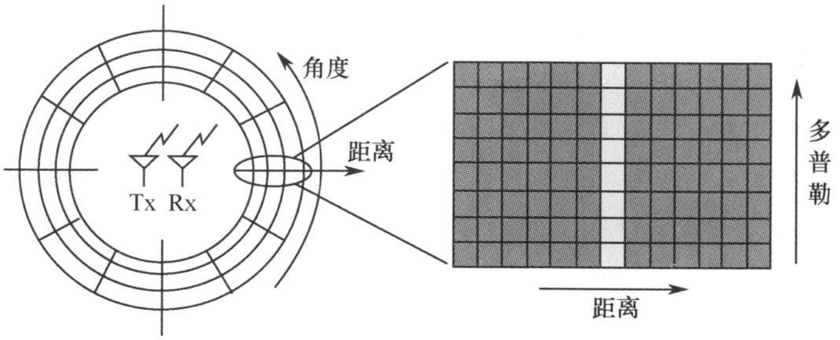

图 4.1　雷达可以测量的目标三维信息：距离、角度和多普勒频率

最早的测距方案是向目标方向发射非常窄的脉冲，记录从发射脉冲到接收回波脉冲的时间延迟，如图 4.2 所示。距离分辨率取决于脉冲宽度，即脉冲的持续时间，而脉冲宽度与信号的带宽成反比。为了增加距离分辨率，同时向感兴趣的区域能够发射足够的能量，使得感兴趣的目标的反射信号可被检测到，脉冲的宽度需要变窄（微秒或更短的尺度）且雷达的瞬时功率需要增加。这给雷达天线和功率放大器的设计带来了很大困难。为了解决该问题，在脉冲压缩雷达系统中使用具有较长持续时间的调制脉冲（编码或波形）。该调制脉冲可以是线性调频脉冲，类线性调频序列，例如 Golomb[1] 和 Frank[2] 序列，或伪噪声相位调制序列[3]。为使得雷达接收机在使用匹配滤波（MF）后，能够实现与发射非常窄的脉冲相同的距离分辨率，这些序列需设计成具有低的自相关旁瓣特性（见图 4.3）。一个典型的脉冲压缩编码例子就是众所周知的长度为 13 的巴克码：$\boldsymbol{x} = [+1, +1, +1, +1, +1, -1, -1, +1, +1, -1, +1, -1, +1]^{\mathrm{T}}$。巴克码是取值为二进制数 +1 和 −1（或二进制相位 0 和 π）的序列，其自相关旁瓣电平至多为 1。在图 4.4 中，绘制了所述巴克码的自相关函数，其中可以看到其主瓣峰值为 13，并且旁瓣电平为 1 或 0。在给定巴克码的二进制相位约束下，这样的旁瓣电平是非常低的。如果提升二进制相位约束并增加序列长度，旁瓣电平还可以进一步降低。在本章中，考虑的恒模波形其相位可以在 0 和 2π 之间任意取值且可以是任何实际长度[4]。具有低自相关旁瓣的序列可以提高当附近的距离单元存在强目标时对弱目标的检测。

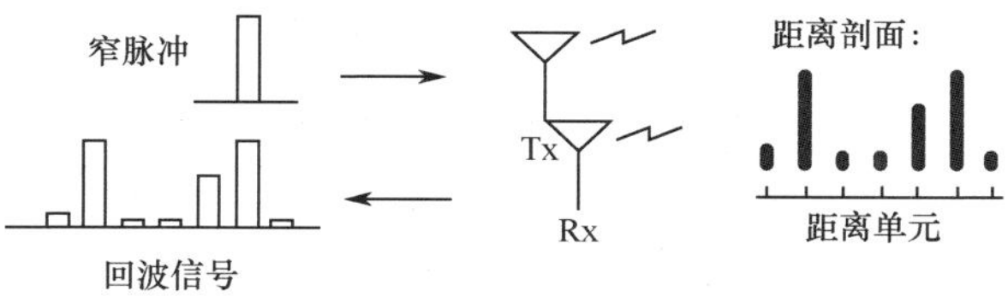

图 4.2　脉冲雷达通过发射窄脉冲来测量距离

在雷达的初期，目标的角度位置是通过天线波束朝特定的方向聚焦来确定的，即通过使用抛物面反射器来产生窄波束。为了从一个方向扫描到另一方向，天线需要机械旋转，对于目标的快速跟踪来说这是相当繁琐和费时的。而相控阵

雷达通过对不同的阵元附加适当的相位，电子地实现聚焦波束并完成从一个方位到另一个方位的扫描[5]。如图 4.5（a）所示，其中每个阵元发射相同的波形。方位角分辨率取决于阵列孔径：孔径越大，方位角分辨率越好。因此，为了在增加方位角分辨率的同时保持阵元间距固定（为避免栅瓣），则需要增加天线数量，遗憾的是平台的重量、生产成本和功耗也同样需要增加。相控阵另一个重要的特点是具有最大信噪比（SNR）[6]。然而，在存在强杂波的情况，SNR 可能不是最关键的因素。如图 4.5（b）所示，（MIMO）雷达可以通过它的天线发射多个互不相同甚至正交的探测信号，可能在杂波抑制应用中发挥重要作用[7-9]。

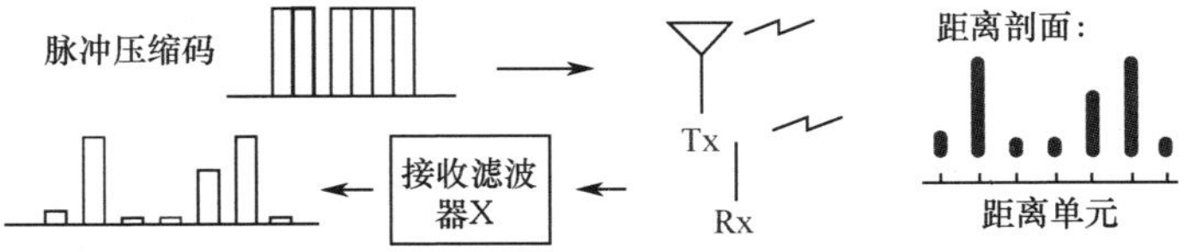

图 4.3　脉冲压缩雷达系统通过发射调制脉冲串来测量距离，例如脉冲压缩编码。脉冲的不同颜色表示不同的相位

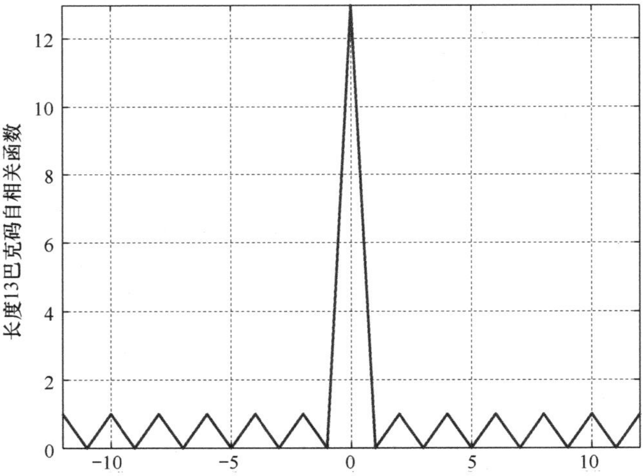

图 4.4　长度 13 巴克码的自相关函数，其为具有 0 或 1 最低可能旁瓣的最长已知二进制码

考虑具有 L_T 个发射天线和 L_R 个接收天线的 MIMO 雷达，其接收阵列为满载（即具有半波长阵元间距）的均匀线阵（ULA），发射阵列为具有 $L_R/2$ 波长阵元间距的稀疏 ULA（参见图 4.6）。当 MIMO 雷达发射正交波形时，其虚拟阵列可认为是满载的（L_TL_R）阵元 ULA，即虚拟阵列具有接收阵列 L_T 倍的孔径长度[10]。相比于相控阵雷达，MIMO 雷达系统在重量、成本和某些情况下的功耗更为高效。此外，由 MIMO 雷达系统提供的增大的虚拟孔径可以提供很多优势，包括更高的空间分辨率[10]，改善的参数可识别性[11]，增强的关于地面运动目标显

示（GMTI）和雷达成像方面的性能。

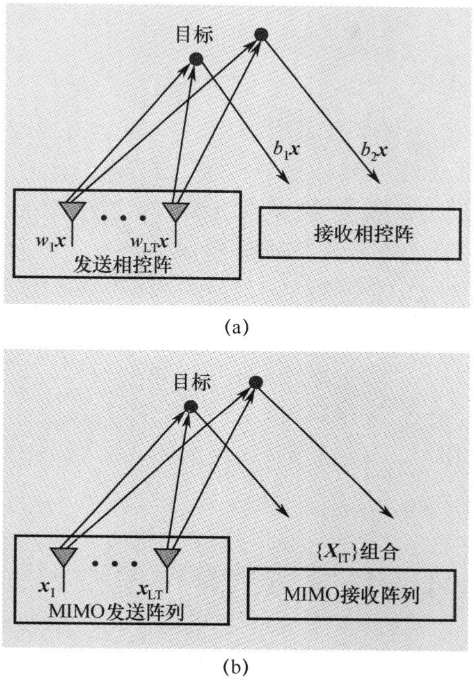

图 4.5　相控阵雷达（a）发射相同波形的缩放形式，而 MIMO 雷达（b）能够从不同的发射天线发射不同的波形

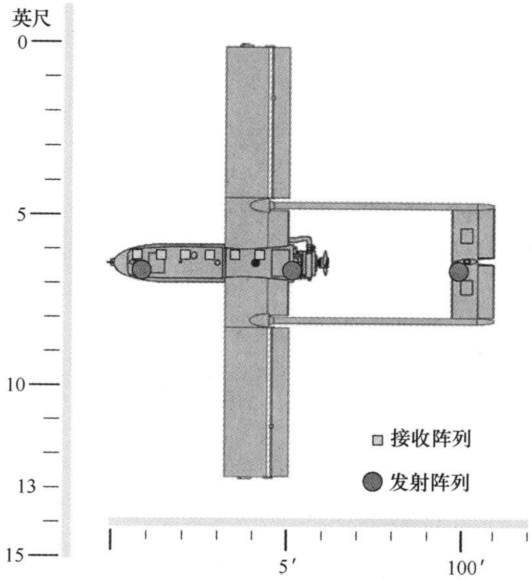

图 4.6　一部装备有 MIMO 雷达的 UAV 能够显著地增加雷达的虚拟孔径长度

鉴于 MIMO 雷达诸多优点，MIMO 雷达探测波形设计近来备受关注[4,12-16]。MIMO 雷达波形集不仅需要用来提供好的自相关性能，以便有效实现距离压缩，也同样需要用来提供在接收端对发射波形进行分离的能力，以实现大的虚拟阵列孔径。这些限制以及恒模需求给标准的 MIMO 雷达或快时间码分多址（FT-CDMA）MIMO 雷达的波形设计造成了巨大的困难。因此，其他几种 MIMO 雷达发射方案引起了广泛的关注：包括频分多址（FDMA），时分多址（TDMA），随机 TDMA（R-TDMA），多普勒分多址（DDMA）和慢时间 CDMA（ST-CDMA）。这些方案的优点和局限性将在随后的部分中详细讨论。后面也同样对相应的波形合成算法进行了简要介绍。在所有的讨论中，假设脉内的多普勒频移可以忽略不计。

本章安排如下。在 4.2 节建立 MIMO 雷达数据模型并论述了各种 MIMO 雷达发射方案。在 4.3 节分析 FT-CDMA 的优点和局限性。在 4.4 至 4.7 节，将分别简要地回顾 FDMA、TDMA（包括 R-TDMA）、DDMA 和 ST-CDMA 的发射方案。最后在第 4.8 节给出结论。

4.2 MIMO 雷达数据模型和发射方案

考虑具有 L_T 个稀疏分布的发射天线和 L_R 个满载的接收天线的 MIMO 雷达系统，如图 4.6 所示。令 $\boldsymbol{a}_T(\theta)$ 和 $\boldsymbol{a}_R(\theta)$ 分别表示目标在方位角 θ 处发射和接收导向矢量：

$$\boldsymbol{a}_T(\theta) = \begin{bmatrix} 1 & e^{j2\pi\frac{L_R d}{\lambda}\sin\theta} & \cdots & e^{j2\pi\frac{(L_T-1)L_R d}{\lambda}\sin\theta} \end{bmatrix}^T \tag{4.1}$$

和

$$\boldsymbol{a}_R(\theta) = \begin{bmatrix} 1 & e^{j2\pi\frac{d}{\lambda}\sin\theta} & \cdots & e^{j2\pi\frac{(L_R-1)d}{\lambda}\sin\theta} \end{bmatrix}^T \tag{4.2}$$

式中：$d = \dfrac{\lambda}{2}$ 为接收阵列阵元间距；λ 为对应载频的波长；$(\cdot)^T$ 表示矩阵或向量的转置。假设在相干处理间隔（CPI）内发射了总共 L_D 个脉冲来检测运动目标的多普勒频移。对于多普勒频移为 f 的目标，其对应于 L_D 个脉冲的标称时间导向矢量 $\boldsymbol{a}_D(f)$ 可表示为

$$\boldsymbol{a}_D(f) = \begin{bmatrix} 1 & e^{j2\pi\frac{f}{f_{PRF}}} & \cdots & e^{j2\pi\frac{(L_D-1)f}{f_{PRF}}} \end{bmatrix}^T \tag{4.3}$$

式中：f_{PRF} 为脉冲重复频率（PRF）。令 $L_T \times L_D$ 的矩阵 $\boldsymbol{W}$ 表示 L_D 个脉冲从 L_T 个发射机发射的波形的空－时调制矩阵[17,18]（见以下关于不同雷达发射方案中 $\boldsymbol{W}$ 的详细讨论）。然后，对于处在方位角 θ 并具有多普勒频移 f 的目标，由于目标运动引起相移，从 L_T 个发射机发射的 L_D 个脉冲波形可表示为

$$\widetilde{\boldsymbol{W}}(\theta,f) = \mathrm{diag}(\boldsymbol{a}_{\mathrm{T}}(\theta))\boldsymbol{W}\,\mathrm{diag}(\boldsymbol{a}_{\mathrm{D}}(f)) \tag{4.4}$$

式中：$\mathrm{diag}(\boldsymbol{x})$ 表示由向量 $\boldsymbol{x}$ 形成的对角矩阵。通过进一步考虑从目标到接收阵列的返回路径，L_{D} 个脉冲从 L_{T} 个发射机到 L_{R} 个接收机的导向矩阵 $\widetilde{\boldsymbol{A}}$ 可写为

$$\widetilde{\boldsymbol{A}}(\theta,f) = \widetilde{\boldsymbol{W}}(\theta,f)\otimes\boldsymbol{a}_{\mathrm{R}}^{\mathrm{H}}(\theta) = (\mathrm{diag}(\boldsymbol{a}_{\mathrm{T}}(\theta))\boldsymbol{W}\,\mathrm{diag}(\boldsymbol{a}_{\mathrm{D}}(f)))\otimes\boldsymbol{a}_{\mathrm{R}}^{\mathrm{H}}(\theta) \tag{4.5}$$

式中：$(\cdot)^{\mathrm{H}}$ 表示矩阵或向量的共轭转置；$\otimes$ 表示矩阵的克罗内克积。

令长度为 N 的向量 $\{\boldsymbol{x}_i\}_{i=1}^{L_{\mathrm{T}}}$ 表示在一个脉冲重复间隔（PRI）期间从 L_{T} 个发射天线发射的波形，并令

$$\boldsymbol{X} = [\boldsymbol{x}_1,\boldsymbol{x}_2,\cdots,\boldsymbol{x}_{L_{\mathrm{T}}}] \tag{4.6}$$

然后，对于处在第 n 个距离门、方位角为 θ 、多普勒频移为 f 的目标，对齐到当前关注的距离门（ROI）的回波信号可以表示为

$$\boldsymbol{Y}(n,\theta,f) = \widetilde{\boldsymbol{A}}^{\mathrm{H}}(\theta,f)\,(\boldsymbol{J}_n\boldsymbol{X})^{\mathrm{T}} \tag{4.7}$$

式中：$\boldsymbol{J}_n$ 是 $N\times N$ 的移位矩阵，该移位矩阵是考虑到相邻距离门的目标回波到达雷达接收机所需的传播时间不同：

$$\boldsymbol{J}_n = \begin{bmatrix} \overbrace{0\quad 0\quad \cdots\quad 0\quad 1}^{n+1} & & 0 \\ & \ddots & \\ & & 1 \\ & & \\ & 0 & \end{bmatrix} = \boldsymbol{J}_{-n}^{\mathrm{T}},\ n = 0,1,\cdots,N-1 \tag{4.8}$$

考虑具有不同方位角和多普勒频移的分别来自当前和相邻距离门的目标和杂波回波，则对齐到当前 ROI 的接收信号 $\boldsymbol{Y}$ 可表示如下：

$$\begin{aligned}\boldsymbol{Y} &= \sum_{n=-N+1}^{N-1}\sum_{\theta,f}\alpha(n,\theta,f)\boldsymbol{Y}(n,\theta,f) + \boldsymbol{E} \\ &= \sum_{n=-N+1}^{N-1}\sum_{\theta,f}\alpha(n,\theta,f)\,\widetilde{\boldsymbol{A}}^{\mathrm{H}}(\theta,f)\,(\boldsymbol{J}_n\boldsymbol{X})^{\mathrm{T}} + \boldsymbol{E}\end{aligned} \tag{4.9}$$

式中：$\alpha(n,\theta,f)$ 为与位于 (n,θ,f) 单元的目标或杂波的雷达截面积（RCS）成正比的复标量；$\boldsymbol{E}$ 为接收机噪声矩阵。在式（4.9）中，用求和代替积分来简化数据模型，以便随后的讨论。尽管在实际环境中这些参数是连续形式，但参数的离散化使我们能够利用现行的数字信号处理技术。目标是估计式（4.9）中的数据矩阵 $\boldsymbol{Y}$ 中的每个距离 - 角度 - 多普勒单元 (n,θ,f) 的 $\alpha(n,\theta,f)$ 。虽然杂波 RCS 的准确估计对于某些应用如 GMTI 来说并不是直接关注的，但是这些信息有助于我们在算法中有效地抑制杂波，如后面部分所述。需注意的是静止目标的雷达成像中，f 是置零的。

基于式（4.5）和式（4.7）中的数据模型，考虑了几种 MIMO 雷达发射方案，包括编码分集、频率分集、时间分集和多普勒频率分集多址方案，并将它们

与其各自对应传统的单输入多输出（SIMO）雷达（或如上述相控阵）进行对比。可以通过调制矩阵 $\boldsymbol{W}$ 和发射波形矩阵 $\boldsymbol{X}$ 来描述发射方案。为了更清楚地描述 MIMO 方案，在图 4.7 中描绘了不同发射方案中调制矩阵 $\boldsymbol{W}$ 映射到间隔 $[0,2\pi)$ 的弧度相位。由于空间与时间方面在两个维度上是分开的，因此不同发射天线在慢时间上的调制在视觉上变得更为直观。

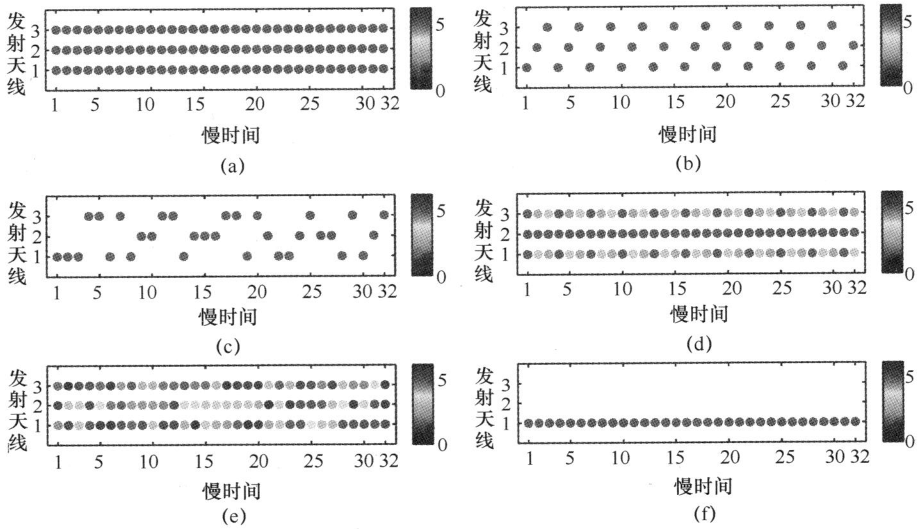

图 4.7　发射天线在慢时间维的空时调制矩阵 $\boldsymbol{W}$ 映射在间隔 $[0,2\pi)$ 的弧度相位 $L_T=3$ 和 $L_D=32$ 时，分别对应（a）FT-CDMA、（b）TDMA、（c）R-TDMA、（d）DDMA、（e）ST-CDMA、（f）SIMO 方案

首先，当所有的 L_T 个天线在每个 PRI 同时发射正交波形时，将这种方案称为 FT-CDMA，该方案在每个慢时刻（即脉冲发射时刻）具有满载的且最大的虚拟孔径，如图 4.7（a）所示。由于没有慢时间调制，$\boldsymbol{W}$ 是一个全 1 矩阵。通过发射具有良好自相关和互相关性能的近似正交的波形集来实现距离压缩和发射分集。

接下来，考虑两种发射天线切换策略，其在每个 PRI 仅使用一个发射天线来发射信号。在文献［19］中，使用了一种周期性地选择每个天线来进行发射的周期性切换方案。这种方案称为 TDMA。在图 4.7（b）中展示了 TDMA 的发射天线与慢时间图。TDMA 虽然成功地实现了大的 MIMO 虚拟阵列，但在角度-多普勒成像中引入了伪影[20]。为避免由于周期性切换[19-21]引入的伪影，可以在每个 PRI 随机等概率地从 L_T 个天线中选择一个来进行发射[20]。这对应于调制矩阵 $\boldsymbol{W}$ 的每列中仅有一个为 1 的非零元素，且是随机地从 L_T 个可能元素中选择的情况。由于是通过在慢时间维切换天线来实现发射分集，所以每个有源发射机的发射波形可以从一个 PRI 到另一个 PRI 保持相同。将这种方案称为 R-TDMA。所得到的发射天线的慢时间调制图如图 4.7（c）所示。需要注意的是，当 PRF 固定时，这两种 TDMA 方案都相当于在发射天线对慢时间域的稀疏采样（见参考文献［19］）。

然后，考虑利用与慢时间调制相关联的发射分集的两个 MIMO 方案。对于这两种方案，在整个 CPI 期间，所有的发射机都是 ITF 的，并且发射相同的波形（除了相移不同外）。从脉冲到脉冲，通过设计适当的 **W** 来实现慢时间调制[22,23]。在第一种方案中，**W** 中的系数在慢时间内为不同发射机引入不同的多普勒载波频率，以实现发射分集。这种策略称为 DDMA[18,22,23]。在图 4.7（d）中展示了这种调制图。需注意的是，在 DDMA 中为避免多普勒模糊，目标引起的最大多普勒频率不能超过 $f_{\mathrm{PRF}}/L_{\mathrm{T}}$。受 DDMA 启发，还考虑了另一种替代 DDMA 中多普勒分集的 MIMO 方案，在慢时间采用编码分集来实现发射波形间的正交性。使用具有相对平坦频谱的单模正交波形来引入慢时间调制，并且通过这样做，避免了由 DDMA 导致的最大多普勒限制，而不会引起多普勒模糊。这种方案被称为 ST-CDMA[24]。在图 4.7（e）中提供了 ST-CDMA 的调制图。需要注意的是，对于后两种方案，发射波形的正交性是通过在慢时间调制来实现的。因此，具有良好自相关性能的单个快时间波形便足以实现发射分集。DDMA 和 ST-CDMA 均是在角度对慢时间维稀疏采样的方案（见第 4.7 节）。

此外，另一种可能的 MIMO 方案是将快时间信号带宽分成 L_{T} 个子带，并使得发射天线在每个 PRI 持续时间在不同的子带上工作[21,25]。这种方案被称为 FDMA，是一种对频率在慢时间域上稀疏采样的方案。同样，具有良好自相关性能的单个基带波形对于 FDMA 来说足以实现大的 MIMO 虚拟孔径。

最后，注意到如果在没有慢时间调制的情况下，对于整个 CPI 只有一个发射天线是有效的，则 MIMO 方案退化为对应的 SIMO。这意味着在 **W** 中仅有一行全为 1，**W** 的所有其他元素都为零。SIMO 方案的发射天线在慢时间调制图如图 4.7（f）所示。

4.3　FT-CDMA

在 FT-CDMA 中使用的是几乎正交的波形，使得它们可以在接收端被分离以实现大的 MIMO 虚拟孔径尺寸。除了良好的互相关性能外，发射波形还需要良好的自相关性能来进行距离压缩。在这种情况下，良好的自相关意味着发射波形与它自身的时移形式近似无关，而良好的互相关意味着任意一个发射波形与所有其他时移的发射波形近似无关。这些良好的相关特性确保接收机端的匹配滤波器可以容易地提取来自所关心距离门的后向散射信号，并抑制来自其他距离门的后向散射信号，与此同时对发射波形进行分离。此外，实际的硬件约束（放大器和 A/D 转换器）要求合成的波形是恒模的，简单来说也就是单模的。

关于 MIMO 雷达波形设计已有大量的文献。在文献［14］和［15］中，通过优化发射波形的协方差矩阵来获得给定的发射波束方向图，而在文献［16］中波形被直接设计成近似给定的协方差矩阵。另一方面，文献［26－28］中则是假设已知某些先验信息（例如目标的脉冲响应），并且波形被设计为优化某一统计准则（例如目标脉冲响应与回波信号之间的互信息）。文献［29］和［30］致力于具有良好自相关和互相关性能的正交波形设计，文献［31］以降低 MIMO 雷达模糊函数的旁瓣电平（即同时考虑距离和多普勒分辨率）为目标。文献［32］中考虑了存在杂波的 MIMO 雷达波形设计。同时还需要注意的是，在多址无线通信领域中，扩频序列的设计基本上解决了与具有良好自相关和互相关性能的波形合成相同的问题（见文献［33］）。对文献［12］和［34］中的方法进行推广，文献［4］提出了几种新的针对单模 MIMO 雷达波形设计的循环算法（CA）。更具体地，文献［4］设计了具有良好相关性能的 MIMO 相位编码（从此处开始，用“相关”来表示自相关和互相关）。

接下来简要介绍设计 MIMO 雷达波形的 MIMO CAN（CA-new）算法[4]。作为特殊情况，可以通过将波形数设置为 1 来使用该算法设计单个波形，则 MIMO CAN 算法简化为 CAN 算法[34]。CAN 的其他变形[35]也将简要回顾。

4.3.1 MIMO CAN 波形

假设需要设计一组具有良好相关性能的正交波形，可以式（4.6）所示形式表示。令 $\|\boldsymbol{X}\|_{\mathrm{F}}$ 表示矩阵 $\boldsymbol{X}$ 的 Frobenins 范数。则与积分旁瓣电平（ISL）相关的优化准则可表示如下[4]：

$$\xi = \sum_{n=-(N-1)}^{N-1} \| \boldsymbol{R}_n - N\boldsymbol{I}_{L_{\mathrm{T}}}\delta_n \|_{\mathrm{F}}^2 \tag{4.10}$$

式中：$\boldsymbol{R}_n$ 为延时 n 处的波形协方差矩阵：

$$\boldsymbol{R}_n = (\boldsymbol{X}^{\mathrm{H}}\boldsymbol{J}_n\boldsymbol{X})^{\mathrm{T}} = \boldsymbol{R}_{-n}^{\mathrm{H}}, \quad n = 0,\cdots,N-1 \tag{4.11}$$

式中：$\boldsymbol{I}_{L_{\mathrm{T}}}$ 为维度为 L_{T} 的单位矩阵，δ_n 为克罗内克狄拉克函数。应用帕塞瓦尔等式，则式（4.10）可改写为

$$\xi = \frac{1}{2N}\sum_{p=1}^{2N} \| \boldsymbol{\Phi}(\omega_p) - N\boldsymbol{I}_{L_{\mathrm{T}}} \|_{\mathrm{F}}^2 \tag{4.12}$$

其中

$$\boldsymbol{\Phi}(\omega_p) \triangleq \sum_{n=-N+1}^{N-1} \boldsymbol{R}_n \mathrm{e}^{-\mathrm{j}\omega_p n} \tag{4.13}$$

是 $\boldsymbol{X}$ 的谱密度矩阵，且有

$$\omega_p = \frac{2\pi}{2N}p, p = 1,\cdots,2N \tag{4.14}$$

令 $\tilde{\boldsymbol{X}}$ 为零填充波形矩阵：

$$\widetilde{\boldsymbol{X}} = \begin{bmatrix} \boldsymbol{X} \\ 0 \end{bmatrix}_{2N \times L_{\mathrm{T}}} \tag{4.15}$$

同样，令 $\boldsymbol{T}$ 表示 $\widetilde{\boldsymbol{X}}$ 的 FFT，令 $\boldsymbol{F}_{2N}$ 表示具有式（4.14）中频率网格点的 $2N \times 2N$ 维 FFT 矩阵。然后有

$$\boldsymbol{T} = \boldsymbol{F}_{2N}\widetilde{\boldsymbol{X}} \tag{4.16}$$

如果我们令 $\boldsymbol{t}_p^{\mathrm{T}}$ 表示 $\boldsymbol{T}$ 的第 p 行，则 $\boldsymbol{\Phi}(\omega_p)$ 可表示为

$$\boldsymbol{\Phi}(\omega_p) = \boldsymbol{t}_p \boldsymbol{t}_p^{\mathrm{H}} \tag{4.17}$$

将式（4.17）代入式（4.12）得到

$$\xi = \frac{1}{2N}\sum_{p=1}^{2N} \| \boldsymbol{t}_p \boldsymbol{t}_p^{\mathrm{H}} - N\boldsymbol{I}_{L_{\mathrm{T}}} \|_{\mathrm{F}}^2 \tag{4.18}$$

由于式（4.18）是 $\boldsymbol{X}$ 的4次函数，其难以最小化，因此考虑最小化如下与式（4.18）“几乎等价”的准则（参见文献［34，36］及其中的参考文献）：

$$\begin{aligned} &\min_{\boldsymbol{x},\{\boldsymbol{\alpha}_p\}_{p=1}^{2N}} \sum_{p=1}^{2N} \left\| \frac{1}{\sqrt{2N}}\boldsymbol{t}_p - \boldsymbol{\alpha}_p \right\|^2 \\ &\text{s.t.}\ |x_m(n)| = 1, m = 1,\cdots,L_{\mathrm{T}}; n = 1,\cdots,N \\ &\|\boldsymbol{\alpha}_p\|^2 = \frac{1}{2}, p = 1,\cdots,2N(\boldsymbol{\alpha}_p \text{ 为 } L_{\mathrm{T}}\times 1) \end{aligned} \tag{4.19}$$

式中：$x_m(n)$ 为 $\boldsymbol{x}_m$ 的第 n 个元素；$\{\boldsymbol{\alpha}_p\}$ 为辅助变量。

为了将式（4.19）中的目标函数重写为更紧凑的矩阵形式，进一步引入

$$\boldsymbol{V} = [\boldsymbol{\alpha}_1,\ \boldsymbol{\alpha}_2,\ \cdots,\ \boldsymbol{\alpha}_{2N}]^{\mathrm{T}} \tag{4.20}$$

然后有

$$\begin{aligned} \sum_{p=1}^{2N} \left\| \frac{1}{\sqrt{2N}}\boldsymbol{t}_p - \boldsymbol{\alpha}_p \right\|^2 &= \| \boldsymbol{F}_{2N}\widetilde{\boldsymbol{X}} - \boldsymbol{V} \|_{\mathrm{F}}^2 \\ &= \| \widetilde{\boldsymbol{X}} - \boldsymbol{F}_{2N}^{\mathrm{H}}\boldsymbol{V} \|_{\mathrm{F}}^2 \end{aligned} \tag{4.21}$$

其中第二个等式成立是因为 $\boldsymbol{F}_{2N}$ 是酉矩阵。现在式（4.19）中的最小化问题可以在执行式（4.19）中的约束条件下，通过循环更新 $\widetilde{\boldsymbol{X}}$ 和 $\boldsymbol{V}$ 来解决。对于给定的 $\widetilde{\boldsymbol{X}}$，最小化式（4.21）的 $\boldsymbol{V}$ 通过以下设置来确定。

$$\boldsymbol{\alpha}_p = \frac{1}{\sqrt{2}}\frac{\boldsymbol{c}_p}{\|\boldsymbol{c}_p\|}, p = 1,\cdots,2N \tag{4.22}$$

式中：$\boldsymbol{c}_p^{\mathrm{T}}$ 是 $(\boldsymbol{F}_{2N}\widetilde{\boldsymbol{X}})$ 的第 p 行。对于给定的 $\boldsymbol{V}$，最小化式（4.21）的 $\widetilde{\boldsymbol{X}}$ 通过以下设置来确定：

$$x_m(n) = \frac{d_{nm}}{|d_{nm}|}, m = 1,\cdots,L_{\mathrm{T}};\quad n = 1,\cdots,N \tag{4.23}$$

式中：d_{nm} 为 $(\boldsymbol{F}_{2N}^{\mathrm{H}}\boldsymbol{V})$ 的第 (n,m) 元素。当 $\widetilde{\boldsymbol{X}}$ 从一个循环到下一个循环不再改变很多时，此循环停止。

在表4.1中对MIMO CAN算法进行了总结。

注意到式（4.21）中的$\boldsymbol{F}_{2N}\widetilde{\boldsymbol{X}}$是$\widetilde{\boldsymbol{X}}$每一列的FFT，式（4.21）中的$\boldsymbol{F}_{2N}^{\mathrm{H}}\boldsymbol{V}$是$\boldsymbol{V}$每一列的逆FFT（IFFT）。由于这些都是基于（I）FFT的计算，因此MIMO CAN算法计算速度很快。事实上它可被用于设计非常长的序列，例如使用普通PC设计$N \sim 10^5$和$L_{\mathrm{T}} \sim 10$的序列，而这几乎不能用以往文献提出的其他算法进行处理（参见文献［4］及其中的参考文献）。

表4.1　MIMO CAN算法

第0步：通过随机生成$N \times L_{\mathrm{T}}$的矩阵或一些不错的现有序列对$\boldsymbol{X}$进行初始化；
第1步：固定$\widetilde{\boldsymbol{X}}$，按照式（4.22），计算$\boldsymbol{V}$；
第2步：固定$\boldsymbol{V}$，按照式（4.23），计算$\widetilde{\boldsymbol{X}}$；
第3步：重复第1步和第2步，直到预设的终止条件得到满足，如$\lVert \boldsymbol{X}^{(i)} - \boldsymbol{X}^{(i+1)} \rVert < 10^{-3}$，其中$X^{(i)}$是第$i$次迭代获得的波形矩阵

对于FT-CDMA方案，可以使用MIMO CAN算法来设计一组具有良好自相关和互相关性能的近似正交的波形集。例如，在图4.8中展示了为有三个发射机的FT-CDMA所设计的长度256的MIMO CAN序列集的相关函数。图4.8中的MIMO CAN序列集由随机相位序列集初始化。在图4.9中，对于单个波形，显示长度为256的随机相位序列的自相关性能和用随机相位序列初始化的长度为256的CAN序列的自相关性能。相比于CAN序列，可以发现在图4.8中的旁瓣电平要高于图4.9（b）。这是因为对于图4.8中的每个序列，它不仅具有良好的自相关函数，而且也需要良好的与另两个序列的互相关函数。此外，高旁瓣电平出现在不同时延处，且对于不同的波形也是不同的，这使得一些接收机处理算法难以正常工作[24]。在图4.9中，与随机相位序列相比，由随机相位序列初始化的CAN序列不仅具有更低的ISL值，而且具有较低的峰值旁瓣电平（PSL）值。

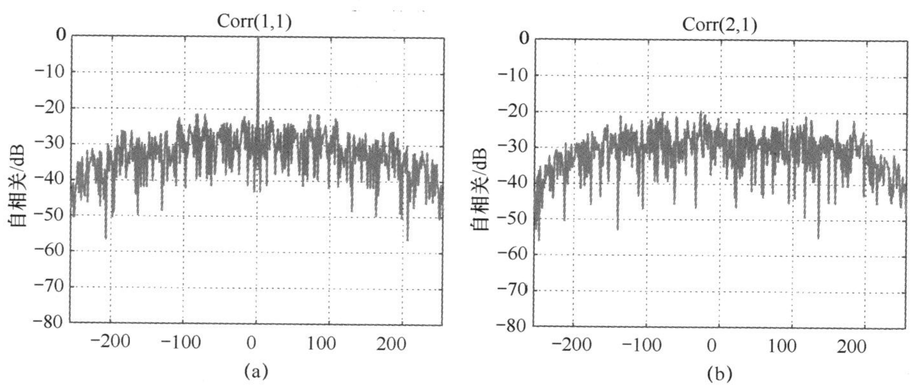

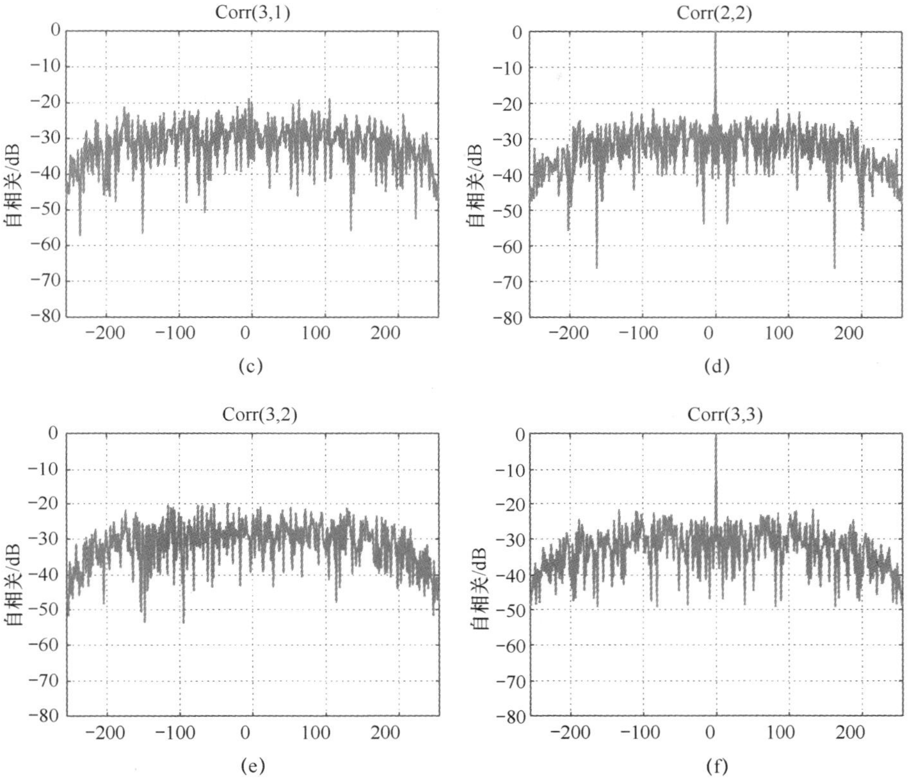

图 4.8 通道数为 3 长度为 256 的 MIMO CAN 序列集的相关函数

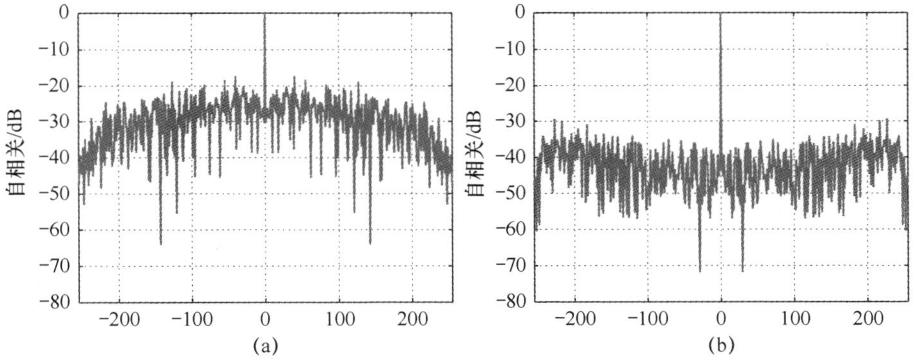

图 4.9 (a) 长度为 256 的随机相位序列的自相关；
(b) 用 (a) 中随机相位序列初始化的长度为 256 的 CAN 序列的自相关

MIMO CAN 波形的高相关水平揭示了使用有限自由度（DOF）来实现所有延迟处都具有良好自相关和互相关特性的基本困难[23,24]。一种缓和该困难的方法是将MIMO波形的正交性需求从快时间编码域转移到慢时间域或者频域。然而，在诸如 MIMO SAR 成像的应用中，发射波形仅需要在零延迟附近的有限时延处具有良好的相关性能，采用在所关心延时区域内具有零自相关旁瓣和零互相关旁瓣波形的 FT-CDMA 方案仍然是非常有效的。在 4.3.2 节将讨论这些所谓的零相关区（ZCZ）波形。

4.3.2 ZCZ 波形

根据发射脉冲的长度和所关注的距离区间，回波脉冲可能会显著重叠（见图 4.10）[37]。对于非周期序列集，当所关心的最大延迟 $P-1$ 小于 $(N+L_T)/(2L_T)$ 时（其中 N 为序列长度，L_T 为发射天线的数量），可以使用加权 CAN（WeCAN）算法[4,34,38]来生成在感兴趣的延时区具有 ZCZ 的序列集。在 WeCAN 算法中，在不同延迟处采用不同的权值，这样就可以在具有较大权重的区域中取得相对更好的相关性。

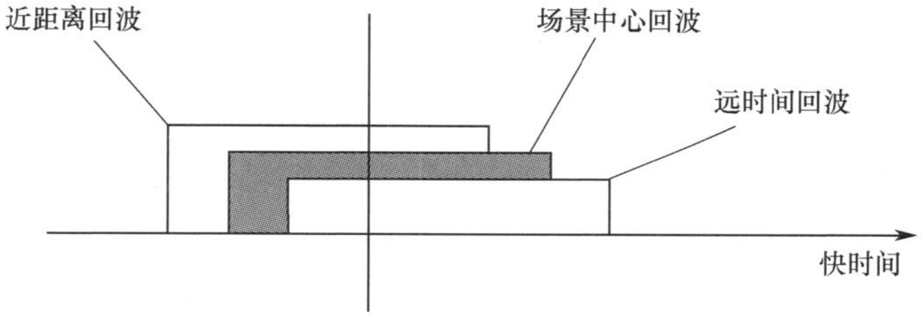

图 4.10 在 MIMO SAR 成像中，回波脉冲将显著重叠

该问题对于周期性序列集设计来说相对容易一些。对于周期性情况，当 P 满足 $P \leqslant N/L_T$ 时，可以实现所需的 ZCZ。一种生成具有所需 ZCZ 的周期性序列集的方式是，首先采用周期性 CAN（PeCAN）算法，产生长度为 N 的周期性自相关旁瓣在所有延时处均为零的理想序列[38-40]。然后，使用“移位和构建”方法来形成感兴趣的序列集。在研究周期性序列集的设计前，简要介绍用于设计理想序列的 PeCAN 算法。

令 $\boldsymbol{x}=[x_1,x_2,\cdots,x_N]$ 为问题中的单模序列，$\boldsymbol{X}_C$ 表示以下 $N\times N$ 的右循环矩阵：

$$\boldsymbol{X}_C = \begin{bmatrix} x_1 & x_2 & \cdots & x_N \\ x_N & x_1 & \cdots & x_{N-1} \\ \vdots & \vdots & \ddots & \vdots \\ x_2 & x_3 & \cdots & x_1 \end{bmatrix} \tag{4.24}$$

利用 $\boldsymbol{X}_C$，可以将序列的 $N\times N$ 相关矩阵写成如下的形式：

$$\begin{bmatrix} r_0 & r_1^* & \cdots & r_{N-1}^* \\ r_1 & r_0 & \cdots & r_{N-2}^* \\ \vdots & \vdots & \ddots & \vdots \\ r_{N-1} & r_{N-2} & \cdots & r_0 \end{bmatrix} = \boldsymbol{X}_C\boldsymbol{X}_C^H \tag{4.25}$$

其中 $\{r_k\}_{k=0}^{N-1}$ 表示 $\boldsymbol{x}$ 的周期自相关系数：

$$r_k = \sum_{n=1}^{N} x_n x_{n+k(\mathrm{mod}N)}^*, \quad k = 0,\cdots,N-1 \tag{4.26}$$

在式（4.26）中

$$n(\mathrm{mod}\ N) = n - \lfloor \frac{n}{N} \rfloor N$$

且 $\lfloor n/N \rfloor$ 为小于或等于 n/N 的最大整数。考虑到式（4.25），可以通过以下优化指标的最小化来设计具有脉冲式周期相关性的序列 $\boldsymbol{x}$：

$$\zeta = \| \boldsymbol{X}_\mathrm{C} \boldsymbol{X}_\mathrm{C}^\mathrm{H} - r_0 \boldsymbol{I}_N \|_\mathrm{F}^2 \tag{4.27}$$

令 $\boldsymbol{x}_\mathcal{F} = \boldsymbol{F}_N \boldsymbol{x}$ 为向量 $\boldsymbol{x}$ 的 FFT。然后，众所周知 $\boldsymbol{X}_\mathrm{C} = \boldsymbol{F}_N \mathrm{diag}(\boldsymbol{x}_\mathcal{F}) \boldsymbol{F}_N^\mathrm{H}$。继续将式（4.27）中的 ζ 准则改写如下：

$$\zeta = \| \mathrm{diag}(\boldsymbol{x}_\mathcal{F}) \mathrm{diag}^\mathrm{H}(\boldsymbol{x}_\mathcal{F}) - r_0 \boldsymbol{I}_N \|_\mathrm{F}^2 \tag{4.28}$$

这是 $\boldsymbol{x}$ 的 4 次函数，难以最小化。与 MIMO CAN 算法类似，考虑最小化以下与其“几乎等价”的二次准则[34,39]：

$$\zeta' = \| \boldsymbol{F}_N \boldsymbol{x} - \sqrt{r_0} \boldsymbol{v} \|_\mathrm{F}^2 = \| \boldsymbol{x} - \sqrt{r_0} \boldsymbol{F}_N^\mathrm{H} \boldsymbol{v} \|_\mathrm{F}^2 \tag{4.29}$$

式中：$\boldsymbol{v} = [\mathrm{e}^{\mathrm{j}\psi_1}, \mathrm{e}^{\mathrm{j}\psi_2}, \cdots, \mathrm{e}^{\mathrm{j}\psi_N}]^\mathrm{T}$ 是辅助向量变量。现在，式（4.29）中的最小化问题可以通过借助 FFT 对 $\boldsymbol{x}$ 和 $\boldsymbol{v}$ 循环更新来有效地解决[34,38,39]。表 4.2 中，我们对该 PeCAN 算法进行了总结。

表 4.2　PeCAN 算法

第 0 步：用 N 个在区间 $[0,\ 2\pi]$ 独立且均匀分布的相位来随机产生初始的幺模序列 $\boldsymbol{x}$；
第 1 步：固定 $\boldsymbol{x}$，计算 $\boldsymbol{v} = \arg(\boldsymbol{F}_N \boldsymbol{x})$；
第 2 步：固定 $\boldsymbol{v}$，计算 $\boldsymbol{x} = \mathrm{e}^{\mathrm{j}\arg(\boldsymbol{F}_N^\mathrm{H} \boldsymbol{v})}$；
第 3 步：重复第 1 步和第 2 步，直到某实用的收敛准则得到满足

可以用 PeCAN 算法来产生许多任意长度的完美（具有脉冲型相关性能的）序列（见文献［39］）。用 $\boldsymbol{x}$ 来表示长度 N 的序列。则期望的周期序列集可以构造为 $K = \{\boldsymbol{x}, T^P(\boldsymbol{x}), \cdots, T^{(L_\mathrm{T}-1)P}(\boldsymbol{x})\}$，其中算子 $T^k(\boldsymbol{x})$ 表示序列 $\boldsymbol{x}$（视为一个行向量）的 k 元右循环移位。用这种方式，在最先的 $P-1$ 延迟内的 K 序列的自相关性只能从 $L_\mathrm{T}P-1$ 时延内的 x 的自相关中取值，其值全为零。例如，取 $N=256$，$L_\mathrm{T}=4$ 和 $P=64$。使用 PeCAN 算法可以产生许多长度为 N 的完美序列 $\boldsymbol{x}$（见图 4.11（a）)，然后构造 PeCAN 序列集 $\mathcal{K}$，其相关性水平如图 4.11（b）所示。可以看出，自相关旁瓣电平和互相关旁瓣电平在所关心区域内（时延小于 P）全为零。权衡的结果是在所关心范围外存在高旁瓣电平，这是因为 $\mathcal{K}$ 中任意两序列间的在某个时延处的互相关可以与同相自相关一样大。对于 MIMO SAR 系统而言，这不是问题，只要选择的 P 足够大，以确保在所关心的最大延时外没有反射。

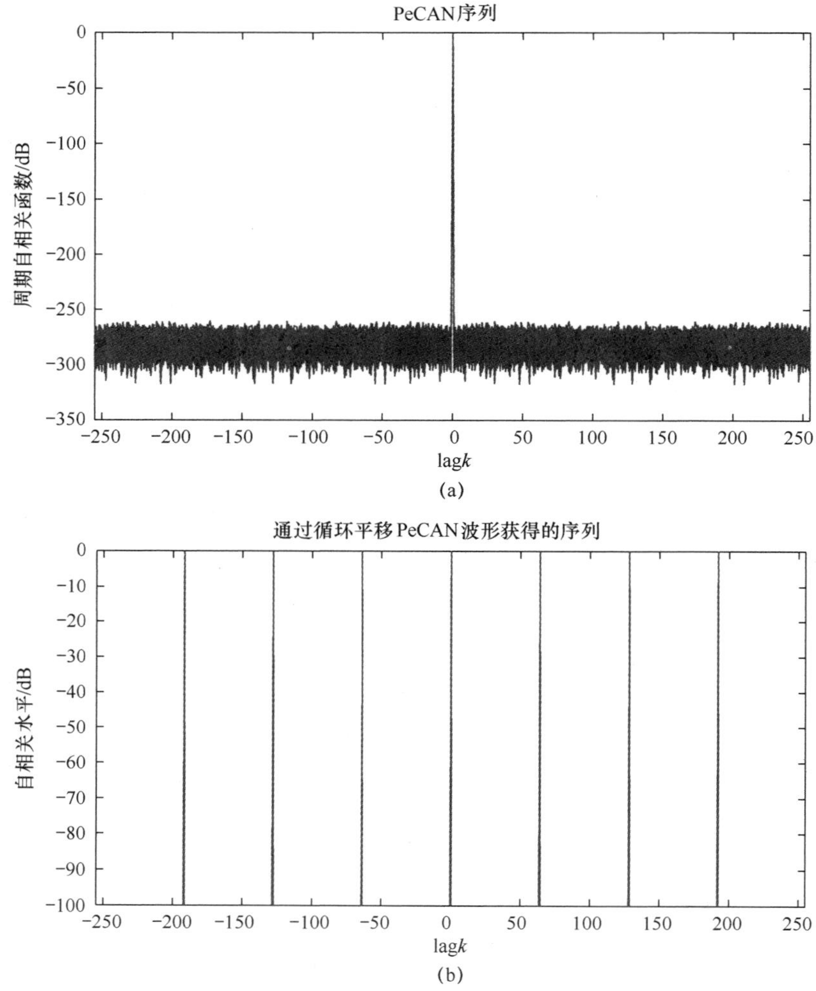

图 4.11　(a) 100 个长度 $N=256$ 的理想 PeCAN 波形的周期自相关函数和 (b) $P=64$ 时通过循环移位 PeCAN 波形获得的组 $L_{\mathrm{T}}=4$ 长度 $N=256$ 周期序列集的相关函数

然而，由于接收到的 SAR 信号是波形与地面轮廓函数的非周期相关，所以周期波形不能直接应用于 SAR。为了利用 MIMO SAR 成像中的周期波形，需要在 PeCAN 序列集的每个 PeCAN 序列中添加一个循环前缀（CP），该前缀是原始信号末段的重复副本。图 4.12 给出了 PeCAN 序列的 CP 的插入、移除和距离压缩的示意图。CP 的长度应为 P。在接收端，首先需要从接收的信号中消除 CP，这意味着小的信噪比损失。然而这种方法已在 SAR 领域中得到了广泛应用[37]。需注意的是保留部分（见图 4.12）包含了所有重叠回波，它们是原始 PeCAN 序列的循环右移副本。因此，距离压缩可以通过接收脉冲与时间反转的发射 PeCAN

序列的循环卷积来实现。由于卷积与乘法之间的对偶性，距离压缩可以在频域通过（I）FFT 来高效地完成。

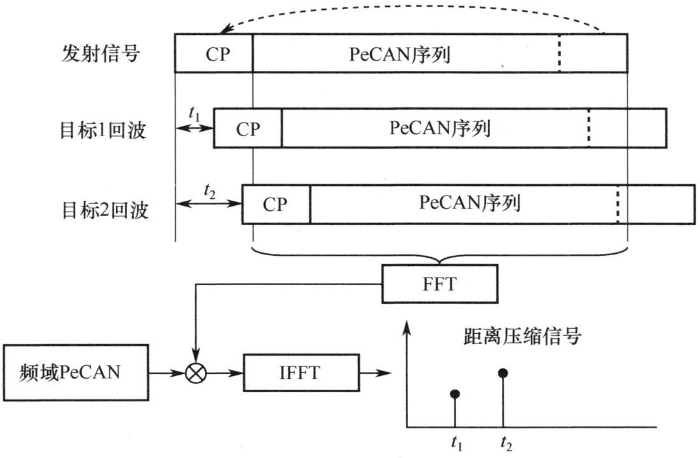

图 4.12　循环前缀的插入、移除和距离压缩示意图

相比之下，由 We CAN 合成的具有期望的 ZCZ 的非周期序列集在距离压缩阶段不会遭受任何 SNR 损失。然而，对于给定的 L_T 和 P，为获得所需 ZCZ 长度，非周期序列长度几乎需要达到 PeCAN 序列长度的 2 倍。

在这里，考虑使用 PeCAN 波形进行 MIMO SAR 成像的例子。采用如图 4.6 所示的 $L_T = 3$ 个发射天线和 $L_R = 6$ 个接收天线的 MIMO 结构。假设所有可能目标均在由 60 个距离单元组成的远场和 $(-40, 40)°$ 的扫描角度范围内（见图 4.13）。发射图 4.11（b）中 4 个长度为 256 的 PeCAN 波形中的 3 个，并如图 4.12中所示那样添加了 CP。平均（发射）SNR 为 30dB[4]。为了获得大的合成孔径，因此利用 SAR 原理，在 $L_S = 10$ 个不同位置重复“发射探测波形并收集数据”的过程。为合成均匀线阵，将两个相邻的位置间隔设置为 $L_T L_R/4$ 个波长，该长度为 MIMO 虚拟孔径长度的一半。合成的 MIMO SAR 是一个满载（$L_T L_R L_S$）的 ULA，其孔径为具有相同脉冲数的对应 SIMO 的 L_T 倍。对于接收机数据的处理，首先消除 CP 部分如图 4.12 所示。然后用 MF 进行距离压缩。对于每个距离单元，采用具有 Taylor 窗的加窗 FFT 对不同角度的信号能量进行估计。在图 4.14中分别展示了在 SIMO 和 MIMO 情况下得到的 SAR 图像。从图 4.14 可以看出，PeCAN 提供了基本完美的距离压缩，如图像顶部和底部的零旁瓣电平所示。还注意到与 SIMO 情况相比，MIMO 结构提供了显著增加的角分辨率。需注意的是，在这里讨论的波形是假设通过 MF 接收机进行优化的。最优的波形和接收机的联合设计仍然是一个开放性的研究课题[35,41]。

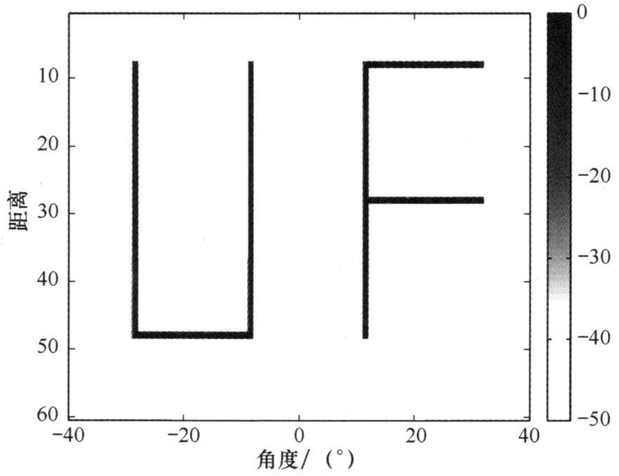

图 4.13　真实目标图像

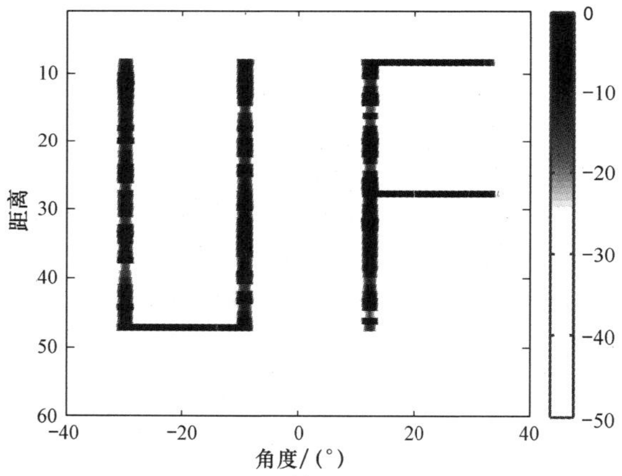

(a)

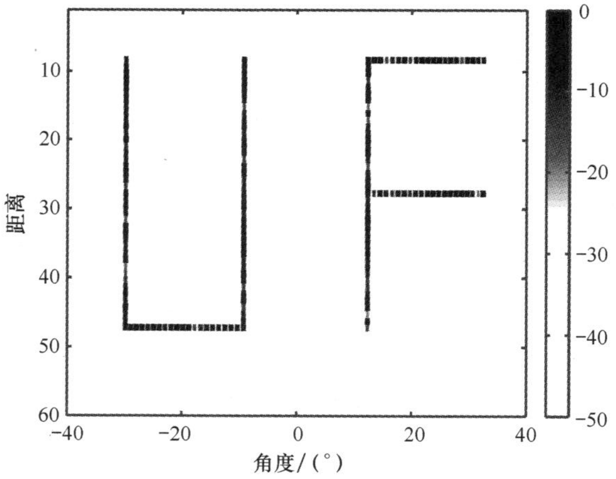

(b)

图 4.14　采用 PeCAN 波形和 MF 接收滤波器的 SAR 图像（a）SIMO 和（b）MIMO SAR

4.4　FDMA

由于获得 MIMO FT-CDMA 波形集，即同时实现波形集的波形都具有低的自相关和低的互相关是困难的，因此可以考虑用 FDMA 方案来代替。在 FDMA 中，雷达信号带宽被划分为 L_T 个不重叠的子带，在每个 PRI 处，不同发射机分别工作在不同的子带上[21,25]。波形的正交性通过发射机频率子带的分离得以保证。MIMO 正交频分复用（OFDM）雷达也属于这类框架。与 FT-CDMA 相比，来自不同发射机的波形的互相关不受约束。因此，对于 MIMO FDMA 雷达来说，具有良好自相关性能的单带波形就已足够了，其根据不同的应用可以仅仅是单个 CAN 或 PeCAN 序列。如果每个发射天线在整个 CPI 都连续地工作在它自己的频率子带上，由于带宽的降低，MIMO FDMA 雷达系统和与之对应的 MIMO FT-CDMA 相比，其距离分辨率预计要下降 L_T 倍。为了恢复距离分辨率，可以采用将子频带分配到发射天线的切换方案，使得每个发射天线对于每 L_T 个脉冲具有来自所有 L_T 个子带的数据样本[21]。这构成了频率与慢时间域中的稀疏采样方案，其不能用图 4.7 中的发射天线与慢时间调制图来描述。这种快时间频率切换方案的缺陷是可能会使旁瓣电平提升，而这可以通过高级自适应算法来抑制[24,42]。

4.5　TDMA

另一种实现发射分集的同时避免 MIMO FT-CDMA 中波形难题的简单方式，是在每个 PRI 仅选择一个发射机进行工作[19,21,43]。在文献［19］和［43］中采用了一种周期性切换方案，该方案中天线的激活过程在慢时间维上每隔 L_T 个脉冲进行重复。这是为了通过以一个接一个方式从L_T个发射天线发送L_T脉冲来从完整的 MIMO 虚拟孔径重构一次快拍。我们将该方案称为 TDMA 方案。这种周期性发射天线切换方案是直观的且易于实现。发射天线切换的另一个可能选择是在每个 PRI 随机等概率地从 L_T 个发射天线中选择一个，使得切换序列不规则且不重复。我们将这种方案称为 R-TDMA。对于 TDMA 和 R-TDMA，得到的发射天线对 TDMA 慢时间采样模式分别如图 4.7（b）和 4.7（c）所示。由于在每个 PRI 期间只有一个发射机发射波形，因此具有良好自相关特性单个快时间波形（如 CAN 波形）就足够了。

为了测试这些 MIMO 方案的性能，考虑点扩散函数（PSF），即无地杂波的单个目标的角度 - 多普勒图，以及存在地杂波时检测目标的常规角度 - 多普勒图。使用相同的具有 $L_T = 3$ 个发射天线和 $L_R = 6$ 个接收天线的机载雷达系统，在一个 CPI 内发射总共 $L_D = 32$ 个脉冲。在一般的角度 - 多普勒成像实例中，我们进一步整合了来自 KASSPER 数据库的系统参数以模拟现实环境的影响[24,44]，例如异构地形剖面、雷达校准误差（包括与角度无关的相位误差和角度依赖的子阵位置误差）和内部杂波运动（ICM）。雷达工作载频为 1.24GHz，带宽为

10MHz。平台以 100m/s 的速度沿方位角 270°运动，PRF 为 1984Hz。35 ~ 50km 为所感兴趣的距离范围，被划分为 1000 个距离单元。在每个 PRI，采用经 Frank 序列初始化的长度为 256 的 CAN 序列。在 PSF 中，假设目标是静止的（f =0Hz）。并且位于方位角 θ = 0° 具有单位功率，由 CAN 波形照射。接收数据首先被 MF 脉冲压缩。然后通过再次使用 MF，即延迟求和法，获得角度－多普勒图像。

在图 4.15 中，绘制了关于 MIMO TDMA 和 MIMO R-TDMA 方案的 PSF。从图 4.15中可以看到，TDMA 方案具有相当高的旁瓣，这是周期性切换的结果，并且可能在具有强地杂波和运动目标的场景的角度－多普勒图中，引入严重的伪象。另一方面，R-TDMA 方案能够扩展旁瓣。

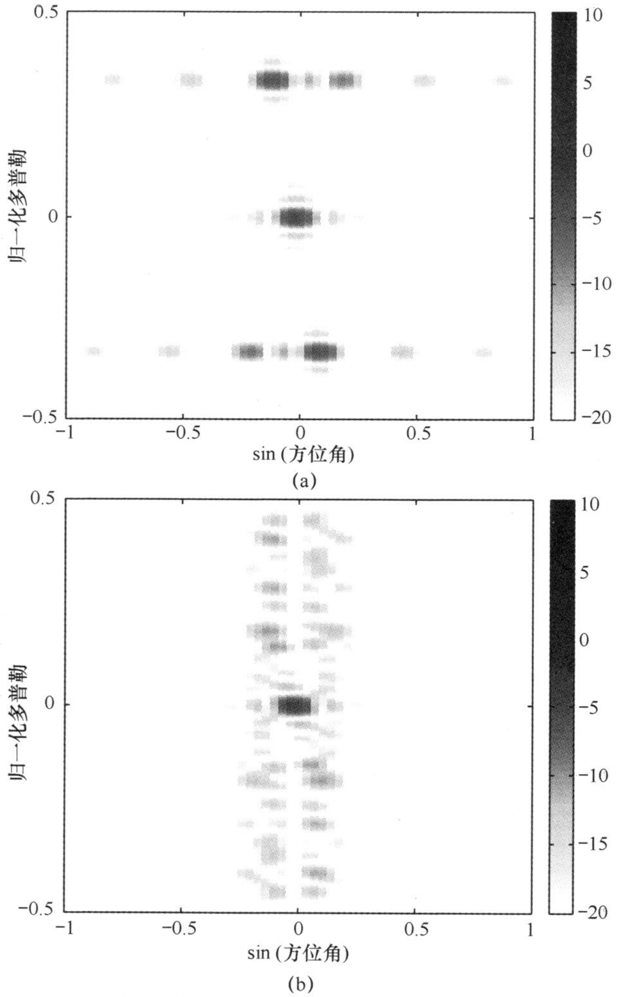

图 4.15　角度多普勒点扩散函数（a）MIMO TDMA 和（b）采用 MF 接收滤波器的 MIMO R-TDMA 方案

在图4.16中，展示了SIMO、MIMO TDMA、MIMO R-TDMA方案通过采用MF和迭代自适应方法（IAA）[24,42,45-47]获得的角度-多普勒图[24]。IAA算法是一种基于加权最小二乘（WLS）的、鲁棒的、无用户参数以及非参量的自适应算法。即使是在单个数据快拍（例如仅有GMTI中的原始数据）、任意阵列几何构型以及随机的慢时间样本条件下，IAA也能发挥作用[24,42,45-47]。假设运动目标位于平均信杂噪比（SCNR）22dB的距离单元[24]。目标的真实位置用灰色的圆圈标记。从图4.16（a）和4.16（b）中可以看到，与相应的MF结果相比，IAA可用于形成具有更高分辨率和更低旁瓣电平的聚焦图像。对于图4.16中的IAA图像，我们注意到SIMO方案的空间分辨率是相当差的，其中的两个目标几乎完全淹没在强杂波回波的旁瓣中。另一方面，两种TDMA方案都能够形成相当集中的杂波脊，并成功地分辨出这两个运动目标。然而，在MIMO TDMA图像中，存在着沿杂波脊同向分布的明显伪像。这是由于L_T个发射天线的周期性切换导致的。同时，从图4.16（d）中观察到，与MIMO TDMA图像相比，通过随机切换发射天线进行传输，MIMO R-TDMA方案能获得更清晰的具有更少伪像的图像。

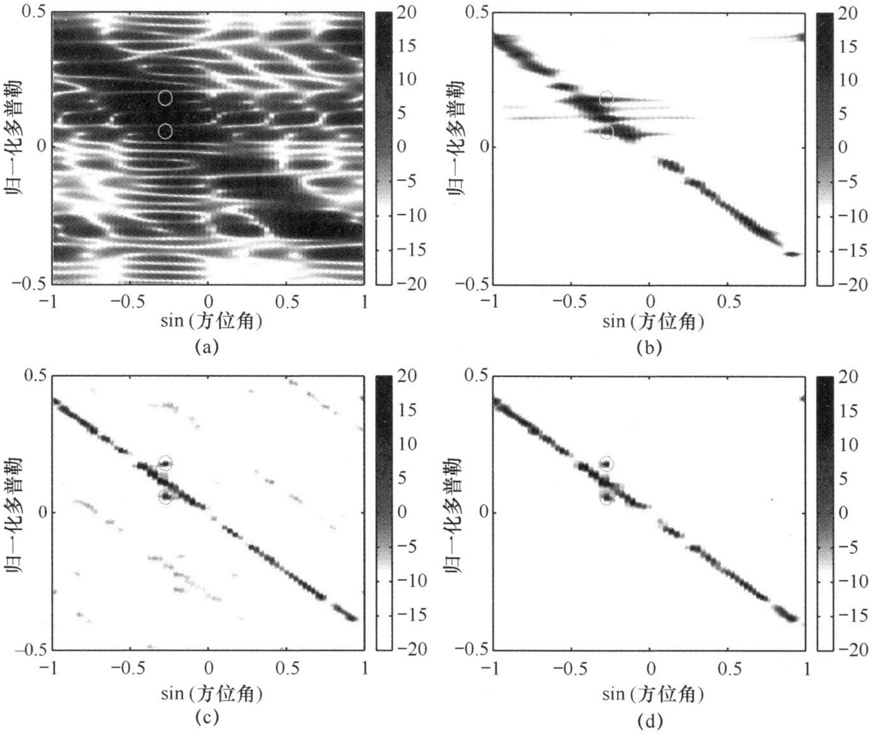

图4.16　角度多普勒图像（a）采用MF的SIMO，（b）采用IAA的SIMO，（c）采用IAA的MIMO TDMA和（d）采用IAA的MIMO R-TDMA目标的真实位置用灰色圆圈标记

4.6 DDMA

接下来考虑在慢时间实现波形间正交性的 MIMO DDMA 方案[18,22,23]。假设在一个 CPI 内发射 L_D 个脉冲。在 MIMO DDMA 中，不同发射机发射的 L_D 个快时间脉冲与长为 L_D 的不同正弦编码相乘，使得可以在慢时间域上对发射波形进行正交多普勒调制。然后，由不同发射机的调制引起的多普勒频率被布置成使得每个发射机占据带宽 f_{PRF}/L_T 的多普勒子带。因此，MIMO DDMA 方案类似于在数字通信中采用的多频移键控（MFSK），其中调制发生在慢时间多普勒频率域。DDMA 的无模糊多普勒范围只有 MIMO FT-CDMA 的 $1/L_T$ 。牺牲无模糊多普勒范围以实现扩大的虚拟阵列大小的这种权衡对于其中目标的多普勒频率被限制到子带实现 f_{PRF}/L_T 的应用是有益的。用于 MIMO DDMA 的 PSF 如图 4.17（a）所示，其中位于图顶部和底部的栅瓣具有与位于零多普勒和 0° 方位角的主瓣相同的功率，这说明存在多普勒模糊。

由于 MIMO DDMA 是通过慢时间多普勒频率调制来实现大的 MIMO 虚拟阵列尺寸，因此对于给定的 PRI，不同发射机可以发射相同的波形，如 CAN 或PeCAN 波形。在这种情况下，发射阵列的波束方向图在每个 PRI 期间是不变的。在图 4.18（a）中给出了 MIMO DDMA 的角度与慢时间波束方向图。对于每个脉冲，波束被转向以覆盖角度范围的 1/3。从一个脉冲到下一个脉冲，波束方向图发生平移，使得每三个脉冲照射全角范围。因此，MIMO DDMA 方案可以被解释为角度域的稀疏采样。接下来，在图 4.19（a）中画出了使用单个 CAN 波形并采用 IAA 获得的 MIMO DDMA 的角度 - 多普勒图。可以看出与杂波脊平行的方向存在鬼影脊线，这反映了该方案存在多普勒模糊。

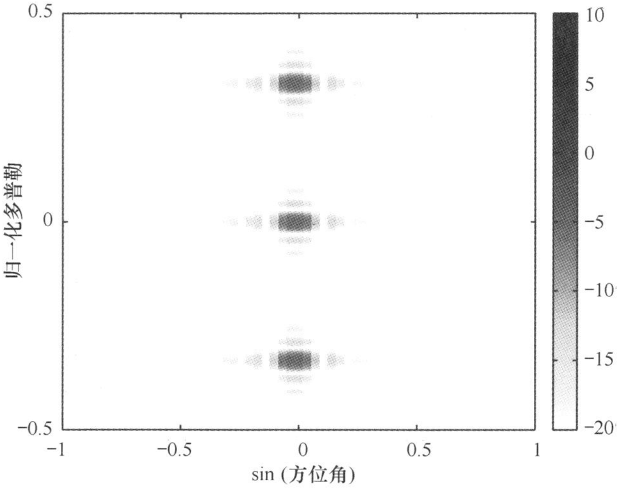

(a)

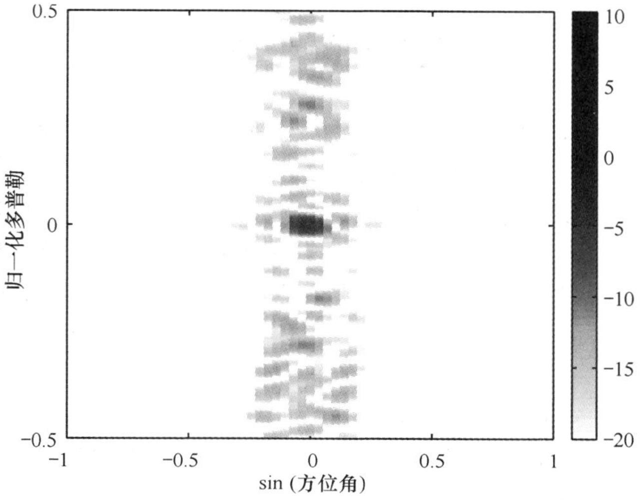

(b)

图 4.17　角度多普勒点扩散函数对于（a）MIMO DDMA 和（b）采用 MF 接收滤波器的 MIMO ST-CDMA 方案

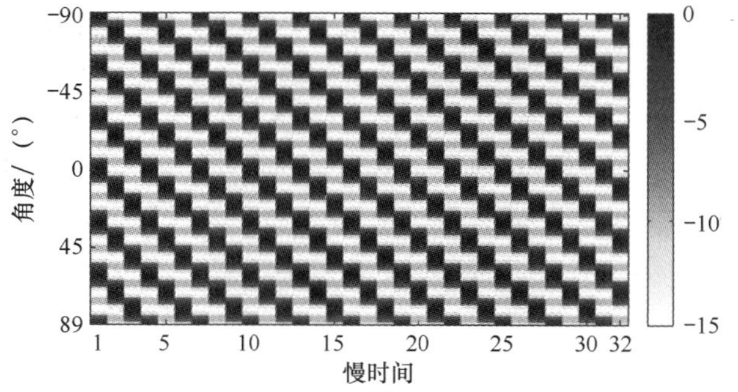

(a)

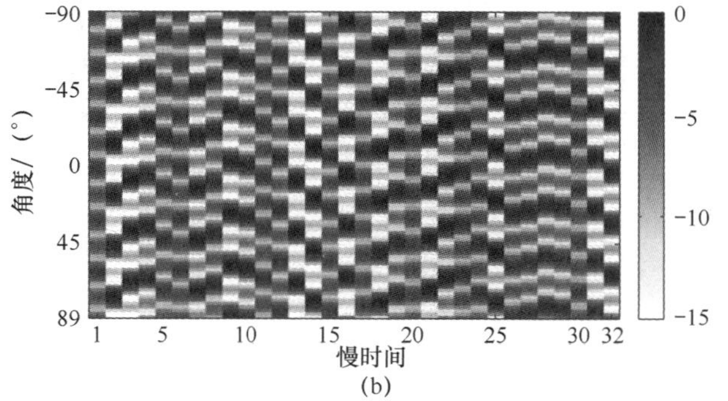

(b)

图 4.18　角度与慢时间图对于（a）MIMO DDMA 和（b）MIMO ST-CDMA 方案

4.7 ST-CDMA

与 MIMO DDMA 类似，MIMO ST-CDMA 方案也是通过对慢时间进行调制来实现 MIMO 虚拟阵列的[24]。DDMA 和 ST-CDMA 这两者中都采用了具有彼此正交 $\{\boldsymbol{w}_i\}_{i=1}^{L_T}$ 的单模空－时调制矩阵 $\boldsymbol{W}$，其中 $\boldsymbol{w}_i^{\mathrm{T}}$ 为 $\boldsymbol{W}$ 的第 i 行。如果 $\boldsymbol{w}_i$ 的傅里叶变换是尖峰状的，如在 DDMA 的正弦序列或 Hadamard 编码调制的情况下，由于用 $\boldsymbol{W}$ 的系数调制目标的多普勒频移，导致在角度－多普勒图像中出现多普勒模糊问题。因为每个调制正弦波具有线谱，DDMA 中的多普勒模糊是一种极端的情况。为了避免该问题，最理想的情况是每个 $\boldsymbol{w}_i$ 都具有相当平坦的频谱[24]。在仿真中，随机相位序列用于慢时间调制。这里对于平坦频谱的需求有助于在角度－多普勒图中分散旁瓣（在 DDMA 中为栅瓣）能量，使得像 IAA 这样的自适应算法[24,45]可以有效地抑制旁瓣。

MIMO ST-CDMA 的 PSF 如图 4.17（b）所示。可以注意到，与 MIMO DDMA 中的栅瓣相比，MIMO ST-CDMA 的峰值旁瓣要低得多。为了与 MIMO DDMA 进行比较，在图 4.18（b）中还绘制了 MIMO ST-CDMA 的角度与慢时间波束方向图。可以看出，由于调制矩阵 $\boldsymbol{W}$ 中元素的相位是随机的，每个脉冲的波束方向图是不规则的。与 MIMO DDMA 相比，MIMO ST-CDMA 可认为是在角度与慢时间域的随机稀疏采样。图 4.19（b）中的角度－多普勒图还表明，通过自适应算法可以容易地抑制 MIMO ST-CDMA 的旁瓣。在图 4.20 中，显示了三个目标中的一个速度非常快的情况下的角度－多普勒图。如预期的那样，对于 MIMO DDMA，在与目标真实位置方位角和多普勒频率均不相同的地方出现目标的鬼影，而对于 MIMO ST-CDMA，三个目标都能正确定位而不出现模糊。

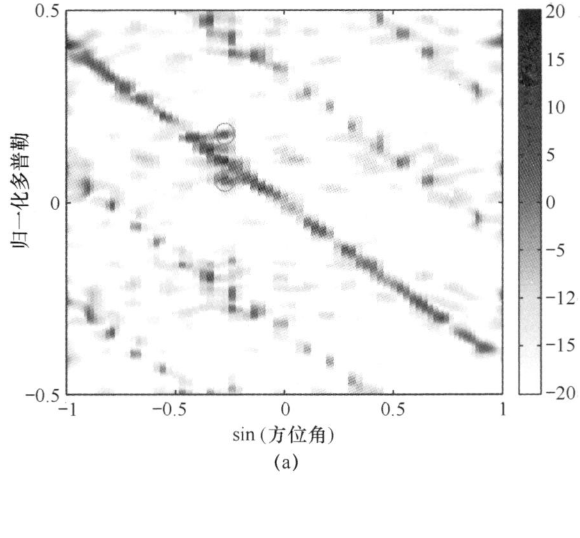

(a)

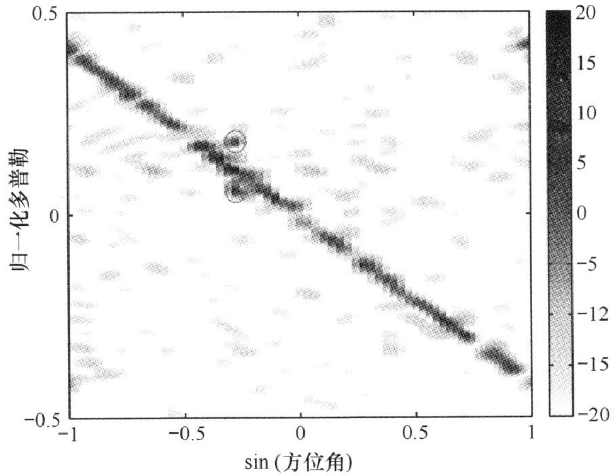

(b)

图 4.19 使用 CAN 波形的角度多普勒图用于 (a) MIMO DDMA 和 (b) 采用 CAN 波形的 MIMO ST-CDMA 雷达方案。目标的真实位置已用灰色圆圈标记

最后在表 4.3 中，对前面提到的 MIMO 发射方案的优点和局限性进行了总结。

表 4.3 MIMO 发射方案的对比

	优点	局限性
FT-CDMA	无需对采样做出牺牲即可实现完整的 MIMO 虚拟阵列	具有良好相关性能的波形集的设计比较困难
FDMA	在频域进行稀疏采样。只需具有良好自相关的单基带波形	提升了在距离－多普勒平面的旁瓣电平
TDMA	功率、重量和成本高效。只需具有良好自相关的单个波形	周期性切换将在角度－多普勒图中引入虚假目标。与 FT-CDMA 相比，照射在目标上的功率仅有 $1/L_T$
R-TDMA	功率、重量和成本高效。角度－多普勒图中不存在虚假目标。只需具有良好自相关的单个波形	在发射天线与慢时间域的稀疏采样将导致较高的旁瓣。与 FT-CDMA 相比，照射在目标上的功率仅有 $1/L_T$。自适应接收机以抑制高旁瓣问题
DDMA	只需具有良好自相关的单个波形。在每个 PRI 中所有的发射天线均是激活的，从而向场景辐射更多的能量	多普勒模糊
ST-CDMA	无多普勒模糊。只需具有良好自相关的单个波形。在每个 PRI 中所有的发射天线均是激活的，从而向场景辐射更多的能量	在角度与慢时间域的稀疏采样将导致较高的旁瓣。自适应接收机可以抑制高旁瓣问题

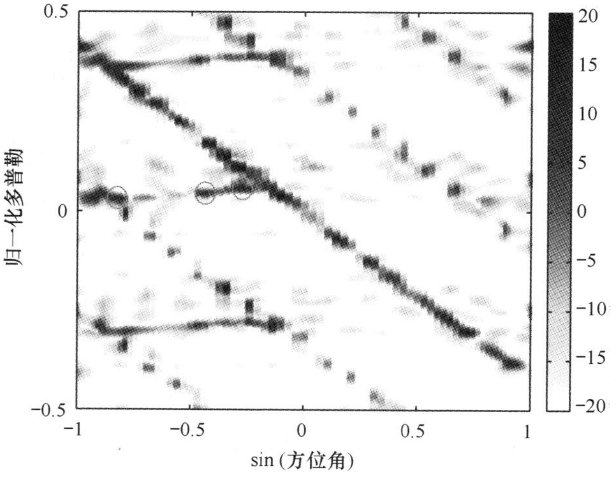

(a)

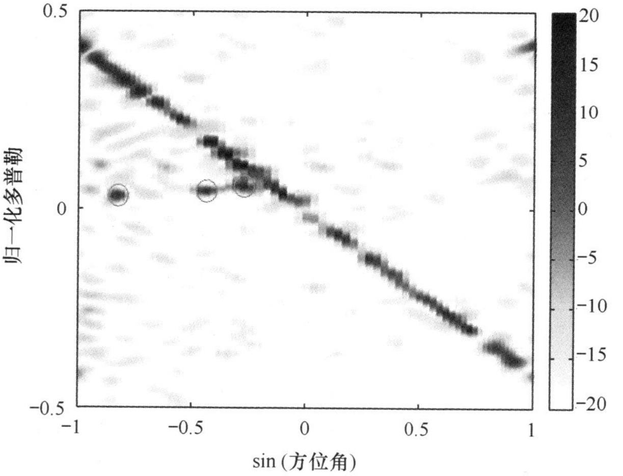

(b)

图 4.20 使用 IAA 获得的角度多普勒图，对于（a）MIMO DDMA 和（b）MIMO STCDMA 雷达方案采用 CAN 波形在三个目标中的一个速度非常快的情况下。目标的真实位置用灰色圆圈标记

4.8 结 论

本章回顾了关于共置天线 MIMO 雷达的各种探测波形发射方案，包括 FT-CDMA、FDMA、TDMA、R-TDMA，DDMA 和 ST-CDMA。尽管当对所有延迟都感兴趣时，FT-CDMA 波形很难设计，但在如 SAR 成像这种只关注有限延迟的应用中，可采用 WeCAN 和 PeCAN 等可行方法来合成序列。同样也分析了以牺牲雷达

不同方面的性能来避免 FT-CDMA 波形难题的其他 MIMO 方案。这些方案采用不同稀疏采样策略来实现正交探测波形，以实现由 MIMO 雷达提供的大的虚拟阵列孔径尺寸。

致　　谢

本章工作得到了美国陆军研究实验室和美国陆军研究局的第 W911NF-07-1-0450 基金和第 W911NF-11-C-0020 基金，美国国家科学基金会（NSF）的第 ECCS-0729727 基金、美国海军研究局（ONR）的第 N00014-09-1-0211 基金、瑞典研究委员会（VR），以及欧洲研究委员会（ERC）的支持。这里的观点和结论由作者给出，不应理解为必然地代表美国政府明示或暗示的官方政策或立场。美国政府已获得授权可以以政府目的复制和分发重印本而不受版权限制。

参考文献

[1] N. Zhang and S. W. Golomb, 'Polyphase sequence with low autocorrelations', *IEEE Trans. Inf. Theory*, vol. 39, pp. 1085 – 1089, May 1993.

[2] R. Frank, 'Polyphase codes with good nonperiodic correlation properties', *IEEE Trans. Inf. Theory*, vol. 9, pp. 43 – 45, January 1963.

[3] N. Levanon and E. Mozeson, *Radar Signals*. NY: John Wiley & Sons, 2004.

[4] H. He, P. Stoica and J. Li, 'Designing unimodular sequence sets with good correlations-including an application to MIMO radar', *IEEE Trans. Signal Process.*, vol. 57, pp. 4391 – 4405, November 2009.

[5] C. A. Fowler, 'Old radar types never die; they just phased array or... 55 years of trying to avoid mechanical scan', *IEEE Aerosp. Electron. Syst. Mag.*, vol. 13, pp. 24A – 24L, September 1998.

[6] J. Li and P. Stoica, 'The phased array is the maximum SNR active array', *IEEE Signal Process. Mag.*, vol. 27, pp. 143 – 144, March 2010.

[7] J. Li and P. Stoica, 'MIMO radar with colocated antennas: review of some recent work', *IEEE Signal Process. Mag.*, vol. 24, pp. 106 – 114, September 2007.

[8] A. H. Haimovich, R. S. Blum and L. J. Cimini, 'MIMO radar with widely separated antennas', *IEEE Signal Process. Mag.*, vol. 25, pp. 116 – 129, January 2008.

[9] J. Li and P. Stoica, Eds., *MIMO Radar Signal Processing*. Hoboken, NJ: John Wiley & Sons, 2009.

[10] D. W. Bliss and K. W. Forsythe, 'Multiple-input multiple-output (MIMO) radar and imaging: degrees of freedom and resolution', *37th Asilomar Conference on Signals, Systems and Computers*, Pacific Grove, CA, vol. 1, pp. 54 – 59, November 2003.

[11] J. Li, P. Stoica, L. Xu and W. Roberts, 'On parameter identifiability of MIMO radar', *IEEE*

Signal Process. Lett., vol. 14, pp. 968 – 971, December 2007.

[12] J. Li, P. Stoica and X. Zheng, 'Signal synthesis and receiver design for MIMO radar imaging', *IEEE Trans. Signal Process.*, vol. 56, pp. 3959 – 3968, August 2008.

[13] J. Li, L. Xu, P. Stoica, D. Bliss and K. Forsythe, 'Range compression and waveform optimization for MIMO radar: a Cramér-Rao bound based study', *IEEE Trans. Signal Process.*, vol. 56, pp. 218 – 232, January 2008.

[14] D. R. Fuhrmann and G. San Antonio, 'Transmit beamforming for MIMO radar systems using signal cross-correlation', *IEEE Trans. Aerosp. Electron. Syst.*, vol. 44, pp. 1 – 16, January 2008.

[15] P. Stoica, J. Li and Y. Xie, 'On probing signal design for MIMO radar', *IEEE Trans. Signal Process.*, vol. 55, pp. 4151 – 4161, August 2007.

[16] P. Stoica, J. Li and X. Zhu, 'Waveform synthesis for diversity-based transmit beampattern design', *IEEE Trans. Signal Process.*, vol. 56, pp. 2593 – 2598, June 2008.

[17] V. F. Mecca, J. L. Krolik and F. C. Robey, 'Beamspace slow-time MIMO radar for multipath clutter mitigation', *IEEE International Conference on Acoustics, Speech and Signal Processing*, Las Vegas, Nevada, USA, March 30 – April 4, 2008, pp. 2313 – 2316.

[18] V. F. Mecca, D. Ramakrishnan, F. C. Robey and J. L. Krolik, *Slow-Time MIMO Space-Time Adaptive Processing*, chapter in *MIMO Radar Signal Processing*, J. Li and P. Stoica, Eds. New York, NY: Wiley-IEEE Press, 2008.

[19] J. H. G. Ender, C. Gierull and D. Cerutti-Maori, 'Space-based moving target positioning using radar with a switched aperture antenna', *2007 IEEE International Geoscience and Remote Sensing Symposium*, Barcelona, Spain, 23 – 27 July 2007.

[20] M. Xue, X. Zhu, J. Li, D. Vu and P. Stoica, 'MIMO radar angle-Doppler imaging via iterative space-time adaptive processing', *4th International Waveform Diversity & Design Conference Proceedings*, Orlando, Florida, 8 – 13 February 2009.

[21] J. H. G. Ender and J. Klare, 'System architectures and algorithms for radar imaging by MIMO-SAR', *2009 IEEE Radar Conference*, Pasadena, California, USA, 4 – 8 May 2009.

[22] D. W. Bliss, K. W. Forsythe, S. K. Davis, G. S. Fawcett, D. J. Rabideau, L. L. Horowitz, *et al.*, 'GMTI MIMO radar', *4th International Waveform Diversity & Design Conference Proceedings*, Orlando, Florida, 8 – 13 February 2009.

[23] K. W. Forsythe and D. W. Bliss, 'MIMO radar waveform constraints for GMTI', *IEEE J. Sel. Top. Signal Process.: Spec. Issue MIMO Radar Its Appl.*, vol. 4, no. 1, pp. 21 – 32, February 2010.

[24] M. Xue, D. Vu, L. Xu, J. Li and P. Stoica, 'On MIMO radar transmission schemes for ground moving target indication', *The 2009 Asilomar Conference on Signals, Systems and Computers*, Pacific Grove, CA, USA, 1 – 4 November 2009.

[25] D. J. Rabideau and P. Parker, 'Ubiquitous MIMO multifunction digital array radar', *The 2003 Asilomar Conference on Signals, Systems and Computers*, Pacific Grove, CA, USA, 9 – 12 November 2003.

[26] Y. Yang and R. S. Blum, 'MIMO radar waveform design based on mutual information and

minimum mean-square error estimation', *IEEE Trans. Aerosp. Electron. Syst.*, vol. 43, pp. 330 – 343, January 2007.

[27] B. Friedlander, 'Waveform design for MIMO radars', *IEEE Trans. Aerosp. Electron. Syst.*, vol. 43, pp. 1227 – 1238, July 2007.

[28] Y. Yang and R. Blum, 'Minimax robust MIMO radar waveform design', *IEEE J. Sel. Top. Signal Process.*, vol. 1, pp. 147 – 155, June 2007.

[29] H. Deng, 'Polyphase code design for orthogonal netted radar systems', *IEEE Trans. Signal Process.*, vol. 52, pp. 3126 – 3135, November 2004.

[30] H. A. Khan, Y. Zhang, C. Ji, C. J. Stevens, D. J. Edwards and D. O' Brien, 'Optimizing polyphase sequences for orthogonal netted radar', *IEEE Signal Process. Lett.*, vol. 13, pp. 589 – 592, October 2006.

[31] C. Y. Chen and P. P. Vaidyanathan, 'Properties of the MIMO radar ambiguity function', *IEEE International Conference on Acoustics, Speech, and Signal Processing*, Las Vegas, NV, pp. 2309 – 2312, 31 March-4 April 2008.

[32] T. Naghibi and F. Behnia, 'MIMO radar waveform design in the presence of clutter', *IEEE Trans. Aerosp. Electron. Syst.*, vol. 47, pp. 770 – 781, April 2011.

[33] J. Oppermann and B. Vucetic, 'Complex spreading sequences with a wide range of correlation properties', *IEEE Trans. Commun.*, vol. 45, pp. 365 – 375, March 1997.

[34] P. Stoica, H. He and J. Li, 'New algorithms for designing unimodular sequences with good correlation properties', *IEEE Trans. Signal Process.*, vol. 57, pp. 1415 – 1425, April 2009.

[35] H. He, J. Li and P. Stoica, *Waveform Design for Active Sensing Systems-A Computational Approach*, Cambridge, UK: Cambridge University Press, 2012.

[36] H. He, J. Li and P. Stoica, 'Spectral analysis of non-uniformly sampled data: a new approach versus the periodogram', *IEEE 13th DSP Workshop & 5th SPE Workshop*, Marco Island, FL, USA, January 2009.

[37] C. V. Jakowatz, Jr., D. E. Wahl, P. H. Eichel, D. C. Ghiglia and P. A. Thompson, *Spotlight-Mode Synthetic Aperture Radar: A Signal Processing Approach*, Norwell, MA: Kluwer Academic Publishers, 1996.

[38] H. He, D. Vu, P. Stoica and J. Li, 'Construction of unimodular sequence sets for periodic correlations', *2009 Asilomar Conference on Signals, Systems and Computers*, Pacific Grove, CA, 1 – 4 November 2009.

[39] P. Stoica, H. He and J. Li, 'On designing sequences with impulse-like periodic correlation', *IEEE Signal Process. Lett.*, vol. 16, pp. 703 – 706, August 2009.

[40] P. Stoica, H. He and J. Li, 'Sequence sets with optimal integrated periodic correlation level', *IEEE Signal Process. Lett.*, vol. 17, pp. 63 – 66, January 2010.

[41] P. Stoica, J. Li and M. Xue, 'Transmit codes and receive filters for radar', *IEEE Signal Process. Mag.*, vol. 25, pp. 94 – 109, November 2008.

[42] M. Xue, W. Roberts, J. Li, X. Tan and P. Stoica, 'MIMO radar sparse angle-Doppler imaging for ground moving target indication', *2010 IEEE International Radar Conference*,

Crystal Gateway Marriott, Washington, DC, May 10 – 14, 2010.

[43] J. H. G. Ender, C. H. Gierull and D. Cerutti-Maori, 'Improved space-based moving target indication via alternate transmission and receiver switching', *IEEE Trans. Geosci. Remote Sens.*, vol. 46, no. 12, pp. 3960 – 3974, 2008.

[44] J. S. Bergin and P. M. Techau, 'High-fidelity site-specific radar simulation: KASSPER' 02 workshop datacube', *Technical report*, *Information Systems Laboratories*, *Inc.*, 2002.

[45] T. Yardibi, J. Li, P. Stoica, M. Xue and A. B. Baggeroer, 'Source localization and sensing: a nonparametric iterative adaptive approach based on weighted least squares', *IEEE Trans. Aerosp. Electron. Syst.*, vol. 46, pp. 425 – 443, January 2010.

[46] W. Roberts, P. Stoica, J. Li, T. Yardibi and F. A. Sadjadi, 'Iterative adaptive approaches to MIMO radar imaging', *IEEE J. Sel. Top. Signal Process.*, vol. 4, pp. 5 – 20, February 2010.

[47] W. Roberts, H. He, J. Li and P. Stoica, 'Probing waveform synthesis and receiver filter design', *IEEE Signal Process. Mag.*, vol. 27, pp. 99 – 112, July 2010.

第 5 章　无源双基地雷达波形

Hugh D. Griffiths and Chris J. Baker

摘　　要

利用广播、通信和无线电导航信号的无源双基地雷达（PBR），在最近几年已获得极大的关注，与传统雷达相比，其具有很大吸引力。然而，由于这些波形并不是从根本上设计用于雷达操作的，所以它们的性能通常不是最佳的。因此，了解波形对 PBR 性能有何影响是非常重要的，以便能够选择最合适的发射装置并以最佳的方式利用波形，从这个意义上讲，PBR 形成了波形分集的主题。本章回顾了一系列不同的 PBR 波形的特性和与它们一起使用的处理方法。

关键词：双基地雷达；波形分集

5.1　引　言

无源双基地雷达（PBR）是用来表示一类双基地雷达的术语，其发射源是广播、通信或者无线电导航信号。双基地雷达可以被定义为那些发射机和接收机分布在不同位置的雷达，这种分隔足够远，使得其特性与单基地雷达的特性有显著的区别。因此，那些发射和接收天线独立但共址的雷达（准双基地雷达）在分类上属于单基地雷达。双基和多基地雷达分为使用在用户控制下的合作发射机的雷达和使用非合作发射机的雷达。它们可以进一步划分为两类，一类是那些发射机是雷达的情况，系统可以被称为“搭便车”，另一类是那些发射机为广播、通信或无线电导航信号的情况，系统称为 PBR。

其他被使用过的名称，包括无源相干定位（PCL）、背负式雷达、无源隐蔽雷达、机会性雷达、寄生雷达、广播雷达或无源雷达。参考文献［1］和［2］中的讨论得出的结论是，这些名词都不是完全令人满意的，但 PBR 却是最适合的。

对比窄带 PBR 和宽带 PBR 可以看出，前者只对信号频谱的一部分加以利用，而后者能对整个信号频谱加以利用。前者只需要较小的数字采样率，并且利用了多普勒和到达角（DOA）信息，而后者还可以给出距离信息。

PBR 有很多明显的优点。与所有双基地雷达相同，接收机是无源的，因此潜在地不可检测。这意味着它可以不受反辐射导弹（ARMs）攻击，并且由于敌方不清楚接收器的位置，任何干扰必须是无方向性的，这会削弱干扰的有效性。双基地系统具有反隐身的优势，因为目标为了降低其对单基地雷的 RCS 而使用的特殊外形可能在双基地的几何关系下会不起作用。双基地雷达还可利用前向散射而使得目标 RCS 显著增强。PBR 系统经常使用通常不可用于雷达的 VHF 或 UHF 频段，RCS 减小技术对这些频段不如对微波频段那样有效，因为目标尺寸往往与雷达波长具有相同的量级。有很多发射源都可以使用，它们中有很多具有高功率和有利位置，越来越拥堵的电磁频谱是几乎所有雷达在应用中面临的问题，而实际上对于 PBR 却是一个优势。最后，接收机系统通常相当简单且低成本，不需要发射机的任何许可证。

这些因素，尤其是后两种因素，意味着 PBR 一直是大学实验室研究的理想课题，并且已经建立和展示了很多这样的系统。尽管如此，只有极少的例子，PBR 系统能够相对于传统雷达提供明显的优势。值得注意的例外包括对电离层[3,4]、行星[5]、风[6,7]或雷雨[8]的低成本科学测量。当传统对空监视雷达的覆盖区域被削弱时，例如风电场[9]，PBR 被提出为“间隙填充”。商用 PBR 系统的两个例子为 Lockheed Martin 的 *Silent Sentry*[10] 和 THALES 的 *Homeland Alerter*[11]。然而，PBR 系统所面临的挑战仍然存在于识别和利用在性能和/或成本方面具有明显优势的应用。

由于 PBR 系统所使用的波形并不是从根本上为雷达系统设计的，因此它们在雷达应用中的性能通常不是最佳的。因此，了解波形对 PBR 系统性能的影响非常必要，以便能够选择最合适的发射装置并以最佳的方式使用波形。在这个意义上，PBR 形成了波形分集课题的一部分。

本章的目的是提供不同类型的 PBR 波形的描述，讨论在波形选择和处理中的重要因素，并介绍一些典型系统的简单示例和结果，以显示什么是可实现的。首先讨论双基雷达方程和模糊函数，作为用于评价 PBR 性能的工具。

5.2 双基雷达的雷达方程

双基雷达方程与单基地雷达方程类似。在其最简单的自由空间传播形式中，可以表示为

$$P_R = \frac{P_T G_T}{4\pi {R_T}^2} \cdot \sigma_b \cdot \frac{1}{4\pi {R_R}^2} \cdot \frac{G_R \lambda^2}{4\pi} \tag{5.1}$$

式中：P_R 为接收信号功率；P_T 为发射功率；G_T 为发射天线增益；R_T 为发射机到目标的距离；σ_b 为目标的双基地雷达横截面积；R_R 为目标到接收机的距离；G_R 为接

收天线增益；λ 为雷达波长。

双基地的几何分布如图 5.1 所示。信噪比的计算可通过将式（5.1）、除以接收机噪声功率 $P_n = kT_0BF$（其中 k 是玻耳兹曼常数，T_0 是 290K，B 为接收机带宽，F 是接收机的噪声系数），再乘以接收机的处理增益，同时考虑到各种损失。这允许检测性能被定义为 σ_b、R_T 和 R_R 的函数。恒定检测信噪比的等高线是对应于 R_TR_R 为常数的轨迹，描述了 Cassini 椭圆[12]。式（5.1）中

$$\frac{P_TG_T}{4\pi R_T^{\ 2}} \tag{5.2}$$

代表发射信号在目标处的功率谱密度（W/m^2），用符号 Φ 表示。这是表征发射机用于 PBR 的重要参数；在实际应用中，考虑到诸如多径和传播损耗的因素，它被发射机到目标路径的模式传播因子修改。

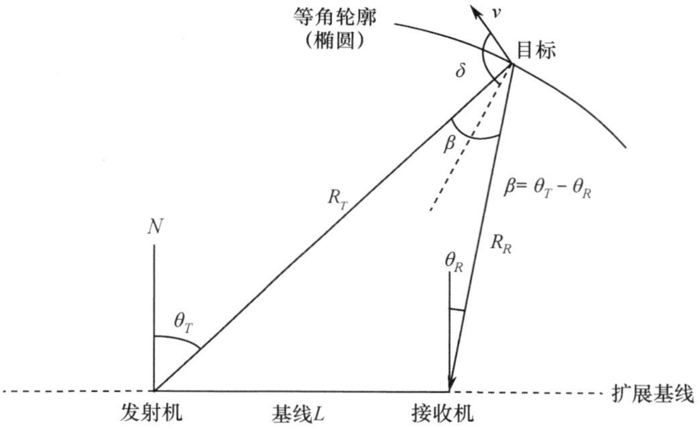

图 5.1　双基雷达几何分布。目标速度为 v，与两个基地夹角分别为 δ 和 β

5.3　双基雷达的模糊函数

用模糊函数对雷达波形的性能进行评估和描述是由 Woodward 于 20 世纪 50 年代提出的[13]，并表示了信号 $u(t)$ 的点目标响应作为延迟和多普勒频移（或等价的目标距离和速度）的函数

$$|\chi(\tau,\nu)|^2 = \left|\int u(x)u^*(x+\tau)\exp(\mathrm{j}2\pi\nu x)\,\mathrm{d}x\right|^2 \tag{5.3}$$

并提供了以二维图形的形式显示给定波形的分辨率、旁瓣电平和模糊度的简明方式。

然而，双基地雷达的模糊函数还取决于双基地的几何分布。通过考虑穿过发射接收基线的移运目标可以理解和可视化该依赖性；距离信息变得不确定，并且多普勒频移变为零。因此，模糊函数在基线上“失灵”，既不提供距离也不给出

多普勒分辨率。

如果在双基平台的其他目标位置对模糊函数进行评估，距离和多普勒中的模糊函数的峰值相对于单基地峰值展宽，只有当目标位于扩展基线上，即双基夹角为零时，等于单基尖峰。Tsao 等人对该效果进行了研究[14]。他们注意到目标速度和多普勒频移之间以及距离和延迟之间的非线性关系，因此提出了双基地雷达模糊函数应写为

$$
\begin{aligned}
&|\chi(R_{R_H},R_{R_a},V_H,V_a,\theta_R,L)|^2 \\
&= \left| \begin{array}{l} \int_{-\infty}^{\infty} \tilde{f}(t-\tau_a(R_{R_a},\theta_R,L))\,\tilde{f}^*(t-\tau_a(R_{R_a},\theta_R,L)) \\ \exp[-\mathrm{j}(\omega_{D_H}(R_{R_H},V_H,\theta_R,L)-\omega_{D_a}(R_{R_H},V_H,\theta_R,L))t] \end{array} \right|^2
\end{aligned} \tag{5.4}
$$

式中：R_R 和 R_T 分别为目标到发射机和接收机的距离；V 为双基地距离变化率；θ_R 为从接收机测量的目标角度；L 为双基地基线；τ 为发射机 - 目标 - 接收机的延迟；下标 H 和 a 分别表示假设值和实际值。

显然，这取决于两个以上的变量，因此它不是可以直接绘制并用简单的方式来显示的，而不像单基地模糊函数那样容易。它们通过仿真的方式进一步说明那些单基模糊函数呈现为简单高斯形的信号，其双基模糊函数的形状在很大程度上取决于双基地几何分布，并且当目标靠近双基基线时会劣化。

为了说明这种效果，图 5.2 给出了四个不同目标位置与运动方向的模糊函数。每种情况下的波形均由三个矩形脉冲的短序列构成。在图 5.2（a）中，目标沿基线向接收机方向运动，其模糊函数基本上与单基地配置时相同。在图 5.2（b）中，目标倾斜地接近基线，但是模糊函数几乎没有改变。在图 5.2（c）中，目标从垂直方向接近基线，这展宽了主峰并改变了模糊函数中的旁瓣位置。最后在图 5.2（d）中，目标穿过基线，无法有效地对距离和多普勒进行分辨。

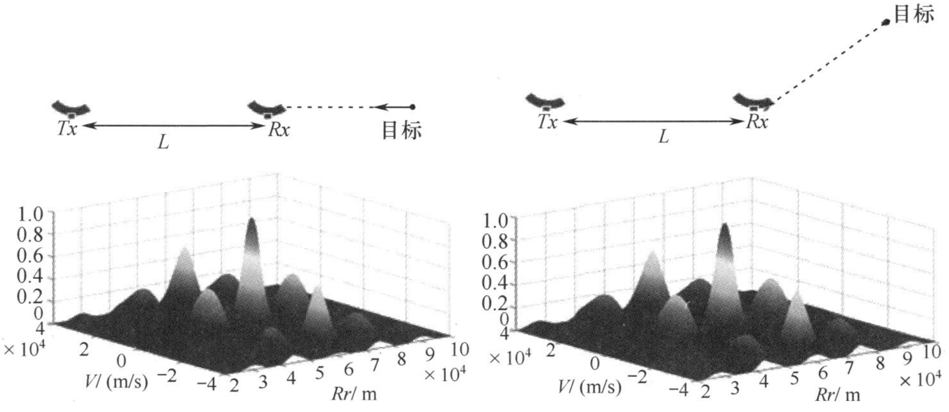

(a) (b)

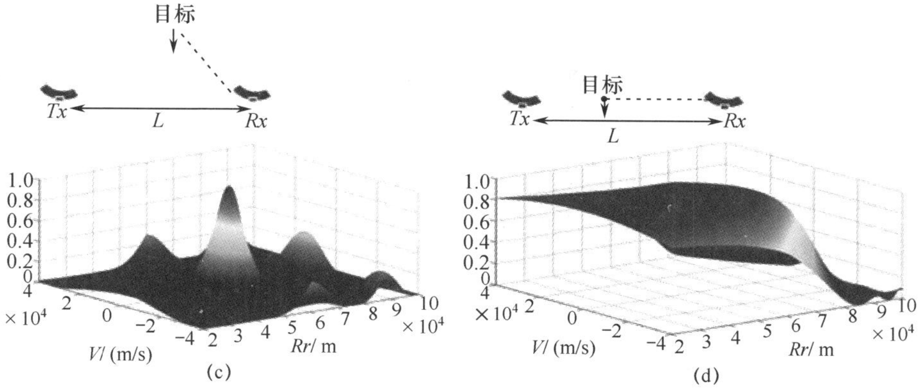

图 5.2 目标处于不同位置与运动情况下的四种双基模糊函数

5.4 无源双基地雷达波形

5.4.1 FM 收音机

大多数国家的 FM 无线电发射波都在 88 ~ 108MHz 的 VHF 频段。调制方式是宽带调频，信道带宽 B 通常为 50kHz（对应单基地距离分辨率 $c/2B = 3000\text{m}$）。发射机通常安装在高塔和桅杆上的高位置。辐射图通常在方位上为全向的，俯仰方向图通常要赋形，以避免功率在水平线上方的浪费。在英国[15]和美国，发射机的最高功率为 250kW 的有效全向辐射功率（EIRP），由式（5.2）可知，在目标距离 100km 处的功率密度（假设自由空间传播）为 $\Phi = -57\text{dBW/m}^2$。

这是相当大的功率密度，其可以解释如下：广播接收机通常具有差的噪声系数和低效率的天线，并且可能位于较差位置，这就需要链路预算中要有几十分贝的链路余量以确保全范围的覆盖。当然，这个因素对无源雷达的设计师来说是个有利条件。由于大多数的 FM 广播发射机位于城市和郊区，所以在这些区域运行的 PRB 接收机将在至少四个或五个发射机的大功率密度范围内，从而能在双基地或多基地模式下提供对飞行目标的合理覆盖。

对欧洲和美国的 FM 广播电台覆盖率的评估表明，现有的商用 FM 发射机为几乎所有感兴趣的区域提供来自至少一台发射机的从低到中低高度的覆盖。

考虑 FM 广播电台在沿海地区覆盖也很有意义。广播发射机一般位于内陆地区，以最大限度地覆盖土地。如果沿海地区是山区，可能会有堵塞而不能覆盖到海上。在这种情况下，地形图可以用来评估可用覆盖区域。

在海洋上，通常在 VHF 和 UHF 频率下可以忽略大气和降水的损失，但直接路径信号与从海面反射的信号相互干扰（多径效应或“劳埃德镜子”效应）可能会造成接收机的天线方向图上的凹陷。由于这两个原因，沿海地区对低空目标的覆盖可能不完整。

FM 发射的模糊性能将取决于瞬时调制，这取决于节目内容，换言之，取决于调制的频谱内容和其随时间的变化。研究发现了意料之中的结果，具有丰富的频谱内容的音乐，如摇滚乐，给出最窄的模糊函数主瓣，从而提供最佳的距离分辨率。对于语音，在词与词之间的停顿的时候，模糊函数的峰值宽度以及距离分辨力会变差[16,17]。当然，大多数 FM 频道——即使是音乐频道——都会在整点以新闻公告的方式播放语音，或者来自主持人或广告的语音也会每隔几分钟就中断音乐。

图 5.3（a）和（b）展示了这些观点。图 5.3（a）显示了语音调制电台的模糊函数（BBC 第四频道）。主峰和旁瓣结构清晰，虽然由于调制的频谱容量低导致了主峰相对较宽。图 5.3（b）展示了具有快节奏爵士乐调制（Jazz FM）的电台的效果。由于调制的频谱容量较宽泛，所以其主峰和旁瓣的结构相对更清晰。在这两种情况下，模糊函数的基底下降了 $(B\tau)^{1/2}$，而不是相参波形预期的 $(B\tau)$。

图 5.4 在大约 2s 的时间间隔内比较了一些不同传感器类型下的距离分辨率与时间（采样数）的关系。与音乐频道相比，两个新闻频道（BBC 第三和第四频道）在距离分辨率方面表现出高度的时间变异性，因为对于语音来说，在词之间的停顿期间，距离分辨率会很差。总的来说，距离分辨率的变化约在 1.5 ~ 16.5km。流行和舞蹈音乐频道展现的变化最小，摇滚和爵士乐性能上稍差，古典音乐进一步降低，反映出不同类型音乐的频谱容量。

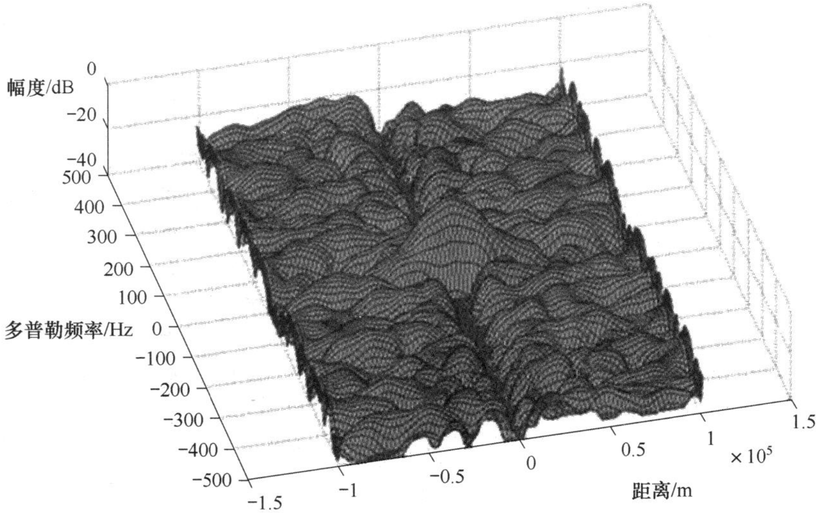

(a)

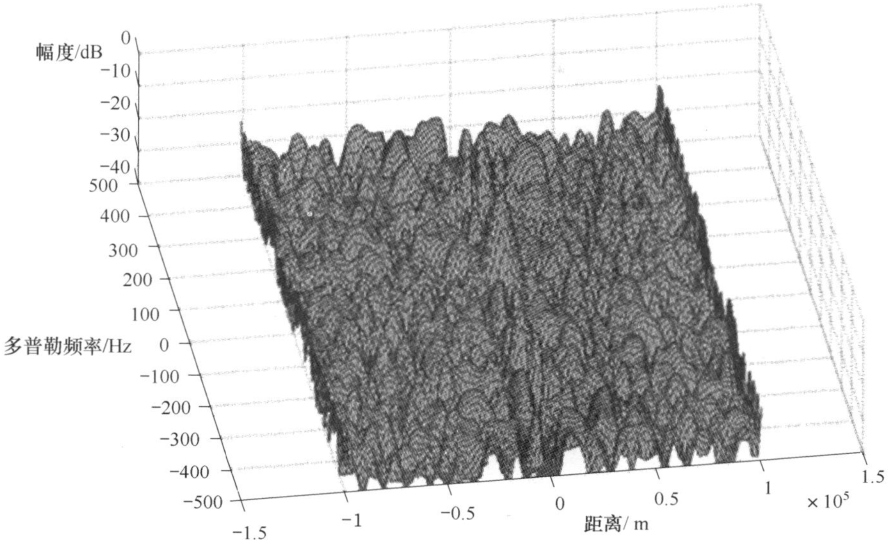

(b)

图 5.3　典型模糊函数

(a) 语音 (BBC 第四频道); (b) 快节奏爵士乐 (Jazz FM)[16]

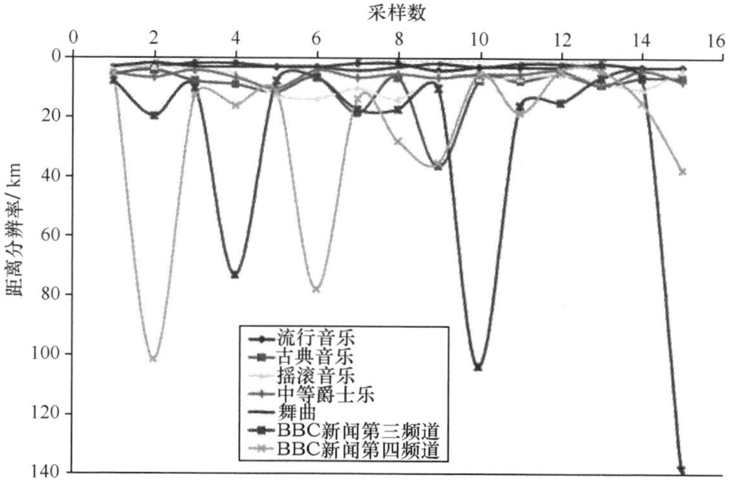

图 5.4　距离分辨率对各种 FM 广播站瞬时调制的依存关系，间隔约 2s[17]

5.4.2 模拟电视

大多数模拟电视的发射信号都在 500～600MHz 左右的 UHF 频段。有些国家也将 VHF 频段用于电视。在英国，采用相位交替线（PAL）调制格式，其中视频信息以 50Hz 的帧速率编码为总共 625 行的两个隔行扫描。每行开始以同步脉冲为标志，每行的总持续时间为 64μs。视频信息通过残留边带幅度 AM 调制到载波上，以亮度（红＋绿＋蓝）和两色度信号（绿－蓝）和（红－蓝）进行编码。两色度副载波的相位正交，因此它们可以单独恢复。声音信息（包括立体信息）通过频率调制加载到第二个载频。这一基本方案的变体在不同的国家使用，例如，法国和东欧的按顺序传送彩色与存储（SECAM）格式。

图 5.5 显示了一个模拟电视信号 CPA（调制格式）的测量频谱及各个组成部分的频谱鉴定。为了比较，在频谱的左侧是对应的数字电视信号，它具有 7 MHz 带宽的频谱。

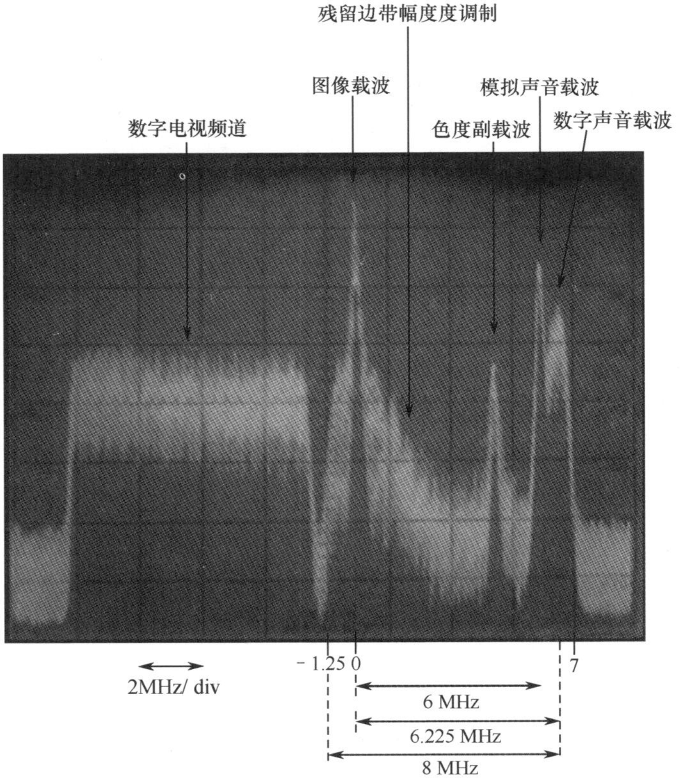

图 5.5　典型 PAL 模拟电视信号（右中）和数字电视信号（左中）的频谱。
横轴：501～521MHz；纵轴：10dB/格

模拟视频调制的带宽通常为 5.5MHz（对应单基地距离分辨率 C/2B＝30m）。与 FM 发射一样，辐射图通常在方位角上是全向的，尽管俯仰方向图通常要赋形，以避免功率在水平线上方的浪费。在英国及大多数其他国家，发射机的最高功率为 1MW 的 EIRP，假设在视距传播条件下，此时在目标距离 100km 范围内对应的功率谱密度为 $\Phi = -51\mathrm{dBW/m^2}$。

可以理解，将会存在与模拟线和帧扫描速率相关的距离模糊。特别地，由于一般的电视画面的一行与前一行非常相似，所以对应于 64μs 的行扫描周期，会等于 9.6km 的双基地距离的强距离模糊。

5.4.3　数字广播和数字电视

许多国家现在正在切换到数字广播和电视，并停止模拟广播与电视的应用。这些发射采用编码正交频分复用（COFDM）的调制方式，其中给定站的所有发射机使用相同的频率（所谓的“单频网络”）。这种调制方式的细节可以参考文献［18］，但一个重要的特征是信息以同步的帧发送。每帧包含大量正交编码的子载波，其携带调制信息。接收机仅在保护间隔延迟之后对每个帧进行采样，保护间隔延迟的时间大于传播路径的最大延迟。这意味着任意多径或来自另一个同频发射机的信号将是固定的。

根据 Poullin 所述[19]，数字音频广播（DAB）调制方式的典型参数：

（1）有用的持续时间为 1ms 的码元具有 0.246ms 的保护间隔；

（2）每个码元 1536 个子载波同时发射；

（3）每个子载波的调制方式为正交相移键控（QPSK）；

（4）每一帧有 77 个码元；

（5）第一码元为空（没有发射频率或只有中心频率）；

（6）第二码元为参考码元，其中所有的子载波都用参考码的元素发送。该码元用于发射信道的估计，并因此用于均衡。

由于这种类型的调制更像噪声，并且不像 FM 收音机那样对节目内容和随时间的变化表现出相同的依赖性，所以它具有潜在的良好的 PBR 特性。衡量这一优势的是 DAB 发射机的较低的辐射功率，约为 1kW，大大低于等效的 VHF FM 发射。

5.4.4　手机网络

现如今在大多数国家手机网络无处不在[20]。GSM 系统的使用频带主要集中在 900MHz 和 1.8GHz，在美国使用 1.9GHz[21]。上行链路和下行链路各占 25MHz 的带宽，分成 125 个 FDMA（频分多址）载波，间隔 200kHz。给定的基站只能使用少量的这些通道。这些载波中的每一个被分为 8 个 TDMA（时分多址）时隙，每个时隙的持续时间为 577μs。每个载波用 GMSK（高斯最小频移键控）调制方式进行调制。单个比特对应 3.692μs，调制速率为 270.833kbit/s。图 5.6（a）和（b）显示了这些信号的时域和频域表示。

第三代（3G）系统使用 2GHz 区域的频段。通用移动电信系统（UMTS）是 3G 技术最主要的实现，其具有以下特点[22]：

（1）有两种形式，频分双工（FDD）和时分双工（TDD）。FDD 需要两个频带（一个用于上行链路，一个用于下行链路）；TDD 需要单个频带。给定的频带（或一对频带）被分配给特定的经营者。

（2）FDD 和 TDD 频段的标称宽度与信道间隔均为 5MHz。如果经营者期望的话，宽度可以减少至 4.4MHz（以 200kHz 步进）。

（3）发射是使用 Walsh – Hadamard 编码的宽带 CDMA（WCDMA）。传输速率始终为 3.84Mchips/s，数据速率可调，这意味着所选扩频码的长度取决于数据速率。所用代码被称为正交可变扩频因子（OSVF）编码。代码长度可以从 4（相当于 960kbit/s 的数据速率）变为 512（相当于 7.5kbit/s 的数据速率）。数据也被扰乱，但这将不会影响数据传输速率。

（4）调制方式为 QPSK。零到零带宽有效地为 3.84MHz，因此最小信道间隔为 4.4MHz。信号用 0.2 次方根的升余弦滤波器赋形。

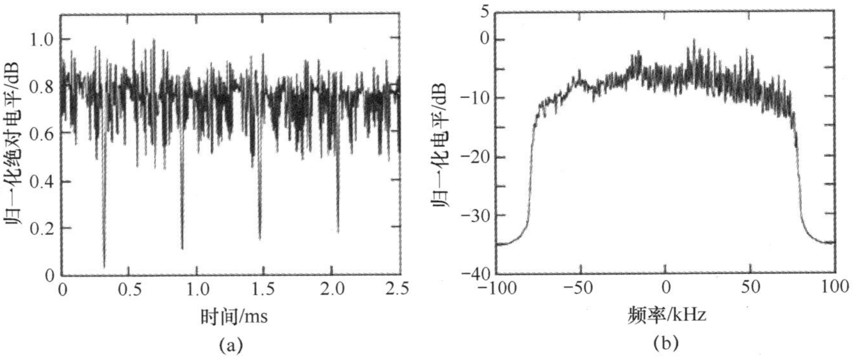

图 5.6 （a）一个 TDMA 调制载波的一部分的时域表示，显示 577μs 的时隙；（b）频域表示显示 200kHz 信道[21]

欧洲和亚洲对 UMTS 频段的选择是一致的，但在美国这些频段将不可用。2000 年 5 月在伊斯坦布尔举行的世界无线电大会（WRC – 2000）为美国实施 UMTS 提出了三个频段：806 ~ 890MHz（用于蜂窝和其他的移动服务），1710 ~ 1885MHz（由美国国防部使用），2500 ~ 2960MHz（由供应商用于教学电视和无线数据等商业用途）。然而，事实上这些频段已经用于其他目的，这导致进一步协商，结果是在 1710 ~ 1755MHz 频段的 45MHz 带宽和在 2110 ~ 2170MHz 频段的 45MHz 带宽，将用于 3G 业务。

手机基站天线的方向图通常被设置为 120°区域，垂直平面幅射方向图被形成以避免在水平线之上的功率浪费。典型的基站间距为 10km 量级，发射功率为 100W 量级，在城市中间距更近，发射功率更低。未来的趋势将会是更多的基站，有更低的发射功率，使用“智能天线”。

图 5.7 显示了数字发射的典型模糊函数（分别是 DAB、DVB-T 和 GSM）。由于其模糊函数的峰较窄，旁瓣较低，因此相比于信号的模拟调制（例如图 5.3），这些函数更有利于 PBR 目的。此外，它们不依赖于节目内容，且在时间上更加恒定。

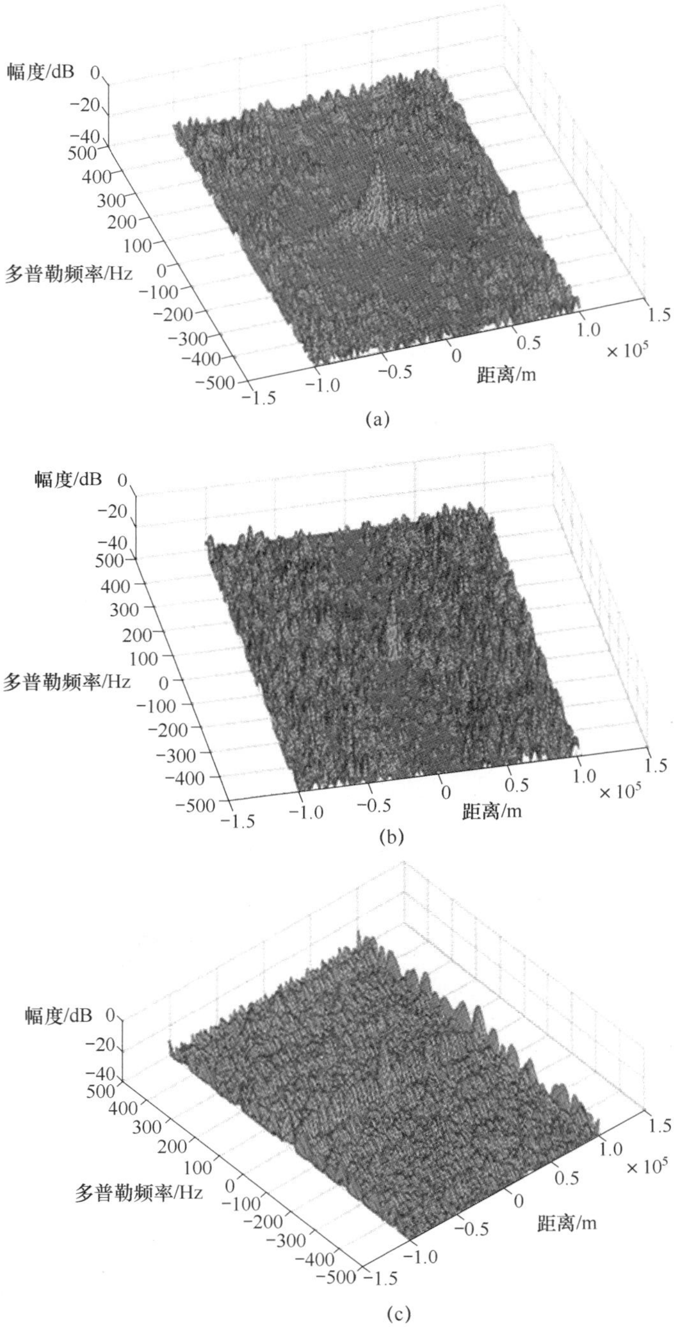

图 5.7　三种数字 PBR 发射的模糊函数

(a) 222.4MHz 数字音频广播（DAB）；(b) 505MHz 数字视频广播（陆上 DVB－T）；(c) 944.6MHz 的 GSM900

5.4.5 WiFi 及 WiMAX 发射波形

另一类在利用 PBR 进行短距离监视方面也受到了相当的重视的信号是 WiFi 本地局域网（LANs）——IEEE Std 802.11[23-25] 和 WiMAX 城域网络（MANs）——IEEE 802.16[26-28]。WiFi 标准适用于室内使用，因此可能适合于为了安全目的在建筑物内进行监视；WiMAX 标准提供更广泛的覆盖范围达数十千米，可能会对港口或港口监视等应用有用。

在整个 IEEE 802.11WiFi 标准中使用的是直接序列扩频（DSSS）或正交频分复用（OFDM）。802.11b 和 802.11g 工作在 2.4GHz 的频带，而 802.11a 工作在 5GHz 频段。发射机倾向于根据用户数量使用动态功率管理，但发射功率的最大值可能为 100mW。图 5.8 给出了一个典型的模糊函数，其展示了零距离和零多普勒处的剖面。可以看出，该模糊函数表现良好。其距离分辨率约为 30m，对于室内应用来说太过粗糙，但其多普勒分辨率可以很好，尤其是如果使用长时间的积累，这表明来自移动目标（例如行走的人）的回波的微多普勒信息可能被提取利用。

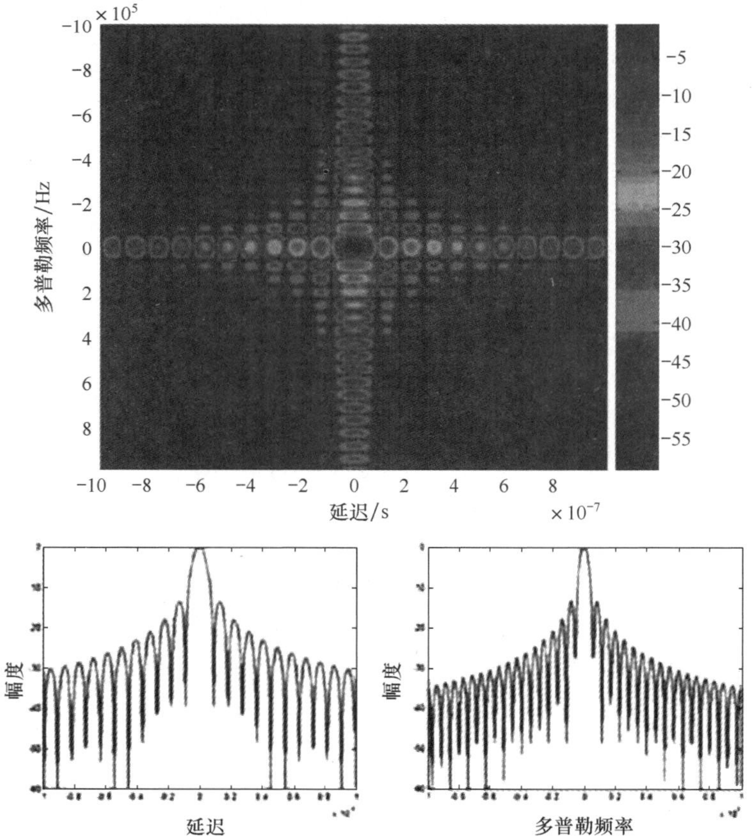

图 5.8 WiFi 802.11b 前导码/报头信号的模糊函数和零距离零多普勒剖面

802.16 WiMAX 标准允许在包括 2.3GHz，2.5GHz，3.3GHz 和 3.5GHz 的许多不同频段进行固定便携和移动宽带接入，并使用频带范围从 1.25 ~ 20MHz 的 OFDM（正交频分多址）调制。发送功率最大值可达 20W。几个研究组已经研究了将这些信号用作 PBR 源[26-28]。并得出结论：它们具有显著的潜力。测量模糊函数的四个示例如图 5.9 所示。

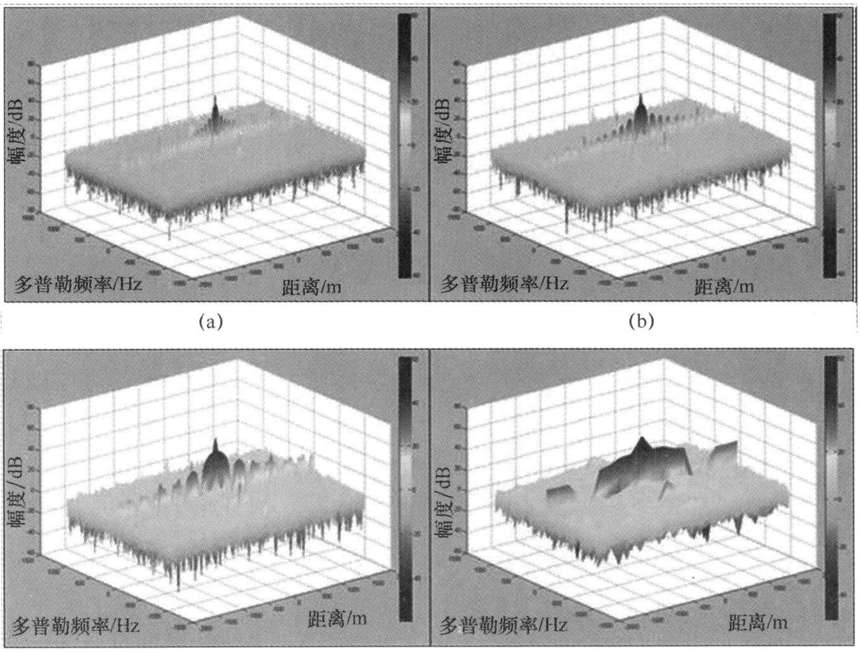

图 5.9　WiMAX 波形的自模糊图的四个示例

5.4.6　其他发射波形

其他发射机已经被考虑用作 PBR 的照射源，主要是星载发射机。它们包括广播电视（DBS，Echo Star 等），通信（国际海事卫星，铱星等）和导航（GPS，GLONASS 等）。地球同步轨道上的卫星提供连续覆盖面，但在地球表面的功率密度很低：比陆地发射机低几十分贝。在某些情况下，例如 DBS，天线被布置成只覆盖陆地。近地轨道卫星（LEO）给出了更高的功率密度，但只能短时间内照射某个给定的目标场景。利用这些低 EIRP 的卫星的发射往往被限制在短距离操作或者前向散射，也不是特别适用于对空监视。一个潜在的短距离应用是将更强大的地球同步 DBS 发射机与低空飞行的无人机（UAV）携带的双基地合成孔径雷达（SAR）接收机相结合。此时，短距离和长时间累积可能会提供有用的地面目标监视能力。

以经被考虑用于 PBR 照射的另一类发射源是高频（短波）广播信号，包括最新的、非常强大的数字无线电广播（DRM）格式。在 DRM 中，数字化音频流是使用高级音频编码（AAC）和频带复制（SBR）的组合进行源编码，从降低两个数据流（在接收机进行解码所需的）时分复用前的数据速率。然后使用 COFDM 信道编码方案，名义上具有 200 个子载波，并且使用这些子载波的正交幅度调制（QAM）映射来发送编码数据[29]。有效带宽为 10kHz。该方案旨在对抗信道衰落、多径传输和多普勒扩展，以保证在最苛刻传播环境中接收数据。

图 5.10 显示了 80ms 积累时间后的典型 DRM 信号的不加权模糊函数[30]。无论是在实际距离域内还是多普勒频移域内都不存在模糊。实际上，DRM 信号在 60000km 的倍数处表现出距离模糊，这是信号传输的 400ms 帧同步的结果，但这大大超出了感兴趣的检测范围。模糊函数的旁瓣结构是平坦的，如类噪声的信号所预期的，且与带宽和积累时间成比例的旁瓣电平比峰值低约 25dB。此例中，信号的距离分辨率为 16km，多普勒分辨率为 3.4Hz（相当于 39.2m/s 的速度分辨率）。对各种语音和音乐信号进行分析。所得到的模糊函数具有非常相似的性质，表明该雷达的模糊函数实际上与广播内容无关，并且本质上是调制方式的函数。

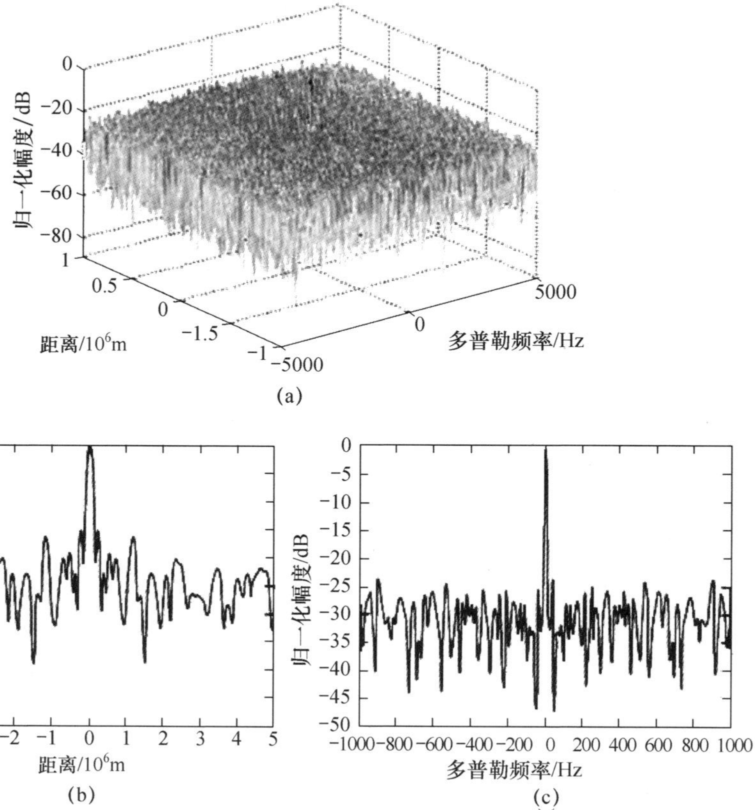

图 5.10 80ms 积累时间的 DRM 信号的

（a）归一化模糊函数；（b）距离剖面；（c）多普勒剖面

DRM 信号（实际上所有高频信号）的距离分辨率相比于更高频的雷达要差，但对于 PBR 目的，多普勒分辨率作为定位和跟踪算法的输入同等重要。HF 雷达中，空中和地表目标的积累时间通常为几十秒，因此在 HF 无源雷达应用中，可能会使用类似的积累时间。利用 5s 的更实际的积累时间来评估多普勒分辨率，得到 0.2Hz（与积累时间成反比）的值，并且干扰基底电平降低至约 -40dB。这对应于 2.3m/s 的径向速度分辨率，足以满足很多雷达应用。实验结果表明，对于 30s 的积累时间（适合海面目标检测），干扰基底电平接近 -50dB，多普勒分辨率进一步提高。

5.4.7 发射机汇总

表 5.1 总结了已被考虑用于 PBR 操作的发射机的属性。图 5.11 按照在具有代表性的目标距离上的功率密度将其中一些排列在“排名表”中。

表 5.1　PBR 发射机典型参数汇总

发射机	频率	调制方式，带宽	P_tG_t	功率密度[①] $\Phi = \frac{P_tG_t}{4\pi R_T^2}$
HF 广播	10 ~ 30MHz	DSB AM，9kHz	50MW	在 R_T = 1000km 处 -67 ~ -53dBW/m²
VHF FM	88 ~ 108MHz	FM，50kHz	250kW	在 R_T = 100km 处 -57dBW/m²
模拟 TV	~550MHz	PAL，SECAM，NTSC，5.5MHz	1MW	在 R_T = 100km 处 -51dBW/m²
DAB	~220MHz	数字，OFDM，220kHz	10kW	在 R_T = 100km 处 -71dBW/m²
数字 TV	~750MHz	数字，6MHz	8kW	在 R_T = 100km 处 -71dBW/m²
手机基站（GSM）	900MHz，1.8GHz	GMSK，FDMA/TDMA/FDD，200kHz	10W	在 R_T = 10km 处 -81dBW/m²
手机基站（3G）	2GHz	CDMA，5MHz	10W	在 R_T = 10km 处 -81dBW/m²
WiFi 802.11	2.4GHz	DSSS/OFDM，5MHz	100mW	在 R_T = 10m 处 -41dBW/m²[②]
WiMAX 802.16	2.4GHz	QAM，20MHz	20W	在 R_T = 10km 处 -88dBW/m²
GNSS	L 波段	CDMA，FDMA，1 ~ 10MHz	200W	在地表处 -134dBW/m²
DBS TV	Ku 波段 11 ~ 12GHz	模拟和数字	55dBW	在地表处 -107dBW/m²
星载 SAR[③]	5.3GHz	线性调频脉冲，15MHz	68MW	在地表处 -55dBW/m²

注：① 假设在自由空间沿视线传播；
② 穿墙传播时将受到额外的衰减；
③ 来自于欧洲航天局 ENVISAT 卫星搭载的 ASAR 的参数

表 5.1 和图 5.11 显示了可能用于 PBR 的各种不同类型的源，在评估它们的有用性时要考虑的参数是：①目标处的功率密度；②它们的覆盖范围（空域和时

域)；③其波形的性质。一般地，发现数字调制比模拟调制更适合，因为它们的模糊函数特性更好（因为其调制方式更像噪声），因此它们并不依赖于节目内容，而且它们不随时间变化。

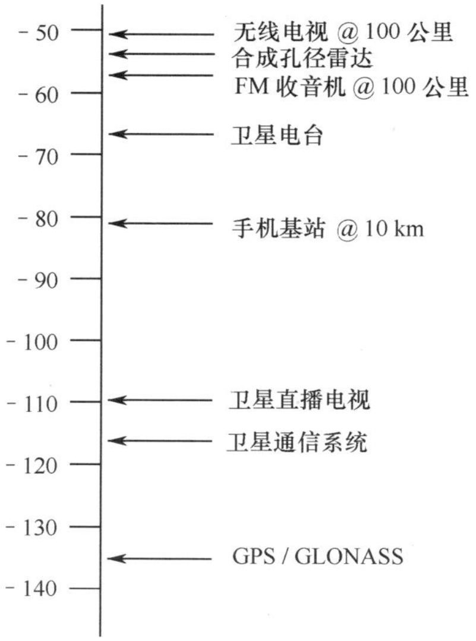

图 5.11　PBR 照射器的"排名表"，按照在有代表性的目标距离上的功率密度的顺序排列，这些都是基于整个信号频谱且不考虑任何积累增益

5.5　无源双基地雷达实例

正如引言中所述，PBR 已经成为一个非常适合研究的课题，特别是在大学实验室中，已经建立并展示了大量的实验系统。在本节中，提供了一些实际系统和结果的例子。首先，简要讨论两个非常重要的因素：信号环境以及将 PBR 测量结合起来以检测和跟踪目标的方法。

5.5.1　PBR 中的信号与干扰环境[31]

PBR 系统所利用的发射机大多是全向的。通常，直达路径在单独的接收通道中提供用于相干操作的参考信号。然而，直接接收的信号也将进入监视信道，因此其可以代表非期望干扰的基本来源，这将会对雷达性能产生基本限制。可以通过计算间接接收信号与直接信号的比率，并且要求它至少与用于计算最大检测距离的值相同来为直接信号抑制的水平制定一个简单的表达式。做一个简单的假设，即在这个直接信号突破水平之上的目标可以被看到，因此它接近单个"类脉冲"检测中可以容忍的干扰的最高水平。然而，整合没有带来任何好处，因为直达波的泄漏也会被整合起来，这可能导致在实践中更加严格的要求。这把直接泄漏的信号电平放置到接收机噪底的同一水平，因此，其具有可证明与“单脉冲”检测性能等效的吸引人的特征。因此，为达到足够的抑制从而维持全系统动态范围，直达信号 P_d 必须被由非直达信号与直接信号的比值大小给出的量，即

$$\frac{P_R}{P_d} = \frac{L^2 \sigma_b}{4\pi {R_T}^2 {R_R}^2} > 1 \tag{5.5}$$

式中：P_R，L，R_T，R_R 如式（5.1）所定义。该表达式只是指示性的，并且发射和接收天线方向图是全向的。更严格地说，如果采用集成，则直达信号应低于整合后的噪底。

举个数字例子，一部电视发射机位于伦敦南部的水晶宫，一部接收机位于伦敦市中心的伦敦大学学院，假设目标为 10m^2，最大探测距离 100km，这相当于要求直达信号泄漏的抑制水平约 120dB。应该注意的是，随着探测距离从最大值降低，直达信号突破的量与非直达信号相比将急剧下降。目标回波必须对抗的复合信号环境包括来自 PBR 发射机的直达信号，该信号的多路径版本（可能时变）、其他同频道信号和诸如计算机或不完全抑制的车辆点火的其他噪声源。由于信号的低电平频谱内容扩展到额定带宽之外，情况更加恶化。所有的这些影响都会造成严苛的信号与干扰环境，特别是在城市。

有几种技术可以用来抑制这种泄漏。其中包括：①物理屏蔽；②傅里叶处理；③高增益天线；④旁瓣对消技术；⑤自适应波束形成；⑥自适应滤波。高增益天线和自适应波束形成的组合也使得能够利用多个同时发射。

物理屏蔽可能包括从建筑物到使用本地地理条件或合成材料（例如，接收天线周围的雷达吸收材料（RAM）的任何内容。当与技术② – ⑥结合使用，这可以单独使用或集体使用以达到可接受的抑制水平。典型的设计目标是将干扰抑制在接收机的噪底水平以下。这能彻底抑制干扰。然而，在实际中这并不总是可行的，为了解该系统的性能临界值，必须确定抑制水平。数字波形由于其动态编码方式，相比模拟波形抑制水平更高。

对于动目标的检测，由于直接信号的泄漏只发生在 DC（伴随溢出），多普勒或傅里叶处理会自动提高动态范围。然而，应该注意的是，由于直接接收的强信号没有被充分抑制，会发生显著的旁瓣泄漏，这将降低傅里叶处理的增益并因此损害动态范围。

如果使用的天线是一个线性阵列而不是全向天线，那么技术③ – ⑤都可以被利用。这允许天线的方向增益通过控制旁瓣来提供抑制。如果采用全数字天线，那么可以使用自适应波束形成来最小化直接接收信号位置的方向敏感度。如果存在诸如多径的外部噪声，那么必须形成多个凹口。如果外部噪声环境是非平稳的，需要具有适当的快速响应时间的自适应对消。自由度的数目，即天线单元和接收通道的数量必须大于要抑制的信号分量的数量。给定场景的天线方向图因子发射机和接收机的位置以及目标轨迹将导致“盲区”。这些都是由于在发射机、

目标和接收机之间的视线损失，或者由于目标穿过发射机和接收机之间的双基线时引起的。

使用模拟对消的步骤来降低随后的数字对消对动态范围也可能是有用的。在任一种情况下，都可以使用标准的自适应滤波技术。可以说，可能需要技术的组合（例如物理筛选、多普勒处理和自适应对消），并且这些应该产生适当的高水平的抑制。然而，阵列天线的使用和自适应对消处理确实意味着接收系统不像原来想象的那样简单。文献［32］和［33］给出了自适应抑制算法的例子。

5.5.2 PBR 处理技术

PBR 接收机提供的来自给定目标的信息可以是①从回波信号和来自发射机的直接信号之间的到达时间差获得的差分距离；②回波信号的到达方向和③回波的多普勒频移。这些信息可能来自单个发射或者不同位置的多个发射，并且系统可以由单个接收机或不同位置的多个接收机组成。

组合来自 PBR 接收机的测量的可能的最简单的方法是使用差分测距。对于单个发射机 – 接收机对，差分距离测量能够把目标定位到由（$R_T + R_R$）等于常数定义的椭圆上。如果可以测量回波的到达方向，则可以明确地确定目标在椭圆上的位置，但如果不可行，则如果存在第二个接收机（或第二发射机）将存在两个这样的椭圆，并且目标位置必须位于椭圆相交的点中的一个（图 5.12）。如果有三个或更多个发射机 – 接收机对，会有三个或更多的椭圆，它们将只有一个点相交，因此目标的正确位置可以被识别，但该识别与去除不正确位置的过程是非常复杂的。

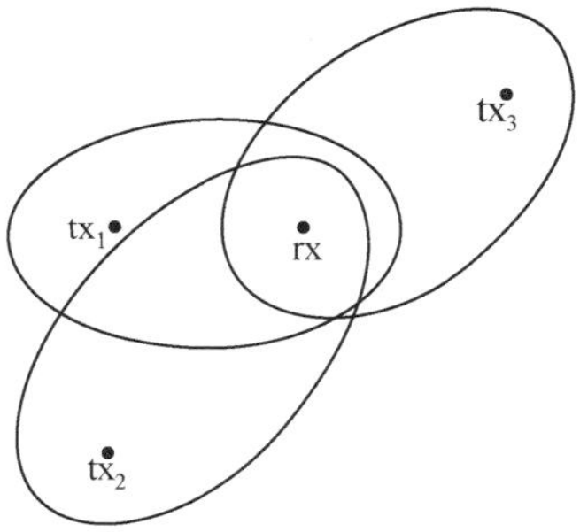

图 5.12　使用三个发射 – 接收对的进行三角测量

一种关于定位与跟踪问题的更严格的方法是建立目标的状态向量，并在类似于经典跟踪理论的过程中使用雷达测量来估计向量分量。霍兰德已对这一过程进行了描述[34]。

通常，来自单个 PBR 发射机 – 接收机对的信息以距离 – 多普勒图的形式呈现。这种情况的示例如图 5.13 所示。

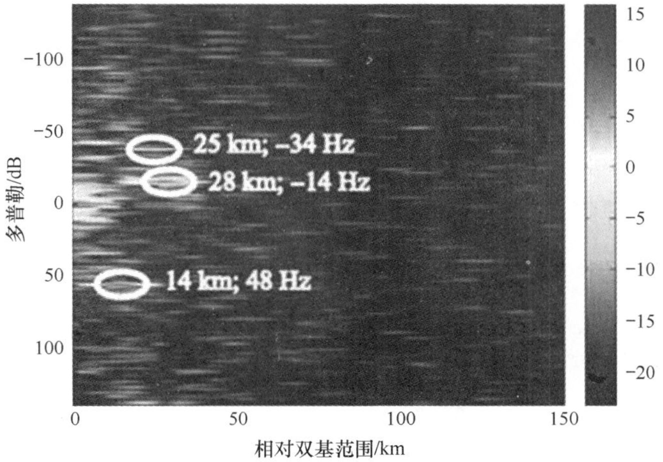

图 5.13　位于伦敦大学学院的 VHF FM PBR 接收机的距离/多普勒图。
发射机位于伦敦东南部的 Wrotham，频段为 91.3MHz

5.5.3　处理结果示例

模拟 VHF FM 和电视传输代表 PBR 使用的一些最高功率源，具有良好的覆盖范围，并已被广泛应用于实验中。基于 5.1 节中的双基地雷达方程的性能预测方法，并使用本章讨论的参数值，可以看出大型飞行目标应在超过 100km 的范围内可以检测到。

一个使用 FM 广播发射机的实际系统的例子是由美国西雅图华盛顿联合大学开发的 Manastash Ridge 雷达[3,4]。这个系统的目的是研究北部纬度超过 1000km 的等离子体湍流（极光 E 区域不规则），对于该实验 100MHz 的频率是非常合适的。发射源是西雅图地区的 VHF FM 发射机，接收机位于东部 150km 处，被喀斯喀特山脉将其与发射机屏蔽。这为直达信号的干扰问题提供了有效的解决方案。发射机和接收机之间的同步通过 GPS 实现。这代表了 PBR 技术应用的一个非常好的低成本的例子。

另一个实例是位于海牙的 NATO C3 机构组装的一个低成本实验系统[32]。它使用位于 Lopik 的单个调频无线电发射机，内陆约 45km。发射机 ERP 为 50kW，垂直极化波并安装在 375m 高的塔上。该接收机采用 14 位数字化，采用直达信号与多径信号的自适应对消，以及采用互相关处理估计距离，采用简单的相位干涉仪来估计到达方向。通过在距离/多普勒空间中关联检测来执行状态估计处理。图 5.14 显示了在接近 150km 的范围内追踪北海上空的飞机目标的例子。

图 5.15 显示了在伦敦大学学院进行的工作结果[36]。此例中，由肖勒姆飞往英国南部海岸的飞机上载有接收机。接收机可以同时使用来自多个发射机（鲁特

姆，吉尔福德，牛津等）的发射，并测量差分距离和多普勒频移其归因于（目标与接收机的相对运动）。差分距离定义了一个椭圆，每种情况下从测量的多普勒获得的目标速度，被显示为围绕着椭圆的一定数量的点上的矢量。可以看出，椭圆在几个地方上相交（图5.12），但只有某些交点的目标速度向量一致。这允许解决与椭圆的多个交叉点相关联的模糊性，因此目标的正确位置可以被识别。

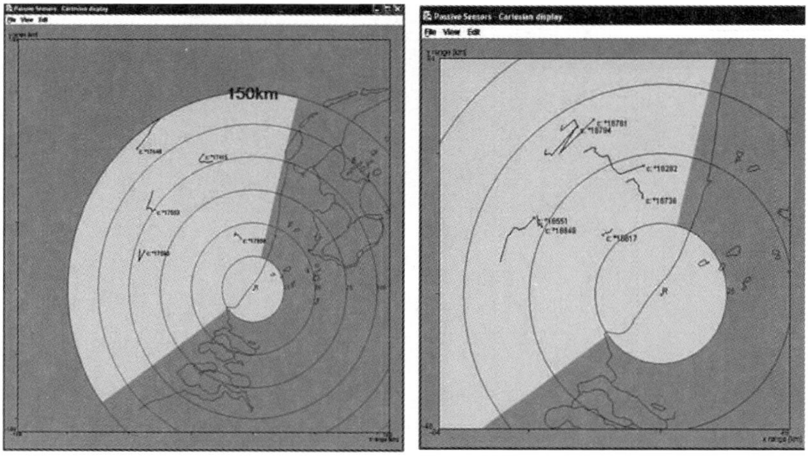

图5.14　基于NC3A FM的PBR对距离约为150km的目标的检测与跟踪示例

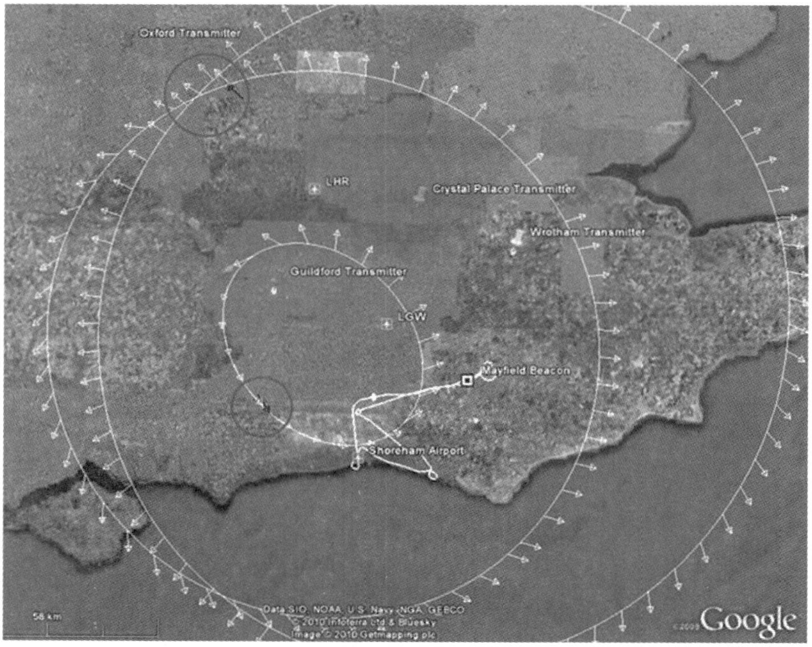

图5.15　来自UCL机载PBR接收机的结果，采用目标速度矢量解决与差分距离椭圆的交点相关联的模糊度

尽管有上述的优点，VHF FM 和模拟电视发射在各方面仍不理想。在第 5. 4. 1节中注意到了模糊性能的时变特性。此外，在许多国家，模拟无线电和电视传播计划被淘汰，取而代之的是数字传输，而在一些国家已经发生了这种情况。

5. 5. 4　数字发射波形

现在越来越多的数字发射源可用，这些在 PBR 配置中是具有吸引力的。其中主要有高清电视（HDTV）、数字视频广播（DVB）和数字音频广播（DAB）。这些波形正在越来越多地用于 PBR 应用，因为它们具有有利的模糊度函数特性。特别地编码形式和调制速率使得距离和多普勒分辨率都远高于模拟波形。然而，其也有消极的一面，即发射功率往往较低。这是因为它更容易利用接收机的处理增益。这与其原始预期用途一样适用于无源雷达，并且可以减轻一些总体功率下降的影响。

一些系统已经被构建并测试[19,37]，它们都使用与本章前面所述相同的基本构造。较低的发射功率和波形的调制特性都意味着所需的抑制水平会大大减少。DAB 的调制带宽为 1. 5MHz，而 DVB 则为 7. 6MHz。5. 4. 4 节给出了模糊函数的一个示例。然而，由于导频音调成分等的存在，波形确实具有确定性结构。文献［38］中，Bongioanni 等人提出了一种基于采用交叉模糊函数（CAF）的方法，能有效地移除这些特征。他们阐明这些将能导致更强大的检测性能。

总的来说，这种 PBR 的方式最近越来越受到研究界的关注，其理想的波形特性表明它是一种极具前途的运营开发的候选方式。

5. 6　结　论

总之，自从 20 世纪 80 年代早期的第一次实验以来，PBR 技术已经走过了很长一段路，而且肯定是自从在此之前超过 50 年的第一次使用广播信号的雷达实验。潜在地，该技术提供使用简单和低成本的设备的隐蔽操作，并且不需要发射许可证，而且提供了利用通常不可用于雷达的 EM 频谱中的部分的能力。各种广播、通信和无线电导航源及其优良的空间覆盖范围为 PBR 提供了巨大的空间。与所有的双基地雷达一样，它可能有利用采取诸如提高目标的雷达签名的前向散射等机制。事实上，PBR 系统的简单低成本的特点意味着它们非常适合被大学研究组研究，关于这一主题有着大量的出版物。

在此必须重点强调，PBR 波形并不是为雷达设计的，所以它们在雷达应用中的性能并不是最优的，在这个意义上，PBR 形成了波形分集全部主题的一部分。因此必须注意了解如何最好地选择使用哪种传输以及如何最好地处理它们。研究发现，模拟调制方式产生时变模糊性能，但更现代数字调制格式在这方面要好得多。此外，与所有双基地雷达一样，模糊性能取决于双基地几何分布，因此无论什么波形，对于双基线上或接近双基线的目标，距离和多普勒分辨率都很差。

由于大多数 PBR 调制源是连续、高功率的，并且在已经拥塞的频段中工作，所以直达信号和其他噪声源的电平通常很高，并且必须花费相当大的努力来抑制这些信号以允许目标回波被可靠地检测。

因此，PBR 系统的可能的应用需要仔细的考虑。像传统的雷达方法那样做“几乎一样”是不可信的。重要的是要非常清楚地了解预期的应用（监测，遥感等）与后续要求之间的关系，以及可能用到的发射源的特性——例如覆盖范围（空间和时间）、带宽（分辨率）、积累时间（场景平稳性），等等。

有前途的应用为：

（1）可以采用长积累时间的科学测量（遥感）；

（2）边界或周边监视（也许利用前向散射）和/或保护关键资产；

（3）传统传感器操作不完整的区域填补间隙。

最后，也可以评论说，因为 PBR 发射源的模糊函数基本上取决于几何分布，所以总会存在双基地传感器性能受损的区域。因此，有意义的是以多基地的方式来思考，而不是纯粹的双基地。

参考文献

[1] N. J. Willis and H. D. Griffiths (eds), *Advances in Bistatic Radar*, Raleigh, NC: SciTech Publishing Inc., ISBN 1891121480, 2007.

[2] P. E. Howland, H. D. Griffiths and C. J. Baker, 'Passive bistatic radar', in *Bistatic Radar: Emerging Technology* (M. Cherniakov, ed.), Chichester: JohnWiley & Sons, ISBN 0470026308, 2008.

[3] J. D. Sahr and F. D. Lind, 'The Manastash Ridge radar: a passive bistatic radar for upper atmospheric radio science', *Rad. Sci.*, vol. 32, no. 6, pp. 2345 - 2358, 1977.

[4] J. D. Sahr, 'Passive radar observation of ionospheric turbulence', in *Advances in Bistatic Radar* (N. J. Willis and H. D. Griffiths, eds), Raleigh, NC: SciTech, 2007 (Chapter 10).

[5] R. A. Simpson, 'Spacecraft studies of planetary surfaces using bistatic radar', *IEEE Trans. Geosci. Rem. Sens.*, vol. 31, no. 2, pp. 465 - 482, March 1993.

[6] J. Wurman, M. Randall, C. L. Frush, E. Loew and C. L. Holloway, 'Design of a bistatic dual-Doppler radar for retrieving vector winds using one transmitter and a remote low-gain passive receiver', *Proc. IEEE*, vol. 82, no. 12, pp. 1861 - 1871, December 1994.

[7] S. Satoh and J. Wurman, 'Accuracy of wind fields observed by a bistatic Doppler radar network', *J. Ocean. Atmos. Technol.*, vol. 20, pp. 1077 - 1091, 2003.

[8] E. F. Greneker and J. L. Geisheimer, 'The use of passive radar for mapping lightning channels in a thunderstorm', *Proceedings of IEEE Radar Conference*, Huntsville, AL, pp. 28 - 33, 5 - 8

May 2003.

[9] D. J. Bannister, *Radar In-fill for Greater Wash Area*: *Feasibility Study-Final Report*, Department for Business, Enterprise and Regulatory Reform, UK, 31 August 2007.

[10] J. Baniak, G. Baker, A. M. Cunningham and L. Martin, 'Silent Sentry passive surveillance', *AviationWeek and Space Technology*, 7 June 1999.

[11] http://www.air-defense.net/forum/index.php? topic = 11376.0, accessed March 2011.

[12] M. C. Jackson, 'The geometry of bistatic radar systems', *IEE Proc.*, vol. 133, part F., no. 7, pp. 604 – 612, December 1986.

[13] P. M. Woodward, *Probability and Information Theory, with Applications to Radar*, London: Pergamon Press, 1953; reprinted by Artech House, Dedham MA, 1980.

[14] T. Tsao, M. Slamani, P. Varshney, D. Weiner, H. Schwarzlander and S. Borek, 'Ambiguity function for a bistatic radar', *IEEE Trans. Aerosp. Elect. Sys.*, vol. 33, no. 3, pp. 1041 – 1051, July 1997.

[15] http://www.bbc.co.uk/reception, accessed March 2011.

[16] H. D. Griffiths, C. J. Baker, H. Ghaleb, R. Ramakrishnan and E. Willman, 'Measurement and analysis of ambiguity functions of off-air signals for passive coherent location', *Electron. Lett.*, vol. 39, no. 13, pp. 1005 – 1007, 26 June 2003.

[17] C. J. Baker, H. D. Griffiths and I. Papoutsis, 'Passive coherent radar systems-part II: waveform properties', *IEE Proc. Rad. Son. Navig.*, vol. 152, no. 3, pp. 160 – 168, June 2005.

[18] M. Alard, R. Halbert and R. Lassalle, 'Principles of modulation and channel coding for digital broadcasting for mobile receivers', *EBUTech. Rev.*, vol. 224, pp. 3 – 25, 1987.

[19] D. Poullin, 'Passive detection using digital broadcasters (DAB, DVB) with COFDM modulation', *IEE Proc. Rad. Son. Navig.*, vol. 152, no. 3, pp. 143 – 152, June 2005.

[20] http://www.sitefinder.radio.gov.uk, accessed March 2011.

[21] D. K. P. Tan, H. Sun, Y. Lu, M. Lesturgie and H. L. Chan, 'Passive radar using global system for mobile communication signal: theory, implementation, and measurements', *IEE Proc. Rad. Son. Navig.*, vol. 152, no. 3, pp. 116 – 123, June 2005.

[22] B. Walke, *Mobile Radio Networks; Networking, Protocols and Traffic Performance*, NewYork, NY: JohnWiley & Sons, 1998.

[23] H. Guo, S. Coetzee, D. Mason, K. Woodbridge and C. J. Baker, 'Passive radar detection using wireless networks', *Proceedings of IET Radar Conference RADAR 2007*, Edinburgh, pp. 1 – 4, September 2007.

[24] F. Colone, K. Woodbridge, H. Guo, D. Mason and C. J. Baker, 'Ambiguity function analysis of wireless LAN transmissions for passive radar', *IEEE. Trans. Aerosp. Elect. Syst.*, vol. 47, no. 1, pp. 240 – 264, January 2011.

[25] K. Chetty, G. Smith, G. Hui and K. Woodbridge, 'Target detection in high clutter using passive bistatic WiFi radar', *IEEE Radar Conference 2009*, Pasadena, CA, pp. 1 – 5, 4 – 8 May 2009.

[26] Q. Wang, Y. Lu and C. Hou, 'Evaluation of WiMax transmission for passive radar applications', *Microw. Opt. Tech. Lett.*, vol. 52, no. 7, pp. 1507 – 1509, 2010.

[27] F. Colone, P. Falcone and P. Lombardo, 'Ambiguity function analysis of WiMAX transmissions for passive radar', *Proceedings of IEEE International Radar Conference RADAR 2010*, Washington, DC, pp. 689 – 694, 10 – 14 May 2010.

[28] K. Chetty, K. Woodbridge, H. Guo and G. E. Smith, 'Passive bistatic WiMAX radar for marine surveillance', *Proceedings of IEEE International Radar Conference RADAR 2010*, Washington, DC, 10 – 14 May 2010.

[29] http://www.drm.org, accessed March 2011.

[30] J. M. Thomas, H. D. Griffiths and C. J. Baker, 'Ambiguity function analysis of Digital Radio Mondiale signals for HF passive bistatic radar applications', *Electron. Lett.*, vol. 42, no. 25, pp. 1482 – 1483, 7 December 2006.

[31] H. D. Griffiths and C. J. Baker, 'The signal and interference environment in passive bistatic radar', *Information, Decision and Control Symposium*, Adelaide, 12 – 14 February 2007.

[32] P. E. Howland, D. Maksimiuk and G. Reitsma, 'FM radio based bistatic radar', *IEE Proc. Rad. Son. Navig.*, vol. 152, no. 3, pp. 107 – 115, June 2005.

[33] F. Colone, R. Cardinali and P. Lombardo, 'Cancellation of clutter and multipath in passive radar using a sequential approach', *IEEE 2006 Radar Conference*, Verona, NY, USA, pp. 393 – 399, 24 – 27 April 2006.

[34] P. E. Howland, 'Target tracking using television-based bistatic radar', *IEE Proc. Rad. Son. Navig.*, vol. 146, no. 3, June 1999, pp. 166 – 174.

[35] D. O' Hagan, 'Passive bistatic radar performance characterisation using FM radio illuminators of opportunity', PhD thesis, University College London, March 2010.

[36] J. Brown, K. Woodbridge, A. Stove and S. Watts, 'Air target detection using airborne passive bistatic radar', *Electron. Lett.*, vol. 46, no. 20, pp. 1396 – 1397, 30 September 2010.

[37] C. J. Coleman, R. A. Watson and H. Yardley, 'A practical bistatic passive radar system for use withDABandDRMilluminators', *Proceedings of International Conference RADAR 2008*, Adelaide, Australia, pp. 1 – 7, 2 – 5 September 2008.

[38] C. Bongioanni, F. Colone, D. Langellotti, P. Lombardo and T. Bucciarelli, 'A new approach for DVB-T cross-ambiguity function evaluation', *Proceedings of EuRAD 2009 Conference, Rome*, pp. 37 – 40, 30 September-2 October 2009.

第6章　仿生波形分集

Chris J. Baker, Hugh D. Griffiths and Alessio Balleri

摘　要

具有回声定位能力的哺乳动物，如蝙蝠、鲸和海豚等，在杂波密布甚至是恶劣的环境下，也能进行检测、选择和攻击猎物。它们已经发展回声定位超过五千万年，并依靠卓越的表现来维持生存。尽管雷达传感器和回声定位哺乳动物使用的频率和波形参数并不相同，但仍然有很多相似之处，这表明我们可以从大自然中学习。本章探讨蝙蝠在回声定位中的行为表现，包括检测、定位、追踪和捕捉猎物。根据其所执行的任务，展示了回声定位是如何以动态和智能的方式进行分集的，并且把结果和典型的飞行轨迹联系起来。探讨了如何将回波信号转化为目标的有意义的感知，最后，探索了怎样利用这些信息去开发新的雷达自动目标识别（ATR）架构。

关键词：回声定位；波形分集；仿生；自适应。

6.1　引　言

在自然界中，使用回声定位的哺乳动物把波形分集作为它们日常行为的固有部分。不断变化的时间和频率结构，以及其发射信号的位置和方向代表了对周围环境进行观察的主动方法。此外，多个处理流共同地从接收的回波中提取信息，以建立由长期的“经验”记忆补充的精确图像。以这种与人类不同的方式，蝙蝠、鲸鱼和海豚能够“感知”它们的环境，使它们能自主地导航、捕食、社交和以其他方式进行生活。在这里，我们研究在自然探测系统中使用分集，以期在合成传感器中进行应用。

回声定位的哺乳动物例如蝙蝠、鲸鱼和海豚等使用波形分集已经超过五千万年。合成系统如雷达和声纳不过才存在了不到100年的时间。使用回声定位的哺乳动物会改变其发射波形的脉冲重复频率（PRF）、功率和频率内容。技术的最新发展意味着现在可以在雷达和声呐系统中复制这种多样性。因此，研究回声定位的哺乳动物有潜在的技术价值，可能会使迄今证明是难以捉摸的能力成为可能，例如自主导航和自动目标分类。

如果了解蝙蝠如何利用回声定位来进行自主导航和避免碰撞，可以将其构建成合成系统。潜在地，这可以为无人驾驶系统的应用提供一个阶跃性的变化，该系统可以充分利用雷达和声纳的属性优势。关键是创建能够对当地环境做出反应，并应对意外和不可预测的导航危害的传感器。如果雷达和声纳传感器被以这种方式使用，系统性能将无须依赖日照条件，能够 24 小时，在任何天气下进行操作。这将导致更加多样化的应用领域，例如机器人、遥感、反恐、传感器网络和运输等。

6.2 波形类型

蝙蝠、鲸鱼和海豚都使用“打响舌”的方式产生通过骨骼和肌肉组织发射的波形，形成照射波束。打响舌的机制方便对波形进行各种各样的调制。这为它们积极探索生活环境提供了必须的分集，从而建立感觉到的声音图像。使得它们的日常生活如进食能正常进行。这当然与人类的情况非常不同，反射光提供了视觉感知的基础，并被被动声学和其他感官所增强。在本章中，集中研究蝙蝠的波形行为，以说明自然界中多样性的程度和效用。

Jones 和 Teeling 已对蝙蝠所使用的信号设计进行了分类[1]，且在图 6.1 中给出，并在目前已确认的蝙蝠的两个类别的选定家族中的情况给出说明。分类是基于蝙蝠寻找猎物时发出的信号：种内的（实际上是个体内的）叫声设计的变化可以很大，引入这个方案用于说明趋同进化模式。下面的八个信号设计类别可以概括如下：

（1）大多数旧大陆果蝙蝠（狐蝙蝠科）并不使用回声定位来识别方向，而是在很大程度上依赖于视觉。

（2）短宽舌头打响舌：打响舌成对出现（每个唇一个），通过舌头顶上颚打响舌。打响舌持续时间短（通常小于 1ms），它们的产生机制与其他蝙蝠的喉音回声定位完全不同。

（3）以基谐波为主的窄带信号：这些叫声的带宽较窄，时间相对较长（通常大于 5ms）。

（4）窄带多谐波信号：每个谐波都是窄带的，但是叫声中有几个突出的谐波特征。主要的谐波通常不是基谐波。

（5）具有主要基谐波的短的宽带叫声：这些发声是典型的“chirp”信号，或者是在宽带回声定位研究中占据主导地位的频率调制（FM）信号。

（6）短的宽带多次谐波信号。

（7）长时间多次谐波宽带信号：大多数能量集中在二次谐波。

回声定位类型	蝙蝠种类（家族）	频谱	蝙蝠种类（家族）	频谱
	银翼手翅目（蝙蝠）		燕尾翼亚目	
(a) 无回声定位	 短鼻果蝠（狐蝠科）			
(b) 短宽舌头打响舌	 埃及果蝠（狐蝠科）	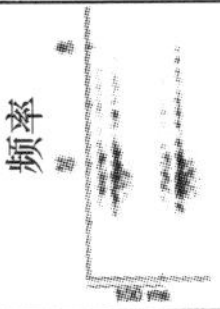 		
(c) 基谐波为主的宽带			 东方红蝠（蝙蝠科）	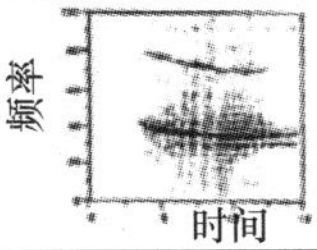
(d) 窄带多谐波	 小鼠尾蝠（鼠尾蝠科）	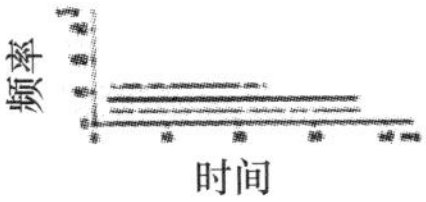 	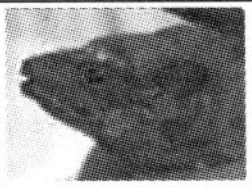 鞘尾蝠（鞘尾蝠科）	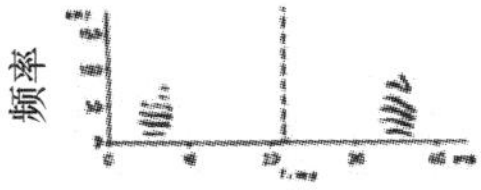
(e) 短宽以基谐波为主			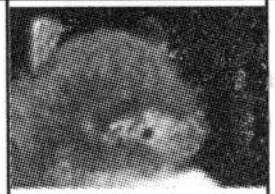 水鼠耳蝠（蝙蝠科）	
(f) 短宽多谐波	 吸血蝠（假吸血蝠科）	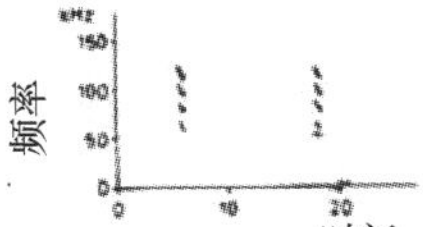 	 短尾蝠（短尾蝠科）	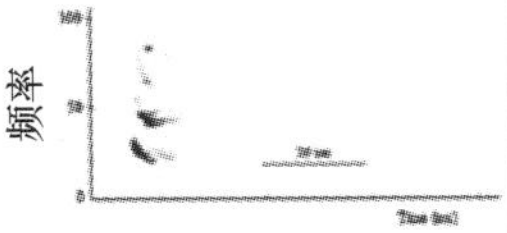
(g) 长宽多谐波			 吸足蝠（吸足蝠科）	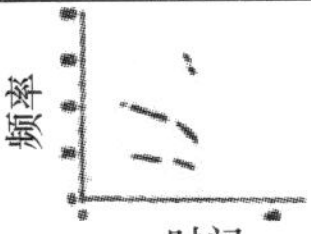
(h) 幅频	 马铁菊头蝠（菊头蝠科）	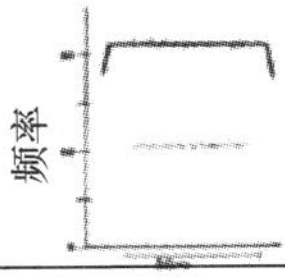 	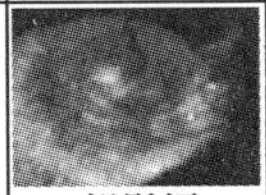 胡髭蝠（髭蝠科）	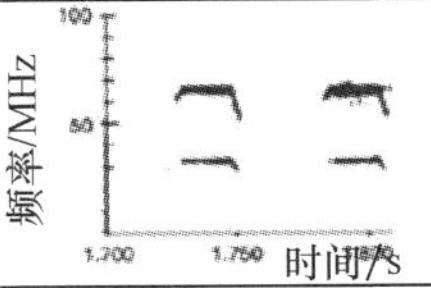

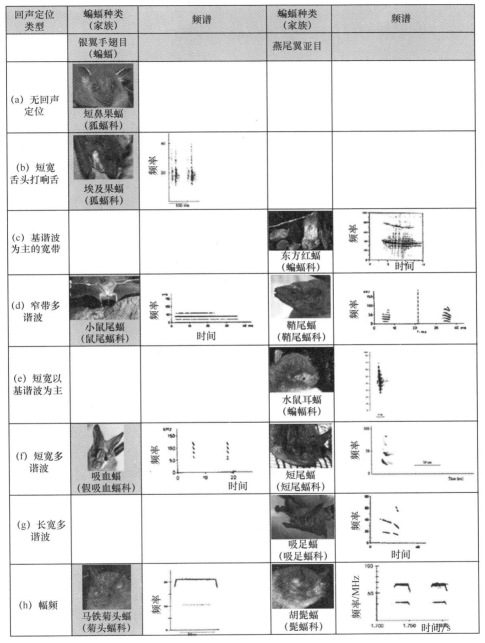

图 6.1 蝙蝠回声定位的多样性。在新兴分子共识的支持下，蝙蝠分为 Yinpterochiropterae 和 Yangochiroptera 亚目。除了说明这些分支中叫声类型的自适应辐射外，还可以看到窄带和多谐波的收敛例子；两个分支中的蝙蝠都产生短、宽带、多谐波和恒频叫声。这来自 Jones 和 Teeling 的研究[1]

（8）纯恒频（CF）信号是长持续时间信号，其主要分量具有零带宽，持续时间可以长（大于 30ms），某些情况下，信号在开始和结束时会有线性正负调频成分。

叫声设计在不同物种间是不同的，甚至在蝙蝠个体间也是不同的。在 6.3 节中，我们将看到蝙蝠在捕获昆虫时，声波会发生根本的改变。空中猎物的搜索、检测和定位，是通过一系列的回声定位信号，最后以终止蜂鸣结束。在终止蜂鸣阶段，叫声通常变得更短，以更高的速率重复并且在它们之间具有更短的时间间隔。大多数蝙蝠通常在捕获猎物时避免脉冲回波重叠（因为叫声会随着猎物接近而变短）。波形性质的决定因素是强度、谐波结构、持续时间、频率、带宽、重复速率和占空比。

叫声强度是回声定位有效距离的一个主要决定因素。许多空中捕食蝙蝠在寻找猎物时在 10cm 处产生强度大于 120dB 等效峰值声压级的叫声，并且已经记录在开放空间飞行的一些快速飞行的物种在 10cm 处的 135dB peSPL 的测量[2]。大多数蝙蝠在接近猎物（强度补偿）时可降低叫声强度。当蝙蝠接近目标以补偿目标距离缩短时的回波强度增加（自动增益控制 AGC）时，听觉灵敏度也会增加。

在合成感测的概念中，这相当于维持使传输波形与目标场景相匹配的恒定的且相对较高的信噪比（SNR）。此外，蝙蝠似乎使用比雷达和声纳使用的 SNR 高出 25dB 的等效 SNR（尽管生物中的 SNR 概念有些争议）。这样做的意义尚不清楚，但可能表明重要信息包含在较低水平的回声中，否则将被噪声所淹没。

谐波结构是蝙蝠叫声中的一种特征，还没有在雷达系统中利用。蝙蝠的叫声通常显示包含一系列谐波的复杂频谱，其中频率是最低或基（也称为第一）谐波的整数倍。一些蝙蝠发出以基谐波为主的信号，许多家族中的蝙蝠发出多谐波信号，且基谐波信号并非是主要信号。蝙蝠家族 Rhinolophidae 和 Hipposideridae 发射长 CF 信号，大部分能量都在第二谐波。

发射或工作频率在 11 和 212kHz 之间变化。绝大多数食虫蝙蝠使用主频率在 20～60kHz 的叫声。然而一般情况下，可能有两个特征限制了蝙蝠使用的频率：大气衰减和目标强度。因为声音在回声定位中的双向传播，且大多数目标反射的是弱回波，大气衰减将会限制高频段的回声定位的有效范围。虽然球体的目标强度和频率之间的关系已在一个世纪以前由 Lord Rayleigh 研究开发出来，但是对于昆虫目标，在猎物大小和叫声频率之间存在理论关系（图 6.2）。当波长超过昆虫的翅膀长度时，反射率会急剧降低，因此低频率（20～30kHz）从小昆虫（2.5～5mm 翅长）反射强度较低[3]。发射频率可以根据蝙蝠的前进速度自适应性地变化，使得多普勒频移回波在蝙蝠的耳朵保持频率灵敏度的峰值。

蝙蝠使用的带宽通常在 135～160kHz 范围内。如果假设是匹配滤波处理，这相当于 1mm 范围内的距离分辨率。这可以提供足够的分辨率以便用于目标识别。然而，使用双耳接收的多次观测与好的散射体位置相结合更有可能增强这一点。

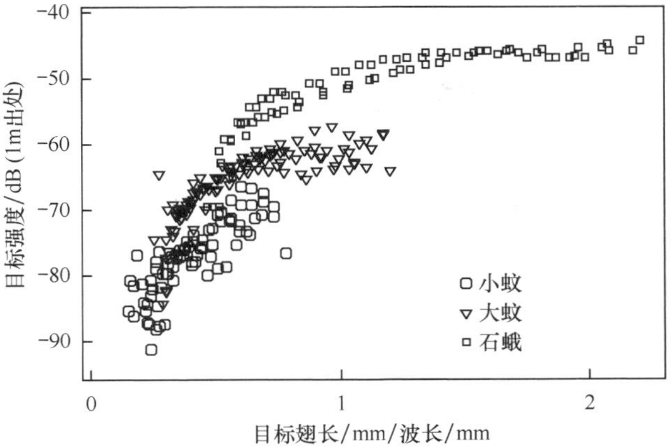

图 6.2 被频率在 20～85kHz 的音调冲照射时的昆虫目标强度。x 轴表示目标线性尺寸（翼长）和超声波波长之间的比率。“小蚊”（摇蚊类）：翼长 2.6～3.1mm，“大蚊”（摇蚊类）：4～5mm，石蛾：8～9mm

叫声持续时间也是广泛变化的，在部分程度上是由障碍物的接近度决定的，对蝙蝠来说是避免因脉冲回声重叠而引起模糊的手段。叫声持续时间影响目标可以检测到的最小距离。蝙蝠回声定位的低占空比（信号“开”很短的时间）使得它们接近猎物时能降低叫声的时间，以避免其强大的声音与返回的微弱的猎物回波的时间重叠，因为这会造成模糊，使得追踪猎物变得很困难[4]。蝙蝠周围目标回波与蝙蝠发出的叫声重叠的区域被称为信号重叠区（SOZ）。降低接近目标时的叫声持续时间是适应性的，因为每 1ms 的信号持续时间会增加 17cm 的 SOZ。因此蝙蝠在接近障碍物时会减少叫声持续时间，以便 SOZ 等于或小于没有与目标的距离，以避免脉冲回波重叠（图 6.3）。

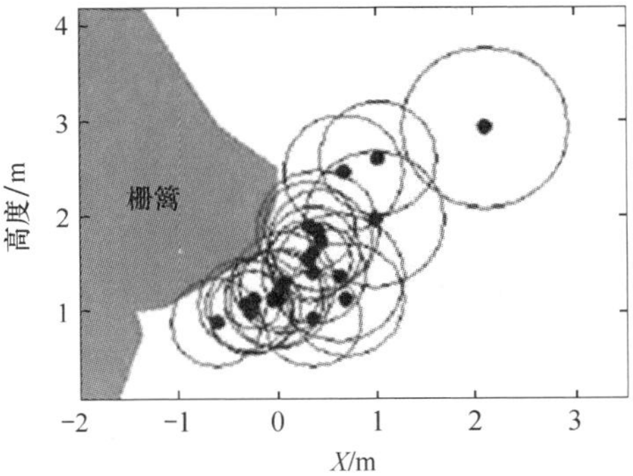

图 6.3 由须鼠耳蝠沿着一个栅篱飞行时发出的叫声的信号重叠区域（SOZ）。SOZ 总是小于或接近感兴趣的目标（栅篱），如此蝙蝠可以避免输出脉冲与回波之间的重叠。如果 SOZ 扩展到栅篱，回波会被输出叫声屏蔽

作为识别手段脉冲重复频率经常变化以匹配飞虫的翼拍频率。寻找猎物时，蝙蝠往往每一次振翅发出一个脉冲。这是由于振翅、呼吸与产生声脉冲都耦合在一起。在追捕昆虫的最后阶段中，脉冲重复频率可能达到200Hz，并且叫声以较低的强度发射，蝙蝠有时会将脉冲组成具有相对稳定的重复率的脉冲组（频内组）[6]。在复杂的声波任务中，例如探测靠近背景环境（例如植物）的猎物时，这些频闪组更加频繁地产生。

蝙蝠倾向于在高占空比（>30%）下工作，通常使用短脉冲间隔的长信号，低占空比的物种具有短叫声和相对较长的脉冲间隔。

因此可以看出，蝙蝠发出的波形覆盖了巨大的跨度。单个的蝙蝠在这个完整的组合的一部分中操作，在下一节中，研究一个蝙蝠在一个“捕食嗡鸣”中所采用的分集。

6.3 波形分集与“捕食嗡鸣”

在本节中，研究一个“真正的捕食嗡鸣”，以突出蝙蝠如何不断地利用波形分集来拦截和捕获猎物。一种典型的情况如图6.4中所示，其中实现跟踪蝙蝠的轨迹直到它截获由灰色点表示的猎物。黑色圆圈显示发出叫声（或波形）的位置。可以进行一些简单的观察：

（1）轨迹经历明显的和非线性的机动。这可能被认为是空间分集的一个例子，蝙蝠通过获得环境和目标的多个不同的观点来收集改进的信息。空间分集的意义尚不明确，但利用多个观点能提高收集的信息量。

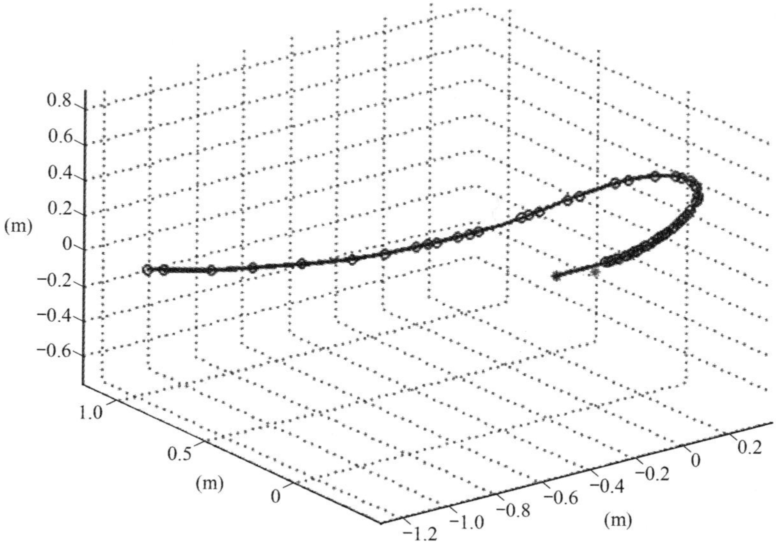

图6.4 马里兰大学进行的一个类似实验，蝙蝠相对静态昆虫（灰色）的轨迹（实线）[7]

（2）叫声或波形不是以恒定的PRF发送。这被认为可能是采样或时间分集。这一点的逻辑和物理解释也不清楚。众所周知，蝙蝠发出声波需要耗费巨大的精力。因此，数量和频率很可能保持在必要的最小值。通常在雷达中典型地应用的相干处理的类型在蝙蝠中将是不同的。

（3）有两个非常独特的PRF策略，初期的相对较低，第二个在最后拦截阶段要高得多。显然，在蝙蝠靠近目标时，需要以更高的速度获取信息。这一信息的精确性仍不是十分清晰，但可能与精细空间定位以进行有效的拦截的需求相关。

显然，即使在这个相对粗糙的细节水平上，分集也在每一次感测时被利用。虽然可以推测蝙蝠以这种方式运作的原因，可能以“大自然的习惯”为理由来解释会更好。事实上，蝙蝠能够快速地成功捕获飞行中的昆虫证明了利用分集的有效性。这似乎是一个强大的指示，通过了解自然系统如何和为什么使用分集，可以在合成感测系统中创造出比现有系统更强大的能力。

这种分析现在扩展到另一个捕食嗡鸣序列的更真实的测量。Eptesicus nilssonii时间序列谱图如图6.5所示。这再次突出了低和高的PRF的策略。在这种形式下，现在能看到波形的调制如何变化。然而，为充分考察这一点，需要考虑每个波形及其性质。

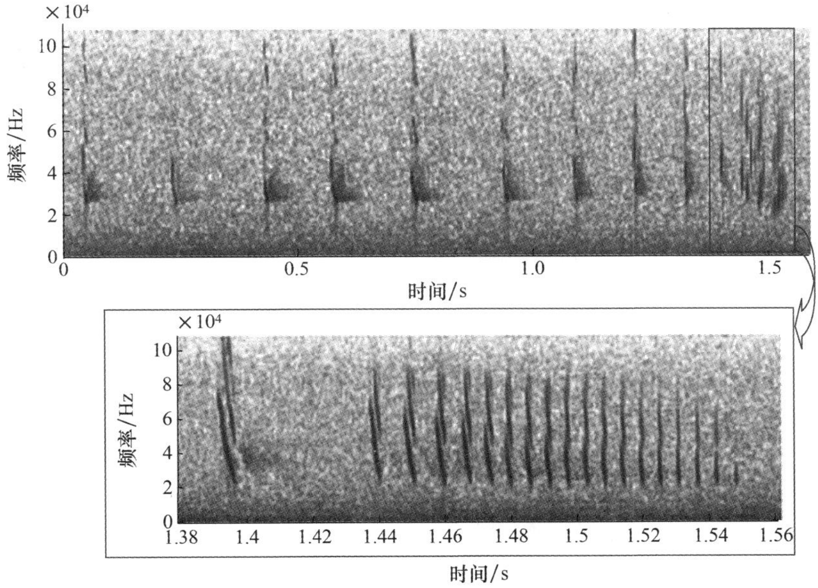

图6.5 Eptesicus nilssonii时间序列谱图。如6.2节中所述，在终止阶段（灰框）的Buzz Ⅱ部分可以观察到中心频率的下降。此外，当蝙蝠靠近猎物时，叫声强度逐渐降低

图6.6显示了捕食嗡鸣序列中的第一批脉冲中的一个做为示例。如果考虑频谱图，可以发现，基谐波包含了大部分能量。调制方式接近于具有长CF的双曲

线，前者比较适合解决精细结构而后者能够进行运动辨别。模糊函数显示了该组合能够同时解决距离和多普勒分辨问题。

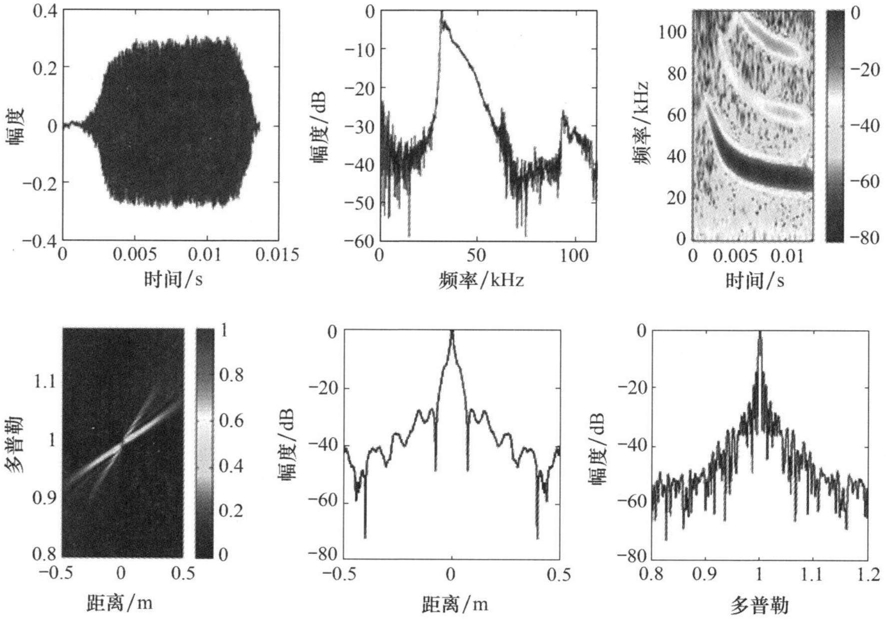

图 6.6　Eptesicus nilssonii：搜索阶段脉冲分析。在时域，功率谱、频谱图、WAF、距离和多普勒剖面中分析了时间序列的第一个啁啾

随着“任务”中位置的前进（图 6.7），随着接近阶段的继续，猎物可能被识别为潜在的目标。与图 6.6 相比，可以看出三次谐波能量被衰减，并且基谐波与二次谐波在一小段频率范围内重叠。这具有在降低多普勒分辨率的同时提高距离分距率的效果。换句话说，波形随后变得具有高的多普勒容限，以允许广泛范围的多普勒压缩因子的非常精确的测距，这是由于蝙蝠和猎物之间的距离是足够小的，即使是轻微的轨迹变化也会在连续脉冲之间产生较大的多普勒测距误差。

在终止阶段，降低功率和脉冲重复频率使能量消耗最小化。分辨率保持在仅有的范围内，同时获得很大的多普勒容限（作为降低脉冲长度的结果，这是由于其频率调制为线性）。从功率谱中可以观察到，基谐波和二次谐波的频率是分开的，其中两个中心频率可以被分离（图 6.8）。

在 Pipistrellus pygmaeus 的捕食嗡鸣序列的一个捕食嗡鸣序列中已经发现了类似的结果和趋势（图 6.9）。由谱图可看出，脉冲为双曲线调制，能量主要集中在基谐波上。对于 Eptesicus nilssonii 观察到，中心频率在终止阶段逐步降低，以及 PRF 和回波强度同样如此。准 CF 部分也逐步移除，HFM 脉冲持续时间减少，导致快速的线性频率扫描。

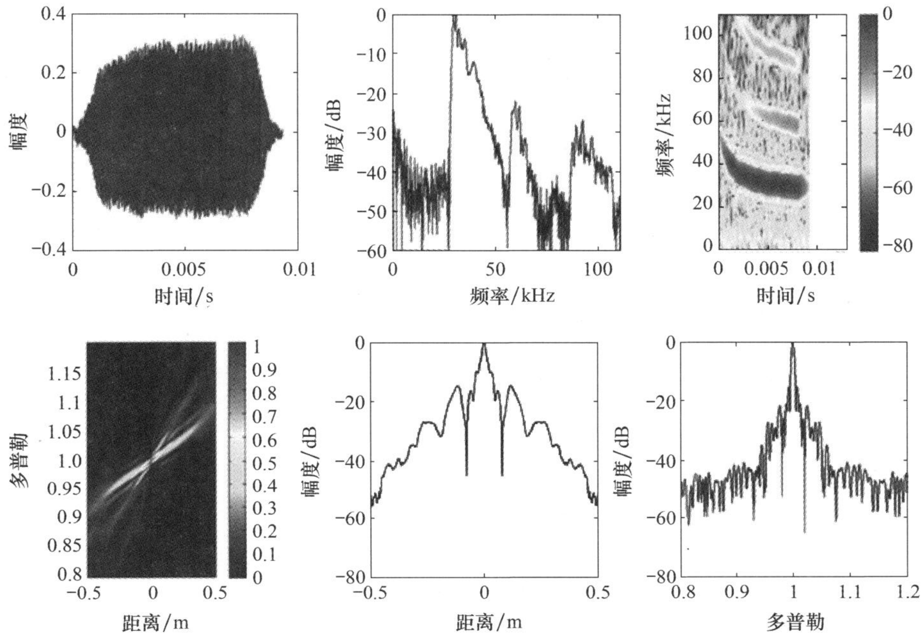

图 6.7　Eptesicus nilssonii：接近阶段脉冲分析

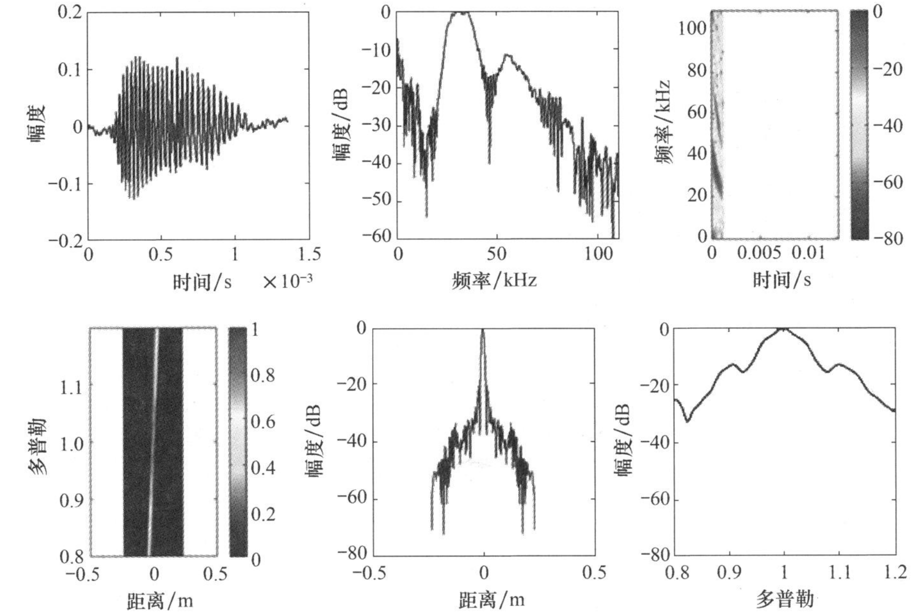

图 6.8　Eptesicus nilssonii：终止阶段的脉冲分析

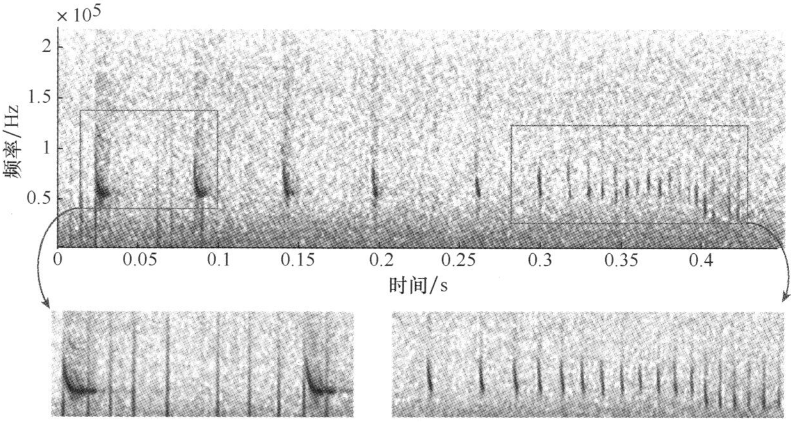

图 6.9 Pipistrellus pygmaeus 时间序列谱图。双曲线调制在终止阶段时变成了快速线性调频。可以在第一个和第二脉冲之后区分强回波（可能由于静态杂波）。频谱图上的垂直点是来自其他记录通道的外差信号

时间序列的前四个脉冲（图 6.10）的宽带模糊分析表明，在检测与分类阶段距离分辨率和多普勒分辨率同样令人感兴趣。然而，第一个模糊函数表明，蝙蝠试图利用多普勒和微多普勒效应来检测移动目标，在应用多普勒容限波形时，信息难以被检索。一旦检测到猎物，在识别阶段仍需要详细的多普勒信息，同时，为了准备靠近和终止阶段，目标必须被以逐渐增加的距离分辨率准确地定位。因此，模糊函数图朝着多普勒压缩因子方向旋转。当蝙蝠离猎物足够近时，

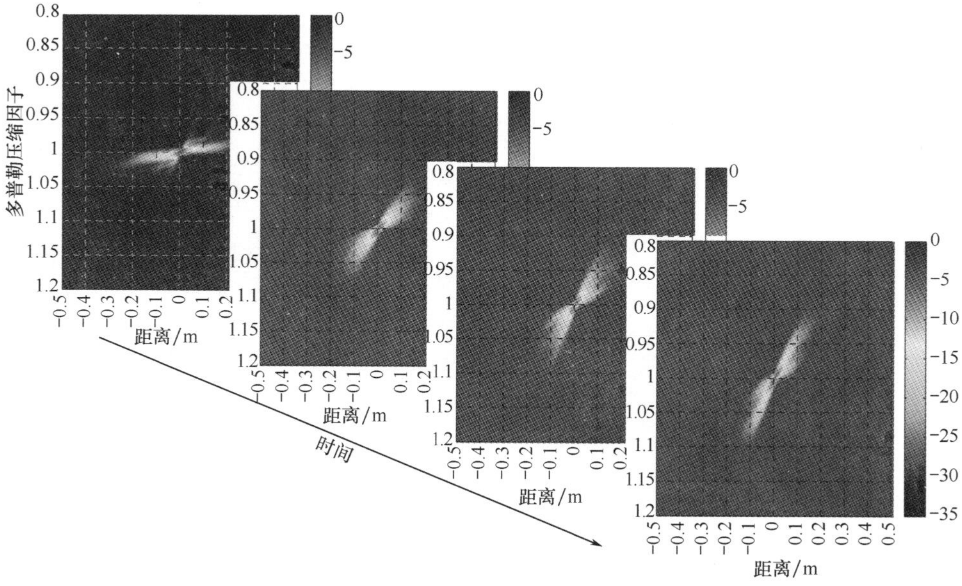

图 6.10 Pipistrellus pygmaeus 捕食嗡鸣序列的前四个脉冲的 WAF 分析距离分辨率逐渐增加影响了多普勒信息

猎物任何的微小轨迹变化都产生显著的多普勒压缩变化，由于可能的模糊性，不再需要关于目标速度的信息。

6.4　频率调制

蝙蝠回声定位时表现出宽范围的频率调制。然而，它们有共同的一部分脉冲，这些脉冲扫描频率范围以提高距离分辨率，并因此提高测距能力[8]。虽然众所周知，但还是首先介绍线性调频信号，使其可以与蝙蝠常用的双曲调制进行比较。

6.4.1　线性调频

线性调频（LFM）信号广泛用于雷达和声纳应用，由于它们允许固定的发射能量（与脉冲长度 T 相关），所以比较灵敏，目的通过改变脉冲压缩率 γ 来增加信号带宽 B：

$$s(t) = \mathrm{rect}\left(\frac{t}{T}\right)\exp[\mathrm{j}2\pi(f_c t + \gamma t^2)] \tag{6.1}$$

瞬时频率被定义为信号相位的导数。因此，LFM 信号的带宽是由最小频率和最大频率的跨度决定的：

$$B = \frac{\partial\varphi(t)}{\partial t} = 2\gamma T \tag{6.2}$$

具有 $\gamma = -5\times10^6$ 和时间长度 $T = 3\mathrm{ms}$ 的 LFM 脉冲的频谱图如图 6.11 所示。总带宽为 $B = 30\mathrm{kHz}$，产生距离分辨率 $\Delta r = c/2B = 5.6\mathrm{mm}$。

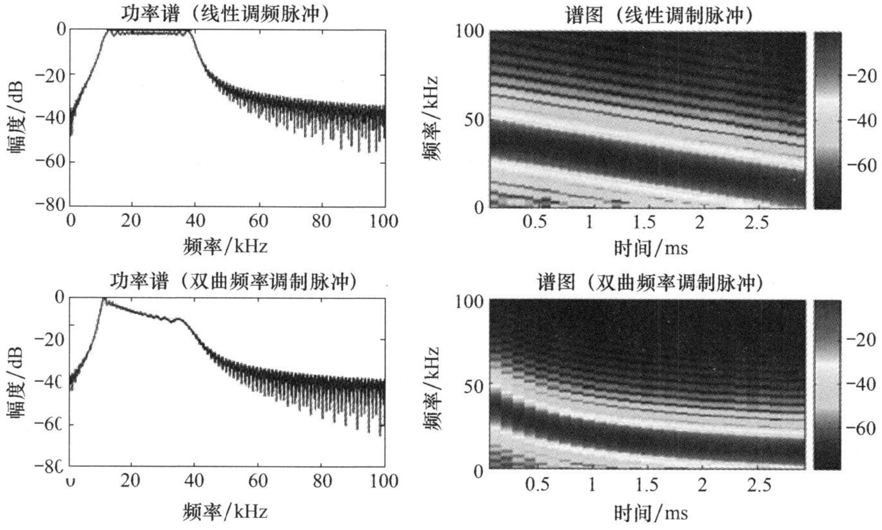

图 6.11　线性调频脉冲和双曲频率调制脉冲的功率谱和频谱图，其中时宽为 $T = 3\mathrm{ms}$，带宽为 $B = 30\mathrm{kHz}$，距离分辨率为 $\Delta r = 5.6\mathrm{mm}$

6.4.2 双曲调频

蝙蝠在回声定位时经常使用双曲频率调制（HFM），这很可能由于其显著的多普勒容限[9]。发射波形取决于初始和最终的频率（f_1, f_2）如下：

$$s(t) = \mathrm{rect}\left(\frac{t}{T}\right)\exp\left[\mathrm{j}2\pi\left(\frac{-f_1 f_2}{f_2 - f_1}\right)\ln\left(1 - \frac{(f_2 - f_1)t}{f_2 T}\right)\right] \tag{6.3}$$

脉冲压缩之后的合成带宽可以计算为

$$B = f_2 - f_1 \tag{6.4}$$

一个 HFM 脉冲的功率谱和频谱图如图 6.11 所示。

6.4.3 多普勒容限与宽带模糊函数

从图 6.12 中可以看出，LFM 的旁瓣电平（SLLs）低于 HFM 频脉冲的旁瓣电平。非线性频率调制（NLFM）的优点体现在多普勒容限上。在处理窄带信号时，多普勒频移的影响可以假设为频移，且窄带模糊函数可能破坏[10]。对于宽带信号，效果是发射信号的压缩或扩展，取决于多普勒压缩因子 η 的值，该值定义如下：

$$\eta = \frac{c + v}{c - v} = \frac{1 + v/c}{1 - v/c} \tag{6.5}$$

式中：v 为系统和目标之间的相对速度；c 为声速。

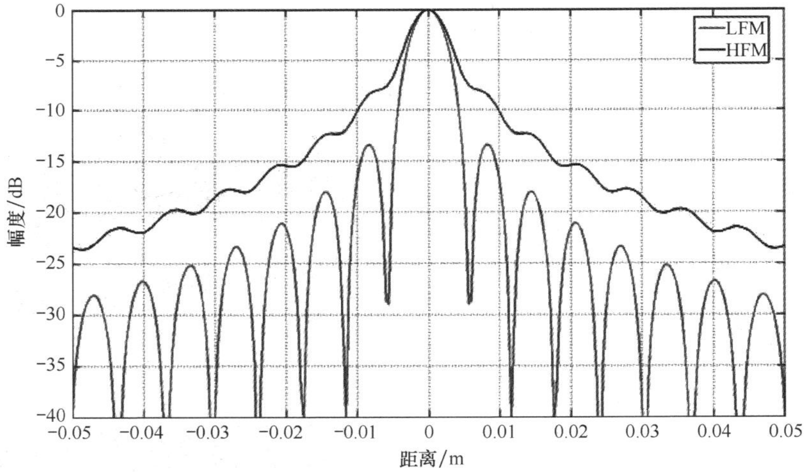

图 6.12 LFM 信号与 HFM 信号匹配滤波后的距离像。虽然分辨率（-3 dB 点）保持不变，使用非对称非线性频率调制将使得 SLL 性能恶化

当系统向目标靠近时，相对速度通常假定为正值，且 η 大于单位值。在图 6.13 中，显示了对 LFM 脉冲的多普勒效应，描述了恶化的互相关函数（CCF）性能。相反，如图 6.14 所示，当发送 HFM 信号时，在不同的压缩因子下，CCF 性能基本上稳定。

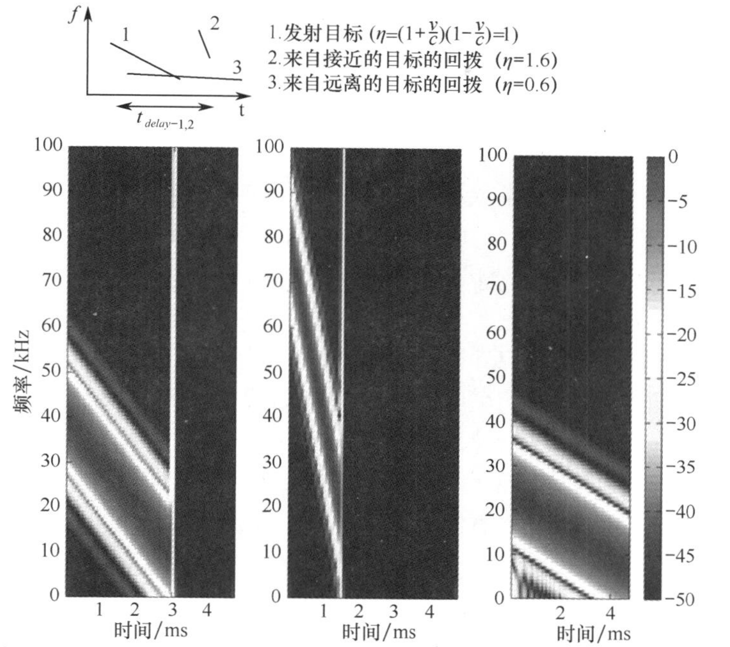

图 6.13　来自 LFM 照射的不同速度的点散射体的两个接收信号。相对速度改变了脉冲的斜率减小了发射和接收脉冲之间的互相关，从而减小了匹配滤波器的输出

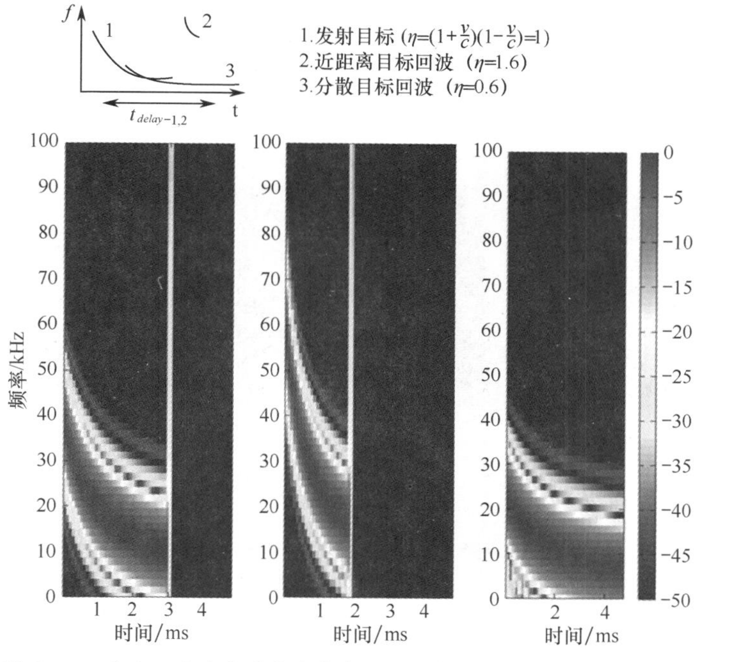

图 6.14　对于不同速度的类点散射体的发射与接收脉冲间的相关性

为了更详细地了解多普勒压缩因子对发射和接收信号之间互相关特性的影响，引入了宽带模糊函数（WAF）如下[11]：

$$\chi(\eta,\tau) = \sqrt{\eta}\int s(t)s^*(\eta t - \tau)\mathrm{d}t \tag{6.6}$$

在图6.15中，将LFM啁啾（a）的WAF与两个HFM（b）、（c）和CF（d）脉冲的WAF相比。WAF在距离和多普勒压缩因子上以dB为单位被绘制。可以通过以固定的多普勒（距离）压缩因子进行切割并测量-3dB点之间的距离来评估距离（多普勒）分辨率。对于LFM脉冲，在压缩因子较低（即低多普勒容限）时，距离分辨率会恶化。如6.4节所述，HFM脉冲的小曲率和恒定曲率(如图6.15（b)）表现出更高的距离分辨率，尽管点散射体的实际位置具有更高的多普勒测距误差。由图6.16可以观察到双曲线曲率对距离分辨率的影响，其中已经模拟了一系列HFM脉冲来合成相同的带宽。

因此，曲率的选择适合于飞行条件，并且当对象是固定障碍物（例如高 h ）并且需要高多普勒容限，或者目的是目标的精确测距测量时，必须考虑这些曲率。

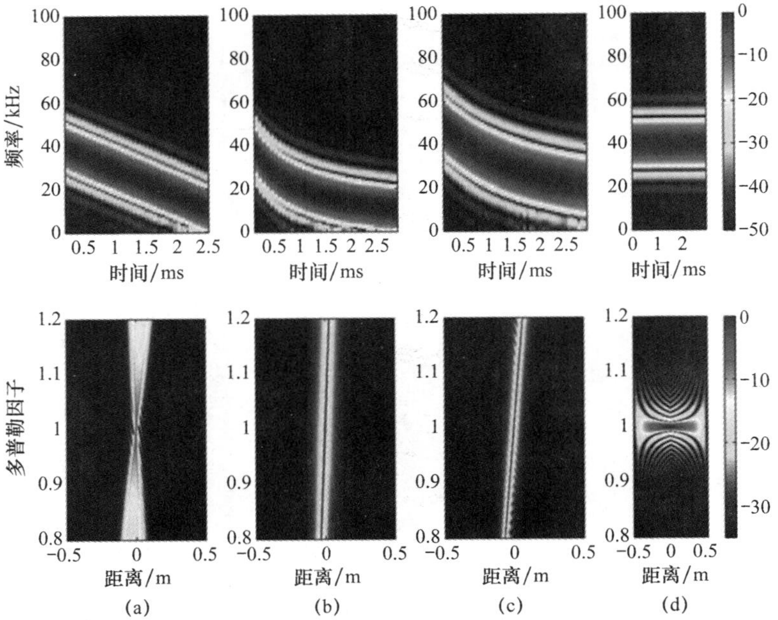

图6.15 对不同频率调制计算的频谱和WAF。LFM（a）和HFM（b，c）合成相同的带宽，而CF（d）是纯音。两HFM脉冲对不同的曲率是不同的：被CF分量跟随的瞬态曲率显示出更稳健的多普勒容限，尽管分辨率较低

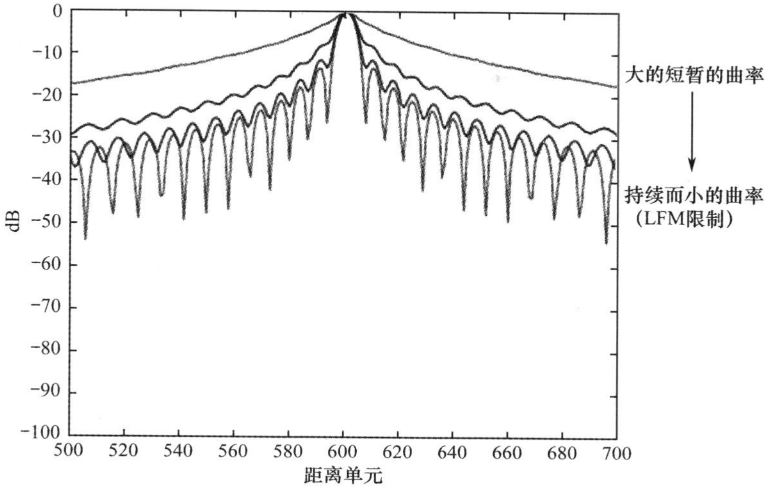

图 6.16　HFM 中大的和短暂的曲率使得距离分辨率和 SLL 变差，但获得了大多普勒容限；反之亦然，小的和持续的曲率带来高距离分辨率，尽管有更高的多普勒距离偏移

6.5　分集处理

在前面的章节中，已经看到了蝙蝠是如何不断地利用空间、时间和波形分集的。假设这样做是为了在声学领域中实现对环境的足够认知，以允许有效地执行诸如捕食的关键任务。这种对环境的测定可以分为两个过程[12]。第一个过程涉及到回波的发射和接收，另被称为物理过程（即已在本章前面所述）。第二个过程将反射的回波变换成对目标有意义的感知。第二个过程被称为生物过程，也是我们要在本节考虑的。在这一过程中，声信号刺激听觉系统的神经通路并进入大脑。解读这种刺激可以使得蝙蝠在环境中能够执行各种任务。这个问题仍然是一个挑战，蝙蝠是如何做到这一点的呢？

在生物学文献［13，14］中，有实验证据表明，蝙蝠通过发射高度频率调制的波形并在复杂回波中利用频谱陷波来识别目标。换句话说，蝙蝠利用的是频域而不是雷达目标分类中通常选用的时间或距离域。然而，在 6.3 节中，已经看到在捕食嗡鸣的最后阶段带宽如何展宽，这与距离分辨率的改善是一致的。蝙蝠利用延迟敏感神经以类似于相关处理的方式对目标距离进行编码。因此，另一个结论是，蝙蝠使用带宽以获取良好的距离分辨率，以分离单个散射体进而实现识别。第三个可能的假设是，两者都在各自独立的听觉处理渠道中被利用，因为它们包含（或强调）不同和互补的信息。

这些满足了大脑中实行感知功能的部分。为了理解这一点，研究人员已经用了许多努力来表征蝙蝠的听觉皮层的功能组织[15]。将大脑皮层神经元调整到不同的刺激参数，并把它们映射到大脑中的多个区域，暗示了处理中的进一步的多样性[16]。

采用回声定位的哺乳动物的一个重要性质是反应迅捷，根据它们所处环境和任务，它们改变位置和发射波形[7,8]。这些观察结果可用于提出一种自动目标识别（ATR）的新架构，该架构利用相互关联的反馈回路的不同形式的处理。图6.17中给出了一个这样的ATR架构的框图。主要模块如下（每个模块代表所提架构的一个子系统）：

（1）雷达平台：该模块代表传感器系统，同时负责对采集信号进行所需的任何预处理。一旦做出决定，如要识别目标，该模块就会引发操作参数的变化，以收集导致改进分类的信息。

（2）频域处理：该模块处理频域中的数据。可以再次提取特征以进行分类或可以使用原始数据。

（3）距离域处理：该模块处理脉冲压缩以形成高分辨距离像信号。虽然可以使用原始数据，但是更多可能是选择特征并随后用于分类。

（4）置信度计算：这部分处理从上面两个模块收集的特征和信息，以形成关于场景中目标类型的判断，同时给出诸如概率的置信度值，或者简单的类似信任或不信任的判断。可以采用更精细的分割，甚至可以混合二者。

（5）存储：存储描述和使用是任何努力成为认知的自动化系统的重要组成部分。记忆包含多种类型。例如，可能是从少量先前的脉冲得到的短期或回波记忆。它也可能是从以前的任务得到的长期或经验记忆。

（6）决策者：该模块决定是否从场景收集进一步的数据，并确定下一个数据收集步骤中应采用何种形式的分集（例如波形变化）。

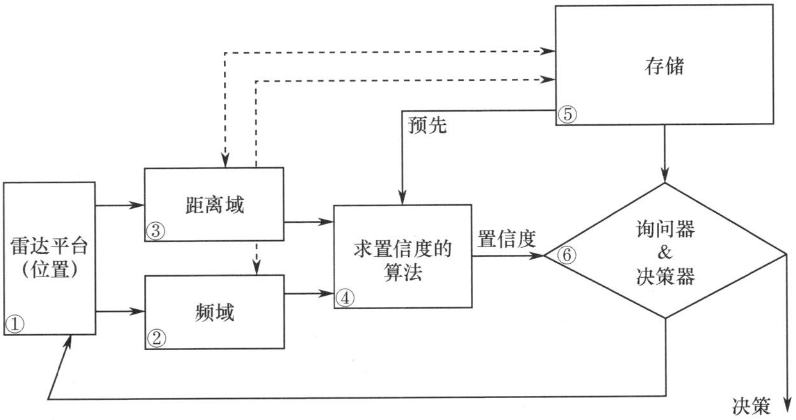

图6.17　提出的一种生物灵感的分集处理架构

我们只允许角度分集。因此，模块6有两个输出，无论是决定进一步测量目标（还是不进行），以及传感器平台应当以什么角度来移动其当前的位置。在该例中，传感器平台的自由度仅限于方位角变化。由决策模块规定的方位角的变化由 $\Delta\theta$ 来表示。这里应用的另一个限制是模块 4 的输出是离散的，声明结果是“可信”或“不可信”。对于这个决定，在时域和频域的多个透视数据中使用投票方法。当用户定义的投票百分比支持该决定时，可以将其称为可信的。这里，将这个百分比设定为 50%。对于每个透视图，使用预定数量为 N 的连续像。当通过模块 2 和模块 3 处理时，N 被赋予值 1，并且当研究基于传统单通道的 ATR（即高分辨距离像只用于分类）时，$N=2$。

该框架采用贝叶斯决策器进行置信度计算。我们称其为简单的高斯概率密度函数贝叶斯决策器。假设数据为高斯分布。虽然这过于简单化，但它可以满足我们研究分集处理的优点的目的。假设不同类别的目标分布具有相同的协方差矩阵，因此命名为“简单的高斯概率密度函数贝叶斯决策器”。因此，目标的变化是由均值的差异提供的。还已知雷达回波返回随方位角的变化非常快。因此，使用 25 个概率密度函数来表示从特定的仰角跨越整个 360°方位角观察到的目标，而不是假定目标是相同的分布。应该注意的是，该算法等价于模板匹配分类器，据报道具有很好的 ATR 性能[9]。在此框架内讨论了三种不同的数据处理方法。首先，使用时间（距离空间）域的数据。这与已采用的传统 ATR 处理的方法类似[9]。在第二种类型中，同时处理时域和频域的数据。这被称作时频域算法 1，是分集处理的非常简单的例子。在第三种情况下，尝试仅使用时域数据来实现期望的置信水平。如果未达到期望的置信水平，则另外处理频域中的数据，直到达到所需的置信度。这被称为时频域算法 2。

为了以最简单的方式检查分类性能，分集的物理过程部分被限制为只有方位角变化。对于给定的姿态，系统计算目标的可能类别。它也为这一决定提供一个置信水平。根据该置信水平决定是否针对目标的不同方向（即从不同的方位角）收集另外的轮廓。雷达的重新定位允许可以收集附加信息的不同视角。这与使用存储在回波存储器中的信息的以前的脉冲相结合。通过对四个类似车辆对象的相对简单的再现的电磁建模创建了数据。

图 6.18 显示了将三种不同处理方法作为两个视角之间的角度的函数应用的结果。可以观察到，与使用单个（时间/角度）信道或具有增强的单个信道（算法 2）相反，当使用同时分集（即模块 2 和 3 一起）时，可以获得更好的性能。大多数以前的工作已经采用单一透视分类的情况，即当 $\Delta\theta=0$ 时。有趣的是，在这种情况下，分集或双通道的处理情况在这三种中表现最差。可以进一步观察到性能对于 6°～8°的角度变化是最好的。

虽然只是说明性的，结果表明，在时域和频域中都利用信息可能会有好处。这项工作仍处于初级阶段，并且只包括了回声记忆。因此，可以得出结论，在产生稳健的高性能目标分类方面还有很多可取之处。我们希望这是一个前景丰富而有意义的研究领域。

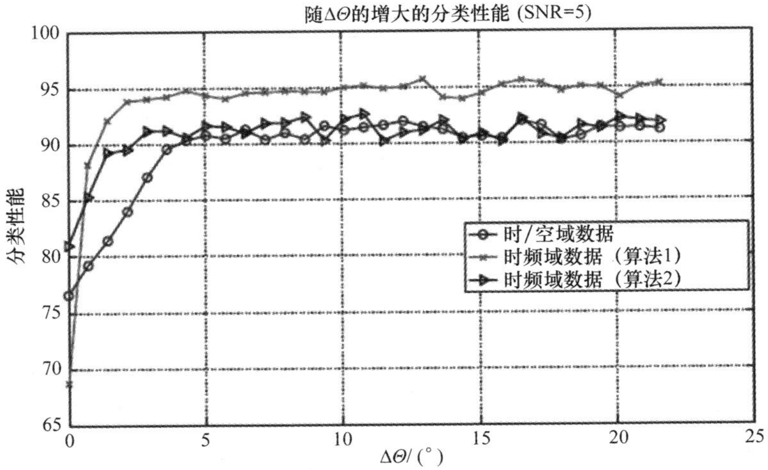

图 6.18　多通道简单高斯概率密度函数基于贝叶斯决策器的分类性能

6.6　结　论

本章研究了蝙蝠在检测、定位、跟踪和捕获猎物方面的行为和性能，尤其是展示了蝙蝠是如何根据要执行的任务，以动态和智能的方式进行波形分集的。已经确定了用于自主导航的最重要的部分，它与发射波形的设计和其作为飞行轨迹函数的动态调整相关。通过不同种类的蝙蝠使用的广泛的频率调制（CF，LFM，HFM），这是显而易见的。在捕食嗡鸣的序列中改变发射叫声带宽、降低发射频率、改变脉冲重复间隔、声波强度和脉冲长度，这些无疑是一个重要的波形分集设计的标志，它可以为更可靠的自主系统的开发提供见解。还应注意的是这种分析只考虑了发射的叫声，而当然，真实的信息将被嵌入在接收的叫声中。此外，接收到的叫声通过两个耳朵（接收机）进行处理。这些方面将成为未来研究的课题。

参考文献

[1] G. Jones and E. C. Teeling, 'The evolution of echolocation in bats', *TrendsEcol. Evol.*, 21, 149 – 156 (2006).

[2] G. Jones, 'Scaling of echolocation call parameters in bats', *J. Exp. Biol.*, 202, 3359 – 3367 (1999).

[3] R. D. Houston, A. M. Boonman and G. Jones, 'Do echolocation signal parameters restrict bats' choice of prey?' In *Echolocation in Bats and Dolphins* (J. A. Thomas, C. F. Moss and M. Vater, eds), University of Chicago Press, Chicago, pp. 339 – 345 (2004).

[4] E. K. V. Kalko and H. U. Schnitzler, ‘Plasticity in echolocation signals of European pipistrelle bats in search flight-implications for habitat use and prey detection’, *Behav. Ecol. Sociobiol.*, 33, 415-428 (1993).

[5] M. W. Holderied, G. Jones and O. von Helversen, ‘Flight and echolocation behaviour of whiskered bats commuting along a hedgerow: range-dependent sonar signal design, Doppler tolerance and evidence for ‘acoustic focussing’’, *J. Exp. Biol.*, 209, 1816-1826 (2006).

[6] C. F. Moss and A. Surlykke, ‘Auditory scene analysis by echolocation in bats’, *J. Acoust. Soc. Am.*, 110, 2207-2226 (2001).

[7] http://www.bsos.umd.edu/psyc/batlab.

[8] R. J. Sullivan, *RadarFoundations for Imaging andAdvanced Concepts*, SciTech Publishing, Raleigh, NC (1994).

[9] J. J. Kroszczynski, ‘Pulse compression by means of linear-period modulation’, *Proc. IEEE*, 57 (7), 1260-1266 (July 1969).

[10] P. M. Woodward, *Probability and Information Theory, with Applications to Radar*, McGraw-Hill, NewYork (1953).

[11] E. J. Kelly and R. P. Wishner, ‘Matched-filter theory for high-velocity, accelerating targets’, *IEEE Trans. Mil. Electron.*, 9, 56-69 (1965).

[12] M. Palakal and D. Wong, ‘Cortical representation of spatiotemporal pattern of firing evoked by echolocation signals: population encoding of target features in real time’, *J. Acoust. Soc. Am.*, 106, 479-490 (1999).

[13] J. Bradbury and W. Bradbury, ‘Target discrimination by the echolocating bat vampyrum spectrum’, *J. Exp. Zool.*, 173, 23-46 (1970).

[14] J. Habersetzer and B. Vogler, ‘Discrimination of surface-structured targets by the echolocation bat myotis during flight’, *J. Comp. Physiol.*, 152, 275-282 (1983).

[15] W. E. O’ Neil andN. Suga, ‘Target range-sensitive neurons in the auditory cortex of the mustache bat’. *Science*, 203, 69-73 (1979).

[16] D. Wong and S. L. Shannon, ‘Functional zones in the auditory cortex of the echolocating bat, *Myotislucifugus*’, *Brain Res.*, 453, 349-352 (1988).

[17] G. Jones, ‘Scaling of wingbeat and echolocation pulse emission rates in bats-why are aerial insectivorous bats so small?’, *Funct. Ecol.*, 8, 450-457 (1994).

[18] C. F. Moss, K. Bohn, H. Gilkenson and A. Surlykke, ‘Active listening for spatial orientation in a complex auditory scene’, *PLoS Biol.*, 4, e79-e91 (2006).

[19] M. B. Fenton, D. Audet, M. K. Obrist and J. Rydell, ‘Signal strength, timing, and self-deafening-the evolution of echolocation in bats’, *Paleobiology*, 21, 229-242 (1995).

[20] H. U. Schnitzler and E. K. V. Kalko, ‘Echolocation by insect-eating bats’, *Bioscience*, 51, 557-569 (2001).

[21] G. Neuweiler, *The biology of Bats*, Oxford University Press, Oxford (2000).

[22] M. Obrist, M. B. Fenton, J. Eger and P. Schlegel, ‘What ears do for bats: a comparative study of pinna sound pressure transformation in Chiroptera’, *J. Exp. Biol.*, 180, 119-152 (1993).

[23] V. A. Walker, H. Peremans and J. C. T Hallam, 'One tone, two ears, three dimensions: a robotic investigation of pinnae movements used by rhinolophid and hipposiderid bats', *J. Acoust. Soc. Am.*, 104, 569 – 579 (1998).

[24] G. von der Emde and H. U. Schnitzler, 'Classification of insects by echolocating greater horseshoe bats', *J. Comp. Physiol.*, 167A, 423 – 430 (1990).

[25] J. E. Grunwald, S. Schornich and L. Wiegrebe, 'Classification of natural textures in echolocation', *Proc. Natl. Acad. Sci. USA*, 101, 5670 – 5674 (2004).

[26] R. Arlettaz, G. Jones and P. A. Racey, 'Effect of acoustic clutter on prey detection by bats', *Nature*, 414, 742 – 745 (2001).

[27] G. P. Bell, 'The sensory basis of prey location by the California leaf-nosed bat *Macrotuscalifornicus* (Chiroptera: Phyllostomidae)', *Behav. Ecol. Sociobiol.*, 16, 343 – 347 (1985).

[28] J. Eklof and G. Jones, 'Use of vision in prey detection by brown long-eared bats, *Plecotusauritus*', *Anim. Behav.*, 66, 949 – 953 (2003).

[29] G. Jones, P. I. Webb, J. A. Sedgeley and C. F. J. O' Donnell, 'Mysterious Mystacina: how the New Zealand short-tailed bat (*Mystacinatuberculata*) locates insect prey', *J. Exp. Biol.*, 206, 4209 – 4216 (2003).

[30] G. Long and H. U. Schnitzler, 'Behavioural audiograms from the bat *Rhinolophus ferrumequinum*', *J. Comp. Physiol.*, 100A, 211 – 220 (1975).

[31] H. U. Schnitzler, 'Control of Doppler shift compensation in the greater horseshoe bat, *Rhinolophus ferrumequinum*', *J. Comp. Physiol.*, 82, 79 – 82 (1972).

[32] M. Trappe and H. U. Schnitzler, 'Doppler shift compensation in insect-catching horseshoe bats', *Naturwissenschaften*, 69, 193 – 194 (1982).

[33] B. Tian and H. U. Schnitzler, 'Echolocation signals of the greater horseshoe bat (*Rhinolophus ferrumequinum*) in transfer flight and during landing', *J. Acoust. Soc. Am.*, 101, 2347 – 2364 (1997).

[34] A. M. Boonman, S. Parsons and G. Jones, 'The influence of flight speed on the ranging performance of bats using frequency modulated echolocation pulses', *J. Acoust. Soc. Am.*, 113, 617 – 628 (2003).

[35] R. A. Altes and E. L. Titlebaum, 'Bat signals as optimally Doppler tolerant waveforms', *J. Acoust. Soc. Am.*, 48, 1014 – 1020 (1970).

[36] J. J. Kroszczynski, 'Pulse compression by means of linear period modulation', *Proc. IEEE*, 57, 1260 – 1266 (1969).

[37] M. Denny, 'The physics of bat echolocation: Signal processing techniques', *Am. J. Phys.*, 72, 1465 – 1477 (2004).

[38] P. A. Saillant, J. A. Simmons, S. P. Dear and T. A. McMullen, 'A computational model of echo processing and acoustic imaging in frequency-modulated echolocating bats', *J. Acoust. Soc. Am.*, 94, 2691 – 2712 (1993).

[39] H. Peremans and J. C. T. Hallam, 'The spectrogram correlation and transformation receiver,

revisited', *J. Acoust. Soc. Am.*, 104, 1101 – 1110 (1998).

[40] H. R. Erwin, W. W. Wilson and C. F. Moss, 'A computational sensorimotor model of bat echolocation', *J. Acoust. Soc. Am.*, 110, 1176 – 1187 (2001).

[41] R. Kuc, 'Biomimetic sonar recognizes objects using binaural information', *J. Acoust. Soc. Am.*, 102, 689 – 696 (1997).

[42] I. E. Dror, M. Zagaeski and C. F. Moss, 'Three-dimensional target recognition via sonar: a neural network model', *Neu. Networks*, 8, 143 – 154 (1995).

[43] R. Kuc, 'Neuro-computational processing of moving sonar echoes classifies and localizes foliage', *J. Acoust. Soc. Am.*, 116, 1811 – 1818 (2004).

[44] Z. Lin, 'Wideband ambiguity function of broadband signals', *J. Acoust. Soc. Am.*, 83, 2108 – 2116 (1998).

[45] R. J. Sullivan, *Radar Foundations for Imaging and Advanced Concepts*, SciTech Publishing, Raleigh, NC (1994).

[46] P. M. Woodward, *Probability and Information Theory, with Applications to Radar*, McGraw-Hill, NewYork (1953).

[47] E. J. Kelly and R. P. Wishner, 'Matched-filter theory for high-velocity, accelerating targets', *IEEE Trans. Mil. Electron.*, 9, 56 – 69 (1965).

[48] A. J. Wilkinson, R. T. Lord and M. R. Inggs, 'Stepped-frequency processing by reconstruction of target reflectivity spectrum', *IEEE Proc CONFIG ' 98*, 101 – 104 (1998).

[49] A. K. Mishra and B. Mulgrew, 'Airborne bistatic SAR ATR: a case study', EMRS DTC 3*rd Technical Conference*, Edinburgh (2006).

[50] M. Vespe, C. J. Baker and H. D. Griffiths, 'Aspect dependent drivers for multiperspective target classification', *IEEE Radar Conference*, Verona, NY, 256 – 260 (2006).

[51] M. Vespe, C. J. Baker and H. D. Griffiths, 'Frequency diversity vs large bandwidth reconstruction: information content for netted sensor ATR using ISAR images', *IOA International Conference on SAS and SAR*, Lerici (2006).

[52] C. W. Reynolds, 'Steering behaviors for autonomous characters', *Proceedings of the 1999 Game Developers Conference*, 763 – 782 (1999).

[53] M. I. Skolnik, *Radar Handbook* (2nd ed.), McGraw-Hill, NewYork (1990).

[54] R. J. Urick, *Principles of Underwater Sound*, 3rd edn, McGraw-Hill, Peninsula (1983).

第7章　汽车雷达系统中的连续波形

Hermann Rohling and Matthias Kronauge

摘　要

驾车看似安全。然而，在德国每年约有5000人死于交通事故，这实在是太多了。司机在测量与其他车辆的相对距离与速度时，都有很强的局限性，尤其是在恶劣的天气条件下，这也是事故原因之一。因此，技术援助会受到每位司机的欢迎。欧盟呼吁所有的汽车制造商要加强研究，保护弱势的驾驶员，提高他们的交通安全系数。

车载雷达传感器的工作频段为24 GHz，能够同时测量目标的距离、径向速度和方位角，即使在多目标情况下，仍然具有较高的精度和分辨率。全天候能力是所有雷达系统重要的附加功能。因此，本章认为，车载雷达传感器是驾驶员辅助系统的可靠基础。同时测量目标的距离、径向速度和方位角的能力在技术上是一个很大的挑战。这个任务与波形设计有着很强的直接相关性。因此，本章的目的是连续波雷达系统的波形设计，特别针对汽车雷达应用，本书对多种发射信号进行了细致分析，同时对不同的提议进行了讨论与比较。

通常，单一雷达传感器和单次测量不能测量出速度的切向分量。但这个任务在典型城市交通状况中非常重要，因为汽车行驶的方向需要在很短的时间内确定。本章将介绍一种信号处理方法，经证明其可以通过一次观测测量出速度的切向分量。

关键词：汽车雷达；连续波雷达；FMCW；FSK；MFSK；快速调频脉冲；切向速度；单脉冲

无线电探测和测距（雷达）在100多年之前就已经是世界闻名的技术，由出生于德国Bremen的工程师Christian Huelsmeyer（1881—1957）发明。他于1904年4月30日在柏林的德意志帝国专利局申请了关于雷达的专利，如图7.1所示。他的发明被称为Telemobiloskop，这是按照欧洲传统以拉丁语与希腊语命名的专业名词。该发明最初的动机和应用是为了避免船舶之间的碰撞。

此外，雷达的故事在更早的时候就开始了，出生在爱丁堡的James Clerk Maxwell

做了理论工作，之后出生在汉堡的 Heinrich Hertz 完成了所有探究电磁波性质的实验工作，Christian Huelsmeyer 成功地将工作延续下去，并成功发明了雷达（图 7.2）。

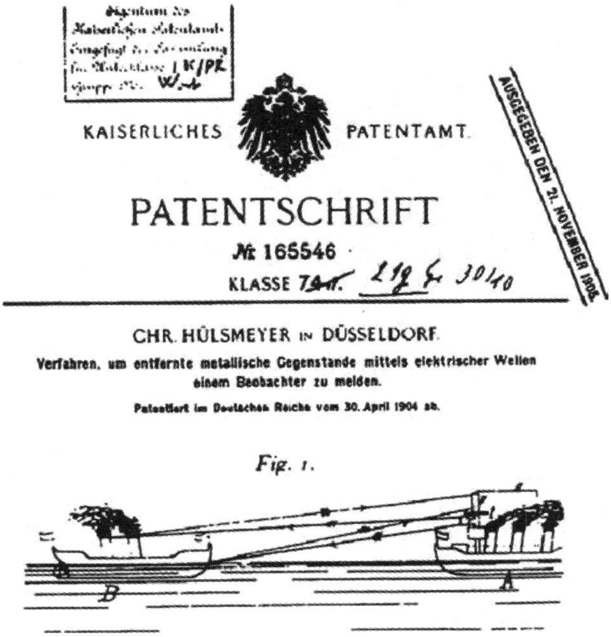
KAISERLICHES PATENTAMT

AUSGEGEBEN DEN 21. NOVEMBER 1905

PATENTSCHRIFT

№ 165546

KLASSE 74a. 21g 30/10

CHR. HÜLSMEYER IN DÜSSELDORF.

Verfahren, um entfernte metallische Gegenstande mittels elektrischer Wellen einem Beobachter zu melden.

Patentiert im Deutschen Reiche vom 30. April 1904 ab.

Fig. 1.

图 7.1　第一个雷达专利

图 7.2　J. C. Maxwell，H. Hertz，C. Huelsmeyer（从左至右）

7.1　引　言

现在继续探讨在一般公路和高速公路的交通情况下，汽车防撞雷达是如何应用的。汽车的环境感知系统是基于单个 24 GHz 汽车雷达传感器。这只是汽车雷达系统成功应用的开始[1]。雷达波形在该应用系统中起着重要的作用。因此，本书更多的关注使用连续波（CW）作为发射波形的雷达系统。

20 个世纪 70 年代就已经完成了汽车上的雷达测量和电磁波传播的应用分析（图 7.3）。当时的测量原则和结果是目前汽车雷达系统专业发展的重要部分。

图 7.3　第一个汽车雷达 demonstrator

值得注意的是，尽管有汽车雷达，驾驶汽车仍是一个艰巨和极其危险的任务！人类没有意识到这种风险。此外，增加道路交通安全性在技术层面仍是一个挑战。欧洲每年仍然约有十万人死于车祸，这远没达到真正的安全。

大部分现代汽车都配备了防抱死制动系统（ABS）和电子稳定控制系统（ESC），这些都属于重要且强大的驾驶辅助系统（DAS）。这些系统是基于车辆内部传感器成功监控当前状态所获得的信息。

这意味着现代汽车已经达到非常高的安全标准，但整个道路交通本身的安全还能改善更多。需要注意，人类在测量两车之间距离和速度差异方面仍受到很大的局限。这种差异往往导致可怕事故发生。因此，从技术角度讲，为提高日常道路交通情况的安全性，额外的辅助驾驶仍是必要的。汽车雷达系统为改善道路交通的安全所做贡献越多，带来的进步越大。

我们发现虽然交通车流量的密度正在逐日增加；然而，如图 7.4 所描述，每年德国车祸的死亡人数在急剧减少，这是非常好的消息。由于技术的巨大进步，死亡人数正在减少，但这个数字仍然很高。

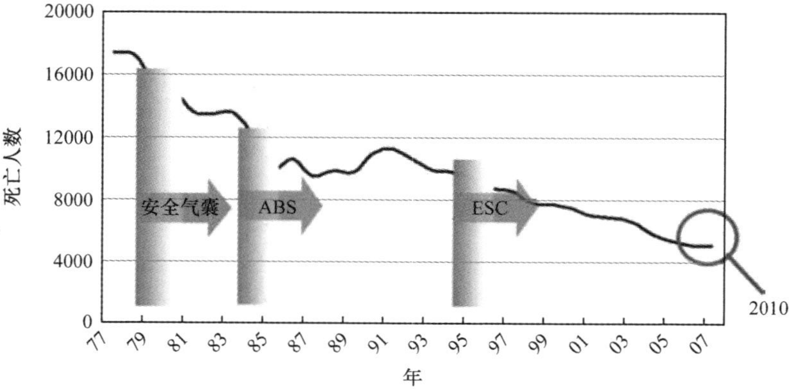

图 7.4　德国每年的交通死亡人数

雷达传感器在同时地、无模糊地并且非常精确地测量目标距离和径向速度方面拥有巨大潜能，即使在多目标的情况下。在过去的几年中，24 GHz 汽车雷达传感器取得了很大进步[2]。这些传感器测量在当时环境中所有车辆的位置与径向速度。雷达传感器会在内部根据探测结果进行交通信息计算和环境分析，并且考虑让刹车和油门控制系统做出自动反应。

自 2000 年，24 GHz 雷达技术已经发展为一个基础专业。24 GHz 技术之所以是商业上的成功不仅是因为其显著地降低了生产成本，还因为无线电可以透过塑料部分传播，以及它的全天候能力等。如今 24 GHz 技术已在汽车应用上盛行，其能够运用在盲点检测、自适应导航控制（ACC）、变道辅助和防撞系统上，它甚至可以在目标识别过程中区分行人和车辆[3]。

如图 7.5 所示，24 GHz 雷达传感器放置在汽车的前保险杠上。这样汽车雷达传感器的最大测量距离约为 200m，方位角覆盖范围一般为 40°[4]。在这个观测区域，雷达检测传感器能观察到一些车辆、行人和固定目标。因此，相比于其他类型传感器，雷达传感器的多目标检测能力是非常重要的优势。如何精确且无模糊地同时测量目标距离、径向速度和方位角，才是真正的技术挑战。因此，必须设计一个特定的雷达波形，它能够精确处理雷达回波信号，并能够解决多目标情况下的分辨问题。

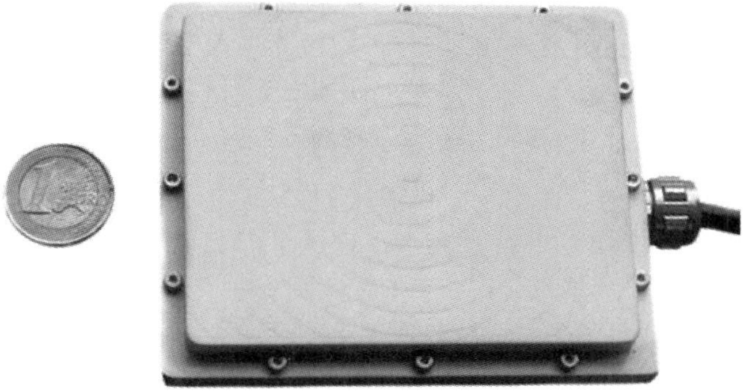

图 7.5　24 GHz 雷达传感器

过去几年一直研究的 24GHz 和 77 GHz 雷达传感器最近终于取得了巨大进步，最终基于 SiGe BiCMOS MMIC 技术在单芯片上呈现了 24GHz 雷达系统[5]。这减少了大规模生产的成本，大大提高了测量精度。雷达传感器安装在前保险杠内，能够检测当地的环境，甚至高达 200m 范围内的所有目标都能被检测到。此外，基于两个接收天线，利用著名的单脉冲技术，目标方位角能够非常准确地估计。

从应用的角度出发，各种不同特性的任务，例如 ACC、盲点检测和防撞系统，都可以考虑。这些例子中，24 GHz 雷达传感器具有控制与前面的车辆的距离和速度差异的能力。它可以监控盲点区，辅助控制刹车和油门以及通知驾驶员可能出现在车道的障碍物。

全天候的能力和精确的对距离 R，径向速度 v_r 和方位角 α 的测量方案使得汽车雷达传感器成为几个不同的 DAS 的强大侯选者。汽车雷达系统的一些基本要求是，即使在多目标情况下也要保证精确和无模糊的距离 R 与径向速度 v_r 的测量。此外，雷达测量的时间间隔应尽可能短，使刹车操作更加平滑，并且如果必要的话，要足够早。这些目标可以通过高精密的雷达连续波形完成。

第 8 章将介绍五种不同的 CW 波形。它们可以应用到所有连续波雷达当中，但它们是专门为汽车雷达系统而设计和定制的。

7.2 波形设计

为了满足汽车应用的要求，雷达传感器必须能够非常精确且无模糊地同时进行测距和测速，即使在多目标的情况下也如此。此外，测量时间应很短，这是因为刹车和油门系统的控制反应时间很短。这些关键的目的和技术特征将通过非常复杂的波形设计得到，这会在接下来的各个章节展开描述[6-9]。

任何连续波雷达系统的普遍特征是连续发的经过调制的正弦信号。在任何情况下，延时回波信号通过瞬时载频 f_T 直接下变频到基带信号。接收信号的频率 f_R 与瞬时频率 f_T 的差频称为拍频 f_B，在技术上这受波形本身的影响，分别由传播延迟 τ（或目标距离 R）和多普勒频率 f_D 决定：

$$f_B = f_R - f_T \tag{7.1}$$

此外，基带信号通过雷达接收机正交解调器的同相支路和正交支路之后，成为一复信号。图 7.6 显示了包括发射机－接收机结构，快速傅里叶变换（FFT）、信号处理和目标检测的雷达系统[10]。

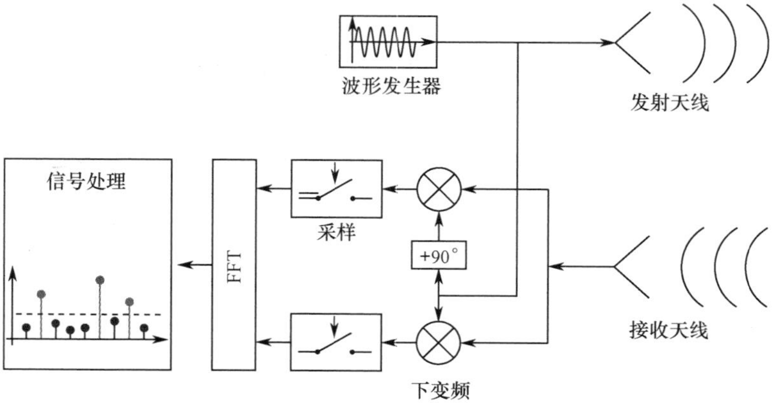

图 7.6　带有发射与接收天线的雷达接收机

目标距离 R 可通过传播延迟 τ 直接测量：

$$\tau = 2\frac{R}{c} \tag{7.2}$$

式中：c 为光速。然而，基于对应不同波形的不同的信号处理技术，未知的传播延时 τ 是可测的。

通过多普勒频率 f_D 可以估计目标径向速度 v_r 。在单频发射信号的情况下，接收与发射信号之间的频率偏移称为多普勒频率 f_D ，这些研究工作来自 1803 年出生于奥地利的 Christian Doppler。然而，雷达系统只能测量目标速度的径向分量 v_r 。雷达系统无法在单一的观测时间间隔内测量目标速度的切向分量。

运动目标与静止目标的接收信号和信号测量条件略有不同。假设径向速度 v_r 在一个短时观测中保持不变。这意味着在短时观测时间内，任何目标的变化都不会被这种分析所考虑。由于物体的运动，随时间变化的目标距离 $R(t)$ 变化不大，但在所谓的目标间隔时间内保持连续变化。因此，传播延时 $\tau(t)$ 不再是常数，而是与时间相关：

$$R(t) = R_0 + v_r t \tag{7.3}$$

$$\Rightarrow \tau(t) = \frac{2}{c}R(t) = \frac{2}{c}(R_0 + v_r t) \tag{7.4}$$

因此，动目标情况下的多普勒频率 f_D 描述如下：

$$f_D = -\frac{2}{\lambda}v_r \tag{7.5}$$

若用频率调制的发射信号对动目标进行观测，则拍频 f_B 取决于传播时延和多普勒频率 f_D 。

如何应用波形在多目标情况下对目标距离 R 和径向速度 v_r 进行精确且无模糊的测量，这是对雷达波形发展的技术挑战。

与具体波形无关，雷达回波和接收信号都将被瞬时载频进行下变频。下变频后，A/D 转换器对基带信号进行采样。得到的离散时间信号可表示为 $s_B(n), n = 0,1,\cdots,N-1$ 。接收频率 f_R 和发射频率 f_T 之间的差频，即拍频 f_B ，对接收复信号向量 $s_B(n)$ 做 FFT 变换可以测量拍频：

$$S_B(k) = \sum_{n=0}^{N-1} s_B(n)\exp\left(-j2\pi\frac{nk}{N}\right) \tag{7.6}$$

式中：$k = 0,1,\cdots,N-1$。

FFT 输出信号 $S_B(k)$ 的幅度是目标检测程序和自适应阈值方案的基础（图 7.7）。每根谱线 $S_B(k)$ 的幅度要与基于恒虚警检测（CFAR）技术确定的幅度检测阈值相比较[11]。

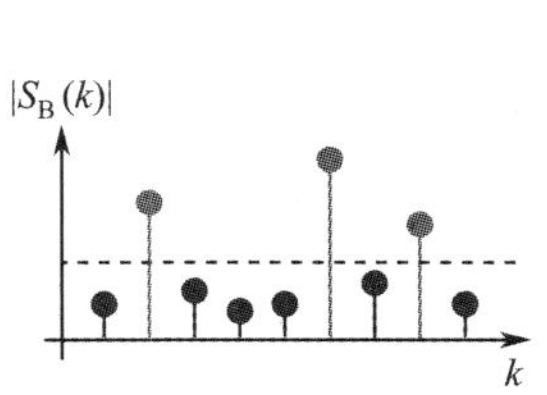

图 7.7　FFT 输出信号的目标检测

雷达系统的要求见于表 7.1。目标距离分辨率和多普勒分辨率、目标距离和多普勒频率的最大无模糊测量是雷达测量过程非常重要的系统性能指标。因此，需要考虑

目标的距离分辨率 ΔR 和径向速度分辨率 Δv_r。此外，汽车雷达系统的测量时间 T_{CPI}，最大无模糊速度 v_r，最大无模糊测距范围 R_{max} 以及一些其他特性，在表7.1中都进行了说明。

表7.1 给出了系统的性能要求，这些指标对于雷达系统和波形设计都是非常合理的。最重要的特征是距离分辨 $\Delta R = 1\text{m}$，对应的发射信号带宽为150MHz。因此，24GHz附近的总带宽350 MHz 的 ISM 频段对于使用 CW 和 FM 波形的汽车雷达系统是一个不错的选择。

表7.1 汽车雷达系统的特性

参数	数值
速度分辨力	$\Delta v_r = 2.25\text{km/h}$
距离分辨力	$\Delta R = 1\text{m}$
无模糊径向速度	$v_{max} = 250\text{km/h}$
最大距离	$R_{max} = 200\ \text{m}$
最短测量时间	$T_{CPI} = 10\text{ms}$

在这种情况下，与脉冲体制雷达系统或者超宽带系统（UWB）相比，线性调频连续波信号具有很多优点。接收信号通过被瞬时载频下变频变换到基带。在这种情况下，拍频滤波器的带宽一般小于150kHz，这意味着计算复杂度会降低。

7.2.1 单频连续波雷达系统

本章首先描述的波形是一个未调制的连续波发射信号。该波形在精确测量多普勒频率 f_D 和径向速度 v_r 方面非常理想。然而，该波形不能测量目标距离 R。

7.2.1.1 调制方案

考虑单载频正弦信号，相参测量时间 T_{CPI} 内载频 f_T 保持不变。图7.8展示了发射信号的恒载频 f_T（虚线），雷达回波和接收信号的频率 f_R（实线）。

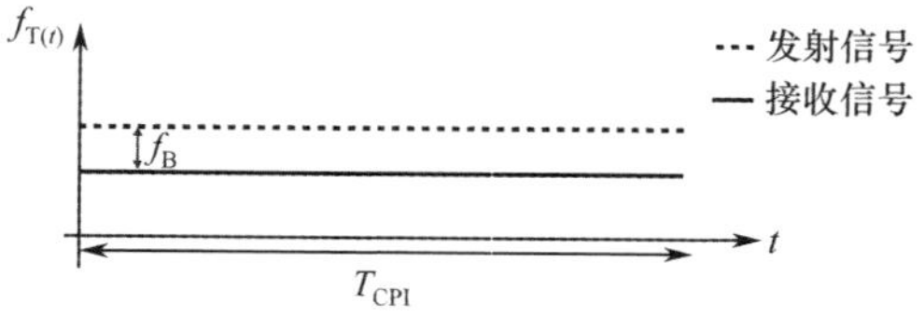

图7.8 单频连续波雷达系统

对于静止目标，多普勒频率为零。然而对于动目标，多普勒频率可直接通过测量拍频 f_B 获得，进而获得目标的径向速度信息。发射的载频为 f_T 的时间信号 $s_T(t)$ 的解析描述为

$$s_T(t) = \cos(2\pi f_T t) \tag{7.7}$$

经静止目标或者动目标反射后，时间延迟后接收到的回波信号可定义为

$$\begin{aligned} s_R(t) &= \cos\{2\pi f_T[t - \tau(t)]\} \\ &= \cos\{2\pi[f_T t - f_T \frac{2}{c}(R_0 + v_r t)]\} \end{aligned}$$

$$= \cos\{2\pi[(f_T - f_T \frac{2}{c}v_r)t - f_T \frac{2}{c}R_0]\} \tag{7.8}$$

接收信号 $s_R(t)$ 通过瞬时发射频率 f_T 进行下变频。接收信号 $s_R(t)$ 与发射信号 $s_T(t)$ 的差频，即拍频 f_B 表示为

$$f_R - f_T = f_B \tag{7.9}$$

接收信号载频为

$$f_R = f_T - f_T \frac{2}{c}v_r \tag{7.10}$$

拍频 f_B 为接收和发射频率之间的差频，即

$$\begin{aligned} f_B &= f_R - f_T \\ &= f_T - f_T \frac{2}{c}v_r = -f_T \frac{2}{c}v_r \\ &= -2\frac{v_r}{\lambda} \end{aligned} \tag{7.11}$$

下变频后信号为拍频为 f_B 的复基带信号：

$$s_B(t) = \exp[-j2\pi f_T \tau(t)]$$

根据式（7.4），

$$\begin{aligned} s_B(t) &= \exp[-j2\pi f_T \frac{2}{c}(R_0 + v_r t)] \\ &= \exp[-j2\pi f_T(\frac{2}{\lambda}v_r t + f_T \frac{2}{c}R_0)] \end{aligned} \tag{7.12}$$

式（7.12）表明在基带信号 $s_B(t)$ 中拍频 $f_B(t)$，正比于动目标的径向速度 v_r。因此，基带频率与多普勒频率 f_D 相同：

$$f_B = f_D = -\frac{2}{\lambda}v_r \tag{7.13}$$

该基带信号 $s_B(t)$ 的相位 ϕ_B 由一个与目标距离 R 成正比的常数项构成，即

$$\phi_B = 2\pi f_T R_0 = 4\pi\frac{R_0}{\lambda} \tag{7.14}$$

7.2.1.2 信号处理

如式（7.12）所示，基带信号 $s_B(t)$ 包含了目标的所有参数信息，即可通过单频信号无模糊测得的径向速度 v_r，和只能以一个高模糊的方式测得的目标距离 R。

为了检测目标并获得其径向速度，下变频后的复接收信号 $s_B(t)$ 根据预估的最大多普勒频率 f_D 被采样。然后经过 FFT 变换到频域，多普勒频谱的每个幅度峰值点可以认为检测到目标并且可以得到其径向速度。

$$v_r = -\frac{\lambda}{2}f_D \tag{7.15}$$

图 7.9 的框图说明了信号处理和目标检测过程（见图 7.7）。

多普勒分辨率取决于观测时间 T_{CPI}：

$$\Delta f_D = \Delta f_B = \frac{1}{T_{CPI}} \tag{7.16}$$

对应以下的径向速度分辨率：

$$\Delta v_r = \frac{\lambda}{2}\frac{1}{T_{CPI}} \tag{7.17}$$

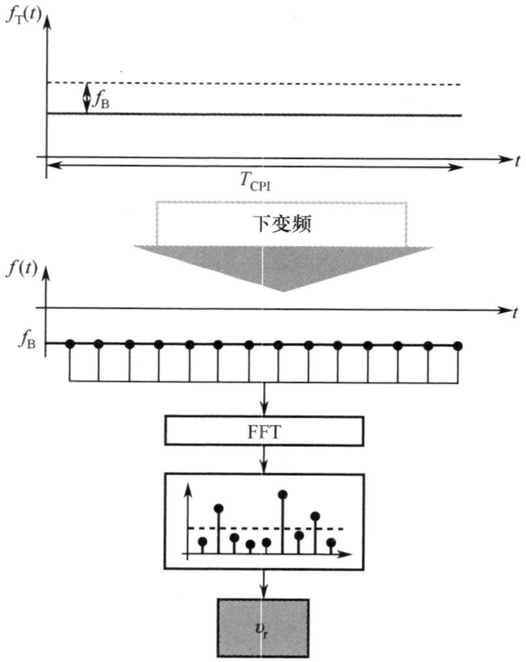

图 7.9　单频连续波的信号处理和目标检测

7.2.1.3　系统设计

为在雷达系统中实现未调制的连续波，需要考虑系统的两个性质，即径向速度分辨率和最大径向速度。给定载频为24GHz，给定目标时间 T_{CPI}，雷达系统性能参数见表7.2。

表 7.2　单频 CW 雷达的系统参数

参　数	数　值
载频	$f_T = 24$ GHz
目标积累时间	$T_{CPI} = 10$ ms
速度分辨力	$\Delta v_r = 2.25$ km/h
无模糊径向速度	$v_{max} = 250$ km/h
最大多普勒频率	$f_{D,max} = 11.2$ kHz

7.2.1.4　讨论

我们描述的单载频连续波具有很好的测速性能。然而，它在目标测距中具有一定的局限性。表 7.3 给出了单频雷达波形已实现的和未实现的性能概述。

表 7.3　已实现的和未实现的性能概述

性　能	CW	性　能	CW
R 和 v_r 的同时测量	×	测量时间	√
在 R 上的分辨力	×	鬼魂目标	√
在 v_r 上的分辨力	√	复杂性	√
精度	√		

7.2.2　线性调频连续波

单频连续波在测速方面非常完美，但它在测距方面有一些局限性。为满足一般的性能要求，和即使在多目标情况下也能同时测量目标距离 R 和目标速度 v_r，本章节将讨论雷达系统的线性调频连续波（FMCW）。

7.2.2.1　调制方案

FMCW 发射信号包括线性频率调制部分，该部分在图 7.10 中给出。以下方程描述了线性调频信号 $f(t)$，其载频为 f_T，扫频带宽为 B_{sw} 和调频持续时间为 T_{CPI}，以上都是 FMCW 雷达系统波形设计的重要参数：

$$f(t) = f_T \pm \frac{B_{sw}}{T_{CPI}} t \tag{7.18}$$

具有相同的信号带宽 B_{sw} 的情况下，波形正斜率表明信号为线性正调频，而负斜率表明信号为线性负调频。

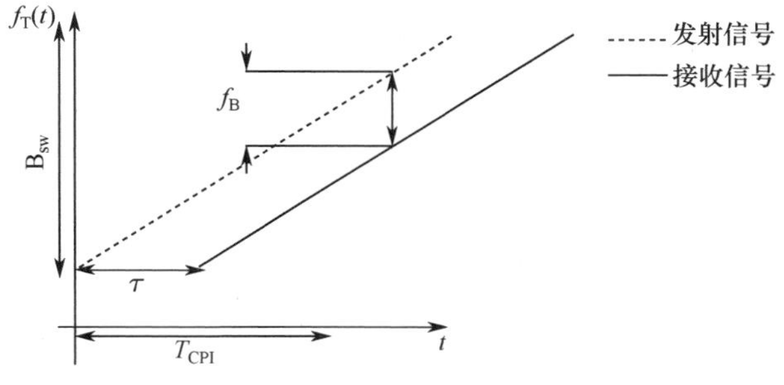

图 7.10　静止目标情况下的 FMCW

实发射信号 $s_T(t)$ 是一个线性调频的余弦信号。对频率方程积分得到发射信号的相位：

$$s_T(t) = \cos\left[2\pi\left(f_T t \pm \frac{B_{sw}}{T_{CPI}} \frac{t^2}{2}\right)\right] \tag{7.19}$$

拍频f_B描述了接收频率和发射频率的差频。由此定义，拍频f_B在静止目标情况下总是为负值。它与传播延迟τ和目标距离R直接相关：

$$\frac{-f_B}{B_{sw}} = \frac{\tau}{T_{CPI}}$$
$$\Rightarrow f_B = -B_{sw}\frac{\tau}{T_{CPI}} = f_\tau \tag{7.20}$$

此情况下，目标距离R可无模糊测量

$$R = \frac{c}{2}\tau = -\frac{c}{2}f_B\frac{T_{CPI}}{B_{sw}} \tag{7.21}$$

对于任何拍频测量来说，其频率分辨率都反比于目标的调频持续时间T_{CPI}，

$$\Delta f_B = \frac{1}{T_{CPI}} \tag{7.22}$$

因此，距离分辨率定义为

$$\Delta R = \frac{c}{2}\Delta\tau = \frac{c}{2}\Delta f_B\frac{T_{CPI}}{B_{sw}} = \frac{c}{2}\frac{1}{B_{sw}} \tag{7.23}$$

距离分辨率ΔR仅取决于发射信号带宽B_{sw}，与调频持续时间T_{CPI}无关。

然而，在动目标情况下，拍频f_B的测量值包括两部分，即一部分与目标距离有关的频移f_τ，而另一部分与多普勒频率f_D有关（见图7.11）。这种情况将导致目标的测距和测速模糊。因此，区分与目标距离相关的频移f_τ和径向速度f_D（或称为多普勒频移）非常必要。我们认为拍频f_B同时包括这两部分，因此单一的线性调频信号无法解决这一问题。

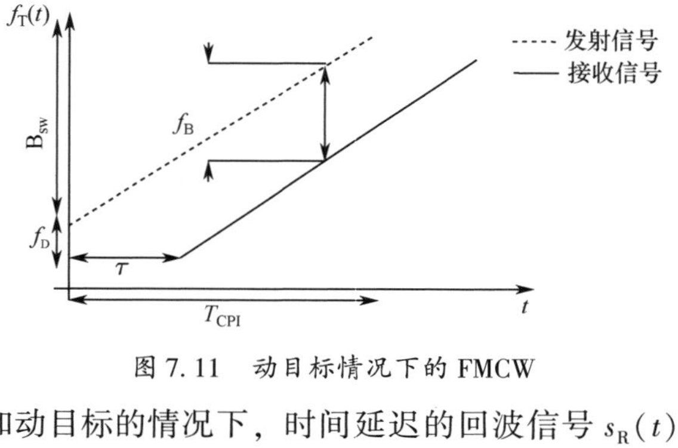

图7.11 动目标情况下的FMCW

在静止目标和动目标的情况下，时间延迟的回波信号$s_R(t) = s_T[t-\tau(t)]$直接下变频转换为基带。该基带信号$s_B(t)$取决于目标的距离R和径向速度v_r：

$$f_B = -\frac{2}{\lambda}v_r \mp \frac{B_{sw}}{T_{CPI}}\frac{2}{c}R = f_D \pm f_\tau \tag{7.24}$$

距离分辨率和径向速度分辨率是FMCW雷达系统的重要的系统性能指标。具有相同径向速度的目标（$\Delta v_r = 0$）可以通过它们距离上的差异来分辨。

另一方面，具有相同距离R的目标可以通过它们径向速度上的差异来分辨

（见式（7.17））：

$$\Delta v_r = \frac{\lambda}{2}\frac{1}{T_{CPI}}$$

7.2.2.2　信号处理

在单一线性正调频信号中，目标距离 R 和多普勒频率 f_D 的模糊是无法避免的（见式（7.24））。若发射信号扩展为线性正调频、负调频信号串联的发射，则无模糊地测量目标的距离 R 和多普勒频率 f_D 是可实现的。在这种情况下，两个拍频 $f_{B,1}$ 和 $f_{B,2}$ 分别测量线性正调频与负调频信号。建立两个独立线性方程组，即分别关于线性正调频和线性负调频，解决了该问题。

$$f_{B,1} = f_D + f_\tau = -\frac{2}{\lambda}v_r - \frac{2B_{sw}}{cT_{CPI}}R \tag{7.25a}$$

$$f_{B,2} = f_D + f_\tau = -\frac{2}{\lambda}v_r + \frac{2B_{sw}}{cT_{CPI}}R \tag{7.25b}$$

基于这两个方程和两个拍频的测量，目标的距离 R 和径向速度 v_r 可以无模糊地估计。

图7.12给出了FMCW雷达方案中信号处理和目标检测的概述（图7.7）。接收到的雷达回波信号 $s_R(t) = s_T(t - \tau(t))$ 被瞬时发射频率下变频。对基带信号 $s_B(t)$ 进行采样和傅里叶变换，由此检测目标，测量相关的拍频 f_B。

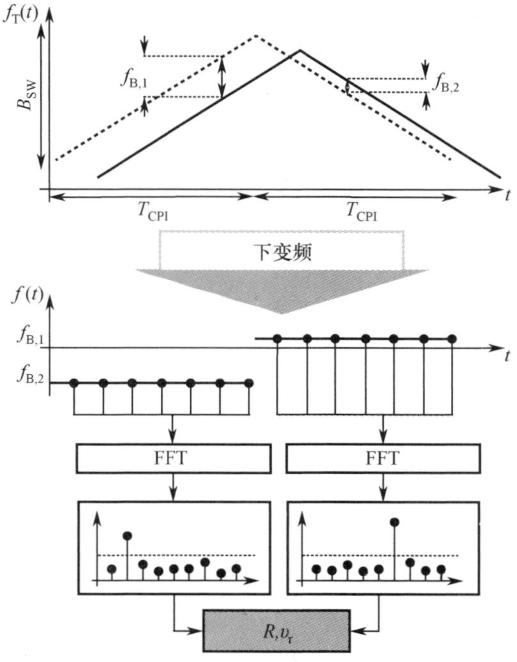

图7.12　FMCW雷达信号处理和目标检测过程

根据式（7.25），目标的距离 R 和多普勒频率 f_D 可以无模糊测量。解线性方程组等效为计算径向速度－距离平面的交叉点。图示解法和交叉点计算如图 7.13 所示。

此外，假设只有单个目标，该信号处理过程可以无模糊测量。若存在两个目标，线性正负调频信号可以测量拍频。这意味着距离－径向速度平面将出现四个交点。在多目标的情况下，将出现很多交点，难以区分真实目标与虚假目标，问题也无法解决。虚假目标出现的真正原因是线性正调频脉冲所测拍频与线性负调频脉冲所测拍频之间存在相关性。此时没有任何现象、关系能帮助寻找正确的拍频对。

多目标情况下线性方程组的结果会产生模糊，如图 7.14 所示，两个目标却绘制出四个可能的交点。

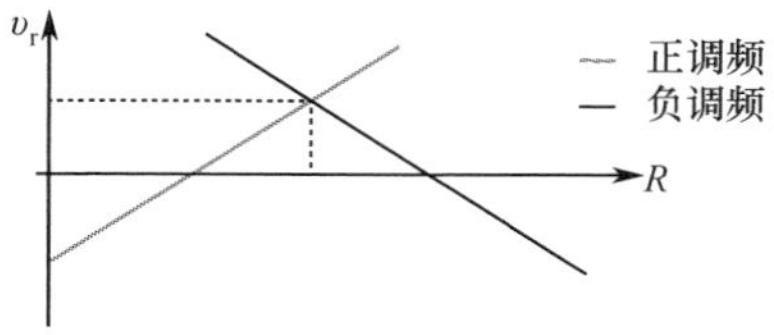

图 7.13　通过计算交叉点解决模糊

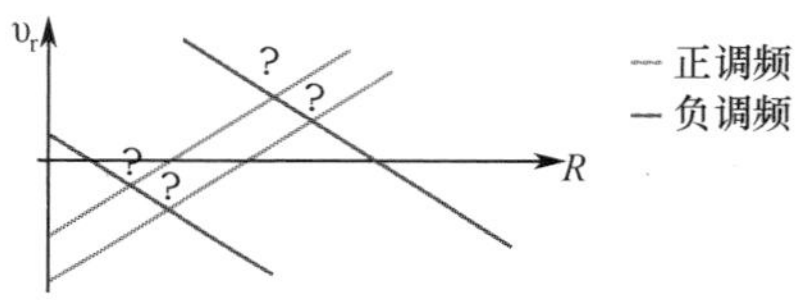

图 7.14　测量双目标时的虚假目标

如果把发射信号用两个附加的具有不同带宽的线性正调频脉冲和线性负调频脉冲进一步扩展，这种情况就可以避免。该类发射信号如图 7.15 所示。此情况下，应用四种不同的傅里叶变换，得到四个不同的测量拍频的组合。

图 7.16 显示了在距离－径向速度平面的交点与交线。一个检测到的目标和测量拍频之间经过相同的交点四次。所有的由两个甚至三个测量拍频计算得到的其他交点，都被认为是虚假目标。

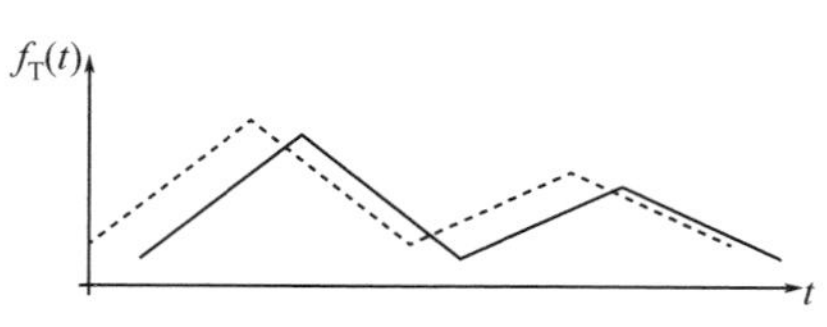

图 7.15　扩展的 FMCW 发射信号

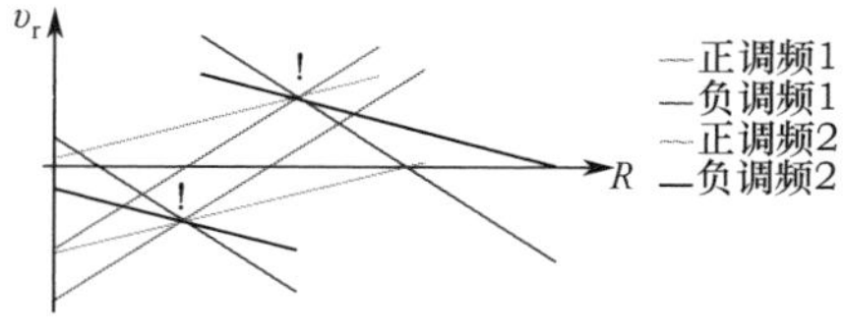

图 7.16　交点计算

这意味着，FMCW 雷达系统在多目标的情况下不能完全满足目标无模糊测距和测速的要求。目标的无模糊测距和测速是在 FMCW 作为发射信号的情况下的关键问题。

7.2.2.3　系统设计

设计采用 FMCW 发射波形的雷达系统时，根据式（7.23），扫频带宽 B_{sw} 是由期望的距离分辨率 ΔR 决定的。目标上的调频持续时间 T_{CPI} 必须以与单频 CW

波形为达到预期的速度分辨率 Δv_r ，同样的方式选取（见式（7.17））。对比未调制连续波（CW），其最大的拍频取决于最大期望径向速度 $v_{r,max}$ 和最大期望测距范围 R_{max} ：

$$\left| -\frac{2}{\lambda}v_{r,max} \mp \frac{2B_{sw}}{cT_{CPI}} \right| \leqslant f_{B,max} \tag{7.26}$$

由于除了多普勒频率之外，基带频率还包含与目标距离成正比的分量，基带信号带宽与以往的单频波形相比要宽。表7.4给出了FMCW雷达系统参数的示例，可与表7.2相对比。

表7.4　FMCW雷达的系统参数

参　数	数　值	参　数	数　值
载频	$f_T = 24$ GHz	距离分辨力	$\Delta R = 1$ m
目标积累时间	$T_{CPI} = 10$ ms	无模糊径向速度	$v_{max} = 250$ km/h
扫频带宽	$B_{sw} = 150$ MHz	无模糊距离	$R_{max} = 200$ m
速度分辨力	$\Delta v_r = 2.25$ km/h	基带带宽	$f_{B,max} = 31.2$ kHz

由于该基带信号带宽以及最大拍频 $f_{B,max}$ 的增大，噪声功率相比于单频CW雷达系统有所增加。

7.2.2.4　讨论

采用FMCW波形相比未调制CW波形的改进之处在于，即使存在多个目标，也具备同时测距 R 和测速 v_r 的能力。在目标距离分辨单元 ΔR 和径向速度分辨单元 Δv_r 内同样可以进行多目标的分辨。

不幸的是，在多目标的情况下，单个线性调频持续时间内无法实现无模糊测量。发射信号必须扩展为三段或者甚至是四段不同的线性调频信号，以避免出现虚假目标的情况。

表7.5给出了以上所提CW的已实现的和未实现的性能需求概述。

表7.5　已实现的和未实现的性能需求概述

性　能	CW	FMCW	性　能	CW	FMCW
R 和 v_r 的同时测量	×	√	测量时间	√	×
在 R 上的分辨力	×	√	鬼魂目标	√	×
在 v_r 上的分辨力	√	√	复杂性	√	√
精度	√	√			

7.2.3　频移键控波形

FMCW（调频连续波）波形相比单频CW波形具有明显的改进。此时，目标的径向速度 v_r 与距离 R 是同时测量的。然而，多目标的情况下无模糊测量的要求难以完全满足，而且还需要很长的测量时间。因此，一些替代波形是必需的。频移键控（FSK）波形正是这样一种备选波形，即使在多目标情况下，其也具有同时测量目标距离和径向速度的能力。

7.2.3.1 调制方案

FSK 发射信号与单频信号波形非常相似。在 FSK 的情况下，两个载频分别为 $f_{T,1}$、$f_{T,2}$ 的发射信号如图 7.17 所示的方式交替使用。发射频率以时间间隔 T_{step} 交替分布。在每个短时间内，在时间段的结束位置，都有一个单采样点。

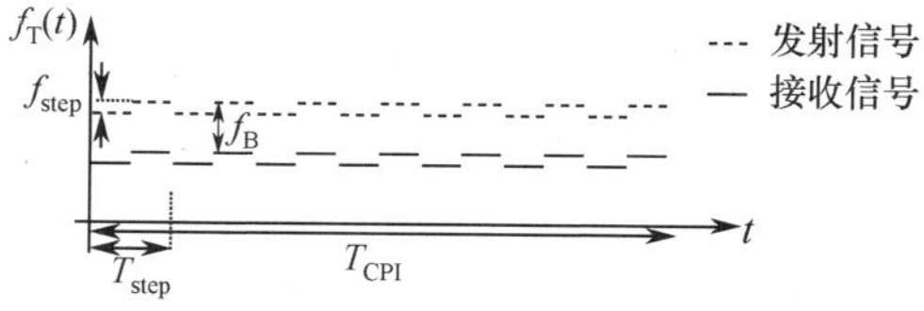

图 7.17 FSK 波形

两个对应的接收信号 $s_{R,1}(t)$ 与 $s_{R,2}(t)$ 分别通过瞬时发射频率 $f_{T,1}$ 与 $f_{T,2}$ 进行下变频，结果分别得到了两个具有相同拍频 f_B 的不同的基带信号 $s_{B,1}(t)$ 与 $s_{B,2}(t)$：

$$f_{B,i} = f_D = -\frac{2}{\lambda_i}v_r, i = 1,2 \tag{7.27}$$

接收基带信号的常数相位 $\phi_{B,i}$，与目标距离 R 和载频 $f_{T,i}$ 成正比（见式（7.12））：

$$\phi_{B,i} = 2\pi f_{T,i}\frac{2}{c}R = 4\pi\frac{R}{\lambda_i}, i = 1,2 \tag{7.28}$$

相位 $\phi_{B,i}$ 的目标距离信息是关于相位周期 2π 高度模糊的。因此，考虑两交替分布的信号的相对相位角：

$$\begin{aligned}\Delta\phi = \phi_{B,2} - \phi_{B,1} &= 2\pi(f_{T,2} - f_{T,1})\frac{2}{c}R \\ &= 2\pi f_{step}\frac{2}{c}R\end{aligned} \tag{7.29}$$

如果恰当地选择两个交替单频信号之间的频率步长 $f_{step} = f_{T,2} - f_{T,1}$，那么就可以在最大测距范围内由相位差来无模糊地确定目标距离。

7.2.3.2 信号处理

信号处理过程与单频 CW 波形相同，但包括 FFT 在内的整个处理过程要进行两次，即分别对载波频率 $f_{T,1}$、$f_{T,2}$ 进行处理。图 7.18 说明了 FSK 波形技术中的信号处理和目标检测过程（见图 7.7）。基于 FFT 处理，测量两次拍频 f_B，完成目标检测。在 FSK 波形的情况下，测量拍频 f_B 与多普勒频率 f_D 相同。因此，全部 FFT 输出信号对径向速度 v_r 测量了两次。在具有不同径向速度的多目标情况下，这些目标可以通过不同的多普勒频率来区分。因此，即使在多目标情况下，FSK 多普勒频率的测量也是无模糊的。得到 FFT 输出后，通过幅度门限来进行目标检测（见图 7.7）。

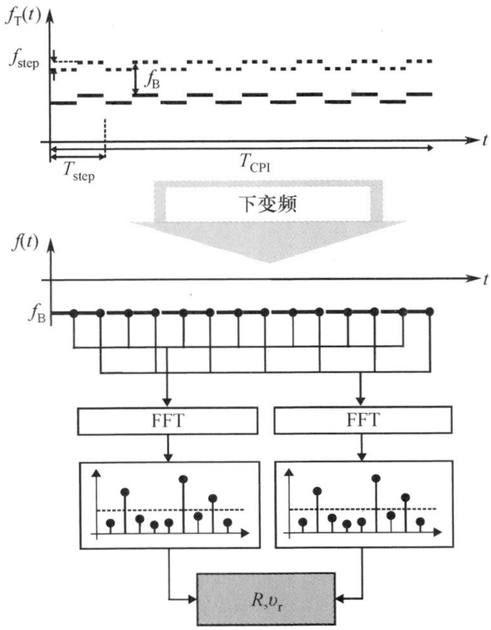

图 7.18 FSK 波形的信号处理和目标检测过程

在检测到目标的情况下，其谱线在 FFT 输出的位置和其在多普勒轴上的位置绝对是相同的。在这种情况下，复杂的相关处理是不必要的，可以避免的。最后，若已检测到目标，该目标距离 R 是通过测量该多普勒频率对的相位差 $\Delta\phi$ 来计算获得。

$$\Delta\phi = 2\pi f_{step}\frac{2}{c}R \tag{7.30}$$

7.2.3.3 系统设计

径向速度的测量与单频 CW 发射信号是相同的。此外，步进频率 f_{step} 考虑到无模糊相位角，必须进行调整：

$$2\pi f_{step}\frac{2}{c}R_{max} \leqslant 2\pi \tag{7.31}$$

表 7.6 给出了一组根据想要达到的指标要求计算系统参数的实例。

表 7.6 FSK 波形的系统参数

参数	数值	参数	数值
载频	$f_T = 24\text{GHz}$	速度分辨力	$\Delta v_r = 2.25\text{km/h}$
目标积累时间	$T_{CPI} = 10\text{ms}$	无模糊径向速度	$v_{max} = 250\text{km/h}$
步进频率	$f_{step} = 750\text{kHz}$	无模糊距离	$R_{max} = 200\text{m}$
步进时间	$T_{step} = 90\mu\text{s}$	基带带宽	$f_{B,max} = 11.2\text{kHz}$

7.2.3.4 讨论

基于 FSK 波形，即使在多目标的情况下也可以同时无模糊测量目标的距离 R 和径向速度 v_r。在多普勒频率轴上对目标进行分辨。计算的复杂性与应用一个单频波形的系统相当。目标距离 R 可以通过相位差 $\Delta\phi$ 来估测。

然而，FSK 波形有一定的局限性。若一个目标在多普勒谱的特定谱线被检测到，那么就假定在距离估计过程中，距离 R 处的一个物体对这次检测有贡献。如果有两个被测量的物体位于同一谱线，那么距离的估测就是没有意义的。这意味着 FSK 波形不能在距离上分辨目标。

汽车雷达应用中，所有不同距离 R 的静止目标都能在多普勒谱上观察到同一谱线。这些目标在距离向上无法分辨。

表 7.7 给出了 FSK 波形系统性能概述。

表 7.7　已实现的和未实现的性能需求概述

性　　能	CW	FMCW	FSK
R 和 v_r 的同时测量	×	√	√
在 R 上的分辨力	×	√	×
在 v_r 上的分辨力	√	√	√
精度	√	√	×
测量时间	√	×	√
鬼魂目标	√	×	√
复杂性	√	√	√

7.2.4 多频移键控调制波形

多频移键控（MFSK）波形的目的是结合 FSK 发射方案和 FMCW 波形的优势。FSK 能够同时无模糊地测量目标的距离 R 与径向速度 v_r，但无法在距离上分辨目标。与此相反，FMCW 波形在有些情况下可以同时分辨目标距离 R 和径向速度 v_r，但在多目标的情况下只能给出一个模糊的测量。这种情况下会产生虚假目标。应用 MFSK 波形的雷达测量将是无模糊的，甚至在多目标的情况下也是如此，还能解决目标的同时测距与测速的问题。

7.2.4.1 调制方案

FMCW 波形以及单频 CW 发射信号的基带信号有一个恒定的相位项 ϕ_B，其取决于目标的距离 R。在这些情况下，相位项不能用于信号处理过程，因为它是高度模糊的。对于单频 CW 信号，从基带信号的恒定相位 ϕ_B 提取目标距离信息的解决方案是交替发射两个具有微小不同的载频 f_T 的单频信号（见图 7.8）。这样，两个即将到来的基带信号的相位项之间的差异可以用于测定目标距离 R。

这种交替发射两个信号的方法同样应用于具有两个 FMCW 波形的 MFSK 信

号。两个载频步进量为 f_{step} 的线性调频脉冲，将以交替的方式进行发射（见图 7.19）。两个交替发射的信号分别通过相应的瞬时频率进行下变频。两基带信号的拍频 f_B 取决于目标的距离 R 和径向速度 v_r，这与 FMCW 波形是相同的（见式（7.24））：

$$f_B = -\frac{2}{\lambda}v_r - \frac{2B_{sw}}{cT_{CPI}}R \tag{7.32}$$

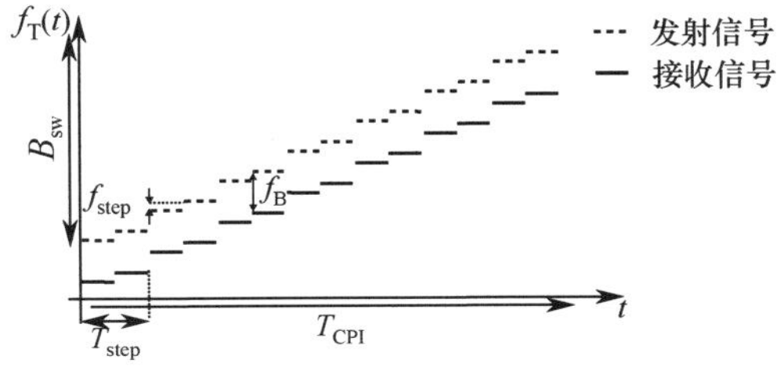

图 7.19　MFSK 波形

在 FSK 信号的情况下，所测相位差只受目标距离 R 的影响。在 MFSK 信号的情况下，所测相位差 $\Delta\phi$ 受距离和径向速度的影响：

$$\Delta\phi = 2\pi\left(T_{step}\frac{2}{\lambda}v_r - f_{step}\frac{2}{c}R\right) \tag{7.33}$$

使用上面的方程，可以得到一个含有两个未知量和两个已知测量量的线性方程组。这两个方程可直接用于目标距离 R 和径向速度 v_r 的估测。

7.2.4.2　信号处理

对交替信号做两次 FFT 处理，计算得到基带信号的频谱。所测的拍频 f_B 与相位差 $\Delta\phi$ 全部受到目标的距离 R 和径向速度 v_r 的影响。如果接收信号的幅度超过了 FFT 输出谱线的阈值，即认为检测到了目标。

因此在 MFSK 的情况下就不需要解决相关的问题。拍频 f_B 谱线的位置，和该特定谱线上的相位差 $\Delta\phi$ 对于信号的进一步处理非常重要。目标在目标距离 R 和径向速度 v_r 上的测量是无模糊的。图 7.20 给出了该信号处理过程的概述。

MFSK 波形的拍频 f_B 取决于目标参数，即目标的距离 R 和径向速度 v_r，这与 FMCW 信号是相同的（见式（7.17）和式（7.23））。

7.2.4.3　系统设计

该系统的设计步骤可直接与线性 FMCW 雷达系统相比较。根据式（7.23）和式（7.17），目标的距离分辨率与径向速度分辨率是由系统参数定义的，即扫描带宽 B_{sw} 和调频持续时间 T_{CPI}。目标最大探测距离 R_{max} 和最大径向速度 $v_{r,max}$ 决定了最大拍频 $f_{B,max}$（见式（7.26））。此外，MFSK 信号以频率步进量 f_{step} 交替发射信号，在区间［$-\pi$；π）内实现相位的无模糊测量：

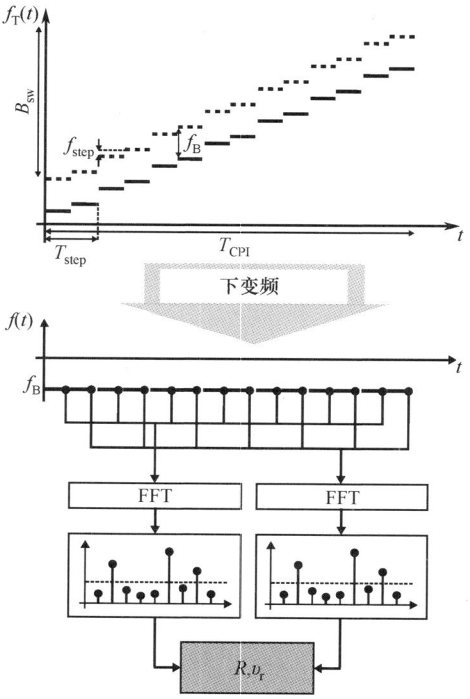

图 7.20 MFSK 波形的信号处理过程

$$\left|2\pi\left(T_{step}\frac{2}{\lambda}v_{r,max}-f_{step}\frac{2}{c}R_{max}\right)\right|\leqslant\pi \tag{7.34}$$

表 7.8 为 FMCW 系统更新后的示例（见表 7.4）。

表 7.8 MFSK 信号的系统参数

参　数	数　值	参　数	数　值
载频	$f_T=24\text{GHz}$	速度分辨力	$\Delta v_r=2.25\text{m/s}$
目标积累时间	$T_{CPI}=10\text{ms}$	距离分辨力	$\Delta R=1\text{m}$
扫频带宽	$B_{sw}=150\text{MHz}$	无模糊径向速度	$v_{max}=250\text{km/h}$
步进频率	$f_{step}=106\text{kHz}$	无模糊距离	$R_{max}=200\text{m}$
步进时间	$T_{step}=10\mu\text{s}$	基带带宽	$f_{B,max}=31.2\text{kHz}$

为了确保雷达回波信号总能进行下变频，步进时间 T_{step} 选为 10μs，这要比最大传输延迟 τ_{max} 大许多。

7.2.4.4 讨论

MFSK 波形几乎完全符合汽车雷达系统的性能要求。即使在多目标的情况下，也能同时测量目标距离和径向速度。此外，目标在距离或速度上可以被分辨出来；这对复杂的交通和道路环境非常重要。

表7.9给出了所述波形已实现的和未实现的性能需求概述。

表7.9　已实现的和未实现的性能需求概述

性　　能	CW	FMCW	FSK	MFSK
R 和 v_r 的同时测量	×	√	√	√
在 R 上的分辨力	×	√	×	√
在 v_r 上的分辨力	√	√	√	√
精度	√	√	×	√
测量时间	√	×	√	√
鬼魂目标	√	×	√	√
复杂性	√	√	√	√

7.2.5　快速调频

MFSK波形几乎满足汽车雷达所有的要求。然而，为了高精度测量相位差 $\Delta\phi$ ，需要大信噪比（SNR）。为提高雷达的测量精度和系统性能，有人提出了一种频率调制波形，该波形在线性调频序列中调频时间很短。在这种情况下，调频持续时间 T_{CPI} 从10ms降到90 μs 。此时，目标的距离 R 和径向速度 v_r 可由两个独立的频率来进行估测，不需要相位估计。这种情况下测量精度更高，系统性能得到提升。另一方面，计算复杂度也更高。

7.2.5.1　调制方案

如图7.21所示，FMCW系统发送一组连续线性调频序列。跟式（7.24）所述的相同，每个线性调频的拍频 f_B 都取决于目标的距离 R 和径向速度 v_r ：

$$f_B = -\frac{2}{\lambda}v_r - \frac{B_{sw}}{T_{chirp}}\frac{2}{c}R \tag{7.35}$$

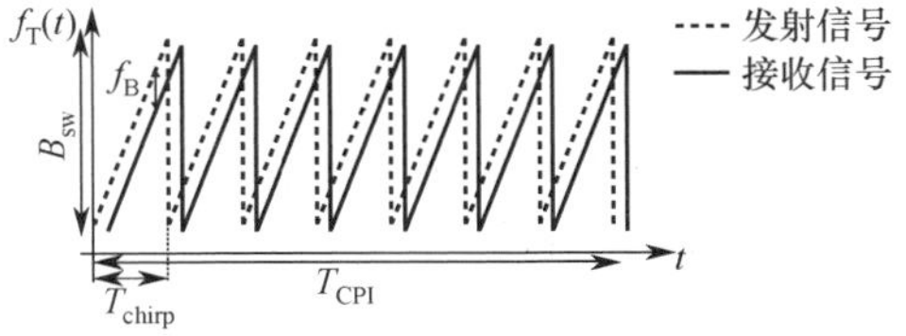

图7.21　快速线性调频

然而，对于快速调频的情况，拍频 f_B 的主要成分来自于目标距离 R ，更少地来自于多普勒频率 f_D 或径向速度 v_r 。此外，由于从一个调频到下一个调频的连续相移，对接收信号沿着调频序列的观测产生了多普勒频率：

$$f_D = -\frac{2}{\lambda}v_r \tag{7.36}$$

7.2.5.2 信号处理

该信号处理过程的第一步是测定每个单独的线性调频信号的拍频 f_B 。对每个线性调频分号进行下变频之后，再将其基带信号通过 FFT 变换到频域。所得复信号的频谱存储在一个矩阵中，如图 7.22 所示。在信号处理过程中，不同距离 R 的目标通过测量拍频 f_B 来进行分辨。

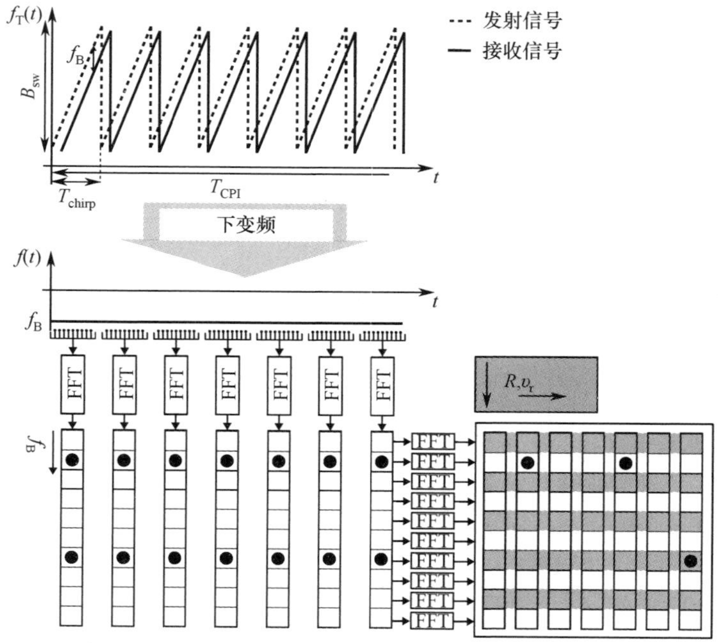

图 7.22 线性调频信号序列的信号处理

该信号处理过程的第二步是基于特定的距离门进行第二次 FFT 处理来确定多普勒频率 f_D（见图 7.22）。本步之后，除了在拍频或者距离上被分辨，目标在多普勒频率 f_D 上也被分辨出来。

拍频 f_B 在每一个线性调频信号间单独测量得出，多普勒频率则是在每个快速线性调频信号的特定距离门进行测量。由式（7.36），径向速度可根据二次 FFT 输出的测量多普勒频率 f_D 直接计算得到。目标的距离 R 可根据测量每个调频信号的拍频 f_B 计算得到（见式（7.35））：

$$R = \frac{T_{chirp}}{B_{sw}} \frac{c}{2}(f_B - f_D) \tag{7.37}$$

7.2.5.3 系统设计

所考虑的波形基于线性调频信号序列，其调频持续时间 T_{chirp} 很短。线性调频的长度根据最大多普勒频率进行选取，以避免出现多普勒频率测量模糊。

表 7.10 给出了一组系统参数的示例。此时线性调频持续时间为 $T_{chirp}=90\mu s$。

表 7.10　快速线性调频波形的系统参数

参　数	数　值
载频	$f_T=24GHz$
目标积累时间	$T_{CPI}=10ms$
扫频带宽	$B_{sw}=150MHz$
调频时间	$T_{chirp}=90\mu s$
速度分辨力	$\Delta v_r=2.25m/s$
距离分辨力	$\Delta R=1m$
无模糊径向速度	$v_{max}=250km/h$
无模糊距离	$R_{max}=200m$
基带带宽	$f_{B,max}=2.2MHz$

频率分辨率与观测时间成反比。在测量多普勒频率 f_D 的情况下，观测时间为 L 个线性调频时间为 T_{chirp} 的线性调频脉冲信号的持续时间 T_{CPI}

$$\Delta f_D=\frac{1}{LT_{chirp}}=\frac{1}{T_{CPI}} \tag{7.38}$$

因此，期望的速度分辨率还是取决于总测量时间 T_{CPI}。

距离分辨率的计算方式与 FMCW 波形相同（见式（7.23）），所以距离分辨率取决于扫频带宽 B_{sw}。

快速线性调频信号的一个优势是，由于各种观测情况下主要受距离的影响，拍频 f_B 始终为正。此外，雷达接收机可设计为单接收通道，即同相通道。正交通道可以省略。这与本章讨论的其他发射波形相比是一个非常重要的差别，传统雷达接收机具有同相通道与正交通道，需要考虑同步问题和信号偏移的控制问题。

单个接收通道的好处是可以降低硬件部分的复杂度。图 7.23 给出了系统发射机和接收机的结构，相比图 7.6 给出的常用正交混频器接收机，该结构简单得多。

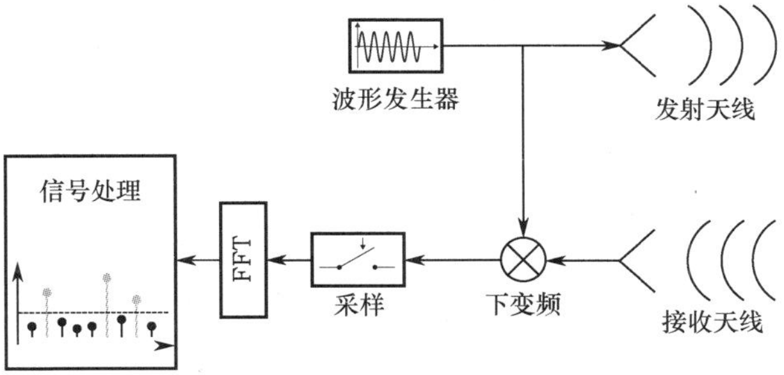

图 7.23　单接收通道的雷达接收机

7.2.5.4 讨论

本节中介绍的快速线性调频波形几乎满足汽车雷达系统所有的性能要求。由于只涉及到频率测量，因此能够同时精确地测量目标的距离和径向速度。而且即使在多目标的情况下，目标参数也可以无模糊确定。除此之外，由于对拍频f_B和多普勒频率f_D进行二维处理，目标达到真正的二维分辨成为可能。因此，多目标情况下的处理性能是非常优良的。

表 7.11 给出了所述波形已实现的和未实现的性能需求概述。

表 7.11　已实现的和未实现的性能需求概述

性能	CW	FMCW	FSK	MFSK	快速线性调频波形
R 和 v_r 的同时测量	×	√	√	√	√
在 R 上的分辨力	×	√	×	√	√
在 v_r 上的分辨力	√	√	√	√	√
精度	√	√	×	√	√
测量时间	√	×	√	√	√
鬼魂目标	√	×	√	√	√
复杂性	√	√	√	√	×

7.3 方位角的测量

基于应用不同雷达波形，能够成功地测量目标的距离 R 和径向速度 v_r 。本节中，考虑使用单脉冲技术来完成方位角 α 的测量[12]。

单脉冲技术通过两个接收天线来进行方位角估计（图 7.24）。两天线输出端的接收信号并行处理，其中包括下变频、信号处理和目标检测。方位角估计是对目标检测的输出进行特有的计算得到的，这是汽车雷达应用特有的。因此，多个目标在方位角上进行分辨是不可能的。多个目标将根据应用的波形，在距离上或径向速度上进行分辨。

对于已检测到的目标，复信号 S_1 和 S_2 假设分别为接收机 1 和 2 的输出。测得信号 S_1 和 S_2 的幅度，信号的相位 $\arg(S_1)$ 和 $\arg(S_2)$ 被用于单脉冲估计过程，例如

$$\Delta\phi_\alpha = \arg(S_2) - \arg(S_1) \tag{7.39}$$

$$= 2\pi\frac{d\sin(\alpha)}{\lambda} \tag{7.40}$$

方位角 α 不仅取决于两个接收信号 S_1 和 S_2 之间的相位差 $\Delta\phi_\alpha$ ，由于接收天线特有的天线波束（见图 7.25），两个接收信号的幅值 $|S_1|$ 和 $|S_2|$ 也会决定方位角的大小。

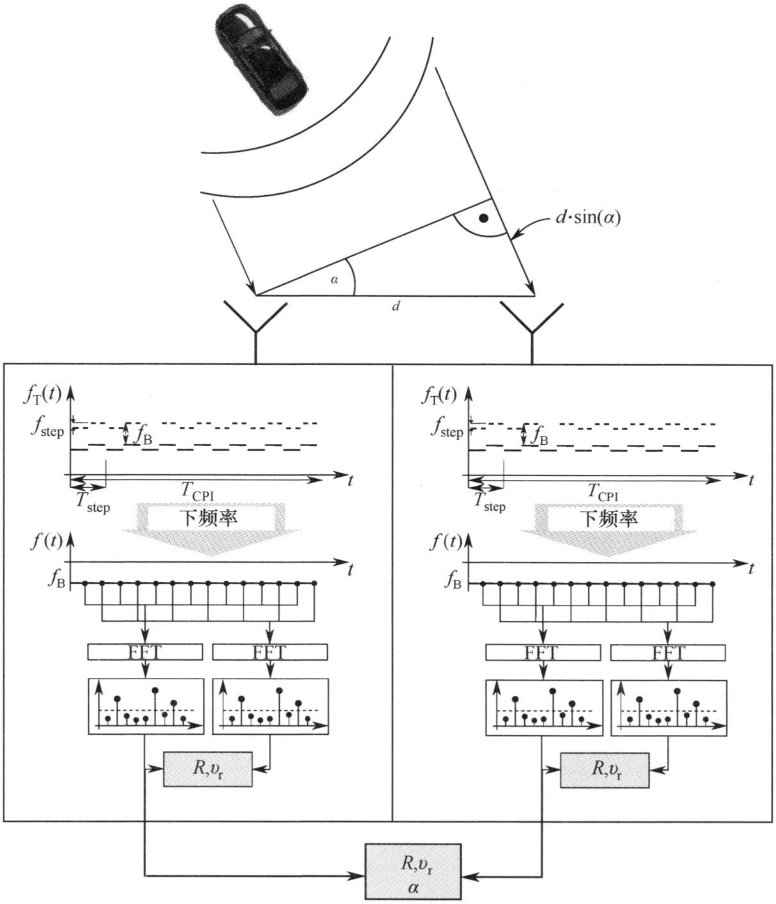

图 7.24　单脉冲技术的两个接收天线

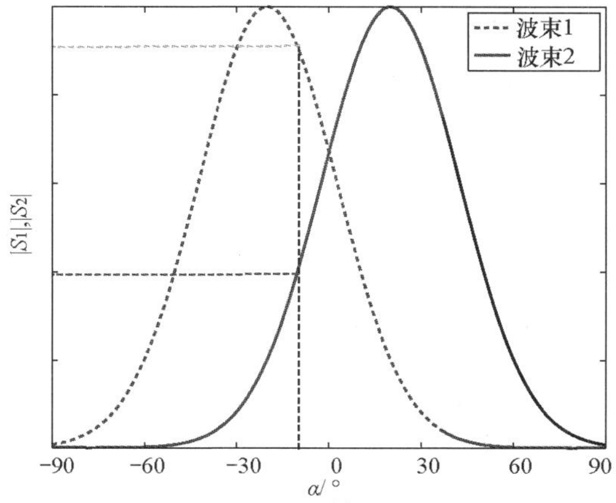

图 7.25　方位取决于两接收天线接收信号的幅值

7.4 切向速度测量

通常，传统雷达系统同时测量目标的距离 R 、径向速度 v_r 和方位角 α 。然而，典型点目标的情况下，切向速度 v_l 难以由单一的观测系统估测，尽管它可以被跟踪系统估测。所以，想让切向速度信息在雷达系统和雷达应用中可用，还需要更多时间进行研究。根据汽车雷达的应用和城市交通的特点，切向速度 v_l 和目标方向信息越早被了解越好。

在这一部分中，将讨论基于单个目标观测系统与单个雷达测量方案测量目标切向速度 v_l 的信号处理过程[13]。此功能对于城市交通中的汽车尤为重要。本例中假设一个扩展目标至少有两个不同的反射点。

高级驾驶员辅助系统（ADAS）的总体思路是基于汽车传感器对周围车辆的位置与运动方向的分别测量。测量结果用于一些辅助程序，例如远程控制或主动安全系统。目前，几乎所有的汽车雷达系统，如 ACC，在设计时都非常强调其在高速公路上的应用，因为高速公路几乎全是径向交通，可以忽略切向交通（见图 7.26）。

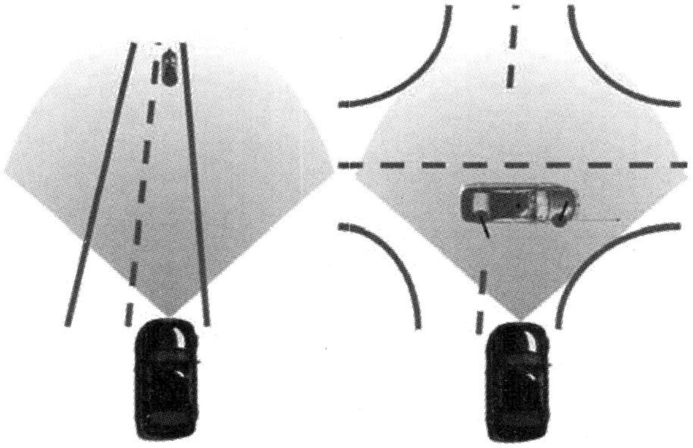

图 7.26　高速公路交通和城市交通

然而，对汽车应用来讲，任何对切向速度的观测都有很高的关注度，特别是在汽车安全系统对时延要求极强的情况下。为设计可靠的目标跟踪系统，目标的真实运动信息包括径向和切向分量的知识是必不可少的。因此，本节将介绍基于单个观测系统，如何设计出能够同时测量距离、径向速度、方位角以及切向速度 v_l 的汽车雷达系统。

7.4.1 雷达切向速度的测量

本节考虑并描述了基于单脉冲技术，如何设计一个具有方位角测量能力的汽车雷达传感器。

切向速度通常不能由一部雷达和单次观测所测量。然而，本部分将说明切向速度分量可以由单一观测系统测量，且精度更高。这个特性对于任何城市交通中的雷达应用都非常重要，因为切向速度分量的意义重大。从物理角度讲，假定单个雷达目标具有多于一个的反射点。

未知的速度矢量与反射点位置都可以进行矢量描述，例如在笛卡儿坐标系中。由于雷达传感器的测量量是在极坐标系中给出，目标位置也是由距离 R_i 与方位角 α_i 定义的，图 7.27 说明了单个目标的两个反射点之间的关系，该目标以恒定的速度矢量运动。该传感器系统的位置设为坐标原点。

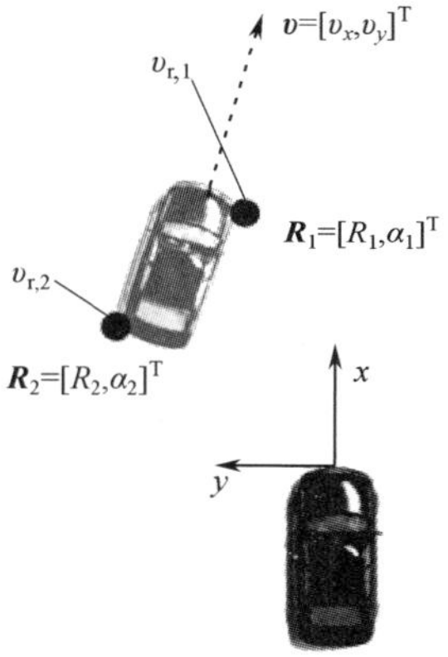

图 7.27　单个目标的两个不同径向速度的明显反射点的检测

所测目标参数，即径向速度 $v_{r,i}$ 和与之相关的目标方位角 α_i，描绘了 $v_x - v_y$ 域内单个反射点的一个模糊带：

$$v_{r,i} = v_x\cos(\alpha_i) + v_y\sin(\alpha_i) \tag{7.41}$$

假设雷达目标的全部反射点在时间为 T_{CPI} 的短时观测中，都具有相同的速度矢量 $\boldsymbol{v}$。但是，扩展目标的径向速度由于方位角的不同也将不同。

考虑单个雷达目标两个反射点的情况，有下列方程：

$$v_{r,1} = v_x\cos(\alpha_1) + v_y\sin(\alpha_1) \tag{7.42a}$$

$$v_{r,2} = v_x\cos(\alpha_2) + v_y\sin(\alpha_2) \tag{7.42b}$$

式中：$v_{r,1}, v_{r,2}, \alpha_1, \alpha_2$ 基于 MFSK 波形已经测得。因此，上述方程可求解。

典型的交叉口情况下，汽车之间的距离会很短，一辆车上可能会有多个反射点，雷达传感器根据其不同的径向速度进行分辨。在这种情况下，由 N 个线性方程组成的方程组按如下列出：

$$\begin{aligned} v_{r,1} &= v_x\cos(\alpha_1) + v_y\sin(\alpha_1) \\ v_{r,2} &= v_x\cos(\alpha_2) + v_y\sin(\alpha_2) \\ &\vdots \\ v_{r,N} &= v_x\cos(\alpha_N) + v_y\sin(\alpha_N) \end{aligned} \tag{7.43}$$

解方程组（7.43）能够得到期望目标的方向信息，即 x 轴的速度 v_x ，y 轴的速度 v_y 。为针对城市交通和交叉路口的情况，切向速度的测量技术将被应用于汽车雷达传感器。

图 7.28 显示了一个典型交叉口的测速示例，其中 $v_x = 10.87\text{km/h}$ ，$v_y = -40.57\text{km/h}$ 。速度向量的单次测量的描述包括绝对速度以及观测车辆的方向：

$$v_x = 10.87\text{km/h}$$

$$v_y = -40.57\text{km/h}$$

$$|\boldsymbol{v}| = \sqrt{v_x^2 + v_y^2} = 42\text{km/h}$$

$$\arctan\left(\frac{v_y}{v_x}\right) = -75^\circ$$

这些速度的特征已经给出了一个很好很详细的关于观测到的交通情况与物体运动的信息。在这种情况下，在第一次探测到目标之后，跟踪系统已经根据任何观测到的车辆的目标运动方向和绝对速度进行初始化。因此，自行制动、行人检测或其他预防碰撞的应用的反应时间将大大缩短。这对城市交通和交叉路口状况的分析都是非常重要的。

图 7.28　实际交通环境的切向速度测量

7.5　结　论

本章中，对五种不同的 CW 波形进行了讨论和比较。MFSK 波形表现出的性能最佳，并且其在性能特性与计算复杂度上做了一个很好的折中。

此外，本章还提出了切向速度（横向距离）的测量技术，这对城市交通状况来说非常重要。

参考文献

[1] H. Rohling, 'Milestones in radar and the success-story of automotive radar', *Proceedings of the International Radar Symposium*, Vilnius, Lithuania, 2010.

[2] H. Rohling, S. Heuel, 'Development milestones in 24GHz automotive radar', *Proceedings of the International Radar Symposium*, Vilnius, Lithuania, 2010.

[3] H. Rohling, S. Heuel, H. Ritter, 'Pedestrian detection procedure integrated into an 24 GHz automotive radar', *IEEE Radar Conference*, Washington, DC, USA, 2010.

[4] R. Mende, 'A certified 24GHz radar sensor for automotive applications', *Proceedings of Workshop on Intelligent Transportation*, Hamburg, Germany, 2004.

[5] R. Mende, M. Behrens, '24GHz automotive radars based on a singlechip 24GHz SiGe BiCMOS transceiver', *Proceedings of the Workshop on Intelligent Transportation*, Hamburg, Germany, 2009.

[6] N. Levanon, E. Mozeson, *Radar Signals*, John Wiley & Sons, Hoboken, NJ, 2004.

[7] H. Rohling, E. Lissel, '77GHz radar sensor for car application', *Record of the IEEE* 1995 *International Radar Conference*, Alexandria, VA, USA, 1995.

[8] H. Rohling, M.-M. Meinecke, 'Waveform design principles for automotive radar systems', *Proceedings of the CIE International Conference on Radar*, Beijing, China, 2001.

[9] H. Rohling, C. M ler, 'Radar waveform for automotive radar systems and applications', *RADAR '08. IEEE Radar Conference*, Rome, Italy, 2008.

[10] I. V. Komarov, S. M. Smolskiy, *Fundamentals of Short-Range FM Radar*, Artech House, Inc., Norwood, MA, USA, 2003.

[11] H. Rohling, 'Radar CFAR thresholding in clutter and multiple target situations', *IEEE Transactions on Aerospace and Electronic Systems*, vol. AES-19, pp. 608 - 621, July 1983.

[12] P. Z. Peebles, Jr., *Radar Principles*, John Wiley & Sons, NewYork, NY, 2004.

[13] F. F ster, H. Rohling, 'Lateral velocity estimation based on automotive radarsensors', *IEEE Conference on Radar*, Shanghai, China, 2006.

第 8 章　多基地波形分集雷达的脉冲压缩

Shannon D. Blunt[1], **Thomas Higgins**, **Aaron K. Shackelford**[2]
and Karl Gerlach

摘　　要

雷达脉冲压缩已经被广泛应用，其能在实现高距离分辨率的同时避免由于采用未调制的短脉冲而导致的高峰值功率。各种各样的不同波形结构也同样提供了一种用来区分可能在空间、频率和时间重合的来自不同雷达的回波的方法。此外，新波形分集发射方案的发展依赖于在接收端对各种发射成分充分分离的能力。这些问题属于分离不同的相互干扰的信号问题的通用框架情况，本章介绍一种自适应的接收方案，该方案可以分辨出不同信号成分，从而实现所需的雷达灵敏度。具体涉及的应用包括多基地雷达、高多普勒场景成像和步进频发射。

关键词：雷达；脉冲压缩；MMSE 滤波；多基地雷达；自适应脉冲压缩；匹配滤波；CLEAN 算法；步进频雷达；ISAR 成像；脉冲遮挡；干扰对消

8.1　引　　言

对于传统的单基地雷达而言，通常是优化发射波形和相应的接收滤波器，通过优化低距离旁瓣、低失配损失（如果有的话）和多普勒容限来提供高处理增益和灵敏度。除了单基地的考虑之外，对于多基地[1]和波形分集[2]雷达模式，多个反射波形可以同时入射到接收孔径，从而大大增加了雷达信号处理的复杂度。因为存在太多的可能干扰源对其干扰，所以在一般情况下，标准的非自适应方法不能有效地分离多个多基地的目标回波。因此，需要以自适应的形式来分离相互干扰的不同接收回波。

多个干扰波形同时干扰的问题已经被发现了许多年。这种效应往往是由于在大气波导的影响下，雷达发射的电磁波传播距离远大于预期导致的。随着频谱环境变得越来越拥挤，这种情况将出现得更为频繁。虽然在这里没有提到，在雷达和通信中，完全不同类型的频谱占用之间的干扰抑制也同样是一个开放式问题。

还应当指出，已知的多输入多输出（MIMO）雷达[3]传感方式依赖于多个波形的同时使用，这也同样会在一定程度上相互干扰。

本章提供了一种可分离与不同雷达波形相关的多基地雷达回波的反复的最小均方误差（RMMSE）方法。该算法是单基地雷达自适应脉冲压缩（APC）算法[4,5]的推广，可称为多基地 APC（MAPC）[6-8]，它是通过对波形－延时域置零来抑制同一时间的回波之间的相互干扰。这种形式的接收处理类似于并行干扰对消[9]，其独立的 APC 滤波器与每个入射雷达波形相关联，这也同样说明了不同波形间将产生干扰。8.2 节介绍了一种通用的多基地接收信号模型。随后在 8.3 节，提供了 MAPC 算法的推导和一些实例结果。此外，虽然并没有将结果展示在这里，但已通过采用两部露天 X 波段共享频谱雷达同时发射的测试床进行了实验验证，可观察到 MAPC 相比于标准匹配滤波处理，其灵敏度至少有 25dB 的改善。

对于某些遥感场景和/或遥感模式，干扰的数量超出了仅对距离（或波形）维操作的 MAPC 算法的自适应自由度（DOF），从而导致性能低下。为了弥补这一缺陷，8.4 节研究了与众所周知的 CLEAN 算法[10-14]结合的混合型 MAPC。因为 MAPC 是一个自适应滤波器且 CLEAN 可看作是一个特定投影，故这两者的适当组合[15,16]可以克服由可用自适应 DOF 导致的典型局限。

8.5 节展示了一种潜在的可以将常规的 MAPC 结构应用于单基地雷达的方法，使得以单一脉冲回波为基础的距离－多普勒成像更容易。这种方法被称为单脉冲成像（SPI）算法[17,18]，主要用于超高速物体成像，以及在非常高的工作频率（如 W 波段）下进行成像。对于这样的场景，反射回波被定义为产生多普勒频移的发射信号的集合。

最后，8.6 节介绍了 MAPC 在步进频率雷达的应用，在该雷达中每个子脉冲包含一个处在不同（尽管相邻）工作频率的特有波形。为了避免描绘完整宽带波形所必须的高采样率，每个子脉冲都需要分别进行下变频、滤波和接收处理。因为理想低通滤波是无法实现的，频谱泄漏将导致脉冲间的干扰，而 MAPC 算法非常适合抑制此类干扰。

8.2　多基地接收信号模型

考虑采用 K 部同时工作在相同或相邻频带的雷达，每部均发射特有波形。尽管之后会考虑空间或多普勒 DOF，但是基于这些不同的波形在距离维进行自适应滤波可以有助于将 K 组雷达回波区分开，以便进行后续的目标检测、识别和跟踪等。对于此多基地配置，假设 K 部邻近雷达的主波束分别以一个特定波形同时照射 K 个不同的距离范围（相互之间可能相关，也可能独立）中的一个。尽管 K 个波形不一定是最优的，但假定其具有相对理想的自模糊和互模糊性能。需要注意的是这种概念下的多基地雷达会接收到多个不同雷达波形的反射波，比如以合作为目的而有意设计的雷达系统，如 MIMO 雷达模式，或是在空间上临近的非合作雷达系统。

叠加的 K 组回波和噪声入射在一部给定的雷达接收机上，其中第 k 组回波波形 $s_k(t)$ 由两部分散射体反射组成的，分别是：①第 k 部雷达主波束照射的散射体集；②第 k 部雷达天线方向图旁瓣照射的散射体集。在数学上，这一现象可表示为发射波形与代表散射体集的各种不同距离像的卷积。图 8.1 中的插图描绘了两部发射雷达（Tx1 和 Tx2）和一部独立接收机（Rx）的情形。

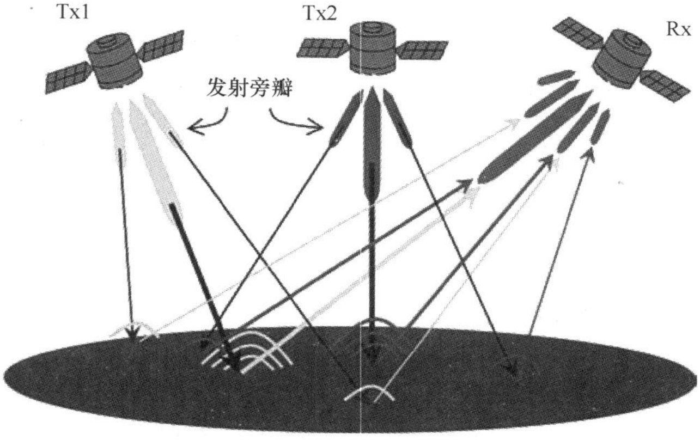

图 8.1　接收回波中的主瓣和旁瓣集合

不失一般性，考虑在雷达 1 处的接收处理。如果主波束覆盖区具有足够的空间分散性，则 K 组回波采用空间波束形成可以得到部分分离。然而，由于回波集在空间上是分散的，单独进行波束形成并不足以充分抑制相互干扰。从雷达 1 的角度来看，与第 k 部雷达的主波束照射的覆盖区类似，空间接收波束转向波达方向 θ_k 将产生一个波束形成的接收信号，该信号包含所求的与第 k 个波形卷积的第 k 幅距离像，还有与它们各自复合距离像以及噪声卷积的其他 $K-1$ 个波形。在 θ_k 方向波束形成后获得的第 i 幅复合距离像（$i=1,2,\cdots,K$ 且 $i\neq k$）由三部分组成，分别为：①被第 i 部雷达的空间旁瓣照射的且与第 k 部雷达主波束覆盖区重叠的距离像；②被第 i 部雷达的主波束照射的且与第 k 个信号接收波束形成器的空间旁瓣重叠的距离像；③被第 i 部雷达的空间旁瓣照射的且落在第 k 个波束形成器的接收旁瓣里的距离像。通常前两项给第 k 组回波引入的干扰比第三项多，这是因为它们分别与发射或接收主波束联系在一起。

这里用长度为 N 的矢量 $\boldsymbol{s}_k$ 表示波形 $s_k(t)$ 的离散时间形式。处理雷达 1 处（接收波束形成之前）接收到的所有入射回波，雷达 1 的第 m 个天线单元上的第 ℓ 个时间采样为

$$y_m(\ell)=\sum_{i=1}^{K}\left[\sum_{k=1}^{K}\left(\tilde{\boldsymbol{x}}_{i,k}^{\mathrm{T}}(\ell)\,\boldsymbol{s}_i\mathrm{e}^{\mathrm{j}(m-1)\theta_k}\right)+\tilde{\boldsymbol{x}}_{i,SL}^{\mathrm{T}}(\ell)\,\boldsymbol{s}_i\right]+v_m(\ell) \tag{8.1}$$

式中：$\tilde{\boldsymbol{x}}_{i,\cdot}(\ell) = [\tilde{x}_{i,\cdot}(\ell)\tilde{x}_{i,\cdot}(\ell-1)\cdots\tilde{x}_{i,\cdot}(\ell-N+1)]^{\mathrm{T}}$ 为与波形 $\boldsymbol{s}_i$ 在延时 ℓ 处卷积的 N 个离散距离像样本；$\boldsymbol{v}_m(\ell)$ 项为加性噪声；$(\cdot)^{\mathrm{T}}$ 为转置操作；$\tilde{\boldsymbol{x}}_{i,k}(\ell)$ 项为在第 k 部雷达主波束覆盖区内且被第 i 部雷达的主波束（$i=k$）或旁瓣（$i\neq k$）照射的长度为 N 的部分距离像；$\tilde{\boldsymbol{x}}_{i,SL}(\ell)$ 项为被第 i 部雷达的空间旁瓣照射的且不在其他 $K-1$ 部雷达的主波束覆盖区内的长度为 N 的部分叠加距离像。

雷达 1 上 M 个天线单元上的接收回波的第 ℓ 个时间采样点可以进行整合并用矢量 $\boldsymbol{y}(\ell) = [y_0(\ell)\quad y_1(\ell)\quad\cdots\quad y_{M-1}(\ell)]^{\mathrm{T}}$ 表示，该矢量可以用于波束形成处理，其最高增益处对应于主波束发射/主波束接收（$i=k$）成分。假设数字波束形成是可行的，关于每个所关注的 K 个主波束的照射区域，对天线阵列的 M 个输出分别采用独立的波束形成器。对于给定的雷达来估计第 k 个距离像，必须有与到达方向 θ_k 相关的一些知识。不失一般性，考虑在接收端的均匀线阵上第 n 个距离像（假设 θ_n 是已知的）的估计。则相关的空间导向矢量可表示为 $\boldsymbol{r}_n = [1\quad \mathrm{e}^{\mathrm{j}\theta_n}\quad\cdots\quad \mathrm{e}^{\mathrm{j}(M-1)\theta_n}]^{\mathrm{T}}$，所得信号（归一化）的第 ℓ 个时间样本可表示为

$$z_n(\ell) = \frac{1}{M}\boldsymbol{r}_n^{\mathrm{H}}\boldsymbol{y}(\ell) = \sum_{i=1}^{K}\left[\sum_{k=1}^{K}(\eta_{n,k}\,\tilde{\boldsymbol{x}}_{i,k}^{\mathrm{T}}(\ell)\,\boldsymbol{s}_i) + \tilde{\boldsymbol{x}}_{i,SL,n}^{\mathrm{T}}(\ell)\,\boldsymbol{s}_i\right] + u_n(\ell) \tag{8.2}$$

式中：$u_n(\ell) = (1/M)\boldsymbol{r}_n^{\mathrm{H}}[\boldsymbol{v}_0(\ell)\quad \boldsymbol{v}_1(\ell)\quad\cdots\quad \boldsymbol{v}_{M-1}(\ell)]^{\mathrm{T}}$ 为在第 n 个方向波束形成后的加性噪声；$\eta_{n,k} = (1/M)\boldsymbol{r}_n^{\mathrm{H}}\boldsymbol{r}_k$ 为第 n 个接收导向矢量 $\boldsymbol{r}_n$ 和对应于第 k 个主波束照射覆盖区的导向矢量 $\boldsymbol{r}_k$ 之间的空间相关系数；$\tilde{\boldsymbol{x}}_{i,SL,n}(\ell)$ 项为在第 n 个方向波束形成后第 i 部雷达旁瓣照射的所有距离像的叠加。需要注意的是式（8.2）的形式很容易推广到任意阵列结构。

波束形成之后，为了简单起见，众多的不同距离像可以合并为复合距离像。对于波束形成的第 n 个方向，从雷达 1 的角度，对于 $i=1,2,\cdots,K$，可将第 i 个复合距离像表示为

$$\boldsymbol{x}_{i,n}(\ell) = \sum_{k=1}^{K}(\eta_{n,k}\,\tilde{\boldsymbol{x}}_{i,k}(\ell)) + \tilde{\boldsymbol{x}}_{i,SL,n}(\ell) \tag{8.3}$$

式中：$\boldsymbol{x}_{n,n}(\ell)$ 为所关心的距离像，当 $i\neq n$ 时多基地距离像 $\boldsymbol{x}_{i,n}(\ell)$ 对应于多基地干扰。复合距离像 $\boldsymbol{x}_{i,n}(\ell)$ 包括被波形 $\boldsymbol{s}_i$ 的主波束或旁瓣照射的所有物体，它们的回波进入到雷达 1 处，然后在第 n 个方向被波束形成。故采用第 n 个波束形成器后，式（8.2）的信号模型中对 K 个复合距离像采用式（8.3）简化可得

$$z_n(\ell) = \sum_{i=1}^{K}\boldsymbol{x}_{i,n}^{\mathrm{T}}(\ell)\,\boldsymbol{s}_i + u_n(\ell) \tag{8.4}$$

式（8.4）中波束形成后的回波的 N 个连续时间样本的集合可以表示为

$$\boldsymbol{z}_n(\ell) = \sum_{i=1}^{K}\boldsymbol{X}_{i,n}^{\mathrm{T}}(\ell)\,\boldsymbol{s}_i + \boldsymbol{u}_n(\ell) \tag{8.5}$$

式中：$\boldsymbol{z}_n(\ell) = [z_n(\ell)\quad z_n(\ell+1)\quad\cdots\quad z_n(\ell+N-1)]^{\mathrm{T}}$ 为长度为 N 的波束形成

的回波矢量；$\boldsymbol{u}_n(\ell) = [u_n(\ell) \quad u_n(\ell+1) \quad \cdots \quad u_n(\ell+N-1)]^{\mathrm{T}}$ 为波束形成后的加性噪声矢量；$\boldsymbol{X}_{i,n}(\ell) = [\boldsymbol{x}_{i,n}(\ell) \quad \boldsymbol{x}_{i,n}(\ell+1) \quad \cdots \quad \boldsymbol{x}_{i,n}(\ell+N-1)]$ 为 $N \times N$ 的在第 n 个方向波束形成后第 i 个复合距离像的样本移位（按列）快拍矩阵。对于未采用空间处理的场景，式（8.5）可以直接用于表示多基地回波（忽略下标 n）的集合。

关于 $n = 1,2,\cdots,K$ 和所有的 ℓ，对式（8.5）应用匹配滤波[19]可得

$$\hat{x}_n(\ell) = \boldsymbol{s}_n^{\mathrm{H}} \boldsymbol{z}_n(\ell) \tag{8.6}$$

然而，由于是假定在白噪声下存在的孤立散射体，K 个多基地接收信号将相互之间进行干扰，因此匹配滤波器结果预期性能较差。故对 K 个主波束照射距离像的精确估计，需要使脉冲压缩接收滤波器能够自适应地处理来自其他 $K-1$ 个波形的干扰以及由于自身距离旁瓣引入的干扰。在接下来的小节中，提出了一种基于 MMSE 的自适应方法。

8.3 多基地自适应脉冲压缩

为了解释和减弱多个与不同雷达波形相对应的回波之间的相互影响，MAPC 算法[6-8]将用 $\{\boldsymbol{w}_{i,n}(\ell) \mid i = 1,2,\cdots,K\}$ 表示的一个由 K 个自适应滤波器组成的滤波器组来代替在式（8.6）中采用的确定性匹配滤波器 $\boldsymbol{s}_n$ 。这 K 个自适应滤波器是通过最小化关于 $\{\boldsymbol{w}_{i,n}(\ell) \mid i = 1,2,\cdots,K\}$ 的均方误差（MSE）代价函数[20]获得的。

$$J_{i,n}(\ell) = E\left[\left| x_{i,n}(\ell) - \boldsymbol{w}_{i,n}^{\mathrm{H}}(\ell) \boldsymbol{z}_n(\ell) \right|^2\right] + \mathcal{R}\{\boldsymbol{\lambda}(\boldsymbol{w}_{i,n}^{\mathrm{H}}(\ell) \boldsymbol{s}_i - 1)\} \tag{8.7}$$

式中：已通过引入拉格朗日乘数 $\boldsymbol{\lambda}$ [21]附加了单位增益约束 $\boldsymbol{w}_{i,n}^{\mathrm{H}}(\ell) \boldsymbol{s}_i = 1$ ，$\mathcal{R}\{\cdot\}$ 为变量的实部。由式（8.7）最优化得到的滤波器 $\boldsymbol{w}_{i,n}(\ell)$ 将产生所求复散射 $x_{i,n}(\ell)$ 的最小 MSE（MMSE）估计，其中 $\boldsymbol{w}_{i,n}(\ell)$ 可看作是一个脉冲压缩失配滤波器的自适应干扰对消形式。

假设 $x_{i,n}(\ell)$ 对于所有的 i 和 ℓ 统计独立，则关于 $i = 1,2,\cdots,K$ 当

$$\boldsymbol{w}_{i,n}(\ell) = \left(\hat{\rho}_{i,n}(\ell) - \frac{\lambda}{2}\right)\left(\sum_{k=1}^{K} \boldsymbol{C}_{k,n}(\ell) + \boldsymbol{R}_n\right)^{-1} \boldsymbol{s}_i \tag{8.8}$$

时，式（8.7）所示的 MSE 代价函数得到最小化。$\hat{\rho}_{i,n}(\ell) = \left| \hat{x}_{i,n}(\ell) \right|^2$ 项是在第 n 个方向波束形成后第 i 个复合距离像的第 ℓ 个距离单元的功率估计，$\boldsymbol{R}_n = E[\boldsymbol{u}_n(\ell) \boldsymbol{u}_n^{\mathrm{H}}(\ell)]$ 是波束形成后的噪声协方差矩阵。矩阵

$$\boldsymbol{C}_{k,n}(\ell) = \sum_{\tau=-N+1}^{N-1} \hat{\rho}_{k,n}(\ell+\tau) \boldsymbol{s}_{k,\tau} \boldsymbol{s}_{k,\tau}^{\mathrm{H}} \tag{8.9}$$

是在第 n 个方向波束形成后第 k 个结构相关矩阵，其中

$$\boldsymbol{s}_{k,\tau} = \begin{cases} [s_{k,|\tau|} \quad \cdots \quad s_{k,N-1} \quad \boldsymbol{0}_{1\times|\tau|}]^{\mathrm{T}} & \tau \leqslant 0 \\ [\boldsymbol{0}_{1\times\tau} \quad s_{k,0} \quad \cdots \quad s_{k,N-1-\tau}]^{\mathrm{T}} & \tau > 0 \end{cases} \tag{8.10}$$

是波形 $\boldsymbol{s}_k$ 的不同时移形式。拉格朗日乘数 λ 的值是通过计算

$$\boldsymbol{w}_{i,n}^{\mathrm{H}}(\ell)\boldsymbol{s}_i = \left(\hat{\rho}_{i,n}(\ell) - \frac{\lambda}{2}\right)\boldsymbol{s}_i^{\mathrm{H}}\left(\sum_{k=1}^{K}\boldsymbol{C}_{k,n}(\ell) + \boldsymbol{R}_n\right)^{-1}\boldsymbol{s}_i \tag{8.11}$$

与 $\boldsymbol{w}_{i,n}^{\mathrm{H}}(\ell)\boldsymbol{s}_i = 1$ 来确定，可得

$$\frac{\lambda}{2} = \hat{\rho}_{i,n}(\ell) - \frac{1}{\boldsymbol{s}_i^{\mathrm{H}}\left(\sum_{k=1}^{K}\boldsymbol{C}_{k,n}(\ell) + \boldsymbol{R}_n\right)^{-1}\boldsymbol{s}_i} \tag{8.12}$$

因此，式（8.8）中的滤波器可表示为

$$\boldsymbol{w}_{i,n}(\ell) = \frac{\left(\sum_{k=1}^{K}\boldsymbol{C}_{k,n}(\ell) + \boldsymbol{R}_n\right)^{-1}\boldsymbol{s}_i}{\boldsymbol{s}_i^{\mathrm{H}}\left(\sum_{k=1}^{K}\boldsymbol{C}_{k,n}(\ell) + \boldsymbol{R}_n\right)^{-1}\boldsymbol{s}_i} \tag{8.13}$$

由此可获得增益受限的一组自适应滤波器。

由于式（8.9）中的 $\hat{\rho}_{k,n}(\ell)$ 需要对应距离像 $x_{k,n}(\ell)$ 的估计值，$x_{k,n}(\ell)$ 的初始估计值可以通过对式（8.5）所示波束形成的输出采用 K 个匹配滤波器（或失配滤波器[22-24]）构成的滤波器组来获得。于是关于所有 ℓ 和 $k = 1,2,\cdots,K$ 可以估计得到式（8.13）所示的自适应滤波器组，然后又将该滤波器组代回式（8.5）中对应波束形成的输出来提高对 $x_{k,n}(\ell)$ 的估计值。需要注意的是尽管当 $k \neq n$ 时，由于空间增益不足导致的低灵敏度使得 $x_{k,n}(\ell)$ 不太可能非常有用，它仍然是关于所求的具有完整空间接收增益的 $x_{k=n,n}(\ell)$ 的一个干扰源。因此，MAPC 算法关于所有 k 对 $x_{k,n}(\ell)$ 进行估计，以便关于所有 ℓ 的第 n 组自适应滤波器能够抑制由其他 $K-1$ 组接收回波产生的多基地干扰。最后，由于该自适应过程是在同一批数据上重复地进行操作，不同于当新的数据可用时进行自适应更新的大多数递归算法，将其称为反复 MMSE（RMMSE）方法。

关于 MAPC 的实现，还需要注意以下几点。首先，给予足够的自适应 DOF，经初始化阶段之后，多基地和旁瓣干扰通常在 1 至 3 步中即可被抑制到噪声基底水平。此外，采用参考文献［25］中讨论的方法，MAPC 框架允许对遮挡区域进行估计。如图 8.2 中所示，接收机通常仅在没有发射信号时打开，以提供足够的隔离（以免损坏敏感的接收元件）。其导致的结果是，雷达的时域接收区间将会包含来自与雷达非常近的散射体的脉冲#1 的“早期”部分回波，以及由于发射脉冲#2 而被截断的“末期”部分回波。这种被称为遮挡的效应会对遮挡的回波产生显著的性能损失，包括信噪比（SNR）降低（由于丢失了接收到的信号能量），扫频波形的分辨率损失（由于损失了接收带宽）以及因失配效应导致距离旁瓣开高。

将对应如上接收区间的时间采样下标表示为 $\ell = 0,1,\cdots,Q-1$，则在接收信号 $y_m(\ell)$ 以及对接收信号波束形成后的 $z_n(\ell)$ 的两端填充 $N-1$ 个零。式（8.13）

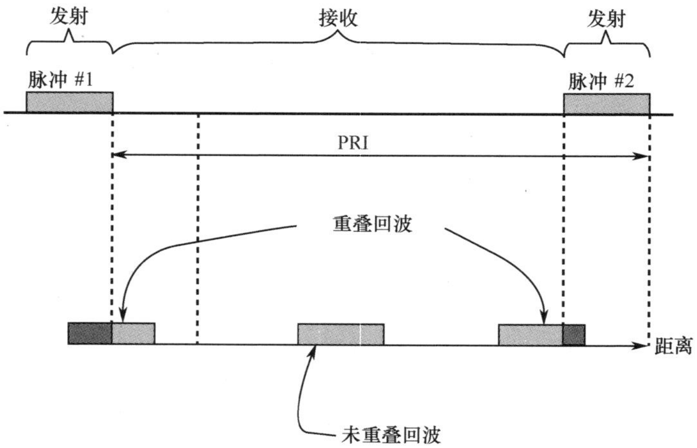

图 8.2 发射脉冲的“前”和“后”遮挡回波示例

中的滤波器表达式则需考虑遮挡区而进行修正，对于 $q=1,2,\cdots,N-1$ 的“早期回波的”遮挡时间样本修正为

$$\boldsymbol{w}_{i,n}(\ell=-q)=\frac{\|\boldsymbol{s}_{i,-q}\|}{\|\boldsymbol{s}_i\|}\frac{\left(\sum\limits_{k=1}^{K}\boldsymbol{C}_{k,n}(0)+\boldsymbol{R}_n\right)^{-1}\boldsymbol{s}_{i,-q}}{\boldsymbol{s}_{i,-q}^{\mathrm{H}}\left(\sum\limits_{k=1}^{K}\boldsymbol{C}_{k,n}(0)+\boldsymbol{R}_n\right)^{-1}\boldsymbol{s}_{i,-q}} \tag{8.14}$$

对于 $q=1,2,\cdots,N-1$ 的“后期回波的”遮挡时间样本修正为

$$\boldsymbol{w}_{i,n}(\ell=Q-1+q)=\frac{\|\boldsymbol{s}_{i,q}\|}{\|\boldsymbol{s}_i\|}\frac{\left(\sum\limits_{k=1}^{K}\boldsymbol{C}_{k,n}(Q-1)+\boldsymbol{R}_n\right)^{-1}\boldsymbol{s}_{i,q}}{\boldsymbol{s}_{i,q}^{\mathrm{H}}\left(\sum\limits_{k=1}^{K}\boldsymbol{C}_{k,n}(Q-1)+\boldsymbol{R}_n\right)^{-1}\boldsymbol{s}_{i,q}} \tag{8.15}$$

式中：$\boldsymbol{s}_{i,-q}$ 和 $\boldsymbol{s}_{i,q}$ 具有式（8.10）中的时移结构。式（8.14）和式（8.15）中的 $\|\boldsymbol{s}_{i,-q}\|/\|\boldsymbol{s}_i\|$ 和 $\|\boldsymbol{s}_{i,q}\|/\|\boldsymbol{s}_i\|$ 避免了单位增益约束引起的过度补偿，这是由于滤波器有 q 个系数为零，从而保持了在遮挡区的一致增益 $|\boldsymbol{w}_{i,n}^{\mathrm{H}}(-q)\boldsymbol{s}_{i,-q}|^2=|\boldsymbol{w}_{i,n}^{\mathrm{H}}(Q-1+q)\boldsymbol{s}_{i,q}|^2=(N-q)/N$（相对于别处的单位增益）。如果假定脉冲为理想的恒模（因此可忽略脉冲的上升/下降时间），则有

$$\frac{\|\boldsymbol{s}_{i,-q}\|}{\|\boldsymbol{s}_i\|}=\frac{\|\boldsymbol{s}_{i,q}\|}{\|\boldsymbol{s}_i\|}\cong\left(\frac{N-q}{N}\right)^{1/2} \tag{8.16}$$

在遮挡区的 $x_{k,n}(\ell)$ 估计值仍是想要获得的，由此额外的好处是，由于自适应滤波器需要附近（在距离维）距离像之前的估计值，自适应滤波器可被应用的接收间隔在每步后均保持不变。

对于连续延时移位 ℓ，式（8.13）中逆矩阵的有效更新可采用参考文献［8］中所述方法。虽然在这里没有涉及，单基地 APC 算法的分解形式，即快速 APC（FAPC）[26,27]，可以很容易地在多基地框架内得到推广使用，以期在损失部

分估计精度（因而损失灵敏度）的代价下进一步减少计算量。此外，对于 MAPC 已经考虑了距离自适应与自适应波束形成之间的反馈和相互关系[28]。将自适应波束形成步骤加入到 MAPC 算法中，可进一步抑制相互干扰，获得更好的估计性能，由此可增加同时工作在同一频段的多基地雷达数量。最后，对于周围散射体，如果存在非常大的$\hat{\rho}_{k,n}(\ell)$值，则式（8.9）中的矩阵将会成为病态矩阵。虽然其产生的影响很大程度上可通过式（8.13）中的单位增益方式进行改善，但还需额外的处理方式，即采用修正项$\hat{\rho}_{k,n}(\ell)=|\hat{x}_{k,n}(\ell)|^{\alpha}$，其中$\alpha$略小于2，来稍微压缩动态范围。随着每一步自适应迭代，旁瓣得到进一步抑制，动态范围将相应增加。因此一个很好的经验法则是在每步中降低α，其中已发现当$1.5<\alpha<1.9$时非常有效。

为了验证对于多基地雷达 MAPC 算法的效果，考虑同时接收的$K=4$组雷达回波。每部雷达发射不同的码长为 64 的随机多相编码波形。被照射的距离像由随机分布的点散射体（图 8.3 中的黑点）组成，且这些散射体延续到遮挡区（这个例子中各组回波空间增益一致，否则将进一步提升性能）。图 8.3 展示了对接收到的每组叠加回波应用匹配滤波与 MAPC 的结果。MAPC 进行了 3 步（匹配滤波后），其中对应每步的指数α分别为 1.9、1.8、1.7。图 8.3 中垂直的虚线表示遮挡区域的边界，由于在遮挡区中仅有部分雷达回波可用于脉冲压缩，因此匹

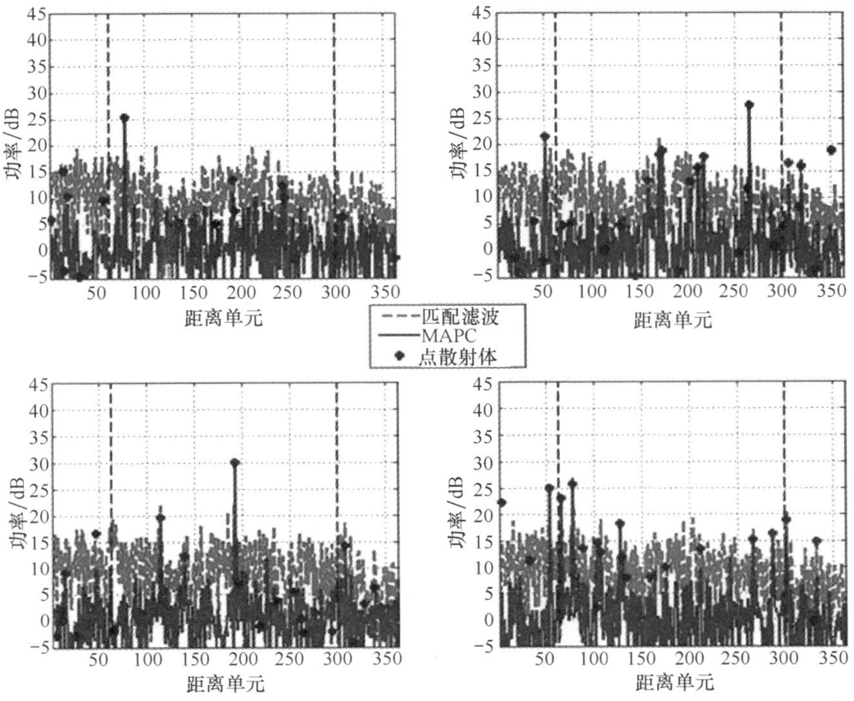

图 8.3　四个多基地距离像的匹配滤波与 MAPC 的估计

配滤波器与 MAPC 的估计值均偏小。匹配滤波结果（虚线）淹没在多基地干扰和距离旁瓣中；然而 MPAC（实线）能够抑制这些干扰，获得四组改善的距离像估计值。

最后，尽管在这里没有展示结果，通过利用工作在 X 波段的多基地雷达试验台，也可看到 MAPC 的应用可使频谱共享雷达的干扰水平关于标准匹配滤波减少超过 25dB。这项成就已通过采用室外试验配置进行验证，在此试验配置中，雷达照射的一个小的静态目标在来自工作在相同频带的第二部雷达回波产生的干扰下进行检测。此外，在地杂波与由第二部雷达产生的非相干干扰下，原雷达可利用 MAPC 与多普勒处理联合进行动目标显示（MTI）来检测运动目标。在所有情况下，标准的匹配滤波检测不到被原雷达照射到的目标，而通过采用 MAPC 则可观察到这些目标。

8.4 MAPC - CLEAN 混合算法

由于 MAPC 试图以 MMSE 准则最优地估计给定分辨单元的复幅度，因此它是一种“以分辨单元为中心”的算法。该接收滤波器对于给定的分辨单元能够消除来自于单基地回波信号临近分辨单元的强散射体产生的干扰（距离旁瓣干扰）和来自其他雷达（多基地干扰）产生的干扰。然而，由于该接收滤波器具有有限的自适应 DOF，给定分辨单元估计的准确性依赖于滤波器必须抑制的干扰源的数量。在名义上，可用一个 DOF 来消除任意一个干扰源。因此，如果干扰源数量大于 DOF 时，则不是所有干扰都能得到有效抑制。

相比之下，CLEAN 算法[10-14]是“以干扰为中心”算法，因为它利用关于干扰的已知“特征”和其对应的幅度与相位估计值成功地消去单个干扰源。CLEAN 算法是将接收信号空间投影到一个正交于特征干扰的子空间。当干扰是由在距离上相对独立的点源组成时，CLEAN 算法是有效的。如果这点不能保证，则其他干扰源将对所需消除干扰的幅值和相位的估计值产生影响，从而不能有效地消除该干扰。因此 CLEAN 算法的效能受限于可测定干扰源复幅度的准确性。也就是说，可以分别利用以分辨单元为中心的 MAPC 和以干扰为中心的 CLEAN 算法，结合这两种方法可以改善多基地干扰抑制性能。

CLEAN 算法首先提出于 20 世纪 70 年代，该算法通过对接收信号进行投影来移除已知干扰，由此相参地消除旁瓣干扰。在多基地雷达和脉冲压缩背景下，该投影可以采用如下 $N \times N$ 维的矩阵表示（N 为离散波形的长度）：

$$\boldsymbol{P}_i = \boldsymbol{I} - \frac{\boldsymbol{s}_i \boldsymbol{s}_i^{\mathrm{H}}}{\boldsymbol{s}_i^{\mathrm{H}} \boldsymbol{s}_i} \tag{8.17}$$

当对长度为 N 的部分接收信号进行投影时，

$$\hat{\boldsymbol{z}}_n(\ell) = \boldsymbol{P}_i \boldsymbol{z}_n(\ell) \tag{8.18}$$

该式表示将 $z_n(\ell)$ 投影到与 s_i 正交的子空间上。将式（8.17）代入式（8.18）中可获得 CLEAN 的一个等价形式，重新整理后可获得如下的两步处理：

$$\hat{x}_{i,n}(\ell) = \left(\frac{\boldsymbol{s}_i}{\boldsymbol{s}_i^{\mathrm{H}}\boldsymbol{s}_i}\right)^{\mathrm{H}} \boldsymbol{z}_n(\ell) \tag{8.19}$$

和

$$\hat{\boldsymbol{z}}_n(\ell) = \boldsymbol{z}_n(\ell) - \hat{x}_{i,n}(\ell)\,\boldsymbol{s}_i \tag{8.20}$$

如此，式（8.18）中的投影也可以用一种更有效的计算方式执行，即先通过式（8.19）所示的正规化匹配滤波，然后再进行如式（8.20）所示的相干相减。

虽然 CLEAN 能有效地去除孤立的单独的干扰源，但是当存在多个临近干扰源时，CLEAN 算法将出现残余失真。该失真的出现是由于 $\hat{x}_{i,n}(\ell)$ 的估计值受到干扰源的污染，这些干扰分别来自第 i 组期望回波的距离旁瓣以及其他 $K-1$ 组回波（$i \neq n$）的相互干扰。因此，当存在大量的干扰源时，CLEAN 的序贯特性可能会导致误差传递。

关于特定波形和距离单元的 MAPC 滤波器负责所有的“局部”干扰，因此在满足滤波器 DOF 的限制下能够准确地估计单个复合距离像。然而，当存在大量干扰源时（例如几个临近的强散射体），这些有限的自适应 DOF 将不可避免地降低了小散射体的灵敏度。与此相反，CLEAN 受限于由匹配滤波产生的复幅度估计误差，该误差将导致残余干扰，因此限制了灵敏度。然而，由于 CLEAN 每次仅关注一个干扰，而这并不受限于有限的 DOF。此外，如果由于式（8.19）中匹配滤波产生的误差能够显著降低，则式（8.20）中 CLEAN 的残余干扰同样也会降低。为利用 MAPC 和 CLEAN 各自的优势，考虑了两种混合方法[15,16]，这两种方法的通用结构如图 8.4 所示。

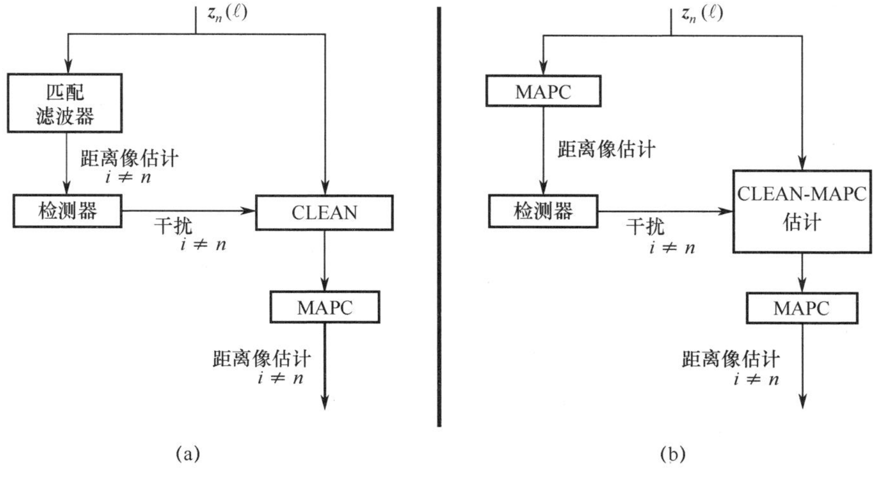

图 8.4　混合多基地处理（a）BP－CLEAN－MAPC；（b）H－CLEAN

8.4.1 双基地投影 CLEAN

双基地投影 CLEAN（BP－CLEAN，这样命名是由于假定对单站回波比双站干扰更感兴趣）方法依赖于这样一个事实，即只需从 $z_n(\ell)$ 中消除来自其他 $K-1$ 组回波（$i \neq n$）中的强干扰。因此，BP－CLEAN 工作时，首先需用 $K-1$ 组匹配滤波器来获得 $K-1$ 个干扰距离像 $\hat{x}_{i,n}(\ell)$ 的估计值，其中，$i=1, 2, \cdots, K$ 和 $i \neq n$。然后对所有距离单元 ℓ 中的每个距离单元使用中间级检测器进行估计，即

$$\hat{x}_{i,n}(\ell) \leqslant \mathcal{T}, \quad i \neq n \tag{8.21}$$

式中：$\mathcal{T}$为给定检测器（例如 CFAR）的门限。由此得到的检测集合即为关于第 $i=n$个距离像估计值主要的多基地干扰源。

通过 CLEAN 对双基地干扰的消除是以如下方式进行的。对来自式（8.21）的检测集合以幅值从大到小进行排序。关于具有最大幅值的检测，对相关 $z_n(\ell)$ 的 N 个样本集应用如式（8.18）所示的对应投影，产生残余的“已 CLEAN”信号（为降低计算成本可以采用式（8.19）和式（8.20）描述的减法形式）。然后在“已 CLEAN”信号中的适当的位置对关于第二大的检测采用对应投影。当所有检测到的双基地干扰均投影一次后，这种对新的“已 CLEAN”信号进行下一步投影的处理才终止。然而，由于临近散射体之间的交叉污染可导致残余干扰，这些投影集可能需要以相同的次序重新再操作一次。在干扰得到充分抑制前需要重复应用投影集进行处理。仿真实验结果表明，一个经验准则是对检测的干扰进行投影的递归数与干扰数相同。可以观察到式（8.17）中的投影矩阵 $\boldsymbol{P}_i$ 是幂等的，因此独立散射体（未压缩前在距离上不重叠）不需要进行重复投影。

CLEAN 递归应用后，残余信号中的双基地干扰将很少。如图 8.4（a）中所示，残余的“已 CLEAN”信号随后采用 MAPC 算法处理，则所有剩余的双基地干扰与第 $i=n$ 距离像中大的单基地距离旁瓣都能够得到抑制。然后即可对 MAPC 的输出结果进行最终检测。为便于对比，将上述基于 CLEAN 的方法称为 BP－CLEAN（即没有随后的 MAPC 步骤），而 BP－CLEAN 方法与随后 MAPC 干扰抑制进行结合的方法称为 BPCLEAN－MAPC。在文献［16］中给出了 BP－CLEAN 如何序贯地抑制双基地干扰的分析。

CLEAN 和其变种，如 BP－CLEAN，存在残余干扰的原因是该投影操作暗含了标准的脉冲压缩匹配滤波器，而匹配滤波器对于对抗干扰是没有效果的。因此，尽管 BP－CLEAN 是 CLEAN 为消除双基地干扰的一个具体的表现形式，但随后的混合 CLEAN（H－CLEAN）方法明确地改变了 CLEAN 的结构，以便更好地避免残余干扰的影响。

8.4.2 混合 CLEAN

基于标准 CLEAN（如以上 BP－CLEAN）的方法，如式（18.19）和式（18.20）

所示，使用匹配滤波器估计来抑制干扰的后果是存在残余干扰。为了减少这种残余干扰，考虑对 CLEAN 结构进行修改，即将式（8.19）中的匹配滤波器 $\boldsymbol{s}_i$ 替换为对应特定距离单元的 MAPC 滤波器 $\boldsymbol{w}_{i,n}(\ell)$，从而获得基于 MAPC 的估计值如下：

$$\hat{x}_{n,i,\mathrm{MAPC}}(\ell) = \boldsymbol{w}_{i,n}^{\mathrm{H}}(\ell)\,\boldsymbol{z}_n(\ell) \tag{8.22}$$

式中：来自式（8.13）的 MAPC 滤波器 $\boldsymbol{w}_{i,n}(\ell)$ 已归一化。因此，式（8.20）所示的相干减法变为

$$\hat{\boldsymbol{z}}_n(\ell) = \boldsymbol{z}_n(\ell) - \hat{x}_{n,i,\mathrm{MAPC}}(\ell)\,\boldsymbol{s}_i \tag{8.23}$$

这种方法称为 H－CLEAN 方法。

与 CLEAN 的投影与减法运算之间的等效性类似，式（8.22）和式（8.23）的减法运算同样可以用线性变换进行表示

$$\hat{\boldsymbol{z}}_n(\ell) = \tilde{\boldsymbol{P}}_i(\ell)\,\boldsymbol{z}_n(\ell) \tag{8.24}$$

其中 $N \times N$ 维的矩阵 $\tilde{\boldsymbol{P}}_i(\ell)$ 定义为

$$\tilde{\boldsymbol{P}}_i(\ell) = \boldsymbol{I} - \boldsymbol{s}_i\,\boldsymbol{w}_{i,n}^{\mathrm{H}}(\ell) \tag{8.25}$$

然而，与来自式（8.17）中确定的投影矩阵 $\boldsymbol{P}_i$ 不同，式（8.25）中的矩阵 $\tilde{\boldsymbol{P}}_i(\ell)$ 与自适应滤波器 $\boldsymbol{w}_{i,n}(\ell)$ 相关，可以根据接收信号进行调整。因此，使用混合结构来清除多基地干扰，其残余信号具有更低的失真。

H－CLEAN 方法是按照图 8.4（b）中的处理流程操作的。首先通过式（8.22）对 $\boldsymbol{z}_n(\ell)$ 使用 MAPC 算法获得关于 $i=1,2,\cdots,K$ 的复合距离像的复幅度估计 $\hat{x}_{n,i,\mathrm{MAPC}}(\ell)$。然后以类似式（8.21）的方式对这些 $i \neq n$ 的 MAPC 估计的距离像进行检测，确定强多基地干扰的位置。接下来与 BP-CLEAN 算法类似，通过式（8.23）使用 MAPC 估计对检测到的强干扰采用序贯减法处理。需要注意的是尽管 MAPC 预处理极大地缓和了前述 BP-CLEAN 经历的信号交叉污染问题，但是经过对式（8.22）和式（8.23）的自适应“投影”的递归应用对干扰消除仍然是非常有效的，尤其是存在高维干扰的时候，尽管高维干扰往往会降低 MAPC 的估计精度。

最后对已消除多基地干扰的残余信号再一次采用 MAPC 算法处理来抑制所有剩余的多基地干扰（$i \neq n$）和距离旁瓣（$i=n$）。由于多了两次 MAPC 算法的应用，H－CLEAN 方法比 BP－CLEAN 带来了更高的计算成本。然而就弱散射体的敏感度而言，H－CLEAN 方法的性能更为理想。

对于被在距离上扩展的双基地干扰掩盖的孤立单基地散射体，图 8.5 和图 8.6 分别展示了在中等密度和高密度双基地干扰下，300 次蒙特卡罗实验统计的 MSE 和检测概率（P_d）的均值。这里的每次统计中，接收到了来自两组波形的回波，其中每组波形均为随机生成的长度为 30 的随机多相编码。每种情况的 MSE 从包含孤立散射体的真实单基地距离像与各自对应方法的估计结果之间的对比中产生。P_d 是在 10^{-6} 的虚警概率（P_{fa}）下，通过使用基于周围 16 个距离单元

估计（每侧 8 个，无保护单元）的单元平均 CFAR 检测器获得的。为了进行对比，实验中包含了噪声背景下只存在真实的（理想）单基地散射体的情况，即代表了完美地消除了干扰和理想的单基地散射体估计。

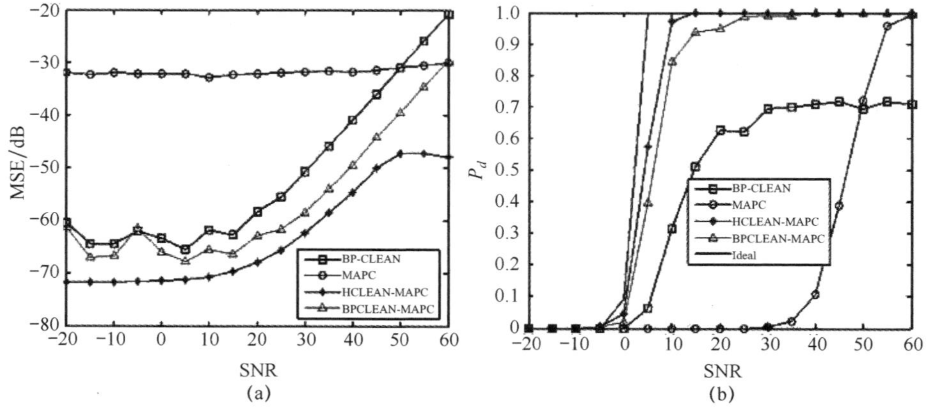

图 8.5　10 个连续双基地干扰下单基地的（a）MSE 和（b）P_d

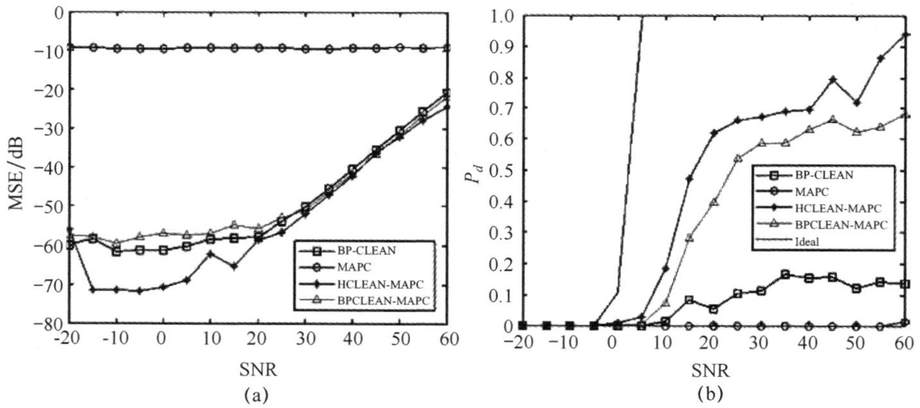

图 8.6　40 个连续双基地干扰下单基地的（a）MSE 和（b）P_d

双基地干扰是随机生成的距离扩展散射体（具有随机幅值和相位），平均比噪声高 60dB，由 10 个（中等密度）或 40 个（高密度）连续距离单元组成。MAPC、BP－CLEAN、BPCLEAN－MAPC 和 H－CLEAN 的性能可认为是关于单基地散射体的 SNR 的函数，与双基地干扰的距离间隔一致。MAPC 的每个应用中都使用了两个自适应步骤，且 CLEAN 的递归次数等于双基地干扰个数。为提供一致对比，初始检测器具有包含双基地干扰距离单元的先验知识，以此避免“预检测”阶段使用匹配滤波器和 MAPC 之间将出现的差异。

图 8.5 描绘了在中等密度双基地干扰（10 个距离单元）下的 MSE 和 P_d。这四种方法中，MAPC 一般情况下体现出最高的 MSE 和最低的检测概率。造成这种

巨大差异的原因是MAPC滤波器必须抑制强双基地干扰，而该干扰的维度需要占用自适应DOF中相当大的一部分，而其他三种方法使用BP－CLEAN或H－CLEAN至少部分地消除了这些双基地干扰。然而，还应当指出的是H－CLEAN方法（使用MAPC初始估计进行CLEAN处理）提供了比BPCLEAN－MAPC方法（在BP－CLEAN的输出端进行MAPC处理）更低的MSE和更高的P_d。因此，尽管MAPC存在限制，但当干扰规模增加时，它对于使用一种类似CLEAN方法序贯消除的强双基地散射体仍能提供显著的更好的“预估计”。此外，单独的BP－CLEAN方法对于高SNR的单基地散射体并不能收敛到P_d为1的位置，这是单基地距离旁瓣和由不精确干扰抑制导致的固有损失两者结合的结果。最后，从图8.6可以看到，H－CLEAN方法和稍微差一点的BPCLEAN－MAPC方法结果接近理想检测极限。

图8.6展示了在高密度双基地干扰（40个距离单元）下的MSE和P_d，此时的干扰源个数超出了MAPC滤波器的自适应DOF。因此，单独的MAPC无法检测出单基地散射体。尽管BP－CLEAN具有很好的MSE性能，但在消除40个双基地干扰时将会出现失真，因此BP－CLEAN在检测性能上只比MAPC稍微好一点。不管怎样，当单基地散射体关于H－CLEAN具有至少15dB SNR和关于BP－CLEAN具有至少25dB SNR时，这些方法仍然能够提供50%的检测概率。于是，从这些结果可看出，混合策略对于高维干扰具有相当高的鲁棒性。

8.5　单脉冲距离多普勒成像

高速径向运动、高载频或这两者的结合是在一个雷达脉宽上产生多普勒相位调制的必要条件。如果它足以被辨别，则这些由目标引起的差异所提供的信息可能会在雷达接收端用来形成距离－多普勒图像。SPI算法[17,18]是一个基于MAPC框架的变种，它以一种类似逆合成孔径雷达（ISAR，需要成百上千的脉冲）的方式，凭借多普勒差异性来识别一个目标的不同散射成分（例如直升飞机的螺旋桨）。不仅在SNR上存在巨大差异（名义上，SPI仅需单个脉冲），而且一个脉冲宽度上相当短的时间基线（相对于在一个CPI中的众多脉冲）在多普勒分辨率上施加了严重的限制，因此SPI只能应用在具有高径向速度的目标或具有高载频（多普勒频率正比于载频）雷达系统中。然而，短时间基线的好处是可以忽略非线性运动（加速运动和/或距离走动），从而使得SPI可用于自动目标识别（ATR）。此外，高的时间分辨率使得距离－多普勒－时间三维成像成为可能，而这实际上是一个距离－多普勒动画。虽然在这里没有细说，但是一些SPI和ISAR的混合形式也是可行的。

SPI算法将接收信号模拟为多普勒调制的发射波形的求和形式，因此可使用一组多普勒调谐的自适应滤波器来获得旁瓣抑制的距离－多普勒图像。经过接收波束形成（这里暗指在波束照射方向）并变频到基带之后，来自于式（8.5）的基于单基地雷达情况的信号模型，为适应多普勒而简化并归纳为

$$z(\ell) \cong \sum_{i=1}^{\Gamma} \boldsymbol{X}_i^{\mathrm{T}}(\ell)\, \tilde{\boldsymbol{s}}_i + \boldsymbol{u}(\ell) \tag{8.26}$$

其中：

$$\tilde{\boldsymbol{s}}_i = \boldsymbol{s} \odot \boldsymbol{d}(\omega_i) \tag{8.27}$$

$\odot$ 为 Hadamard 积，且

$$\boldsymbol{d}(\omega_i) = [1 \quad \mathrm{e}^{\mathrm{j}\omega_i} \quad \mathrm{e}^{\mathrm{j}2\omega_i} \quad \cdots \quad \mathrm{e}^{\mathrm{j}(N-1)\omega_i}]^{\mathrm{T}} \tag{8.28}$$

为脉冲宽度的 N 个采样上的多普勒调制。出现式（8.26）中的近似是因为多普勒频率已经离散为

$$\omega_i = -\omega_{\max} + \frac{2\omega_{\max}}{\Gamma - 1}(i-1) \tag{8.29}$$

式中：Γ 为足够大的整数，以便对多普勒频率间隔 $[-\omega_{\max}, +\omega_{\max}]$ 以足够的间隔尺寸参数化表示，$f_{d,\max}$ 是在给定雷达系统和工作环境下最高的预期多普勒频率（$\omega_{\max}/2\pi$）。式（8.26）中 $N \times N$ 的样本移位矩阵 $\boldsymbol{X}_i(\ell)$ 的列相当于与第 i 个多普勒频率关联的特定的距离像。因此，通过对 $i=1, 2, \cdots, \Gamma$ 和每个 ℓ 估计 $x_i(\ell)$，每个发射脉冲都可以生成一幅距离－多普勒图像。

可以使用基于式（8.27）中发射波形的多普勒频移形式的多普勒频移匹配滤波器组，来获得标称距离－多普勒图像，但其结果将会具有依赖于该波形模糊函数的旁瓣。从这个角度看，很明显可知，对于这种形式的接收处理，雷达波形最好的选择是具有图钉形模糊函数的波形（而不是多普勒容限波形）。

当采用多普勒频移匹配滤波器组时，对于 $i=1, 2, \cdots, \Gamma$ 和每个 ℓ，关于第 i 个多普勒频移的第 ℓ 个距离单元可估计为

$$\hat{x}_{MF,i}(\ell) = \tilde{\boldsymbol{s}}_i^{\mathrm{H}} \boldsymbol{z}(\ell) \tag{8.30}$$

为将 8.2 节中的 MAPC 框架应用到式（8.26）中的接收信号模型，关于 $i \in \{1, 2, \cdots, \Gamma\}$ 可用 RMMSE 自适应滤波器代替式（8.30）中的匹配滤波器 $\tilde{\boldsymbol{s}}_i$

$$\tilde{\boldsymbol{w}}_i(\ell) = \frac{\left(\sum_{k=1}^{\Gamma} \tilde{\boldsymbol{C}}_k(\ell) + \boldsymbol{R}\right)^{-1} \tilde{\boldsymbol{s}}_i}{\tilde{\boldsymbol{s}}_i^{\mathrm{H}} \left(\sum_{k=1}^{\Gamma} \tilde{\boldsymbol{C}}_k(\ell) + \boldsymbol{R}\right)^{-1} \tilde{\boldsymbol{s}}_i} \tag{8.31}$$

其中 R 与前述定义相同，

$$\tilde{\boldsymbol{C}}_k(\ell) = \sum_{\tau=-N+1}^{N-1} \hat{\rho}_k(\ell+\tau)\, \tilde{\boldsymbol{s}}_{k,\tau} \tilde{\boldsymbol{s}}_{k,\tau}^{\mathrm{H}} \tag{8.32}$$

$\tilde{\boldsymbol{s}}_{k,\tau}$ 是 $\tilde{\boldsymbol{s}}_k$ 如同式（8.10）移位 τ 个采样点后的形式。需要注意的是，由于距离－多普勒空间更为充分的性质，在此情况下的距离－多普勒功率估计 $\hat{\rho}_i(\ell)$ 一般不需要如前所述 MAPC 中 $\alpha < 2$ 的限制。然而，由于同样的原因，SPI 一般不能获

得与 MAPC 相当的干扰抑制程度（敏感度亦同），因为它必须在距离和多普勒两维中对抗更多的潜在干扰源。扩展到适用于式（8.14）、式（8.15）也可以同样直接应用。

定义 $\phi = 2\pi f_d T_p$ 为由多普勒频率 f_d（以 Hz 表示）在一个脉冲宽度 T_p 上产生的总的多普勒相移（以弧度表示），记单个脉冲的名义多普勒分辨率为 $\Delta f_d = 1/T_p$，意味着名义多普勒相位分辨率为 $\Delta\phi$（$= 2\pi\Delta f_d T_p$）。相比之下，文献[18]表明，在适当的 SNR 下，SPI 算法可分辨相位差 $\Delta\phi$ 超过 π 的散射体，如此还可获得某种程度的多普勒超分辨。同样，仿真实验表明，当 $(\omega_i - \omega_{i-1})T_p \leqslant \pi/5$ 时，可获得对多普勒充分密集的参数化（假定均匀量化），该条件可转换为

$$\Gamma = \left\lceil \frac{2\omega_{\max}}{\omega_i - \omega_{i-1}} \right\rceil + 1 = \lceil 10 f_{d,\max} T_p \rceil + 1 \tag{8.33}$$

例如，图 8.7 描绘了被码长为 64 的随机多相编码波形照射的接收 SNR 在 +19dB ~ +25dB的 5 个散射体，经匹配滤波器组和 SPI 算法处理后的结果，其中编码相位满足 $\phi/2\pi \in [\pm 3.57]$ 和 $\Gamma = 71$。中心的散射体在一个脉冲宽度上没有可辨别的多普勒偏移，而其他四个散射体显示出 $\phi/2\pi = f_d T_p = \pm 1$ 的多普勒相位偏移，这可比拟为被 W 波段宽度为 2.55μs 的脉冲照射具有马赫数 2 速度的散射体。显然，匹配滤波器组将这五个散射体混在一起，而 SPI 算法很容易将它们分开。

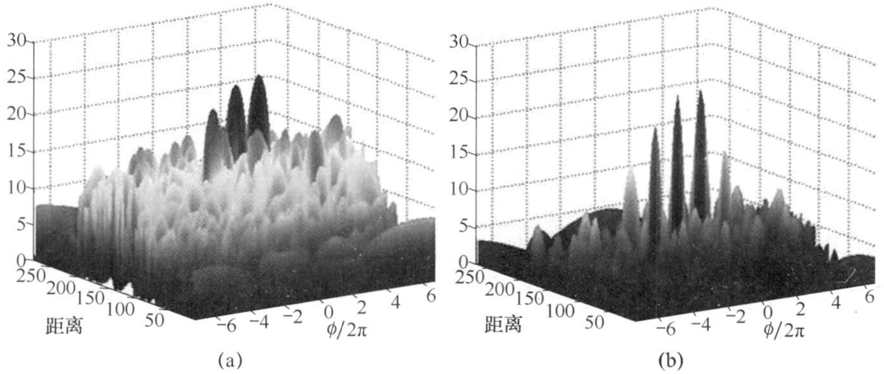

图 8.7　(a) 匹配滤波器组和 (b) SPI 处理后的 3 - D 单脉冲距离 - 多普勒图 (dB)

8.6　步进频雷达

MAPC 基于不同可辨别特征来区分混叠雷达回波的能力，使得它可用于众多的感知问题，尤其是那些依托于波形分集形式的情况。这里，考虑 MAPC 方法在步进频雷达中的应用，必要时做些修改。步进频雷达中接收到的雷达回波可表示

为不同探测波形的叠加，而这些波形的精确分离和估计有利于提高后续处理阶段的性能。

步进频雷达波形是宽带波形的一种特有形式，它可用多个具有不同中心频率的窄带波形串联组合表示如下：

$$s(t) = \sum_{k=1}^{K} s_k(t) e^{j2\pi f_\Delta (k-1)t} [u(t - kT_\Delta) - u(t - (k-1)T_\Delta)] \tag{8.34}$$

式中：$s_k(t)$ 为第 k 个子脉冲（脉冲宽度 T_Δ，则有 $T_p = KT_\Delta$）上的调制，第 k 个子脉冲关于基准工作频率的频偏为 $(k-1)f_\Delta$。在步进频雷达的常见形式中，这 K 个“子波形”的 3dB 带宽与连续子脉冲之间的频偏 f_Δ 是相同的。于是，如图 8.8中所示，由式（8.34）中波形产生的波束形成后的接收波形 $z(\ell)$，根据工作频率与每个独立子脉冲的频偏逐段下变频到基带，然后以截止频率$f_C = f_\Delta$ 进行低通滤波。则接收回波的第 k 个分量可表示为

$$g_k(\ell) = \sum_{i=1}^{K} \boldsymbol{x}_{i,k}^{\mathrm{T}}(\ell)\, \boldsymbol{s}_i + u_k(\ell) \tag{8.35}$$

式中：$\boldsymbol{s}_i$ 为关于 $i=1, 2, \cdots, K$ 的第 i 个长度为 N 的子波形；$\boldsymbol{x}_{i,k}(\ell)$ 包含与第 i 个子脉冲关联的被照射距离像的 N 个时间样本。则 $\boldsymbol{x}_{k,k}(\ell)$ 为所关心的距离像，而对于 $i \neq k$ 的 $\boldsymbol{x}_{i,k}(\ell)$ 为未被低通滤波完全抑制的残余干扰，该残余干扰混淆在第 i 个子带中，从而限制了灵敏度。

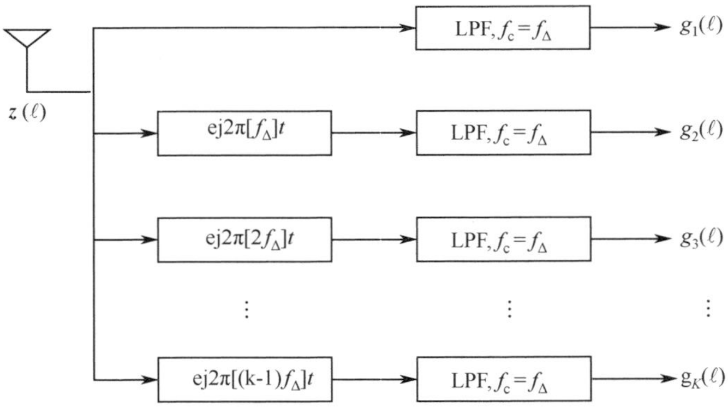

图 8.8 步进频雷达中 K 个子脉冲的逐段下变频处理

当采集到式（8.35）的 N 个连续时间样本时，所构造的模型与式（8.5）等价，这意味着可以应用式（8.13）所示的原始 MAPC 算法。例如，考虑一部发射脉冲由四个串联子脉冲组成的步进频雷达。每个子脉冲由长度为 64 的不同的随机多相编码波形构成，并上变频到被单个子脉冲 3dB 带宽分隔开的相邻频带。在此情况下，被照射场景中包含随机分布的并有弱目标围绕的单个强散射体（脉冲压缩后 SNR = 50dB）。当接收到信号时，这些子脉冲通过如图 8.8 中所示的带通滤波进行分离，随后进行对应各自波形的匹配滤波器处理，紧接着应用

MAPC。当获得匹配滤波估计后，MAPC 用了三个自适应步骤，对应每步的指数 α 分别设置为 1.9、1.8 和 1.7。图 8.9 显示了每个子脉冲的距离像估计值，应当注意的是在每幅图中都包含了相同的被照射距离像，但这些距离像出现的位置因子脉冲之间的相对延迟而不同。强散射体的非对称距离旁瓣证实了来自相邻子脉冲的残余频谱泄漏。MAPC 对距离旁瓣和频谱泄漏都能够进行抑制，从而使得底层的弱目标能够被检测到。

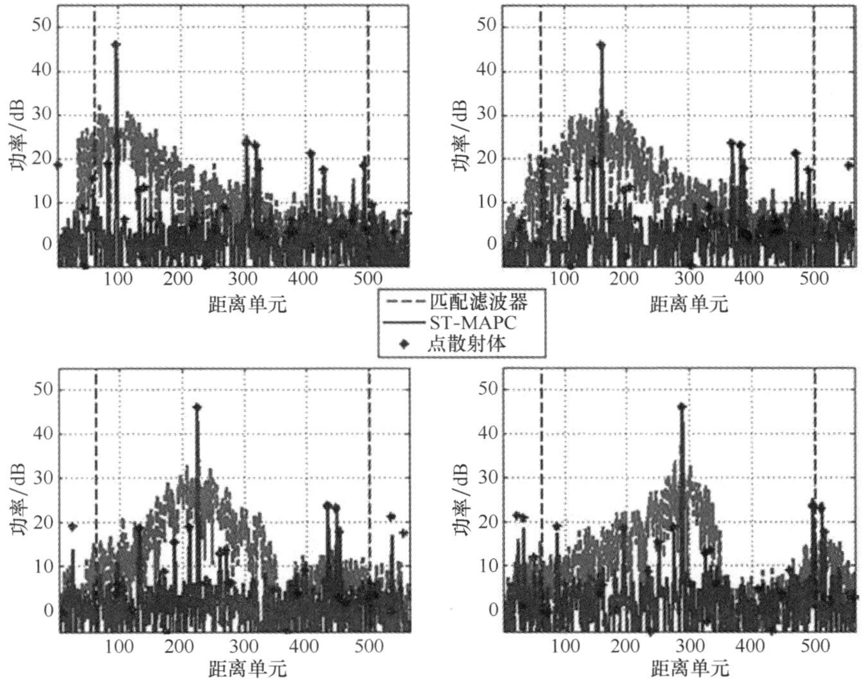

图 8.9　具有四个子脉冲的步进频雷达的距离分布估计

8.7　结　论

多基地雷达在给定接收端的回波信号为来自各种不同波形的反射回波的叠加。在给定探测波形的先验知识条件下，为精确地分离并估计这些回波集，需要对这些可能具有大动态范围的叠加成分进行分解。给出了一种完成此项任务的方法，记为多基地自适应脉冲压缩（MAPC）。MAPC 大大削弱了多基地回波集彼此之间的相互干扰。将 MAPC 应用到来自外场 X 波段共享频谱雷达测试床的测量数据，所获得结果的灵敏度相对于标准匹配滤波至少提高了 25dB，同样在存在多基地干扰时能得到更高效的 MTI 能力。

MAPC 方法的重要性能包括增强被临近的来自单基地或双基地的强散射体掩

盖的弱散射体以及“早期”和“末期”回波遮挡区估计值的敏感度。此外，当多基地干扰的维度变得非常大时，将 MAPC 与称为 CLEAN 的干扰消除方法混合的方案已证明可显著提高 MSE 和检测性能。

MAPC 的数学结构使得它同样适用于可模拟为卷积响应叠加的其他问题。一个可能的应用是对于超高速目标或超高工作频率的雷达（或这两者的结合）的距离—多普勒成像，在此情况下，探测波形的多普勒频移形式可根据距离像联合不同多普勒频率进行分离表示。该方法也同样具有声学方面的应用（例如匹配场处理[29]），在此传感方式中多普勒利用的更为普遍。

基于 MAPC 框架的其他相关应用是步进频雷达，其特有的具有不同中心频率和波形调制的子脉冲可看作是不同的波形，由其产生的回波需要分别估计。而 MAPC 提供了一种抑制来自其他频带中的子脉冲经非理想低通滤波导致的残余泄漏频谱的自适应方法。

参考文献

[1] E. Hanle, ‘Survey of bistatic and multistatic radar’, *IEE Proc. Commun. Radar Signal Process.*, vol. 133, no. 7, pp. 587 – 595, December 1986.

[2] M. Wicks, E. Mokole, S. Blunt, R. Schneible and V. Amuso, eds., *Principles of Wave form Diversity and Design*, SciTech Publishing, Raleigh, NC, 2010.

[3] J. Li and P. Stoica, eds., *MIMO Radar Signal Processing*, John Wiley & Sons, Hoboken, NJ, 2009.

[4] S. D. Blunt and K. Gerlach, ‘A novel pulse compression scheme based on minimum mean-square error reiteration’, *IEEE International Radar Conference*, Adelaide, Australia, pp. 349 – 353, September 2003.

[5] S. D. Blunt and K. Gerlach, ‘Adaptive pulse compression via MMSE estimation’, *IEEE Trans. Aerosp. Electron. Syst.*, vol. 42, no. 2, pp. 572 – 584, April 2006.

[6] S. D. Blunt and K. Gerlach, ‘Joint adaptive pulse compression to enable multistatic radar’, *1st International Waveform Diversity & Design Conference*, Edinburgh, Scotland, November 2004.

[7] S. D. Blunt and K. Gerlach, ‘A generalized formulation for adaptive pulse compression of multistatic radar’, *4th IEEE Workshop on Sensor Array and Multichannel Processing*, Waltham, MA, USA, pp. 349 – 353, July 2006.

[8] S. D. Blunt and K. Gerlach, ‘Multistatic adaptive pulse compression’, *IEEE Trans. Aerosp. Electron. Syst.*, vol. 42, no. 3, pp. 891 – 903, July 2006.

[9] S. Verdu, *Multiuser Detection*, Cambridge University Press, Cambridge, UK, 1998.

[10] Y. I. Abramovich, ‘Compensation methods of resolution of wideband signals’, *Radio Eng. Electron. Phys.*, vol. 23, no. 1, pp. 54 – 59, January 1978.

[11] J. A. Hogbom, ‘Aperture synthesis with non-regular distribution of interferometer baselines’, *Astron. Astrophys. Suppl.*, vol. 15, pp. 417 – 426, 1974 .

[12] U. J. Schwarz, ‘Mathematical-statistical description of the iterative beam removing technique

(method CLEAN)', *Astron. Astrophys.*, vol. 65, pp. 345 – 356, 1978.

[13] R. Bose, A. Freedman and B. Steinberg, 'Sequence CLEAN: a modified deconvolution technique for microwave images of contiguous targets', *IEEE Trans Aerosp. Electron. Syst.*, vol. 38, no. 1, pp. 89 – 97, January 2002.

[14] H. Deng, 'Effective CLEAN algorithms for performance-enhanced detection of binary coding radar signals', *IEEE Trans. Signal Process.*, vol. 52, no. 1, pp. 72 – 78, January 2004.

[15] S. D. Blunt, W. Dower and K. Gerlach, 'Hybrid adaptive receive processing for multistatic radar', *IEEE International Workshop on Computational Advances in Multi-Sensor Adaptive Processing*, St. Thomas, US Virgin Islands, pp. 5 – 8, December 2007.

[16] S. D. Blunt, W. Dower and K. Gerlach, 'Hybrid interference suppression for multistatic radar', *IET Radar Sonar Navig.*, vol. 2, no. 5, pp. 323 – 333, October 2008.

[17] S. D. Blunt, A. Shackelford and K. Gerlach, 'Single pulse imaging', *2nd International Waveform Diversity & Design Conference*, Lihue, HI, USA, January 2006.

[18] S. D. Blunt, A. K. Shackelford, K. Gerlach and K. J. Smith, 'Doppler compensation & single pulse imaging using adaptive pulse compression', *IEEE Trans. Aerosp. Electron. Syst.*, vol. 45, no. 2, pp. 647 – 659, April 2009.

[19] N. Levanon and E. Mozeson, *Radar Signals*, John Wiley & Sons, Hoboken, N J, 2004.

[20] T. K. Moon and W. C. Stirling, *Mathematical Methods and Algorithms for Signal Processing*, Prentice-Hall, Upper Saddle River, NJ, 2000.

[21] T. Higgins, S. D. Blunt and K. Gerlach, 'Gain-constrained adaptive pulse compression via an MVDR framework', *IEEE Radar Conference*, Pasadena, CA, USA, May 2009.

[22] S. Treitel and E. A. Robinson, 'The design of high-resolution digital filters', *IEEE Trans. Geosci. Electron.*, vol. GE-4, no. 1, pp. 25 – 38, June 1966.

[23] M. H. Ackroyd and F. Ghani, 'Optimum mismatched filter for sidelobe suppression', *IEEE Trans. Aerosp. Electron. Syst.*, vol. AES-9, pp. 214 – 218, March 1973.

[24] T. Felhauer, 'Digital signal processing for optimum wideband channel estimation in the presence of noise', *IEE Proc. F*, vol. 140, no. 3, pp. 179 – 186, June 1993.

[25] S. D. Blunt, K. Gerlach and E. L. Mokole, 'Pulse compression eclipsing repair', *IEEE Radar Conference*, Rome, Italy, May 2008.

[26] S. D. Blunt and T. Higgins, 'Achieving real-time efficiency for adaptive radar pulse compression', *IEEE Radar Conference*, Waltham, MA, USA, pp. 116 – 121, April 2007.

[27] S. D. Blunt and T. Higgins, 'Dimensionality reduction techniques for efficient adaptive pulse compression', *IEEE Trans. Aerosp. Electron. Syst.*, vol. 46, no. 1, pp. 349 – 362, January 2010.

[28] K. Gerlach, A. K. Shackelford and S. D. Blunt, 'Combined multistatic adaptive pulse compression and adaptive beamforming for shared-spectrum radar', *IEEE J. Select. Top. Signal Process.*, vol. 1, no. 1, pp. 137 – 146, June 2007.

[29] R. J. Vaccaro, 'The past, present, and future of underwater acoustic signal processing', *IEEE Signal Process. Mag.*, vol. 15, no. 4, pp. 21 – 51, July 1998.

第 9 章　多基地雷达系统最优通道选择

M. S. Greco, P. Stinco, F. Gini, A. Farina and M. Rangaswamy

摘　要

本章的目的是根据双基地雷达模糊函数（BAF）和克拉美罗下界（CRLB）来介绍波形分集的几何特性。这些特性都是在基于目标运动参数估计选择双通道和选择多基地系统的多通道时要考虑的重要特性。利用模糊函数（AF）与 CRLB 之间的关系，由于其为目标运动参数的函数，那么可以计算出每一组发射机—接收机对（TX - RX）的距离速度的双基地 CRLBs，并提供对这些参数一定估计精度的局部测量值。通过对双基地 CRLBs 的计算获得的信息也可以用来评估多基地系统中的每个通道的性能，因而根据目标运动轨迹能够选择出最优的用于数据融合和目标跟踪的 TX - RX 对（或一组双基通道）。本章提出了一种算法，该算法可以在数据融合过程中区分哪些通道应当舍弃，哪些通道应当考虑。所示结果也可以用于计算传感器网络所产生信号的加权系数，突显那些性能最优的传感器，舍弃那些最差的通道[1]。

关键词： 多基地雷达系统；模糊函数；克拉美罗界；通道选择；波形设计

9.1　引　言

有源雷达发射已知波形并接收来自目标的反射信号，进而估计感兴趣的目标参数。通常情况下，接收信号是发射信号经过加权、时间延迟与多普勒频移的结果。单基地系统中，估计得到的时延与多普勒频移将直接提供目标的距离与速度信息。该信息同样能在双基地雷达配置中得到，即使所测时延与目标距离信息、所测多普勒频率信息与目标速度之间的对应关系并不是线性的。为测出目标参数估计的全局分辨率和误差特性，模糊函数（AF）无论是在单基地还是多基地系统中都经常被采用。实际上，AF 特性直接决定了系统区分两个不同距离与不同径向速度的雷达目标的能力。当接收到的目标信号的能量接近时，其分辨率可认为等于 AF 主瓣的半功率点宽度。AF 特性同样与目标距离和速度的估计精度相关。

参考文献［15］中，考虑到Fisher的信息矩阵（FIM）是由其接收数据的对数似然函数（LLF）得到的，而AF是排除了信号衰减和噪声影响的LLF，可以得出AF与FIM之间的关系。FIM逆矩阵为克拉美罗下界（CRLB），它是用雷达测量值进行估计的误差协方差的下界。CRLB非常重要，它给出了一个与滤波算法无关的可达到的最优性能值，尤其是在参考文献［15］中所指出的，当信号噪声功率比（SNR）很高时，CRLB与SNR和AF的二阶导数，即AF主瓣的尖锐程度都有关。

此外，CRLB越来越多地被用作一种传感器管理的辅助工具。例如，它可以被用于在单目标和多目标情景下，自动地操作有限的传感器资源。最优性能通道的选择在中心级跟踪处理过程中起关键作用。实际上，多基地雷达系统的最佳方案是把所有传感器的观测数据发送到一个融合中心，之后共同处理。此方法最重要的问题是，具有最差的精度和分辨率的观测传感器会显著降低整个系统的分辨率[1]。在多传感器系统中，多个具有相似精度和分辨率的传感器进行融合时，融合估计性能将达到最优，这是众所周知的。如果精度和分辨率差别很大，那么融合跟踪性能可能只会比性能最好的通道稍微好一点，或者更差。举例来讲，假设目标靠近多基地系统中一个发射器与一个接收器的基线。该情况下，无论雷达波形如何，距离和多普勒分辨率都将严重退化。这是由于回波以直接传播的形式到达接收机，与目标位置无关，位于基线上的目标的多普勒频移必为零，因为发射机到目标之间的距离与目标到接收机之间的距离以完全相反的方式变化，与目标速度大小和方向无关。该种情况下，分辨率完全丧失，因此，这一发射机—接收机对（TX－RX）的观测结果将降低多基地雷达系统的整体分辨率[2]。

本章提出一种算法，该算法与所采用的融合技术无关，其在一般的多基地场景下，能指出融合过程中哪些通道应当舍弃，哪些通道应当考虑。依此处理，将只有一个子集的数据传送到融合中心，更准确地说是把在目标参数估计精度方面表现出最优性能的传感器的数据传送到融合中心。本章结构如下。首先定义双基地的相关参数和坐标系。9.3节定义了单基和双基地雷达模糊函数，而9.4节介绍了CRLB以及AF与FIM的关系；该关系表明FIM取决于距离—多普勒谱图上AF主瓣的尖锐程度。利用此关系，9.5节阐述了单、双基地模糊函数的计算以及发射波形为线性调频信号（LFM）且在加性高斯白噪声环境下对雷达目标的距离和速度进行估计时CRLB值的计算。双基地雷达的CRLB与单基地相比，是一个关于积累脉冲数、目标到达角（DOA）与双基线长度的函数。9.6节阐述了所采用的优化算法，该算法通过计算双基地雷达的CRLB来确定如何选择最优的TX－RX对。TX－RX对的选择或双基地通道的选择都是基于已知几何分布的双基通道的CRLB值。最优的TX－RX对定义为那些双基地情况下目标距离或速度的CRLB达到最低的组对，并且系统能够动态选择最优通道，即利用CRLB知识及目标的运动参数。

9.2　双基几何关系

如图 9.1 所示，这是双基地雷达的几何坐标系及其相关参数。简便起见，本文只考虑二维的情况，且很容易扩展到三维情况。TX，RX 和目标所处的位置符合一般情况。假设在笛卡尔坐标下，TX 位于点 T，坐标为 (x_T, y_T) ；RX 位于点 R，坐标为 (x_R, y_R) ；目标位于点 B，坐标为 (x, y) 。由发射机，接收机和目标组成的三角形被称为双基地三角[4]。由图 9.1 可知，双基地三角的边分别为 R_T ，R_R 和 L，其中 R_T 为发射机到目标的距离，R_R 为接收机到目标的距离，L 为发射机和接收机之间的基线。不失一般性，双基地三角的内角假定为正角，分别为 α ，β 和 γ 。特别地，双基地角 β 的顶点为双基地三角中目标所处的位置。

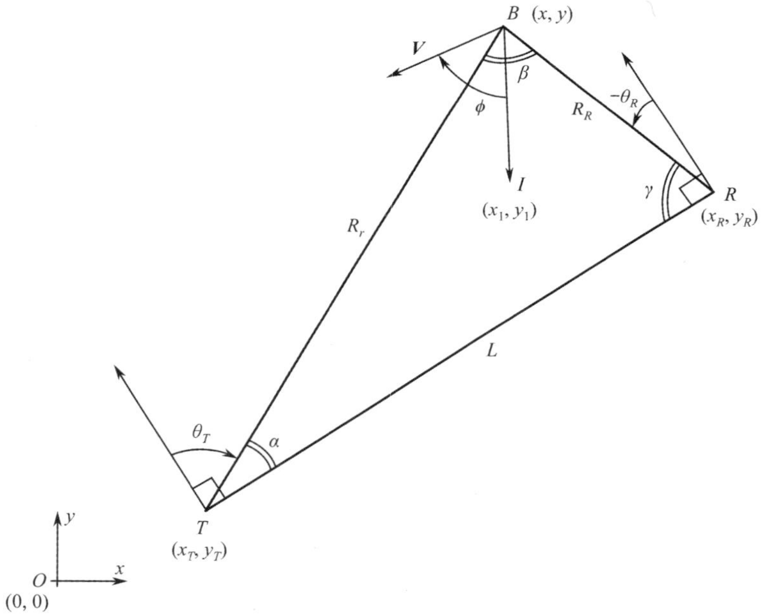

图 9.1　双基地雷达几何分布

假设发射机、接收机和目标的坐标是已知的，那么所有的双基地三角的参数都可以由计算得到。θ_T 与 θ_R 分别为发射机与接收机的视角，它们是由法线方向顺时针转向基线指向目标的方向转过的角度。

由图 9.1，得到 $\theta_T = 90° - \alpha$, $\theta_R = \gamma - 90°$, $\beta = 180° - \alpha - \gamma = \theta_T - \theta_R$ ，并由余弦定律得到 $R_T^2 = R_R^2 + L^2 + 2R_R L\sin\theta_R$ 。其中 R_T 为发射机到目标的距离，是接收机到目标距离 R_R 与接收机视角 θ_R 的函数。由图 9.1，目标速度的矢量表示

为 $\boldsymbol{V}$；ϕ 为双基平分线顺时针方向到目标速度矢量的正夹角。特别地，双基平分线的矢量表示为 $\boldsymbol{BI}$，其中 I 为双基地三角的内心①，坐标为 (x_I, y_I)。

该内心坐标由以下易得：

$$
\begin{aligned}
(x_I, y_I) &= \frac{L}{L + R_R + R_T}(x, y) + \frac{R_R}{L + R_R + R_T}(x_T, y_T) \\
&\quad + \frac{R_T}{L + R_R + R_T}(x_R, y_R)
\end{aligned}
\tag{9.1}
$$

在双基地几何分布图中，径向速度 V_B 是一个非常重要的参数，是目标速度沿双基平分线的速度分量。由图 9.1 可知，得到 $V_B = \boldsymbol{V} \cdot \boldsymbol{BI} / |\boldsymbol{BI}| = |\boldsymbol{V}|\cos\phi$。令 $\boldsymbol{V} = V_x \cdot \ddot{\boldsymbol{x}} + V_y \cdot \boldsymbol{y}$，容易验证

$$
V_B = \frac{(x_I - x)V_x + (y_I - y)V_y}{\sqrt{(x_I - x)^2 + (y_I - y)^2}} \tag{9.2}
$$

双基地雷达几何分布图可由五个参数，即 $\theta_T, \theta_R, L, R_R$ 和 R_T 中的任何三个来完全确定，本章中将使用 θ_R，L 和 R_R，可由以下公式获得

$$
L = \sqrt{(x_T - x_R)^2 + (y_T - y_R)^2} \tag{9.3}
$$

$$
R_R = \sqrt{(x - x_R)^2 + (y - y_R)^2} \tag{9.4}
$$

$$
R_T = \sqrt{(x - x_T)^2 + (y - y_T)^2} \tag{9.5}
$$

$$
\theta_R = \arccos\left(\frac{R_R^2 + L^2 - R_T^2}{2R_R L}\right) - \frac{\pi}{2} \tag{9.6}
$$

9.3　单、双基地模糊函数

众所周知，AF 是雷达领域的重要工具，其决定了雷达的目标分辨力[7,9-13]，这是由最优检测器的性质得到的，最优检测器根据基于由发射波形决定的匹配滤波的输出作出决策。事实上，AF 是产生时移和频移的发射波形复包络自相关函数的绝对值，表示点目标在距离多普勒二维函数的回波响应，模糊函数还体现了在距离维和多普勒维的分辨率、旁瓣结构和模糊度的性能。AF 的数学定义为[9]

$$
\begin{aligned}
&|X(\tau_H, \tau_a, \nu_H, \nu_a)| \\
&= \left| \int_{-\infty}^{+\infty} u(t - \tau_a) u^*(t - \tau_H) \exp(-\mathrm{j}2\pi(\nu_H - \nu_a)t)\,\mathrm{d}t \right|
\end{aligned}
\tag{9.7}
$$

式中：$u(t)$ 为发射波形的复包络；τ_a 和 ν_a 分别为雷达目标的实际时延和多普勒频率；而 τ_H 和 ν_H 分别为预测时延和多普勒频率。显然，当 $\tau_H = \tau_a$ 且 $\nu_H = \nu_a$ 时，

---

①　内心是角平分线的交点。

AF 为最大。式（9.7）中，当$\tau = \tau_H - \tau_a$且$\nu = \nu_H - \nu_a$时，AF 也可以表示为关于一个τ和ν的函数。

单基地情况下，τ_a和ν_a分别与目标距离R_a和径向速度ν_a存在线性关系，更具体地说，$\tau_a = 2R_a/c$和$\nu_a = -2V_a f_c/c$①。τ_H和ν_H②存在类似关系。由于这种线性关系，距离-多普勒维上的 AF 为一个关于τ和ν的函数，比例因子除外。因此，在单基地配置情况下，目标时延和多普勒频移能直接提供目标的距离和速度信息。双基地情况则不同，时延和多普勒频率以及目标的距离和速度之间的关系是非线性的。

参照图 9.1 双基地的几何分布，为得到 BAF 的表达式，必须采用以下与几何分布相关的非线性方程[9]：

$$\tau_H(R_R,\theta_R,L) = \frac{R_R + \sqrt{R_R^2 + L^2 + 2R_R L\sin\theta_R}}{c} \tag{9.8}$$

$$\nu_H(R_R,V_B,\theta_R,L) = 2\frac{f_c}{c}V_B\sqrt{\frac{1}{2} + \frac{R_R + L\sin\theta_R}{2\sqrt{R_R^2 + L^2 + 2R_R L\sin\theta_R}}} \tag{9.9}$$

τ_a和ν_a同样存在类似的关系。这从式（9.8）和式（9.9）中可以明显看出，双基地情况下，多普勒频移和延迟取决于双基地三角的几何分布，且时延和多普勒频率与目标距离和速度之间的关系是非线性的。由非线性方程组（9.8）和（9.9）可知，显然 BAF 还取决于双基地几何分布参数，即目标 DOA、双基地基线长度以及目标到接收机的距离。之后给出的典型的例子将证明，这种相关性是非常强的，特别是目标接近连接发射机和接收机的基线时。

9.4 单、双基地的克拉美罗下界

AF 直接决定了系统区分不同距离和/或不同径向速度的雷达目标的能力。当接收到的两个目标回波信号能量相近时，分辨率为 AF 主瓣的半功率宽度。AF 同样与给定目标的距离和速度的估计精度有关。当 SNR 较高时，CRLB 与 SNR 和 AF 的二阶导数，即 AF 主瓣的尖锐程度都有关。不同于能提供整体分辨情况的 AF，CRLB 为估计精度的局部测量值。但两者都可以用来评估信号参数估计的误差特性。参考文献［15］中，作者推导出 CRLB 和 AF 之间的关系，并已成功用于无源和有源阵列的分析[16]。在单基地配置情况下，参考［15］认为 FIM 具有以下关系：

---

① f_c是载频，c是光速，$c = 3\times10^8$m/s。

② R_a和v_a是实际的距离和双基地速度，R_R和V_B是假定的距离和双基地速度。

$$\boldsymbol{J}_M(\tau,\nu) = -2\text{SNR}\begin{bmatrix} \dfrac{\partial^2\Theta(\tau,\nu)}{\partial\tau^2} & \dfrac{\partial^2\Theta(\tau,\nu)}{\partial\tau\partial\nu} \\ \dfrac{\partial^2\Theta(\tau,\nu)}{\partial\nu\partial\tau} & \dfrac{\partial^2\Theta(\tau,\nu)}{\partial\nu^2} \end{bmatrix}\Bigg|_{\tau=0,\nu=0} = -2\text{SNR}\boldsymbol{J}_{M_n} \quad (9.10)$$

式中：$\Theta(\tau,\nu) = |X(\tau,\nu)|^2$。由于 AF 是不包括信号衰减和杂波影响的 LLF，因此 AF 是该表达式的核心。在附录中，将提供式（9.10）的证明。式（9.10）与 AF 的参数选取无关；因此，它在单基地和双基地的情况下都成立。

由式（9.10），$\text{CRLB}(\tau_a) = [\boldsymbol{J}_M^{-1}(\tau_a,\nu_a)]_{1,1}$ 且 $\text{CRLB}(\nu_a) = [\boldsymbol{J}_M^{-1}(\tau_a,\nu_a)]_{2,2}$。在双基地配置的情况下，根据双基地的 $\tau(R_R,\theta_R,L)$ 和 $\nu(R_R,V_B,\theta_R,L)$，重写关于有用参数 R_R 和 V_B 的 AF 表达式

$$\boldsymbol{J}_B(R_R,V_B) = -2SNR\begin{bmatrix} \dfrac{\partial^2\Theta(R_R,V_B)}{\partial R_R^2} & \dfrac{\partial^2\Theta(R_R,V_B)}{\partial R_R\partial V_B} \\ \dfrac{\partial^2\Theta(R_R,V_B)}{\partial V_B\partial R_R} & \dfrac{\partial^2\Theta(R_R,V_B)}{\partial V_B^2} \end{bmatrix}\Bigg|_{R_R=R_a,V_B=V_a} \quad (9.11)$$

关于双基地的 CRLB 计算，可以使用部分单基地的结果。根据导数链式规则，可以证明

$$\begin{aligned}\frac{\partial^2\Theta(R_R,V_B)}{\partial R_R^2} &= [\boldsymbol{J}_{M_n}]_{1,1}\left(\frac{\partial\tau}{\partial R_R}\right)^2 + 2[\boldsymbol{J}_{M_n}]_{1,2}\frac{\partial\tau}{\partial R_R}\frac{\partial\nu}{\partial R_R} + [\boldsymbol{J}_{M_n}]_{2,2}\left(\frac{\partial\nu}{\partial R_R}\right)^2 \\ &\quad + \frac{\partial\Theta(\tau,\nu)}{\partial\tau}\frac{\partial^2\tau}{\partial R_R^2} + \frac{\partial\Theta(\tau,\nu)}{\partial\nu}\frac{\partial^2\nu}{\partial R_R^2}\end{aligned} \quad (9.12)$$

$$\begin{aligned}\frac{\partial^2\Theta(R_R,V_B)}{\partial V_B^2} &= [\boldsymbol{J}_{M_n}]_{1,1}\left(\frac{\partial\tau}{\partial V_B}\right)^2 + 2[\boldsymbol{J}_{M_n}]_{1,2}\frac{\partial\tau}{\partial V_B}\frac{\partial\nu}{\partial V_B} + [\boldsymbol{J}_{M_n}]_{2,2}\left(\frac{\partial\nu}{\partial V_B}\right)^2 \\ &\quad + \frac{\partial\Theta(\tau,\nu)}{\partial\tau}\frac{\partial^2\tau}{\partial V_B^2} + \frac{\partial\Theta(\tau,\nu)}{\partial\nu}\frac{\partial^2\nu}{\partial V_B^2}\end{aligned} \quad (9.13)$$

$$\begin{aligned}\frac{\partial^2\Theta(R_R,V_B)}{\partial V_B\partial R_R} = \frac{\partial^2\Theta(R_R,V_B)}{\partial R_R\partial V_B} &= [\boldsymbol{J}_{M_n}]_{1,1}\frac{\partial\tau}{\partial V_B}\frac{\partial\tau}{\partial R_R} + [\boldsymbol{J}_{M_n}]_{1,2}\frac{\partial\tau}{\partial R_R}\frac{\partial\nu}{\partial V_B} \\ &\quad + \frac{\partial\Theta(\tau,\nu)}{\partial\tau}\frac{\partial^2\nu}{\partial R_R\partial V_B} + [\boldsymbol{J}_{M_n}]_{1,2}\frac{\partial\tau}{\partial V_B}\frac{\partial\nu}{\partial R_R} \\ &\quad + [\boldsymbol{J}_{M_n}]_{2,2}\frac{\partial\nu}{\partial R_R}\frac{\partial\nu}{\partial V_B} + \frac{\partial\Theta(\tau,\nu)}{\partial\tau}\frac{\partial^2\nu}{\partial V_B\partial R_R}\end{aligned} \quad (9.14)$$

由式（9.8）和式（9.9）可得

$$\frac{\partial\nu}{\partial R_R} = \frac{f_c}{2c}V_B\frac{L^2\cos^2\theta_R}{(R_R^2+L^2+2R_RL\sin\theta_R)^{3/2}+\sqrt{\dfrac{1}{2}+\dfrac{R_R+L\sin\theta_R}{2\sqrt{R_R^2+L^2+2R_RL\sin\theta_R}}}} \quad (9.15)$$

$$\frac{\partial\nu}{\partial V_B}=\frac{2f_c}{c}\sqrt{\frac{1}{2}+\frac{R_R+L\sin\theta_R}{2\sqrt{R_R^2+L^2+2R_RL\sin\theta_R}}} \tag{9.16}$$

$$\frac{\partial\tau}{\partial R_R}=\frac{1}{c}\left(1+\frac{R_R+L\sin\theta_R}{\sqrt{R_R^2+L^2+2R_RL\sin\theta_R}}\right) \tag{9.17}$$

$$\frac{\partial^2\nu}{\partial R_R\partial V_B}=\frac{1}{V_B}\frac{\partial\nu}{\partial R_R} \tag{9.18}$$

$$\frac{\partial^2\tau}{\partial R_R^2}=\frac{L^2\cos^2\theta_R}{c\,(R_R^2+L^2+2R_RL\sin\theta_R)^{3/2}} \tag{9.19}$$

$$\begin{aligned}&\frac{\partial^2\nu}{\partial R_R^2}\\ =&\frac{-\left[6\,(R_R^2+L^2+2R_RL\sin\theta_R)^{1/2}(R_R+L\sin\theta_R)+(R_R^2+L^2+2R_RL\sin\theta_R)+5\,(R_R+L\sin\theta_R)^2\right]}{4c(\sqrt{2}f_cV_BL^2\cos^2\theta_R)^{-1}(R_R^2+L^2+2R_RL\sin\theta_R)^{9/4}\left[(R_R^2+L^2+2R_RL\sin\theta_R)^{1/2}+(R_R+L\sin\theta_R)\right]^{3/2}}\end{aligned} \tag{9.20}$$

$$\frac{\partial\tau}{\partial V_B}=\frac{\partial^2\tau}{\partial R_R\partial V_B}=\frac{\partial^2\tau}{\partial V_B^2}=\frac{\partial^2\nu}{\partial V_B^2}=0 \tag{9.21}$$

如果 AF 的模关于 τ 和 ν 的导数是连续的，那么在极大值处有 $\frac{\partial\Theta(\tau,v)}{\partial\tau}=0$ 且 $\frac{\partial\Theta(\tau,v)}{\partial v}=0$。因此，考虑式（9.21），则有

$$\frac{\partial^2\Theta(R_R,V_B)}{\partial R_R^2}=[\boldsymbol{J}_{M_n}]_{1,1}\left(\frac{\partial\tau}{\partial R_R}\right)^2+2\,[\boldsymbol{J}_{M_n}]_{1,2}\frac{\partial\tau}{\partial R_R}\frac{\partial\nu}{\partial R_R}+[\boldsymbol{J}_{M_n}]_{2,2}\left(\frac{\partial\nu}{\partial R_R}\right)^2 \tag{9.22}$$

$$\frac{\partial^2\Theta(R_R,V_B)}{\partial V_B^2}=[\boldsymbol{J}_{M_n}]_{2,2}\left(\frac{\partial\nu}{\partial V_B}\right)^2 \tag{9.23}$$

$$\frac{\partial^2\Theta(R_R,V_B)}{\partial V_B\partial R_R}=\frac{\partial^2\Theta(R_R,V_B)}{\partial R_R\partial V_B}=[\boldsymbol{J}_{M_n}]_{1,2}\frac{\partial\tau}{\partial R_R}\frac{\partial\nu}{\partial V_B}+[\boldsymbol{J}_{M_n}]_{2,2}\frac{\partial\nu}{\partial R_R}\frac{\partial\nu}{\partial V_B} \tag{9.24}$$

或者，写成更简洁的形式

$$\boldsymbol{J}_B(R_R,V_B)=\boldsymbol{P}\boldsymbol{J}_M(\tau,\nu)\boldsymbol{P}^{\mathrm{T}} \tag{9.25}$$

其中

$$\boldsymbol{P}=\begin{bmatrix}\frac{\partial\tau}{\partial R_R} & \frac{\partial\nu}{\partial R_R}\\ \frac{\partial\tau}{\partial V_B} & \frac{\partial\nu}{\partial V_B}\end{bmatrix} \tag{9.26}$$

CRLB 是由 FIM 的逆给出的，因此

$$\mathrm{CRLB}(R_R) = \frac{[\boldsymbol{J}_B]_{2,2}}{[\boldsymbol{J}_B]_{1,1}[\boldsymbol{J}_B]_{2,2} - [\boldsymbol{J}_B]_{1,2}^2} \tag{9.27}$$

$$\mathrm{CRLB}(V_B) = \frac{[\boldsymbol{J}_B]_{1,1}}{[\boldsymbol{J}_B]_{1,1}[\boldsymbol{J}_B]_{2,2} - [\boldsymbol{J}_B]_{1,2}^2} \tag{9.28}$$

根据以上方程，显然，在双基地的情况下，局部精度不仅取决于发射波形，还和双基地的几何分布有关。重要的是，考虑到因传播而造成的能量损失，则接收机端的 SNR 有

$$\mathrm{SNR} \propto \frac{1}{R_R^2 R_T^2} \tag{9.29}$$

本部分的所有结果也适用于 $L = 0$ 的单基地的情况，即当发射机和接收机处于同一位置时。

9.5 LFM 脉冲串的模糊函数和克拉美罗下界

假设雷达发射波形为线性调频脉冲串。具有单位能量的发射信号的复包络可写作

$$u(t) = \frac{1}{\sqrt{N}}\sum_{n=0}^{N-1} u_1(t - nT_R) \tag{9.30}$$

其中：

$$u_1(t) = \begin{cases} \dfrac{1}{\sqrt{T}}\exp(\mathrm{j}\pi k t^2), & 0 \leqslant t \leqslant T \\ 0, & \text{其他} \end{cases} \tag{9.31}$$

N 为每次发射脉冲串的脉冲数目，T_R 为脉冲重复时间，T 为每个脉冲的持续时间，$T < T_R/2$。此外，$kT^2 = BT$ 为信号有效的时宽带宽积，B 为带宽。

根据式（9.7）的定义，可以计算出式（9.30）和式（9.31）中的信号 $u(t)$ 的单基地的复模糊函数（CAF）③，如文献［17］所写

$$\begin{aligned} X(\tau,\nu) = & \frac{1}{N}\sum_{p=-(N-1)}^{N-1} \exp[\mathrm{j}\pi\nu(N-1+p)T_R] \\ & \times \frac{\sin[\pi\nu(N-|p|)T_R]}{\sin(\pi\nu T_R)} X_1(\tau - pT, \nu) \end{aligned} \tag{9.32}$$

其中：

$$X_1(\tau,\nu) = \frac{\sin[\pi T(\nu - k\tau)(1 - |\tau|/T)]}{\pi T(\nu - k\tau)}\mathrm{rect}\left(\frac{\tau}{2T}\right) \tag{9.33}$$

该式为单个 LFM 脉冲的 CAF，$\tau = \tau_H - \tau_a$ 且 $\nu = v_H - v_a$。如果限定主瓣区域

③ 模糊函数是复模糊函数的绝对值。

的时延，即 $|\tau| \leqslant T(p=0)$，式（9.32）与式（9.33）变为

$$X(\tau,\nu)=\left|\frac{\sin[\pi T(\nu-k\tau)(1-|\tau|/T)]}{\pi T(\nu-k\tau)}\right|\left|\frac{\sin[\pi\nu NT_R]}{N\sin(\pi\nu T_R)}\right|,|\tau|<T \quad (9.34)$$

AF 在 $\tau=0$ 且 $v=0$ 时达到最大。式（9.34）中的 AF 如图 9.2 所示，其中 $BT=20$，$T_R=1s$，$T=0.1s$，$N=8$。显而易见，其结构为典型的钉床型。为了将式（9.32）和式（9.33）应用到如图 9.1 所示的双基地几何分布情况，和可以得到 BAF 的表达式，必须把式（9.8）和式（9.9）的关系代入到式（9.32）和式（9.33）。

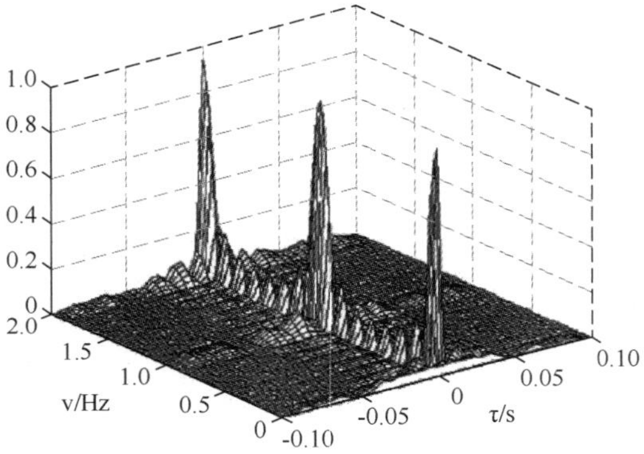

图 9.2 单基地脉冲信号模糊函数，$BT=20$，$T_R=1s$，$T=0.1s$，$N=8$

BAF 的等高线图如图 9.3 所示，在平面 R_R-V_B 中，$V_B=V\cos\varphi$，$V_a=600m/s$，$R_a=20km$，$L=50km$。离散峰（钉）的存在是显而易见的，甚至在双基地平面也是如此，即使它们不是对称分布的。主峰对应 $V_a=600m/s$、$R_a=20km$ 处。

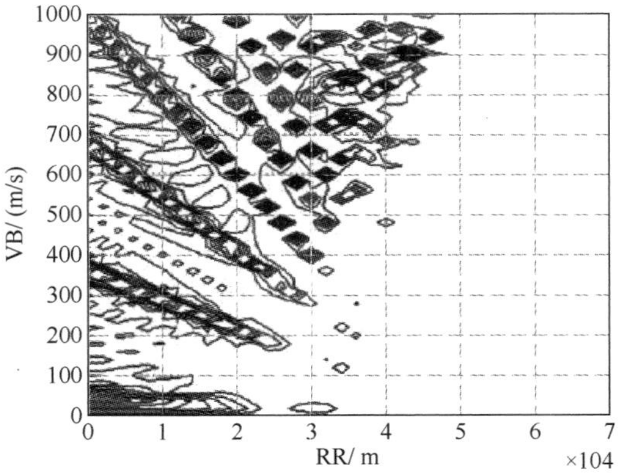

图 9.3 双基地 AF，$BT=250$，$T_R=1ms$，$T=250\mu s$，$N=8$，$\theta_R=-0.47\pi$，$L=50km$，$V_a=600m/s$，$R_a=20km$

BAF 的形状很大程度上取决于目标角度 θ_R，特别是在 BT 值很高的情况下。

为说明这一现象，图9.4至图9.7给出了零时延和零多普勒频移情况下不同 θ_R 和 BT 值时的BAF剖面图。所有剖面图都在真值 V_a = 600m/s 和 R_a = 20km 处达到最大值。总之，当 θ_R 的值接近 $-\pi/2$ 时，BAF表现为多峰值。最差的情况是 $\theta_R = -\pi/2$ 时，即目标位于基线上时。如果目标在发射机和接收机之间，BAF将变平坦，距离和多普勒分辨率将完全丧失。若 θ_R 远离 $-\pi/2$，BAF的形状几乎相同（见示例，图9.4至9.7中 $\theta_R = -\pi$ 和 $\theta_R = \pi/6$ 时）。提高 N 值，距离分辨率提高，但BAF将出现许多尖峰。

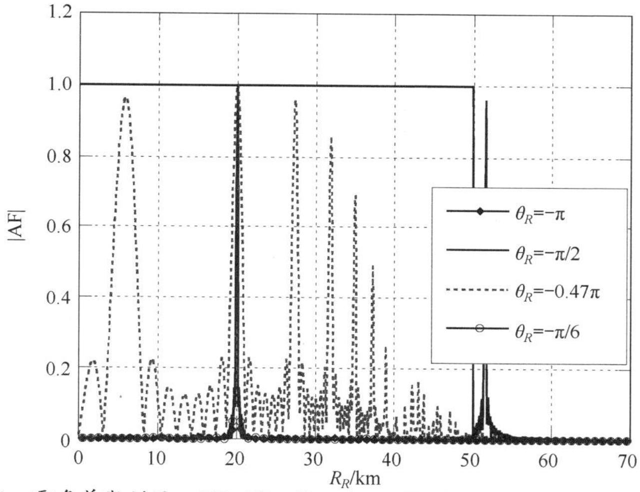

图9.4　零多普勒剖面，$BT=20$，$T_R=1\text{ms}$，$T=250\mu\text{s}$，$N=8$，$L=50\text{km}$，$V_a=600\text{m/s}$，$R_a=20\text{km}$

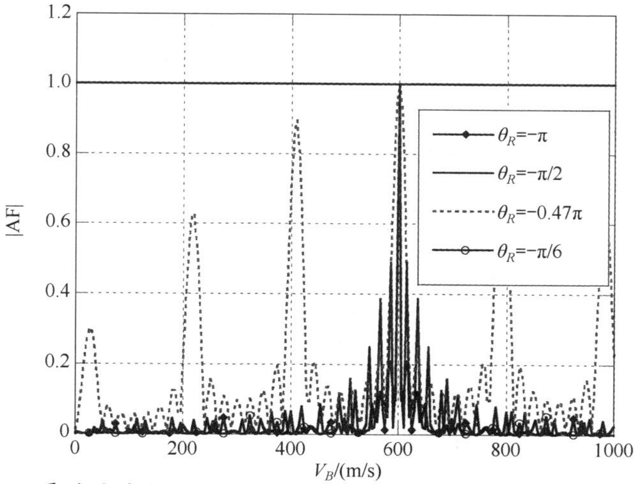

图9.5　零时延剖面，$BT=20$，$T_R=1\text{ms}$，$T=250\mu\text{s}$，$N=8$，$L=50\text{km}$，$V_a=600\text{m/s}$，$R_a=20\text{km}$

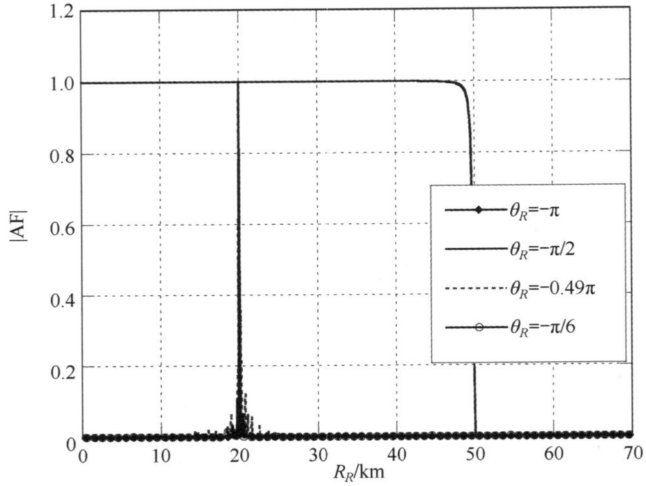

图 9.6 零多普勒剖面，$BT=250$，$T_R=1\text{ms}$，$T=250\mu\text{s}$，$N=8$，$L=50\text{km}$，$V_a=600\text{m/s}$，$R_a=20\text{km}$

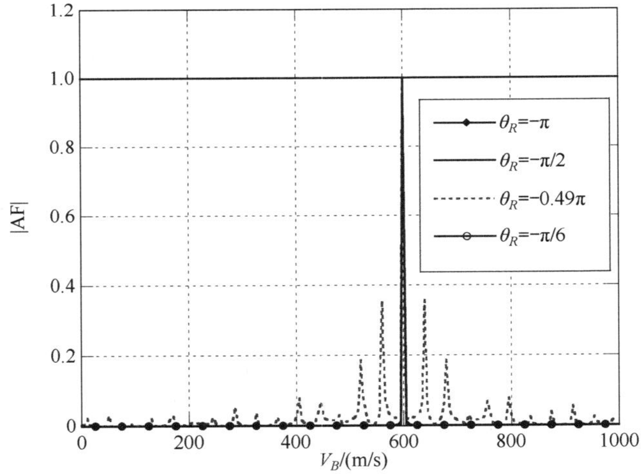

图 9.7 零时延剖面，$BT=250$，$T_R=1\text{ms}$，$T=250\mu\text{s}$，$N=8$，$L=50\text{km}$，$V_a=600\text{m/s}$，$R_a=20\text{km}$

利用式（9.11），经过代数运算，在单基地结构情况下，可有

$$\boldsymbol{J}_M(\tau,\nu)=-2\text{SNR}\begin{bmatrix}-\dfrac{k^2\pi^2T^2}{3} & \dfrac{k\pi^2T^2}{3}\\ \dfrac{k\pi^2T^2}{3} & -\dfrac{\pi^2T^2}{3}+\dfrac{\pi^2T_R^2(1-N^2)}{3}\end{bmatrix}=-2\text{SNR}\boldsymbol{J}_{M_n} \tag{9.35}$$

$$\text{CRLB}(\tau)=\frac{3}{2\pi^2T^2k^2\text{SNR}}\left[1+\left(\frac{T}{T_R}\right)^2\frac{1}{N^2-1}\right] \tag{9.36}$$

且

$$\mathrm{CRLB}(\nu) = \frac{3}{2\pi^2 T_R^2 \mathrm{SNR}(N^2 - 1)} \tag{9.37}$$

这些结果与参考文献［16］是一致的。

利用式（9.25）至式（9.28），容易推导出双基地 CRLBs。平方根 CRLBs（RCRLBs）如图9.8至图9.11所示，其为关于基线长度L，目标角度θ_R和子脉冲

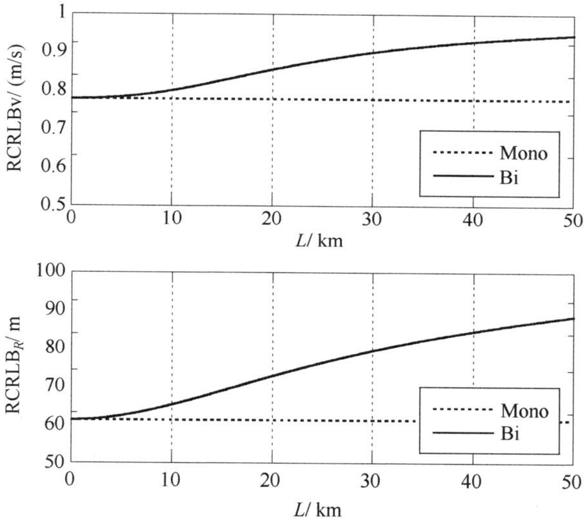

图9.8　RCRLB 关于双基地基线长度L的函数$BT=250$，$T_R=1\text{ms}$，$T=250\mu\text{s}$，$N=8$，$\theta_R=\pi$，$V_a=600\text{m/s}$，$R_a=20\text{km}$，$\text{SNR}=0\text{dB}$

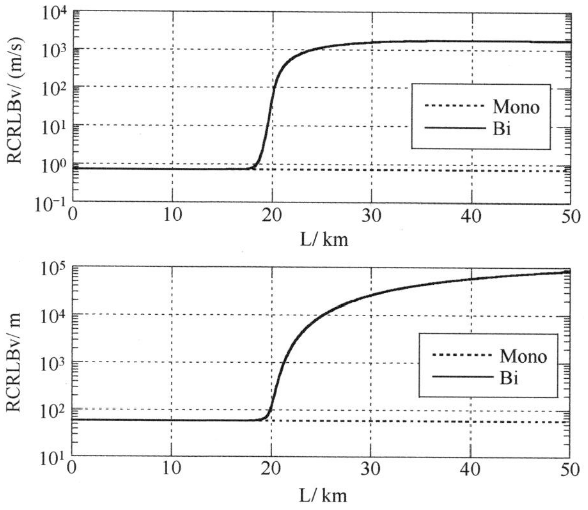

图9.9　RCRLB 关于双基地基线长度L的函数$BT=250$，$T_R=1\text{ms}$，$T=250\mu\text{s}$，$N=8$，$\theta_R=0.49\pi$，$V_a=600\text{m/s}$，$R_a=20\text{km}$，$\text{SNR}=0\text{dB}$

个数 N 的函数。为突显单基地与双基地之间的差异，令 SNR 恒为零，得到结果图。显然，对于测试的所有参数值，双基地 RCRLB（$RCRLB_B$ – BI）都高于单基地 RCRLB（$RCRLB_M$ – Mono）。当目标角度 θ_R 接近 $-\pi/2$ 时，双基地 RCRLB 更差，它们趋向于无穷大。这些性能表现与图 9.4 至图 9.7 所示的 BAF 形状描述得一致。

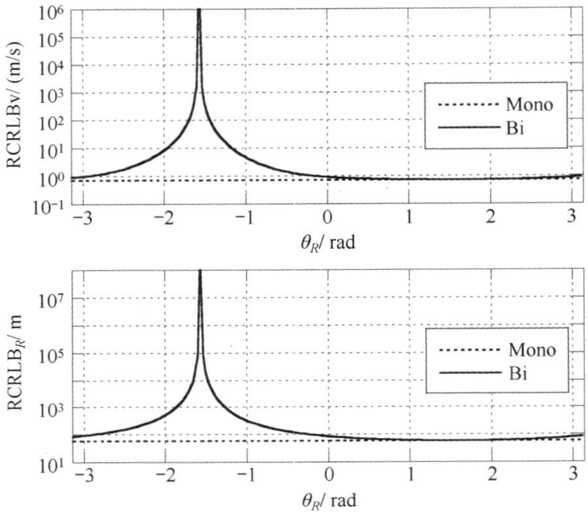

图 9.10　RCRLB 关于目标角度 θ_R 的函数，$L=50\text{km}$，$BT=250$，$T_R=1\text{ms}$，$T=250\mu\text{s}$，$N=8$，$V_a=600\text{m/s}$，$R_a=20\text{km}$，$\text{SNR}=0\text{dB}$

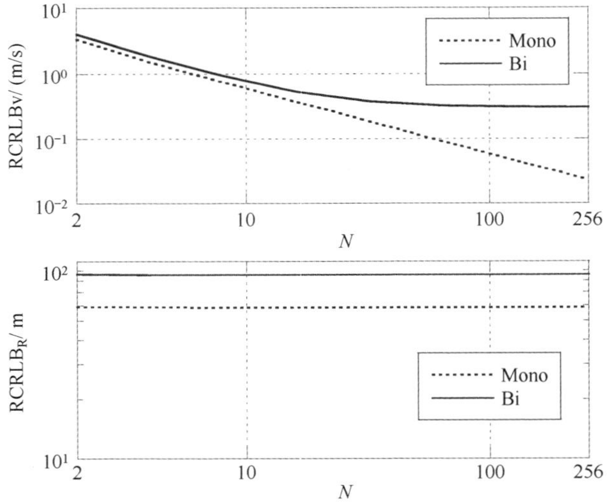

图 9.11　RCRLB 关于子脉冲个数 N 的函数，$L=50\text{km}$，$BT=250$，$T_R=1\text{ms}$，$T=250\mu\text{s}$，$V_a=600\text{m/s}$，$R_a=20\text{km}$，$\text{SNR}=0\text{dB}$

图 9.9 中 $\theta_R = 0.49\pi$ ，显然，当基线长度 $L < 20\text{km}$ 时，距离接收机 20km 的目标几乎是在基线上，并非在 RX 和 TX 之间，所以 CRLBB 接近 CRLBM。本部分的结果可用来评估一个给定的多基地系统的单或双通道的性能，并可对目标运动参数估计中的最优通道选择原则进行定义。

9.6　TX – RX 对的最优选择

双基地分布中的 CRLB 的研究可以运用到多基地雷达系统的 TX – RX 对的选择中。多基地雷达系统利用多个发射机和接收机构成的网络来提供若干不同的单基地和双基地通道观测，能使特定的监视区域内获得的信息量增加。无论是单基地还是双基地，通过这种空间分集所获得的信息增益会使许多雷达的典型性能得到提高，如检测、参数估计、跟踪和识别。

已经看到，每个双基通道的性能都取决于其几何分布。在本节中，将探讨如何基于每个 TX – RX 对的双基几何分布的 CRLB 提供的信息，进行最优 TX – RX 对的选取。目标速度或距离的双基 CRLB 最低的组对定义为最优组对。这些结果可用于多基地雷达场景下动目标跟踪中 TX – RX 对的动态选取。

假设一个区域，$L_x = 20\text{km}$ 和 $L_y = 20\text{km}$ ，该区域存在五个发射机和四个接收机，其坐标为

$$\begin{aligned}
T^{(1)} &= (x_T^{(1)}, y_T^{(1)}) = (5\text{km}, 15\text{km}) \\
T^{(2)} &= (x_T^{(2)}, y_T^{(2)}) = (15\text{km}, 15\text{km}) \\
T^{(3)} &= (x_T^{(3)}, y_T^{(3)}) = (10\text{km}, 10\text{km}) \\
T^{(4)} &= (x_T^{(4)}, y_T^{(4)}) = (5\text{km}, 5\text{km}) \\
T^{(5)} &= (x_T^{(5)}, y_T^{(5)}) = (15\text{km}, 5\text{km})
\end{aligned} \tag{9.38}$$

且

$$\begin{aligned}
R^{(1)} &= (x_R^{(1)}, y_R^{(1)}) = (5\text{km}, 10\text{km}) \\
R^{(2)} &= (x_R^{(2)}, y_R^{(2)}) = (10\text{km}, 15\text{km}) \\
R^{(3)} &= (x_R^{(3)}, y_R^{(3)}) = (10\text{km}, 5\text{km}) \\
R^{(4)} &= (x_R^{(4)}, y_R^{(4)}) = (15\text{km}, 10\text{km})
\end{aligned} \tag{9.39}$$

因此，认为共有 $N_T N_R = 5 \times 4 = 20$ 个独立的双基 TX – RX 对。20 个 TX – RX 对的结果编号为 $\rho = N_R(t-1) + r$ ，其中 $t = 1,2,\cdots,N_T$ 且 $r = 1,2,\cdots,N_R$ 。

假设每个发射机都发送一连串线性调频脉冲，其中脉冲数 $N = 8$ ，压缩比 $BT = 250$ ，脉冲重复间隔 $T_R = 10^{-3}\text{s}$ 。系统载频为 $f_c = 3 \times 10^8 / 2\pi\text{Hz}$ ，同之前的分析一致。

对于分析区域的每个点，对于 20 个双基地系统的每一个，都可以计算目标

距离和速度的 RCRLB。特别地，假定处于分析区域的每个点目标都具有沿 x 轴正方向 500m/s 的速度。

已证实，目标的距离和速度的 RCRLB 是接收机到目标距离 R_R 、基线 L 、接收机视角 θ_R 、径向速度 V_B 以及 SNR 的函数。这些参数全都取决于双基地三角的结构，即目标发射机和接收机的位置坐标。双基地几何分布同样影响接收回波功率，因为该情况下，传播路径损耗因子为 $(R_R R_T)^2$ [18]。特别地，SNR 写作

$$\mathrm{SNR} = \frac{\mathrm{SNR}_C \cdot (L_x^2 + L_y^2)^2}{(R_T R_R)^2} = \frac{\mathrm{SNR}_C \cdot L^2}{(R_T R_R)^2} \tag{9.40}$$

参数 SNR_C 为一常量。假设 $\mathrm{SNR}_C = 10\mathrm{dB}$ ，该情况下若发射机和接收机都位于 (0,0) 而目标位于 (L_x, L_y) ，则信噪比为 10dB 。图 9.12 至图 9.15 中的灰度图表示分析区域内每个点处目标距离和速度的 $\mathrm{RCRLB_B}$。特别地，图 9.12 和图 9.14表示第一和第五个双基地系统中目标距离的 $\mathrm{RCRLB_B}$ (dB)，而图 9.13 和图 9.15 表示相同双基地系统下目标速度的 $\mathrm{RCRLB_B}$ (dB)。

从结果中显而易见，每一个双基地通道的 RCRLB 都与双基地几何分布密切相关。显然，几何分布因素对接近基线的目标影响更为突出，即，当 $R_R \leqslant L$ 且接收机视角 θ_R 接近 $-\pi/2$ 时。当目标远离基线时，双基地几何分布的影响微乎其微；此时，双基地系统表现得更接近于一个单基地系统。因此，每个双基地系统的性能都与双基地三角的结构密切相关，即发射机、接收机和目标的位置。显然，采用不同的发射和接收系统，目标具有不同的双基地配置，因此，已知整个系统每个发射机和接收机的坐标，便能够计算和分析区域的每个点处的具有最优性能的 TX – RX 对，也即最小的 $\mathrm{CRLB_B}$。

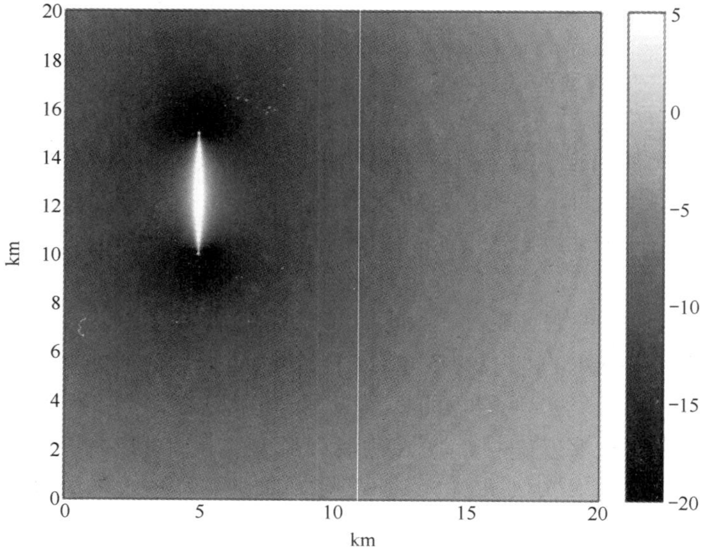

图 9.12　目标距离的双基地 RCRLB (dB) ——第一对

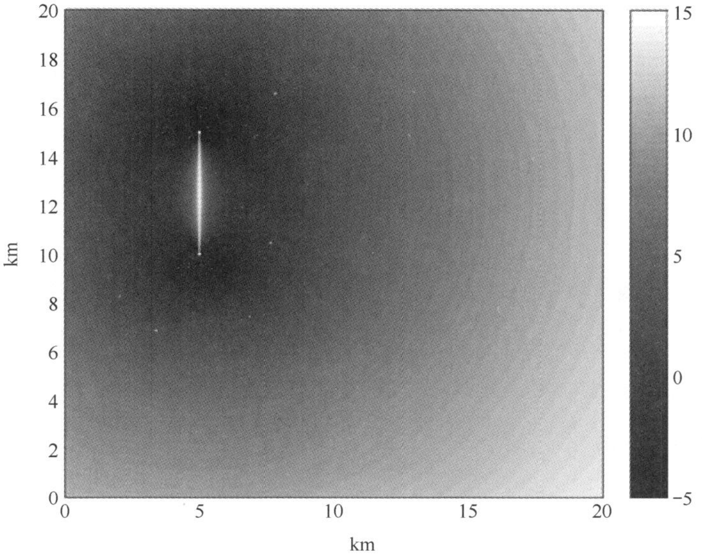

图 9.13　目标速度的双基地 RCRLB（dB）——第一对

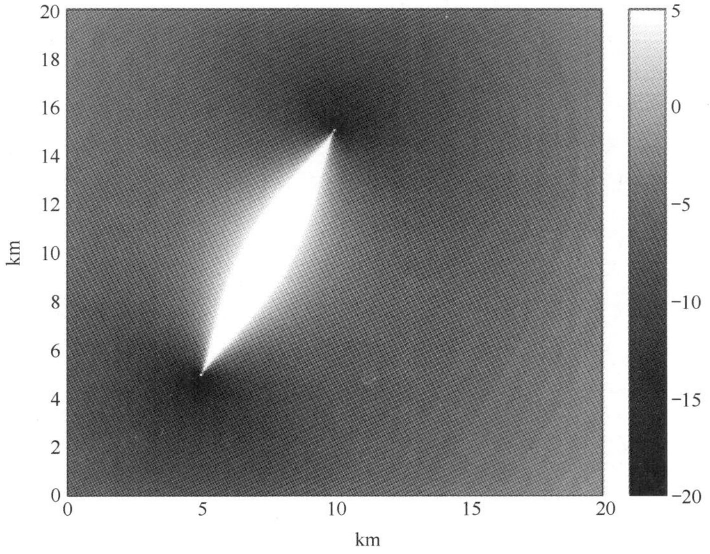

图 9.14　目标距离的双基地 RCRLB（dB）——第五对

在图 9.16 和图 9.17 所示灰度图中，分别显示了分析区域内的每个点处，目标的距离与速度估计的具有最小 $RCRLB_B$ 的 TX - RX 对。这些图的灰度值被量化为 20 个级别，与 20 个双基地系统逐一对应关联。

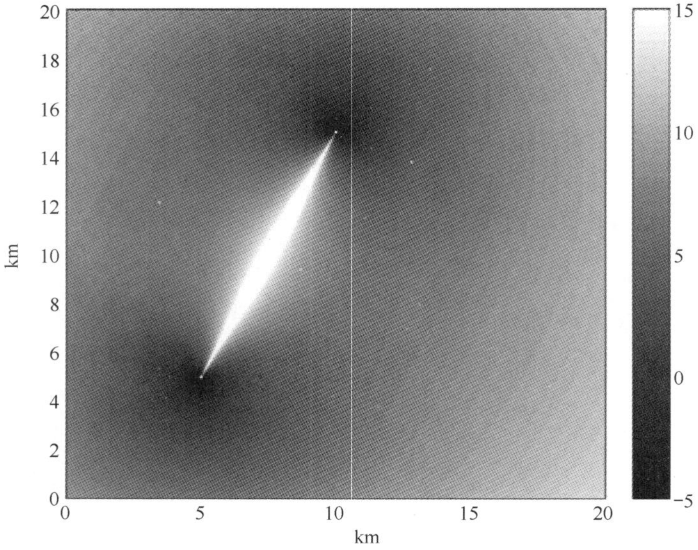

图 9.15　目标速度的双基地 RCRLB（dB）——第五对

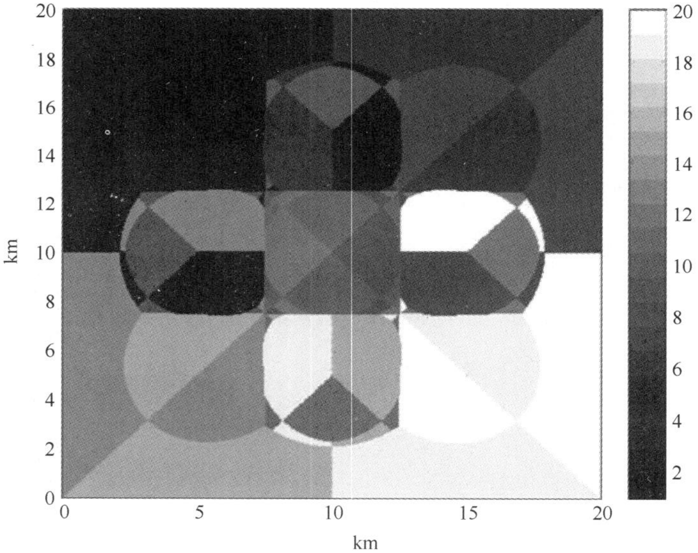

图 9.16　目标距离估计的最优对分布图

图 9.18 和图 9.19 给出了与图 9.16 和图 9.17 相同的结果，只是选择了不同的 TX - RX 对配置。特别地，五个发射机和四个接收机的位置在分析区域内是随机选择的。

CRLB 的值取决于 SNR 的真实值，但最优通道的选择不取决于它，这一点值得注意。最优通道的选择仅取决于 SNR 的变化，而 SNR 的变化是几何分布的函数。假设考虑区域中的每个点都是相同的，则对于目标速度 V_B 具有相似的结论。

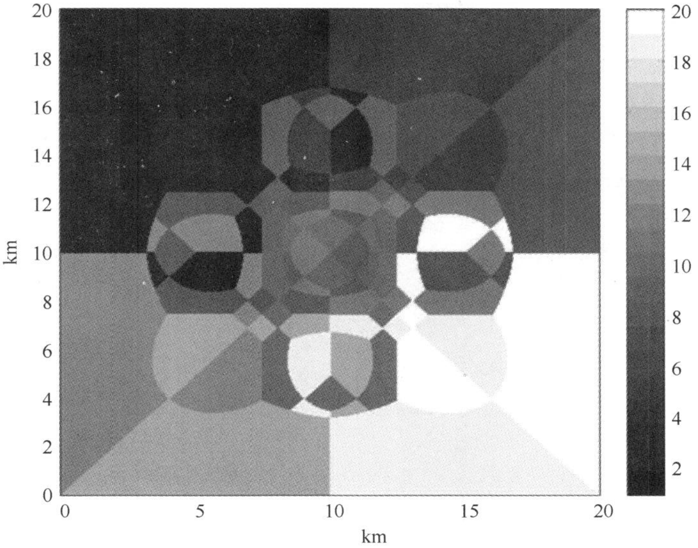

图 9.17　目标速度估计的最优对分布图

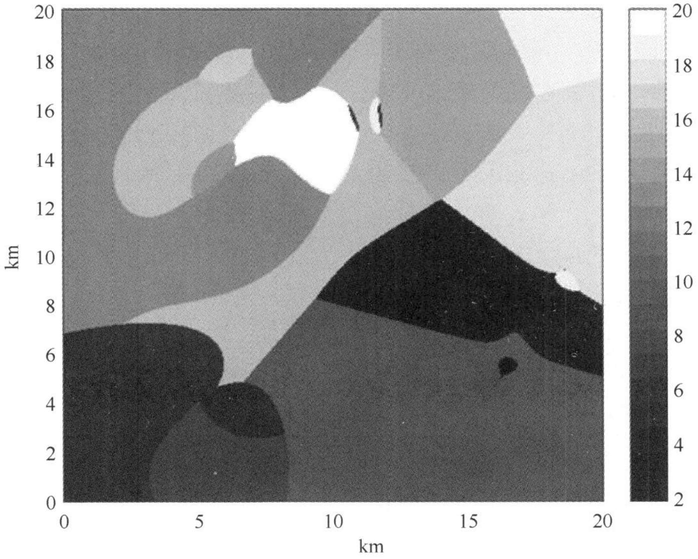

图 9.18　目标距离估计的最优对分布图——第二组

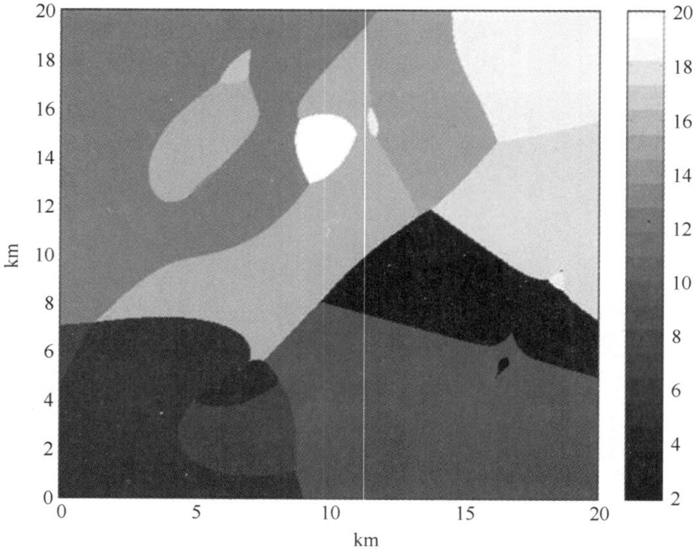

图 9.19　目标速度估计的最优对分布图——第二组

9.7 结　论

本章探讨了一个多基地雷达场景并对目标距离和速度的估计精度的双基地CRLB进行了推导。为达此目的，利用AF和FIM之间的关系，即FIM取决于距离-多普勒二维谱AF主瓣的尖锐程度。双基地情况下，几何分布和发射波形这两个因素都会对AF的形状产生重要影响，进而影响目标距离和速度的估计精度。CRLB取决于双基地几何分布的参数，即目标DOA，双基地基线长度以及目标与接收机之间的距离。通过计算双基地CRLB所获得的信息，可以用于筛选多基地系统中最优的TX-RX对。换句话说，TX-RX对的选择，或双基地组对的选择，都是基于已知几何分布下的双基地的CRLB值。最优对定义为那些双基地情况下目标距离或速度的CRLB达到最低的组对，并且系统能够动态选择最优通道，即利用CRLB知识及目标的运动参数进行选择。

本章中，假定仅有一组有源TX-RX对，基本上忽略了其他发射机的干扰。这种理想的情况可以通过所有发射机使用正交波形，并且接收机与发射机动态匹配而近似地得到。目前进行的研究都集中在如何利用得到的双基地CRLB得出选取用于融合多基地系统接收到信号的最优加权系数的准则，以提高目标检测性能及其运动参数的估计精度。

致　谢

Greco、Stinco 和 Gini 的研究，得到了空军科学研究办公室、空军物资司令部和 USAF 的赞助，授权号 FA8655-07-1-3096。

美国政府被授权进行再版和分发重印版，但要标注版权。文中意见和结论皆为作者个人看法，无论明示或暗示，并非空军科学研究办公室或美国政府的官方政策或认可。

附录　CRLB 与 AF 之间的关系

本附录中，对式（9.11）进行证明。雷达所接收到的复信号为

$$r(t) = s(t,\boldsymbol{A}) + w(t), 0 \leqslant t \leqslant T \tag{9.41}$$

式中：$w(t)$ 为零均值复高斯分布，且 $s(t,\boldsymbol{A})$ 为不计噪声的接收信号，信号与向量 $\boldsymbol{A} = [A_1 A_2 \cdots A_N]^{\mathrm{T}}$ 相关，要估计其中未知且非随机的参数。令观察间隔为 $[0, T]$，间隔足够长，能包含完整的脉冲。

令 K 系数近似为 $r(t)$。假设

$$\varphi_i(t), i = 1,2,\cdots,K \tag{9.42}$$

为一个标准正交基，$r(t)$ 的 K 系数近似由以下给出

$$r_K(t) = \sum_{i=1}^{K} r_i \varphi_i(t) \tag{9.43}$$

其中

$$r_i = \int_0^T r(t)\varphi_i(t)\,\mathrm{d}t \tag{9.44}$$

将式（9.41）代入，得到

$$r_i = s_i(\boldsymbol{A}) + w_i \tag{9.45}$$

其中

$$s_i(\boldsymbol{A}) = \int_0^T s(t,A)\varphi_i(t)\,\mathrm{d}t \tag{9.46}$$

且

$$w_i = \int_0^T w(t)\varphi_i(t)\,\mathrm{d}t \tag{9.47}$$

因此，样本 r_i 为独立同分布（IID），方差为 σ_w^2，均值为 $s_i(\boldsymbol{A})$ 的复高斯变量，即 $r_i \sim CN(s_i(\boldsymbol{A}), \sigma_w^2)$。$r_i$ 的概率密度函数为

$$p_{r_i}(r_i,\boldsymbol{A}) = \frac{1}{\pi\sigma_w^2}\mathrm{e}^{-\frac{|r_i - s_i(\boldsymbol{A})|^2}{\sigma_w^2}} \tag{9.48}$$

为得到非随机参数 A_n 的 CRLB，其中 $n = 1,2,\cdots,N$，首先要找到其似然函数。其似然函数的显式表达式可以写成

$$\Lambda_1[r_K(t),\boldsymbol{A}] = p_{r_K(t),\boldsymbol{A}}(r_K(t),\boldsymbol{A}) = \prod_{i=1}^{K}\frac{1}{\pi\sigma_w^2}\mathrm{e}^{-\frac{|r_i-s_i(\boldsymbol{A})|^2}{\sigma_w^2}} \tag{9.49}$$

现在，如果令 $K\to\infty$，那么 $\Lambda_1[r_K(t),\boldsymbol{A}]$ 很难定义。参考文献［15］表明似然函数能够分解为两部分，一部分与 $\boldsymbol{A}$ 无关，另一部分仍为似然函数。为避免问题发散，分解式（9.49）：

$$p_{r_K(t)|H_0}(r_K(t)\mid H_0) = \prod_{i=1}^{K}\frac{1}{\pi\sigma_w^2}\mathrm{e}^{-\frac{|r_i|^2}{\sigma_w^2}} \tag{9.50}$$

之前已有 $K\to\infty$。因此，重新定义似然函数：

$$\Lambda[r_K(t),\boldsymbol{A}] = \frac{\Lambda_1[r_K(t),\boldsymbol{A}]}{p_{r_K(t)|H_0}(r_K(t)\mid H_0)} \tag{9.51}$$

代入，消去常数项，写为对数形式，可以得到

$$\ln\Lambda[r_K(t),\boldsymbol{A}] = -\frac{1}{\sigma_w^2}\sum_{i=1}^{K}[\,|s_i(\boldsymbol{A})|^2 - 2\Re(r_i^* s_i(\boldsymbol{A}))] \tag{9.52}$$

式中：$\Re(z)$ 表示 z 的实部。

令 $K\to\infty$，则有

$$\ln\Lambda[r(t),\boldsymbol{A}] = -\frac{1}{\sigma_w^2}\int_0^T|s(\boldsymbol{A})|^2\mathrm{d}t + \frac{2}{\sigma_w^2}\int_0^T r^*(t)s(t,\boldsymbol{A})\mathrm{d}t \tag{9.53}$$

由参考文献［19］，FIM 为

$$[\boldsymbol{J}]nm = -E\left(\frac{\partial^2\ln\Lambda[r(t),\boldsymbol{A}]}{\partial A_n\partial A_m}\right) \tag{9.54}$$

式中：$n=1,\cdots,N;m=1,\cdots,N;E(\cdot)$ 为期望算子。

通过求式（9.53）对 A_n 的导数，我们得到

$$\frac{\partial^2\ln\Lambda[r(t),\boldsymbol{A}]}{\partial A_n} = \frac{2}{\sigma_w^2}\Re\left(\int_0^{\mathrm{T}} r^*(t)\frac{\partial s(t,\boldsymbol{A})}{\partial A_n}\mathrm{d}t\right) \tag{9.55}$$

式（9.55）中，可知

$$\int_0^T|s(t,\boldsymbol{A})|^2\mathrm{d}t = \varepsilon \tag{9.56}$$

式中：ε 为发射脉冲的能量；因此，其对 A_n 的导数为零。

对式（9.55）再次求导，得到

$$\frac{\partial^2\ln\Lambda[r(t),\boldsymbol{A}]}{\partial A_n\partial A_m} = \frac{2}{\sigma_w^2}\Re\left(\int_0^T r^*(t)\frac{\partial^2 s(t,\boldsymbol{A})}{\partial A_n\partial A_m}\mathrm{d}t\right) \tag{9.57}$$

求期望，得到

$$E\left(\frac{\partial^2\ln\Lambda[r(t),\boldsymbol{A}]}{\partial A_n\partial A_m}\right) = \frac{2}{\sigma_w^2}\Re\left(\int_0^T s^*(t,\boldsymbol{A})\frac{\partial^2 s(t,\boldsymbol{A})}{\partial A_n\partial A_m}\mathrm{d}t\right) \tag{9.58}$$

式中：我们看到 $E(r(t)) = s(t,\boldsymbol{A})$。

现在考虑式（9.56），左右两边同时对 A_n 求导：

$$2\Re\left(\int_0^T\frac{\partial s^*(t,\boldsymbol{A})}{\partial A_n}s(t,\boldsymbol{A})\mathrm{d}t\right) = 0 \tag{9.59}$$

再次对 A_m 求导，得到

$$2\Re\left(\int_0^T \frac{\partial^2 s^*(t,\boldsymbol{A})}{\partial A_n \partial A_m} s(t,\boldsymbol{A})\mathrm{d}t + \int_0^T \frac{\partial s^*(t,\boldsymbol{A})}{\partial A_n}\frac{\partial s(t,\boldsymbol{A})}{\partial A_m}\mathrm{d}t\right) = 0 \tag{9.60}$$

因此

$$\Re\left(\int_0^T \frac{\partial^2 s^*(t,\boldsymbol{A})}{\partial A_n \partial A_m} s(t,\boldsymbol{A})\mathrm{d}t\right) = -\Re\left(\int_0^T \frac{\partial s^*(t,\boldsymbol{A})}{\partial A_n}\frac{\partial s(t,\boldsymbol{A})}{\partial A_m}\mathrm{d}t\right) \tag{9.61}$$

利用式（9.61）和式（9.58），假设

$$s(t,\boldsymbol{A}) = \sqrt{\varepsilon} u(t,\boldsymbol{A}) \tag{9.62}$$

式中：ε 为 $s(t,\boldsymbol{A})$ 的能量，$u(t,\boldsymbol{A})$ 为归一化能量的信号表达式，式（9.54）可写作

$$\begin{aligned}[\boldsymbol{J}]nm &= -E\left(\frac{\partial^2 \ln\Lambda[r(t),\boldsymbol{A}]}{\partial A_n \partial A_m}\right) \\ &= 2\mathrm{SNR}\cdot\Re\left(\int_0^T \frac{\partial u^*(t,\boldsymbol{A})}{\partial A_n}\frac{\partial u(t,\boldsymbol{A})}{\partial A_m}\mathrm{d}t\right)\end{aligned} \tag{9.63}$$

式中：$\mathrm{SNR} = \varepsilon/2\sigma_w^2$ 为信号噪声功率比。

现在定义广义相关函数为

$$\chi(\boldsymbol{A},\boldsymbol{A}_u) = \int_0^T u^*(t,\boldsymbol{A}_u)u(t,\boldsymbol{A})\mathrm{d}t \tag{9.64}$$

且平方相关函数为

$$\boldsymbol{\Theta}(\boldsymbol{A},\boldsymbol{A}_u) = |\chi(\boldsymbol{A},\boldsymbol{A}_u)|^2 = \chi(\boldsymbol{A},\boldsymbol{A}_u)\chi^*(\boldsymbol{A},\boldsymbol{A}_u) \tag{9.65}$$

需要注意，该情况下，$\boldsymbol{A} = [\boldsymbol{\tau\nu}]^{\mathrm{T}}$ 且 $u(t,\boldsymbol{A}) = u(t-\tau)\mathrm{e}^{-\mathrm{j}2\pi\nu t}$，式（9.64）给出了式（9.7）中的复模糊函数。

式（9.65）对 A_n 和 A_m 的导数为

$$\frac{\partial^2 \boldsymbol{\Theta}(\boldsymbol{A},\boldsymbol{A}_u)}{\partial A_n \partial A_m} = 2\Re\left(\frac{\partial^2 \chi(\boldsymbol{A},\boldsymbol{A}_u)}{\partial A_n \partial A_m}\chi^*(\boldsymbol{A},\boldsymbol{A}_u) + \frac{\partial \chi(\boldsymbol{A},\boldsymbol{A}_u)}{\partial A_n}\frac{\chi^*(\boldsymbol{A},\boldsymbol{A}_u)}{\partial A_m}\right) \tag{9.66}$$

现在，已知广义相关函数当 $\boldsymbol{A} = \boldsymbol{A}_u$（例如 $\chi(\boldsymbol{A}_u,\boldsymbol{A}_u) = 1$）时，取最大值，假设归一化自相关函数在其最大值处可导，我们有

$$\left.\frac{\partial \chi(\boldsymbol{A},\boldsymbol{A}_u)}{\partial A_n}\right|_{\boldsymbol{A}=\boldsymbol{A}_u} = \left.\frac{\partial \chi(\boldsymbol{A},\boldsymbol{A}_u)}{\partial A_m}\right|_{\boldsymbol{A}=\boldsymbol{A}_u} = 0 \tag{9.67}$$

因此

$$\left.\frac{\partial^2 \boldsymbol{\Theta}(\boldsymbol{A},\boldsymbol{A}_u)}{\partial A_n \partial A_m}\right|_{\boldsymbol{A}=\boldsymbol{A}_u} = 2\Re\left(\left.\frac{\partial^2 \chi(\boldsymbol{A},\boldsymbol{A}_u)}{\partial A_n \partial A_m}\right|_{\boldsymbol{A}=\boldsymbol{A}_u}\right) \tag{9.68}$$

其中

$$\frac{\partial^2 \chi(\boldsymbol{A},\boldsymbol{A}_u)}{\partial A_n \partial A_m} = \int_0^T u^*(t,\boldsymbol{A}_u)\frac{\partial^2 u(t,\boldsymbol{A})}{\partial A_n \partial A_m}\mathrm{d}t \tag{9.69}$$

利用式（9.61）至式（9.63）的关系，可以验证

$$[\boldsymbol{J}]_{n,m} = -2\mathrm{SNR}\frac{\partial^2\Theta(\boldsymbol{A},\boldsymbol{A}_u)}{\partial A_n \partial A_m}\bigg|_{\boldsymbol{A}=\boldsymbol{A}_u}, \text{当 } m,n = 1,2 \tag{9.70}$$

利用式（9.68）、式（9.69）可以改写为

$$[\boldsymbol{J}]_{n,m} = -2\mathrm{SNR}\cdot\Re\left(\int_0^T u^*(t,\boldsymbol{A}_u)\frac{\partial^2 u(t,\boldsymbol{A})}{\partial A_n \partial A_m}\bigg|_{\boldsymbol{A}=\boldsymbol{A}_u}\mathrm{d}t\right)$$

$$\text{当} \quad m,n = 1,2 \tag{9.71}$$

参考文献

[1] P. Stinco, M. Greco, F. Gini, A. Farina, 'Data fusion in a multistatic radar system (invited)', *2010 International Conference on Synthetic Aperture Sonar and Synthetic Aperture Radar*, Lerici, Italy, 13 – 14 September 2010.

[2] M. Greco, P. Stinco, F. Gini, A. Farina, M. Rangaswamy, 'Cramér-Rao bounds and TX-RX selection in a multistatic radar scenario (invited)', *IEEE International Radar Conference 2010*, Washington, DC, USA, 10 – 14 May 2010.

[3] I. Bradaric, G. T. Capraro, D. D. Weiner, M. C. Wicks, 'Multistatic radar systems signal processing', *2006 IEEE Radar Conference*, Verona, NY, USA, April 2006.

[4] G. T. Capraro, A. Farina, H. Griffiths, M. C. Wicks, 'Knowledge-based radar signal and data processing', *IEEE Signal Process. Mag.*, vol. 23, no. 1, pp. 18 – 29, January 2006.

[5] A. Farina, F. Gini, M. Greco, P. Stinco, L. Verrazzani, 'Optimal Selection of the TX-RX pair in a multistatic radar system', *COGIS' 09*, Paris, France, November 2009.

[6] M. Greco, F. Gini, P. Stinco, A. Farina, 'Cramér-Rao bounds and selection of bistatic channels for multistatic radar systems', *IEEE Trans. Aerospace and Electeronic Systems*, vol. 47, no. 4, pp. 2934 – 2948, October 2011.

[7] H. D. Griffiths, C. J. Baker, 'Measurement and analysis of ambiguity functions of passive radar transmissions', *2005 IEEE International Radar Conference*, 9 – 12 May 2005.

[8] M. C. Jackson, 'The geometry of bistatic radar systems', *Commun. Radar Signal Process. IEE Proc. F*, vol. 133, no. 7, pp. 604 – 612, December 1986.

[9] T. Tsao, M. Slamani, P. Varshney, D. Weiner, H. Schwarzlander, 'Ambiguity function for a bistatic radar', *IEEE Trans. Aerosp. Electron. Syst.*, vol. 33, no. 3, pp. 1041 – 1051, July 1997.

[10] E. D' Addio, A. Farina, 'Overview of detection theory in multistatic radar', *Commun. Radar Signal Process. IEE Proc. F*, vol. 133, no. 7, pp. 613 – 623, December 1986.

[11] T. Derham, S. Doughty, C. Baker, K. Woodbridge, 'Ambiguity functions for spatially coherent and incoherent multistatic radar', *IEEE Trans. Aerosp. Elect. Sys.*, vol. 46, no. 1, pp. 230 – 245, January 2010.

[12] E. J. Kelly, 'The radar measurement of range, velocity and acceleration', *IRE Trans. Military Electron.*, vol. ME-5, pp. 51 – 57, 1961.

[13] I. Papoutsis, C. J. Baker, H. D. Griffiths, 'Netted radar and the ambiguity function', *2005 IEEE International Radar Conference*, Washington, DC, 2005.

[14] P. M. Woodward, *Probability and Information Theory, with Applications to Radar*, Pergamon Press, 1953; reprinted by Artech House, MA, 1980.

[15] H. L. Van Trees, *Detection, Estimation and Modulation Theory*, vol. III, NewYork, NY: JohnWiley & Sons, 1971.

[16] A. Dogandzic, A. Nehorai, 'Cramér-Rao bounds for estimating range, velocity, and direction with an active array', *IEEE Trans. Signal Process.*, vol. 49, no. 6, pp. 1122 - 1137, June 2001.

[17] N. Levanon, E. Mozeson, *Radar Signals*, NewYork, NY: JohnWiley & Sons, 2004.

[18] M. Skolnik, *Introduction to Radar Systems*, 3rd edn, NewYork, NY: McGraw-Hill, 2001.

[19] S. M. Kay, *Fundamentals of Statistical Signal Processing, Estimation Theory*, Englewood Cliffs, NJ: Prentice-Hall, 1993.

第 10 章　非合作雷达网络的波形设计

Antonio De Maio, Silvio De Nicola, Alfonso Farina and Michael C. Wicks

摘　要

本章将探讨在非合作网络中工作的雷达传感器波形设计问题。这是一个由多部雷达组成的系统，这些雷达共享一些相同的特征（例如，相同的载频），但它们在探测阶段彼此不相互合作（即每个传感器独立地执行探测任务）。本章的目标是提高网络中传感器的性能，同时限制它对系统中其他传感器的干扰。通常产生的问题是非确定性多项式难题，即在多项式时间中无法计算出最优解。然而，可以松弛初始问题，变成半正定规划问题，这样形成凸问题。最后的这个问题能够轻易地在多项式时间内解决。从最优解开始到松弛问题，得到了一个初始非凸问题的优良解，并通过近似界限评估其质量。本书提出的技术，简称“在非合作环境中的波形设计”（WDNE），具有多项式时间复杂度的优点。

关键词：非合作雷达网络；波形分集；雷达信号处理；半正定规划；松弛和随机化

10.1　引　言

在过去的 10 年间，从单个天线且搭建在同一地点的雷达到大型传感器网络[1]，随着系统维数的增加，雷达的重要性逐渐增强。人们已经彻底研究了组合雷达的概念，开启了对多输入多输出（MIMO）雷达[2,3]、超视距（OTH）雷达网络[4]和分布式孔径雷达（DAR）[5,6]等概念的探索之路。这三个是合作的雷达网络的例子，这意味着系统中每个元素都对探测过程做出了贡献。不幸的是，在许多实践中，不可能先设计网络。这样，元素仅仅被简单地加入到已经存在的网络中（加入并作战），每个传感器执行它自己的探测模式。这是非合作雷达网络中出现的情况[7,8]。在这种情况下，每个额外加入的传感器应尽可能不干扰先前已经存在的元素，这一点相当重要，为此，需要采用一些技术。常规的方法是利用空间或频率分集：前者凭借的方法是形成多个正交波形，而后者利用不同的载频以减少干扰[9,10]。另一个可能的方法是利用波形分集[11,12]，其基本的概念是适当地调制新传感器的波形，使特定传感器的探测性能最优，但同时控制它对网络系统的干扰。值得注意的是，这不同于在合作性传感器网络中使用的方法，在合作性网络中，传感器必须设计波形使系统的联合性能最优[13,14]。在非合作情况下，文献［15，16］中已经讨论过最佳的雷达波形。前者中，设计基于全局信号干扰噪声比（SINR）最大化，并考虑典型的约束，例如只考虑相位或有限的能量的情形[15]。后者中，分析非合作雷达参数估计（如波达方向）问题[16]。在本章中，提出一个不同的方法：使信噪比（SNR）最大化，但同时，控制传感器对网络中其他单元产生的干扰。此外，针对发射信号设定一个限制，限定能量不超过特定最大值。结果得到一个非确定性多项式（NP）难问题，即在多项式时间中找不到最优解。由于最优的方法无法用于实时应用中，提出一个新的算法，简称 WDNE（非合作环境下的波形设计），产生一个带有多项式时间计算复杂性的次优解。该运算基于松弛和随机化理论[17]：首先松弛问题的可行集，获得一个解；然后，用这个解来产生一个针对初始问题可行的波形。通过近似界限确保解的质量，确保 WDNE 技术至少获得松弛问题最优值相似度为 $R\in(0,1]$ 的结果[18]。

本章的组织构成如下。在 10.2 节中，建立了网络中各传感器接收的信号的模型。在 10.3 节中，探讨了波形设计的相关准则。在 10.4 节中，介绍最优化过程。在 10.5 节中，通过仿真分析所提出的波形设计方法的性能。最后，在 10.6 节中，得出结论并且概述未来可能的研究路线。

10.2　系统模型

假设一个由 L 个非合作单基地雷达系统组成的网络，网络中每个传感器发射一串相参脉冲：

$$s_l(t) = a_l^{tx} u_l(t)\exp[\mathrm{j}(2\pi ft + \phi_l)], l = 0,\cdots,L-1$$

发射信号幅度为 a_l^{tx}，

$$u_l(t) = \sum_{i=0}^{N-1} c_l(i)p(t - iT_r)$$

为信号的复包络，$p(t)$ 代表发射信号的单个脉冲形状，假设持续时间为 T_p 且具有单位能量，即

$$\int_0^{T_P} |p(t)|^2 \mathrm{d}t = 1$$

$T_r(T_r > T_p)$ 是脉冲重复周期（参见图 10.1），$c_1 = [c_1(0), c_1(1), \cdots, c_1(N-1)]^{\mathrm{T}} \in \mathbf{C}^N$ 是

第 l 个传感器相关的雷达编码，f 表示载频，ϕ_l 是与第 l 个发射波形相关的随机相位。换句话说，这是一个非合作的均匀分布的传感器网络，在探测阶段传感器之间不合作，但它们发射同样种类的波形，即一个带有不同码字的线性编码脉冲串。假设第 0 个传感器是感兴趣的雷达：在备择假设（目标存在）情况下接收信号是由目标散射回来的 L 个发射信号的总和。这个和的每一项具有特有的幅度、延迟和多普勒频移（多普勒频移同时取决于第 l 个发射机和第 0 个接收机），因此，能够通过下列方程表示感兴趣的雷达传感器接收到的信号：

$$r_0(t) = \sum_{l=0}^{L-1} \alpha_{0,l}^{rx} e^{j2\pi(f+f_{0,l})(t-\tau_{0,l})+n_0(t)} \tag{10.1}$$

式中：$n_0(t)$ 为由于杂波和热噪声引起的加性扰动；$\alpha_{0,l}^{rx}$，$\tau_{0,l}$ 和 $f_{0,l}$，$l \in \{0,1\cdots,L-1\}$ 分别为复回波幅度（受发射幅度、相位、目标反射率和通道传播影响）、延迟和目标多普勒频率（相对于第 l 个发射机和第 0 个接收机）。

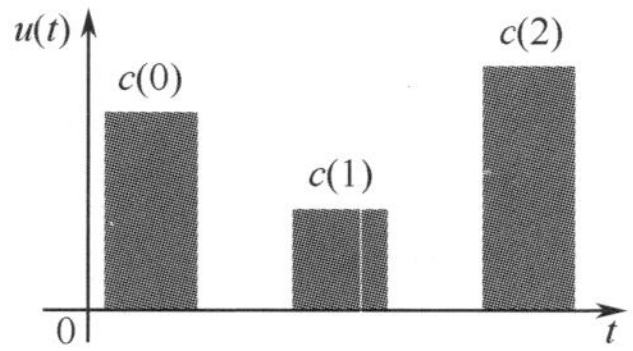

图 10.1　编码脉冲串 $u_l(t)$，其中 $N=3$，占空比 $T_p/T_r=1/2$，矩形脉冲函数 $p(t)$

假设传感器之间不存在同步，即 $\tau_{0,l}$，$l=1\cdots L-1$ 对于第 0 个雷达系统是未知的。为了简化符号，当接收机序号（第一个序号）等于发射机序号（第二个序号）时，用 γ_0 代替 $\gamma_{0,0}$，其中，$\gamma_{0,l}$ 可以是参数 $\alpha_{0,l}^{rx}$、$\tau_{0,l}$ 或 $f_{0,l}$ 中的任一个。由于第 0 个发射机，可以分离式（10.1）的右方（RHS）的项：

$$r_0(t) = \alpha_0^{rx} e^{j2\pi(f+f_0)(t-\tau_0)} u_0(t-\tau_0) + \sum_{l=1}^{L-1} \alpha_{0,l}^{rx} e^{j2\pi(f+f_{0,l})(t-\tau_{0,l})} u_l(t-\tau_{0,l}) + n_0(t)$$

信号下变频到基带，通过脉冲响应为 $h(t)=p^*(-t)$ 的线性系统滤波。使滤波器输出为

$$\begin{aligned} v_0(t) &= \alpha_0^{rx} e^{-j2\pi f\tau_0} \sum_{i=0}^{N-1} c_0(i) e^{j2\pi i f_0 T_r} \chi_p(t-iT_r-\tau_0, f_0) \\ &+ \sum_{l=1}^{L-1} \alpha_{0,l}^{rx} e^{-j2\pi f\tau_{0,l}} \sum_{i=0}^{N-1} c_l(i) e^{j2\pi i f_{0,l} T_r} \chi_p(t-iT_r-\tau_{0,l}, f_{0,l}) + w_0(t) \end{aligned}$$

式中：$\chi_p(\lambda,v)$ 是（脉冲波形）模糊函数[19,20]，即

$$\chi_p(\lambda,v) = \int_{-\infty}^{+\infty} p(\beta)p*(\beta-\lambda) e^{j2\pi v\beta} d\beta$$

$w_0(t)$ 是下变频和滤波后的扰动。信号 $v_0(t)$ 通过第 0 号传感器在 $t_k=\tau_0+kT_r, k=0,\cdots,N-1$ 点采样，得到观测数据

$$
\begin{aligned}
v_0(t_k) &= \alpha_0 c_0(k) \mathrm{e}^{\mathrm{j}2\pi k f_0 T_r} \chi_p(0, f_0) \\
&+ \sum_{l=1}^{L-1} \alpha_{0,l} \sum_{i=0}^{N-1} c_l(i) \mathrm{e}^{\mathrm{j}2\pi i f_{0,l} T_r} \chi_p(\Delta\tau_{0,l}(k-i), f_{0,l}) + w_0(t_k)
\end{aligned}
$$

式中：$\alpha_{0,l} = \alpha_{0,l}^{rx} \mathrm{e}^{-\mathrm{j}2\pi f \tau_{0,l}}$，且 $l \in \{0,1,\cdots,L-1\}$（再次使用简化的符号 $\alpha_0 = \alpha_{0,0}$），同时，$\Delta\tau_{0,l}(h) = hT_r - \tau_{0,l} + \tau_0, l = 1,\cdots,L-1$。不仅如此，可列时间导向矢量表达式（$\boldsymbol{p}_0 = \boldsymbol{p}_{0,0}$）

$$
\begin{aligned}
\boldsymbol{p}_{0,1} &= [1, \mathrm{e}^{\mathrm{j}2\pi f_{0,l} T_r}, \cdots, \mathrm{e}^{\mathrm{j}2\pi(N-1) f_{0,l} T_r}]^{\mathrm{T}} \\
\boldsymbol{v}_0 &= [v_0(t_0), v_0(t_1), \cdots, v_0(t_{N-1})]^{\mathrm{T}} \\
\boldsymbol{w}_0 &= [w_0(t_0), w_0(t_1), \cdots, w_0(t_{N-1})]^{\mathrm{T}}
\end{aligned}
$$

且

$$
\boldsymbol{i}_{0,l} = \left[\sum_{i=0}^{N-1} c_l(i) \mathrm{e}^{\mathrm{ej}2\pi i f_{0,l} T_r} x_p(\Delta\tau_{0,1}(-i), f_{0,l}), \cdots, \sum_{i=0}^{N-1} c_l(i) \mathrm{e}^{\mathrm{j}2\pi i f_{0,l} T_r} x_p(\Delta\tau_{0,l}(N-1-i), f_{0,l}) \right]^{\mathrm{T}}
$$

获得下列散射信号的矢量模型：

$$
\boldsymbol{v}_0 = \alpha_0 \chi_p(0, f_0) \boldsymbol{c}_0 \odot \boldsymbol{p}_0 + \sum_{l=1}^{L-1} \alpha_{0,l} \boldsymbol{i}_{0,l} + \boldsymbol{w}_0 \tag{10.2}
$$

在式（10.2）中，第一项（$\alpha_0 \chi_p(0, f_0) \boldsymbol{c}_0 \odot \boldsymbol{p}_0$ 表示第 0 个雷达接收的有用信号，第二项 $\left(\sum_{l=1}^{L-1} \alpha_{0,l} \boldsymbol{i}_{0,l} \right)$ 表示其他雷达引起的干扰，最后，扰动 $\boldsymbol{w}_0$ 表示杂波和热噪声。

不仅如此，由于 $\chi_p(t, v) = 0$，当 $|t| \geqslant T_p$ 时，矢量 $\boldsymbol{i}_{0,1}$ 的结构属于有限集 $\mathcal{A}_{0,l}$（势为 $2N$），其元素为

$$
\begin{bmatrix} c_l(N-1) \mathrm{e}^{\mathrm{j}2\pi(N-1) f_{0,l} Tr} \\ 0 \\ \vdots \\ 0 \end{bmatrix} x_p(\Delta\tau_{0,l}(-N+1), f_{0,l})
$$

$$
\begin{bmatrix} c_l(N-2) \mathrm{e}^{\mathrm{j}2\pi(N-2) f_{0,l} Tr} \\ c_l(N-1) \mathrm{e}^{\mathrm{j}2\pi(N-1) f_{0,l} Tr} \\ 0 \\ \vdots \\ 0 \end{bmatrix} x_p(\Delta\tau_{0,l}(-N+2), f_{0,l})
$$

$$\vdots$$

$$
\begin{bmatrix} c_l(0) \\ c_l(1) \mathrm{e}^{\mathrm{j}2\pi f_{0,l} Tr} \\ \vdots \\ c_l(N-1) \mathrm{e}^{\mathrm{j}2\pi(N-1) f_{0,l} Tr} \end{bmatrix} x_p(\Delta\tau_{0,l}(0), f_{0,l})
$$

$$\vdots$$

$$\begin{bmatrix} 0 \\ \vdots \\ 0 \\ c_l(0) \\ c_l(1)\mathrm{e}^{\mathrm{j}2\pi f_{0,l}Tr} \end{bmatrix} x_p(\Delta\tau_{0,l}(N-2), f_{0,l})$$

$$\begin{bmatrix} 0 \\ \vdots \\ 0 \\ c_l(0) \end{bmatrix} x_p(\Delta\tau_{0,l}(N-1), f_{0,l})$$

和 N 维向量 $\mathbf{0}$ 。定义 $\tilde{\boldsymbol{i}}_{0,l}$ ：

$$\tilde{\boldsymbol{i}}_{0,l} = [c_l(0), c_l(1)\mathrm{e}^{\mathrm{j}2\pi f_{0,1}T_r}, \cdots, c_l(N-1)\mathrm{e}^{\mathrm{j}2\pi(N-1)f_{0,1}T_r}]^{\mathrm{T}} = (\boldsymbol{c}_l \odot \boldsymbol{p}_{0,l})^{\mathrm{T}}$$

且

$$\boldsymbol{i}_{0,l}(h) = \boldsymbol{J}_h \tilde{\boldsymbol{i}}_{0,l} x_p(\Delta\tau_{0,l}(h), f_{0,l}) \tag{10.3}$$

$\boldsymbol{J}_h$ 是 $N \times N$ 矩阵，其元素为

$$\boldsymbol{J}_h(i,j) = \begin{cases} 1, & i-j=h \\ 0, & \text{elsewhere} \end{cases}$$

满足 $-N+1 \leqslant h \leqslant N-1$ ，集合 $\mathcal{A}_{0,l}$ 可写成

$$\mathcal{A}_{0,l} = \{\boldsymbol{i}_{0,l}(h)\}_{-N+1\leqslant h\leqslant N-1} \cup \mathbf{0}$$

10.3　问题阐述

本节中，用公式表示感兴趣的传感器使用的编码设计的问题。设计原则是使感兴趣的传感器（第0个）的信噪比（SNR）最大化，减轻感兴趣的传感器对网络中其他的传感器产生的相互干扰，并施加能量约束。最后，需要简单地介绍一下信噪比（SNR）的定义和用于控制相互干扰和发射能量的约束。

10.3.1　信噪比

设扰动 $\boldsymbol{\omega}_m$ 是零均值复圆高斯向量，其中 $m=0,\cdots,L-1$ ，且已知正定协方差矩阵：

$$E[\boldsymbol{w}_m \boldsymbol{w}_m^{\mathrm{H}}] = \boldsymbol{M}$$

由下列方程式给出当只存在 $\boldsymbol{w}_0$（即传感器间不存在相互干扰）时用于检测未知幅度的目标分量 $\boldsymbol{c}_0 \odot \boldsymbol{p}_0$ 的广义似然比检验（GLRT）：

$$|v_0^{\mathrm{H}} \boldsymbol{g}_0|^2 = |v_0^{\mathrm{H}} \boldsymbol{M}^{-1}(\boldsymbol{c}_0 \odot \boldsymbol{p}_0)|^2 \underset{H_0}{\overset{H_1}{\gtrless}} G$$

式中：$\boldsymbol{g}_0 = \boldsymbol{M}^{-1}(\boldsymbol{c}_0 \odot \boldsymbol{p}_0)$ 为第 0 个预处理导向矢量；G 为检测门限，它根据期望的虚警概率（P_{fa}）进行设定。如果相位 α_0 均匀分布在 $[0,2\pi]$ 之中[21]，判定规则同时与最优检验一致（根据内曼－皮尔逊理论）。从几何角度看，相当于将接收矢量投影到预处理导向矢量上，然后将投影的能量与门限比较。对于给定的 P_{fa}，检测概率（P_d）的解析表达式是可用的。准确地讲，对于非起伏目标，

$$P_d = Q\left(\sqrt{2\,|\alpha_0 x_p(0,f_0)|^2 (\boldsymbol{c}_0 \odot \boldsymbol{p}_0)^{\mathrm{H}} \boldsymbol{M}^{-1}(\boldsymbol{c}_0 \odot \boldsymbol{p}_0)}, \psi\right)$$

式中：$Q(\cdot,\cdot)$ 表示 1 阶 Marcum Q 函数，且 $\Psi = \sqrt{-2\ln P_{fa}}$。最后这个表达式表明，对于给定的 P_{fa}，P_d 依赖于雷达编码，扰动协方差矩阵和时间导向矢量，SNR 定义为

$$\mathrm{SNR} = |\alpha_0 x_p(0,f_0)|^2 (\boldsymbol{c}_0 \odot \boldsymbol{p}_0)^{\mathrm{H}} \boldsymbol{M}^{-1}(\boldsymbol{c}_0 \odot \boldsymbol{p}_0)$$

此外，P_d 是 SNR 的递增函数，所以 P_d 的最大值能通过最大化下面关于雷达编码 $\boldsymbol{c}_0$ 的式子获得：

$$(\boldsymbol{c}_0 \odot \boldsymbol{p}_0)^{\mathrm{H}} \boldsymbol{M}^{-1}(\boldsymbol{c}_0 \odot \boldsymbol{p}_0) = \boldsymbol{c}_0^{\mathrm{H}} \boldsymbol{R}_{f0} \boldsymbol{c}_0 \tag{10.4}$$

其中

$$\boldsymbol{R}_{f0} = \boldsymbol{M}^{-1} \odot (\boldsymbol{p}_0 \boldsymbol{p}_0^{\mathrm{H}})^* \tag{10.5}$$

显然，式（10.5）需要确定 f_0；所以方程的解取决于这个预先设定的值。因此，需要提供一些关于所提出架构的重要性和适用性的准则。最后，着重介绍：

（1）匹配性能（也就是说，当实际多普勒就是 f_0），它能够通过式（10.4）的最优解获得，它是任何实用系统能够达到的上界。

（2）对于具有挑战性的慢速移动目标的情况（即 $f_0 \simeq 0$），可以设计单一编码波形。

（3）可以设计一般场景情况下的最优单一编码波形。除非另有说明，这个编码可以被选取以使式（10.4）最大化，并且用 $\boldsymbol{R}_a = \boldsymbol{M}^{-1} \odot (E[\boldsymbol{p}_0 \boldsymbol{p}_0^{\mathrm{H}}])^*$ 代替 $\boldsymbol{R}_{f_0}$，其中，期望算子是关于归一化多普勒频率的期望。如果将最后的量建模成一个均匀分布的随机变量，即 $f_0 T_r \sim u(-\varepsilon,\varepsilon)$，且 $0 < \varepsilon < \dfrac{1}{2}$，能够迅速求得期望值，则

$$\boldsymbol{R}_a = \boldsymbol{M}^{-1} \odot \sum\nolimits_{\varepsilon} \tag{10.6}$$

式中：$\sum_{\varepsilon}(m,n) = \mathrm{sinc}[2\varepsilon(m-n)]$，并且 $\mathrm{sinc}(x) = \dfrac{\sin(\pi x)}{\pi x}$。

总之，目标函数可表示成

$$\boldsymbol{c}_0^{\mathrm{H}} \boldsymbol{R} \boldsymbol{c}_0 \tag{10.7}$$

式中：根据选定的设计内容，$\boldsymbol{R}$ 等于 $\boldsymbol{R}_a$ 或 $\boldsymbol{R}_{f0}$。着重介绍在 $\boldsymbol{R} > 0$ 情况下的目标

函数，因为 $\boldsymbol{R}$ 是正定矩阵（$\boldsymbol{M}^{-1}$）与带有正对角元素$\left(\boldsymbol{p}_0\boldsymbol{p}_0^{\mathrm{H}}\text{ 或 }\sum_{\varepsilon}\right)$的半正定矩阵的 Hadamard 乘积[22]。

10.3.2 相互干扰约束

为了减弱由第 0 个传感器引入的干扰，当投影到第 l 个预处理导向矢量上，即在第 l 个传感器的接收方向上时，迫使编码产生一个小的能量级。除非特别说明，施加设计约束：

$$E[\,|\boldsymbol{i}_{l,0}^{\mathrm{H}}\boldsymbol{g}_l|^2\,] \leqslant \hat{\delta}_l,\ l=1,\cdots,L-1 \tag{10.8}$$

式中：$\hat{\delta}_l>0$ 为规定干扰可接受等级的参数；$\hat{\delta}_l$ 越小，在第 l 个传感器上感兴趣的雷达的干扰越小。

正如式（10.3）所示，$\boldsymbol{i}_{l,0}$ 取决于特定的位移 h，即 $\boldsymbol{i}_{l,0}=\boldsymbol{i}_{l,0}(h)$；因此，为了避免这个缺点，使用一个平均的方法，在所有可取非零数 $\boldsymbol{i}_{l,0}(h)$（假设是等概率的）的平均值上施加约束，即式（10.8）变成

$$E\left[\sum_{h=-N+1}^{N-1}\left|\boldsymbol{i}_{l,0}^{\mathrm{H}}(h)\,\boldsymbol{g}_l\right|^2\right] \leqslant \hat{\delta}_l(2N-1),l=1,\cdots,L-1 \tag{10.9}$$

至于期望算子，它作用于参数 $\tau_{l,0}$，τ_l，$f_{l,0}$ 和 f_l，这里，$l=1,\cdots,L-1$，实际上这些都是未知数，可以合理地建模为随机变量。现在，

$$E\left[\sum_{h=-N+1}^{N-1}\left|\boldsymbol{i}_{l,0}^{\mathrm{H}}(h)\boldsymbol{g}_l\right|^2\right]=E\left[\sum_{h=-N+1}^{N-1}\left|\boldsymbol{i}_{l,0}^{\mathrm{H}}(h)\boldsymbol{M}^{-1}(\boldsymbol{c}_l\odot\boldsymbol{p}_l)\right|^2\right]\leqslant\hat{\delta}_l(2N-1) \tag{10.10}$$

或等价地

$$E\left[\sum_{h=-N+1}^{N-1}\boldsymbol{i}_{l,0}^{\mathrm{H}}(h)\,\boldsymbol{M}^{-1}(\boldsymbol{c}_l\odot\boldsymbol{p}_l)\,(\boldsymbol{c}_l\odot\boldsymbol{p}_l)^{\mathrm{H}}\boldsymbol{M}^{-1}\,\boldsymbol{i}_{l,0}(h)\right]\leqslant\delta_l$$

这里，$l=1,\cdots,L-1$，且 $\delta_l=\hat{\delta}_l(2N-1)$。因此，通过下列方程式表示：

$$\boldsymbol{S}_l=\boldsymbol{M}^{-1}\mathrm{diag}(\boldsymbol{c}_l)\,\boldsymbol{p}_l\boldsymbol{p}_l^{\mathrm{H}}\mathrm{diag}(\boldsymbol{c}_l^{*})\,\boldsymbol{M}^{-1}$$

可重新计算约束：

$$E\left[\sum_{h=-N+1}^{N-1}\boldsymbol{i}_{l,0}^{\mathrm{H}}(h)\,\boldsymbol{S}_l\,\boldsymbol{i}_{l,0}(h)\right]\leqslant\delta_l,\ l=1,\cdots,L-1 \tag{10.11}$$

根据式（10.3），

$$\begin{aligned}\boldsymbol{i}_{l,0}(h)&=\boldsymbol{J}_h(\boldsymbol{c}_0\odot\boldsymbol{p}_{l,0})\chi_p(\triangle\tau_{l,0}(h),f_{l,0})\\&=(\boldsymbol{J}_h\boldsymbol{c}_0\odot\boldsymbol{J}_h\boldsymbol{p}_{l,0})\chi_p(\triangle\tau_{l,0}(h),f_{l,0})\end{aligned}$$

因此式（10.11）变成

$$E\left[\sum_{h=-N+1}^{N-1}\boldsymbol{c}_0^{\mathrm{H}}\boldsymbol{J}_h^{\mathrm{H}}\boldsymbol{S}_{l,h}\boldsymbol{J}_h\boldsymbol{c}_0\right]\leqslant\delta_l,l=1,\cdots,L-1$$

且 $\boldsymbol{S}_{l,h}=|\chi_p(\Delta\tau_{l,0}(h),f_{l,0})|^2\boldsymbol{S}_l\odot(\boldsymbol{J}_h\boldsymbol{p}_{l,0}\boldsymbol{p}_{l,0}^{\mathrm{H}}\boldsymbol{J}_h^{\mathrm{H}})^{*}$。此外，在下列表达下，

$$\boldsymbol{R}_l = \sum_{h=-N+1}^{N-1} \boldsymbol{J}_h^{\mathrm{H}} E[\boldsymbol{S}_{l,h}] \boldsymbol{J}_h, l = 1,\cdots,L-1$$

相互干扰约束式（10.9）可表示成

$$\boldsymbol{c}_0^{\mathrm{H}} \boldsymbol{R}_l \boldsymbol{c}_0 \leqslant \delta_l, l = 1,\cdots,L-1 \tag{10.12}$$

注意，针对随机变量 $f_{l,0}$，f_l，$\tau_{l,0}$ 和 τ_l，$l = 1,\cdots,L-1$，假设一个合适的模型，可算出式（10.12）中的约束。假设 f_l，$f_{l,0}$，τ_l 和 $\tau_{l,0}$ 是统计独立的，可以对 $E[\boldsymbol{S}_{l,h}]$ 进行因式分解

$$E[\boldsymbol{S}_{l,h}] = \boldsymbol{C}_l \odot \boldsymbol{H}_h$$

式中：$\boldsymbol{C}_l$ 取决于编码 c_l，而 $\boldsymbol{H}_h$ 取决于位移 h。特别地，

$$\boldsymbol{C}_l = E[\boldsymbol{S}_l] = \boldsymbol{M}^{-1}\mathrm{diag}(\boldsymbol{c}_l)E[\boldsymbol{p}_l \boldsymbol{p}_l^{\mathrm{H}}]\mathrm{diag}(\boldsymbol{c}_l^*)\boldsymbol{M}^{-1}$$

并且

$$\boldsymbol{H}_h = E[|\chi_p(\Delta\tau_{l,0}(h), f_{l,0})|^2(\boldsymbol{J}_h \boldsymbol{p}_{l,0} \boldsymbol{p}_{l,0}^{\mathrm{H}} \boldsymbol{J}_h)]$$

此外，假设归一化多普勒频率 $f_l T_r$ 均匀地分布在区间 $[-\Delta,\Delta]$ 上，即 $f_l T_r \sim u(-\Delta,\Delta)$，并且 $0 < \Delta < 1/2$，可获得

$$E[\boldsymbol{p}_l \boldsymbol{p}_l^{\mathrm{H}}] = \sum\nolimits_{\Delta}$$

10.3.3　能量约束

还剩下对感兴趣的雷达的发射能量施加约束，即假设归一化编码能量小于或等于 N，即

$$\| c_0 \|^2 \leqslant N \tag{10.13}$$

10.4　编码设计

10.4.1　等效问题阐述

现在，根据式（10.7），式（10.12）和式（10.13），利用下列二次优化问题（QP），可以阐述编码设计：

$$\mathrm{QP}\begin{cases} \max\ \boldsymbol{c}_0^{\mathrm{H}}\boldsymbol{R}\,\boldsymbol{c}_0 \\ \mathrm{s.\,t.}\ \ \boldsymbol{c}_0^{\mathrm{H}}\boldsymbol{R}_l\,\boldsymbol{c}_0 \leqslant \delta_l, l = 1,\cdots,L-1 \\ \qquad \boldsymbol{c}_0^{\mathrm{H}}\boldsymbol{c}_0 \leqslant N \end{cases} \tag{10.14}$$

对于 $l = 1,\cdots,L-1$，设 $\boldsymbol{R}_{\delta_l} = \delta_l^{-1}\boldsymbol{R}_l$，能够重新计算问题（10.14）：

$$\mathrm{QP}\begin{cases} \max\ \boldsymbol{c}_0^{\mathrm{H}}\boldsymbol{R}\,\boldsymbol{c}_0 \\ \mathrm{s.\,t.}\ \ \boldsymbol{c}_0^{\mathrm{H}}\boldsymbol{R}_{\delta_l}\,\boldsymbol{c}_0 \leqslant 1, l = 1,\cdots,L-1 \end{cases} \tag{10.15}$$

并且 $\boldsymbol{R}_{\delta_l} = N^{-1}\boldsymbol{I}$。现在，得到了一个在复数域 $\mathbf{C}^N$ 中定义的齐次二次优化问题。此外，$\boldsymbol{R}_{\delta_l}$ 是半正定矩阵。QP 的等价矩阵形式为

$$\text{QP}\begin{cases}\max & \operatorname{tr}(\boldsymbol{C}_0\boldsymbol{R}) \\ \text{s. t.} & \operatorname{tr}(\boldsymbol{C}_0\boldsymbol{R}_{\delta_l}) \leqslant 1, l = 0,\cdots,L-1 \\ & \boldsymbol{C}_0 = \boldsymbol{c}_0^{\mathrm{H}}\boldsymbol{c}_0\end{cases} \tag{10.16}$$

不幸的是，通常，这是一个 NP 难问题（当 $L \leqslant 3$ 时也有例外）[18,23]。对于 NP 难二次问题有一个求近似解的方法，即使用松弛和随机化技术[17]：首先松弛问题的可行解集，获得能够在多项式时间内通过内点方法①解决的凸问题（CP）；然后，利用松弛问题的最优解，产生初始问题的一个随机可行解。

接下来，给出 WDNE 的步骤，获得一个初始问题式（10.14）的较优解，并且得到一个近似界限[18,23]。

10.4.2 松弛与随机化

我们能够松弛问题（10.16），从式（10.16）中去掉秩 1 约束，使之成为下面半正定规划（SDP）问题 CP：

$$\text{CP}\begin{cases}\max & \operatorname{tr}(\boldsymbol{C}_0\boldsymbol{R}) \\ \text{s. t.} & \operatorname{tr}(\boldsymbol{C}_0\boldsymbol{R}_{\delta_l}) \leqslant 1, l = 0,\cdots,L-1 \\ & \boldsymbol{C}_0 >= 0\end{cases} \tag{10.17}$$

一个 SDP 问题就是一个 CP 问题，能够通过内点法得以解决[24]，因此在多项式时间内能够轻易地解决 CP，获得最优解 $\bar{\boldsymbol{C}}$（附录中证明了可达到凸问题最优解）。

现在，如果 $\operatorname{tr}(\bar{\boldsymbol{C}}) = 1$，那么 $(\bar{\boldsymbol{C}}) = \bar{\boldsymbol{c}}\bar{\boldsymbol{c}}^{\mathrm{H}}$，结果对于式（10.15）而言，$\bar{\boldsymbol{c}}$ 最优。否则，通过下列随机化步骤[18,23]，可以获得式（10.15）的一个较优的可行解：

（1）将 $\boldsymbol{\xi}$ 模拟成一个复正态随机矢量，具有零均值和协方差矩阵 $\bar{\boldsymbol{C}}$，即 $\boldsymbol{\xi} \sim \mathcal{CN}(0,\bar{\boldsymbol{C}})$。

（2）设 $\boldsymbol{c}_{\xi} = \dfrac{\boldsymbol{\xi}}{\sqrt{\max\limits_{0\leqslant l\leqslant L-1}\boldsymbol{\xi}^{\mathrm{H}}\boldsymbol{R}_{\delta_l}\boldsymbol{\xi}}}$。

可以将最后一步重复 P 次，并且以 $\boldsymbol{c}_{\xi}$ 为例导出最高目标函数。通常，适当的随机化②能够获得最优解的精确近似值[25,26]。

---

① 内点方法是迭代算法，一旦达到预先确定的精度 ζ，计算终止。达到收敛所需的迭代数量范围通常在 10 ~ 100[24]。

② 在 10.5 节中，我们设 $P = 10$。

10.4.3　近似界

近似界限表征产生的解的质量，也能提供随机化算法的“优度的度量”。在文献中，如果在问题的所有情况下，总是能够获得期望值至少是松弛问题最大值 R 倍的可行解，那么最大值问题的随机近似方法就有一个界限（或者称为性能保证，或最坏情况比率）$R \in (0,1]$[17]。参考 WDNE 算法，可得

$$R \times v(\mathrm{CP}) \leqslant v_{\mathrm{WDNE}}(\mathrm{QP}) \leqslant v(\mathrm{CP})$$

式中：R 为近似参数；$v(\mathrm{CP})$ 为 CP 的最优解；$v_{\mathrm{WDNE}}(\mathrm{QP})$ 为通过 WDNE 算法获得的 QP 的目标值。在文献［23］的“第 173 页，定理 10.1.2”中已经证明，该方法的近似参数是

$$R = \frac{1}{\ln(34\mu)}$$

式中：$\mu = \sum_{l=0}^{L-1} \min\{\mathrm{rank}(R_{\delta_l}), \sqrt{L}\}$。

然而，需要指出的是近似界是最坏情况的结果[17]，实际上，实际结果 $v_{\mathrm{WDNE}}(\mathrm{QP})$ 比下界 $R \times v(\mathrm{CP})$ 更好（见 10.5.1 节）：对于随机方法而言这样的情况非常普遍[25,26]。

总之，算法 10.1 给出了用 WDNE 算法得到问题较优解 $\boldsymbol{c}_{\mathrm{WDNE}}$ 的步骤。

算法 10.1　非合作环境中的波形设计（WDNE）

输入：$\boldsymbol{R}, \boldsymbol{R}_{\delta_l}$，其中 $l = 0, \cdots, L-1$；

输出：$\boldsymbol{c}_{\mathrm{WDNE}}$；

1：解 CP，找到最优解 $\overline{\boldsymbol{C}}$；

2：求 $r = \mathrm{rank}(\overline{\boldsymbol{C}})$；

3：如果 $r = 1$，那么

4：分解 $\overline{\boldsymbol{C}} = \bar{\boldsymbol{c}}\,\bar{\boldsymbol{c}}^{\mathrm{H}}$；

5：设 $\boldsymbol{c}_{WDNE} = \bar{\boldsymbol{c}}$；

6：否则

7：产生 $\boldsymbol{\xi} \sim \mathcal{CN}(0, \overline{\boldsymbol{C}})$；

8：设

$$\boldsymbol{c}_{\mathrm{WDNE}} = \frac{\boldsymbol{\xi}}{\sqrt{\max\limits_{0 \leqslant l \leqslant L-1} \boldsymbol{\xi}^{\mathrm{H}} \boldsymbol{R}_{\delta_l} \boldsymbol{\xi}}}$$

9：结束

10.5 性能分析

本节将讨论以上部分提出的关于波形设计方案的性能。用归一化的平均① SNR：SNR_{norm}（第5.4.1节）和由第 m 个传感器引起的在第 l 个传感器（5.4.2节）上发生作用的平均归一化干扰电平 I_m^l 来进行分析，分别定义为

$$SNR_{norm} = \frac{E_{\xi}[\boldsymbol{c}_0^{H}\boldsymbol{R}\,\boldsymbol{c}_0]}{N\lambda_{max}(\boldsymbol{R})}$$

和

$$I_m^l = \frac{E_{\xi}[\boldsymbol{c}_m^{H}\boldsymbol{R}_l\,\boldsymbol{c}_m]}{N\lambda_{max}(\boldsymbol{R}_l)}$$

注意 $N\lambda_{max}(\boldsymbol{R})$ 可看成是无约束问题（UP）的最优解，

$$UP\begin{cases}\max & \boldsymbol{c}_0^{H}\boldsymbol{R}\,\boldsymbol{c}_0)\\ \text{s. t.} & \boldsymbol{c}_0^{H}\,\boldsymbol{c}_0 \leqslant N\end{cases}$$

其中，关于干扰的约束已被去除。显然，最优值 $v(UP)$ 比 QP 问题的最优值更好，也就是说 $v(UP) \geqslant v(QP)$ ，并且，结果是 $SNR_{norm} \leqslant 1$ 。10.5.3 节介绍了提出的算法的计算复杂性。

假设扰动协方差矩阵是指数型，一步滞后相关系数为 $\rho = 0.95$ ，即

$$M(m,n) = \rho^{|m-n|},(m,n) \in \{0,\cdots,N-1\}^2$$

此外，选择矩形形状的脉冲 $p(t)$ ，占空比 $T_p/T_r = 1/3$ 。最后，将归一化的延迟 $\Delta\tau_{m,l}(h)/T_r$ 和归一化的多普勒频移 $f_{m,l}T_r$ 建模成独立随机变量，它们分别均匀地分布在区间 $[-1,1]$ 和 $[-0.3,0.3]$ 之间，即 $\Delta\tau_{m,l}(h)/T_r \sim \mathcal{U}(-1,1)$ ，并且 $f_{m,l}T_r \sim \mathcal{U}(-0.3,0.3)$ 。利用凸优化 MATLAB© 工具箱 SeDuMi[27] 解决 SDP 松弛问题。

10.5.1 信噪比最大化

在本小节中，分析三个不同参数对 SNR_{norm} 的影响：参考传感器上归一化多普勒频移、编码长度和干扰传感器的数量。考虑这种情况，长度为 N 的 WDNE 编码，并且时间导向矢量 $\boldsymbol{p}_0$ 中已知归一化多普勒频移 $f_d = f_0 T_r$ ，即

$$\boldsymbol{p}_0 = [1,e^{j2\pi f_d},\cdots,e^{j2\pi f_d(N-1)}]^{T}$$

设所有可接受的干扰电平 $\delta_l(l = 1,\cdots,L-1)$ 等于 δ ，用公式表达为

$$\delta = \delta_{norm}(\Lambda_{max} - \Lambda_{min}) + \Lambda_{min}$$

其中

$$\Lambda_{max} = \min_{l=1,\cdots,L-1}\{N\lambda_{max}(\boldsymbol{R}_l)\},$$

---

① 经过100多次的试验取平均值，目的是使结果与特定随机化 $\boldsymbol{\xi}$ 无关。

$$\Lambda_{\min} = \max_{l=1,\cdots,L-1}\{N\lambda_{\min}(\boldsymbol{R}_l)\},$$

并且 $\delta_{\text{norm}} \in (0,1)$。

最后，工作环境中有 $L-1=4$ 个干扰传感器。所有的干扰雷达使用与我们的 WDNE 编码相同长度和相同最大能量①的相位编码。特别地，第一个雷达使用巴克码，第二个使用广义巴克码，第三个使用 Zadoff 码，第四个使用 P4 码[20]。

在图 10.2 中，绘制了 SNR_{norm} 关于 δ_{norm} 的图，这里 $N=13$，$L=5$，四个不同的 f_d 值。为了进行比较，也绘制了 13 位巴克码的 SNR_{norm}。正如预料的那样，δ_{norm} 越高，SNR_{norm} 越高：通过观察发现增加 δ_{norm} 等同于增大可行区域，则很容易解释这种现象，因此，δ_{norm} 越来越高，就能找到最优值。还值得关注的是，$\delta_{\text{norm}} \geqslant 0.3$ 时，WDNE 码的性能好过传统的巴克码。最后，对于任何多普勒频率，当 $\delta_{\text{norm}} \to 1$ 时，WDNE 算法所得到的 SNR_{norm} 几乎能达到最大值，$\text{SNR}_{\text{norm}} = 0\text{dB}$。

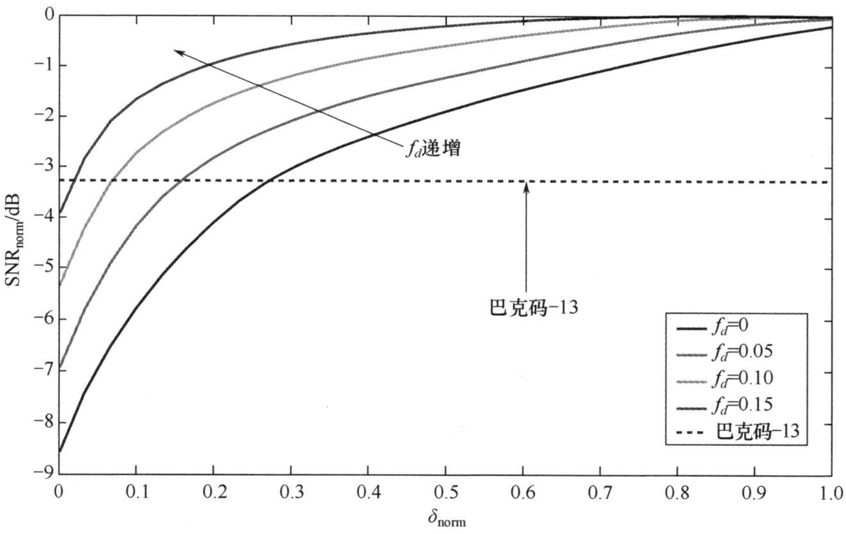

图 10.2　针对 $N=13$，$L=5$，和某些归一化多普勒频移 f_d，即 $f_d \in \{0;0.05;0.10;0.15\}$（实曲线），绘制的 SNR_{norm} 对 δ_{norm} 的曲线图。巴克码的长度为 13（虚线）

在图 10.3 中，说明了长度 N 对编码的影响。特别是，考虑网络中归一化多普勒频率 $f_d=0.15$，$L=5$ 个传感器，而编码 $\boldsymbol{c}_0$ 的长度 N 可以是 4，5，7 或 13。为了作比较，绘制了 13 位巴克码的 SNR_{norm}。特别地，对于考虑到的 N 的值，绘制了 SNR_{norm} 对 δ_{norm} 的关系图。显然，增加 N 使得 SNR_{norm} 的值更高。这是因为参数 N 决定了能量约束：N 值越大，最大能量越高。此外，N 值增大使自由度增大。最后，可以观察到，当 $\delta_{\text{norm}} \geqslant 0.1$ 时，长度 13 的 WDNE 编码胜过同样长度的巴克码。

① 如式（10.13）所要求的，重申 WDNE 编码的最大编码能量等于 N。

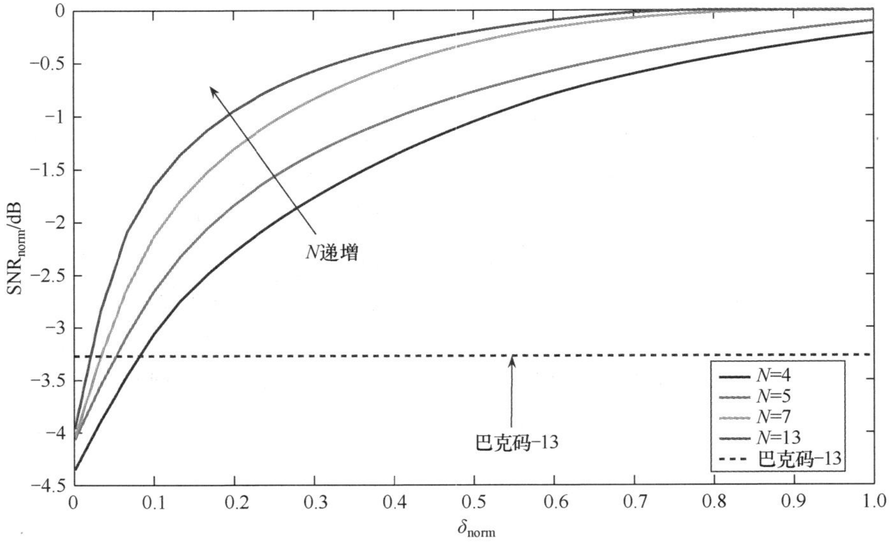

图 10.3　对于 $L=5$，归一化的多普勒频移 $f_d=0.15$，以及 $N\in\{4;5;7;13\}$，绘制的 $\mathrm{SNR}_{\mathrm{norm}}$ 对 δ_{norm} 的图（实曲线）。长度为 13 的巴克码（虚线）

在图 10.4 中，分析网络中传感器数量 L 的影响。绘制 $\mathrm{SNR}_{\mathrm{norm}}$ 关于 δ_{norm} 的关系图，图中存在归一化的多普勒频率 $f_d=0.15$，长度 $N=7$ 和不同的 L 值。在图 10.4 中，绘制了长度为 7 的巴克码的 $\mathrm{SNR}_{\mathrm{norm}}$。曲线表明，网络维度的提高导致性能的降低。实际上，增加 L 缩小了最优问题的可行区域，所以 L 越来越小，就可能得到最优值。能够观察到对于较高的 δ_{norm} 值，算法达到 $\mathrm{SNR}_{\mathrm{norm}}$ 的最大值（即 $v(\mathrm{UP})=v_{\mathrm{WDNE}}(\mathrm{QP})$），甚至对于较低的 δ_{norm} 值（即 $\delta_{\mathrm{norm}}=0.1$），与传统的巴克码相比，WDNE 码的增益超出 1dB。总之，感兴趣的传感器的 $\mathrm{SNR}_{\mathrm{norm}}$ 和对其他传感器的干扰之间有一个折中：δ_{norm} 是控制这种关系的参数。

现在，考虑到 $f_d=0.15$（在设计阶段的假设值）时的标称导向矢量 $\boldsymbol{p}_0$ 和实际导向矢量不匹配的问题，研究提出的算法的鲁棒性。实际导向矢量

$$\boldsymbol{p}_F=[1,\mathrm{e}^{\mathrm{j}2\pi F},\cdots,\mathrm{e}^{\mathrm{j}2\pi F(N-1)}]^{\mathrm{T}}$$

式中：F 为实际归一化的多普勒频率。还分析了 $\boldsymbol{R}=\boldsymbol{R}_a$ 情况下 WDNE 的编码，如式（10.6）所示，并且设 $\in=0.2$。为了评估算法性能，讨论实际平均归一化 SNR，定义为

$$\mathrm{SNR}_F=\frac{E_{\xi}[\boldsymbol{c}_0^{\mathrm{H}}\boldsymbol{R}_F\boldsymbol{c}_0]}{N\lambda_{\max}(\boldsymbol{R}_F)}$$

式中：$\boldsymbol{R}_F=\boldsymbol{M}^{-1}\odot(\boldsymbol{p}_F\boldsymbol{p}_F^{\mathrm{H}})^*$。

在图 10.5 中，针对 $\delta_{\mathrm{norm}}=0.9$，$N=13$ 和 $L=5$，绘制了 SNR_F 随 F 变化的图。为了进行比较，绘制了长度为 13 的巴克码的性能。当有效的归一化多普勒

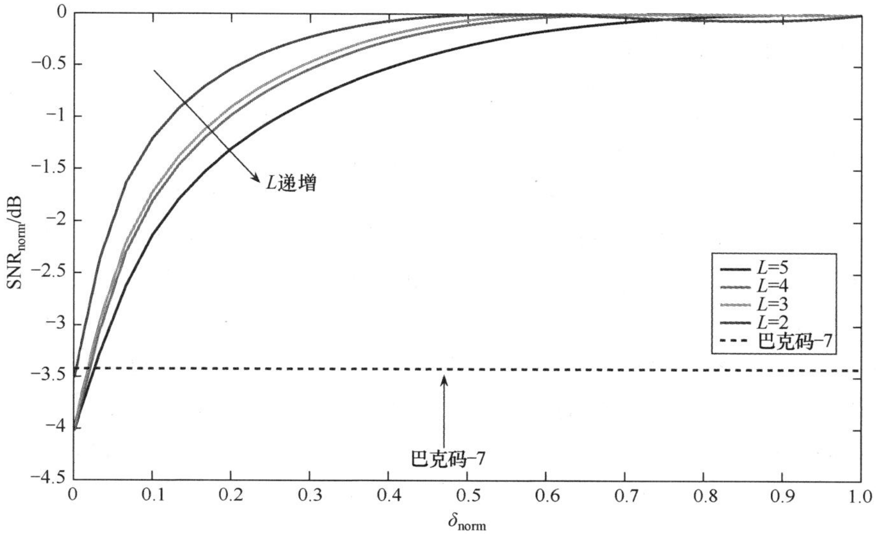

图 10.4 对于 $N=7$，归一化的多普勒频率 $f_d=0.15$ 和 $L\in\{2;3;4;5\}$，绘制的 SNR_{norm} 对 δ_{norm} 的图（实曲线）。长度为 7 的巴克码（虚线）

频率 F 近似于标称值 f_d 时，所提出典型形式的编码（即 $\boldsymbol{R}=\boldsymbol{R}_{f0}$）胜过巴克码。相反，在区间 $[-0.2,+0.2]$ 中，WDNE 的平均形式（即 $\boldsymbol{R}=\boldsymbol{R}_a$）比巴克码的 SNR_F 值更高。正如预料的一样，达到这个鲁棒性有一个代价：在对导向矢量完全了解的情况下（即 $F=0.15$），有 1dB 的损耗。

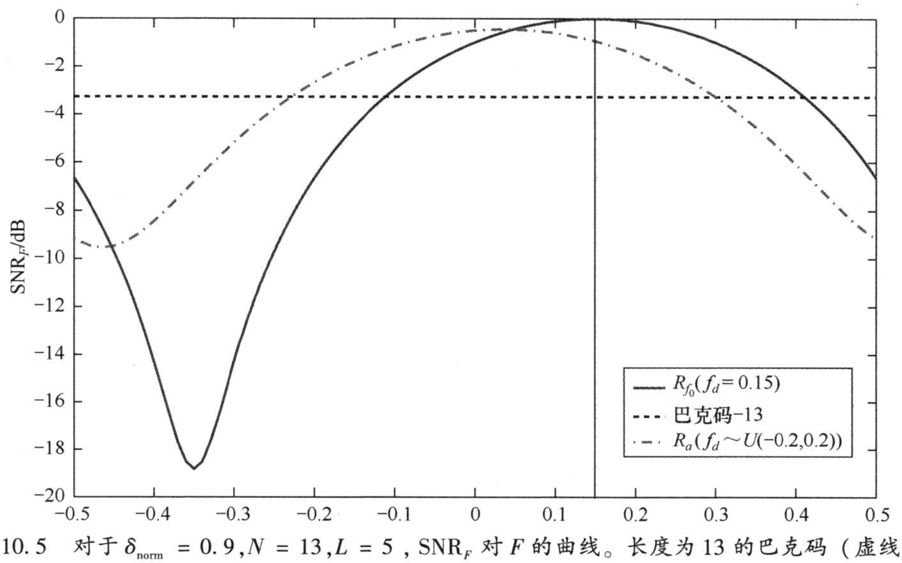

图 10.5 对于 $\delta_{norm}=0.9, N=13, L=5$，$SNR_F$ 对 F 的曲线。长度为 13 的巴克码（虚线）。鲁棒的（即 $\boldsymbol{R}=\boldsymbol{R}_a$，且 $f_d\sim u(-0.2,0.2)$）WDNE 编码（点划曲线）。匹配的（即 $\boldsymbol{R}=\boldsymbol{R}_{f0}$ 且 $f_d=0.15$）WDNE 编码（实曲线）

10.5.2 感应干扰的控制

本小节中，将分析不同网络场景下感应干扰 I_m^l 的表现。在第一种情况下，研究了预设三个雷达传感器的工作环境，它们分别使用了巴克码（$\boldsymbol{c}_1$），广义巴克码（$\boldsymbol{c}_2$）和 Zadoff 编码（$\boldsymbol{c}_3$）。

在图 10.6（a）中，针对归一化的多普勒频率 $f_d = 0.15$ 和长度 $N = 4$，绘制了巴克码 $\boldsymbol{c}_1$ 上感应的干扰（即 I_m^l，$m \in \{0,2,3\}$）关于 δ_{norm} 的曲线图。特别绘制了本书编码（I_0^l）感应的干扰，为了进行比较，还绘制了由广义巴克码和 Zadoff 码（I_2^l 和 I_3^l）感应的干扰。注意到，当 δ_{norm} 增大时，干扰电平也增大。值得关注的是，在较大的区间内（即 $\delta_{\text{norm}} \leqslant 0.8$）由 WDNE 编码感应的干扰比 I_2^l 和 I_3^l 弱。在图 10.6（b），（c）中，分别考虑了在广义巴克码 $\boldsymbol{c}_2$ 和 Zadoff 码 $\boldsymbol{c}_3$ 上感应的干扰。在这两种情况可以进行类似的考虑。

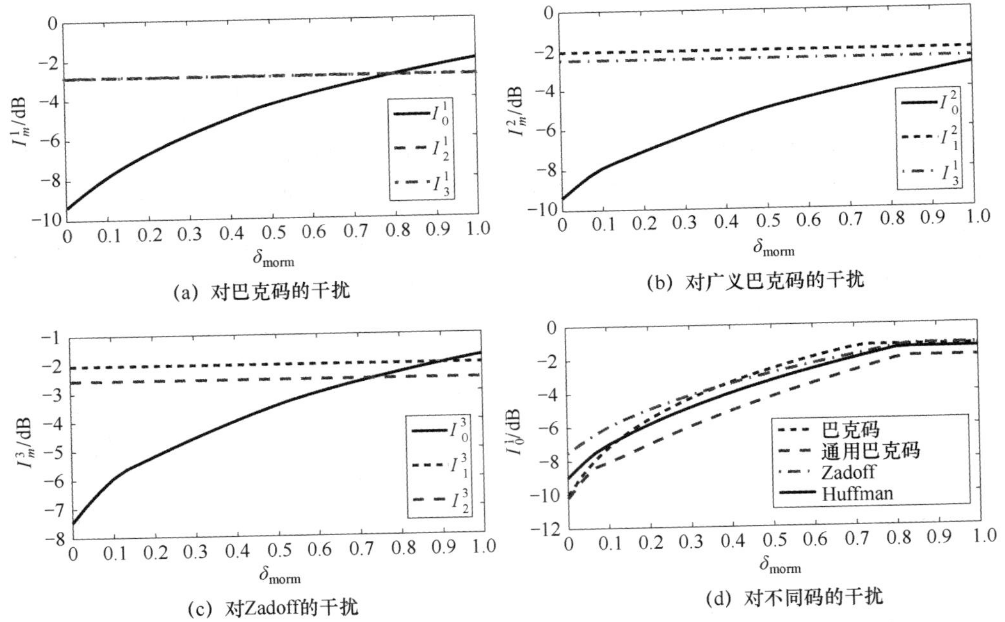

图 10.6 对于 $N=4$，$L=4$ 且归一化的多普勒频率 $f_d = 0.15$，绘制的 $(a-c)I_m^l$ 对 δ_{norm} 的图形：(a) I_m^l；(b) I_m^2；(c) I_m^3；I_0^l（实曲线）；I_1^l（虚线）；I_2^l（长划线）；I_3^l（点划线）；(d) $I_0^l(\boldsymbol{c}_1)$ 对 δ_{norm} 的图形，设 $N=4$，$L=2$，归一化的多普勒频移 $f_d = 0.15$，且不同的编码 $\boldsymbol{c}_1$ 为巴克码（点曲线），广义巴克码（长划线），Zadoff 码（点划线），Huffman 码（实曲线）

在第二种情形下，如图 10.6（d）所示，考虑只有一个预设传感器的工作环境。这样能够分析特定编码对算法的影响。选择了四个可能的干扰编码，它们的能量都是 $N = 4$：三种相位编码（巴克码，通用巴克码和 Zadoff 码），以及幅相调制码（Huffman 码）。利用参考文献［20］中描述的步骤获得 Huffman 码[28]。在图 10.6（d）中，针对归一化的多普勒频率 $f_d = 0.15$，网络中传感器数量 $L = 2$，以及不同的干扰编码 $\boldsymbol{c}_1$，绘制了 I_0^l 关于 δ_{norm} 变化的图形。观测到对于较高的 δ_{norm} 值，本书方法得到的编码在所有提出的编码上产生了相同级别的干扰：对于 $\delta_{\text{norm}} \geqslant 0.8$，在所有被考虑的 I_0^l 之间的差别小于 1dB。

最后，在第三种场景下，研究具有 $L-1=3$ 个预设雷达传感器的网络，这些传感器具有相同长度的编码和能量 $N=4$。此外，第一个编码（$\boldsymbol{c}_1$）为巴克码，而其他两个编码（$\boldsymbol{c}_2$ 和 $\boldsymbol{c}_3$）属于特定的一类：相位编码、Gold 编码、正交 PN 编码或 WDNE 编码。当传感器使用相位编码时，设 $\boldsymbol{c}_2$ 和 $\boldsymbol{c}_3$ 分别为广义巴克码和 Zadoff 码。在 Gold 编码情况下[29]，根据参考文献［20］中的步骤进行编码仿真，而 PN 序列[30]也被仿真以使它们正交。在最后一种情况下，使用初始巴克码 $\boldsymbol{c}_1$，WDNE 码 $\boldsymbol{c}_2$（设 $L=2$ 和 $\delta_{\text{norm}}=\delta^0$）和 WDNE 码 $\boldsymbol{c}_3$（设 $L=3$，且 $\delta_{\text{norm}}=\delta^0$）（见图 10.7，用不同的图形表示不同的情况）。

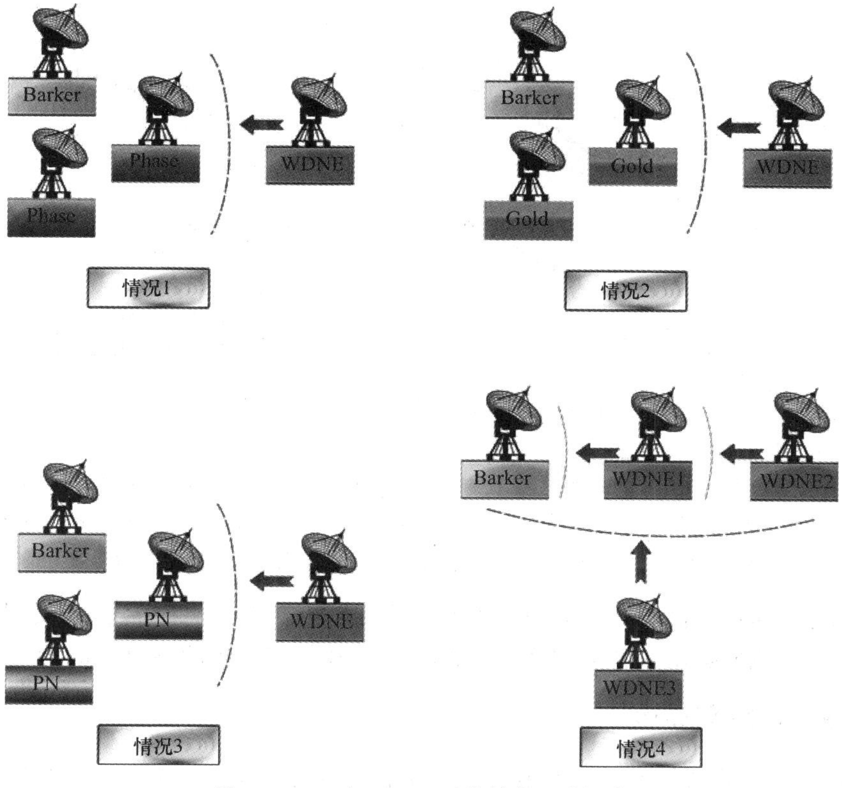

图 10.7　一些 WDNE 码能够应用的场景

在图 10.8 中，绘制在雷达传感器上归一化引入干扰的和关于 δ_{norm} 变化的图形，这里使用的是巴克码 $\boldsymbol{c}_1$，引入干扰的和 I_{TOT}^1 定义为

$$I_{\text{TOT}}^{1} = \frac{I_0^1 + I_2^1 + I_3^1}{L - 1}$$

针对归一化的多普勒频率 $f_d = 0.15$ 和不同类型的编码。回车按照三个不同的 δ^0 值使最后一类 WDNE 码参数化。首先，注意到 Gold 码比相位编码或 PN 码引入的干扰值更小。此外，在 $\delta^0 = 0.3$ 时，WDNE 码能够实现与 Gold 序列相同的性能，而对应更高的 δ^0 值，引发的干扰会更强；对应更小的 δ^0 值，引发的干扰会减少。

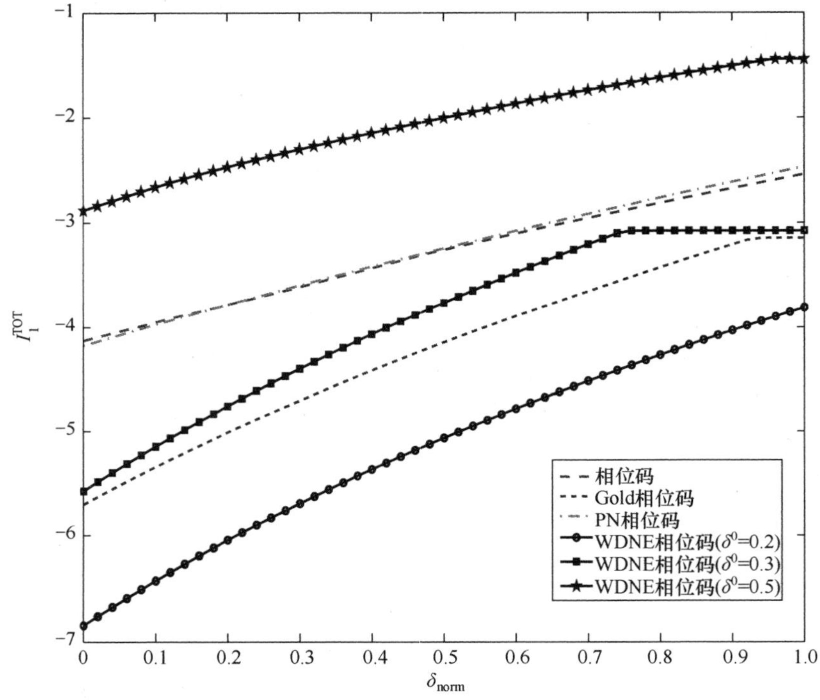

图 10.8　对于 $N = 4, L = 4$，归一化的多普勒频率 $f_d = 0.15$ 和不同类的编码 $\boldsymbol{c}_2$ 和 $\boldsymbol{c}_3$，I_{TOT}^1 对应 δ_{norm} 的图形：相位编码（长划线），Gold 码（点曲线），正交 PN 码（点划线），WDNE 码（实曲线）：对应 $\delta^0 = 0.2$（圆点线），$\delta^0 = 0.3$（方点线），$\delta^0 = 0.5$（星点线）

总之，通过上面两个小节的分析可以看出，针对特定范围内的 δ_{norm}，与其他编码相比，我们提出的算法能够实现更高的 SNR 值和更少的感应干扰。

10.5.3　计算复杂性

在 WDNE 算法的五个步骤中，就计算复杂性而言计算负担最重的是第一步。事实上，CP 的解具有计算复杂性 $o(N^{3.5})$ [31]。我们回顾一下，计算复杂性基于最坏情况分析，通常内点法更快[24]。在表 10.1 中，列出了迭代数量 N_{it}，以及利用工具箱 SeDuMi[27]解 CP 所需要的 CPU 时间 T_{CPU}，单位为 s。还列出了仿真

中用到的相应的 δ_{norm} 值、问题的维度 N 和约束的数量 L。通过超过 100 次的试验，求出了平均值，这里使用了具备 3GHz 英特尔 XEON 处理器的计算机。

表 10.1　解决问题需要的平均 N_{it} 和平均 T_{CPU}

δ_{norm}	N	L	平均 N_{it}	平均 T_{CPU}
0.2	4	5	8	0.46
0.5	4	5	9	0.51
0.8	4	5	10	0.56
0.2	13	5	13	0.71
0.5	13	5	14	0.80
0.8	13	5	15	0.83

10.6　结　论

本章中，讨论了在非合作网络中单个雷达的编码设计问题。尽量使雷达的 SNR 最大，同时，控制传感器对网络中其他传感器引发的干扰，约束雷达发射的能量。产生的问题大体上是一个 NP 难问题。利用完善的松弛和随机化理论[18]，提出了一个新的波形设计步骤（称为 WDNE），该设计使得在多项式时间内产生初始问题的次优解。数值仿真证明 WDNE 计算能够有效提高网络中每个传感器的探测性能，控制引入的干扰。未来可能的研究路线也许是关注 WDNE 的扩展：例如，也许在产生的编码模糊函数中[32]，或者在多普勒估计精度的可达区域上[33,34]加入约束。

致　　谢

A. D. Maio 的工作由美国空军材料司空军科学研究办公室赞助，授权号为 FA8655-09-1-3006。美国政府有权复制和分发用于政府目的的转载，尽管其上有任何版权符号。本章所包含的观点和结论是作者的观点和结论，不应被解释为必然代表空军科学研究局或美国政府的官方政策或表示或暗示的政策或认可。

附录　优化问题的可解性

在本附录中，证明问题 CP 是可解的。为此，要说明 CP 和它的对偶 DP 是严格可解的。因此，通过参考文献［31］的推论 1.7.1，可以得出结论：CP 和 DP 是可解的，并且最优值彼此相等。

CP 是明显可解的（例如，$I/(1+\max_{l=0,\cdots,L-1}T_r(R_{\delta_l}))$ 可行解）。对于 CP 的对

偶问题 DP，如：DP $\begin{cases} \min\limits_{y_0,\cdots,y_{L-1}} y_0 + \cdots + y_{L-1} \\ \text{s. t. } y_0 \boldsymbol{R}_{\delta_0} + \cdots + y_{L-1} \boldsymbol{R}_{\delta_{L-1}} >= \boldsymbol{R} \\ y_l \geqslant 0, l = 0, \cdots, L-1 \end{cases}$

它同样有严格可行的解 $y_* = (y_0^*, \cdots, y_{L-1}^*)$，$\boldsymbol{R}_{\delta_0} > \boldsymbol{0}$ 是很明显的。事实上，由于 $\boldsymbol{R}_{\delta_0}$ 的正定性，对于任何的 $(y_1^*, \cdots, y_{L-1}^*)$，可以选择足够大的 y_0^*，使用 y_* 是一个严格可行的 DP 的解，例如：

$$y_0^* \boldsymbol{R}_{\delta_0} + \cdots + y_{L-1}^* \boldsymbol{R}_{\delta_{L-1}} - \boldsymbol{R} > \boldsymbol{0}$$

参考文献

[1] C. J. Baker and A. L. Hume, 'Netted radar sensing', *IEEE Aerosp. Electron. Syst. Mag.*, vol. 18, no. 2, pp. 3 – 6, February 2003.

[2] E. Fishler, A. Haimovich, R. Blum, L. Cimini, D. Chizhik and R. Valenzuela, 'Spatial diversity in radars: models and detection performance', *IEEE Trans. Signal Process.*, vol. 54, no. 3, pp. 823 – 838, March 2006.

[3] J. Li and P. Stoica, *MIMO Radar Signal Processing*, John Wiley & Sons, Hoboken, New Jersey, USA, 2008.

[4] A. De Maio, G. A. Fabrizio, A. Farina, W. L. Melvin and L. Timmoneri, 'Challenging issues in multichannel radar array processing', *Proceedings of the IEEE Radar Conference* 2007, Boston, USA, pp. 856 – 862, April 2007.

[5] L. Landi and R. S. Adve, 'Time-orthogonal-waveform-space-time adaptive processing for distributed aperture radars', *Proceedings of the International Waveform Diversity and Design Conference* 2007, Pisa, Italy, pp. 13 – 17, June 2007.

[6] R. S. Adve, R. A. Schneible, G. Genello and P. Antonik, 'Waveform-space-time adaptive processing for distributed aperture radars', *Proceedings of the IEEE International Radar Conference* 2005, Arlington, USA, pp. 93 – 97, May 2005.

[7] K. H. Berthke, B. R鰀e, M. Schneider and A. Schroth, 'A novel noncooperative near-range radar network for traffic guidance and control on airport surfaces', *IEEE Trans. Control Syst. Technol.*, vol. 1, no. 3, pp. 168 – 178, September 1993.

[8] H. Huang and D. Lang, 'The comparison of attitude and antenna pointing design strategies of noncooperative spaceborne bistatic radar', *Proceedings of the IEEE International Radar Conference* 2005, Arlington, USA, pp. 568 – 571, May 2005.

[9] H. D. Ly and Q. Liang, 'Spatial-temporal-frequency diversity in radar sensor networks', *Proceedings of the IEEE Military Communications Conference* 2006, Washington, DC, USA, pp. 1 – 7, October 2006.

[10] N. Levanon, 'Multifrequency complementary phase-coded radar signal', *IEE Radar Sonar Navig.*, vol. 147, no. 6, pp. 276 – 284, December 2000.

[11] A. Farina, 'Waveform diversity: past, present, and future', *Proceedings of the International Waveform Diversity and Design Conference* 2007, Pisa, Italy, June 2007.

[12] K. Gerlach, A. K. Shackelford and S. D. Blunt, 'Combined multistatic adaptive pulse compression and adaptive beamforming for shared-spectrum radar', *IEEE J. Sel. Top. Signal Process.*, vol. 1, no. 3, pp. 137 – 146, June 2007.

[13] J. Li, L. Xu, P. Stoica, K. W. Forsythe and D. W. Bliss, 'Range compression and waveform optimization for MIMO radar: a Cramér-Rao bound based study', *IEEE Trans. Signal Process.*, vol. 56, no. 1, pp. 218 – 232, January 2008.

[14] A. De Maio and M. Lops, 'Design principles of MIMO radar detectors', *IEEE Trans. Aerosp. Electron. Syst.*, vol. 43, no. 3, pp. 886 – 898, July 2007.

[15] N. Subotic, K. Cooper and P. Zulch, 'Conditional and constrained joint optimization of radar waveforms', *Proceedings of the International Waveform Diversity and Design Conference* 2007, Pisa, Italy, pp. 387 – 394, June 2007.

[16] M. Greco, F. Gini, P. Stinco, A. Farina and L. Verrazzani, 'Adaptive waveform diversity for cross-channel interference mitigation', *Proceedings of the IEEE Radar Conference* 2008, Rome, Italy, pp. 1 – 6, May 2008.

[17] A. d' Aspermont and S. Boyd, 'Relaxations and randomized methods for nonconvex QCQPs', *EE392o Class Notes*, *Stanford University*, Autumn 2003, http: //www. stanford. edu/class/ee392o/relaxations. pdf.

[18] Z. -Q. Luo, N. D. Sidiropoulos, P. Tseng and S. Zhang, 'Approximation bounds for quadratic optimization with homogeneous quadratic constraints', *SIAM J. Optim.*, vol. 18, no. 1, pp. 1 – 28, February 2007.

[19] R. A. Horn and C. R. Johnson, *Matrix Analysis*, Cambridge University Press, Cambridge, UK, 1985.

[20] N. Levanon and E. Mozeson, *Radar Signals*, John Wiley & Sons, Hoboken, New Jersey, USA, 2004.

[21] J. S. Goldstein, I. S. Reed and P. A. Zulch, 'Multistage partially adaptive STAP CFAR detection algorithm', *IEEETrans. Aerosp. Electron. Syst.*, vol. 35, no. 2, pp. 645 – 661, April 1999.

[22] C. S. Ballantine, 'On the Hadamard product', *Mathematische Zeitschrift*, vol. 105, no. 5, pp. 365 – 366, October 1968.

[23] S. Zhang, 'Conic optimization and SDP', *SEG5120 Class Notes*, *Chinese University of Hong Kong*, 2007, http: //www. se. cuhk. edu. hk/ ~ zhang/Courses/ Seg5120/Lecture_ Notes. pdf.

[24] S. Boyd and L. Vandenberghe, *Convex Optimization*, Cambridge University Press, Cambridge, UK, 2004.

[25] W. -K. Ma, T. N. Davidson, K. M. Wong, Z. -Q. Luo and P. -C. Ching, 'Quasimaximum-likelihood multiuser detection using semi-definite relaxation with application to synchronous CDMA', *IEEE Trans. Signal Process.*, vol. 50, no. 4, pp. 912 – 922, April 2002.

[26] A. De Maio, S. De Nicola, Y. Huang, Z. -Q. Luo and S. Zhang, 'Design of phase codes for

radar performance optimization with a similarity constraint', *IEEE Trans. Signal Process.*, vol. 57, no. 2, pp. 610 – 621, February 2009.

[27] J. F. Sturm, 'Using SeDuMi 1.02, a MATLAB toolbox for optimization over symmetric cones', *Optim. Meth. Software*, vol. 11 – 12, pp. 625 – 653, August 1999.

[28] D. A. Huffman, 'The generation of impulse-equivalent pulse trains', *IRETrans. Inf. Theory*, vol. 8, pp. S10 – S16, September 1962.

[29] R. Gold, 'Optimal binary sequences for spread spectrum multiplexing', *IEEE Trans. Inf. Theory*, vol. 13, no. 4, pp. 619 – 621, October 1967.

[30] D. V. Sarwate and M. B. Pursley, 'Cross-correlation properties of pseudorandom and related sequences', *IEEE Proc.*, vol. 68, no. 5, pp. 593 – 619, May 1980.

[31] A. Nemirovski, *Lectures on Modern Convex Optimization*, Class Notes, Fall 2005.

[32] J. Li, J. R. Guerci and L. Xu, 'Signal waveform's optimal-under-restriction design for active sensing', *IEEE Signal Process. Lett.*, vol. 13, no. 9, pp. 565 – 568, September 2006.

[33] A. De Maio, S. De Nicola, Y. Huang, S. Zhang and A. Farina, 'Code design to optimize radar detection performance under accuracy and similarity constraints', *IEEE Trans. Signal Process.*, vol. 56, no. 11, pp. 5618 – 5629, November 2008.

[34] H. L. Van Trees, *Optimum Array Processing. Part IV of Detection, Estimation and Modulation Theory*, John Wiley & Sons, Hoboken, New Jersey, USA, 2002.

第 11 章 基于相位共轭与时间反演的波形设计

Lucio Bellomo, Marc Saillard, Sébastien Pioch, Frédéric Barbaresco and Marc Lesturgie

摘 要

全数字阵列技术的最新发展为基于发射捷变波形的多基地雷达系统的设计铺平了道路。这种新模式完全符合相位共轭（或者时间反演，如果应用于大带宽数据时）的概念。此技术完全能够针对一个目标自适应构建波形，相比于经典方法能够扩大检测范围或缩短搜索时间。基于相位共轭的 DORT 方法甚至能够基于天线阵列多基地矩阵的知识对多个目标进行检测。根据理论分析和对应的实验证明，这些方法非常值得研究，尤其是在引导和超快速重新捕获模式方面，在这些方面相位共轭/DORT 信噪比的要求更容易满足。

关键词： 天线阵列；相位共轭；时间反演；DORT；自适应波束形成

11.1 引 言

相位共轭（PC）的原理已经被广泛用于声学和光学，其在电磁学的应用是相对新颖的。在 20 世纪 50 年代，Van Atta 首次引入了 PC 阵列的概念[1]，之后 Pon 提出了不同的实现方式[2]。最近，基于多种技术解决方案，在无线通信和雷达应用领域开发了很多研究实例[3-22]。

从雷达的角度来讲，PC 的主要潜能在于其能够改善探测距离和搜索时间。PC 能够使得雷达波形快速且自适应地构建一组波束，并使其聚焦到目标，从而取代了沿着所有可能的搜索方向进行扫描的概念。如今，主要突破口应该在于，如何用发射端的自适应性来取代接收端的自适应性。由于全数字阵列技术的发展，软件定义的雷达能够产生具有捷变的波形，进而使得这种新的发展趋势成为可能。

近年来在物理学界，PC 及其时域相对应的时间反演（TR）受到越来越多的关注。令人印象深刻的 TR 实验，首先是在声学上实现的[23-25]。声学领域由于应用的是较低的频率，反向传输时间反演信号的电子设备已经非常成熟。随着电子设备速度的提升，在电磁系统中同样进行了实验[26-28]，PC 和 TR 不需要传播媒质的知识而能成功集中能量。此外，由于其具有利用多重散射和多径的固有能力[29]，还可以获得超分辨率。将这些思路引入到雷达领域，虽然不能直接应用，但也可能获得应用前景。

本章的结构安排如下。在对 PC 和 TR 的数学证明进行了初步分析之后，对 PC 的性能进行系统层面的分析。通过在 PC 处理中应用的矩阵方法，文章同样介绍了时间反演算子（TRO）的分解（法文缩写 DORT）。通过与传统雷达的策略的比较，体现出其在改善检测范围和搜索时间的潜能。之后是一般噪声环境的单个或多个目标情况下，信号噪声比（SNR）的推导。然后，文章介绍了 PC 在实际雷达系统中的可能的应用。最后是 PC 和 DORT 在 S 波段的仿真实例。

11.2 相位共轭与时间反演的理论背景

11.2.1 波传播中的时间反演不变性

在频域中，电场 $\boldsymbol{E}(r,\omega)$ 在非磁性，非均匀和无源介质中的传播方程为

$$\nabla\times\nabla\times\boldsymbol{E}(\boldsymbol{r},\omega)-k^2(\boldsymbol{r})\boldsymbol{E}(\boldsymbol{r},\omega)=\boldsymbol{0} \tag{11.1}$$

式中：$k(\boldsymbol{r})$ 为说明介质特性的与位置相关的波数。在给定频率，没有损耗 $k^2\in\mathbb{R}$ 的情况下，$\boldsymbol{E}(\boldsymbol{r},\omega)$ 和 $\boldsymbol{E}^*(\boldsymbol{r},\omega)$ 都是式（11.1）的解。这样的属性称为传播方程的相位共轭不变性。

转换到时域时，会产生类似的结果。如果介质在所考虑的频带中为非色散的，电场将服从波动方程

$$\nabla\times\nabla\times\boldsymbol{e}(\boldsymbol{r},t)+\frac{1}{c^2(\boldsymbol{r})}\frac{\partial\boldsymbol{e}(\boldsymbol{r},t)}{\partial t^2}=0 \tag{11.2}$$

式中：$c(\boldsymbol{r})$ 为在介质中与空间位置相关的波速；$\boldsymbol{e}(\boldsymbol{r},t)$ 为 $\boldsymbol{E}(\boldsymbol{r},\omega)$ 的逆傅里叶变换。同时考虑频域情况下，式（11.2）有两个解，$\boldsymbol{e}(r,t)$ 和 $\boldsymbol{e}(r,-t)$。这被称为时间反演不变性，并且只有在式（11.2）的偶数阶导数都存在的情况下才能确保有此性质。

这些简单的事实组成了 PC 和 TR 方法的基本原理。让我们使用 TR 不变性来帮助理解电磁波是如何聚焦到目标的，同时也要牢记对 PC 来说 $t\rightarrow-t$ 的变换对应频域的 PC。假定一个由 N 个传感器离散分布构成的天线，其位置信息为 $\boldsymbol{r}_{\text{ant}}=[\boldsymbol{r}_1\cdots\boldsymbol{r}_N]$，该天线能够测量出被给定入射波照射，并被位于 $\boldsymbol{r}_{\text{tgt}}$ 的一个或多个无源目标散射的电场 $\boldsymbol{e}(\boldsymbol{r}_{\text{ant}},t)$。现在，让每个传感器把电场信息保存到内存中，并在进行时间反演后将它重新辐射（或反向传播）——就像一个后进先出（LIFO）堆栈，进入内存中的最后一个元素最先开始输出。凭借 TR 不变性，

电磁波将重新追踪自己过去时间的路径，并聚焦到目标，即电场源。此外，如果存在多个目标，通过迭代处理，电磁波最终将只聚焦到最强的一个（图 11.1）。这种阵列被称为时间反演镜面[23]，其性能之中最有趣的是，聚焦可以无须任何电磁波的传播媒介的先验知识即可获得。最后，严格地讲，对传播媒介仅有的基本假设是：①非色散；②满足洛伦兹互换性；③整个搜索/TR 操作过程中不会发生变化（即平稳）。在实际的非平稳媒介情况下，为了不过多影响聚焦质量，一个 PC 迭代步骤所需的时间与媒介变化的速度相比，要足够短（见 11.3.5 节）。

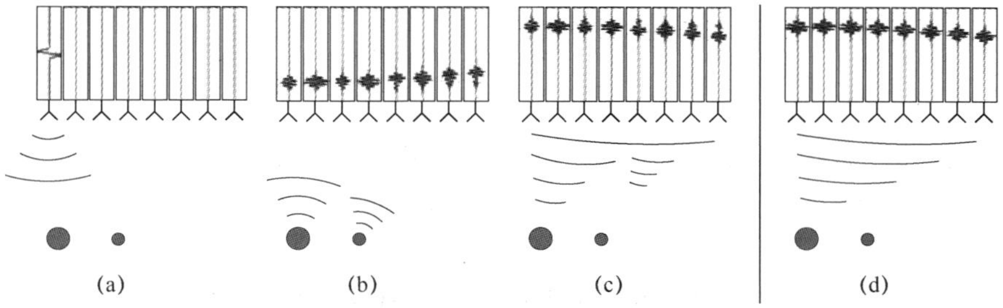

图 11.1　迭代 TR 过程图例。（a）目标被入射波照射（由单个阵列元件发射）；（b）目标的散射场通过各个天线阵元记录到内存中；（c）天线阵列重新发射时间反演的信号，得到聚焦在目标上的波前。迭代此过程，直至；（d）各个阵元的电磁波只集中到最亮的目标

当通过 PC 方式聚焦目标时，关于电磁波所能达到的横向分辨率（图 11.2），考虑一个孔径为 D 的线性 N 元天线阵，和一个自由空间内仰角为 0°，方位角为 $\boldsymbol{\phi}$，距离为 R 的目标。然后，假设 $R \gg D$，即远场条件下，方位聚焦点宽度是

$$2\,\frac{\lambda R}{D}\cos\phi \tag{11.3}$$

式中：λ 为波长。同样的结果也适用于仰角分辨率，其中 D 变为天线的垂直孔径，$\boldsymbol{\phi}$ 变为仰角 θ。

近年来之所以 TR 和 PC 技术引起极大的关注，是因为这些技术可以实现所谓的超分辨，并已证实在复杂媒质中可以实现[29,30]。事实上，时间反演后的波何时通过这样的介质传播——取决于人们何时谈论多径传播，随机或高散射介质等——实际上它通过特定的方式利用了多重散射，即在目标位置处所有的路径重新组合并完成聚焦。从某种意义上说，系统表现为一个具有以多径散射体为代表的附加二次辐射单元的等效的天线。现在由于等效孔径 D' 可以比 D 大很多，因此聚焦点可以减小到比经典衍射极限还小的值（图 11.2（b））。

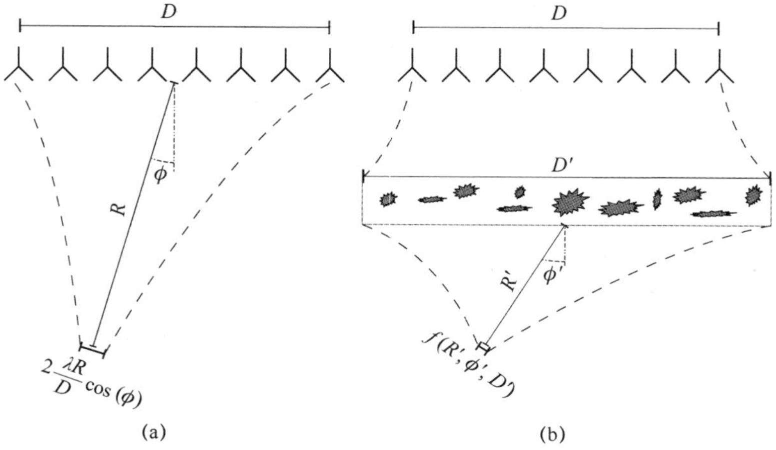

图 11.2　(a) 线性天线阵在自由空间中相位共轭分辨率；(b) 线性天线阵在复杂的媒介中的相位共轭分辨率

11.3　相位共轭及可使用的雷达应用

在本节中，重点研究基于 PC 雷达的系统相关的问题（例如发射机数量、初始 SNR、目标速度、单或多目标场景）。首先分析与一些传统的方法（数字波束形成（DBF），笔状波束体积探测）相比，在检测范围和搜索时间方面可能的改进（图 11.3）。这样的改进，主要是在重新捕获模式和自动引导方面。然后，建立了一种一般的形式，为 PC 和 DORT 方法的 SNR 提供了理论结果。

N_{em}：发射天线元的数目；

N_{rec}：接收天线元的数目；

$SNR_{1,1}$：1 号发射机和 1 号接收机的基本信噪比；

R：目标与天线之间距离；

c_0：电磁波在真空中的传播速度。

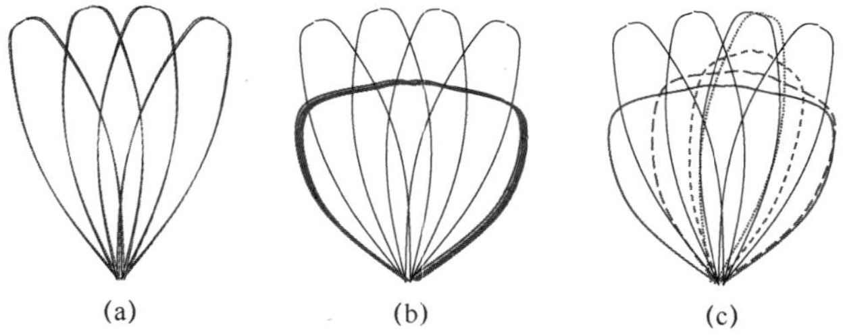

图 11.3　搜索策略的比较。分别给出了发射天线方向图和接收天线方向图
(a) 笔状波束；(b) 数字波束形成 (DBF)；(c) 相位共轭

11.3.1　相位共轭与经典策略

来探讨两种经典的搜索策略的能量预算，并与所提出的 PC 方法进行比较。可以看出，后一种方法可以提高采集时间（T）或 SNR 方面的性能。所用符号如下给出。

N_{em}：发射天线元的数目；

N_{rec}：接收天线元的数目；

$\mathrm{SNR}_{1,1}$：1 号发射机和 1 号接收机的基本信噪比；

R：目标与天线之间距离；

c_0：电磁波在真空中的传播速度。

11.3.1.1　笔状波束（笔状波束发射与接收）

以 M 个笔状波束进行搜索：

$$\left|\begin{aligned} \mathrm{SNR}_{PB} &= N_{rec}N_{em}{}^2\mathrm{SNR}_{1,1} \\ T_{PB} &= M\left(2\,\frac{R}{c_0}\right) \end{aligned}\right. \tag{11.4}$$

实际上，$N_{em}\mathrm{SNR}_{1,1}$ 为 N_{em} 个发射天线而不是 1 个发射天线的 SNR。此外，使用笔状波束，可以在发射端和接收端分别获得 N_{em} 和 N_{rec} 倍的增益。关于 T_{PB}，它等于 M 倍的笔状波束到达一个距离为 R 的目标所需的往返时间。

11.3.1.2　数字波束形成（宽波束发射，DBF 接收）

重复 N 次发射和接收过程，可以得到

$$\left|\begin{aligned} \mathrm{SNR}_{WB-DBF} &= N[N_{rec}N_{em}\mathrm{SNR}_{1,1}] \\ T_{WB-DBF} &= N\left(2\,\frac{R}{c_0}\right) \end{aligned}\right. \tag{11.5}$$

11.3.1.3　相位共轭（PC 发射，DBF 接收）①

以一个波束探索，然后 PC 迭代 P 次直至聚焦到目标上：

$$\left|\begin{aligned} \mathrm{SNR}_{PC} &= P\beta_{lim}N[N_{rec}N_{em}\mathrm{SNR}_{1,1}] \\ T_{PC} &= P\left(2\,\frac{R}{c_0}\right) \end{aligned}\right. \tag{11.6}$$

式中：$\beta_{lim} = \frac{1}{P}\sum_{k=1}^{P}\beta_k$；$\beta_k\beta_{lim} \in [1$（宽波束），$N_{em}$（聚焦波束）$]$。$\beta_k$ 是第 k 次 PC 迭代过程之后在发射端的增益。事实上，它的初值为 1，对应一个宽波束，并在波束聚焦到目标时最终接近 N_{em}：$\lim_{k\to\infty}\beta_k \leqslant N_{em}$。

现在来比较一下不同的方法。

---

① 海军研究实验室最近提出了一种稍微不同的策略，在发射时使用 DBF 而不是宽波束[31]。

1. 相同的探索时间 T

首先，设定三种方法用相同的时间 T 来完成：

$$T_{\mathrm{PB}} = T_{\mathrm{WB-DBF}} = T_{\mathrm{PC}} \Leftrightarrow M = N = P \tag{11.7}$$

结果发现

$$\mathrm{SNR}_{\mathrm{PC}} = \beta_{\lim}\mathrm{SNR}_{\mathrm{WB-DBF}} = \frac{P}{N_{\mathrm{em}}}\beta_{\lim}\mathrm{SNR}_{\mathrm{PB}} \tag{11.8}$$

同时还注意到，在笔状波束的策略中，N_{em} 必须与波束数目 M 相当（因此 $M/N_{\mathrm{em}} = P/N_{\mathrm{em}} \approx 1$），得到的最终结论是 PC 方法下的雷达探测范围可以获得改善，因为 SNR 通过因子 $\beta_{\lim} \in [1,\mathrm{Nem}]$ 得到了提高。

2. 相同的探测范围或者最终 SNR

现在，来计算相同 SNR 下的搜索时间：

$$\mathrm{SNR}_{\mathrm{PB}} = \mathrm{SNR}_{\mathrm{WB-DBF}} = \mathrm{SNR}_{\mathrm{PC}} \Leftrightarrow \begin{cases} P = \dfrac{N}{\beta_{\lim}} \\ N = N_{\mathrm{em}} \end{cases} \tag{11.9}$$

在这样的条件下，PC 的搜索时间为

$$T_{\mathrm{PC}} = \frac{T_{\mathrm{WB-DBF}}}{\beta_{\lim}} = \frac{T_{\mathrm{PB}}}{\beta_{\lim}} \tag{11.10}$$

与之前情况类似，这意味着，通过改善因子 $\beta_{\lim} \in [1,\mathrm{Nem}]$，PC 方法下检测时间可以减少。

11.3.2 雷达的相位共轭与 DORT 方法

考虑这样一个 N 元平面天线，其阵元间间距相同，为 d；在远场可用空间有一目标，目标方位角和仰角分别为 φ_{tgt} 和 θ_{tgt}。利用频率 ω 处依赖于时间的 $\mathrm{e}^{+\mathrm{j}\omega t}$，描述从第 (l,m) 个天线单元到目标的传播向量的第 (l,m) 个成分可以表示为

$$u_{l,m}(\theta_{\mathrm{tgt}},f_{\mathrm{tgt}}) = \mathrm{e}^{-\mathrm{j}k_0[\hat{x}(l-1)+\hat{z}(m-1)]d} = \mathrm{e}^{-\mathrm{j}k_0[\cos f_{\mathrm{tgt}}\sin\theta_{\mathrm{tgt}}(l-1)+\cos\theta_{\mathrm{tgt}}(m-1)]d} \tag{11.11}$$

式中：$\hat{x}$ 和 $\hat{z}$ 分别为指向目标的单位向量在 x 轴和 z 轴的投影（图 11.4）；k_0 为真空中的波数（$k_0 = \omega/c_0$）。需要注意到的是，为使得 $\|\boldsymbol{u}\|^2 = N_{\mathrm{em}}$，$u_{l,m}(\theta_{\mathrm{tgt}},\varphi_{\mathrm{tgt}})$ 已相对于参考阵元（$l = 1,m = 1$）进行了归一化。定义 $\boldsymbol{s}^{(0)}$ 为初始单位范数天线导向矢量，P_{em} 为总发射功率，则天线沿目标方向发射的信号可表示为

$$\boldsymbol{u}^{\mathrm{T}} \underbrace{\sqrt{P_{\mathrm{em}}}\boldsymbol{s}^{(0)}}_{\boldsymbol{s}_{\mathrm{em}}^{(0)}} \tag{11.12}$$

为简便起见，该辐射元件认为是各向同性的。则该天线所测得的信号为

$$\boldsymbol{s}_{\mathrm{rec}}^{(0)} = \sqrt{\alpha_{\mathrm{tgt}}}\boldsymbol{u}\boldsymbol{u}^{\mathrm{T}}\boldsymbol{s}_{\mathrm{em}}^{(0)} + \boldsymbol{n} \tag{11.13}$$

式中：α_{tgt} 包含了信号往返的衰减系数和目标的后向散射系数；$\boldsymbol{n}$ 为加性噪声。

在此以另一种形式重写式（11.13），其中转移矩阵 $\boldsymbol{K}$ 的第（i，j）个元素对应天线阵元 i 与 j 之间的传递函数，其函数包括噪声的影响。然后，得到

$$\boldsymbol{s}_{\text{rec}}^{(0)} \triangleq \boldsymbol{K}\boldsymbol{s}_{\text{em}}^{(0)} \tag{11.14}$$

式中：$\boldsymbol{K} \triangleq \widetilde{\boldsymbol{K}} + \boldsymbol{N}$ 为两项之和，信号矩阵为

$$\widetilde{\boldsymbol{K}} = \sqrt{\alpha_{\text{tgt}}}\boldsymbol{u}\boldsymbol{u}^{\text{T}} \tag{11.15}$$

而噪声矩阵 $\boldsymbol{N}$ 是归一化噪声传递矩阵，有

$$\boldsymbol{N}\boldsymbol{s}_{\text{em}}^{(0)} = \boldsymbol{n} \Rightarrow \boldsymbol{N} = \frac{1}{P_{\text{em}}}\boldsymbol{n}\left[\boldsymbol{s}_{\text{em}}^{(0)}\right]^{\text{H}} \tag{11.16}$$

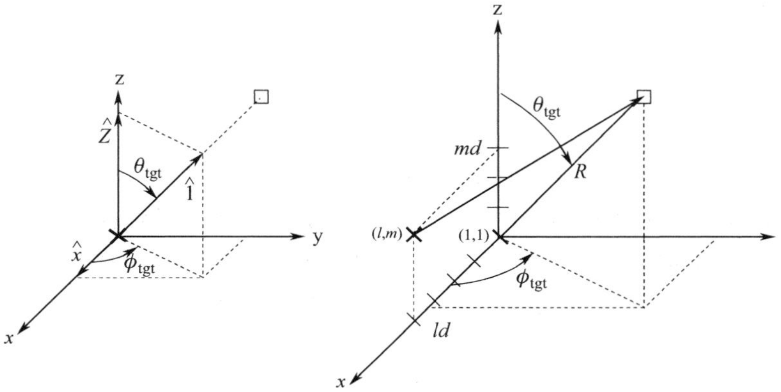

图 11.4　轴和角度的定义

现在，PC 过程需要每个阵元重新发射接收信号的复共轭，并重复此过程。还需注意的是，在每次重新发射过程中，信号功率被归一化成 P_{em}。迭代过程如下：

第 0 次迭代　$\boldsymbol{s}_{\text{em}}^{(0)} = \sqrt{P_{\text{em}}}\boldsymbol{s}^{(0)}$　$\rightarrow \boldsymbol{s}_{\text{rec}}^{(0)} = \sqrt{P_{\text{em}}}\boldsymbol{K}\boldsymbol{s}^{(0)}$

$\downarrow \underline{\text{PC}}$

第一次迭代　$\boldsymbol{s}_{\text{rec}}^{(1)} = \sqrt{P_{\text{em}}}\boldsymbol{K}^{\text{T}}\dfrac{\boldsymbol{K}^{*}\left[s^{(0)}\right]^{*}}{\|\boldsymbol{K}\boldsymbol{s}^{(0)}\|}$　$\leftarrow \boldsymbol{s}_{\text{em}}^{(1)} = \sqrt{P_{\text{em}}}\dfrac{\boldsymbol{K}^{*}\left[s^{(0)}\right]^{*}}{\|\boldsymbol{K}\boldsymbol{s}^{(0)}\|}$

$\downarrow \underline{\text{PC}}$

第二次迭代　$\boldsymbol{s}_{\text{em}}^{(2)} = \sqrt{P_{\text{em}}}\dfrac{\boldsymbol{K}^{\text{H}}\boldsymbol{K}\boldsymbol{s}^{(0)}}{\|\boldsymbol{K}^{\text{H}}\boldsymbol{K}\boldsymbol{s}^{(0)}\|}$　$\rightarrow \boldsymbol{s}_{\text{rec}}^{(2)} = \sqrt{P_{\text{em}}}\boldsymbol{K}\dfrac{\boldsymbol{K}^{\text{H}}\boldsymbol{K}\boldsymbol{s}^{(0)}}{\|\boldsymbol{K}^{\text{H}}\boldsymbol{K}\boldsymbol{s}^{(0)}\|}$

⋮　　　　⋮

$\downarrow \underline{\text{PC}}$

第 P 次迭代　$\boldsymbol{s}_{\text{em}}^{(p)} = \sqrt{P_{\text{em}}}\dfrac{\boldsymbol{s}(\boldsymbol{K}^{\text{H}}\boldsymbol{K})^{p/2}\boldsymbol{s}^{(0)}}{\|(\boldsymbol{K}^{\text{H}}\boldsymbol{K})^{p/2}\boldsymbol{s}^{(0)}\|}(\underline{\text{PC}})$　$\rightarrow \boldsymbol{s}_{\text{rec}}^{(p)} = \sqrt{P_{\text{em}}}\boldsymbol{K}\dfrac{\boldsymbol{s}\boldsymbol{K}(\boldsymbol{K}^{\text{H}}\boldsymbol{K})^{p/2}\boldsymbol{s}^{(0)}}{\|(\boldsymbol{K}^{\text{H}}\boldsymbol{K})^{p/2}\boldsymbol{s}^{(0)}\|}$

同时也应注意到，尽管在分析时隐含了单基地雷达的条件（同样的发射和接收天线阵列），而实际上分析结果同样适用于双基天线的情况，即发射和接收天

线阵列并不相同的配置。为了一般性，这就是为什么每次初始发射天线扮演接收机角色的时候，$\boldsymbol{K}$ 矩阵都需要转置。

现在集中讨论下 PC 迭代 p 次的结果。除去标准相，重要的事实是发射信号由被称为 TRO[25] 的量 $\boldsymbol{K}^{\mathrm{H}}\boldsymbol{K}$ 限定。对它进行特征值分解：

$$\boldsymbol{K}^{\mathrm{H}}\boldsymbol{K} = \boldsymbol{V}\Lambda^{2}\boldsymbol{V}^{\mathrm{H}} = \sum_{i=1}^{N_{\mathrm{em}}} \lambda_{1}^{2}\boldsymbol{v}^{1}\boldsymbol{v}_{1}^{\mathrm{H}} \tag{11.17}$$

最终获得

$$\boldsymbol{s}_{\mathrm{em}}^{(p)} = \sqrt{P_{\mathrm{em}}}\,\frac{\sum_{i=1}^{N_{\mathrm{em}}} \lambda_{i}^{p}\langle \boldsymbol{v}_{i} \mid s(0)\rangle \boldsymbol{v}_{i}}{\sqrt{\sum_{i=1}^{N_{\mathrm{em}}} \lambda_{i}^{2p}\,|\langle \boldsymbol{v}_{i} \mid \boldsymbol{s}^{(0)}\rangle|^{2}}} \tag{11.18}$$

有趣的是有一通用初始导向矢量 $\boldsymbol{s}^{(0)}$ 不正交于任何 $\boldsymbol{K}$ 的特征向量，例如各向同性的波束。设 $\lambda_{1}^{p} \gg \lambda_{i}^{p}, i = 2,\cdots,N_{\mathrm{em}}$，随着 $p\to\infty$ 时，式（11.18）的贡献仅与最大特征值 λ_{1}^{2} 相关。因此，式（11.18）简化为

$$\boldsymbol{s}_{\mathrm{em}}^{(p)} = \sqrt{P_{\mathrm{em}}}\,\frac{\langle \boldsymbol{v}_{1} \mid \boldsymbol{s}(0)\rangle}{|\langle \boldsymbol{v}_{1} \mid \boldsymbol{s}^{(0)}\rangle|}\boldsymbol{v}_{1} \tag{11.19}$$

也就是说，忽略相位系数 $\frac{\langle \boldsymbol{v}_{1} \mid \boldsymbol{s}(0)\rangle}{|\langle \boldsymbol{v}_{1} \mid \boldsymbol{s}^{(0)}\rangle|}$，阵列导向矢量将会收敛到第一个 TRO 的特征向量。此外，根据式（11.14），忽略噪声，假设它在 p 次迭代之后比信号低得多，可以得到

$$(\boldsymbol{K}^{\mathrm{H}}\boldsymbol{K})^{p/2} \approx \alpha_{\mathrm{tgt}}^{p/2}N_{\mathrm{em}}^{p/2}\boldsymbol{u}^{*}\boldsymbol{u}^{\mathrm{T}} \tag{11.20}$$

最后，由式（11.17）和式（11.20），得到

$$\boxed{\lambda_{1}^{2} = \alpha_{\mathrm{tgt}}N_{\mathrm{em}}^{2}}\ \text{和}\ \boxed{\boldsymbol{v}_{1} = \frac{\boldsymbol{u}^{*}}{\sqrt{N_{\mathrm{em}}}}} \tag{11.21}$$

这意味着对于远场的单目标，$\boldsymbol{v}_{1}$ 简单地与指向目标方向的（归一化）相位共轭传播向量 $\boldsymbol{u}$ 一致①。

后面的结果形成了 DORT 方法的基础，DORT 方法在 1994 年被第一次提出来[33]。这种方法取代了通过增加搜索时间来最终限定检测范围的 PC 迭代处理（如 11.3.1 节介绍），使得只通过一次迭代就能获得相同的限定效果成为了可能。实际上，记录 $\boldsymbol{K}$ 矩阵，执行自共轭算子 $\boldsymbol{K}^{\mathrm{H}}\boldsymbol{K}$ 的特征值分解，并最终通过式（11.19）中的第一特征向量 $\boldsymbol{v}_{1}$ 控制天线阵就足够了。或者，在收发天线分置的情况下，就需要进行 $\boldsymbol{K} = \boldsymbol{U}\boldsymbol{\Lambda}\boldsymbol{V}^{\mathrm{H}}$ 的奇异值分解（SVD），用 $\boldsymbol{v}_{1}$ 控制初始发射阵列，或用 $\boldsymbol{u}_{1}^{*}$ 控制接收阵列，其中 $\boldsymbol{v}_{1}$ 和 $\boldsymbol{u}_{1}$ 分别是酉矩阵 $\boldsymbol{U}$ 和 $\boldsymbol{V}$ 的第一列。

---

① 严格的教学推导请参考文献［32］。

DORT 相对于 PC 的主要优点是它能够在存在多目标的情况下选择性的聚焦。在这种情况下，参考式（11.4），PC 方法必须进行迭代，找到聚焦到最强散射体的导向矢量 $\boldsymbol{s}_{\text{em}}^{(p)} \propto \boldsymbol{v}_1$，然后以正交于 $\boldsymbol{v}_1$（如在目标方向置零的向量）的初始导向矢量 $\boldsymbol{s}^{(0)}$，重新开始迭代过程，直到聚焦到向量 $\boldsymbol{v}_2$，依此类推。① 另一方面，使用 DORT 时，能同时得到所有特征向量 $\boldsymbol{v}_i, i = 1,\cdots,N_{\text{em}}$。在远场条件下，已经证明[32]，对于多个目标 $N_{\text{tgt}} \leqslant N_{\text{em}}$，必须用 $\boldsymbol{v}_i$ 向量控制阵列波束聚焦到第 i 个最强散射体上。然而，正如后面 11.3.4 节所介绍，一个相对少量的同聚焦到其他目标上的波束耦合的现象也会出现[34,35]。

尽管如此，DORT 相对于 PC 具有两个可能的缺点。首先，从信号处理的角度来看，TRO 特征值分解相比简单的 PC 手段较为笨重。事实上，如果对 DORT，为了执行这样的处理，必须用数字架构来实现，而 PC 方法甚至能够在跟踪快速目标应用中以全模拟的方式实现[12,36]。另一个重要之处在于，DORT 方法需要基于整个 $\boldsymbol{K}$ 矩阵的先验知识，而 PC 方法仅需要用单个发射（导向矢量 $\boldsymbol{s}^{(0)}$）进行初始化即可。由于获得 $\boldsymbol{K}$ 矩阵的最直接的方法是，用 N_{em} 个 e_i 类导向矢量顺序地控制天线，$i = 1,\cdots,N_{\text{em}}$，如果需要的迭代次数 $P < N_{\text{em}}$，那么 PC 将更快地聚焦。然而，$\boldsymbol{K}$ 矩阵的获取时间能够大大降低。至少有两种策略可以考虑：

（1）不使用导向矢量 $\boldsymbol{e}_i$，而采用 M 个涉及整个天线阵的正交导向矢量 $\boldsymbol{s}_i$，其中 $M < N_{\text{em}}$[37,38]。把这些矢量写为 $N_{\text{em}} \times M$ 的矩阵 $\boldsymbol{S} = [s_1,\cdots,s_{N_{\text{em}}}]^{\text{T}}$，新测量到的多基地矩阵为 $\boldsymbol{KS}$。然后，定义 $\tilde{\boldsymbol{\lambda}}_i$ 和 $\tilde{\boldsymbol{v}}_i$ 分别为新得到的 $(\boldsymbol{KS})^{\text{H}}\boldsymbol{KS}$ 矩阵的第 i 个特征值与特征向量。容易看出，$\tilde{\boldsymbol{\lambda}}_i = \boldsymbol{\lambda}_i$ 和 $\tilde{\boldsymbol{v}}_i = \boldsymbol{S}^{\text{H}}\boldsymbol{v}_i$，$\boldsymbol{\lambda}_i$ 和 $\boldsymbol{v}_i$ 分别为矩阵 $\boldsymbol{K}$ 的第 i 个特征值与特征向量。最后，实际的搜索导向矢量 $\boldsymbol{v}_1$ 可以通过 $\boldsymbol{v}_1 = \boldsymbol{S}\,\tilde{\boldsymbol{v}}_i$ 重新得到。

这个方法具有两个优点：①如果目标数目小于 $\boldsymbol{M}$，尽管捕获时间会通过因子 $N_{\text{em}}/\boldsymbol{M}$ 减少，与目标相关的特征值的数目不变；②由于导向矢量与所有天线阵元有关，发射功率 P_{em} 将在这些天线阵元之间更好的分配，从而减小发射模块的尺寸限制。

（2）也可以将 N_{em} 个正交码为每个天线单元分配一个。现在正交性表现在时间上，而非空间上，且所有的阵元都能够同时发送其各自的码序列。将第 i 个单元接收到的信号与第 j 个发射单元使用的编码做互相关，就可以得到 K_{ij} 元素，进而就在单次发射得到了整个 K 矩阵[39]。虽然现在获取时间得到了大大降低，但是由于有限长度码集无法实现具有完美的正交性的码元序列，因此对 SNR 与码元长度（即获取时间）的影响之间必须有所折中[39]。

---

① 这样一个过程对噪声非常敏感，因为新的 $\boldsymbol{S}^{(0)}$ 的一个小误差将会影响它与 $\boldsymbol{v}_1$ 之间的正交性，会导致迭代过程收敛到相同的导向矢量。

11.3.3 SNR 推导——单目标情况

用 PC 或 DORT 的方法都可以估计 SNR，这里使用 11.3.2 节中所描述的 PC 迭代方法。首先，列出所有关于噪声的假设与符号。应注意，本章及以下章节的计算中，当计算范数和内积时，为了符号简化，期望算子被省略。

（1）噪声是加性高斯白噪声，且在接收天线各阵元处满足独立同分布。

（2）方差为 $\| \boldsymbol{n} \|^2 = P_n$。

（3）与信号没有相关性，即对于第 k 个目标 $\langle \boldsymbol{v}_k \mid \boldsymbol{n} \rangle = 0$ 和 $|\langle \boldsymbol{v}_k \mid \boldsymbol{n} \rangle|^2 = P_n / N_{\mathrm{em}}$。

（4）通过在 $\boldsymbol{K}$ 矩阵中考虑噪声，认为式（11.16）可以推广到任何 PC 迭代过程中：

$$\boldsymbol{N}\boldsymbol{s}_{\mathrm{em}}^{(p)} = \boldsymbol{n} \tag{11.22}$$

所以 $\boldsymbol{n}$ 可以看成第 p 次迭代的噪声。

根据定义式（11.14），第 0 次迭代的接收信号的平方范数为

$$\begin{aligned} \| \boldsymbol{s}_{\mathrm{rec}}^{(0)} \|^2 &= \| \widetilde{\boldsymbol{K}}\boldsymbol{s}_{\mathrm{em}}^{(0)} \|^2 + \| \boldsymbol{N}\boldsymbol{s}_{\mathrm{em}}^{(0)} \|^2 \\ &= \underbrace{P_{\mathrm{em}}\lambda_1^2 \, |\langle \boldsymbol{v}_1 \mid \boldsymbol{s}^{(0)} \rangle|^2}_{\| \tilde{\boldsymbol{s}}_{\mathrm{rec}}^{(0)} \|^2} + \underbrace{\| \boldsymbol{n} \|^2}_{P_n} \end{aligned} \tag{11.23}$$

然后可以如下定义 SNR：

$$\mathrm{SNR}^{(0)} = \frac{\| \tilde{\boldsymbol{s}}_{\mathrm{rec}}^{(0)} \|^2}{P_n} = \frac{P_{\mathrm{em}}\lambda_1^2 \, |\langle \boldsymbol{v}_1 \mid \boldsymbol{s}^{(0)} \rangle|^2}{P_n} = \frac{P_{\mathrm{em}}\lambda_1}{P_n N_{\mathrm{em}}} \tag{11.24}$$

其中令 $|\langle \boldsymbol{v}_1 | \boldsymbol{s}^{(0)} \rangle|^2 = 1/N_{\mathrm{em}}$ 且假设 $\boldsymbol{s}^{(0)}$ 产生一个各向同性的波束。在第 p 次迭代中，可以发现

$$\begin{aligned} \| \boldsymbol{s}_{\mathrm{rec}}^{(p)} \|^2 &= \| \widetilde{\boldsymbol{K}}\boldsymbol{s}_{\mathrm{em}}^{(p)} \|^2 + \| \boldsymbol{N}\boldsymbol{s}_{\mathrm{em}}^{(p)} \|^2 \\ &= P_{\mathrm{em}} \frac{\| \widetilde{\boldsymbol{K}} [\boldsymbol{s}_{\mathrm{rec}}^{(p-1)}]^* \|^2}{\| \boldsymbol{s}_{\mathrm{rec}}^{(p-1)} \|^2} + \| \boldsymbol{n} \|^2 \\ &= \underbrace{P_{\mathrm{em}}\lambda_1^2 \, |\langle \boldsymbol{v}_1 \mid \boldsymbol{s}^{(0)} \rangle|^2}_{\| \tilde{\boldsymbol{s}}_{\mathrm{rec}}^{(0)} \|^2} + \underbrace{\| \boldsymbol{n} \|^2}_{P_n} \end{aligned} \tag{11.25}$$

通过式（11.24），能够得到

$$\mathrm{SNR}^{(p)} = \frac{\| \tilde{\boldsymbol{s}}_{\mathrm{rec}}^{(p)} \|}{P_n} = \mathrm{SNR}^{(0)} N_{\mathrm{em}} \frac{|\langle \boldsymbol{v}_1 \mid [\boldsymbol{s}_{\mathrm{rec}}^{(p-1)}]^* \rangle|^2}{\| \boldsymbol{s}_{\mathrm{rec}}^{(p-1)} \|^2} \tag{11.26}$$

关于分子，使用两个连续的记录信号之间的关系 $[\boldsymbol{s}_{\mathrm{rec}}^{(p-1)}]^* = \sqrt{P_{\mathrm{em}}} \dfrac{\boldsymbol{K}^* \boldsymbol{s}_{\mathrm{rec}}^{(p-2)}}{\| \boldsymbol{s}_{\mathrm{rec}}^{(p-2)} \|}$，根据式（11.26），可以解得

$$
\begin{aligned}
|\langle \boldsymbol{v}_1 \mid [\boldsymbol{s}_{\text{rec}}^{(p-1)}]^* \rangle|^2 &= P_{\text{em}} \frac{\lambda_1^2 \, |\langle \boldsymbol{v}_1 \mid [\boldsymbol{s}_{\text{rec}}^{(p-2)}]^* \rangle|^2}{\| \boldsymbol{s}_{\text{rec}}^{(p-2)} \|^2} + \frac{P_n}{N_{\text{em}}} \\
&= \frac{P_n}{N_{\text{em}}} [N_{\text{em}} \text{SNR}^{(p-1)} + 1]
\end{aligned}
\tag{11.27}
$$

根据 SNR 的定义式，式（11.26）的分母简化为

$$
\| \boldsymbol{s}_{\text{rec}}^{(p-1)} \|^2 = P_n [1 + \text{SNR}^{(p-1)}] \tag{11.28}
$$

最终结果为

$$
\boxed{\text{SNR}^{(p)} = \text{SNR}^{(0)} \frac{N_{\text{em}} \text{SNR}^{(p-1)} + 1}{\text{SNR}^{(p-1)} + 1}} \tag{11.29}
$$

最后得到一个递归序列，该序列的极限值可以令 $\text{SNR}^{(p)} = \text{SNR}^{(p-1)}$ 得到。这给出了一个关于最终解的二阶方程：

$$
\text{SNR}^{(p)} = \frac{N_{\text{em}} \text{SNR}^{(0)} - 1 + \sqrt{(N_{\text{em}} \text{SNR}^{(0)} - 1)^2 + 4\text{SNR}^{(0)}}}{2} \tag{11.30}
$$

最终的结果依赖于初始的 SNR，更准确地说，是 $N_{\text{em}}\text{SNR}^{(0)}$。一般假设 $N_{\text{em}} \gg 1$，让我们在这个假设下分析两种特殊情况：

$$
N_{\text{em}} \text{SNR}^{(0)} \ll 1 \Rightarrow \text{SNR}^{(p)} \approx 0 \tag{11.31}
$$

$$
N_{\text{em}} \text{SNR}^{(0)} > 2 \Rightarrow \text{SNR}^{(p)} \approx N_{\text{em}} \text{SNR}^{(0)} - 1 \tag{11.32}
$$

可以发现，对于一个较小的初始 SNR，PC 方法不能使其收敛到聚焦波束，并且最终 SNR 仍然很低。另一方面，对于一个足够大的初始 SNR，通过 PC 方法，信号确实能够获得增益 N_{em}。$N_{\text{em}}\text{SNR}^{(0)} = 2$ 可以被认为是两种情况之间的界限。

为研究标准 PC 演变过程，将其聚焦增益定义为

$$
\boxed{g(p) = \frac{\text{SNR}^{(p)}}{N_{\text{em}} \text{SNR}^{(0)}}} \tag{11.33}
$$

之前已经用 $N_{\text{em}} = 16 \times 16$ 的天线阵列模拟了整个迭代过程，并且令 $N_{\text{em}}\text{SNR}^{(0)} = \{0.5, 1, 2, 5, 20\}\,\text{dB}$。此外，在极限情况即 $N_{\text{em}}\,\text{SNR}^{(0)} = 2(3\text{dB})$，在迭代过程中，绘制了天线方向图（定义为天线导向矢量 $\boldsymbol{S}_{\text{em}}^{(p)}$ 的傅里叶变换）来显示它的演变过程和迭代过程中达到的焦点。这些结果如图 11.5 所示，虚线对应理论聚焦增益（式（11.30）和式（11.33）），实线对应于仿真输出，其中执行的是 11.3.2 节中的 PC 迭代过程。能够确认，$N_{\text{em}}\text{SNR}^{(0)} = 3\text{dB}$ 时，可以被认为是充分利用 PC 增益的最低条件。在这种情况下，需要六次或七次迭代才能清晰分辨目标，而使用 DORT 方法在第一次重新发射过程中就能得到最终聚焦。

11.3.3.1　DORT 特征值

单目标情况下，研究 DORT 方法是十分有意思的。事实上，在到目前为止所

做的噪声假设条件下，噪声对 TRO 特征值的影响必须进行探究。

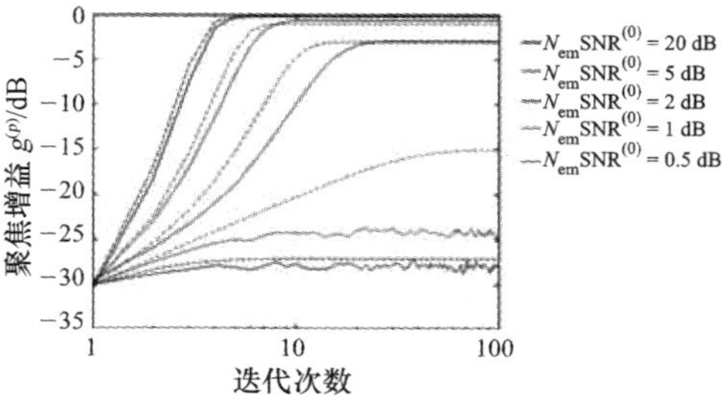

(a)

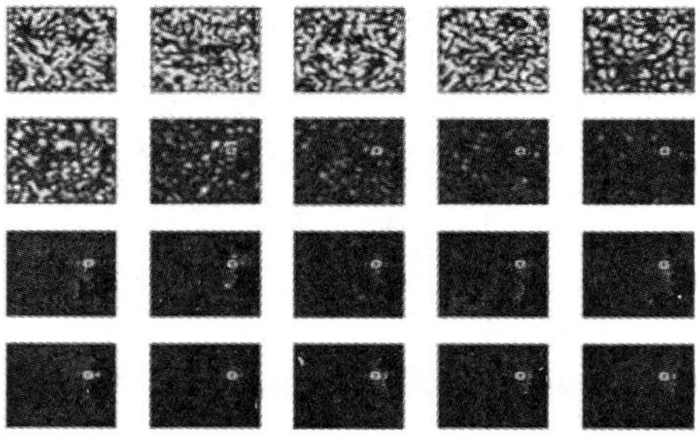

(b)

图 11.5　(a) 不同 $N_{\rm em}{\rm SNR}^{(0)}$ 值下，横轴对应迭代次数，纵轴对应 $G^{(P)}$ (取 dB) 的一系列演变值 (虚线和实线分别代表理论值和仿真结果)；(b) 一个 $N_{\rm em}{\rm SNR}^{(0)}=3{\rm dB}$ 的静止目标的天线方向图的演变过程 (颜色代表从 0 到 1 线性变化)

由式 (11.21) 可以得到目标的特征值/特征向量的表达式。噪声特征值为 $\boldsymbol{N}^{\rm H}\boldsymbol{N}$ 矩阵的特征值。从式 (11.14) 和式 (11.16)，可以得出

$$\boldsymbol{N}^{\rm H}\boldsymbol{N}=\frac{\|\boldsymbol{n}\|^2}{P_{\rm em}^2}\boldsymbol{s}_{\rm em}^{(0)}\left[\boldsymbol{s}_{\rm em}^{(0)}\right]^{\rm H}=\frac{P_n}{P_{\rm em}}\boldsymbol{s}^{(0)}\left[\boldsymbol{s}^{(0)}\right]^{\rm H} \tag{11.34}$$

式 (11.34) 的特征值分解最后给出一个噪声特征空间：

$$\lambda_n^2=\frac{P_n}{P_{\rm em}}\text{ 和 }\boldsymbol{v}_n=\boldsymbol{s}^{(0)} \tag{11.35}$$

在实践中比较重要的是分别用 $\lambda_{\rm tgt}^2$ 与 λ_n^2 表示的目标与噪声特征值之间的比率。从式 (11.24)，其中 λ_1^2 代表 $\lambda_{\rm tgt}^2$，容易看出

$$\frac{\lambda_{\rm tgt}^2}{\lambda_n^2}=N_{\rm em}{\rm SNR}^{(0)} \tag{11.36}$$

这一结果显然与式 (11.31)、式 (11.32) 相关。因此，如果 $N_{\rm em}{\rm SNR}^{(0)}>0{\rm dB}$ (比刚刚为 PC 方法找到的 $N_{\rm em}{\rm SNR}^{(0)}>3{\rm dB}$ 的条件更松弛)，目标特征值要大于噪声特征值。此外，如果 $\lambda_n^2>\lambda_{\rm tgt}^2$，应该使用比简单地选择最大的特征值更加明智的准则以重新得到目标特征值。例如，一个提示是，当处理目标或噪声的时候，至少在自由空间，该特征向量的幅度/相位规则是十分不同的[32]。

11.3.4　SNR 推导——多目标情况

考虑 M 个目标的情景，令 $M\leqslant N_{\rm em}$。在远场条件下，文献 [32, 34, 35] 能够证明从 $\boldsymbol{K}$ 矩阵特征分解获得 M 个特征值。这些特征值与 M 个目标相关，相应的特征向量是在单目标情况中获得的“理想的”，或非耦合的特征向量的线性

组合①。这意味着，选择性聚焦到每个目标都是可能的，虽然由于特征向量之间的耦合，与一个目标相关的天线方向图即使在较小程度上，也指向其他目标。耦合是一个关于频率，各个目标之间的位置关系，以及目标的散射强度的函数，这是由于它基本上取决于非耦合特征向量之间的内积。因此，对于间距足够大的目标，(尤其是在方位角和仰角方面，或某些频带上)，它可以是非常小的。

在下面的分析中，SNR 定义为与第 k 个特征值相关的功率和噪声功率之比。因此，由于缺乏用来描述这些非耦合特征向量之间的耦合关系的解析表达式，我们不再深入考虑它的影响。对于第一个 PC 迭代，可以写作

$$\begin{aligned}\| \boldsymbol{s}_{\text{rec}}^{(0)} \|^2 &= \| \widetilde{\boldsymbol{K}}\boldsymbol{s}_{\text{em}}^{(0)} \|^2 + \| \boldsymbol{N}\boldsymbol{s}_{\text{em}}^{(0)} \|^2 \\ &= \underbrace{P_{\text{em}} \sum_{i=1}^{M} \lambda_i^2 \, |\langle \boldsymbol{v}_i \mid \boldsymbol{s}^{(0)} \rangle|^2}_{\sum_{i=1}^{M} \| \tilde{\boldsymbol{s}}_{\text{rec},i}^{(0)} \|^2} + \underbrace{\| \boldsymbol{n} \|^2}_{P_n}\end{aligned} \tag{11.37}$$

定义第 k 个目标的 SNR 为

$$\text{SNR}_k^{(0)} = \frac{\| \tilde{\boldsymbol{s}}_{\text{rec},k}^{(0)} \|^2}{P_n} = \frac{P_{\text{em}}\lambda_k^2 \, |\langle \boldsymbol{v}_k \mid \boldsymbol{s}^{(0)} \rangle|^2}{P_n} = \frac{P_{\text{em}}\lambda_k^2}{P_n N_{\text{em}}} \tag{11.38}$$

在第 p 次迭代中，与式（11.25）的结果是相似的，但现在有一些与 M 个目标相关的特征值的和：

$$\| \boldsymbol{s}_{\text{rec}}^{(p)} \|^2 = \underbrace{P_{\text{em}} \frac{\sum_{i=1}^{M} \lambda_i^2 \, |\langle \boldsymbol{v}_i \mid [\boldsymbol{s}_{\text{rec}}^{(p-1)}]^* \rangle|^2}{\| \boldsymbol{s}_{\text{rec}}^{(p-1)} \|^2}}_{\sum_{i=1}^{M} \| \tilde{\boldsymbol{s}}_{\text{rec},i}^{(p)} \|^2} + P_n \tag{11.39}$$

回顾式（11.27），在分子上和的第 k 项为

$$\begin{aligned}\| \boldsymbol{s}_{\text{rec}}^{(p)} \|^2 &= P_{\text{em}} \frac{\lambda_k^2 \, |\langle \boldsymbol{v}_k \mid [\boldsymbol{s}_{\text{rec}}^{(p-2)}]^* \rangle|^2}{\| \boldsymbol{s}_{\text{rec}}^{(p-2)} \|^2} + \frac{P_n}{N_{\text{em}}} \\ &= \frac{P_n}{N_{\text{em}}}(N_{\text{em}}\text{SNR}_k^{(p-2)} + 1)\end{aligned} \tag{11.40}$$

在此当 $i \neq k$ 时，利用特征向量的正交性来抵消 $\boldsymbol{v}_k$ 与 $\tilde{\boldsymbol{s}}_{\text{rec},i}^{(p-1)}$ 之间的内积。另一方面，分母可以表示为

$$\| \boldsymbol{s}_{\text{rec}}^{(p-1)} \|^2 = \sum_{i=1}^{M} \| \tilde{\boldsymbol{s}}_{\text{rec},k}^{(p-1)} \|^2 + P_n = P_n\left(\sum_{i=1}^{M} \text{SNR}_i^{(p-1)} + 1\right) \tag{11.41}$$

最终 SNR 变为

---

① 注意，即使目标之间不发生多次散射，新的特征向量仍然是不耦合特征向量的线性组合。

$$\mathrm{SNR}_k^{(p)} = \frac{\| \tilde{\boldsymbol{s}}_{\mathrm{rec},k}^{(p)} \|^2}{P_n} = \frac{P_{\mathrm{em}}\lambda_k^2}{P_n N_{\mathrm{em}}} \frac{N_{\mathrm{em}}\mathrm{SNR}_k^{(p-1)} + 1}{\sum_{i=1}^{M}\mathrm{SNR}_i^{(p-1)} + 1}$$
$$\Rightarrow \boxed{\mathrm{SNR}_k^{(p)} = \mathrm{SNR}_k^{(0)} \frac{N_{\mathrm{em}}\mathrm{SNR}_k^{(p-1)} + 1}{\sum_{i=1}^{M}\mathrm{SNR}_i^{(p-1)} + 1}} \tag{11.42}$$

现在，就像在单目标情况下一样，必须设 $\mathrm{SNR}_k^{(p)} = \mathrm{SNR}_k^{(p-1)}$，以找到式（11.42）中的递归序列的极限。当目标数 $M = 2, N_{\mathrm{em}} \gg 1$，且如下条件下时，让我们分析一下结果。

$$\mathrm{SNR}_1^{(0)} = \mathrm{SNR}_2^{(0)} \triangleq \mathrm{SNR}^{(0)} \Rightarrow \mathrm{SNR}_1^{(p)} = \mathrm{SNR}_2^{(p)} \approx \frac{N_{\mathrm{em}}\mathrm{SNR}^{(0)}}{2} \tag{11.43}$$

$$\mathrm{SNR}_1^{(0)} > \mathrm{SNR}_2^{(0)} \geqslant 1 \Rightarrow \mathrm{SNR}_1^{(p)} \approx N_{\mathrm{em}}\mathrm{SNR}_1^{(0)} - \mathrm{SNR}_2^{(p)} \approx N_{\mathrm{em}}\mathrm{SNR}_1^{(0)} \tag{11.44}$$

我们观察到，只要目标有一个相同的初始 SNR，那么它们的最终 SNR 将是单目标的情况下的一半。另一方面，如果它们其中一个具有较高的初始 SNR，那么迭代过程收敛到一个聚焦到这个目标的波束，且 SNR 关于单目标的情况下几乎不会降低。

图 11.6 为同时存在两个目标的情况下，聚焦增益的演化过程，每个目标的定义见式（11.33）。此时，$N_{\mathrm{em}} = 32 \times 32$，$N_{\mathrm{em}}\mathrm{SNR}_1^{(0)} = 5\mathrm{dB}$，$N_{\mathrm{em}}\mathrm{SNR}_2^{(0)} = 2\mathrm{dB}$。仿真结果表明，即使两个目标的初始 SNR 只有 3dB 的差异，其中一个目标也具有明确的特殊性，与最大特征值相关的最终聚焦增益几乎等于 0dB。这意味着，在这种结构下特征向量之间的耦合是非常小的。

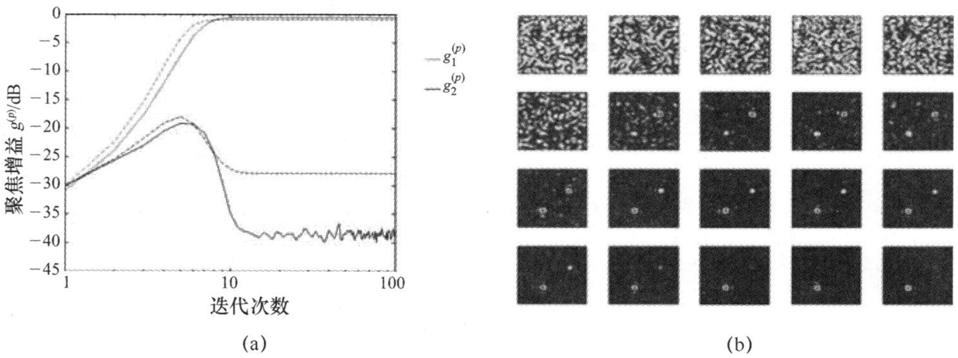

图 11.6 （a）对于 $N_{\mathrm{em}}\mathrm{SNR}_1^{(0)} = 5\mathrm{dB}$ 和 $N_{\mathrm{em}}\mathrm{SNR}_2^{(0)} = 2\mathrm{dB}$，作为迭代次数的函数，$g_i^{(p)}|_{i=1,2}$(dB) 的演变（虚线和实线分别代表理论和模拟结果）。(b) 与（a）相同配置下，相位共轭天线方向图的演变。（颜色从 0 到 1 线性变化）

前面已经提到，为了使用 PC 方法聚焦到另一个目标，我们应该用一个与在“第一次”迭代过程结束时的那个导向矢量正交的导向矢量，重新开始迭代。另一方面，利用 DORT 方法时，我们只须使用 $\boldsymbol{v}_2$ 向量控制阵列，来获得相同的结果而不需要进一步的迭代。

11.3.4.1 DORT 特征值

与 11.3.3.1 节所写到的相类似，与目标和噪声相关的特征值之间的比值遵循式（11.43）和式（11.44）所描述的规律。如果两个目标具有相同的初始 SNR（$\mathrm{SNR}_1^{(0)} = \mathrm{SNR}_2^{(0)}$），那么相对于单目标的情况，SNR 减半；或者是如果某一个目标的初始 SNR 大于另一个目标（$\mathrm{SNR}_1^{(0)} > \mathrm{SNR}_2^{(0)}$），那么其最终 SNR 几乎与单目标情况下相同。

11.3.5 SNR 推导——运动目标

考虑一个以恒定速度 $\boldsymbol{c}_{\mathrm{tgt}}$，沿着给定的方向移动的目标。在第 p - 1 次 PC 迭代过程时，接收信号 $\boldsymbol{s}_{\mathrm{rec}}^{(p-1)}$ 与目标位置 $(\varphi_{\mathrm{tgt}}^{(p-1)}, \theta_{\mathrm{tgt}}^{(p-1)})$ 相关。而随后发射的信号 $\boldsymbol{s}_{\mathrm{em}}^{(p)}$ 将到达位于 $(\varphi_{\mathrm{tgt}}^{(p)} = \varphi_{\mathrm{tgt}}^{(p-1)} + \Delta\varphi_{\mathrm{tgt}}, \theta_{\mathrm{tgt}}^{(p)} = \theta_{\mathrm{tgt}}^{(p-1)} + \Delta\theta_{\mathrm{tgt}})$ 的目标。参照图 11.4，这种位移在 x 轴和 z 轴方向上进行投影后得到

$$\begin{cases} \hat{x} = \cos\varphi_{\mathrm{tgt}}\sin\theta_{\mathrm{tgt}} \\ \hat{z} = \cos\theta_{\mathrm{tgt}} \end{cases}$$
$$\Rightarrow \begin{cases} \Delta\hat{x} = -\sin\varphi_{\mathrm{tgt}}\sin\theta_{\mathrm{tgt}}\Delta\varphi_{\mathrm{tgt}} + \cos\varphi_{\mathrm{tgt}}\cos\theta_{\mathrm{tgt}}\Delta\theta_{\mathrm{tgt}} \\ \Delta\hat{z} = -\sin\theta_{\mathrm{tgt}}\Delta\theta_{\mathrm{tgt}} \end{cases} \tag{11.45}$$

位移 $(\Delta\hat{x}, \Delta\hat{z})$ 和由于目标速度的径向分量引起的多普勒效应，都会影响到 PC 性能。当然，后者必须通过在接收端检测频偏考虑。如果以上已经完成，那么多普勒效应几乎不影响 SNR，这是由于假定条件为远场且不发生相对效应 $\left(\dfrac{\|\boldsymbol{c}_{\mathrm{tgt}}\|}{c_0} \ll 1\right)$，目标的径向速度可以被认为在每个接收天线端都是相同的。

另一方面，在迭代过程结束时，目标位移可以很大程度上改变 SNR。为了估计这种变化量，从式（11.27）开始考虑；特征向量现在依赖于迭代过程，并且有

$$|\langle \boldsymbol{v}_1 | [\boldsymbol{s}_{\mathrm{rec}}^{(p-1)}]^* \rangle|^2 = P_{\mathrm{em}} \frac{|\langle \boldsymbol{v}_1^{(p)} | [\boldsymbol{v}_1^{(p-1)}]^* \rangle|^2 \, |\langle \boldsymbol{v}_1^{(p-1)} | [\boldsymbol{s}_{\mathrm{rec}}^{(p-2)}]^* \rangle|^2}{\|\boldsymbol{s}_{\mathrm{rec}}^{(p-2)}\|^2} + \frac{P_n}{N_{\mathrm{em}}} \tag{11.46}$$

关于式（11.27），使用一个单一项来表示目标位移。根据式（11.21）并回顾式（11.11），此项可表示为

$$N_\Delta \overset{\mathrm{def}}{=} |\langle \boldsymbol{v}_1^{(p)} | \boldsymbol{v}_1^{(p-1)} \rangle|^2 = \frac{1}{N_l N_m} |\langle [\boldsymbol{u}^{(p)}]^* | [\boldsymbol{u}^{(p-1)}]^* \rangle|^2$$

$$
\begin{aligned}
&= \frac{1}{N_l}\left|\sum_{l=1}^{N_l} \mathrm{e}^{\mathrm{j}k_0\Delta\hat{x}(l-1)d}\right|^2 \frac{1}{N_m}\left|\sum_{m=1}^{N_m} \mathrm{e}^{\mathrm{j}k_0\Delta\hat{z}(m-1)d}\right|^2 \\
&= \frac{1}{N_l}\left|\frac{1-\mathrm{e}^{\mathrm{j}k_0\Delta\hat{x}N_l d}}{1-\mathrm{e}^{\mathrm{j}k_0\Delta\hat{x}d}}\right|^2 \frac{1}{N_m}\left|\frac{1-\mathrm{e}^{\mathrm{j}k_0\Delta\hat{z}N_m d}}{1-\mathrm{e}^{\mathrm{j}k_0\Delta\hat{z}d}}\right|^2 \\
&= \frac{1}{N_l}\frac{\sin^2\left(k_0\Delta\hat{x}\frac{d}{2}N_l\right)}{\sin\left(k_0\Delta\hat{x}\frac{d}{2}\right)}\frac{1}{N_m}\frac{\sin^2\left(k_0\Delta\hat{z}\frac{d}{2}N_m\right)}{\sin\left(k_0\Delta\hat{z}\frac{d}{2}\right)}
\end{aligned}
\tag{11.47}
$$

式中：$N_l(N_m)$ 为水平（垂直）方向上阵元数量，且 $N_{\mathrm{em}} = N_l N_m$。

最后，类似于式（11.25）至式（11.29），得到

$$
\boxed{\mathrm{SNR}^{(p)} = \mathrm{SNR}^{(0)} \frac{N_\Delta N_{\mathrm{em}}\mathrm{SNR}_k^{(p-1)} + 1}{\sum_{i=1}^{M}\mathrm{SNR}_i^{(p-1)} + 1}}
\tag{11.48}
$$

这基本上意味着，当 $N_{\mathrm{em}}\mathrm{SNR}^{(0)} \gg 1$ 时，最终 SNR 要在静止目标情况下的最终 SNR 基础上乘以因子 N_Δ。因为根据式（11.47），$N_\Delta \leqslant 1$，这意味着是一个更低的 SNR。

作为一个实际的例子，仿真了一个 PC 迭代过程，其中所用天线是 $N_{\mathrm{em}} = 32\times32$，$N_{\mathrm{em}}\mathrm{SNR}^{(0)} = 10\mathrm{dB}$，并假设一个切向移动的目标，即只有切向速度，$\boldsymbol{c}_{\mathrm{tgt}}|_{x,y} = 0$，$\boldsymbol{c}_{\mathrm{tgt}}|_z \neq 0$（图 11.7）。执行一次完整的迭代所需的时间设为 $T = 2R/c_0$，这样可使得式（11.45）中 $\Delta = 0$ 且 $\Delta\hat{z} \approx \boldsymbol{c}_{\mathrm{tgt}}|_z T/R = 2\boldsymbol{c}_{\mathrm{tgt}}|_z/c_0$。在这种情况下，加入假设

$$
\begin{cases}
\Delta\hat{z} \leqslant \dfrac{2\pi}{k_0 d N_m} \\
N_m \gg 1
\end{cases}
\tag{11.49}
$$

式（11.47）变为

$$
N_\Delta \approx \mathrm{sinc}^2\left(k_0\Delta\hat{z}\frac{d}{2}N_m\right)
\tag{11.50}
$$

注意到图 11.7（a）中，最终增益 $g^{(p)}$ 随着 $\Delta\hat{z}$ 的增大而减小；而且当 $\Delta\hat{z}$ 使式（11.50）中辛格函数达到第一零点时 $g^{(p)}$ 保持一个较小的值。此外，如图 11.7（b）所示，仿真的目标参数为 $\boldsymbol{c}_{\mathrm{tgt}}|_z = 1000\mathrm{m/s}$（$\Delta\hat{z} = 6.7\cdot10^{-6}$），$N_{\mathrm{em}} = 16\times16$，$N_{\mathrm{em}}\mathrm{SNR}^{(0)} = 3\mathrm{dB}$。在八或九次迭代之后，天线方向图就会聚焦到目标，并会对目标进行追踪，这证明 PC 具有稳健性，不受目标移动的影响。最后需要注意，在这个分析中，并没有考虑重新发射前，雷达所需要的执行 PC 过程的处理时间。

这样的时间必须加到 T 中，因此改变了 N_Δ 的值并且改变了整体性能。在这个问题上，基于 PC 的超快速雷达结构已在文献［12］和［36］中有所介绍。

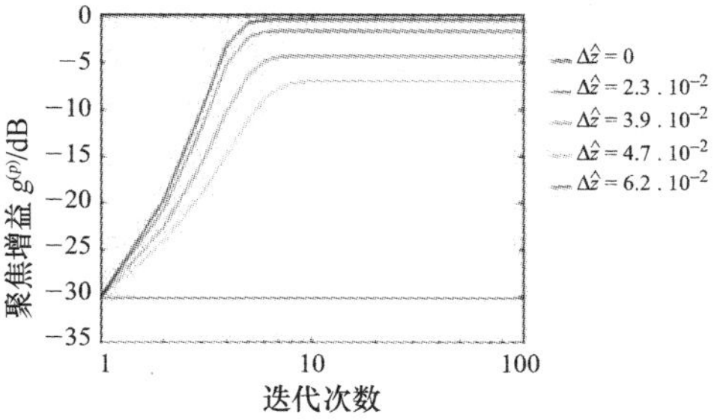

(a)

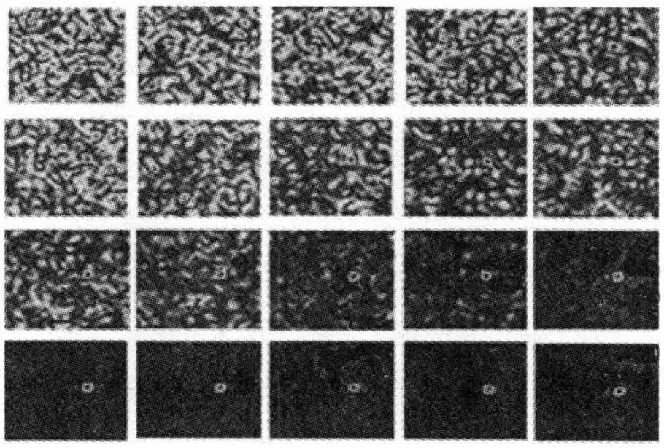

(b)

图 11.7　(a) 目标只有切向速度，天线参数 $N_{em}=32\times32$，$N_{em}\text{SNR}_1^{(0)}=3\text{dB}$，横轴为迭代次数，纵轴为 $g^{(p)}$ 的变化 (dB)；(b) PC 天线方向图的演化，运动目标参数为 $\boldsymbol{c}_{tgt}|_z=1000\text{m/s}$，$N_{em}=16\times16$，$N_{em}\text{SNR}^{(0)}=3\text{dB}$ (颜色从 0 到 1 线性变化)

11.3.6　检测准则

在一个脉冲和一个非起伏目标的情况下，对于一个给定的检测策略和固定的 P_d 与 P_{fa}，能得到 SNR 门限值 SNR_{th}。当在发射端使用 PC 技术，而接收端使用 DBF 时，最终的总的 SNR 必定遵循：

$$N_{em}\text{SNR}^{(p)}=N_{rec}\frac{N_{rec}\text{SNR}^{(0)}-1+\sqrt{(N_{em}\text{SNR}^{(0)}-1)^2+4\text{SNR}^{(0)}}}{2}\tag{11.51}$$

$$>\text{SNR}_{th}$$

假设 $N_{rec}=N_{em}$，则

$$N_{rec}\text{SNR}^{(0)}>\text{SNR}_{th}\frac{1+\dfrac{\text{SNR}_{th}}{N_{em}}}{1+\text{SNR}_{th}}\tag{11.52a}$$

等价地，也可以表示为

$$\boxed{N_{rec}\text{SNR}^{(0)}|_{db}>\text{SNR}_{th}|_{db}-10\log_{10}\left(\frac{1+\text{SNR}_{th}}{1+\dfrac{\text{SNR}_{th}}{N_{em}}}\right)}\tag{11.52b}$$

式中：除非特别指出，SNR_{th}均为自然单位。

在图 11.8 中，给出了一个例子：假设一个简单的匹配滤波器，非整合型接收机，此处 $P_d=0.9, P_{fa}=10^{-6}$，从而得到数值 $\text{SNR}_{th}=13.2\text{dB}$。结合式 (11.52b) 与 PC 聚焦条件，$N_{rec}\text{SNR}^{(0)}>3\text{dB}$，聚焦曲线（虚线）和检测曲线（实线）相交于极限值 $N_{em}=19$。如果聚焦完成，有两种可能的情况：

$N_{em}>19$：检测完成；

$N_{em}<19$：尽管聚焦，但最终 SNR 不够用于正确的检测。

针对这种情况，建议设计一个阵元数多于19的天线阵列。

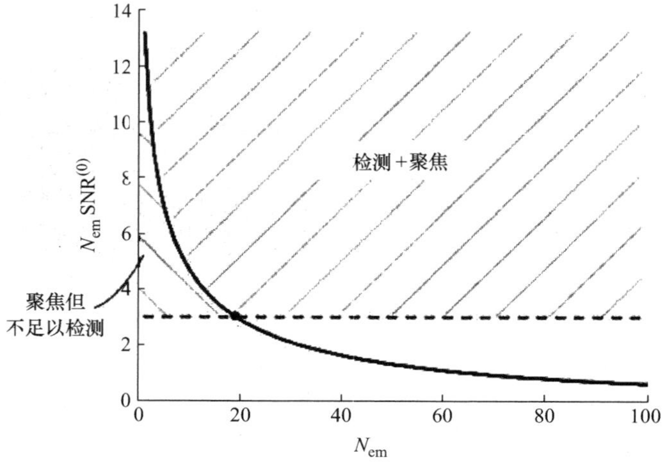

图11.8 对于简单匹配滤波的非整合型接收机，用于目标聚焦和检测的条件，$P_d = 0.9$，$P_{fa} = 10^{-6}$。对于聚焦，条件 $N_{rec}\mathrm{SNR}^{(0)} > 3\mathrm{dB}$ 用虚线表示。对于检测，式（11.52b），$\mathrm{SNR}_{th} = 13.2\mathrm{dB}$，用实线表示

11.4 相位共轭在雷达中的实现

20世纪90年代ONERA提出将PC应用到监视雷达中[40,41]。第一个专利[40]是关于一个单基雷达，这种雷达的发送和接收是在时间上交错进行的。在天线端，PC可以被几何实现（图11.9（a））或者电子实现（下变频转换；图11.9（b））。需要注意的是前者的实现，是基于天线阵列的纯对称的性质，因此对校准误差和天线单元间的不一致性更加敏感。

如前面所描述的，共轭过程是迭代进行的，而且收敛只是在一定的初始SNR条件下才能保证。为了缓解这一问题，如图11.10所示，有人提出了一个可实施的策略。发送脉冲1之后，仅在接收信号的单个距离门上进行PC操作。相位共轭的脉冲2被发射，并在相同的距离门实现SNR预期的改善。的确，如果一个目标存在时，选择单个距离门大大有助于提高初始SNR，以满足 $N_{rec}\mathrm{SNR}^{(0)} > 3\mathrm{dB}$ 达到聚焦的条件。该雷达工作模式则是一个“栅栏”模式，即任何穿过栅栏的目标都会被检测和跟踪。这对于反弹道探测来说很有趣，因为它与传统的天线扫描策略是互补的，传统策略下有一个或两个仰角栅栏[42]。

其他基于双频PC在双基地配置中的实现方法已在文献［20，41］中提出了。两个天线阵列被考虑，二者工作频率分别为 f_1 和 f_2，并形成两个反向镜（图11.11）。由于使用这种双频方法，可采用连续的发射和接收波形，这会达到

比单一频率的常规脉冲模式更高的功率效率。在远场条件下，为了遵守每个频率下的反向特性，对应于接收频率 f_1 的频率 f_2 的重新发射信号的相位必须满足：

$$\frac{2\pi f_1}{c_0}\boldsymbol{r}_1 \cdot \boldsymbol{d}_{\text{tgt}} = \frac{2\pi f_2}{c_0}\boldsymbol{r}_2 \cdot \boldsymbol{d}_{\text{tgt}} \tag{11.53}$$

式中：$\boldsymbol{r}_1(\boldsymbol{r}_2)$ 为天线 1（2）的每个单元的位置向量；而 $\boldsymbol{d}_{\text{tgt}}$ 为与目标相关的单位范数的方向向量。相同数量的情况下，对于半径分别为 R_1 和 R_2 的具有相同单元数的同心圆阵列，这个条件简化为

$$\frac{f_1}{f_2} = \frac{R_2}{R_1} \tag{11.54}$$

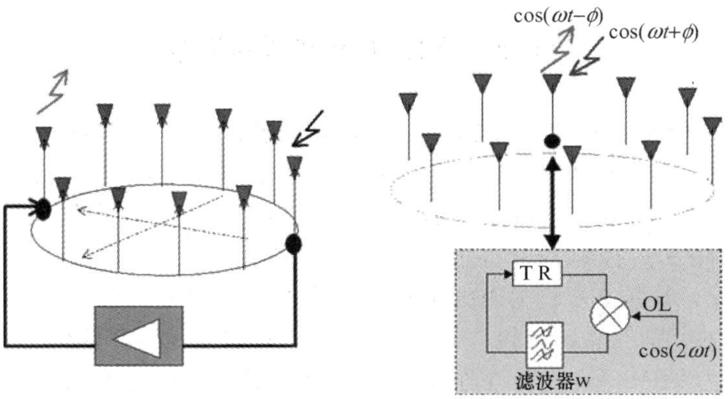

(a)　　(b)

图 11.9　相位共轭的实现——天线阵列方面

（a）ONERA 专利 91.05421 – FR2747789；（b）ONERA 专利 91.10759 – FR259461

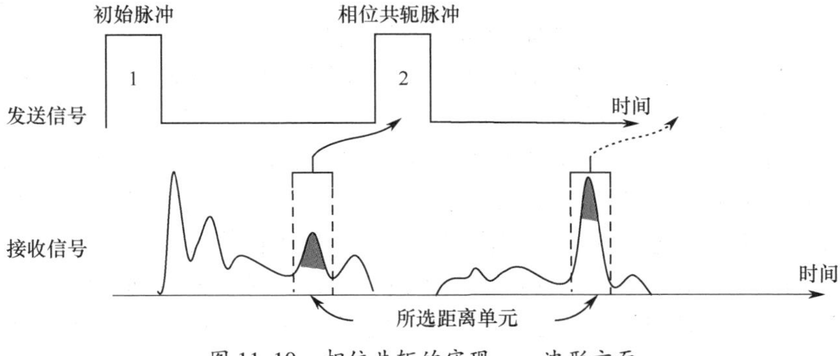

图 11.10　相位共轭的实现——波形方面

当一个目标进入信号覆盖区域时，反向镜能自动反射散射信号。由于聚焦作用，这些信号的幅度在每一次迭代后都将增大。该系统就像一个带有目标的振荡腔进行工作，两个反向镜就像墙壁一样。当然，为了避免在没有目标的情况下，两个单元的直接耦合信号产生的谐振腔的振动，必须规定一个两个阵列之间的最

小距离。

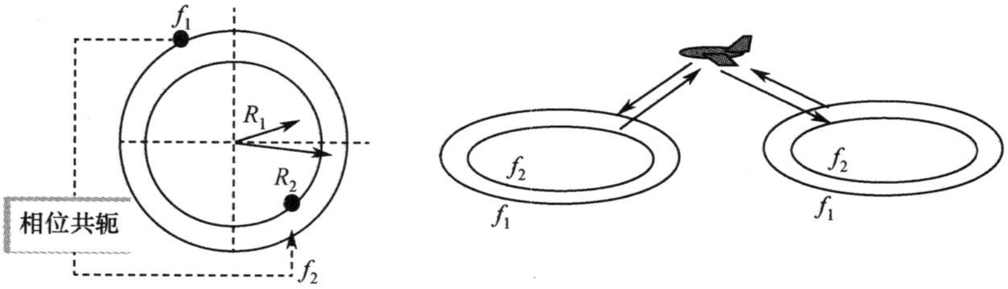

图 11.11 采用双频反向镜

11.5 LSEET 原型描述

在法国土伦的 LSEET（从 2012 年 1 月 1 号起为 MIO），能够在（2 ~ 4）GHz 的频带进行超宽带（UWB）PC 和 DORT 实验的一个新雷达原型已经被研发出来[43,44]。其体系结构如图 11.12 所示，它可以被分成两个功能部分：一个 RF 部分，无源器件及其控制逻辑组成。RF 部分围绕一个二端口矢量网络分析仪（VNA）构建，其频率步长为 10 MHz（201 个频点）。RF 前端由两个线性阵列组成，两个阵列分别拥有 8 个和 7 个 UWB 天线。特别地，前者具有波束形成能力，并因此可作为 TRM。这些天线阵元都为反对称指数锥形缝隙天线（ETSA）[45]，印刷在 Duroid 基板上，其介电常数为 $\varepsilon_r = 2.2$，其尺寸为 8cm × 9cm（长度 × 高度）。它们在（2 ~ 18）GHz 频段表现出非常好的输入阻抗匹配（VSWR < 2），且辐射垂直极化（垂直于图 11.12 的平面）电场①。阵元间距 d 设为 5cm（$\frac{\lambda_0}{2}$，当频率为 3GHz），以避免出现栅瓣，同时又能限制天线之间的耦合。

在 TRM 阵列中的波束形成是通过每个通道的数字驱动衰减器/移相器对（A/Φ）来实现的。为选择任意通道组合和方向（发射/接收），使用了连接在天线上的一个八单刀双掷（SPDT）开关组，和一个附加的单刀 8 掷（SP8T）开关（图 11.12 中的多触点开关）。最后，一个功率分配器允许重组/拆分八个通道。关于第二阵列，它被用在发射配置，以评估聚焦性能（见 11.5.1 节）。

所有的测量都在 1.5m × 0.6m 的暗室进行，以模拟自由空间的传播条件。最后需要注意的是，这里没有关心数据采集的速度，因为这里的原型是为了演示利用 PC 和 DORT 方法进行聚焦，但并不针对实时应用。

下面描述一些仿真实验的结果，以证明 PC 和 DORT 方法在静止的单一目标或者多目标配置情况下的有效性。

---

① 文献［46］、［47］中使用了相同设计的天线。

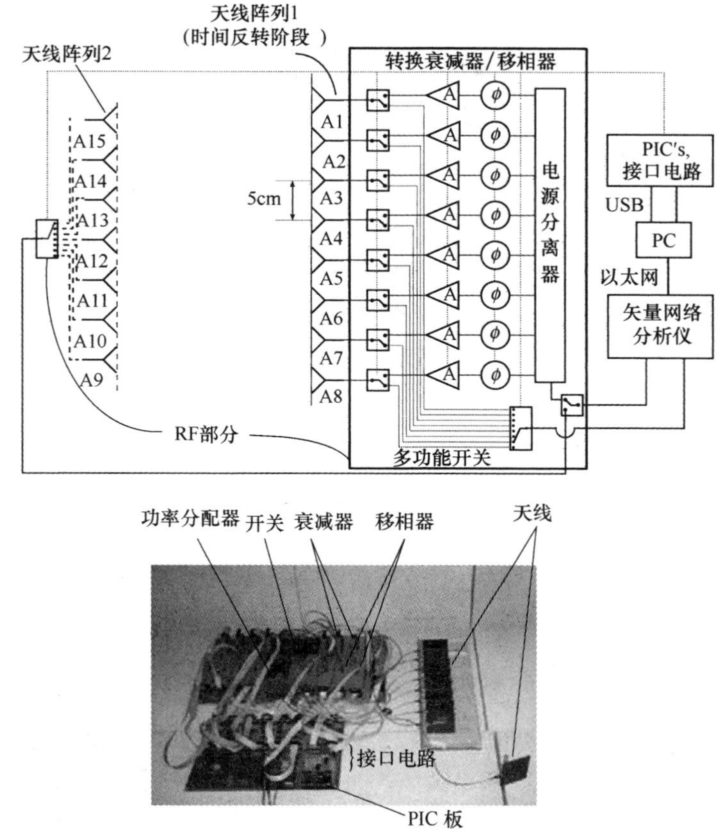

图 11.12　原型架构

11.5.1　UWB 相位共轭实验

11.5.1.1　测量细节

该实验是在整个带宽上对由第二组阵列的单元 A_{12} 所辐射的场进行相位共轭。可以分为两步：

步骤 1：“数据采集”（图 11.13（a））。阵元接收 A_{12} 的辐射波，在每个频点处都能得到一个 8 元素的矢量，$\boldsymbol{S}^{da} \triangleq \{S_{i12}\}_{i=1,\cdots,8}$，共有 201 个频点。符号 S_{ij} 用于表示当 A_j 发射，A_i 接收时，VNA 所测量的 S 参数。

步骤 2：“反向传播”（图 11.13（b））。第一个阵列作为发射端，第二个阵列作为接收端。在 A/Φ 对中用来实现的 PC 导向矢量为 $(\boldsymbol{S}^{da})^{H}/\|\boldsymbol{S}^{da}\|$，当 TRM 发送信号时，称 S^{PC} 为 $A_j, j=9,\cdots,15$ 接收的反向传播信号。

此外，对于略微不同的配置，重复了相同的实验，如图 11.14 所示，其中三个直径为 4cm 的金属圆柱体放置在与第二阵列相距 12cm 处。实验思路是研究 TR

在由圆柱体带来的“杂波”情况下的性能。

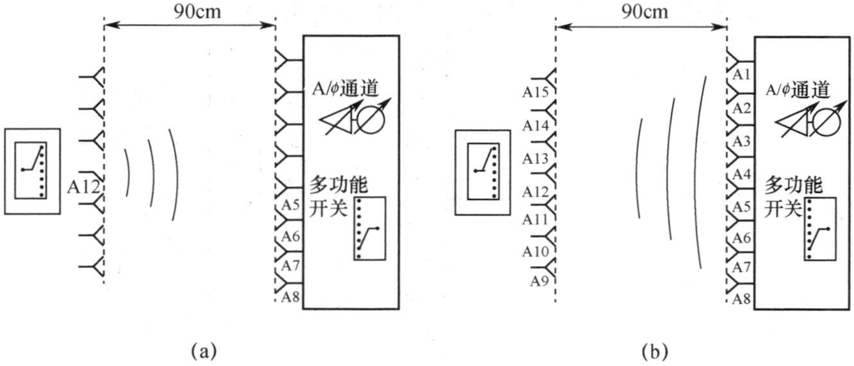

图 11.13 UWB 相位共轭实验设置：(a) 数据采集步骤 (b) 反向传播步骤

需要注意到，因为处理的是一个主动发射源，而不是一个被动衍射目标，所以这里将无须进行迭代过程，而是用一个“往返”PC 过程来取代在第 11.3.2 节中描述的针对被动目标的整个迭代过程。然而，用被入射波照射的被动目标代替 A_{12}，能够解释该实验为一个散射实验。

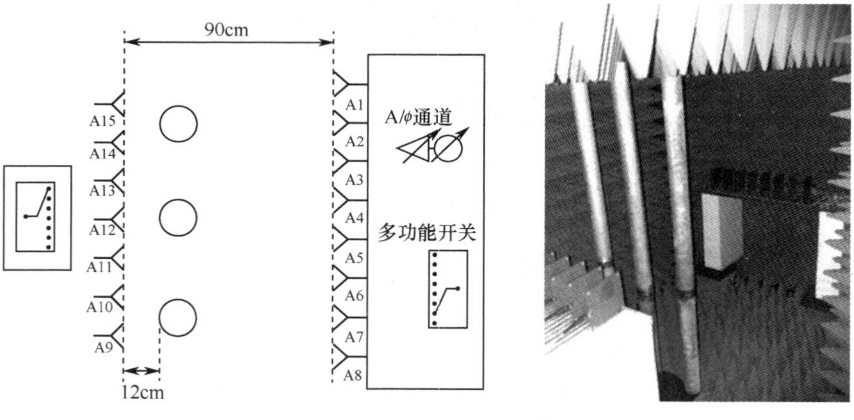

图 11.14 带“杂波”的 UWB 相位共轭实验设置

11.5.1.2 结果与讨论

在第二个阵列的第 j 个阵元 A_j 处测得的反向传播信号，可以写成

$$S^{PC} = \frac{\langle \boldsymbol{S}^{da} \mid \boldsymbol{S}^{bp} \rangle}{\| \boldsymbol{S}^{da} \|} \tag{11.55}$$

式中：$\boldsymbol{S}^{bp} \triangleq \{S_{ji}\}_{i=1,\cdots,8;j=9,\cdots,15}$ 表示为 TRM 单元 A_i 到 A_j 之间的传输。对于 A_j，可以分为两种情况：

$A_j \neq A_{12}$：S^{PC} 是复值，这意味着由 TRM 阵列发射的波形在 A_j 处产生相消干扰；

$A_j = A_{12}$：由于步骤 1 和 2 之间的相互作用，发生了相长干扰，$(\boldsymbol{S}^{da})^{H}$ 与 $\boldsymbol{S}^{bp}$ 的“补偿”，得到实数量 $S^{PC} = \|\boldsymbol{S}^{da}\|$。

为评估由波干涉决定的空间聚焦的质量，用图表画出 $S^{PC}(\omega)$ 的 IFFT（补零后频谱范围为 0 ~ 2GHz），称之为 $s^{PC}(t)$；通过提取 $\max_t[s^{PC}(t)]$ 来得到一种 *TR* 阵列的方向图。其结果如图 11.15（a）和（b）所示，分别对应在自由空间和“杂波”的情况下。在这两种情况下，如所预测的，随着离 A_{12} 的位移增加，信号形状和幅度降低。但在“杂波”情况下，这种下降是更快速的，在 3dB 分辨率点上提高了 2.4 倍（参见图 11.2b）。

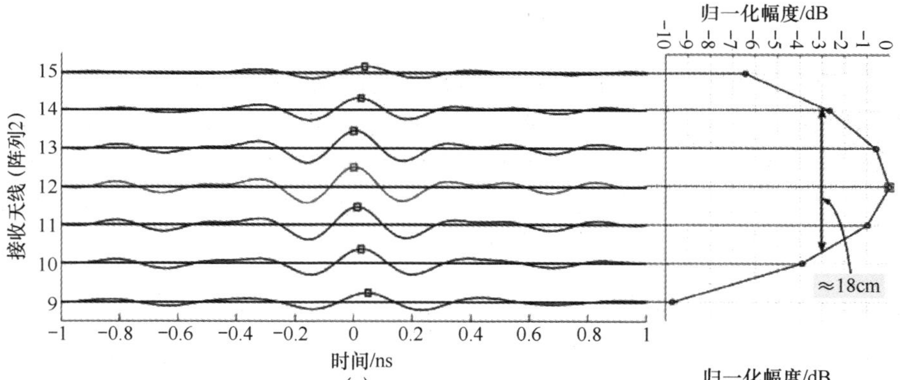

(a)

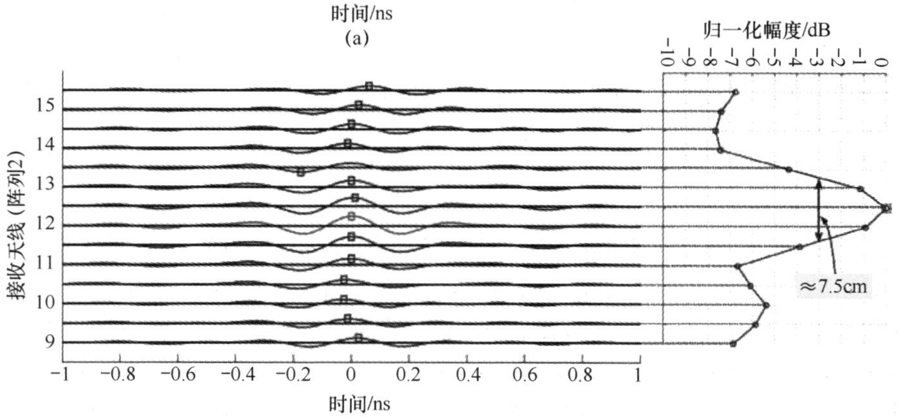

(b)

图 11.15　UWB 相位共轭实验。两幅图的左边是 $s^{PC}(t)$ 的阵列扫描，右边是 A_j 函数的幅度最大值（a）自由空间的情况（b）存在杂波的情况。在图（b）中，为了对 TRM 方向图更好地采样，在中间附加的位置已经被测量

多径传播可以用来解释此提高。事实上，由于圆柱体的存在而产生的多径传播将影响数据采集信号 $\boldsymbol{S}^{da}$，但它以同样的方式参与了反向传播过程的干扰机制。因此，在 $A_j \neq A_{12}$ 时相消性干扰更强，而信号幅度相应地减少[29]。同时需要注意

在两种配置中都存在的阵元之中的耦合，表现为如圆柱体产生的“杂波”，即使只是在较小程度上。由于 TR，由“杂波”带来的可能的损坏作用不但不会造成坏的影响，反而有利于求解，从而提高了效率。

这些结果的重要性在于可以应用在对杂波尤为关心的情况下（探地雷达，城市电信，医疗应用等）。事实上，正如以上所说，TR 提供了一种利用杂波来提高分辨率的方法。但同时，尤其是当存在强杂波时，它也使 TX 一端获得效率的提升，因为当进行多路径有结构的照射时，目标回波比不利用甚至比试图滤掉杂波的情况时还要强。

11.5.2 UWB DORT 实验

11.5.2.1 测量细节

研究了两种配置，目前被动散射体目标被认为是沿着电场主极化的维度是无容的（二维散射体，电场平行极化）。在第一种情况下（图 11.16（a）），一个金属制的圆柱筒（直径 4cm）放置在距离阵列 40cm 的中央位置。在第二种情况（图 11.16（b））下，相同的金属圆柱筒和更大的矩形截面的木制筒放置在距离阵列 50cm 远的位置，二者的中心相距 20cm。

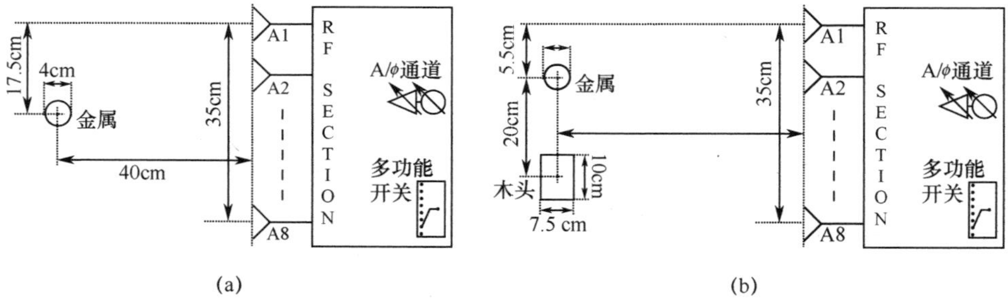

图 11.16 DORT 实验设置（a）一个无源目标；（b）两个无源目标

对于每个配置，对转移矩阵 $\boldsymbol{K}$ 在 2GHz 和 4GHz 之间的每个频点进行测量。不同于 PC 的实验情况下，天线耦合作用在圆筒衍射的场上，然后被利用，这里阵列元素间的直接耦合会改变在第一时刻的测量。这是由于阵列元素比较接近，并且由于在频率范围内它们的准各向同性方向图造成的。为了减少这种影响，有人采用差分测量[46]，也就是测量 $\boldsymbol{K}^{\text{tot}}$ 后，目标（们）被从场景中移除，给出一个新的测量结果 $\boldsymbol{K}^{\text{inc}}$ 。差分矩阵，$\boldsymbol{K} \triangleq \boldsymbol{K}^{\text{tot}} - \boldsymbol{K}^{\text{inc}}$ ，是我们利用的实际的量。减法的准确性需要通过 VNA 的精度和在数据采集时间内的热漂移效应来设定。在实践中，我们设法使得天线耦合降低了 25～35dB，因此最终确定了衍射实验的动态范围。

在进行 $\boldsymbol{K}^{\text{H}}\boldsymbol{K}$ 的特征值分解之前，通过 IFFT 处理把其它的每个元素变换到时域，并用加窗的方式去除信号的起始段和结束段。信号起始段包含了大部分差分后的天线耦合残留，而信号的末端是不必要的，因为我们的暗室只有 1.5m 长，而由于有 10MHz 的频率步长，我们处理的是一个更“长”的信号。此操作设置的检测范围为 22.5cm ~ 1.5m。然后再变换回频域，得到最终的 $\boldsymbol{K}$ 矩阵。

然后，让我们专心于分析特征值分解和特征向量的数值反演。

11.5.2.2　结果与讨论

1. 单目标情况

三个最大特征值的幅度与频率的关系见图 11.17（a）。我们注意到，在整个频率范围上，$\boldsymbol{\lambda}_1$ 与其他两个至少相差 15dB。为了验证对应的 $\boldsymbol{v}_1$ 是否令波束聚焦到目标上，我们以中心频率 3GHz 反向传播它，而在所使用的频带内任何其他的频率上，都能得到类似的结果。对应于一个 0.8m × 0.8m 区域上的具有归一化的电场幅度的二维场图，可以通过简单地把我们的天线建模为具有电场主极化方向的力矩的无穷小偶极子而获得。尽管这样的模型很粗糙，但由于我们的 ETSAs 在（2 ~ 4）GHz 带宽内是各向同性的，所以这样的模型已经被证明是有效的。图 11.17展示了该结果，我们清楚地分辨出聚焦波束和比它低 10 ~ 15dB 的旁瓣。

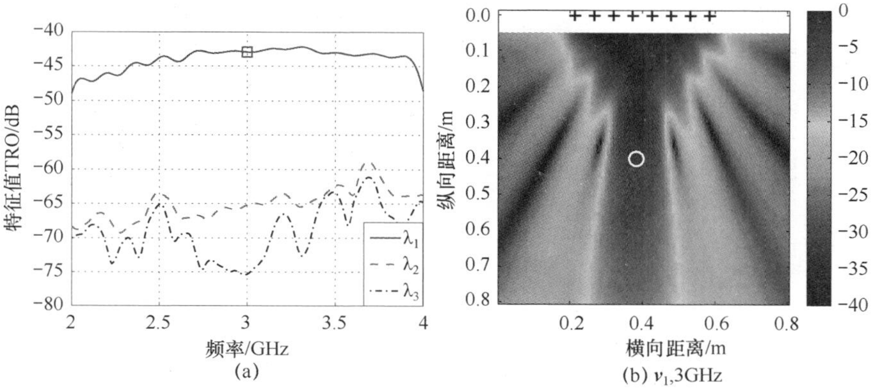

图 11.17　（a）三个最大的特征值幅度 – 频率图；（b）与 $\boldsymbol{v}_1$ 相关的 3GHz 的电磁场图

2. 两个目标的情况

存在两个目标时，假设有足够的动态范围，希望两个最大特征值都将与一个目标相关联。图 11.18（a）显示了特征值在频域的分布情况。在 3GHz 的场图（图 11.18（b）、（c））显示确实清晰地聚焦到每一个目标。然而，在 3.5GHz 的特征向量之间略微耦合，结果是第二波束以低于主波束 10 ~ 15dB 的大小指向“错误”目标。如 11.3.4 节所述，这表明耦合与频率相关，而不依赖于配置。为了有选择地聚焦，然后，考虑到耦合在频率上的平均可以导致抑制效果的改善，从这个意义上来说，利用所有可用的频带可能是比较好的。

关于我们的设置，做出最后的一个评论。尽管本章第一部分对天线和目标之间远场条件的假设非常明确，但是本节所有的示例都在近场条件下进行的。在这种情况下，特征值表现得更加复杂，每个目标对应一个特征值的规则并不总是成立的，而且在多目标配置中的“特征波束”往往相互耦合。我们设置的条件在这些方面符合我们最初的兴趣[32,48,49]。

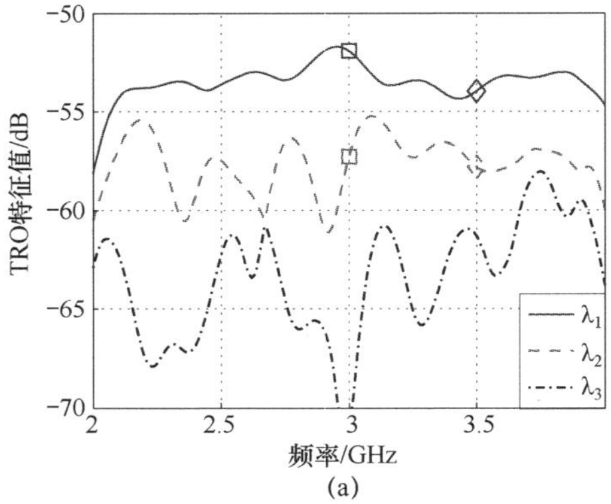

(a)

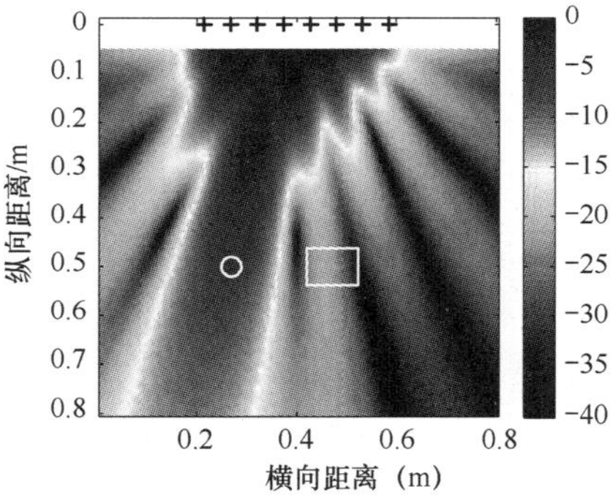

(b) v_1,3GHz

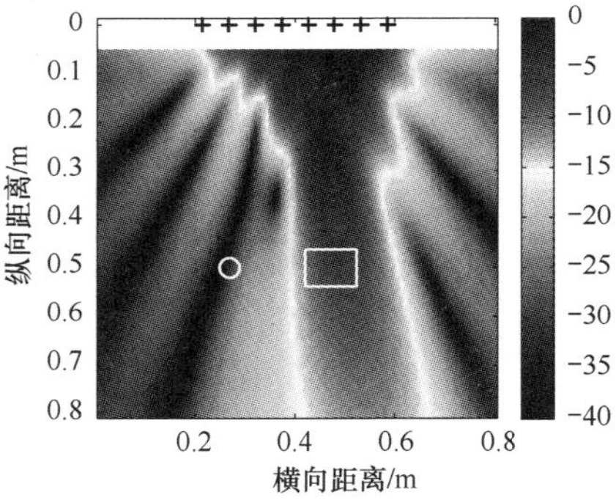

(c) v_2,3GHz

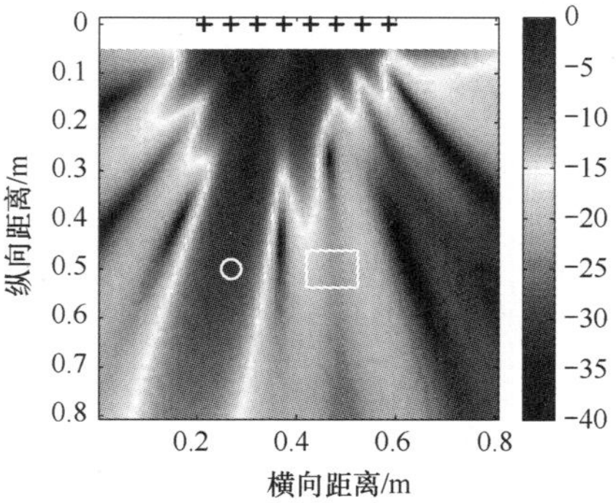

(d) v_1,3.5GHz

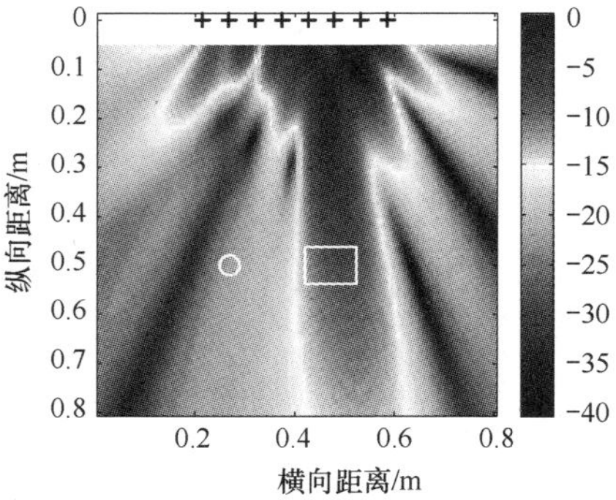

(e) v_2,3.5GHz

图 11.18 (a) 三个最大的特征值幅度－频率图 (b～e) 与 $\boldsymbol{v}_1$ $\boldsymbol{v}_2$ 相关的 3GHz、3.5GHz 的场图

11.6　结　论

PC 的概念已经被研究并且被证明可以应用在雷达中。建立了理论背景而且说明了只要满足 $N_{rec}\mathrm{SNR}^{(0)}>3\mathrm{dB}$ 就能实现聚焦，并且当 $N_{rec}\mathrm{SNR}^{(0)}>20\mathrm{dB}$ 时可以实现完美聚焦（即 $g^{(p)}\approx 0\mathrm{dB}$）（图 11.5（a））。检测问题和搜索时间的问题已得到解决。已经表明，对于某些特定配置与特定条件下，PC 相比传统的雷达处理具有更好的性能。也就是说，相比于广泛发射和接收端相干处理的方式，PC 可以实现更大的探测范围。相比电子扫描方法，PC 可能会更快。这种方法对于采用全数字化发射阵列的多功能雷达的引导和超快重新捕获模式，是一个很好的备选。

PC 也暴露出一些限制，需要信号处理中进行弥补。作为反向特性的结果，配置了 PC 的雷达将对寄生振荡或不想要的回波特别敏感，例如：

（1）杂波，特别是在掠射角进入的；

（2）干扰，有意或无意的；

（3）强目标回波

给出了这些可能干扰的不同来源，应该采用自适应处理方案，以缓解干扰能量注入的风险。必须考虑发射陷零的自适应波束形成以使雷达不受干扰影响。关于杂波，直接的处理方法是，在 PC 之前进行相干杂波对消处理。然而，PC/TR 可以利用杂波和多径为目标创造额外的聚焦路径，这已在实验室中得到了证明[29]，很有希望作为雷达信号处理的一部分[50]。

一旦获得对寄生信号的免疫，人们必须处理在监视区域中可能存在的多目标。使用 PC 方法，就必须按顺序的模式执行，一个接一个地去除检测到的目标的方向。在这种情况下，需要的总时间将增加，而且随着目标数量的增长，PC 相比经典扫描雷达会变得更加耗时。这时 DORT 方法可以提供帮助。如果记录了转移矩阵 $\boldsymbol{K}$，并提供了与 M 个最明显的目标相关联的 M 个最大特征值（这意味着 $\mathrm{SNR}_k^{(0)}>0dB, K=1,\cdots,M$，如第 11.3.3.1 节），$M$ 个相应的特征向量可以给出聚焦法则，无需执行序贯或迭代模式。虽然这种选择性聚焦会有特征矢量的耦合，即第一特征向量指向的波束，也指向第二个目标，反之亦然，但是在远场条件和目标间隔足够大的情况下，预期能达到大于 15dB 的抑制效果（参见图 11.18，在更差的近场条件下得到的）。

最重要的限制在于 SNR 的初始条件（$N_{rec}\mathrm{SNR}^{(0)}>3\mathrm{dB}$ 适用于 PC 和 DORT 两种方法）。在 11.4 节所述，该初始值可以受益于多普勒和距离压缩的增益。但在这种情况下，PC/DORT 必须在每个多普勒/距离单元处理目标的所有可能。如果 PC/DORT 之前没有进行多普勒/距离处理，初始条件可能会非常受限。与之相对应，首先应用距离 - 多普勒处理，然后进行 PC/DORT 能给出一个大于 50dB

或60dB的最终SNR，对于监视雷达来讲太高了，它的规模通常被认为SNR在15~20dB。另外，一个有趣的略有不同的PC方案是在可允许的范围内放宽$N_{em}SNR^{(0)} > 3dB$的条件，海军研究实验室在最近提出了该想法[31]。这个想法是用数字波束形成的波前触发PC迭代过程，而不是由宽波束（参见第11.3.1节），并在用初始波束形成的波前扫描方位角/仰角的时候重复该步骤。的确，尽管为覆盖所有相关角度的搜索时间随方位角/仰角单元的增加而增大，但是由于发射端采用了波束形成，聚焦条件可以降低一个$\leqslant N_{em}$的因子。最近的文献[51]介绍了另一个有趣的TR和空间波束形成相结合的例子。

所有这些原因或许可以解释为什么到目前为止，在有限数量的单元或子阵、有限的监视区域、非常明确的目标这样特定的配置下，PC在雷达中的验证已经完成。目前，它在实际环境中的应用，看起来应用在引导和超快重新捕获模式比搜索模式更适合和有优势。

致　谢

Lucio Bellomo想要感谢法国国家科学研究中心（CNRS）、武器局（DGA）和泰勒斯航空系统公司的支持。Lucio Bellomo、Marc Saillard和Sébastien Pioch也感谢法国尼斯的LEAT提供了ETS天线。

参考文献

[1] L. C. Van Atta, U. S. Patent 2 908 002, 6 October 1959.

[2] C. Y. Pon, 'Retrodirective array using the heterodyne technique', *IEEE Trans. Ant. Prop.*, vol. 12, no. 2, pp. 176 - 180, 1964.

[3] ONERA-92. 13990 and M. Lesturgie, 'Procédé et dispositif pour la détectionà distance decibles avec émission transhorizon et réception locale', FrancePatent, 1992.

[4] B. E. Henty and D. D. Stancil, 'Multipath-enabled super-resolution for RF andmicrowave communication using phase-conjugate arrays', *Phys. Rev. Lett.*, vol. 93, p. 243904, 2004.

[5] W. A. Shiroma, R. Y. Miyamoto, G. S. Shiroma, A. T. Ohta, M. A. Tamamotoand B. T. Murakami, 'Retrodirective systems', *Wiley Encyclopedia of RF and Microwave Engineering*, vol. 5, NewYork, NY: JohnWiley & Sons, pp. 4493 - 4507, February 2005.

[6] C. Germond, F. Barbaresco, L. Allano and M. Lesturgie, 'Radar phase conjugation: applications and prospects', *EuRAD'05 Conference*, Paris, pp. 235 - 238, October 2005.

[7] F. Barbaresco, C. Germond, L. Allano and M. Lesturgie, 'Self-phased & retrodirective array: radar applications for ultra-fast cueing & re-acquisition', *IET UK Seminar Waveform Diversity & Design in Communications, Radar, Sonar & Navigation*, London, pp. 47 - 55, 22 November 2006.

[8] F. Barbaresco, 'New agile waveforms based on mathematics & resources management of waveform diversity', *NATO Lecture SET-119*, *Waveform Diversity for Advanced Radar Systems*, 2008.

[9] S. Gupta and E. R. Brown, 'Noise-correlating radar based on retrodirective antennas', *IEEE Trans. Aerosp. Electron. Syst.*, vol. 43, no. 2, pp. 472 – 479, 2007.

[10] E. Brown and E. Brown, 'Radacoustic detection of projectiles by a retrodirectiveradar', *Proceedings of IEEE Radar Conference*, Washington, DC, USA, pp. 1180 – 1182, 10 – 14 May 2010.

[11] V. Fusco and N. B. Buchanan, 'High-performance IQ modulator-based phase conjugator for modular retrodirective antenna array implementation', *IEEE Trans. Microw. Theory Tech.*, vol. 57, no. 10, pp. 2301 – 2306, 2009.

[12] N. B. Buchanan and V. Fusco, 'Angle of arrival detection using retrodirective radar', *Proceedings of the 7th European Radar Conference*, Paris, pp. 133 – 136, September 2010.

[13] N. Buchanan, V. Fusco and P. Sundaralingam, 'Fast response retrodirective radar', Microwave Symposium Digest (MTT), 2010 IEEE MTT-S International, pp. 153 – 156, May 2010.

[14] V. Fusco, N. Buchanan and O. Malyuskin, 'Active phase conjugating lens with subwavelength resolution capability', IEEE Trans. Ant. Prop., vol. 58, no. 3, pp. 798 – 808, 2010.

[15] F. Foroozan and A. Asif, 'Time-reversal ground-penetrating radar: range estimation with Cramér-Rao lower bounds', *IEEE Trans. Geosci. Rem. Sens.*, vol. 48, no. 10, pp. 3698 – 3708, October 2010.

[16] M. Bocquet, C. Loyez, C. Lethien, N. Deparis, M. Heddebaut, A. Rivenq, *et al.*, 'A multifunctional 60-GHz system for automotive applications with communication and positioning abilities based on time reversal', *Proceedings of the 7th European Radar Conference*, Paris, pp. 61 – 64, September 2010.

[17] E. -G. Paek and J. Y. Choe, 'Distributed time reversal mirror array', *Proceeding of IEEE Radar Conference*, Washington, DC, USA, 10 – 14 May 2010.

[18] R. Iwami, A. Zamora, T. Chun, M. Watanabe andW. Shiroma, 'A retrodirective null-scanning array', *Microwave Symposium Digest (MTT), 2010 IEEE MTT-S International*, 2010.

[19] A. Zamora, R. T. Iwami, T. F. Chun andW. A. Shiroma, 'An overview of recent advances in retrodirective antenna arrays', *Wireless Information Technology and Systems (ICWITS), 2010 IEEE International Conference*, 2010.

[20] L. Chen, X. -W. Shi, T. -L. Zhang, C. -Y. Cui and H. -J. Lin, 'Design of a dualfrequency retrodirective array', *Ant. Wireless Prop. Lett.*, vol. 9, pp. 478 – 480, 2010.

[21] I. Naqvi, G. El Zein, G. Lerosey, J. de Rosny, P. Besnier, A. Tourin, *et al.*, 'Experimental validation of time reversal ultra wide-band communication system for high data rates', *Microw. Ant. Prop.*, *IET*, vol. 4, no. 5, pp. 643 – 650, May 2010.

[22] R. Dubroca, N. Fortino, J. -Y. Dauvignac, L. Bellomo, S. Pioch, M. Saillard, *et al.*, 'Time reversal-based processing for human targets detection in realistic through-the-wall scenarios', *EuMW'* 11, Manchester, UK, 12 – 14 October 2011.

[23] M. Fink, C. Prada, F. Wu and D. Cassereau, 'Self focusing in inhomogeneous media with time reversal acoustic mirrors', *Proceedings of IEEE Ultrasonics Symposium*, vol. 2, Montreal, Quebec, Canada, pp. 681-686, October 1989.

[24] W. A. Kuperman, W. S. Hodgkiss, T. A. H. C. Song, C. Ferla and D. R. Jackson, 'Phase conjugation in the ocean: experimental demonstration of an acoustic time-reversal mirror', *J. Acoust. Soc. Am.*, vol. 103, pp. 25-40, January 1998.

[25] M. Fink, D. Cassereau, A. Derode, C. Prada, P. Roux, M. Tanter, *et al.*, 'Time-reversed acoustics', *Rep. Prog. Phys.*, vol. 63, no. 12, pp. 1933-1995, December 2000.

[26] G. Lerosey, J. de Rosny, A. Tourin, A. Derode, G. Montaldo and M. Fink, 'Time reversal of electromagnetic waves', *Phys. Rev. Lett.*, vol. 92, no. 19, p. 193904, May 2004.

[27] D. Liu, S. Vasudevan, J. Krolik, G. Bal and L. Carin, 'Electromagnetic timereversal source localization in changing media: experiment and analysis', *IEEE Trans. Ant. Prop.*, vol. 55, no. 2, pp. 344-354, February 2007.

[28] J. de Rosny, G. Lerosey and M. Fink, 'Theory of electromagnetic time-reversal mirrors', *IEEE Trans. Ant. Prop.*, vol. 58, no. 10, pp. 3139-3149, October 2010.

[29] G. Lerosey, J. de Rosny, A. Tourin and M. Fink, 'Focusing beyond the diffraction limit with far-field time reversal', *Science*, vol. 315, no. 5815, pp. 1120-1122, February 2007.

[30] M. Fink, 'Time-reversal waves and super resolution', *J. Phys.: Conf. Ser.*, vol. 104, p. 012004, 2004.

[31] E.-G. Paek, J. Y. Choe and P. A. Bernhardt, 'Over-the-horizon radars with multipath-enabled super-resolution using time-reversal', *Proceedings of IEEE Radar Conference*, Pasadena, CA, USA, 4-8 May 2009.

[32] G. Micolau and M. Saillard, 'D. O. R. T. method as applied to electromagnetic subsurface sensing', *Radio Sci.*, vol. 38, no. 3, p. 1038, May 2003.

[33] C. Prada and M. Fink, 'Eigenmodes of the time reversal operator: a solution to selective focusing in multiple-target media', *Wave Motion*, vol. 20, pp. 151-163, September 1994.

[34] H. Tortel, G. Micolau and M. Saillard, 'Decomposition of the time reversal operator for electromagnetic scattering', *J. Electromagn. Waves Appl.*, vol. 13, no. 5, pp. 687-719, September 1999.

[35] J.-G. Minonzio, C. Prada, A. Aubry and M. Fink, 'Multiple scattering between two elastic cylinders and invariants of the time-reversal operator: theory and experiment', *J. Acoust. Soc. Am.*, vol. 120, no. 2, pp. 875-883, August 2006.

[36] E. R. Brown, E. B. Brown and A. Hartenstein, 'Ku-band retrodirective radar for ballistic projectile detection and tracking', *Proceedings of IEEE Radar Conference*, Washington, USA, 10-14 May 2010.

[37] J. F. Lingevitch, H. C. Song andW. A. Kuperman, 'Time reversed reverberation focusing in a waveguide', *J. Acoust. Soc. Am.*, vol. 111, no. 6, pp. 2609-2614, June 2002.

[38] T. Folégot, C. Prada and M. Fink, 'Resolution enhancement and separation of reverberation from target echo with the time reversal operator decomposition', *J. Acoust. Soc. Am.*, vol.

113, no. 6, pp. 3155 – 3160, June 2003.

[39] T. Folégot, J. de Rosny, C. Prada and M. Fink, 'Adaptive instant record signals applied to detection with time reversal operator decomposition', *J. Acoust. Soc. Am.*, vol. 117, no. 6, pp. 3757 – 3765, June 2005.

[40] ONERA-91. 10759, J. Appel, M. Lesturgie and J. Dorey, 'Dispositif de rétrodiffusion pour systèmes radar à conjugaison de phase et découplage temporel', France Patent 259 461, 1991.

[41] ONERA-91. 05421, J. Appel, M. Lesturgie, J. Dorey and D. Medynski, 'Dispositif de rétrodiffusion pour systèmes radar à conjugaison de temps à découpage fréquentiel', France Patent 2 747 789, 1991.

[42] M. Lesturgie, J. Eglizeaud, G. Auffray, D. Muller and B. Olivier, 'The last decades and the future of lowfrequency radar concepts in France', *Radar* 2004, *Internation Conference on Radar Systems*, Toulouse, 19 – 21 October 2004.

[43] L. Bellomo, S. Pioch, M. Saillard and E. Spano, 'Time reversal experiments in the microwave range: description of the radar and results', *Prog. Electromag. Res.*, vol. 104, pp. 427 – 448, 2010.

[44] L. Bellomo, M. Saillard, S. Pioch, K. Belkebir and P. Chaumet, 'An ultrawideband time reversal-based radar for microwave-range imaging in clutteredmedia', 13*th International Conference on Ground Penetrating Radar* (*GPR*), Lecce, Italy, 21 – 25 June 2010.

[45] E. Guillanton, J. Y. Dauvignac, C. Pichot and J. Cashman, 'A new design tapered slot antenna for ultra-wideband applications', *Microw. Opt. Technol. Lett.*, vol. 19, no. 4, pp. 286 – 289, 1998.

[46] A. Cresp, I. Aliferis, M. J. Yedlin, J. -Y. Dauvignac and C. Pichot, 'Timedomain processing of electromagnetic data for multiple-target detection', *AIP Conference Proceedings of the* 3*rd Conference on Mathematical Modeling of Wave Phenomena*, vol. 1106, no. 1, pp. 204 – 213, March 2009.

[47] A. Cresp, M. J. Yedlin, T. Sakamoto, I. Aliferis, T. Soto, J. -Y. Dauvignac, *et al.*, 'Comparison of the time-reversal and seabed imaging algorithms applied on ultra-wideband experimental SPR data', *Proceedings of* 7*th European Radar Conference*, Paris, September 2010.

[48] G. Micolau, M. Saillard and P. Borderies, 'DORT method as applied to ultrawideband signals for detection of buried objects', *IEEETrans. Geosci. Remote Sens.*, vol. 41, no. 8, pp. 1813 – 1820, August 2003.

[49] D. H. Chambers and A. K. Gautesen, 'Analysis of the time-reversal operator for a small spherical scatterer in an electromagnetic field', *IEEE Trans. Ant. Prop.*, vol. 52, no. 7, pp. 1729 – 1738, July 2004.

[50] F. Foroozan and A. Asif, 'Time reversal based active array source localization', *IEEE Trans. Sig. Process.*, vol. 59, no. 6, pp. 2655 – 2668, June 2011.

[51] S. A. E. Din, M. El-Hadidy and T. Kaiser, 'Realistic time reversal and spatial beamforming: an interference mitigation approach', 5*th European Conference on Antennas and Propagation*, *EuCAP* 2011, Rome, Italy, 11 – 15 April 2011.

第 12 章　有源天线系统的空时分集

J. – P. Guyvarch, L. Savy and F. Le Chevalier

摘　要

本章将分析讨论通过在不同方向同时发射雷达信号，以提高雷达探测、定位和识别目标性能的各种技术。首先简单介绍瞬时宽角覆盖的优缺点，然后通过几个例子，如脉内扫描、循环脉冲或隔行扫描，介绍空时编码的原理，即通过相控阵天线的不同子阵同时发射不同的信号。然后考察了优化编码的通用技术，来探索空时自适应。分集增益的定量分析说明了宽带空时雷达系统中高分辨率的优点，在此初步提出了空时编码的分类。结论部分强调了空时技术的优势，在不久的将来这些技术将会实现，并且未来雷达正向着灵巧前端与智能型管理系统演变。

关键词：空时；自适应；电子扫描；有源天线；彩色发射；模糊；相位编码；隔行扫描；收发分置雷达；分集；多输入多输出（MIMO）

12.1　简　介

在中远程应用中，现代雷达系统通常基于有源天线，发射捷变波形合成器产生的信号，为了从杂波中提取目标并识别潜在的威胁，自适应地处理接收到的回波。

标准监视模式包括聚焦波束的电子扫描（图 12.1（a）），利用一系列搜索波形连续探测感兴趣的方向（例如，用于远程空对空搜索的高重复频率脉冲串，地面雷达的低重复频率脉冲串），比较来自不同重复频率和/或不同波长的连续脉冲信号以消除模糊。在标准扫描模式之间穿插确认模式，目的是在获得初步探测信息的方向上提高检测概率。

一些现代雷达也利用加宽的波束进行发射（图 12.1（b）），允许对目标进行更长时间的照射，这样更便于提取目标，并结合多个接收天线用于并行的聚焦笔形波束的数字波束形成。举例来说，该技术用于地基雷达，发射宽仰角波束在接收时具有所谓的“堆积波束”。

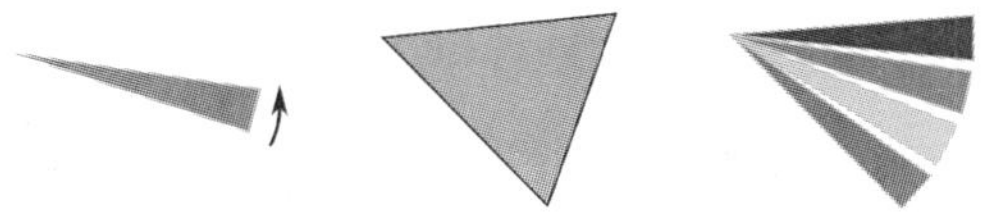

图 12.1　发射波束：(a) 扫描笔形波束；(b) 宽波束；(c) 同步编码多波束

本章将介绍这些基本的扫描或照射模式的另一种选择，为了在杂波情况下更好地提取目标特性，它同时并且自适应地探测不同方向。通过所谓的波形空时编码实现上述目标，允许在不同方向上同步发射、接收不同信号（图 12.1（c））。在参考文献[1]中首先介绍了这个基本原理，并且在脉冲合成天线雷达（RIAS）全尺寸试验系统中用实例进行说明[2]。

本章介绍有源天线系统的空时分集，开篇讲解标准宽波束数字波束形成（第 12.2 节）。第 12.3 节阐述针对不同的机载与地基应用对发射进行空时编码的原理，分析比较脉内空时编码（快时间）的不同概念，并且用实例说明针对特殊需求进行最优编码的设计。第 12.4 节说明慢时间空时编码，这里，编码应用于脉冲之间而不是脉内，随后举例介绍一些基本应用。第 12.5 节关注目标的起伏特性。第 12.6 节探讨编码策略的分类。第 12.7 节进行总结。

目标是使设计者洞察不同的可能性、相应的优缺点（为更好消除杂波与分析目标，产生的分辨率、模糊度）以及隐含的对硬件的需求。

我们关注同阵地单元的雷达天线阵（同阵地相干多输入多输出（MIMO）雷达[3]）：本章不考虑间隔很远的阵列单元的空时编码。关于间隔很远的阵列单元使用的技术在许多方面有所不同，不能直接应用在共置阵列情况下。进一步而言，与大多数现代雷达中标准阵列一样，共置阵列是许多从事雷达设计和研发的工程师的兴趣所在[4]。

12.2　从聚焦波束和宽波束到多路发射

假设有一个由 1000 个有源发射单元组成的有源天线。在接收方面，天线被分为相邻子阵，如图 12.2 所示。首先合成通过天线单元接收到的模拟射频信号；然后，为提供每个子阵的输出进行模拟射频信号的数字编码。在这样的结构中，每个接收子阵当然比整个阵列有更宽的视角，然后通过各子阵接收到的信号相干求和得出接收方向。

子阵尺寸基本取决于成本和复杂性。低频情况下（例如 L 波段或 S 波段），绝大多数现代地面雷达倾向于采取完全分布式结构，并且每个接收单元对应一个数字通道，而对于 X 波段机载雷达而言，更倾向于采取具有 10 ~ 30 个子阵的结构。这是一个发展进化的问题，其中成本、供给和冷却等因素起到重要作用。它与工业问题紧密相连，例如有效制造与产品线优化等问题。

在发射方面，大多数雷达在下列两项标准技术中进行选择：

（1）发射聚焦笔形波束，进行方位扫描和俯仰扫描。

（2）发射宽波束（发射波束宽度粗略等于子阵波束宽度）。

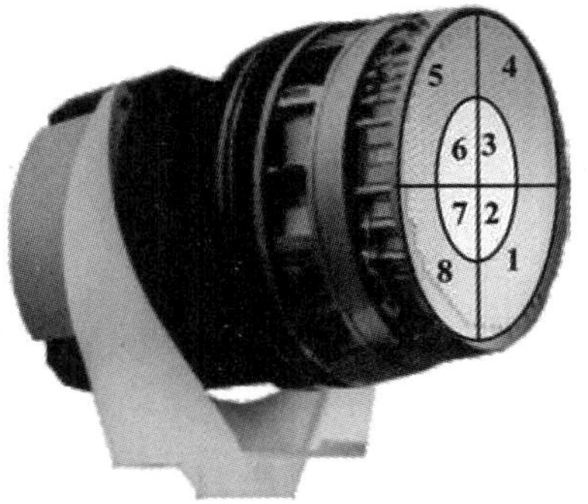

图 12.2 多通道有源天线

每项技术有自己的优缺点：

（1）对于聚焦波束，依次以高增益方式进行方向搜索，这意味着需要三坐标扫描时，在每个方向上信号的持续时间被严格限制。该技术应该更适用于当多普勒分辨率不成为问题时的近程搜索或远程跟踪。对于机载远程应用，也优先选择聚焦波束，因为加宽的波束意味着相应加宽的主波束杂波谱。

（2）对于宽波束发射，可同时观测一个宽视场范围，为每个方向的分析留下更多时间——这样非常有用，因为低增益发射必须通过更长的相干积累时间进行补偿。通常，当需要高多普勒分辨率，从杂波中进行低速目标提取或进行信号特征分析时，这项技术很有用。当反应时间更重要而不苛求功率分配时，该技术也被推荐应用于近程雷达中（例如，地形跟随，防撞或近程自我防御）。

总之，从结构角度看没有一个方法是完全令人满意的：

（1）在聚焦技术中，每个通道的接收视场比辐射波束更宽：在某种意义上来讲，可以接收到没有发射波束的方向上返回的信号（当然虽然子阵的相干求和最终将视场限制成窄波束）。

（2）在宽波束技术中，对着每个方向发射相同的波形（不一定最优）。例如，对于低仰角可以选更长的波形，这样可以提高这些方向上的杂波抑制性能。更普遍的情况是，为了满足雷达工作的需要，需要选择发射角度。

如果可能的话，如果宽波束情况下允许的话，在不同方向上同时发射不同的信号当然是在监视探测问题上更好的解决方案，它能够在每个方向上照射更长的时间，同时在每个方向上还能使用有区别的，适合的波形，就像聚焦波束那样。

现在地面雷达或地面警戒机载雷达的基本要求之一是探测速度慢的目标（以及小目标），另一个强有力的理由是运动杂波抑制（例如，大气杂波）需要进行同步多发射。实际上，即使只是中雨，典型的分辨单元中 X 波段上雨杂波的范围是 $10\sim100\text{m}^2$，或者在 S 波段上的范围是 $1\sim10\text{m}^2$。为了看清雷达横截面为 0.01m^2的目标，在 S 波段上要达到高于 40dB 的杂波对消，在 X 波段上要高于 50dB。

当目标速度与雨速接近，通过多普勒滤波器不能对消，因此只能够通过发射与接收天线图获得对消比。只通过接收波束抑制不能确保这样的对消比，这意味着如果在发射上没有指向性，与雨杂波相比具有相同径向速度的目标（即从 $-V_{风}$ 到 $+V_{风}$）就无法被探测。同样的情况适用于雷达横截面（RCS）与雨杂波相近（甚至更大，尤其是在 S 波段上）的大型地面移动车辆，这将会遮蔽主波束中的潜在小目标。

在机载应用中，由于地杂波以多普勒形式传播而引起严格的限制：以更宽的波束进行发射会导致更宽的杂波多普勒频谱，这样导致很差的最小可检测速度。同时还导致很差的杂波抑制，因为与聚焦波束照射相比，这种方式只能获得一半的分贝数（当发射天线波束较宽时，来自天线副瓣的杂波只通过接收天线图衰减）。发射中角度的可选择性是机载雷达远距离监视（空对空以及空对地）中换成空时编码的原动力。

12.3　空时编码

12.3.1　原理

空时编码的原理是在不同方向上同步发射不同波形（见图 12.3）。在这幅图中，编码应该是一组连续的子脉冲，以相位、频率或幅度进行编码，可用任何一种编码[5,6]——例如，不同的子阵发射不同频率也是可以的[2,7]。然后，通过接收中的信号处理获得发射方向。

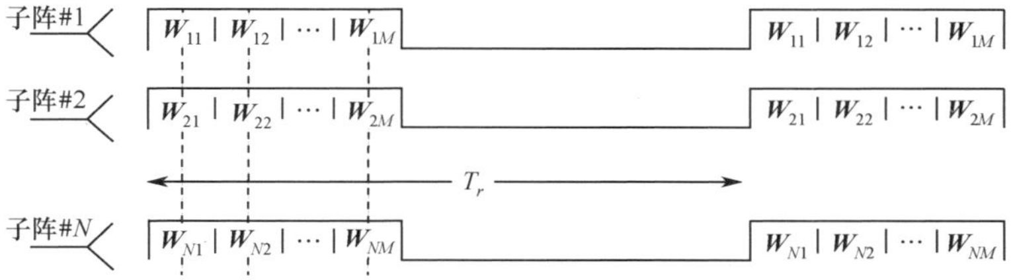

图 12.3　分集发射

为了在接收中进行信号处理，发射波形必须正交，这样接收波束能够在每个接收通道中彼此分离。对于这样的正交、准正交的例子，这是一个关键问题，由于不同方向可分离性本质上取决于这些波形的可分离性，因此可通过模糊函数对其进行分析。

这里要强调发射波形必须是周期性的，因为这是有效去除远距离杂波（如山脉）的必要条件。

考虑这种概念的另一种方式是用连续的图来描述在每个持续时间为 T_{subpulse} 子脉冲 #m 期间的发射，第 m 个图 $D_m(\theta)$ 由阵列照射关系 $\boldsymbol{W}_{1m}, \boldsymbol{W}_{2m}, \cdots, \boldsymbol{W}_{NM}$ 产生，

图 12.4 展示了三个不同的概念：循环脉冲（$\boldsymbol{W}_{nm}=1, \boldsymbol{W}_{nm}=0$，当 $n \neq m$），快速角度扫描（$\boldsymbol{W}_{nm}=\mathrm{e}^{\frac{\mathrm{j}\pi}{M}2nm}$）和伪随机正交方向图（$\boldsymbol{W}_{nm}$：随机相位）。

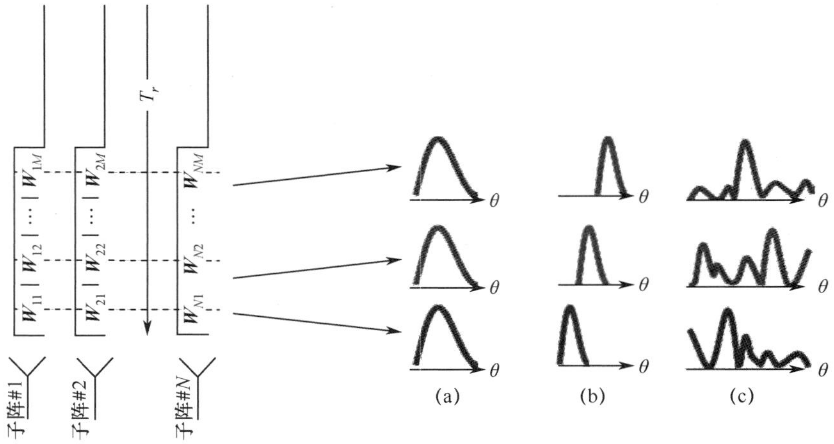

图 12.4　连续方向图：(a) 频率编码或循环脉冲（第 12.3.3 节）；
(b) 快速角度扫描（第 12.3.2 节）和（c）伪随机正交方向图
（N：子阵数目，M：子脉冲数目，Tr：脉冲重复周期）

这些概念要求通过不同天线单元或子阵发射的编码必须正交，这样能够在接收端的相干处理中进行分离。如果编码正交，那么方向图也正交（码字是编码矩阵 $\boldsymbol{W}=[\boldsymbol{W}_{nm}]$ 的行，方向图是这个矩阵列的傅里叶变换）。

那么，优化处理本质上由图 12.5 描述的操作构成（本质上，针对每个角度 - 多普勒 - 距离假设，对接收到的样本进行相干求和）。假设在发射端有 N 个子阵，在接收端有 P 个子阵（N 与 P 不需要相等——例如，在低复杂性接收机的多基地雷达系统中，如果只设计一个接收通道，方向性只通过发射阵列提供）：

（1）抽头延迟线（有限脉冲响应（FIR）滤波），用于分离不同发射机接收到的信号。例如，如果发射编码是频率编码（每个发射子阵使用一个载频），那么，这个 FIR 滤波只是一个标准频率滤波。

（2）发射端的数字波束形成（基本的傅里叶变换），用于针对每个接收子阵（即 P 个接收通道中的每一个通道），对发射信号相干求和。通过这种方法，针对每个接收通道，在每个发射方向形成一个波束。换言之，这一步将信号从空间发射和空间接收域转换到方向性发射和空间接收域：针对每个发射方向和每个接收子阵获得一个时间信号。

（3）接收端数字波束形成（同样是基本的傅里叶变换）。这一步将信号从方向性发射和空间接收域转换到方向性发射和方向性接收域：结果是时间信号，对应每一对发射 - 接收方向，这被称为发射/接收（T/R）成像，见图 12.5。

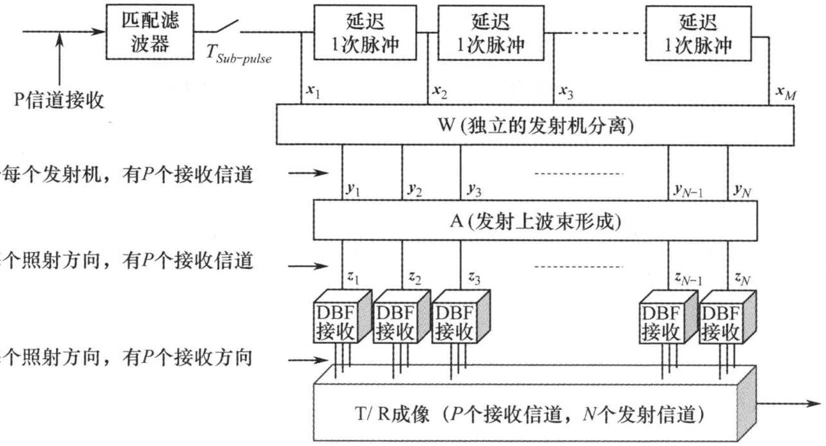

图 12.5　分集信号最优接收

在杂波环境中或不利的条件下，为了提高性能，更倾向于用适当的自适应算法[8]在发射和接收中进行数字波束形成。

12.3.2　快速扫描或脉内扫描

如图 12.4（b）所示，在这种模式中，从子脉冲到子脉冲角方向图被快速扫描，这里，$W_{nm}=e^{\frac{j\pi}{M}2nm}$。如图 12.6 所示，在时间（距离）与角度之间存在一个总模糊度，这是由于没有办法将给定距离和角度的目标与邻近方向更远一点的目标所接收到的信号进行区分。这种模糊度可以去除，例如，通过在相反方向上进行对称扫描，或对每个子脉冲进行特殊编码（每个子脉冲有不同的载频或相位编码）。

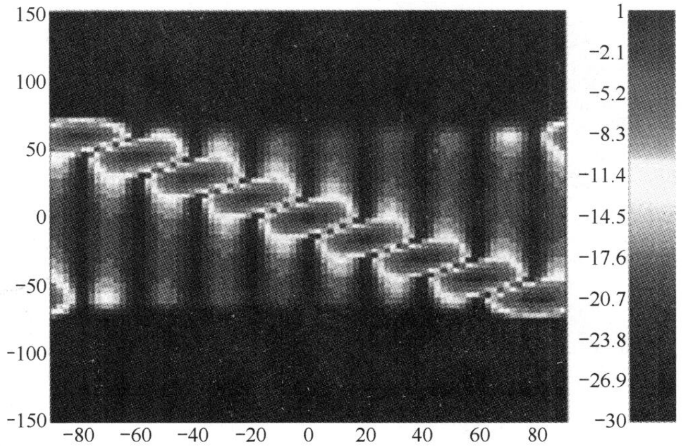

图 12.6　脉内扫描：距离（x）－角度（y）模糊

（子脉冲：长 100ns，有 10 个子阵进行发射，并且只有一个子阵进行接收，单位为 dB）

12.3.3 循环脉冲

图 12.7 中展示了一个简单的例子，‘循环脉冲’，这里子脉冲通过每个子阵进行连续发射：$\boldsymbol{W}_{nm} = \delta(n-m)$。如果子阵整齐排列（均匀线性阵），这等同于非常快速地移动天线相位中心穿过整个阵面，这样产生发射端的虚假多普勒（合成孔径雷达（SAR）效应）。例如，如果子脉冲长度为 100ns，线性阵由 10 个间隔 $\lambda/2$ 的辐射单元构成，这产生 ±5MHz 的虚假多普勒（与标准多普勒效应明显不同，而标准多普勒因脉冲到脉冲的相移而测量得到）。

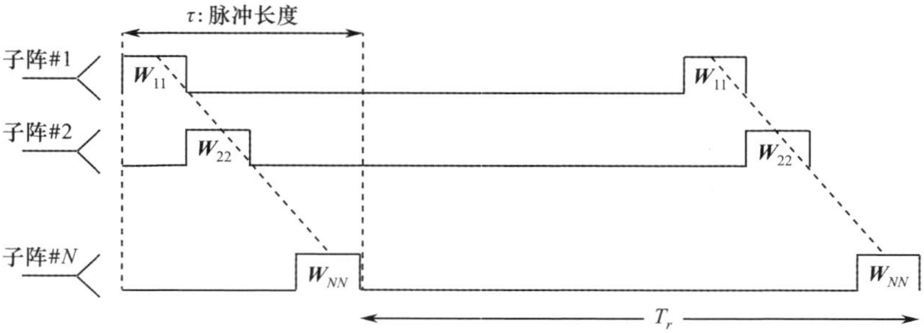

图 12.7 循环脉冲

全局效果等同于方位上的频率编码，参见图 12.8。这里，每一列代表在 $\sin(\theta)$ 方向上发射的信号频谱，通过在 1μs 持续时间的傅里叶变换计算（提供的分辨率约为 1MHz）。

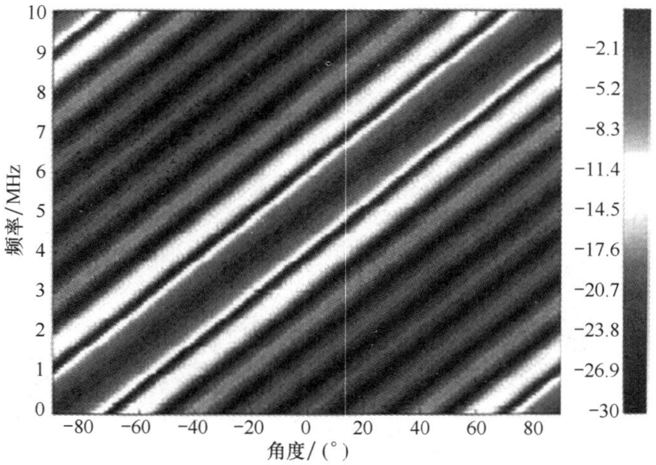

图 12.8 循环脉冲：角度 - 频率编码

（子脉冲：长 100ns，发射端由 10 个子阵构成——单位为 dB）

在下一节中，空时波形的这种表示法将会是编码优化的有效工具。对于相同的等间距排布的发射子阵，它只是矩阵 $\boldsymbol{W}=[\boldsymbol{W}_{nm}]$ 的二维傅里叶变换，每一行（$\sin(\theta)$ 的函数）形成与辐射的频率 f 相对应的方向图（频率响应是时间信号的傅里叶变换，角度方向图仍然是照射关系的傅里叶变换）。

参见图 12.4（空时编码形成的一系列方向图），这个编码与（a）类型相似：从子脉冲到子脉冲方向图是相同的，但天线的相位中心在改变（而非频率在改变，见图 12.4）。

在该例子中，还能看到标准雷达模糊现在是距离 – 角度 – 多普勒模糊，因为编码实际上是空时编码：图 12.9 展示了该效应并且更明确地讲，是距离与角度之间的耦合。在适当距离上的匹配滤波将来自给定目标的所有回波正确地相加求和，而在邻近距离门（在我们的例子中相隔 100μs），只有 M – 1 个回波被相加求和。结果是，天线的效果被降低（通过因子（M – 1）/M），于是，角分辨率也被降低相同的因子。

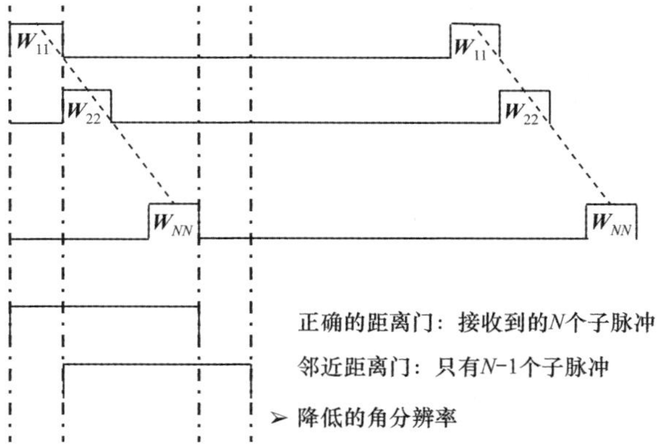

图 12.9　循环脉冲：距离 – 角度模糊分析

这样的距离 – 角度模糊函数在图 12.10 中进行了展示，举个同样的例子：在邻近距离，角度峰值的加宽清晰可见。

简单的空时编码的基本限制是在每个瞬间只有一个发射机在工作：通常更倾向于所有发射机同步工作，这样使有效辐射功率最大化（虽然取决于有源单元的精确特性，例如最大容许的占空比）。下面提出的循环编码能够避免这样的限制。

循环脉冲的一个变体由“准连续波（CW）循环脉冲”构成，这里的脉冲长时间发射，但阶段性地从一个单元转换到另一个单元：这样允许了连续信号，有助于通信，可通过脉冲式发射机进行发射，这可在一些应用中发挥作用（例如通过雷达系统进行通信）。

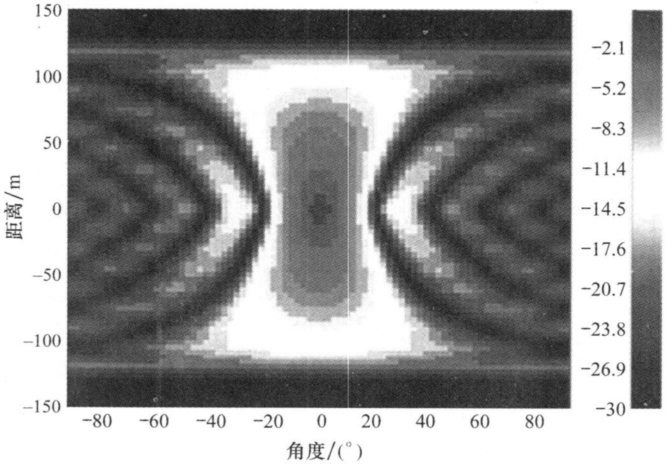

图 12.10　循环脉冲：距离 – 角度模糊
（子脉冲：长 100ns，具有 10 个发射子阵，只有一个接收子阵）

12.3.4　循环编码：通用原理

循环编码[9-11]提供了与循环脉冲相似的角度 – 频率属性，但现在的情况是所有的可用发射机同时工作。根据图 12.3 的图示和图 12.7 的循环方向，它们可通过以下一般性质被描述：

给定首行编码（$\boldsymbol{W}_{1m}$，这里 $m=1\cdots M$），对于任何 $n>1$ 且 $m>1$ 的脉冲内索引，都能得到$\boldsymbol{W}_{n,m}=\boldsymbol{W}_{n-1,m-1}$。

对于每行 $m=1$ 的码元，可能是新码元或根据 $\boldsymbol{W}_{n,1}=\boldsymbol{W}_{n-1,M}$（每一列末端移出的码元将再次导入，成为下一列的首位码元）推导而来。在第一种情况下，是开放循环，通过 $N+M-1$ 个码元定义编码；在第二种情况下，这是一个闭环循环，通过 N 个码元定义编码。

在这两种情况中，正如图 12.8 所示，通过对在角度 – 频率表示的对角线上发射能量的聚集来表示获得的角度 – 频率关系的特征。参考文献［9］用实例说明了在线性天线、等间隔（这里的等间隔是指波长的一半长度）辐射单元的情况下，频率与方位角正弦之间的线性关系：

$$\Delta f=\frac{\sin(\theta)}{2\Delta t}$$

式中：Δf 为频移；θ 为方位角方向；Δt 为编码转换间的时延。

对此，通过观察可简单地解释为，由于延迟转变为在频域的相移（$\Delta\varphi=2\pi\Delta f\Delta t$），因此频率差 Δf 引起波前弯曲。

如果码元的选择不改变一般的角度 – 频率关系，从另一方面来看，它将改变对角线上能量分布水平。图 12.11 给出了开、闭环情况下，具有循环随机相位编码的 48 个等距单元线性阵的角度 – 频率示意图。

对角线上的能量聚集很明显，但具有重要电平变化。接近峰值的副瓣大约比峰值电平低 13dB（可以从没有幅度加权的相位关系中预料到）。

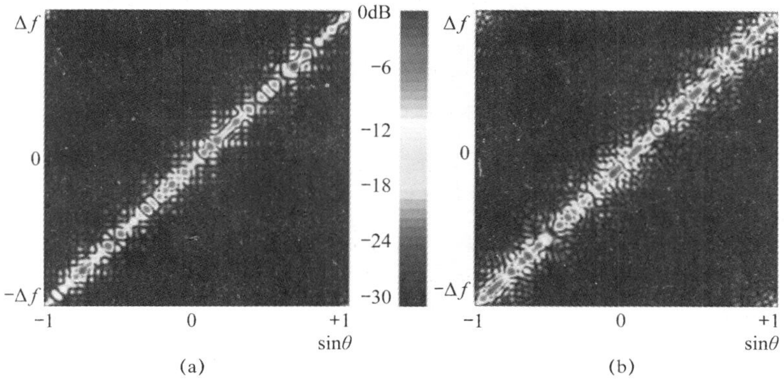

图 12.11　对于具有循环 48 个瞬时的随机相位编码的模糊角度 – 频率，（a）是闭环图，（b）是开环图

12.3.5　编码优化

为了可使用的应用，能够完全控制每个方向上的发射能量显得非常重要。正如上文提到的，一般情况下能够简单地通过空时矩阵编码的二维快速傅里叶变换（FFT）获得角度 – 频率图。不幸的是，逆问题即从期望的角度 – 频率图获得编码并不简单，因为角度 – 频率图通常只规定幅度（发射能量方向图）。那么，对具有随机相位的二维逆 FFT 的计算得出的是复幅度 – 相位编码，而不仅仅是相位编码。例如，相位等于零的等幅度对角线将给出循环脉冲编码（见 12.3.3 节）。

在角度 – 频率特定背景下展示出有用特性的相位编码的搜索与更典型雷达域（脉冲压缩）中的相位编码搜索方法关系密切。这里提出了基于启发式优化法的一个方法，它的优势是在任何情况下，不论编码长度、相位量化度和期望的发射关系方向图等，都能提供“优良编码”（即提供副瓣足够低的编码）。

许多最优化方法取决于代价函数的计算，代价函数通过迭代过程逐渐降低。当编码长度增加时，计算负载迅速成为一个问题，因此，一定要简化代价函数。这样，我们注意到，循环编码定义只影响角度 – 频率关系的对角线方向图。进一步而言，在闭环循环编码情况下能够从瞬时天线波束（在一个基本 Δt 间隔期间为常数）直接派生出角度方向图，即根据编码的一维傅里叶变换获得角度方向图（实际上，编码的循环排列并不改变天线波束的幅度）。

例如，通过一个一维傅里叶变换幅度绝对恒定的相位编码可以获得各向同性的辐射关系（在角度 – 频率对角线上幅度水平恒定）。对于特定的各向同性的例子，一些典型的编码（巴克码，M 序列等）都具有几乎恒定幅度的傅里叶变换特征（但第一个 DC 项不平缓，这在我们的应用中是一个严重的缺陷，因为它意味着在天线轴上较低的辐射水平①！），并且这些编码并不是对于任何长度都存在（M 序列情况下只存在长度为 2^n-1）。

因此，在大多数情况下，搜索闭环循环编码等于搜索给定量化水平和给定傅里叶变换幅度方向图的相位编码。

在编码搜索中，因为即使在二相情况下，组合数都会激增，通常的穷举搜索不可行，因此下面将比较不同的最优化方法。

首先必须强调的是，编码量化数越多（二相编码是一个极值），让最优化方法发挥效率就越困难。原因是即使只有一位编码变化，在代价函数（如离预期方向图的二次距离）中就会产生巨大变化。因此，启发式搜索法比基于梯度的方法更有效。通常，启发式搜索法在给定时间内不确定能够找到绝对最优，但能够提供接近最优的解。

在参考文献［12］中，已经分析了与该问题相关的一些已有的通用启发式搜索法。此外，一些基于交替投影的更专业的方法被提了出来。我们将简单地回顾一下不同的启发式方法，指出在该特殊应用中这些启发式方法主要的特征与局限。

1. 迭代随机改进

在定义相应的代价函数后（例如离预期发射方向图的二次距离或最大距离），这个非常简单的算法的主要步骤如下：

（1）产生足够量化水平的随机编码，计算它的代价函数，使这个值成为首个参考值。

（2）应用编码微修正（修正几个瞬时）。

（3）计算新的代价函数。

（4）如果值变小，持续修正编码。

（5）重复第（2）至（4）步，直到收敛。

通常，该算法向局部最优值快速收敛。由于收敛非常迅速，使得它（第 1 步）能够重新预置许多次，目的是直到最后都保持最佳局部最优值。我们将下面三个算法看成这个最基本算法的改进版。

2. 模拟退火[13]

根据模拟退火，第④步可改良为：依据被称为“温度”的参数，较差的编码可保持在一定概率内。这个温度逐渐变低直到算法收敛。

与前面的算法相比，该算法不容易陷入不良局部最优解陷阱，但收敛较慢。最终，对于给定执行时间，这种改进相当有限。

3. 遗传算法[14]

针对这些算法同时衍生出许多不同编码。此外，在不同独立编码之间实现“遗传杂交”（即，根据其他编码的部分序列产生新编码）。最后，与简单的迭代改进相比，这个复杂的算法比较差。这里值得注意的是，不难发现两个优良编码

---

① Dc 成分指 $\sin\theta=0$。

的交叉组合并不会产生另一个优良编码，结果导致全局效率受损。

4. 禁忌搜索[15]

原则是强制搜索跳出局部最优值（例如，朝向一个邻近点），然后将最优值设置在禁忌清单上，目的是防止回到该值。

在这个问题上，该算法不比简单的迭代改进算法更好（甚至更差）。可能的解释是搜索空间非常“混乱”（不连续），在一个完全新的区域搜索比在一个局部最优法已经探索过的区域再次完全搜索更有效。此外，管理禁忌表比较耗时（算法复杂）。

5. 交替投影

如前面算法一样，这个算法也属于一种启发式迭代算法，但区别是解的演化过程不再是“达尔文”的进化过程（达尔文意味着，结合代价函数估计，有一个与当前解与背景的相关性相关的选择过程。）

原理如下：

（1）编码随机初始化。

（2）计算编码的傅里叶变换。相位保持不变，但通过由期望的辐射方向图派生出的理论值替代模值。例如，在各向同性情况下，该值为 N 的平方根（N 为闭环循环编码的瞬时数量）。

（3）逆傅里叶变换计算，回到编码空间，投影到满足编码限制的最接近的编码（量化相位状态）：例如，如果是二相编码，逆傅里叶变换后在复平面左侧的复数会变成数值 -1，在右侧的复数会变成数值 +1。该原理被普遍用于投影到单位圆上最近的点（只有相位的编码）。为了提高算法的有效性，“软化”投影更好（离理论投影点更近一些），但可能会加入噪声。

（4）重复第（2）和第（3）步直至收敛，或固定的重复次数（这个算法不一定会收敛）。每次迭代计算代价函数被证明是有用的（即使在该理论中，这样做没有必要性），因为获得的最终值不一定为最佳值。

对算法进行很好的调试（依据问题约束，即 N，方向图和相位量化，进行一些测试），这个优化算法远胜过其他算法：例如在长度为 48 的各向同性二相编码（图 12.12）中，使用普通的家用电脑数十秒内就能通过交替投影法算出最优解。对于同样的问题和同样的家用电脑，模拟退火法典型地需要 100 倍（即，大约 1 小时）才能算出这个（几乎是绝对的）最优解。

对于多相编码，方法的选择不那么重要。伴随低水平的量化（接近连续相位），简单的迭代随机改进发挥了很好的作用。

仿真结果如下：

在图 12.12 中，观察到对角线上波峰具有很好的规律性（48 个波峰对应着 48 个正则傅里叶频率/角方向，残余波纹为 2dB。当优化多相编码而不是二相编码时，这个值接近于零）。与图 12.11（随机编码）中旁瓣密度相比，这里的旁瓣密度显得更重要。这是由于将最大值归一化到0dB，且由于传播能力较弱（在这两种情况下，总辐射能量相同），这个最大值比随机编码情况下的更高。一些从48条正则傅里叶线与列（这个图已经利用补零的二维256点FFT得到）移出的邻近旁瓣电平高于－13dB。对于这些特殊的、易识别的方向，当区域中（在这些方向上，目标在多个邻近频率上产生反应）出现多个目标（或强杂波回波），可能会出现模糊。通过接收时去卷积处理或通过更简单的方式，即改变脉冲间的相位编码，可以克服这个问题（很容易产生具有相同整体特性但不同旁瓣类型的编码族）。

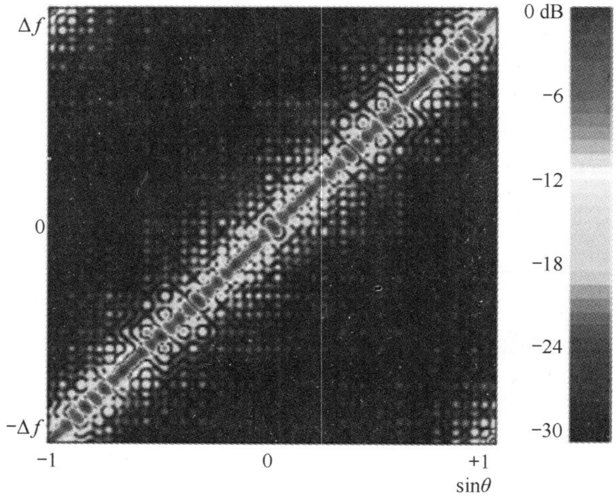

图 12.12　循环48个瞬时的最优二相编码的模糊角度－频率关系图

通过在辐射单元上进行幅度加权，可提高角旁瓣水平。图12.13展示了应用于天线上的二次加权效应（在角度轴上旁瓣扩展的更少）。

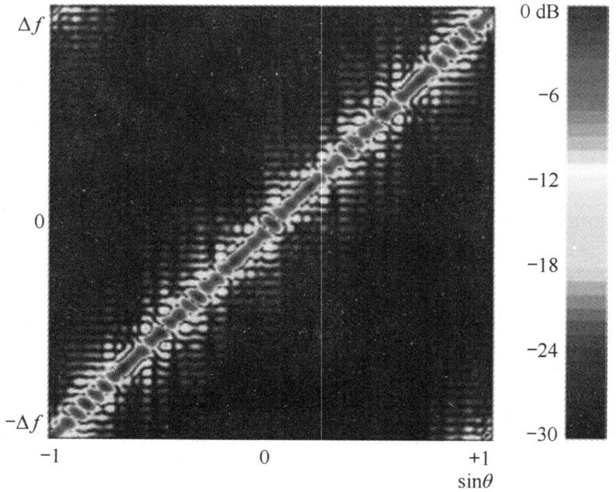

图 12.13　循环48个瞬时的最优二相编码的模糊角度－频率关系图

使用优化方法产生编码的另一个显著优点是容易获得非各向同性辐射方向图。这一点可以通过下面的例子进行说明：

（1）图 12.14 显示具有很宽范围的抑制区。

（2）图 12.15 中为窄范围。

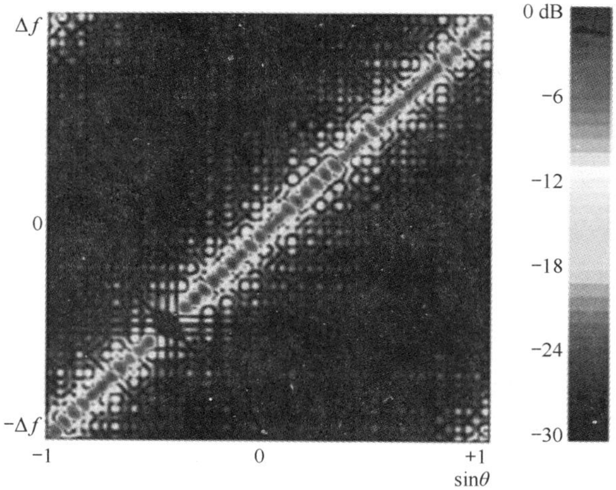

图 12.14　具有优化 4 位相位编码的循环 48 个瞬时的模糊角度 – 频率图，图中有抑制区域

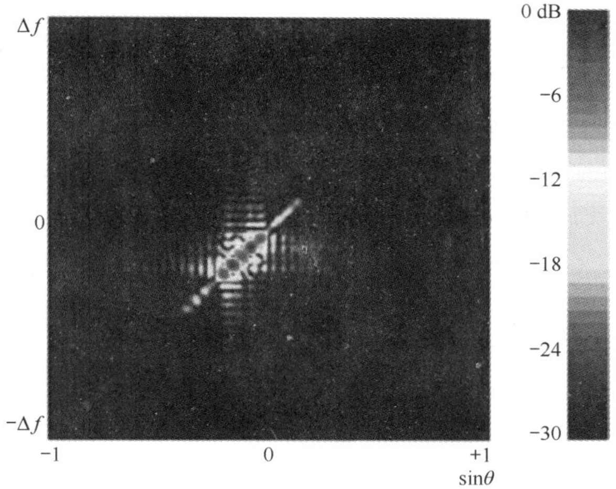

图 12.15　具有优化 4 位相位编码的循环 48 个瞬时的模糊角度 – 频率图，图中有窄域

利用对优化编码的适当相位移动，抑制域或聚焦域也可在角度或频率中进行转化，以适应给定环境的特殊需要。

这些例子清晰地表明，标准优化方法为针对特殊任务调整循环编码和设计合适的辐射方向图提供了丰富的工具。另外值得注意的是，理想状态是在距离 – 角度域进行优化，同时也可以考虑自适应操作，这样能够在不利环境中提供改进的性能。

12.4 隔行扫描（慢时间空时编码）

另一种探索空间的方法是通过隔行扫描，这种方法向相继的方向发射相继的脉冲，用不同的脉冲串（不同频率或不同的编码）隔行扫描，图 12.16 展示了向两个方向隔行扫描的例子。

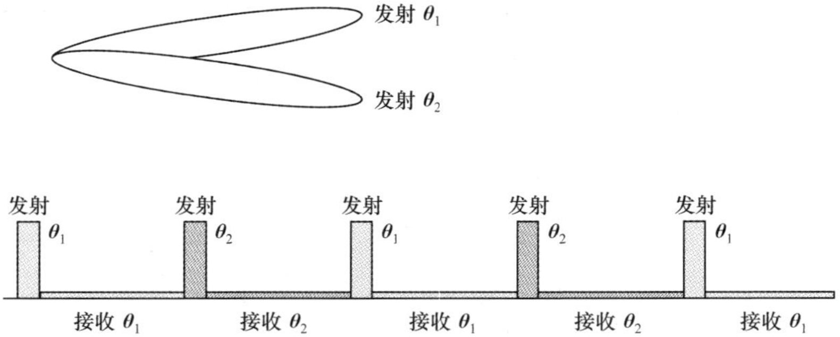

图 12.16 隔行扫描

作为“慢时间”空时编码，该方案允许用每个方向上更低的重频（因此多普勒更模糊），盲距或距离遮挡来换取更宽的准瞬时覆盖。更宽的覆盖可以用于，例如，进行自适应（高分辨率）角度处理，通过对相邻波束接收到的信号进行相干处理。这项技术对功率分配没有明显的影响：对于前面所述的空时编码概念，通过对目标更长的积累时间使发射总增益的损耗得到平衡。

有了隔行扫描的概念，如果发射信号是不变的（这样从不同角度接收到的信号样本就能够被相干处理，提取角度信息），就能够在单接收通道时进行任何的自适应接收过程。当然，必须考虑这样一个事实，因为不是同时采样，因此必须在空间滤波中纳入多普勒信息。具体而言，将标准自适应角滤波器 $\boldsymbol{W}(\theta)$ 应用到一个距离门的采样矢量 $\boldsymbol{z}$ 上，可写成[8]：

$$y(\theta) = \boldsymbol{W}^{\mathrm{H}}(\theta)\boldsymbol{z}$$

$$\boldsymbol{W}(\theta) = \frac{\boldsymbol{R}^{-1}\boldsymbol{\alpha}(\theta)}{\sqrt{\boldsymbol{\alpha}^{\mathrm{H}}(\theta)\boldsymbol{R}^{-1}\boldsymbol{\alpha}(\theta)}}$$

现在变成一个多普勒－角滤波器：

$$y(\theta) = \boldsymbol{W}^{\mathrm{H}}(\theta)\boldsymbol{z}$$

$$\boldsymbol{W}(\theta) = \frac{\boldsymbol{R}^{-1}\boldsymbol{\alpha}(\theta,f_d)}{\sqrt{\boldsymbol{\alpha}^{\mathrm{H}}(\theta,f_d)\boldsymbol{R}^{-1}\boldsymbol{\alpha}(\theta,f_d)}}$$

$$\boldsymbol{\alpha}(\theta,f_d) = \boldsymbol{\Phi}(f_d)\boldsymbol{s}(\theta)$$

其中，

$$\boldsymbol{\Phi}(f_d) = \begin{pmatrix} 1 & 0 & \cdots & 0 \\ 0 & e^{2\pi j f_d T_r} & & 0 \\ \vdots & & \ddots & \\ 0 & & & e^{2\pi j(N-1)f_d T_r} \end{pmatrix}$$

参考文献［6］介绍了该模型，它是只有一个接收通道时实施空时自适应处理（STAP）的一个有效方式。

如图12.17所示，该模型也可解决双基地“波束交会”或“脉冲追踪”问题，享受多基地系统带来的好处，而不需要增加合成/分配部分的复杂度，付出的代价是在每个方向上降低重复频率。这开启了低成本战斗机雷达的多基地搜索、跟踪模式，在每个方向上具有有效的中重频。

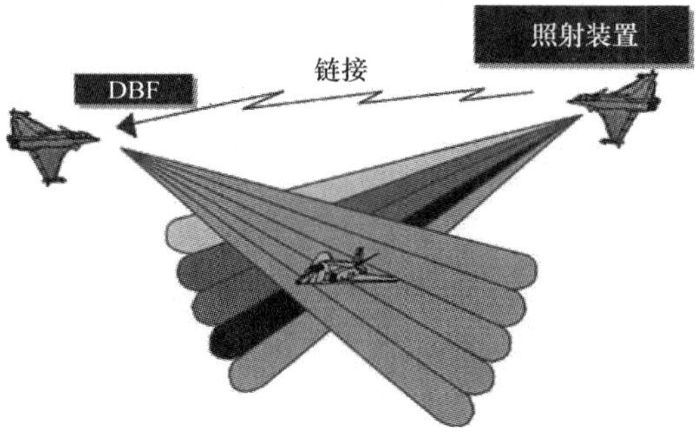

图12.17 双基地搜索与跟踪

这样的模式也可以为远距离地空或空空警戒系统提供有效解决方案，利用相邻脉冲，而不是平均分配——它相当于用多普勒模糊交换近距离增大的盲区（图12.18）。

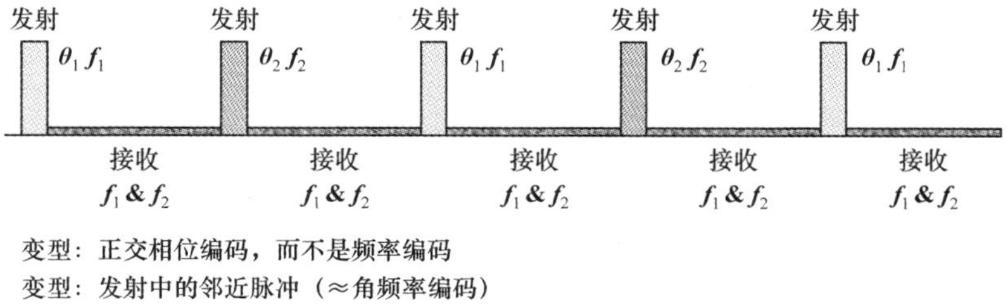

图12.18 隔行扫描监视

12.5 目标一致性与分集增益

12.5.1 目标一致性

直到现在，目标被看成是一个各向同性（在视线角中）的白（频率中）散射体，因此，接收时接收信号能够被相干相加。事实上，目标可以更准确地表示为各向同性散射体的分布，通过对应目标上特定点的位置 $\boldsymbol{x}$ 和复杂的衍射系数 $I(\boldsymbol{x})$ 进行表征。

目标的这一特殊属性在雷达系统的性能上有所反映，因为它改变了相干求和的结果，测量的精确性和信号起伏，等等。下面一节简要地总结说明了一些主要结果。

这里，一个重要参数是临界带宽 Δf_c ，它被定义为使目标系数保持一致的最大的带宽：

$$\Delta f_c = \frac{c}{2\Delta x}$$

换言之，如果在目标方向上发射的带宽等于或大于 Δf_c ，那么接收信号不能够相干求和——意味着事实上目标通过信号在距离范围内被分辨出来。例如，如果目标最大尺寸 $\Delta x = 30\text{m}$ ，那么，$\Delta f_c = 5\text{MHz}$ 。

结果是，在目标方向上发射的带宽等于或大于 Δf_c ，目标在距离范围内被分解，必须要进行某种分布式目标集成，来为起伏的目标提供分集增益，详见参考文献［16 - 19］。下一节将分析其效果。

回到前面的例子中，注意到，如前所述循环脉冲和循环编码在每个方向上只发射窄带信号（这些技术基本上是角度 - 频率编码），而在通道（或发射机）频率编码或脉冲内快速扫描波束技术中，在每个方向上发射宽带信号。这是系统设计中需要考虑的一个重要方面，取决于一些先决条件，如目标分析特征和电磁兼容性，等等。

12.5.2　分集增益

已知雷达起伏目标的探测受制于出现的噪声，且受制于这样一个事实，对于某个特定角度或照射频率，目标只提供非常小的信号。

当需要高检测概率时，“某种”非相干积累更可取，不会陷入低 RCS 区，尤其是对于大起伏目标（Swerling Ⅰ 型）。通过“某种”方式，必须首先使用相干积累，以获得足够的信噪比（SNR）（至少大于 1，这样，非线性操作后不会降得太多）。

这解释了一个常用的“黄金法则”：首先提高信噪比 SNR（相干积累），然后减少低 RCS 区（几个步进的频率捷变）。非相干积累（和相应的分集增益）付出的代价是由于更短的相干脉冲串而导致的更低的多普勒分辨率。

回到宽带雷达中，首先注意到依据 Parseval 定理，脉冲响应平方模值中的能量与频率响应平方模值中的能量相同。那么从探测角度而言，脉冲响应能量之和等于相应的频率响应能量之和。本质上，沿着目标距离像（对于预先假定长度的关注目标，例如长度为 15m 的空中目标）的积累是相干积累（用于获得距离像和每个距离单元中相应的多普勒频谱）与非相干积累组合的一种方式。

换言之，对于宽带雷达，在所有照射时间内可有效相干积累，且受益于沿距离像最终的非相干积累的分集效应：相干积累时间 – 和杂波分离 – 不需要减少以利用多样性收益。

接下来的问题是：目标上有多少分辨单元——或者探测的最佳分辨率是多少？图 12.19 给出了答案，展示了每个单元需要的 SNR，作为目标上单元数：$N=6$，$N=10$ 或 $N=30$ 的函数。分集增益可定义为每个采样需要的 SNR 之间的差异，相干求和情况与非相干求和情况之间的差异。显然当 $N=6$ 时，分集增益最大，在 2.6 ~ 7dB。在 Swerling Ⅰ 型与 Ⅱ 型情况下，它取决于需要的检测概率。为了获得更高分辨率，这里也存在一个增益，但这个增益小多了。

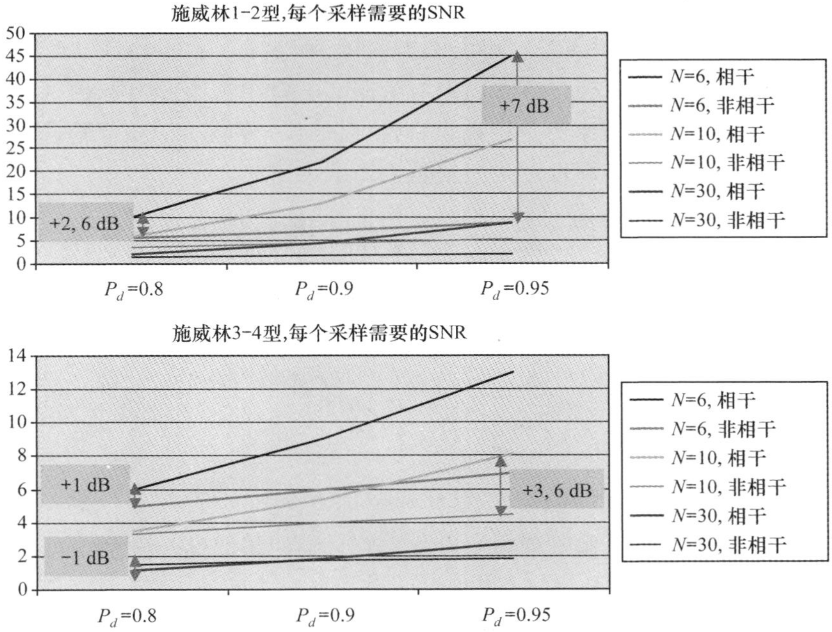

图 12.19　非相干积累对比相干积累（$P_{fa}=10^{-6}$）

通过对 Swerling Ⅲ 型与 Ⅳ 型相似的分析表明，增益更低不出所料但仍然存在，检测概率至少大于 0.8。分集增益变成了 Swerling Ⅲ 型目标高分辨率的损耗（在 30 个单元中进行分析，且需要的检测概率为 $P_d=0.8$，这样一个目标的损耗为 1dB）。

下面我们对分集分析总结如下：

（1）与低分辨率（标准）雷达相比，即使每个距离单元的目标 RCS 减小，邻近距离单元的能量之和也提供了分集效应，这远远克服了 RCS 的减小。

（2）目标波动越大，分集增益越高。

（3）对检测概率 P_d 的要求越高，导致分集增益越高。

（4）小目标应该分成 10～30 个距离单元，不需要更多——这表明对于探测典型的空中目标，米级分辨率足够。

（5）对于波动目标，通过“将目标分成几段”的方式可获得几分贝。

（6）不用承担低多普勒分辨率带来的劣势即可获得分集增益，就像标准频率捷变那样。换言之，宽带雷达可保持高多普勒分辨率带来的好处（例如，慢速目标检测和目标识别性能提升）。

12.6 编码策略

图 12.20 展示了空时波形选择问题，这里列出了不同的分辨率及其特性：每个方向上要么宽带，用◄表示，要么窄带，用◄表示。这一特征非常重要，因为每个方向上发射的带宽确定该方向上有效距离分辨率，因此目标识别能力至少得到某种拓宽（距离分辨率不是提高识别性能的唯一方法——多普勒分辨率也有显著影响——但距离分辨率肯定是一个重要影响因素）。

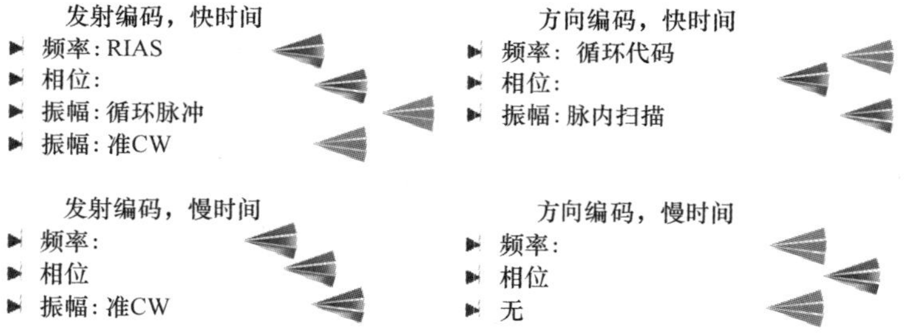

图 12.20　空时编码试探性分类

为了强调各种可行的编码策略，以及它们之间的相似性与区别，可以试着进行“分类”，如图 12.20 所示，这里根据两个特征分成四类：

（1）要么快时间要么慢时间编码（即脉内或隔行），

（2）要么方向性编码要么发射编码。

后面这个特征让人疑惑：基本上，每一个编码都是在发射波形上实现的。然而也有一些例子将编码描述成“每个方向”编码：如循环编码，每个方向产生一个频带，或快速脉内扫描。另一方面，一些编码被清楚地描述为每个发射机一个编码，如 RIAS（参考文献［2］），每个发射机利用一个频率子带。

例如，在这种“每个方向编码，快时间”分类中，我们发现：

（1）循环编码，用特定频率为每个方向编码。

（2）相位编码，用特定相位码为每个方向编码。

(3) 脉内扫描，用特定瞬时为每个方向编码（如 12.3.2 节所述，可以将特定相位或频率码加入这个瞬时，以消除距离－角度模糊）。

各种空时波形的基本表述也应该与天线结构（欠采样子阵/正确采样子阵/完全有源天线）相结合，用于指导雷达系统架构设计。

进一步而言，也需要考虑慢时间与快时间编码组合，例如方位快时间编码和仰角慢时间编码，用于在更高仰角上发射更短脉冲。

12.7　结　论

本章回顾了宽波束多发射方案的一些重要特征和优点，这些特征与优点是通过发射各种空时编码与接收自适应处理获得的。本质上，获得的主要优势是通过加长探测时间、加宽带宽与增强去杂波能力，提高对目标的检测与识别能力。

强调了各种有效的技术，阐述了特定操作需要的，优化天线方向图的方式。当设计空时编码以探测扩展目标时，将宽带分集与相干积累的充分组合看成一个重要因素加以考虑。

对于更高要求的应用，有源电子扫描阵和宽带综合前端成本的降低使这些技术能够普及，为了充分发挥监视雷达系统中带宽与捷变的优势，需要有智能雷达管理。

参考文献

[1] Drabowitch, S., Aubry, C., 'Pattern compression by space-time binary coding of an array antenna', *Proceedings ofAGARD CP 66*, Advanced Radar Systems, 1969.

[2] Dorey, J., Blanchard, Y., Christophe, F., Garnier, G., 'Le projet RIAS, une approche nouvelle du radar de surveillance aérienne', *L' Onde Electrique*, vol. 64, no. 4, p. 1520, 1978.

[3] Stoica, P., Li, J., Eds., *MIMO Radar Signal Processing*, John Wiley & Sons, NewYork, 2009.

[4] Le Chevalier, F., 'Future concepts for electromagnetic detection', *IEEE Aerosp. Electron. Syst. Mag.*, vol. 14, no. 10, pp. 9－17, October 1999.

[5] Levanon, N., Mozeson, E., *Radar Signals*, John Wiley & Sons (Interscience Division), NewYork, 2004.

[6] Le Chevalier, F., 'Space-time transmission and coding for airborne radars', *Radar Sci. Technol.*, vol. 6, no. 6, pp. 411－421, XP009130674, ISSN: 1672－2337, December 2008 (bimonthly journal of CIE-Chinese Institute of Electronics).

[7] Chen, B. X., Zhang, S. H., Wang, Y. J., 'Analysis and experimental results on sparse-array synthetic impulse and aperture radar', *Proceedings of the 2001CIE International Conference on*

Radar , Beijing, PR China, October 2001.

[8] Le Chevalier, F. , *Principles or Radar and Sonar Signal Processing*, Artech House, Boston, 2002.

[9] Guyvarch, J. P. , 'Antenne Spatio-Temporelle à Codes de Phases Circulants', *Proceedings of Colloque GRETSI* 97, Grenoble, pp. 607 – 610, September 1997.

[10] Calvary, P. , Janer, D. , 'Spatio-temporal coding for radar array processing', *Proceedings of IEEE ICASSP* 98, Seattle, pp. 2509 – 2512, 12 – 15 May 1998.

[11] Le Chevalier, F. , Savy, L. , 'Colored transmission for radar active antenna', *Proceedings of the International Conference on Radar Systems RADAR* 2004, Toulouse, France, October 2004.

[12] Guyvarc' h, J. P. , 'Spatio-temporal radar with optimal phase-coded sequences', *Proceedings of the Radar* 1999 *International Conference*, Brest, October 1999.

[13] Kirkpatrick, S. , Gelatt, C. D. , Vechi, M. P. , 'Optimisation by simulated annealing', *Science*, vol. 220, pp. 671 – 680, May 1983.

[14] Davis, L. , Ed. , *Handbook of Genetic Algorithms*, Van Nostrand Reinhold, NewYork, 1991.

[15] Glover, F. , 'Tabu search: Part I', *ORSA J. Comput.* , vol. 1, pp. 190 – 206, 1989; Glover, F. , 'Tabu search: Part II', *ORSA J. Comput.* , vol. 2, pp. 4 – 32, 1990.

[16] Chernyak, V. , 'About the new concept of statistical MIMO radar', *Proceedings of the Third International Waveform Diversity and Design Conference*, Pisa, Italy, June 2007.

[17] Dai, X. Z. , Xu, J. , Peng, Y. N. , 'High resolution frequency MIMO radar', *Proceedings of the CIE International Conference on Radar ICR-2006*, Shanghai, PR China, October 2006.

[18] Wu, Y. , Tang, J. , Peng, Y. N. , 'Analysis on rank of channel matrix for monostatic MIMO radar system', *Proceedings of the CIE International Conference on Radar ICR-2006*, Shanghai, PR China, October 2006.

[19] De Maio, A. , Lops, M. , Venturino, V. , 'Diversity-integration trade-offs in MIMO detection', *IEEE Trans. Signal Proc.* , vol. 56, no. 10, pp. 5051 – 5061, October 2008.

第 13 章　雷达检测波形优化中的自相关约束

Lee K. Patton and Brian D. Rigling
Matrix Research, Dayton, OH, USA Department of Electrical Engineering, Wright State University, Dayton, OH, USA

摘　要

本章讨论了基于已知干扰环境中的多目标检测的波形设计问题。特别地，本书介绍了关于波形自相关函数的约束，这在实际中是非常重要的。自相关函数的引入使得整个问题的分析求解变得较为棘手，故而问题求解只能诉诸于数值解法。本章首先介绍了“优化波形性能”概念，并以之为框架讨论分析了多种波形设计问题。在这种背景下，特征函数波形以及 Neyman-Pearson 检测器可能不再是最优的。

关键词：雷达波形优化；优化波形性能；相关约束；模糊函数约束；模值约束；非线性规划

13.1　引　言

13.1.1　综述

读者们一定很清楚，雷达系统发射电磁信号的照射空间内除包含感兴趣的物体即目标外还有其他散射体（杂波）。信号被这些散射体反射后被雷达接收，一同接收到的还有其他干扰源产生的干扰。雷达系统能否从杂波及干扰中提取出目标回波将直接影响其工作的有效性，而如果雷达能够有效利用如杂波、干扰的统计特性等环境信息，雷达的工作性能将得到很大提升。可以根据工作环境的变化做出相应调整是自适应系统的重要特征。自适应接收系统的例子有很多，如恒虚警检测器（CFAR）、自适应波束合成技术及自适应空时处理（STAP）。目前自适应发射系统还不成熟，但可以确定的是，如果发射信号可以根据目标/杂波/干扰特性做出相应改变，雷达系统对杂波及干扰的抑制效果将得到大幅提升。本章研究了在噪声环境下，通过自适应波形设计实现对未知数目多目标优化检测的问题。虽然该问题本身就具有研究价值，但是这个问题也足以说明一个更广泛的观点，即雷达波形优化问题的约束不能被忽略。但与此同时，这些约束条件的加入也使自适应波形设计的分析和算法实现变得复杂。

13.1.3 节回顾了基于最优检测波形设计的已有的工作，同时阐明了本章工作的具体背景。13.2 节首先介绍了经典的高斯噪声下检测一个确定信号的问题，并由此展开本章的理论研究。利用这一经典问题，本章引入了波形最优性能的概念，该概念有助于解释后续的一系列结果。从 13.2 节中的经典问题出发，13.3 节阐述了 3 种波形设计方法用以优化高斯噪声背景下对多个未知目标检测的问题。然而与经典问题不同，在这 3 种设计中做出选择并不是简单的事情。我们强调对发射波形的复包络、模糊函数等加入额外的约束条件会使得波形设计问题变得复杂。13.4 节给出两组数值仿真结果，用以说明波形优化的潜在有效性以及在多种波形设计之间做选择的困难性。13.5 节总结了本章内容。由于本章求解波形设计问题的数值解法较依赖于代价函数以及约束函数的梯度信息，在附录中我们对该信息做了补充。

13.1.2 符号说明

小写黑体字表示列向量；大写黑体字表示矩阵；s_n 表示列向量 $\boldsymbol{s}$ 的第 n 个元素；$[\boldsymbol{K}]_{m,n}$ 表示矩阵 $\boldsymbol{K}$ 的第 m 行，n 列元素；运算符 $(\cdot)^*$、$(\cdot)^{\mathrm{H}}$ 分别为复共轭及共轭转制；$\mathrm{Re}\{\cdot\}$ 和 $\mathrm{Im}\{\cdot\}$ 分别表示某复自变量的实部和虚部；$\mathrm{j}=\sqrt{-1}$ 为虚数单位；$\odot$ 表示 Entry - wise 乘法，$\otimes$ 表示 Kronecker 积；$\|\cdot\|$ 表示 Euclidean 模；$\partial F/\partial x$ 表示标量函数 F 关于变量 x 的导数；$\nabla_x F$ 表示标量函数 F 关于向量 $\boldsymbol{x}$ 的梯度；$J_x F$ 表示矢量函数 F 关于向量 $\boldsymbol{x}$ 的雅可比行列式；$E\{\cdot\}$ 表示期望算子。

13.1.3 背景

虽然通过波形优化实现对杂波、干扰抑制的研究工作一直以来并不广泛，但是这个思想最早可以追溯到 1965 年，当时 Van Trees 在文献 [1] 中阐述道："（在我们模型的限制下）信号设计是应对杂波最有效的方法。"文献 [2 - 16] 等较早的文献研究了如何联合设计信号和滤波器以在目标检测中获得最大信杂干比（SCIR）。这些工作中利用的特征迭代算法首先对某给定信号求解最优滤波器，然后对该滤波器求解最优信号，之后再对该信号求解最优滤波器，如此往复最终解决 Fredholm 积分方程描述的系统。通常，特征迭代算法求解中对信号及滤波器的约束条件为有限能量和有限时间。应用特征迭代方法也处理了幅相调制约束[7]、实现误差[10]、信号恒幅[14]及量化效果[15,16]问题。但是，上述约束条件尚未在一个问题中统筹考虑。

目前，特征迭代方法的最优性尚未得到证明，但是随着 Sibul 和 Titlebaum 在文献［17］中证明了，在假定信号模型下，同时设计信号和滤波器是没有必要的。这种观点似乎失去了实际意义。他们指出：

在杂波（依赖于信号的干扰）环境下对点目标进行检测，最优接收机的性能仅依赖于通道功率谱密度（PSD）、环境噪声 PSD、目标运动引入的多普勒频移和发射信号的功率谱。当这些因素均确定下来后，最优接收机也就随之确定。在上述所有因素中，有源声纳和雷达系统设计者们唯一可以控制的是发射信号[18]。

在这种条件下，最优接收机可由 Neyman－Pearson 准则决定。利用 Neyman－Pearson 方法，Kay[19]扩展了 Kooij[20]的工作，并利用变分分析在有限信号能量和带宽约束条件下寻找最优发射 PSD。Romero 等人在研究静止随机扩展目标情况[21]时，对上述方法也做了进一步扩展。第 14 章对变分分析、互信息及信噪比在目标识别波形设计相关问题中的作用做了精彩的综述，读者可以参考第 14 章内容作进一步了解。

在有限信号能量和带宽约束下，文献［19，21］中的最优功率谱密度解在理论上是有效的。但是在大多数检测应用中，该结果对应的时域信号形式是没有实用价值的。首先，有限带宽的约束决定了信号在时域上是无限长的；其次，上述工作中对能量的约束并不能保证信号包络满足一般的应用需求。即便在应用中不要求信号包络满足恒模这样严苛的要求，也应该对信号峰值功率进行约束，因为系统中发生的缩放过程能够导致优化波形产生对系统性能有害的变化[22]。与其他文献（如文献［23，24］）中的问题描述一致，参考文献［19］和［21］假定在关心区域内仅存在单个目标，并且目标的距离和多普勒偏移是已知的。当上述假设不满足时，信号/滤波器的互模糊函数（CAF）将对系统性能造成重要影响。通常，波形设计者希望该互模糊函数具有较窄的主瓣，以分辨相距较近的目标；同时具有较低的旁瓣，以减少杂波并避免弱目标回波被强目标淹没[25-27]。

接下来，将介绍模糊函数约束条件对波形设计问题的作用。更确切地说，将要考虑的是对模糊函数的直接约束，而非间接约束[28]，不过，直接或间接并不影响本章的主要观点。第 17 章在考虑信号相关干扰环境下波形检测问题时加入了一个间接约束，即相似性约束。

13.2 优化波形的性能

在熟悉的检测问题背景中，将讨论不同的接收机结构怎样影响最优波形设计问题。利用波形优化性能这一概念来分析下列 3 种接收机结构的性能：

（1）无约束滤波器。

（2）Neyman－Pearson（白化）滤波器。

（3）匹配滤波器。

本节的分析或多或少较为简单，因为这里仅引入了简单的约束条件。第13.3节加入了对信号及滤波器的联合约束，问题也将随之变得复杂。

13.2.1 检测某确知信号

这里考虑在加性广义平稳（WSS）高斯随机过程下检测一确定实信号。假定信号在 $t \notin [0,T]$ 时为零，频域上在 $f \notin (f_c - B/2, f_c + B/2)$ 内的能量可以忽略，f_c 为信号中心频率，B 为带宽。此时，该检测问题可简化为在下列两则假设中做判决。

$$\mathcal{H}_0:\ x(t) = w(t) \tag{13.1}$$

$$\mathcal{H}_1:\ x(t) = s(t) + w(t) \tag{13.2}$$

式中：$x(t)$ 为观测信号；$s(t)$ 为关心的信号；$w(t)$ 为高斯干扰。

为方便，这里考虑在观测信号的复包络已被恢复并进行时间采样的情况。进而假定接收信号已被调制到基带 $\bar{f}_c$ 并在 $[0,T]$ 范围内（以采样率 $f_s \geqslant B$）经过正交双通道采样。此时，两项假设可被写为

$$\mathcal{H}_0:\ \boldsymbol{x} = \boldsymbol{w} \tag{13.3}$$

$$\mathcal{H}_1:\ \boldsymbol{x} = \boldsymbol{s} + \boldsymbol{w} \tag{13.4}$$

式中：$\boldsymbol{x}, \boldsymbol{s}, \boldsymbol{w} \in \mathbb{C}^N$。由于 $w(t)$ 为WSS带通高斯随机过程，其离散时间复包络向量 $\boldsymbol{w}$ 具有一个复多元高斯概率密度函数（pdf）[29]

$$\boldsymbol{w} \sim \mathcal{CN}(\boldsymbol{\mu}, \boldsymbol{K}) \tag{13.5}$$

式中：均值 $\boldsymbol{\mu} \in \mathbb{C}^N$ 以及协方差矩阵 $\boldsymbol{K} \in \mathbf{C}^{N \times N}$ 均假设已知；$\boldsymbol{K}$ 假设为正定。至此，只需要通过比较观测值线性组合的实部与已知门限。在式（13.3）和式（13.4）之间做决策。即根据下式确定：

$$\mathrm{Re}\{\boldsymbol{h}^{\mathrm{H}}\boldsymbol{x}\} \underset{H_0}{\overset{H_1}{\gtrless}} \gamma \tag{13.6}$$

式中：$\boldsymbol{h} \in \mathbb{C}^N$ 为接收滤波器；γ 为判决门限，可由规定的虚警概率（P_{FA}）确定。尽管式（13.6）这个检验统计量起初看起来比较任意，但这就是两个研究最广泛的检测器形式：Neymann－Pearson检测器和匹配滤波器。下文会讨论这两种检测方案，这里首先对式（13.6）的一般形式展开分析。

在式（13.4）两者之中的任何一个假设下，$\boldsymbol{x}$ 均是一个复高斯随机向量的仿射变换。因此[29]

$$\boldsymbol{x} \sim \begin{cases} \mathcal{CN}(\boldsymbol{\mu}, \boldsymbol{K}), \text{若 } \mathcal{H}_0 \text{ 成立} \\ \mathcal{CN}(\boldsymbol{s} + \boldsymbol{\mu}, \boldsymbol{K}), \text{若 } \mathcal{H}_1 \text{ 成立} \end{cases} \tag{13.7}$$

注意到 $\boldsymbol{h}^{\mathrm{H}}\boldsymbol{x}$ 是复高斯随机向量的线性变换，因此[29]

$$\boldsymbol{h}^{\mathrm{H}}\boldsymbol{x} \sim \begin{cases} \mathcal{CN}(\boldsymbol{h}^{\mathrm{H}}\boldsymbol{\mu}, \boldsymbol{h}^{\mathrm{H}}\boldsymbol{K}\boldsymbol{h}), \text{若 } \mathcal{H}_0 \text{ 成立} \\ \mathcal{CN}(\boldsymbol{h}^{\mathrm{H}}(\boldsymbol{s}+\boldsymbol{\mu}), \boldsymbol{h}^{\mathrm{H}}\boldsymbol{K}\boldsymbol{h}, \text{若 } \mathcal{H}_1 \text{ 成立} \end{cases} \tag{13.8}$$

最后，$\boldsymbol{h}^{\mathrm{H}}\boldsymbol{x}$ 为复随机变量的事实表明：

$$\mathrm{Re}\{\boldsymbol{h}^{\mathrm{H}}\boldsymbol{x}\} \sim \begin{cases} \mathcal{CN}\left(\mathrm{Re}\{\boldsymbol{h}^{\mathrm{H}}\boldsymbol{\mu}\}, \dfrac{\boldsymbol{h}^{\mathrm{H}}\boldsymbol{K}\boldsymbol{h}}{2}\right), \text{若 } \mathcal{H}_0 \text{ 成立} \\ \mathcal{CN}\left(\mathrm{Re}\{\boldsymbol{h}^{\mathrm{H}}(\boldsymbol{s}+\boldsymbol{\mu})\}, \dfrac{\boldsymbol{h}^{\mathrm{H}}\boldsymbol{K}\boldsymbol{h}}{2}\right), \text{若 } \mathcal{H}_1 \text{ 成立} \end{cases} \tag{13.9}$$

观察式（13.6）和式（13.9），可以得到，如果只考虑 $\boldsymbol{h} \in \mathbb{C}^N$，那么

$$\mathrm{Re}\{\boldsymbol{h}^{\mathrm{H}}\boldsymbol{s}\} \geqslant 0 \tag{13.10}$$

接下来假设场景是一个均值偏移高斯－高斯问题的实例[30]。在一个均值偏移高斯－高斯问题中，检验统计量 T 为实高斯随机变量，服从分布：

$$\boldsymbol{T} \sim \begin{cases} \mathcal{N}(\mu_0, \sigma^2), \text{若 } \mathcal{H}_0 \text{ 成立} \\ \mathcal{N}(\mu_1, \sigma^2), \text{若 } \mathcal{H}_1 \text{ 成立} \end{cases} \tag{13.11}$$

为确保的虚警概率（P_{FA}）保持不变，判决门限可按下式确定

$$\gamma = Q^{-1}(P_{FA})\sigma + \mu_0 \tag{13.12}$$

式中：Q 为互补累积分布函数[30]。检测概率（P_D）可表示为

$$P_D = Q\left(Q^{-1}(P_{FA})^{-1} - \sqrt{d^2}\right) \tag{13.13}$$

其中，

$$d^2 = \frac{(\mu_1 - \mu_0)}{\sigma^2} \tag{13.14}$$

为偏转系数。注意到这里检测概率 P_D 是偏转系数 d^2 的单调增函数，即偏转系数 d^2 可以充分地反映检测性能，并且在应用中系统设计者应该在可能范围内尽可能地增大 d^2。本章后续讨论的问题中，偏转系数将由下式确定：

$$d^2 = \frac{2\mathrm{Re}\{\boldsymbol{h}^{\mathrm{H}}\boldsymbol{s}\}^2}{\boldsymbol{h}^{\mathrm{H}}\boldsymbol{K}\boldsymbol{h}} \tag{13.15}$$

由上式不难发现，式（13.10）不是限制性的，对于给定的 $\boldsymbol{s}$ 和 $\boldsymbol{K}$，$\boldsymbol{h}$ 或者 $-\boldsymbol{h}$ 均具有相同的偏转系数。

13.2.2　信号－滤波器联合优化

在定义式（13.15）偏转系数的所有参数中，雷达系统设计者只能控制其中的接收滤波器 $\boldsymbol{h}$ 和发射信号 $\boldsymbol{s}$。清楚了这一点，可以将偏转系数写为

$$d^2(\boldsymbol{s},\boldsymbol{h}) = (2\varepsilon)\frac{\mathrm{Re}\{\hat{\boldsymbol{h}}^{\mathrm{H}}\hat{\boldsymbol{s}}\}^2}{\hat{\boldsymbol{h}}^{\mathrm{H}}\boldsymbol{K}\hat{\boldsymbol{h}}} \tag{13.16}$$

式中：$\hat{\boldsymbol{s}}$、$\hat{\boldsymbol{h}}$ 均为单位矢量，即 $\boldsymbol{s} = \sqrt{\varepsilon}\hat{\boldsymbol{s}}$，$\boldsymbol{h} = \sqrt{\varepsilon_h}\hat{\boldsymbol{h}}$。不难发现，$d^2$ 与滤波器能量 ε_h

无关，而关于信号能量 ε 单调。当 ε 被限制在小于或等于某个有限的值，如 ε_0，d^2 关于 $\hat{\boldsymbol{s}}$ 和 $\hat{\boldsymbol{h}}$ 的最大值存在（即上确界是有限的）。在实际中，这个值 ε_0 总是知道的，并且最优信号将会有与其相同的能量①。因此，当 $\boldsymbol{K}$ 给定时，需要优化找出对应的单位矢量 $\hat{\boldsymbol{s}}$ 、$\hat{\boldsymbol{h}}$ 以使偏转系数最大。ε_0 的选择不会影响最优单位矢量。为了方便，这里不妨令 $\varepsilon_0 = 1/2$ ，此时，系统设计问题可以描述为

$$\underset{(\boldsymbol{s},\boldsymbol{h})\in\mathcal{C}}{\arg\max}\ \frac{\mathrm{Re}\{\boldsymbol{h}^{\mathrm{H}}\boldsymbol{s}\}^2}{\boldsymbol{h}^{\mathrm{H}}\boldsymbol{K}\boldsymbol{h}} \tag{13.17}$$

其中，约束集 $\mathcal{C}$ 定义为

$$\mathcal{C} = \{(\boldsymbol{s},\boldsymbol{h}) \in B_N \times \mathbb{C}^N: \mathrm{Re}\{\boldsymbol{h}^{\mathrm{H}}\boldsymbol{s}\} \geqslant 0\} \tag{13.18}$$

如上面分析的，偏转系数与滤波器能量无关，并且 $\boldsymbol{s}$ 被限制在单位球（ B_N ）内，故这里不再使用“$\hat{.}$”标识。式（13.17）的解不一定是唯一的，下式给出了其中一种：

$$(\boldsymbol{s},\boldsymbol{h}) = (\boldsymbol{u}_0,\boldsymbol{u}_0) \tag{13.19}$$

式中：$\boldsymbol{u}_0$ 为 $\boldsymbol{K}$ 的特征向量，对应于 $\boldsymbol{K}$ 的最小特征值②。通常称式（13.19）的解为特征最优解。

通常，还会对发射信号加入额外的约束条件（如恒幅要求）。若以 $\mathcal{S}\subseteq B_N$ 表示满足这些额外约束的信号集合，那么优化问题可写作

$$\underset{(\boldsymbol{s},\boldsymbol{h})\in D}{\arg\max}\ \frac{\mathrm{Re}\{\boldsymbol{h}^{\mathrm{H}}\boldsymbol{s}\}^2}{\boldsymbol{h}^{\mathrm{H}}\boldsymbol{K}\boldsymbol{h}} \tag{13.20}$$

其中，

$$D = \{(\boldsymbol{s},\boldsymbol{h}) \in \mathcal{S} \times \mathbb{C}^N: \mathrm{Re}\{\boldsymbol{h}^{\mathrm{H}}\boldsymbol{s}\} \geqslant 0\} \tag{13.21}$$

应用中也可能会同时对信号－滤波器对加入额外约束，这种情况会在 13.3 节讨论。至此，式（13.20）和式（13.21）共同描述了信号－滤波器对的设计问题。

13.2.3 波形单独优化

以 $p(\boldsymbol{x};\mathcal{H}_i)$ 表示接收信号 $\boldsymbol{x}$ 满足假设 $\mathcal{H}_i$ 的概率密度函数。那么，Neyman-Pearson 定理[30]指明，在一定虚警概率 P_{FA} 下，为最大化检测概率 P_D ，应根据下式进行判断：

---

① 反证法证明：假定 $\sqrt{\varepsilon_*}\,\hat{\boldsymbol{s}}_*$ 为最优波形，并且 $\varepsilon_* \in [0,\varepsilon_0)$ 。那么由定义可知，$d^2(\varepsilon_*,\hat{\boldsymbol{s}};\boldsymbol{h},\boldsymbol{K}) \geqslant d^2(\varepsilon_0,\hat{\boldsymbol{s}};\boldsymbol{h},\boldsymbol{K})$，而这就意味着 $\varepsilon_* \geqslant \varepsilon_0$ ，这显然是与假设矛盾的。

② 对于所有的 $\boldsymbol{h} \in B_N$ ，和所有 $(\boldsymbol{s},\boldsymbol{h}) \in \mathcal{C}$ 有 $\mathrm{Re}\{\boldsymbol{h}^{\mathrm{H}}\boldsymbol{s}\}^2 \leqslant |\boldsymbol{h}^{\mathrm{H}}\boldsymbol{s}|^2$ ，和所有 $\boldsymbol{s} \in B_N$ ，$|\boldsymbol{u}_0^{\mathrm{H}}\boldsymbol{u}_0|^2 \geqslant |\boldsymbol{u}_0\boldsymbol{s}|^2$，通过观察 $\boldsymbol{u}_0^{\mathrm{H}}\boldsymbol{K}\boldsymbol{u}_0 \leqslant \boldsymbol{h}^{\mathrm{H}}\boldsymbol{K}\boldsymbol{h}$ 可以得到这个结果。

$$L(\boldsymbol{x}) = \frac{p(\boldsymbol{x};\mathcal{H}_1)}{p(\boldsymbol{x};\mathcal{H}_0)} \underset{H_0}{\overset{H_1}{\gtrless}} \gamma \tag{13.22}$$

其中，γ 可由下式确定：

$$P_{FA} = \int_{\{\boldsymbol{x};L(\boldsymbol{x})>\gamma\}} p(\boldsymbol{x};\mathcal{H}_0)\,\mathrm{d}\boldsymbol{x} \tag{13.23}$$

在前几节关于信号及干扰的假设下，文献［30］指明，式（13.22）给出的 Neyman-Pearson 检测准则可以化简为式（13.6）的简单形式，其中 $\boldsymbol{h}$ 变为

$$\boldsymbol{h}_{np} = \boldsymbol{K}^{-1}\boldsymbol{s} \tag{13.24}$$

上式即为我们所熟知的白化滤波器。由于 $\boldsymbol{K}^{-1}$ 正定（因 $\boldsymbol{K}$ 正定），对于任意信号 $\boldsymbol{s} \in \mathbb{C}^N$，$\mathrm{Re}\{\boldsymbol{h}_{np}^{\mathrm{H}}\boldsymbol{s}\} = \boldsymbol{s}^{\mathrm{H}}\boldsymbol{K}^{-1}\boldsymbol{s} > 0$ 均成立，也就有对于 $\boldsymbol{s} \in \mathcal{S}$，$(\boldsymbol{s},\boldsymbol{K}^{-1}\boldsymbol{s}) \in \mathcal{D}$。因此，如果 $(\boldsymbol{s}_*,\boldsymbol{h}_*)$ 是式（13.20）的解，那么 $(\boldsymbol{s}_*,\boldsymbol{K}^{-1}\boldsymbol{s}_*)$ 也是它的解①。文献［30］给出了 Neyman－Pearson 检测准则下偏转系数的形式

$$d_{np}^2(\boldsymbol{s}) = d^2(\boldsymbol{s},\boldsymbol{K}^{-1}\boldsymbol{s}) = \boldsymbol{s}^{\mathrm{H}}\boldsymbol{K}^{-1}\boldsymbol{s} \tag{13.25}$$

此时，式（13.20）的优化问题简化为仅求解最优波形。则最优系统设计为 $(\boldsymbol{s}_n,\boldsymbol{h}_{np})$，其中：

$$\boldsymbol{s}_n = \arg\max_{s\in S} \boldsymbol{s}^{\mathrm{H}}\boldsymbol{K}^{-1}\boldsymbol{s} \tag{13.26}$$

很显然，固定接收滤波器的形式可以很大程度上降低该优化问题的维度。这里再考虑匹配滤波器的情况，其中滤波器为

$$\boldsymbol{h}_{mf} = \boldsymbol{s} \tag{13.27}$$

当干扰为白色时（即 $\boldsymbol{K} = \boldsymbol{I}$），匹配滤波器即为 Neyman-Pearson 滤波器。同样地，对于所有 $\boldsymbol{s} \in \mathbb{C}^N$，$\mathrm{Re}\{\boldsymbol{h}_{mf}^{\mathrm{H}}\boldsymbol{s}\} = \|\boldsymbol{s}\|^2 \geqslant 0$ 均成立，或者说对于 $\boldsymbol{s} \in \mathcal{S}$，$(\boldsymbol{s},\boldsymbol{s}) \in \mathcal{D}$。文献［30］给出了相应的偏转系数：

$$d_{mf}^2(\boldsymbol{s}) = d^2(\boldsymbol{s},\boldsymbol{s}) = \frac{\|\boldsymbol{s}\|^4}{\boldsymbol{s}^{\mathrm{H}}\boldsymbol{K}\boldsymbol{s}} \tag{13.28}$$

若在信号 $\boldsymbol{s}$ 的求解空间 $\boldsymbol{s} \in \mathcal{S}$ 内，$\|\boldsymbol{s}\|$ 为常值（如 $\mathcal{S} = B_N$），则最大化偏转系数 $d_{mf}^2(\boldsymbol{s})$ 等价于最小化 $\boldsymbol{s}^{\mathrm{H}}\boldsymbol{K}\boldsymbol{s}$。因此，最优匹配滤波器设计问题的解为 $(\boldsymbol{s}_m,\boldsymbol{s}_m)$，其中

$$\boldsymbol{s}_m = \arg\min_{s\in S} \boldsymbol{s}^{\mathrm{H}}\boldsymbol{K}\boldsymbol{s} \tag{13.29}$$

不难发现，相对于式（13.26）的最大化，这里是最小化。

13.2.4　优化波形性能

如果 $(\boldsymbol{s}_0,\boldsymbol{h}_0)$ 为一个特定优化问题的全局最优解，那么 $d^2(\boldsymbol{s}_0,\boldsymbol{h}_0)$ 称为系统

---

① 这是奈曼－皮尔逊定理的直接结论，另一种证明是利用 $\mathrm{Re}\{\boldsymbol{h}_{np}^{\mathrm{H}}\boldsymbol{s}\} = |\boldsymbol{h}_{np}^{\mathrm{H}}\boldsymbol{s}|$，对于给定的 $\boldsymbol{s}$，偏转系数变成广义瑞利熵，$\boldsymbol{h}_{np}$ 是解。

的优化波形性能。记 $(\boldsymbol{s}_j,\boldsymbol{h}_j)$ 为信号－滤波器联合优化问题式（13.20）的解，$\boldsymbol{s}_n$ 为白化滤波器问题式（13.26）的解，$\boldsymbol{s}_m$ 为匹配滤波器问题式（13.29）的解，那么在任何约束集 $\mathcal{S}$ 限制下，有

$$d^2(\boldsymbol{s}_j,\boldsymbol{h}_j) = d_{np}^2(\boldsymbol{s}_n) \geqslant d_{mf}^2(\boldsymbol{s}_m) \tag{13.30}$$

上式表明，在相同的约束集 $\mathcal{S}$ 下进行式（13.20），式（13.26）和式（13.29）的优化，能找到适用于每个问题的全局优化器，而且联合信号/滤波器设计的优化波形性能不如白化滤波器优化设计好，两个设计都至少同匹配滤波优化设计一样好。在 13.3 节中将会指出，当优化在不同的约束集上进行时，或者找不到全局优化器时，这些结构之间的选择变得更复杂。

在某些场景下，可以获得全局优化器，如文献［19］和［21］讨论的加性高斯干扰及线性时不变杂波背景下对确知距离速度的单个静止点目标检测的场景。这些工作中，在波形具有特定带宽和能量的约束下给出了式（13.26）的解析解。但是，如果对信号加入额外的约束（如恒幅约束），原问题将变为非凸问题，并且只能诉诸于非线性规划算法求解。由于非线性规划算法获得的结果可能只是局部最优的，所以很难对该类问题的波形优化性能做出准确预测。此外，当对信号－滤波器对加入额外约束（如 CAF 约束）时，式（13.30）给出的关系也可能不再成立，因为这些额外的约束在不同的问题下可能不同。因此，对于更强约束的问题，只有通过评估和比较不同潜在架构下的优化波形性能才能决定哪种架构可以获得最佳性能，13.4 节将给出这种处理过程的例子。

13.3 噪声中的未知目标

在本节中，将给出在不同的约束条件下分别对联合设计，白化滤波器设计和匹配滤波器设计进行优化的场景。在 13.4 节中，将利用数值算法求解相关问题，并对两种干扰环境下获得的结果进行波形优化性能比较。

13.3.1 信号模型

在这里，考虑雷达系统需要确定观测范围内静止点目标数目的问题。假定发射信号为 $s(t)$，持续时间 $[0,T]$，频域上在 $f \notin (f_c - B/2, f_c + B/2)$ 的能量可以忽略，f_c 为中心频率，B 为带宽。假定发射信号被 N_t 个点目标反射，其回波可以表示为

$$q(t) = \sum_{i=1}^{N_t} A_i s(t-\tau_i) \tag{13.31}$$

式中：A_i、τ_i 分别为第 i 个目标的反射/衰减系数和双程时延。在上述假设下，接收信号可记作

$$x(t) = q(t) + w(t) \tag{13.32}$$

式中：$w(t)$ 为广义平稳的零均值加性高斯随机过程，并具有已知的协方差矩阵。

与之前部分不同，这里认为 A_i 、τ_i 是未知的。在这种情况下，为检测目标，通常需要在较长的时间（$T' > T$）内接收信号，并将接收信号与接收滤波器进行相关处理，当相关输出超过一定门限时则认为目标存在。这种相关接收机是脉冲压缩雷达的一般结构。这种处理方式可以有多种等价的解释，如对未知幅度和距离的单个目标进行的广义似然比检验（GLRT）[27]；亦如将其作为多目标逆散射问题的近似[32]。

和之前一样，这里假设接收信号已被调制到基带，同相和正交信号以采样率 $f_s \geqslant B$ 采样。故信号的离散数字模型可记为 $\boldsymbol{x} = \boldsymbol{q} + \boldsymbol{w}$，其中 $\boldsymbol{x},\boldsymbol{q},\boldsymbol{w} \in \mathbf{C}^M$。为讨论方便，假定各目标时延均为采样间隔的整数倍，这样

$$q_n = \sum_{i=1}^{N_t} A_i s_{n-k_i} \tag{13.33}$$

式中：$\boldsymbol{s} \in \mathbf{C}^N$ 为基带离散时间发射信号，对于第 i 个目标，$A_i \in C$ 为其对应的复散射系数，k_i 为时延。假定滤波器与信号长度相同，接收信号 $\boldsymbol{x} \in \mathbf{C}^M$ 与滤波器 $\boldsymbol{h} \in \mathbf{C}^N$ 可在每个假设的距离单元进行互相关（XCS）处理，即

$$R_k(\boldsymbol{x},\boldsymbol{h}) = \sum_{n=0}^{N-1+k} x_{n+k} h_n^* \tag{13.34}$$

在此基础上，可依据下式检验判决第 k 个距离单元是否存在目标

$$|R_k(\boldsymbol{x},\boldsymbol{h})| \underset{H_0}{\overset{H_1}{\gtrless}} \gamma_k \tag{13.35}$$

上式中依赖于距离的判决门限 γ_k 可通过多种准则确定，如单元平均恒虚警[27]。

13.3.2 问题推导

这里首先将信号－滤波器设计问题公式化，为了有效求解优化问题，需要确定恰当的目标函数以及约束集。如果暂时假定观测范围内只有一个目标，则目标真实距离处对应的滤波后信干噪比（SINR）可表示为

$$\mathrm{SINR}(\boldsymbol{s},\boldsymbol{h}) = \frac{|\boldsymbol{h}^{\mathrm{H}}\boldsymbol{s}|^2}{E\{|\boldsymbol{h}^{\mathrm{H}}\boldsymbol{w}|\}^2} = \frac{|\boldsymbol{h}^{\mathrm{H}}\boldsymbol{s}|^2}{\boldsymbol{h}^{\mathrm{H}}\boldsymbol{K}\boldsymbol{h}} \tag{13.36}$$

进一步，若使用 Neyman-Pearson 滤波器或匹配滤波器，则 $|\boldsymbol{h}^{\mathrm{H}}\boldsymbol{x}| = \mathrm{Re}\{\boldsymbol{h}^{\mathrm{H}}\boldsymbol{x}\}$，$\mathrm{SINR}(\boldsymbol{s},\boldsymbol{h}) = d^2(\boldsymbol{s},\boldsymbol{h})$。如上文提到的，检测概率是关于 SINR 单调递增的[27]，因此这里以 SINR 作为信号－滤波器设计的目标函数。

当接收信号 $\boldsymbol{x}$ 内包含多个目标信息时，希望发射信号 $\boldsymbol{s}$ 与接收滤波器 $\boldsymbol{h}$ 之间

的互相关输出具有较窄的主瓣以及较低的旁瓣，这样便可以区分相距较近的目标，并且防止弱目标被强目标的旁瓣淹没。为表示此约束，可以要求归一化互相关输出：

$$\tilde{R}_k(\boldsymbol{s},\boldsymbol{h}) = \frac{R_k(\boldsymbol{s},\boldsymbol{h})}{|\boldsymbol{h}^{\mathrm{H}}\boldsymbol{s}|} \tag{13.37}$$

即上式的幅度小于掩模序列 $\{m_k\}$ ，$|k| = 1,\cdots,N-1$ 。由于 $\tilde{R}_k(\boldsymbol{s},\boldsymbol{h})$ 在 $k = 0$ 处始终为1，所以没有约束 $k = 0$ 处的 XCS。尝试约束这个值会无必要地使优化过程变慢。注意到，互相关输出 XCS 在负延迟处可根据

$$\tilde{R}_{-k}(\boldsymbol{s},\boldsymbol{h}) = \tilde{R}^*_{-k}(\boldsymbol{h},\boldsymbol{s}) \tag{13.38}$$

计算。在选择掩模序列 $\{m_k\}$ 时应使 $k = 0$ 处为峰值，互相关输出 XCS 具有指定的主瓣宽度和峰值旁瓣比（PSLR）。13.4 节中给出了一个掩模序列的例子。

考虑期望的信号与滤波器归一化互相关输出有助于帮助我们选择 XCS 掩模的峰值旁瓣比 PSLR。如下式分析的

$$E\{|\tilde{R}_k(\boldsymbol{s},\boldsymbol{h})|^2\} = \frac{E\{|R_k(\boldsymbol{s},\boldsymbol{h})|^2\}}{|\boldsymbol{h}^{\mathrm{H}}\boldsymbol{s}|^2} \tag{13.39}$$

$$= \frac{|R_k(\boldsymbol{q},\boldsymbol{h})|^2}{|\boldsymbol{h}^{\mathrm{H}}\boldsymbol{s}|} + \frac{\boldsymbol{h}^{\mathrm{H}}\boldsymbol{K}\boldsymbol{h}}{|\boldsymbol{h}^{\mathrm{H}}\boldsymbol{s}|^2} \tag{13.40}$$

$$= |\tilde{R}_k(\boldsymbol{q},\boldsymbol{h})|^2 + \frac{1}{\mathrm{SINR}(\boldsymbol{s},\boldsymbol{h})} \tag{13.41}$$

式（13.41）中第一项与目标的回波相关，而 $1/\mathrm{SINR}(\boldsymbol{s},\boldsymbol{h})$ 则与干扰相关，通常称 $1/\mathrm{SINR}(\boldsymbol{s},\boldsymbol{h})$ 为互相关输出的噪声基底。如果要求互相关输出的峰值旁瓣比远低于噪声基底，这会使得优化的求解空间被过度约束，因为互相关函数旁瓣远低于噪声。随着互相关输出噪声基底的升高，获得的 SINR 将会明显降低。另外，如果选择的互相关输出的峰值旁瓣比远高于噪声基底，那么可实现的 SINR 将增加，噪声基底降低。但是，弱目标可能被强目标的旁瓣淹没。13.4 节中将对选择峰值旁瓣比提供一些启发。

除了对互相关输出的约束外，还将要求发射信号幅度恒定。这种约束可以通过只设计信号的相位函数实现，因此之后向量 $\boldsymbol{s}$ 应当理解为是相位向量 $\boldsymbol{\phi}$ 的函数，即 $s_n = a_n\exp(\mathrm{j}\phi_n)$ ，$a_n \in \mathbb{R}$ 为信号在 n 时刻的期望幅度。对于恒幅信号，对所有 n 有 $a_n = 1$ 。此时，信号滤波器联合优化的约束集可写为

$$\boldsymbol{D}_j = \{(\boldsymbol{\phi},\boldsymbol{h}) \in \mathbb{R}^N \times \mathbf{C}^N: |\tilde{R}_k(\boldsymbol{s},\boldsymbol{h})| \leqslant m(k),\ k \neq 0\} \tag{13.42}$$

注意到发射向量 $\boldsymbol{s}$ 很明显依赖于相位向量 $\boldsymbol{\phi}$ 。

如果在白化滤波器结构下讨论问题，则约束集可写为

$$\mathcal{S}_n = \{\boldsymbol{\phi} \in \mathbb{R}^N: |\tilde{R}_k(\boldsymbol{s},\boldsymbol{K}^{-1}\boldsymbol{s})| \leqslant m(k),\ k \neq 0\} \tag{13.43}$$

如果采用匹配滤波器，由于信号与滤波器的互相关输出关于 $k=0$ 对称，约

束集可以写为

$$\mathcal{S}_m = \{\phi \in \mathbf{R}^N : |\tilde{R}_k(\boldsymbol{s},\boldsymbol{s})| \leqslant m(k),\ k > 0\} \tag{13.44}$$

至此，上述三种情况的优化问题可以分别描述为

$$\arg\max_{(\boldsymbol{\phi},\boldsymbol{h}) \in D_j} \frac{|\boldsymbol{h}^{\mathrm{H}}\boldsymbol{s}|^2}{\boldsymbol{h}^{\mathrm{H}}\boldsymbol{K}\boldsymbol{h}} \tag{13.45}$$

$$\arg\max_{\boldsymbol{\phi} \in S_n} \boldsymbol{s}^{\mathrm{H}}\boldsymbol{K}^{-1}\boldsymbol{s} \tag{13.46}$$

$$\arg\min_{\boldsymbol{\phi} \in S_m} \boldsymbol{s}^{\mathrm{H}}\boldsymbol{K}\boldsymbol{s} \tag{13.47}$$

这里，称式（13.45）的解为波形－滤波器最优联合设计；式（13.46）的解为白化滤波器（最优 WF）优化设计；式（13.47）的解为匹配滤波器（最优 MF）优化设计。

13.3.3　波形频谱

根据 Szegös 定理，对于足够大的 N，托普利兹矩阵 $\boldsymbol{K} \in \mathbf{C}^{N\times N}$ 可以由 $\boldsymbol{K} \cong \boldsymbol{U\Lambda U}^{\mathrm{H}}$ 很好地逼近，其中 $\boldsymbol{U} \in \mathbf{C}^{N\times N}$ 为单位离散傅里叶变换矩阵，$\boldsymbol{\Lambda} \in \mathbf{R}^{N\times N}$ 为对角阵，其对角线元素为干扰的功率谱密度[34, 35]。因此，$\boldsymbol{K}^{-1} \cong \boldsymbol{U\Lambda}^{-1}\boldsymbol{U}^{\mathrm{H}}$。

对于式（13.47）中的匹配滤波器设计代价函数，有

$$\boldsymbol{s}^{\mathrm{H}}\boldsymbol{K}\boldsymbol{s} \cong \boldsymbol{s}^{\mathrm{H}}\boldsymbol{U\Lambda U}^{\mathrm{H}}\boldsymbol{s} = \sum_{n=1}^{N} \lambda_n |\tilde{s}_n|^2 \tag{13.48}$$

式中：$\tilde{\boldsymbol{s}} = \boldsymbol{U}^{\mathrm{H}}\boldsymbol{s}$ 为发射向量 $\boldsymbol{s}$ 的 DFT，$\lambda_n = [\boldsymbol{\Lambda}]_{n,n}$。从这一结果可以看出，在约束允许的范围内，最优波形在频率 ω_n 处的频谱反比于 λ_n，即最优信号频谱分布与干扰能量分布是此强彼弱，此消彼长的关系。这种现象同样适用于其他两种情况下的设计。

13.3.4　结构选择

在进行数值求解前，首先观察一下式（13.45）至式（13.47）的问题形式。首先，这三个问题都可以被看成信号－滤波器对联合优化问题，其中式（13.46）和式（13.47）限定了滤波器形式，而式（13.45）没有；再者，由于信号 $\boldsymbol{s}$ 与滤波器 $\boldsymbol{h}$ 之间存在不同的联系，三个问题的优化求解空间均不相同。假定 $(\boldsymbol{s}_j, \boldsymbol{h}_j)$ 是全局优化联合设计，$\boldsymbol{s}_n$ 为白化滤波器下的全局最优波形，那么很显然有

$$\mathrm{SINR}(\boldsymbol{s}_j, \boldsymbol{h}_j) \geqslant \mathrm{SINR}(\boldsymbol{s}_n, \boldsymbol{K}^{-1}\boldsymbol{s}_n) \tag{13.49}$$

不过，上式的结果并不意味着在任何情况下信号－滤波器对联合设计的结果总是最优的。因为，式（13.45）至式（13.47）必须借助于数值解法求解，算法的选择、初始化都会很大程度影响优化的效果。在 13.4.2 节的例子中，白化滤波器的结果性能更好；13.4.3 节中，信号－滤波器联合设计或者匹配滤波器下的结果更优。

式（13.45）至式（13.47）的问题均可以借助于标准非线性规划算法求解，如序列二次规划（SQP）或内点法[36, 37]。不过这些方法获得的结果可能不是全局最优解，并且如果不能找到一个可行的内点作为算法的初始化位置，SQP 和内点法可能会求解失败。在下一节分析中会发现，式（13.45）和式（13.47）问题相对于式（13.46）问题更容易找到合适的算法起始点。考察式（13.42）至式（13.44）三组情况下的约束集可以发现，信号－滤波器联合设计问题具有 $3N$ 个设计变量（信号相位以及滤波器的实虚部），而式（13.46）、式（13.47）只有 N 个设计变量；问题（13.47）只有 $N-1$ 个约束条件，而式（13.45）、式（13.46）问题有 $2(N-1)$ 个约束。最后，对于问题式（13.45）计算其目标函数及约束梯度比式（13.46）、式（13.47）问题更加费时（见附录）。依以上分析，匹配滤波器下的信号设计计算量是最小的，因此在一些应用中更倾向于匹配滤波器方案。

13.4 示 例

13.4.1 仿真概述

本节在两种干扰环境下对式（13.45）至式（13.47）问题进行了求解。信号长度 $N=64$，信号幅度恒定，利用 MATLAB 最优化工具箱[38]对问题进行求解。为了公平的对比，每个问题均分别使用 SQP 算法[38]和内点法[38]求解。只给出了最有效算法的结果。算法最多允许迭代 5000 次，如果算法达到某局部最优解或者不能获得可行解也可提前终止迭代。其中，式（13.45）、式（13.46）问题在内点法下得到最有效的求解，而问题式（13.47）利用 SQP 算法求解速度最快。这些算法求解过程中需要的梯度、雅可比信息均在附录中给出。

为了评估分析三种方案下的波形最优性能，将其 SINR 与以下三种基准（参考）信号－滤波器组合的 SINR 进行比较：

（1）线性调频信号/匹配滤波器（LFM/MF）。

（2）线性调频信号/白化滤波器（LFM/WF）。

（3）特征根最优解。

LFM/MF 下，是指使用线性调频信号（$\boldsymbol{s}_L$）具有 70% 的带宽且使用匹配滤波器。这里以三种设计方案获得的结果相对于 LFM/MF 情况下 SINR 的增益作为对其设计性能的评价指标，即

$$G(\boldsymbol{s},\boldsymbol{h}) = \frac{\mathrm{SINR}(\boldsymbol{s},\boldsymbol{h})}{\mathrm{SINR}(\boldsymbol{s}_L,\boldsymbol{s}_L)} \tag{13.50}$$

需要注意的是，SQP 及内点法选择的起始点应尽可能地接近可行解。在下面

的例子中，选择的归一化互相关的掩模序列要保证 LFM/MF 的设计是可行的。对于问题式（13.45），以 $(\boldsymbol{s}_L, \boldsymbol{s}_L)$ 作为起始点，对于式（13.46）、式（13.47）问题均以 $\boldsymbol{s}_L$ 作为算法起始点。因此，对信号 – 滤波器对联合设计以及匹配滤波器下信号设计，其起始点都是可行的；而对白化滤波器下的信号设计，其起始点是不可行的。为了用 $\mathcal{S}_n$ 内的一个点初始化问题式（13.46），要解决一个相关的可行性问题，但这只会增加解决 WF 优化设计所需要的时间。

第二种基准信号 – 滤波器对为线性调频信号与白化滤波器的组合，我们称为“LFM/WF 优化”，第三种基准信号 – 滤波器对为式（13.19）给出的特征最优设计结果。第二种和第三种基准解提供了对滤波和信号设计对优化过程相应贡献的考察。当干扰的频谱与基准 LFM 不相似时，它可以被有效地过滤掉，LFM/WF 方法同特征根优化表现得一样好。由于相同的原因，与其他解相比，WF 优化解性能更好。当干扰同基准 LFM 相似时，它不能被很容易地滤除。这种情况下，特征根优化增益会比 LFM/WF 增益高很多，并且波形优化在性能提升方面能发挥更大的作用。

13.4.2 不相似的干扰

本节考虑的干扰频谱，与 LFM 的频谱有较大差异。假定这里的干扰包含高斯白噪声以及一个自回归随机过程（即干扰），其传递函数为

$$H(z) = \frac{1}{(1 - 1.5z^{-1} + 0.7z^{-2})^4} \tag{13.51}$$

这里通过对噪声及干扰过程进行能量控制保证其干扰噪声比（INR）为 40dB，而信干噪比 SINR = –15dB。这里将噪声加干扰看作简单的干扰。干扰协方差矩阵 $\boldsymbol{K}$ 具有解析形式[39]，认为其已知。

图 13.1 给出了干扰以及三种基准信号的功率谱密度。这里对接收滤波器能量进行了缩放以使 $|\boldsymbol{h}^{\mathrm{H}}\boldsymbol{s}| = 1$，在这种处理下可以清楚地看到在图 13.1 中，白化滤波器与线性调频信号在 LFM 的 PSD 大于干扰 PSD 的频率上匹配。这一人们熟知的结果可以这样解释，即自相关矩阵可以被傅里叶基对角化[34, 35]。这一理论同样可以解释这一现象，即图 13.1 中，特征根最优解的几乎全部发射能量均分布在低噪声的频带（也就是矩阵 $\boldsymbol{K}$ 的低噪声与空间）。

在本示例中，进行滤波获得了大幅增益。其中 LFM/WF 结果增益为 38.8dB，而特征根最优设计结果增益稍微多一点，为 41.5dB。但是，如图 13.2 所示的，这三种基准设计方案的互相关输出 XCS 都不理想。假定 –20dB的峰值旁瓣比可以满足需求，那么最优设计结果 XCS 的掩模应该如何选取？为了回答该问题，首先注意到 LFM/WF 及特征根最优设计结果的互相关输出的噪声基底分别比 LFM/MF 低 38.8dB 和 41.5dB，而图 13.2 中 LFM/WF 的设计结果仅在近主瓣处

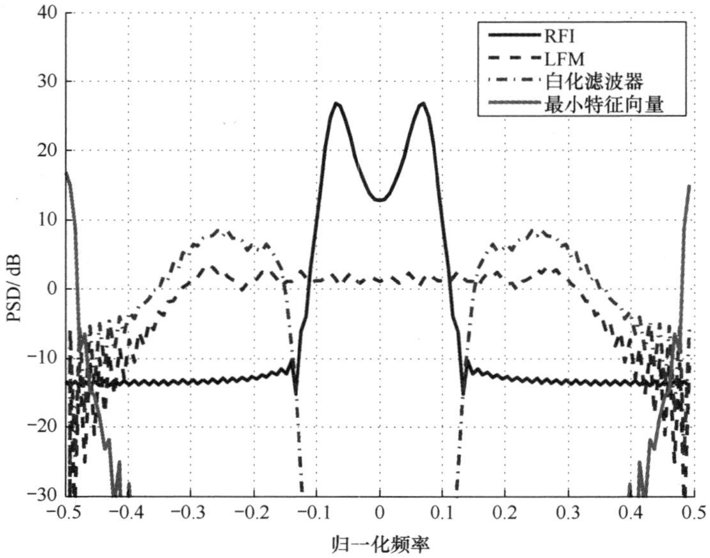

图 13.1　不相似干扰，基准 LFM，相应的白化滤波和最小特征向量的 PSD。对于这种情况，相对于 LFM/MF，LFM/WF 设计提供了 38.8dB 的增益，而特征根优化设计提供了 41.5dB 的增益

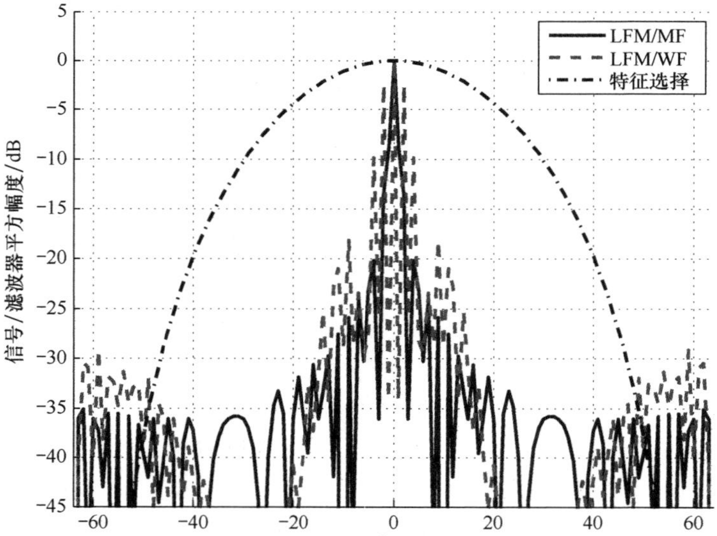

图 13.2　在不相似干扰情况下每种基准设计的归一化信号/滤波 XCS 的平方幅度。相对于 LFM/MF，LFM/WF 设计提供了 38.8dB 的增益，而特征根优化设计提供了 41.5dB 的增益

的旁瓣高于 -20dB，已接近于可行，因此可以认为对 PSLR 加以 -20dB 的约束是可以的。

图 13.3 中给出了本例中的 XCS 掩模以及每种优化设计的最终信号/滤波 XCS。这里每个问题均给出了可行的设计结果（尽管如图 13.2 所示，式（13.46）问题的初始点是不可行的），三种情况相对于 LFM/MF 的增益均不少于 35dB，这意味着三种结果预期的互相关输出噪声基底至少比预期的 LFM/MF 低 35dB，在这种条件下对于 PSLR 施以 -20dB 的约束是谨慎而合理的。

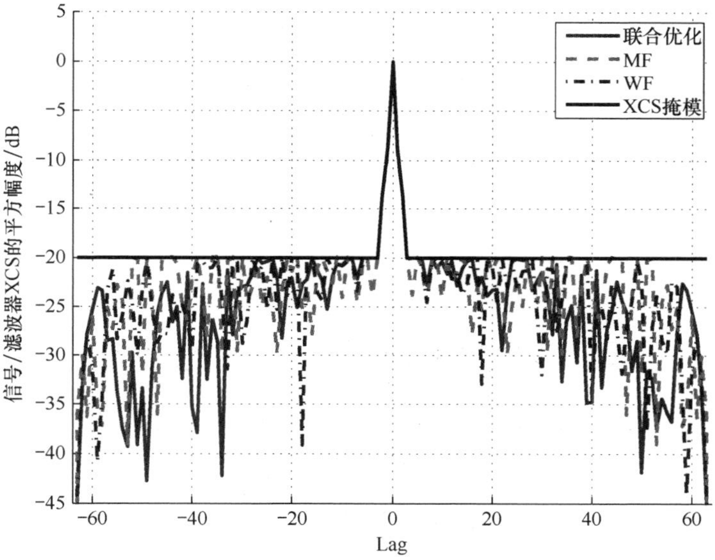

图 13.3　不相似干扰情况下的 -20dB 的 PSLR XCS 掩模和每种优化结果的归一化信号/滤波器 XCS 的平方幅度。对于这种情况，相对于 LFM/MF，MF 优化设计提供了 38.4dB 的增益，WF 优化设计提供了 41.3dB 的增益，优化的联合信号/滤波设计提供了 41.3dB 的增益

图 13.4 给出了以上三种设计结果的功率谱密度，同样地，这里已对互相关输出做归一化处理，即 $|\boldsymbol{h}^{\mathrm{H}}\boldsymbol{s}|=1$。如我们所期望的，匹配滤波器下设计的结果将其能量分布于强干扰频段之外，并相对于 LFM/MF 获得了 38.4dB 的增益；白化滤波器以及最优信号 - 滤波器联合设计结果同样具有相似的特点，都获得了 41.3dB 的增益。图 13.5 给出了三种设计方案实施优化过程中性能改善相对于时间的关系图，从图中可以看到白化滤波器下进行设计不仅取得了最大的增益，并且其实施优化的速度也远高于另外两种方案。综合考虑设计性能以及实施速度，白化滤波器下最优信号设计是最适合以上假设方案的。

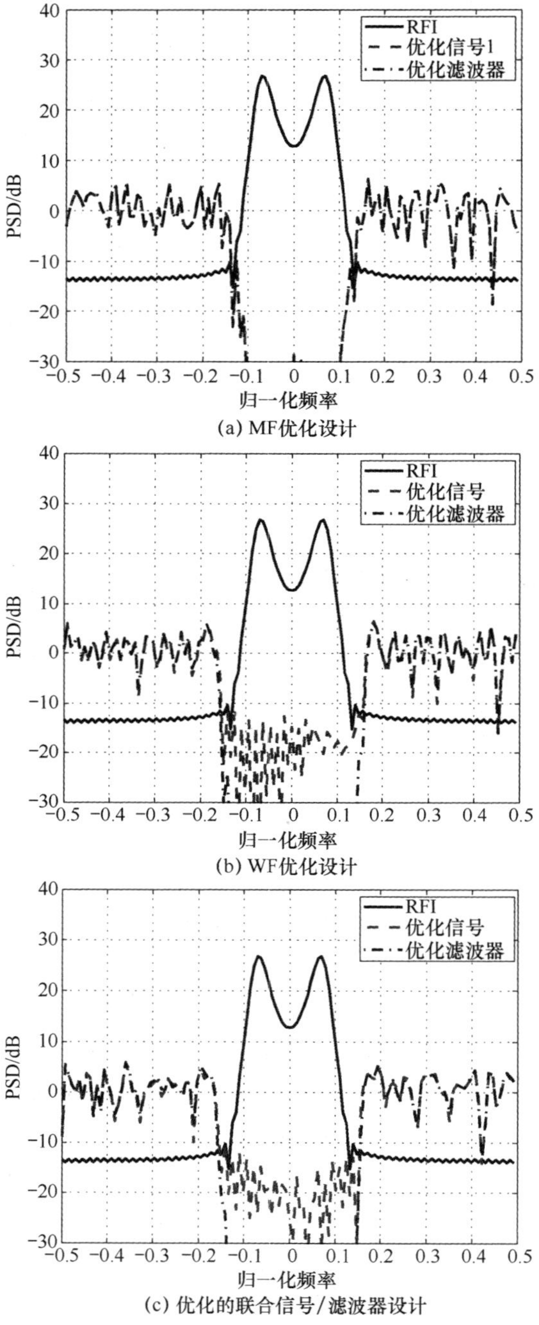

图 13.4 不相似干扰的 PSD 和（a）MF 优化设计；（b）WF 优化设计；（c）优化联合信号/滤波设计。对于这种情况，相对于 LFM/MF，MF 优化设计提供了 38.4dB 的增益，WF 优化设计提供了 41.3dB 的增益，优化联合信号/滤波设计提供了 41.3dB 的增益

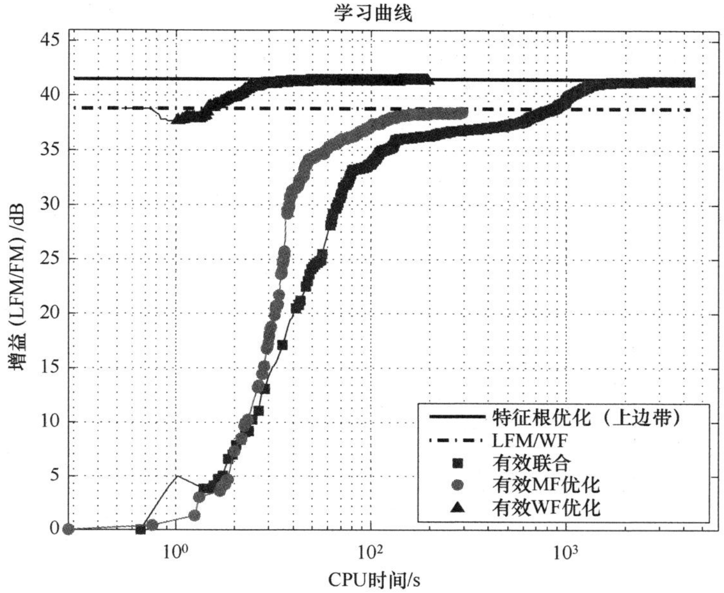

图 13.5　在不相似干扰情况下，每一种优化设计的性能（增益）改善对时间的函数。下面的点划线表示 LFM/WF 的增益（38.8dB），上面的实线表示特征根优化的增益（41.5dB）。没有违反约束的优化设计（即有效设计）用实心记号表示

13.4.3　相似的干扰

现在考虑干扰功率谱密度与基准线性调频信号功率谱类似的情况。假定干扰由白高斯随机过程和经过带通滤波的白高斯随机过程组成，与之前一样，干扰噪声比 INR = 40dB，信干噪比 SINR = −15dB。该情况下，干扰协方差矩阵（$\boldsymbol{K}$）利用一百万次实验进行估计。图 13.6 给出了干扰以及三种方案最优解的功率谱密度，其中互相关输出已做归一化处理，即 $|\boldsymbol{h}^{\mathrm{H}}\boldsymbol{s}| = 1$。正如预测的，结果显示白化滤波器在线性调频信号功率谱密度高于干扰的频带内与 LFM 信号匹配，但是由于干扰功率谱密度与基准线性调频信号的功率谱密度十分相似，白化滤波器不得不抛弃信号的大部分能量。因此，尽管偏转系数中的分母 $\boldsymbol{h}^{\mathrm{H}}\boldsymbol{K}\boldsymbol{h}$ 很小，其分子 $\boldsymbol{h}^{\mathrm{H}}\boldsymbol{s}$ 同样也很小。在该情况下，白化滤波器下的设计结果相对于匹配滤波器下结果获得了 11.5dB 的增益，而特征根最优结果的增益为 41.7dB。因此，这里期望通过波形优化获得雷达系统性能的提升。

与之前类似的，白化滤波器下设计结果及特征根最优结果的互相关特性均不理想，如图 13.7 所示。如果假定匹配滤波下最优解 −20dB 的峰值旁瓣比是可行合理的，那么应当选择怎样的互相关输出掩模包络呢？特征根最优解具有 −41.7dB的噪声基底，这使优化结果达到 −20dB 的噪声基底成为可能。然而，

LFM/WF 的 -11.5dB 的噪声基底较高，并且 LFM/WF 的旁瓣水平也高于 -20dB。对于该情况无法确定应如何选择最大 PSLR。所以，本书中选择了 -20dB。

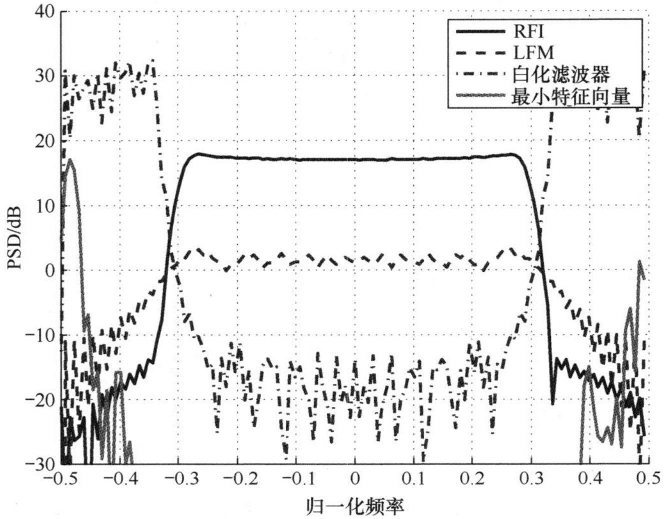

图 13.6　相似干扰及三种设计结果的功率谱密度

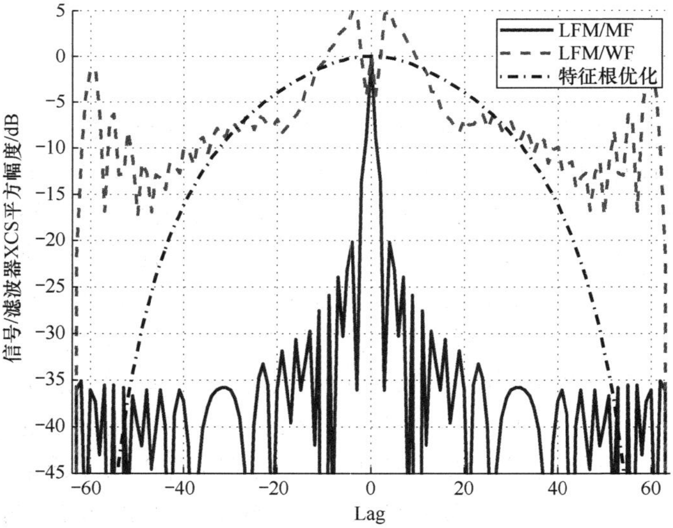

图 13.7　三种设计结果的互相关输出

图 13.8 给出了互相关输出掩模包络约束以及加入该约束后三种方案的优化设计结果。从图 13.8 中可以看出，对于匹配滤波方案以及信号 - 滤波器联合设计方案，得到的结果是可行的，而白化滤波器下结果未满足峰值旁瓣约束（不可

行)。在两种可行的设计结果中，匹配滤波下仅获得了 5.2dB 的增益，而联合设计方案获得了 10.0dB 的增益。图 13.9 给出了以上几种设计结果的功率谱密度。为满足峰值旁瓣的约束，三种设计结果均在干扰所在频段分配了大量的能量，这解释了为什么三种设计结果的增益均远小于 13.4.2 节中的结果。图 13.10 给出了三种方案实施优化过程中性能改善随时间的变化关系。与 13.4.2 节中结果类似的，这里信号 - 滤波器联合设计方案与匹配滤波下的设计有相近的执行速度，而白化滤波下的优化过程从开始至达到迭代次数上限终止都没有获得一个可行结果。在白化滤波下的优化设计中较难获得一可行解作为初始值，这是该方案下的一个典型困难。当然，可以尝试求解相关的可行性问题以获得该方案下的一可行解作为其初始值，但这只会增加该方案下计算求解的复杂性。综合以上考虑，在干扰与基准信号具有着相似功率谱分布密度的情况下，信号 - 滤波器联合设计是更加合适的方案。

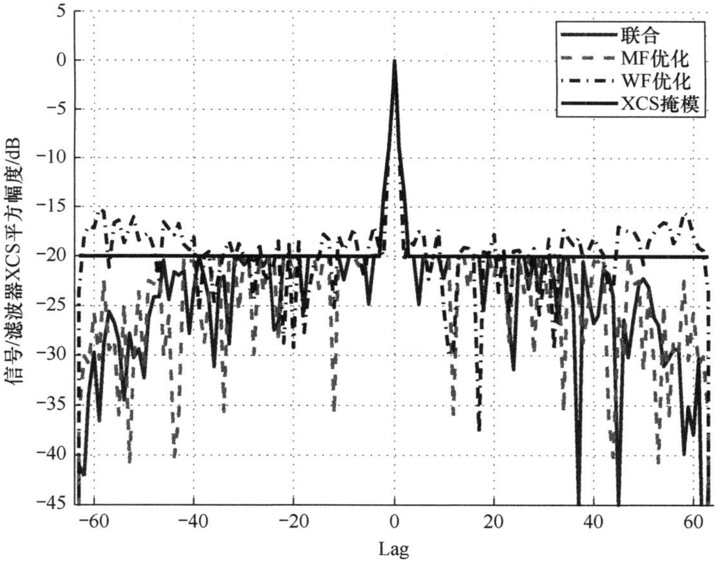

图 13.8　互相关输出覆盖包络及三种设计结果

13.5　总　结

本章旨在向读者分析介绍自适应波形设计的复杂性。通过考察自适应加性高斯干扰下检测目标的性能，对自适应波形设计问题作了系统的分析。最简单的假设检验方案可以获得较为简明的结果，但为了分析更接近现实情况，不得不对波形设计引入额外的约束，这会使问题变为非凸、非线性的，并且这类问题通常需要较高的计算量解决。此外，当考虑更多的现实问题时，从多种波形设计方案中

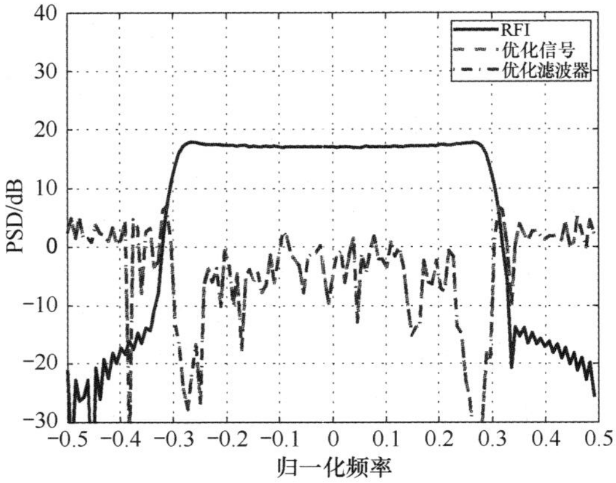

(a) MF优化设计

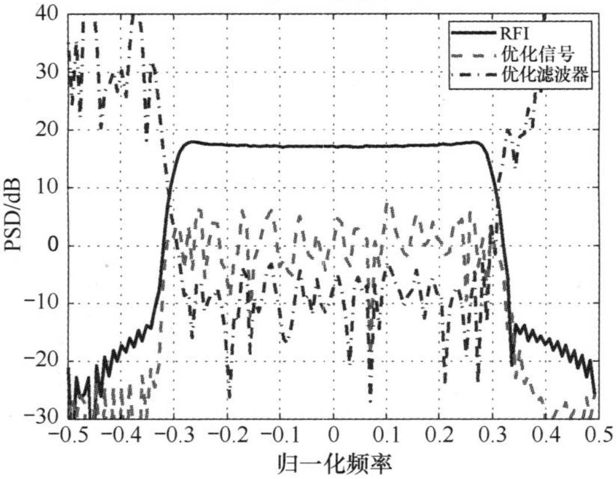

(b) WF优化设计

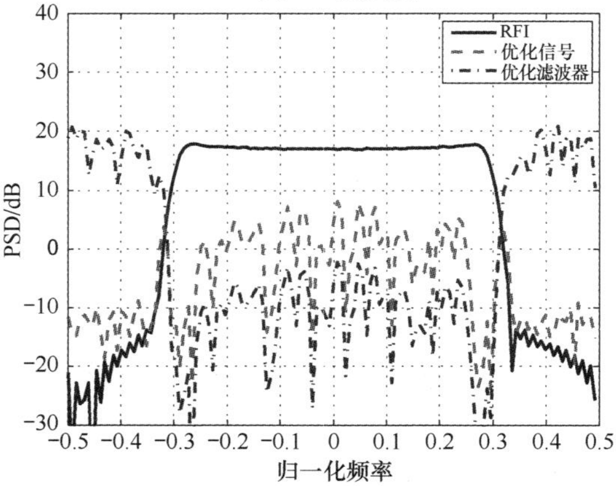

(c) 信号/滤波器联合优化设计

图 13.9　三种设计结果的功率谱密度

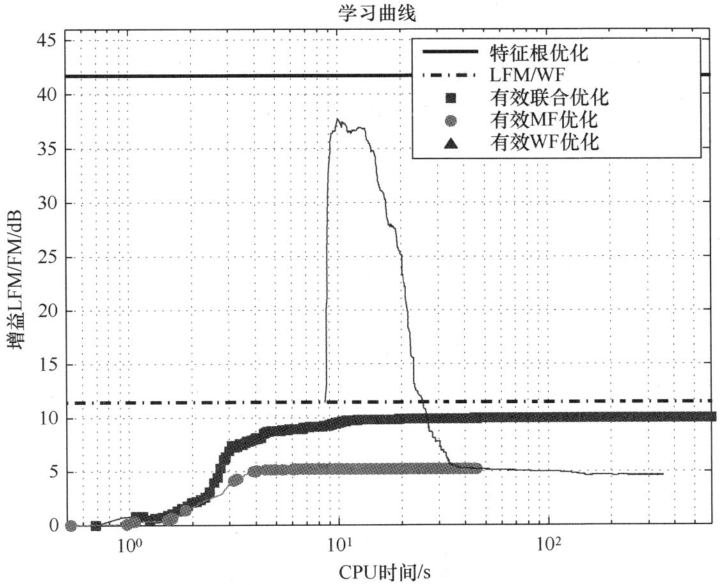

图 13.10　三种设计结果的收敛曲线

选择合适的方案也随之变得不再简单。而假定已经从多种设计方案中选择了某种方案，此时针对该方案设计快速度的自适应算法也将是非常具有挑战性的。我们深深的希望，本章的几则示例可以为读者展示自适应波形设计中的主要困难，以及解决这些困难的有效方法。

附录　梯度和雅可比

在此附录中，对式（13.45）至式（13.47）三则问题中需要用到的目标函数梯度及约束方程雅可比行列式进行推导。这里，应用文献[40]中对复偏导以及复梯度的定义。假定 $x, y \in \mathbb{R}$，$z \in \mathbb{C}$，并且 $z = x + \mathrm{j}y$，此时函数 $G: \mathbb{C} \to \mathbb{R}$，关于 z 及 z^* 的偏导数定义为

$$\frac{\partial G}{\partial z} \doteq \frac{1}{2}\left(\frac{\partial G}{\partial x} - \mathrm{j}\frac{\partial G}{\partial y}\right) \tag{13.52}$$

$$\frac{\partial G}{\partial z^*} \doteq \frac{1}{2}\left(\frac{\partial G}{\partial x} + \mathrm{j}\frac{\partial G}{\partial y}\right) \tag{13.53}$$

这里认为 z 及 z^* 是关于函数 G 的独立变量。如果 $\boldsymbol{z}$ 为矢量 $\boldsymbol{z} = [z_1 \cdots z_N]^{\mathrm{T}} \in \mathbb{C}^N$，则函数 $G: \mathbb{C}^N \to \mathbb{R}$ 关于 $\boldsymbol{z}$ 及 $\boldsymbol{z}^*$ 的梯度分别定义为

$$\nabla_z G \doteq \left(\frac{\partial G}{\partial z_1}\ \frac{\partial G}{\partial z_2} \cdots \frac{\partial G}{\partial z_N}\right) \tag{13.54}$$

$$\nabla_{z^{\mathrm{H}}} G \doteq \left(\frac{\partial G}{\partial z_1^*}\ \frac{\partial G}{\partial z_2^*}\cdots\ \frac{\partial G}{\partial z_N^*}\right)^{\mathrm{T}} \tag{13.55}$$

由于优化工具箱不能直接支持复变量设计，需要利用式（13.54）、式（13.55）间的共轭对称性来快速计算目标函数关于变量 $\boldsymbol{z}$ 实部及虚部的梯度，即

$$\nabla_{z_r} G = 2\mathrm{Re}\{\nabla_z G\} \tag{13.56}$$

$$\nabla_{z_i} G = -2\mathrm{Im}\{\nabla_z G\} \tag{13.57}$$

式中：$z_r, z_i \in \mathbb{R}^N$，$z = z_r + j z_i$[41]。

1. 信号－滤波器联合设计的信干噪比 SINR

在信号－滤波器联合设计问题中，信干噪比 SINR 是信号相位 $\boldsymbol{\phi} \in \mathbb{R}^N$ 以及滤波器 $\boldsymbol{h} \in \mathbb{C}^N$ 的函数，这里考察 SINR 关于信号相位矢量第 p 个元素的偏导，即

$$\frac{\partial}{\partial \phi_p}\mathrm{SINR}(\boldsymbol{s},\boldsymbol{h}) = \frac{\dfrac{\partial}{\partial \phi_p}|\boldsymbol{h}^{\mathrm{H}}\boldsymbol{s}|^2}{\boldsymbol{h}^{\mathrm{H}}\boldsymbol{K}\boldsymbol{h}} \tag{13.58}$$

为计算分子，注意到

$$\frac{\partial s_n}{\partial \phi_p} = \begin{cases} js_p, & p = n \\ 0, & \text{其他} \end{cases} \tag{13.59}$$

$$\frac{\partial s_n^*}{\partial \phi_p} = \left(\frac{\partial s_n}{\partial \phi_p}\right)^* \tag{13.60}$$

那么，

$$\frac{\partial}{\partial \phi_p}|\boldsymbol{h}^h\boldsymbol{s}|^2 = \frac{\partial}{\partial \phi_p}[(\boldsymbol{h}^h\boldsymbol{s})(\boldsymbol{h}^h\boldsymbol{s})^*] \tag{13.61}$$

$$= 2\mathrm{Re}\left\{(\boldsymbol{h}^h\boldsymbol{s})\frac{\partial}{\partial \phi_p}\boldsymbol{s}^{\mathrm{H}}\boldsymbol{h}\right\} \tag{13.62}$$

$$= 2\mathrm{Im}\{(\boldsymbol{h}^h\boldsymbol{s})h_p s_p^*\} \tag{13.63}$$

将结果代入式（13.58），并将不同 p 对应偏导数组成一矢量便可以得到信干噪比 SINR 的梯度表达式，即

$$\nabla_{\phi}^T\mathrm{SINR}(\boldsymbol{s},\boldsymbol{h}) = \frac{2\mathrm{Im}\{(\boldsymbol{h}^{\mathrm{H}}\boldsymbol{s})(\boldsymbol{h}\odot\boldsymbol{s}^*)\}}{\boldsymbol{h}^{\mathrm{H}}\boldsymbol{K}\boldsymbol{h}} \tag{13.64}$$

下面将考察 SINR 关于滤波器 $\boldsymbol{h}$ 第 p 个元素的偏导，利用商法则，有

$$\frac{\partial}{\partial h_p}\mathrm{SINR}(\boldsymbol{s},\boldsymbol{h}) = \frac{(\boldsymbol{h}^{\mathrm{H}}\boldsymbol{K}\boldsymbol{h})\dfrac{\partial}{\partial h_p}|\boldsymbol{h}^{\mathrm{H}}\boldsymbol{s}|^2 - |\boldsymbol{h}^{\mathrm{H}}\boldsymbol{s}|^2\dfrac{\partial}{\partial h_p}(\boldsymbol{h}^{\mathrm{H}}\boldsymbol{K}\boldsymbol{h})}{(\boldsymbol{h}^{\mathrm{H}}\boldsymbol{K}\boldsymbol{h})^2} \tag{13.65}$$

计算分子的偏导，有

$$\frac{\partial}{\partial h_p}|\boldsymbol{h}^{\mathrm{H}}\boldsymbol{s}|^2 = \sum_{n=0}^{N-1}\sum_{m=0}^{N-1} s_m h_m^* s_n^* \frac{\partial h_n}{\partial h_p} \tag{13.66}$$

$$= s_p^* \sum_{m=0}^{N-1} s_m h_m^* \tag{13.67}$$

$$= s_p^* (\boldsymbol{h}^{\mathrm{H}} \boldsymbol{s}) \tag{13.68}$$

$$\frac{\partial}{\partial h_p}(\boldsymbol{h}^{\mathrm{H}} \boldsymbol{K} \boldsymbol{h}) = \sum_{n=0}^{N-1} \sum_{m=0}^{N-1} h_n^* [\boldsymbol{K}]_{n,m} \frac{\partial h_m}{\partial h_p} \tag{13.69}$$

$$= \sum_{n=0}^{N-1} h_n^* [\boldsymbol{K}]_{n,p} \tag{13.70}$$

$$= \boldsymbol{h}^{\mathrm{H}} \boldsymbol{k}_p \tag{13.71}$$

式中：$\boldsymbol{k}_p$ 表示矩阵 $\boldsymbol{K}$ 的第 p 列。将式（13.68）、式（13.71）代入式（13.65）可得 SINR 关于滤波器 $\boldsymbol{h}$ 第 p 个元素的偏导，将不同 p 对应的偏导组成矢量便得到了 SINR 关于滤波器 $\boldsymbol{h}$ 的梯度，即

$$\nabla_{\boldsymbol{h}} \mathrm{SINR}(\boldsymbol{s}, \boldsymbol{h}) = \alpha \boldsymbol{s}^{\mathrm{H}} - |\alpha|^2 \boldsymbol{h}^{\mathrm{H}} \boldsymbol{K} \tag{13.72}$$

式中：$\alpha \doteq \boldsymbol{h}^{\mathrm{H}} \boldsymbol{s} / (\boldsymbol{h}^{\mathrm{H}} \boldsymbol{K} \boldsymbol{h})$。

2. 白化滤波及匹配滤波下的信干噪比 SINR

在白化滤波及匹配滤波下设计信号，其信干噪比 SINR 仅是表征信号的相位矢量 $\boldsymbol{\phi}$ 的函数。如果令 $\boldsymbol{K} \doteq [\boldsymbol{k}_1 \cdots \boldsymbol{k}_N]$ 为 Hermitian 矩阵，则

$$\frac{\partial}{\partial \phi_p} \boldsymbol{s}^{\mathrm{H}} \boldsymbol{K} \boldsymbol{s} = \sum_{n=0}^{N-1} \sum_{m=0}^{N-1} [\boldsymbol{K}]_{n,m} \frac{\partial}{\partial \phi_p} (s_n^* s_m) \tag{13.73}$$

$$= (j s_p) \sum_{n=0}^{N-1} [\boldsymbol{K}]_{n,p} s_n^* + (-\mathrm{j} s_p^*) \sum_{m=0}^{N-1} [\boldsymbol{K}]_{p,m} s_m \tag{13.74}$$

$$= 2\mathrm{Re}\{(-\mathrm{j} s_p^*) \boldsymbol{k}_p^{\mathrm{H}} \boldsymbol{s}\} \tag{13.75}$$

$$= 2\mathrm{Im}\{\boldsymbol{s}_p^* \boldsymbol{k}_p^{\mathrm{H}} \boldsymbol{s}\} \tag{13.76}$$

将上述不同 p 对应的偏导数组成矢量可得匹配滤波下目标函数的梯度表达式，即

$$\nabla_{\boldsymbol{\phi}}^T \boldsymbol{s}^{\mathrm{H}} \boldsymbol{K} \boldsymbol{s} = 2\mathrm{Im}\{\boldsymbol{s}^* \odot (\boldsymbol{K}^{\mathrm{H}} \boldsymbol{s})\} \tag{13.77}$$

类似地，白化滤波下目标函数的梯度表达式为

$$\nabla_{\boldsymbol{\phi}}^T \boldsymbol{s}^{\mathrm{H}} \boldsymbol{K}^{-1} \boldsymbol{s} = 2\mathrm{Im}\{\boldsymbol{s}^* \odot ((\boldsymbol{K}^{-1})^{\mathrm{H}} \boldsymbol{s})\} \tag{13.78}$$

3. 信号－滤波器联合设计下归一化互相关雅可比矩阵

对于信号－滤波器联合设计问题，归一化互相关输出是信号相位矩阵 $\boldsymbol{\phi} \in \boldsymbol{R}^N$ 及滤波器 $\boldsymbol{h} \in \mathbf{C}^N$ 的函数。这里仅考虑时延 $k \geqslant 0$ 部分，则归一化互相关输出在时延 k 处关于信号相位第 p 个元素的偏导数为

$$\frac{\partial}{\partial \phi_p} |\tilde{R}_k(\boldsymbol{s}, \boldsymbol{h})|^2 = \frac{|\boldsymbol{h}^{\mathrm{H}} \boldsymbol{s}|^2 \frac{\partial}{\partial \phi_p} |R_k(\boldsymbol{s}, \boldsymbol{h})|^2 - |R_k(\boldsymbol{s}, \boldsymbol{h})|^2 \frac{\partial}{\partial \phi_p} |\boldsymbol{h}^{\mathrm{H}} \boldsymbol{s}|^2}{|\boldsymbol{h}^{\mathrm{H}} \boldsymbol{s}|^4} \tag{13.79}$$

为了计算分子，首先注意到

$$\frac{\partial}{\partial \phi_p} R_k(\boldsymbol{s}, \boldsymbol{h}) = \sum_{n=0}^{N-k-1} h_n^* \frac{\partial}{\partial \phi_p} s_{n+k} \tag{13.80}$$

$$= \begin{cases} \mathrm{j}s_p h_{p-k}^*, k \leqslant p \\ 0, \text{其他} \end{cases} \tag{13.81}$$

$$= \mathrm{j}s_p h_{p-k}^* u(p-k) \tag{13.82}$$

式中：u 为单位阶跃函数，即 $n \geqslant 0$ 时 $u(n) = 1$，$n < 0$ 时 $u(n) = 0$。类似地，

$$\frac{\partial}{\partial \phi_p} R_k^*(\boldsymbol{s},\boldsymbol{h}) = \left[\frac{\partial}{\partial \phi_p} R_k(\boldsymbol{s},\boldsymbol{h})\right]^* \tag{13.83}$$

利用其共轭对称性可得

$$\frac{\partial}{\partial \phi_p} | R_k(\boldsymbol{s},\boldsymbol{h}) |^2 = 2\mathrm{Im}\{R_k(\boldsymbol{s},\boldsymbol{h}) s_p^* h_{p-k} u(p-k)\} \tag{13.84}$$

将式（13.63）、式（13.84）代入式（13.58），经化简可得

$$\frac{\partial}{\partial \phi_p} | \tilde{R}_k(\boldsymbol{s},\boldsymbol{h}) |^2 = 2\mathrm{Im}\left\{\frac{s_p^* h_{p-k}}{| \boldsymbol{h}^{\mathrm{H}}\boldsymbol{s} |} \tilde{R}_k(\boldsymbol{s},\boldsymbol{h}) u(p-k) - \frac{s_p^* h_p}{(\boldsymbol{h}^{\mathrm{H}}\boldsymbol{s})^*} | \tilde{R}_k(\boldsymbol{s},\boldsymbol{h}) |^2\right\} \tag{13.85}$$

将不同 p 对应的偏导数组成向量可获得互相关关于信号相位的梯度，将不同时延处互相关关于信号相位的梯度组成向量可以进一步获得互相关关于信号的雅可比矩阵，即

$$J_\phi^T | \tilde{R}_k(\boldsymbol{s},\boldsymbol{h}) |^2 = 2\mathrm{Im}\left\{\frac{\boldsymbol{R} \odot \boldsymbol{H}}{| \boldsymbol{h}^{\mathrm{H}}\boldsymbol{s} |} - \frac{(\boldsymbol{h} \odot \boldsymbol{s}^*) \otimes r^{\mathrm{T}}}{(\boldsymbol{h}^{\mathrm{H}}\boldsymbol{s})^*}\right\} \tag{13.86}$$

其中，

$$[\boldsymbol{R}]_{p,k} \doteq \tilde{R}_k(\boldsymbol{s},\boldsymbol{h}) \tag{13.87}$$

$$[\hat{\boldsymbol{H}}]_{p,k} \doteq \begin{cases} s_p^* h_{p+k}, k \leqslant p \\ 0, \text{其他} \end{cases} \tag{13.88}$$

$$[\hat{\boldsymbol{r}}]_k \doteq | \tilde{R}_k(\boldsymbol{s},\boldsymbol{h}) |^2 \tag{13.89}$$

类似地，负延迟部分归一化互相关输出的雅可比行列式为

$$J_\phi^T | \tilde{R}_{-k}(\boldsymbol{s},\boldsymbol{h}) |^2 = 2\mathrm{Im}\left\{\frac{\hat{\boldsymbol{R}} \odot \hat{\boldsymbol{H}}}{| \boldsymbol{h}^{\mathrm{H}}\boldsymbol{s} |} - \frac{(\boldsymbol{h} \odot \boldsymbol{s}^*) \otimes \hat{\boldsymbol{r}}^{\mathrm{T}}}{(\boldsymbol{h}^{\mathrm{H}}\boldsymbol{s})^*}\right\} \tag{13.90}$$

其中，

$$[\hat{\boldsymbol{R}}]_{p,k} \doteq \tilde{R}_{-k}(\boldsymbol{s},\boldsymbol{h}) \tag{13.91}$$

$$[\hat{\boldsymbol{H}}]_{p,k} \doteq \begin{cases} s_p^* h_{p+k}, p \leqslant N-1-k \\ 0, \text{其他} \end{cases} \tag{13.92}$$

$$[\hat{\boldsymbol{r}}]_k \doteq | \tilde{R}_{-k}(\boldsymbol{s},\boldsymbol{h}) |^2 \tag{13.93}$$

归一化互相关输出在时延 k 处关于滤波器第 p 个元素的偏导数为

$$\frac{\partial}{\partial h_p} | \tilde{R}_k(\boldsymbol{s},\boldsymbol{h}) |^2 = \frac{| \boldsymbol{h}^{\mathrm{H}}\boldsymbol{s} |^2 \frac{\partial}{\partial h_p} | R_k(\boldsymbol{s},\boldsymbol{h}) |^2 - | R_k(\boldsymbol{s},\boldsymbol{h}) |^2 \frac{\partial}{\partial h_p} | \boldsymbol{h}^{\mathrm{H}}\boldsymbol{s} |^2}{| \boldsymbol{h}^{\mathrm{H}}\boldsymbol{s} |^4} \tag{13.94}$$

为了计算分子，首先注意到

$$\frac{\partial}{\partial h_p}R_k(\boldsymbol{s},\boldsymbol{h}) = \sum_{n=0}^{N-k-1} s_{n+k}\frac{\partial h_n^*}{\partial h_p} = 0 \tag{13.95}$$

$$\frac{\partial}{\partial h_p}R_k^*(\boldsymbol{s},\boldsymbol{h}) = \sum_{n=0}^{N-k-1} s_{n+k}^*\frac{\partial h_n}{\partial h_p} \tag{13.96}$$

$$= \begin{cases} s_{p-k}^*, p \leqslant N-1-k \\ 0, 其他 \end{cases} \tag{13.97}$$

$$= s_{p+k}^* u(N-1-k-p) \tag{13.98}$$

故

$$\frac{\partial}{\partial h_p}|R_k(\boldsymbol{s},\boldsymbol{h})|^2 = \frac{\partial}{\partial h_p}[R_k^*(\boldsymbol{s},\boldsymbol{h})R_k(\boldsymbol{s},\boldsymbol{h})] \tag{13.99}$$

$$= R_k(\boldsymbol{s},\boldsymbol{h})s_{p+k}^*u(N-1-k-p) \tag{13.100}$$

将式（13.68）、式（13.100）代入式（13.94），经化简可得

$$\frac{\partial}{\partial h_p}|\tilde{R}_k(\boldsymbol{s},\boldsymbol{h})|^2 = \frac{s_{p+k}^*}{|\boldsymbol{h}^{\mathrm{H}}\boldsymbol{s}|}\tilde{R}_k(\boldsymbol{s},\boldsymbol{h})u(N-1-k-p) - \left(\frac{s_p}{\boldsymbol{h}^{\mathrm{H}}\boldsymbol{s}}\right)^*|\tilde{R}_k(\boldsymbol{s},\boldsymbol{h})|^2 \tag{13.101}$$

将不同 p 对应的偏导数组成向量可获得互相关关于滤波器的梯度，将不同时延处互相关关于滤波器的梯度组成向量可以进一步获得互相关关于滤波器的雅可比矩阵，即

$$J_{\boldsymbol{h}}^{\mathrm{T}}|\tilde{R}_k(\boldsymbol{s},\boldsymbol{h})|^2 = \frac{\boldsymbol{R}\odot\boldsymbol{S}}{|\boldsymbol{h}^{\mathrm{H}}\boldsymbol{s}|} - \frac{\boldsymbol{s}^*\otimes\boldsymbol{r}^{\mathrm{T}}}{(\boldsymbol{h}^{\mathrm{H}}\boldsymbol{s})^*} \tag{13.102}$$

式（13.102）中，$\boldsymbol{R}$、$\boldsymbol{r}$ 分别如式（13.87）、式（13.89）定义，并且

$$[\boldsymbol{S}]_{p,k} \doteq \begin{cases} s_{p+k}^*, p \leqslant N-1-k \\ 0, 其他 \end{cases} \tag{13.103}$$

类似地，可以获得

$$J_{\boldsymbol{h}}^{\mathrm{T}}|\tilde{R}_{-k}(\boldsymbol{s},\boldsymbol{h})|^2 = \frac{\hat{\boldsymbol{R}}\odot\hat{\boldsymbol{S}}}{|\boldsymbol{h}^{\mathrm{H}}\boldsymbol{s}|} - \frac{\boldsymbol{s}^*\otimes\hat{\boldsymbol{r}}^{\mathrm{T}}}{(\boldsymbol{h}^{\mathrm{H}}\boldsymbol{s})^*} \tag{13.104}$$

式中：$\hat{\boldsymbol{R}}$、$\hat{\boldsymbol{r}}$ 分别如式（13.91）、式（13.93）定义，并且

$$[\hat{\boldsymbol{S}}]_{p,k} \doteq \begin{cases} s_{p-k}^*, k \leqslant p \\ 0, 其他 \end{cases} \tag{13.105}$$

4. 白化滤波下归一化互相关的雅可比矩阵

对于式（13.46）白化滤波下最优波形设计问题，其归一化互相关仅是信号相位 $\boldsymbol{\phi} \in \mathbb{R}^N$ 的函数。这里考察信号互相关（功率形式）在正延迟 k 处关于信号相位第 p 个元素的偏导数。为讨论简便，用正定矩阵 $\boldsymbol{F}$ 代替 $\boldsymbol{K}^{-1}$，则根据商函数求导法则有

$$\frac{\partial}{\partial\phi_p}|\tilde{R}_k(\boldsymbol{s},\boldsymbol{F}\boldsymbol{s})|^2=\frac{|\boldsymbol{s}^{\mathrm{H}}\boldsymbol{F}\boldsymbol{s}|^2\frac{\partial}{\partial\phi_p}|R_k(\boldsymbol{s},\boldsymbol{F}\boldsymbol{s})|^2-|R_k(\boldsymbol{s},\boldsymbol{F}\boldsymbol{s})|^2\frac{\partial}{\partial\phi_p}|\boldsymbol{s}^{\mathrm{H}}\boldsymbol{F}\boldsymbol{s}|^2}{|\boldsymbol{s}^{\mathrm{H}}\boldsymbol{F}\boldsymbol{s}|^4} \tag{13.106}$$

信号互相关关于其相位矢量第 p 个元素的偏导数为

$$\frac{\partial}{\partial\phi_p}R_k(\boldsymbol{s},\boldsymbol{F}\boldsymbol{s})=\frac{\partial}{\partial\phi_p}\sum_{n=0}^{N-k-1}s_{n+k}[\boldsymbol{F}\boldsymbol{s}]_n^* \tag{13.107}$$

$$=\frac{\partial}{\partial\phi_p}\sum_{n=0}^{N-k-1}s_{n+k}\Big[\sum_{m=0}^{N-1}[\boldsymbol{F}]_{n,m}s_m\Big]^* \tag{13.108}$$

$$=\sum_{n=0}^{N-k-1}\sum_{m=0}^{N-1}[\boldsymbol{F}]_{n,m}^*\frac{\partial}{\partial\phi_p}(s_m^*s_{n+k}) \tag{13.109}$$

$$=\sum_{n=0}^{N-l-1}[\boldsymbol{F}]_{n,p}^*s_{n+k}(-\mathrm{j}s_p^*)+\sum_{m=0}^{N-1}[\boldsymbol{F}]_{p-k,m}^*s_m^*(\mathrm{j}s_p)u(p-k) \tag{13.110}$$

$$=(-\mathrm{j}s_p^*)R_k(\boldsymbol{s},\boldsymbol{f}_p)+(\mathrm{j}s_p)[\boldsymbol{F}\boldsymbol{s}]_{p-k}^*u(p-k) \tag{13.111}$$

式中：$\boldsymbol{f}_p\in\mathbf{C}^N$ 为矩阵 $\boldsymbol{F}$ 的第 p 列。类似地，还可以得到

$$\frac{\partial}{\partial\phi_p}R_k^*(\boldsymbol{s},\boldsymbol{F}\boldsymbol{s})=\left[\frac{\partial}{\partial\phi_p}R_k(\boldsymbol{s},\boldsymbol{F}\boldsymbol{s})\right]^* \tag{13.112}$$

利用其共轭对称性，可得

$$\frac{\partial}{\partial\phi_p}|R_k(\boldsymbol{s},\boldsymbol{F}\boldsymbol{s})|^2=2\mathrm{Im}\{R_k^*(\boldsymbol{s},\boldsymbol{F}\boldsymbol{s})(s_p^*R_k(\boldsymbol{s},\boldsymbol{f}_p)-s_p[\boldsymbol{F}\boldsymbol{s}]_{p-k}^*u(p-k))\} \tag{13.113}$$

由于矩阵 $\boldsymbol{F}$ 正定，

$$\frac{\partial}{\partial\phi_p}(\boldsymbol{s}^{\mathrm{H}}\boldsymbol{F}\boldsymbol{s})=\left[\frac{\partial}{\partial\phi_p}\boldsymbol{s}^{\mathrm{H}}\boldsymbol{F}\boldsymbol{s}\right]^* \tag{13.114}$$

由上式结合式（13.76），可得

$$\frac{\partial}{\partial\phi_p}|\boldsymbol{s}^{\mathrm{H}}\boldsymbol{F}\boldsymbol{s}|^2=2\mathrm{Re}\left\{(\boldsymbol{s}^{\mathrm{H}}\boldsymbol{F}\boldsymbol{s})\frac{\partial}{\partial\phi_p}\boldsymbol{s}^{\mathrm{H}}\boldsymbol{F}\boldsymbol{s}\right\} \tag{13.115}$$

$$=4(\boldsymbol{s}^{\mathrm{H}}\boldsymbol{F}\boldsymbol{s})\mathrm{Im}\{s_p^*\boldsymbol{f}_p^{\mathrm{H}}\boldsymbol{s}\} \tag{13.116}$$

将式（13.113）、式（13.116）代入式（13.106），应用 $\boldsymbol{h}=\boldsymbol{F}\boldsymbol{s}$，并记 $\boldsymbol{f}_p^{\mathrm{H}}\boldsymbol{s}=h_p$，简化后，有

$$\frac{\partial}{\partial\phi_p}|\tilde{R}_k(\boldsymbol{s},\boldsymbol{F}\boldsymbol{s})|^2=\frac{2\mathrm{Im}\{\tilde{R}_k^*(\boldsymbol{s},\boldsymbol{h})(s_p^*R_k(\boldsymbol{s},\boldsymbol{f}_p)-s_ph_{p-k}^*u(p-k))-2|\tilde{R}_k(\boldsymbol{s},\boldsymbol{h})|^2s_p^*h_p\}}{\boldsymbol{h}^{\mathrm{H}}\boldsymbol{s}} \tag{13.117}$$

这里归一化互相关的雅可比行列式可按下式计算：

$$J_{\phi}^{\mathrm{T}} |\tilde{R}_k(\boldsymbol{s},\boldsymbol{F}\boldsymbol{s})|^2 = \frac{2\mathrm{Im}\{\boldsymbol{R}^* \odot (\boldsymbol{T} - \boldsymbol{H}^*) - 2(\boldsymbol{h} \odot \boldsymbol{s}^*) \otimes \boldsymbol{r}^{\mathrm{T}}\}}{\boldsymbol{h}^{\mathrm{H}}\boldsymbol{s}} \tag{13.118}$$

这里 $\boldsymbol{R}$, $\boldsymbol{H}$ 及 $\boldsymbol{r}$ 分别如式（13.87）至式（13.89）定义；$\boldsymbol{T}$ 由下式确定：

$$[\boldsymbol{T}]_{p,k} \doteq s_p^* R_k(\boldsymbol{s},\boldsymbol{f}_p) \tag{13.119}$$

类似地，归一化互相关在负延迟部分的雅可比行列式可表示为

$$J_{\phi}^{\mathrm{T}} |\tilde{R}_{-k}(\boldsymbol{s},\boldsymbol{F}\boldsymbol{s})|^2 = \frac{2\mathrm{Im}\{\hat{\boldsymbol{R}}^* \odot (\hat{\boldsymbol{T}} - \hat{\boldsymbol{H}}^*) - 2(\boldsymbol{h} \odot \boldsymbol{s}^*) \otimes \hat{\boldsymbol{r}}^{\mathrm{T}}\}}{\boldsymbol{h}^{\mathrm{H}}\boldsymbol{s}} \tag{13.120}$$

这里 $\hat{\boldsymbol{R}}$,$\hat{\boldsymbol{H}}$ 及 $\hat{\boldsymbol{r}}$ 分别如式（13.91）至式（13.93）定义；$\hat{\boldsymbol{T}}$ 由下式确定：

$$[\hat{\boldsymbol{T}}]_{p,k} \doteq s_p^* R_{-k}(\boldsymbol{s},\boldsymbol{f}_p) \tag{13.121}$$

5. 匹配滤波下归一化互相关输出雅可比行列式

对于式（13.47）匹配滤波下最优波形设计，其归一化自相关序列（ACS）仅是信号相位矢量 $\boldsymbol{\phi} \in \mathbf{R}^N$ 的函数。进一步假设 $\|\boldsymbol{s}\| = 1$ ，则 $\hat{R}_k = R_k$ 。这里考察信号自相关（功率形式）在正延迟 k 处关于信号相位第 p 个元素的偏导数：

$$\frac{\partial}{\partial \phi_p} R_k(\boldsymbol{s},\boldsymbol{s}) = \sum_{n=0}^{N-k-1} \frac{\partial}{\partial \phi_p}(s_{n+k}s^*) \tag{13.122}$$

$$= (\mathrm{j}s_p)^* s_{p+k} u(N-1-k-p) + (\mathrm{j}s_p) s_{p-k}^* u(p-k) \tag{13.123}$$

类似地，可得

$$\frac{\partial}{\partial \phi_p} R_k^*(\boldsymbol{s},\boldsymbol{s}) = [R_k^*(\boldsymbol{s},\boldsymbol{s})]^* \tag{13.124}$$

利用其共轭对称性，有

$$\begin{aligned}&\frac{\partial}{\partial \phi_p} |R_k(\boldsymbol{s},\boldsymbol{s})|^2 \\ &= 2\mathrm{Im}\{R_k^*(\boldsymbol{s},\boldsymbol{s})(s_p^* s_{p+k} u(N-1-k-p) - s_p s_{p-k}^* u(p-k))\}\end{aligned} \tag{13.125}$$

故，这里归一化自相关的雅可比行列式为

$$J_{\phi}^{T} |R_k(\boldsymbol{s},\boldsymbol{s})|^2 = 2\mathrm{Im}\{\boldsymbol{R} \odot (\hat{\boldsymbol{H}} - \boldsymbol{H}^*)\} \tag{13.126}$$

式中：$\boldsymbol{h} = \boldsymbol{s}$ ，可以通过式（13.87），式（13.88）和式（13.92）分别定义 $\boldsymbol{R}$ ，$\boldsymbol{H}$ 和 $\hat{\boldsymbol{H}}$ 。由于自相关输出在正负时延轴对称，故这里只需要对其正时延部分进行约束即可。

参考文献

[1] H. L. Van Trees, “Optimum Signal Design and Processing for Reverberation-Limited Environments,” *Military Electronics, IEEE Transactions on*, vol. 9, pp. 212 – 229, 1965.

[2] D. DeLong and E. M. Hofstetter, “On the design of optimum radar waveforms for clutter rejection,” *Information Theory, IEEE Transactions on*, vol. 13, pp. 454 – 463, 1967.

[3] D. Delong and E. Hofstetter, "Optimum Radar Signal-Filter Pairs in a Cluttered Environment," *Information Theory*, *IEEE Transactions on*, vol. 16, pp. 89 – 90, 1970.

[4] W. D. Rummler, "A Technique for Improving the Clutter Performance of Coherent Pulse Train Signals," *Aerospace and Electronic Systems*, *IEEE Transactions on*, vol. AES-3, pp. 898 – 906, 1967.

[5] M. Ares, "Optimum Burst Waveforms for Detection of Targets in Uniform Range-Extended Clutter," *Aerospace and Electronic Systems*, *IEEE Transactions on*, vol. AES-3, pp. 138 – 141, 1967.

[6] J. S. Thompson and E. L. Titlebaum, "The design of optimal radar waveforms for clutter rejection using the maximum principle," *Suppl. IEEE Trans. Aerosp. Electron. Syst.*, vol. AES – 3, pp. 581 – 589, November 1967.

[7] L. Spafford, "Optimum radar signal processing in clutter," *IEEE Trans. Inf Theory*, vol. 14, pp. 734 – 743, September 1968.

[8] T. G. Kincaid, "On optimum waveforms for correlation detection in the sonar environment: noise-limited conditions," *J. Acoust. Soc. Am.*, vol. 43, pp. 258 – 268, 1968.

[9] T. G. Kincaid, "On optimum waveforms for correlation detection in the sonar environment: reverberation-limited conditions," *J. Acoust. Soc. Am.*, vol. 44, pp. 787 – 796, 1968.

[10] D. DeLong and E. Hofstetter, "Correction to " the design of clutter-resistant radar waveforms with limited dynamic range," *IEEE Trans. Inf Theory*, vol. 16, January 1970.

[11] G. W. Zeoli, "Some · results on pulse-burst radar design," *IEEE Trans. Aerosp. Electron. Syst.*, vol. 7, pp. 486 – 498, MaY. 1971.

[12] S. Lee and J. J. Uhran, "Optimum signal and filter design in underwater acoustic echo ranging system," *CEANS*, vol. 4, pp. 25 – 30, September 1972.

[13] S. P. Lee and J. J. Uhran, "Optimum signal and filter design in underwater acoustic echo ranging systems," *IEEE Trans. Aerosp. Electron. Syst.*, vol. 9, pp. 701 – 713, September 1973.

[14] M. F. Mesiya and P. J. Mclane, "Design of optimal radar signals subject to a fixed amplitude constraint," *IEEE Trans. Aerosp. Electron. Syst.*, vol. 9, pp. 679 – 687, September 1973.

[15] A. Cohen, "A nonlinear integer programming algorithm for the design of radar waveforms," presented at the Annual Allerton Conference on Circuit and System Theory, Monticello, IL, USA, 1975.

[16] A. I. Cohen, "An algorithm for designing burst waveforms with quantized transmitter weights," *IEEE Trans. Aerosp. Electron. Syst.*, vol. 11, pp. 56 – 64, January 1975.

[17] L. Sibul and E. Titlebaum, "Signal design for detection of targets in clutter," *Proc. IEEE*, vol. 69, pp. 481 – 482, April1981.

[18] S. M. Kay and J. H. Thanos, "Optimal transmit signal design for active sonar/radar," in *2002 IEEE International Conference on Acoustics, Speech, and Signal Processing*, Orlando, FL, USA, 2002, pp. 1513 – 1516.

[19] S. Kay, "Optimal signal design for detection of Gaussian point targets in stationary Gaussian clutter/reverberation," *IEEE 1 Sel. Top. Sig. Process.*, vol. 1, pp. 31 – 41, June 2007.

[20] T. Kooij, "Optimum signals in noise and reverberation," presented at the NATO Advanced Study Institute on Signal Processing with Emphasis on Underwater Acoustics, Enschede, The Netherlands, 1968.

[21] R. Romero, J. Bae, and N. Goodman, "Theory and application of SNR and mutual information matched illumination waveforms, aerospace and electronic systems," *IEEE Transactions*, vol. 47, pp. 912 –927, 2011.

[22] L. K. Patton and B. D. Rigling, "Modulus constraints in adaptive radar waveform design," presented at the Radar, 2008 IEEE Conference, 8 –13 February 2008.

[23] M. R. Bell, "Information theory and radar waveform design," *IEEE Trans. lnf Theory*, vol. 39, pp. 1578 –1597, September 1993.

[24] S. U. Pillai, H. S. Oh, D. C. Youla, and J. R. Guerci, "Optimal transmit-receiver design in the presence of signal-dependent interference and channel noise," *IEEE Trans. lnf Theory*, vol. 46, pp. 577 –584, March 2000.

[25] P. Woodward, *Probability and Information Theory, with Applications to Radar.* London: Pergamon Press, 1953.

[26] N. Levanon and E. Mozeson, *Radar Signals.* Hoboken, NJ: Wiley-IEEE Press, 2004.

[27] M. Richards, *Fundamentals of Radar Signal Processing.* New York, NY: McGraw-Hill, 2005.

[28] L. K. Patton, S. W. Frost, and B. D. Rigling, "Efficient design of radar waveforms for optimised detection in coloured noise," *IET Radar Sonar Navig.*, vol. 6, pp. 21 –29, 2012.

[29] S. Kay, *Fundamentals of statistical signal processing: estimation theory.* Upper Saddle River, NJ: Prentice-Hall, Inc., 1993.

[30] S. Kay, *Fundamentals of Statistical Signal Processing, Volume 2: Detection Theory.* Upper Saddle River, NJ: Prentice-Hall PTR, 1998.

[31] E. C. Farnett and G. H. Stevens, "Pulse compression radar," in *Radar Handbook*, M. Skolnik, Ed., ed New York, NY: McGraw-Hill, pp. 10. 1 –10. 39.

[32] M. Soumekh, *Synthetic Aperture Radar Signal Processing.* New York, NY: John Wiley & Sons, 1999.

[33] J. W. Taylor, "Receivers," in *Radar Handbook*, M. Skolnik, Ed., ed New York, NY: McGraw-Hill, 1990, pp. 3. 1 –3. 46.

[34] R. Gray, "On the asymptotic eigenvalue distribution of Toeplitz matrices," *IEEE Trans. lnf Theory*, vol. 18, pp. 725 –730, November 1972.

[35] R. Gray, "Toeplitz and circulant matrices: a review," *Found. Trends Commun. lnf Theory*, vol. 2, pp. 155 –239, 2006.

[36] J. Nocedal and S. Wright, *Numerical Optimization*, 2nd ed. New York, NY: Springer Verlag, 2006.

[37] S. Leyffer and A. Mahajan, *Nonlinear Constrained Optimization: Methods and Software.* Argonne, IL: Argone National Laboratory, Preprint ANL/MCSP1729 –0310, March 2010.

[38] (2008). *Optimization Toolbox 4: User´s Guide.* Available: http://www.mathworks.com/accesslhelpdesk/help/pdf_ doc/optim/optim_ tb. pdf

[39] P. Stoica and R. Moses, *Spectral Analysis of Signals*: Pearson Prentice-Hall, 2005.

[40] A. Sayed, *Fundamentals of Adaptive Filtering*: Wiley-Interscience, 2003.

[41] A. v. d. Bos, "Complex gradient and Hessian," *Vis. Image Sig., Process. lEE Proc.*, vol. 141, pp. 380 –: 383, December 1994.

第14章 基于雷达目标分类的自适应波形设计

Nathan A. Goodman School of Electrical and Computer Engineering, The University of Oklahoma, OK, USA

摘　要

使用具有高分辨率、低旁瓣的波形对目标成像，并将成像结果与模板库进行比对是目前雷达目标分类的典型手段。在本章中，重新审视了基于成像的指标进行波形设计对于目标分类来讲是否是最优的，并提出了另外一种波形设计策略，基于该策略设计的波形改善了目标的分类能力，但是并不一定具有传统观念上的良好的模糊函数。首先，给出了已知一系列广义平稳目标冲激响应的情况下，基于最优信噪比或最优互信息的波形设计策略，然后，通过一个两步的过程将这些设计方法应用到雷达目标分类问题中。第一步中，调整了针对广义平稳目标的设计方法，以使其适用于实际目标响应有限持续时间这一特性。第二步中，根据目标类别出现的概率和冲激响应库计算目标类别的加权功率谱方差，并将该方差代入波形设计方程。这里利用不同目标类别的出现概率可以使波形根据先前的发射进行调整。本章对多种不同的杂波及噪声背景下的波形性能进行了仿真评估，仿真中所用的目标冲激响应来自公开的F-16战机CAD模型的有限差分时域(FDTD)仿真。

关键词：波形设计；雷达目标识别；互信息波形设计；谱方差；目标冲激响应；频率选择性目标

14.1 引　言

典型的雷达目标分类是通过一维距离像或者二维成像实现的[1-4]。对于时变目标，目标的微多普勒特征也可能被用于目标分类[5,6]。一旦雷达完成了目标的成像过程，其会将成像结果与模板库内潜在目标在不同情况下（如与雷达平台不同的方位关系）的距离像/图像进行比对[3,4]。基于上述目标分类方案，不同波形对成像结果会造成影响，具有良好模糊函数的波形通常会产生好的成像结果。这类波形往往具有较窄的主瓣，或者说具有高的分辨率，以及低旁瓣。通过发射上述波形，雷达成像结果中主要散射点可以被凸显出来，并且不会遮挡附近的较弱的散射点。在上述的目标分类方案中，目标的完整结构通过成像获得，而目标的成像结果对于人类观测者来说看起来越好，越可能获得更好的识别性能。

一个很有趣又值得审视的问题是，在目标分类方面，雷达波形的质量是否应该基于对目标图像的主观感觉。首先，对于雷达波形其分辨率和旁瓣之间往往存在冲突，而对于目标分类这两者的最优权衡通常是不明确的。此外，基于图像进行目标分类的思路多少有点随意并且有可能受我们视觉感知世界的方式所影响。尽管可以将世界解读为图像或者空间分布的物体，但无法保证这种方式对于雷达或者其他传感器也能达到好的工作效果。我们通过视觉观察物体并基于观察到的图像非常可靠地识别被观测物，进而我们认为识别的最优方式是收集雷达系统 A/D 转换器的数据并据此成像。当然，这些数据还需要进行必要的处理以改善信噪比/信杂比，但这里的问题是是否可获得高信噪比/信杂比的波形就能生成高质量的图像。因此，尽管根据传统观念设计具有较好的模糊函数的波形，可生成可识别的图像，但这并不一定能获得更高的目标分类性能。

在本章中，重新审视了基于目标分类的雷达波形设计。首先考虑了两种不同的波形设计指标。第一种是信噪比，这是雷达系统分析中的传统指标[7-9]。第二种是互信息（MI），该指标虽然尚未在雷达系统分析中广泛使用，但也偶尔被使用[10-12]。这两个指标与目标分类性能均没有直接的关联。比方说，信噪比与检测更有关系[7]，而目标分类涉及从多种具有各自特征的目标类型中的选择。基于信噪比或互信息的雷达波形设计会将波形的功率谱描述为干扰和目标谱密度的函数。然而对于目标分类，并不存在单一的谱密度函数可以涵盖所有可能目标，如果存在这样的谱密度函数，那么所有的目标将无法区分。因此，将雷达波形匹配于特定的目标谱密度的设计思想转换为设计波形以增加不同目标间的区别度是非常有必要的。在推导出基于信噪比及互信息指标的波形后，通过获得包含单个类别的谱特征[11,13]和不同类别的先验概率的谱方差量来实现目标分类。上述频谱方差量在不同目标频率响应差别较大的频率点处较大，而设计的波形恰好将更多的发射能量集中在这些频率点处。先验分类概率的使用提供了一个机制，可以将不同目标类别的可能性加入到先验知识中，并且允许波形在接收到新观测量之后进行调整。

基于信噪比及互信息设计波形都是基于目标冲激响应可被建模为广义平稳高斯随机过程[11]这一假设获得的。显然，任何实际目标均具有有限尺寸，因此目标的冲激响应[14, 15]不可能在任意时间具有相同的特性，或者说是非平稳的。我们必须能够处理有限持续时间目标的真实情况，也能合并处理多种目标类别的谱特征。

图 14.1 给出了一个规范的目标频谱特征的例子。该结果是基于 F-16 喷气式战机 CAD 模型，并利用时域有限差分（FDTD）[16]电磁散射软件获得的。根据该 CAD 模型的尺寸以及特性，建模了一个超宽带发射脉冲。FDTD 软件自动地选择近似的时间步长分辨率，然后利用麦克斯韦方程来传播发射波前，一次一个时间步长。发射波与目标 CAD 模型作用产生回波并被处在与发射器相同方向的传感器接收。在图 14.1 中，入射波从正面射向目标。在接收到回波后，将接收波谱与发射波谱相除可获得目标的传递函数。该传递函数中存在许多零点和峰点，大部分零点比峰点低 15dB，另有若干非常窄的零点低 30dB 还多。如果其他目标在图 14.1 目标谱零点处有较高响应，雷达可以利用这样的信息来优化发射波形的谱分布。另外，基于信噪比及互信息设计的波形往往将发射能量分配到几个有限的较窄的频带内，因此这样的波形距离自相关性能通常较差[7]，进而不利于形成视觉上理想的目标距离像。

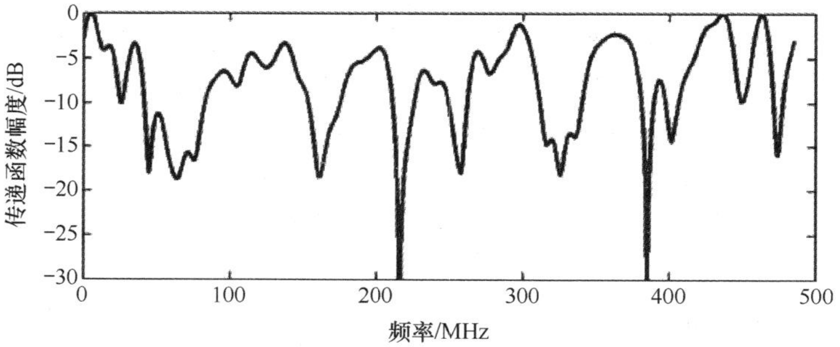

图 14.1　目标传递函数示例

本章安排如下。首先推导给出了广义平稳随机过程下，基于信噪比及互信息指标的波形设计方法。在对该结果进行讨论后，通过时域平均修改了设计方法以使其适用于有限持续时间目标。该方式可以从有限持续时间目标的能量谱密度获得时间平均的功率谱方差函数。之后，通过对候选目标类别的传递函数计算每个频率的方差获得概率加权的谱方差函数，该函数被代入到修正后的设计方程的谱方差函数中以获得用于目标分类的改进的波形。本章给出几则波形设计的案例，并对其性能表现进行评估。同时还分析了在地杂波背景下的改进波形的性能。最后，分别分析了单发射及多发射条件下波形的目标分类性能。

14.2　波形设计指标

本节中，首先回顾了基于信噪比[9,13]、互信息[11,13]设计雷达波形的准则以及其对应的结果。采用复基带信号模型，因此考虑的波形、目标冲激响应、杂波以及加性接收机噪声均为复数。首先假定目标的冲激响应为广义平稳随机过程，之后给出了对该模型的修正以使其适用于实际目标的有限持续时间特性。在基于互信息设计波形中，假定目标冲激响应为复高斯分布，从而获得的互信息独立于每个频率基。不过在基于信噪比准则设计波形中，上述关于高斯分布的假设并不是必须的。

这里令 $x(t)$ 表示复基带发射波形，该波形具有有限持续时间，并仅在 $[0,T]$ 区间有值，在该时间段内信号的发射功率记为 P_t，则信号的总发射能量为

$$E_x = P_t \cdot T = \int_0^T |x(t)|^2 \mathrm{d}t$$

若 $x(t)$ 的傅里叶变换记为 $X(f)$，根据 Parseval 定理[17]，波形能量也可以表示为

$$E_x = P_t \cdot T = \int_{-\infty}^{+\infty} |X(f)|^2 \mathrm{d}f \approx \int_B |X(f)|^2 \mathrm{d}f \tag{14.1}$$

当然，不存在在时域和频域是完全带限的波形[18]，因此在式（14.1）右侧的波形带宽 B 应理解为波形发射能量中大部分能量所集中的范围。在实际中，$x(t)$ 本应是具有有限的持续时间 T 以及有限的带宽 B。

这里假定目标为线性时不变系统，进而经目标反射的信号可以表示为目标复基带冲激响应 $g(t)$ 与发射信号的卷积[14, 15]。目标的不同散射点的反射之间复杂的相互作用，目标散射点之间的多次反弹，这些形成了如图 14.1 所示的与频率相关的衰减图。发射波形与频率选择性的目标相互作用产生了反射信号。

这里关于时不变特性的假设是针对单个发射脉冲，因而目标冲激响应在单个脉冲的持续时间内是接近恒定的。当然，如果目标是运动的，严格地讲目标的冲激响应应该是时变的，但是对于许多雷达应用，目标的运动效应仅在脉冲重复间隔的时间尺度上是明显的[19]。在本节考虑的背景中，对于处在雷达远场作直线运动的目标，其多普勒效应会对脉间回波附加一定的相位，但是目标冲激响应的基本框架是保持不变的。而对于机动目标，其散射点相对于雷达的相对位置发生改变，可能造成其冲激响应的变化。

图 14.2 给出了目标分类中用于设计及测试波形的信号模型。雷达发射波形 $x(t)$ 具有有限持续时间和有限的能量。从雷达发射出的信号与目标作用这一过程可以描述为发射波形与目标冲激响应的卷积，类似地，如果考虑的背景中存在杂波，则杂波可以描述为发射波形与杂波冲激响应的卷积。而最终，被雷达所接收的信号同时包含了目标以及杂波分量。考虑到天线的噪声温度以及接收机的内部噪声，图 14.2 中加入了加性复高斯白噪声。最终，用于计算信噪比或互信息的信号为 $y(t)$。

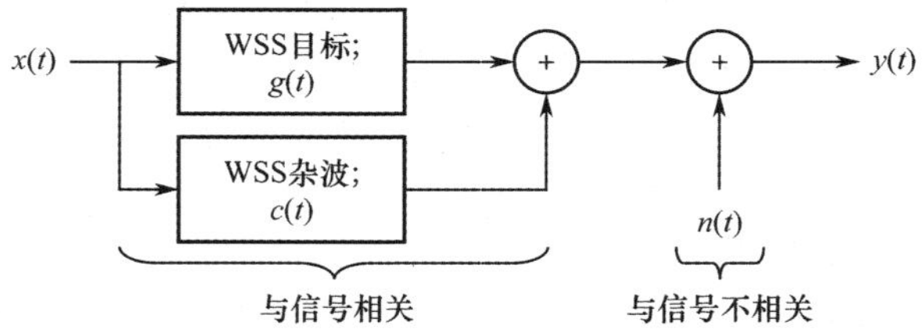

图 14.2　反映了信号与目标及杂波的作用，以及加性噪声影响的信号模型

14.2.1　最优互信息波形设计

在雷达目标分类中，需要在多种类别以及目标的多种情况下作出判决。在最简单的情况下，雷达要从确知的目标冲激响应集中作出判决。而在实际应用中，雷达在作出判决时需要考虑目标的类型，以及其因为相对位置关系和外部环境导致的不同情况。不过在以上两种情况中都需要考虑到多个目标的冲激响应，这使得基于目标分类的波形设计有别于基于目标检测的设计。由于考虑了多种目标的冲激响应，首先将目标冲激响应看作为广义平稳随机过程，之后将得到的结果用于目标分类。在本节中，推导给出了最大互信息波形设计准则，而基于最大信噪比的设计将在 14.2.2 节中涉及。

假设目标、杂波以及噪声均为广义平稳复高斯随机过程，$S_{gg}(f)$ 、$S_{cc}(f)$ 分别表示目标和杂波冲激响应对应的功率谱密度。参考图 14.2 并在频域考虑可知，信号经目标散射产生回波的频域成分为 $|X(f)|^2S_{gg}(f)$ ，而杂波成分为 $|X(f)|^2S_{cc}(f)$ 。当考虑白噪声时，杂波噪声联合功率谱密度可以表示为 $|X(f)|^2S_{cc}(f)+S_{nn}(f)$ 。这里的设计目标是优化观测信号 $y(t)$ 与全体高斯目标 $g(t)$ 的互信息 $I(y(t);g(t)|x(t))$ 。若定义 $g(t)$ 的熵为 $\eta(g(t))$ ，则上述互信息[16, 17]可以表述为

$$I(y(t);g(t)|x(t))=\eta(g(t))-\eta(g(t)|y(t)) \tag{14.2}$$

由于 $g(t)$ 是固定并且具有无限的持续时间，其熵无穷大并且必须用无穷采样点数（或比特）描述。进而式（14.2）定义的互信息也将是无穷大的，对于波形设计无参考价值。为此，这里定义高斯随机过程的单位时间内的互信息率[20, 21]为

$$\frac{\mathrm{d}}{\mathrm{d}t}[I(y(t);g(t)|x(t))]=\int_B\ln\left[1+\frac{|X(f)|^2S_{gg}(f)}{|X(f)|^2S_{cc}(f)+S_{nn}(f)}\right]\mathrm{d}f \tag{14.3}$$

对于平稳高斯随机过程，单位时间互信息是恒定的。如果 $y(t)$ 的观测时间为 T_y ，此段时间获得的被观测信号与目标冲激响应的互信息为

$$I_{T_y}=T_y\int_B\ln\left[1+\frac{|X(f)|^2S_{gg}(f)}{|X(f)|^2S_{cc}(f)+S_{nn}(f)}\right]\mathrm{d}f \tag{14.4}$$

式（14.4）中的互信息是有限的，并且可以通过设计信号能量谱 $|X(f)|^2$ 得到优化。首先，通过计算式（14.4）关于 $|X(f)|^2$ 的二阶导数可知，式（14.4）是关于 $|X(f)|^2$ 的凹函数。所以，可以利用拉格朗日乘子法[22]优化式（14.4）获得最优信号能量谱 $|X(f)|^2$；文献［13］给出了该最优信号能量谱：

$$|X(f)|^2 = \max\left[0, -W_1(f) + \sqrt{W_1^2(f) + W_2(f)(A - W_3(f))}\right] \tag{14.5}$$

其中，

$$W_1(f) = \frac{S_{nn}(f)(2S_{cc}(f) + S_{gg}(f))}{2S_{cc}(f)(S_{cc}(f) + S_{gg}(f))} \tag{14.6}$$

$$W_2(f) = \frac{S_{nn}(f)S_{gg}(f)}{S_{cc}(f)(S_{cc}(f) + S_{gg}(f))} \tag{14.7}$$

$$W_3(f) = \frac{S_{nn}(f)}{S_{gg}(f)} \tag{14.8}$$

在式（14.5）中，函数 $\max[\cdot]$ 保证信号的能量谱不小于零，通过调整实常数 A 保证信号能量约束得到满足。

对于以上结果有以下几个要点。首先，直接观察很难理解最优互信息波形的含义，式（14.5）的物理含义以及式（14.6）至式（14.8）每个式子的意义均不是很明确。为了更好地理解，这里对其进行泰勒展开，式（14.5）的 $\max[\cdot]$ 函数的自变量的一阶泰勒展开式为

$$-W_1(f) + \sqrt{W_1^2(f) + W_2(f)(A - W_3(f))} \approx C(f)(A - W_3(f)) \tag{14.9}$$

其中

$$C(f) = \frac{S_{gg}(f)}{2S_{cc}(f) + S_{gg}(f)} \tag{14.10}$$

在式（14.9）泰勒展开中，$(A - W_3(f))$ 由 A 以及 $W_3(f)$ 决定，其中 A 是与波形能量有关的量，$W_3(f)$ 为单位频率信噪比的倒数。因此，$(A - W_3(f))$ 是与杂波无关的，且具有与文献［11］中最优解相似的形式。鉴于 $C(f)$ 将预期的杂波谱引入波形设计准则，文献［13］称之为杂波因子。杂波因子的引入，完善了原本仅考虑噪声的波形设计模型。在考虑杂波因子时，存在以下两个特殊情况。当不存在杂波时，即 $S_{cc}(f) = 0$，$C(f) = 1$，可以得到

$$|X(f)|^2 = \max[0, A - W_3(f)] \tag{14.11}$$

该结果与文献［11］中给出结果一致。不出所料地，结果同样对应于零杂波情况下使用拉格朗日乘子法优化互信息得到的波形。换言之，式（14.11）给出了优化下式的最优解，即

$$I_{T_y} = T_y \int_B \ln\left[1 + \frac{|X(f)|^2 S_{gg}(f)}{S_{nn}(f)}\right] \mathrm{d}f \tag{14.12}$$

另一种情况，如果杂波在特定频率功率谱密度较强，并满足 $S_{cc}(f) \gg$

$S_{gg}(f)$ ，则在该频率有 $C(f)\rightarrow 0$ 。换言之，在杂波功率谱密度远大于目标功率谱密度的频点，杂波因子趋近于零，这迫使信号功率在该频点趋近于零。这是非常值得注意的一个事实，这表明与只有信号不相关的噪声环境不同，高杂波情况下无法通过增大信号功率来克服杂波干扰。如果增加发射功率，会导致杂波功率与接收功率成比例的增加，进而无法获得互信息层面的增益。

从式（14.5）还可以得到一条关于互信息波形设计的要点，即最终波形谱依赖于 A ，其中 A 使波形满足能量约束，并且其可以利用文献［20，21］中的注水方法确定。注意到，$W_1(f)$ ，$W_2(f)$ 以及 $W_3(f)$ 是严格非负的，$|X(f)|^2$ 中的能量随着 A 增加而单调递增。因此，A 的确定可以通过对一单调方程线性搜索实现，而这一过程是非常简单并且可以高效实现的。

图 14.3 演示了式（14.11）定义的零杂波波形的注水过程。$W_3(f)=S_{nn}(f)/S_{gg}(f)$ 处在图 14.3 顶部，并被一条假设的高度为 A 的水平线穿过。在 $W_3(f)<A$ 的频率处，$W_3(f)$ 与 A 之间的部分着灰色，而 $W_3(f)>A$ 的频率处（未着色区）由于加性噪声过强以至于在给定的发射能量下无法从这些频段获得互信息的改善。图 14.3 情况下最优波形能量谱可以通过垂直反转图中灰色区域获得。图 14.3 中的虚线是反转前后的对称线，它辅助说明了这一翻转过程。当发射能量提高时，水平线高度 A 对应提高以确保波形具有指定能量。尽管杂波因子的引入使得这一过程变得复杂，但是针对特定的发射能量通过一维搜索得到 A 的值，从而获得指定波形的思想是不变的。

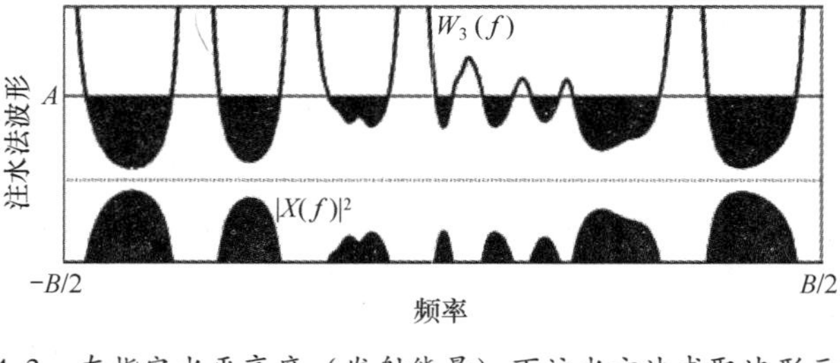

图 14.3　在指定水平高度（发射能量）下注水方法求取波形示意图

通过观察图 14.3 示例中波形频谱可以得到第三个要点。在图 14.3 中，最优波形频谱有可能在并不是非常小的频带内保持平坦，但是显然这违背了有限持续时间信号的 Paley-Wiener 定理[17]。注意到，式（14.5）仅定义了波形频谱的幅度，而未限制其相位，因此波形的傅里叶变换可以表示为

$$X(f)=|X(f)|\exp[\mathrm{j}\theta(f)] \tag{14.13}$$

式中：$\theta(f)$ 为相位函数；$|X(f)|$ 为波形幅度谱。理论上讲，波形的相位函数可以在满足最优互信息的条件下任意选取以获得期望的波形特性，比如说恒模特性[23-25]。但不幸的是，Paley-Wiener 定理指出，为了保证具有特定幅度响应的时域信号具有因果可实现性，其幅度响应必须满足[17]：

$$\int_{-\infty}^{+\infty} \frac{|\ln|X(\omega)||}{1+\omega^2}\mathrm{d}\omega < 0 \tag{14.14}$$

式中：$\omega = 2\pi f$。如果式（14.14）中的积分无穷大，那么将不存在特定的相位函数可以使对应的时域信号因果可实现。该定理表明，一有限时间波形的幅度谱只能在离散的频率处为零，而不可能在一段频率区间内为零。观察图14.3，显然示例中存在能量为零的频段，这表明其对应的波形不可能是有限时间的，进而不满足我们对波形最初的约束。此外，在低发射能量情况下，由于图14.3中的“水平面高度”较低，这种情况将会越发严重，不幸的是低发射能量恰恰是波形优化设计最有价值的应用场景。很容易倒过去分析这是怎样发生的。尽管我们在问题描述中要求信号是有限持续时间的，在推导波形的过程中却无法有效实现该约束——波形的导出过程完全在频域进行，这一过程很难实现有限持续时间这一约束。

这里给出最后一条关于有限持续时间波形包络形状的要点。对 $|X(f)|$ 做逆傅里叶变换是获得期望的时域波形的方法，但是正如前面描述的，这样获得的波形将不满足有限持续时间约束，并且其通常无法满足恒模约束。由于之前的有限能量约束是雷达在波形有限的持续时间内饱和发射的前提下给出的，所得波形不满足恒模条件将会造成重大影响——如果雷达波形包络随时间变化，那么发射波形必须经过一定的尺度缩放以保证其包络峰值不超过雷达峰值发射功率。如果不做这样的尺度缩放，发射波形必然会存在失真，进而造成优化效果衰退；反之如果做了这样的尺度缩放，雷达在大部分发射时间内将不能饱和发射。为解决这一矛盾，设计波形时必须考虑恒模约束，进而保证雷达在全部发射时间内饱和工作。值得庆幸的是，文献［23－25］等工作给出设计上述期望波形的方法。在大多数情况下，恒模（接近恒模）波形可以较好地逼近期望的波形功率谱，进而减少了由于恒模约束造成的性能损失[26]。此外，这些技术同样可以用于产生具有期望功率谱的有限持续时间波形。

14.2.2　最优信噪比波形设计

信噪比是分析雷达以及其他传感器系统的传统指标。在本节，从最大化一随机目标集合的回波信噪比的角度考虑波形设计。

一个典型的案例，在独立于信号的噪声背景下，获得点目标[7]回波的匹配滤波的过程中，会建立雷达系统信噪比与发射波形间的关系。点目标，在物理尺寸上通常远小于雷达脉冲距离分辨率，其冲激响应为对应于目标距离延迟处的狄拉克δ函数[17]。因此，点目标回波是发射脉冲的延迟副本，而匹配于发射脉冲[7,8]的接收滤波器可以最大化信噪比。当噪声背景为色噪声时，最大化信噪比的接收滤波器则匹配于白化处理[7]后的脉冲。匹配滤波概念同样可以推广至具有确定冲激响应的扩展目标，区别仅在于该滤波器匹配于发射波形与目标冲激响应的卷积。文献［9，11，13－15，27］分析并给出了扩展目标的匹配滤波器以及最优波形。不过，本节考虑的情况更为复杂。首先，这里需要考虑如杂波等与信号相关的干扰；在强调目标分类的条件下，希望设计的信号可以适用于一个目标集，而非单个具有确定冲激响应的目标。因此，再次假设目标以及杂波可以描述为广义平稳随机过程，与上一节不同，这里不需要该过程为高斯随机过程。

首先，文献［13，28］给出了在特定频点的信噪比密度：

$$\mathcal{P}(f) = \frac{|X(f)|^2 S_{gg}(f)}{|X(f)|^2 S_{cc}(f) + S_{nn}(f)} \tag{14.15}$$

该信噪比谱密度描述了接收信号在特定频率处信号能量与干扰功率的比值。与参考文献［28］中局部信噪比的概念相关，$\mathcal{P}(f)$ 仅在波形带宽定义的频谱支撑范围内非零。理想地，这里待优化的信噪比指标可分别对式（14.15）中分子分母在波形带宽范围内积分获得。这也是推导获得匹配滤波器的方法，但这里的困难在于信号频谱出现在公式的分母部分。因此，不得不直接对局部信噪比在波形带宽范围内进行积分，这便引申出信噪比变化率的概念（该概念与式（14.3）中给出的信息变化率的讨论一致），

$$\frac{\mathrm{d}}{\mathrm{d}t}\mathrm{SNR} = \int_B \frac{|X(f)|^2 S_{gg}(f)}{|X(f)|^2 S_{cc}(f) + S_{nn}(f)}\mathrm{d}f \tag{14.16}$$

如果对 $y(t)$ 观测 T_y 秒，则最终的信噪比指标为

$$\mathrm{SNR} = T_y\int_B \frac{|X(f)|^2 S_{gg}(f)}{|X(f)|^2 S_{cc}(f) + S_{nn}(f)}\mathrm{d}f \tag{14.17}$$

式（14.17）给出的信噪比指标是凹函数，而依据拉格朗日乘子法可以得到波形的最优频谱为

$$|X(f)|^2 = \max[0,\ C(f)(A - W(f))] \tag{14.18}$$

其中

$$C(f) = \frac{\sqrt{S_{gg}(f)S_{nn}(f)}}{S_{cc}(f)} \tag{14.19}$$

$$W(f) = \sqrt{\frac{S_{nn}(f)}{S_{gg}(f)}} \tag{14.20}$$

再一次地，可以通过注水方法获得最优信噪比波形，而这里常数 A 给出了信号的能量约束。而这里的杂波因子，则与互信息波形泰勒展开式中的杂波因子有着不同的形式。在式（14.20）中，杂波功率谱密度较大时同样会迫使波形能量在对应频率处趋近于零；而在 $S_{cc}(f) = 0$ 处，式（14.19）定义的杂波因子趋近于无穷大而不是1。该现象反映了一个事实，即信号谱分量中携带的互信息根本上是受限于在对应频率随机过程的方差大小的[20, 21]。而对于信噪比，只要在特定频率上不存在随目标能量正比增长的杂波，通过提高该频率范围内的发射能

量，可以无边界地变大。之前关于波形有限持续时间以及恒模实现的讨论同样适用于这里的最优信噪比波形。

14.3 波形设计案例及性能

在之前的章节中，在广义平稳随机过程假设下推导给出了依据信噪比以及互信息准则下的最优波形表达式。最优波形公式给出了频域带限以及总能量约束下的最优信号功率谱。该功率谱需要通过一维搜索获得合适的“水位”以得到期望的能量谱。

由于前面已经给出了基本的设计公式并阐述了设计步骤，在本小节中将对依照上述方法设计获得的波形进行分析。将在不同的噪声能量以及杂波水平下比较依据不同设计指标获得的波形，评估在杂波饱和情况下的波形性能，观察限定恒模情况下对信号的影响，并给出典型结果的自相关性能。

14.3.1 波形示例

再次考虑图 14.1 给出的目标传递函数，但这里对该传递函数按以下方式作归一化处理：首先，定义在给定带宽范围内具有恒定功率谱的波形，假定该波形最大带宽为 B，其能量谱为 $1/B$，进而信号向总能量 $B\times(1/B)=1$ 作归一化。对目标传递函数作归一化处理，进而使得时域的反射信号具有单位平均功率（鉴于其频域功率恒定）。对于目标传递函数 $G(f)$，反射信号能量为

$$E_z = \int_B |X(f)|^2 |G(f)|^2 \mathrm{d}f \tag{14.21}$$

进而平均功率可以通过对反射信号持续时间内做时间平均获得。由于波形在频域具有平坦的功率谱，在时域其具有冲激函数特性，而反射信号的持续时间近似等于目标冲击响应的持续时间 T_g。因此，对传递函数做如下缩放：

$$\frac{1}{T_g}\int_B |X(f)|^2 |G(f)|^2 \mathrm{d}f = 1 \tag{14.22}$$

在本章将一直使用该归一化结果。对于涉及一系列目标传递函数组合的情况，使用相同的归一化策略，区别仅在于是对这一系列目标传递函数组合做归一化而非仅对其中单个个体归一化。这使得各传递函数具有变化的反射能量，其变化规律与目标 RCS 随观测角的变化契合。使用这样的归一化策略，本章中 SNR 的定义是波形发射能量关于单位能量波形（用于归一化目标传递函数）的缩放。

图 14.4 给出了一个目标的归一化传递函数。该传递函数基于 F-16 战斗机的 CAD 模型，并使用 Remcom 开发的 XFdtd 软件包获得。首先在 XFdtd 中模拟产生一宽带脉冲，并捕捉接收反射波形，利用发射以及接收波形频谱特性获得对目标传递函数的估计。对目标传递函数 500 ~ 726MHz 的部分进行了估计并在均匀频

谱假设下进行归一化处理。最后，为了获得图 14.4 所示的时间平均功率传递函数，该功率谱用目标冲激响应的持续时间进行缩放。注意到图 14.4 本质上是与图 14.1相同的，区别仅在于图 14.4 经过归一化处理，并且仅显示了较窄的频域范围。更多关于有限持续时间目标的时间平均的细节将在后续小节中介绍。至此，将利用图 14.4 所示传递函数并将其视为一广义平稳随机过程的功率谱密度，进而用以评估之前介绍的波形设计等式。

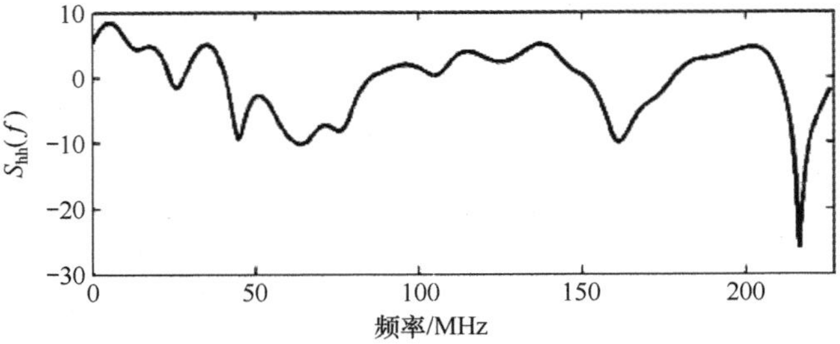

图 14.4 F-16 战机模拟归一化传递函数

对应于图 14.4 目标功率谱密度频带分布，令一波形具有 226MHz 的最大带宽，脉冲宽度 0.22μs，进而该波形的时宽带宽积大概为 50。图 14.5 给出了仿真中用到的杂波功率谱密度，该杂波功率谱密度经过与目标传递函数归一化过程相似的归一化处理，以使得当输入信号为单位发射能量且具有均匀功率谱密度时，输出杂波功率相应的也具有单位能量。通过对图 14.5 中功率谱密度根据不同的杂波噪声比进行缩放可以获得后续仿真中用到的真实杂波功率谱密度。真实接收杂波能量由初始杂噪比以及发射波形的真实谱共同决定。该杂波功率谱密度在频域呈现指数衰减特性，鉴于在图 14.4 所示的目标在 10MHz 附近具有较强响应，而杂波能量在更高的频率附近较弱，设计过程中需要对发射能量进行权衡分配。这里选择这种指数衰减的杂波功率谱密度主要是出于演示考虑，而并非出于物理意义关系的考虑。

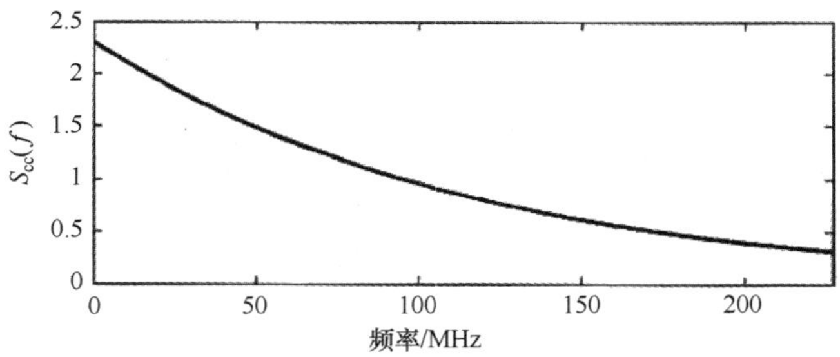

图 14.5 指数衰减的归一化杂波功率谱密度

图 14.6 给出了恒定波形能量在三种不同杂噪比水平下的基于互信息准则的最优波形频谱。波形能量，通过关于单位发射能量波形的信噪比定义，为

–30dB，带宽为 226MHz，脉冲宽度为 0.22μs。杂噪比水平分别设为 0dB，10dB 以及 25dB，分别对应于图 14.6 中的上中下图。注意到信号能量非常低，可以认为接近最低的杂噪比情况下，该系统性能主要受限于噪声。因此，最优波形将其所有能量分配到目标功率谱密度最大谱峰对应的较窄频带内。当杂噪比增加到 10dB 时，将波形能量分配到单一频段不再有效，因为此时该频段内的杂波功率也随之增加；换言之，在该频段内系统主要受限于杂波。因此，在图 14.6 中间的图中，看到最优波形将其能量分散到多个不同的窄带频段内。尽管目标在 200MHz 附近的响应峰值较其他峰值弱，由于其杂波相对较弱，该频段同样收到了相近的能量分配。最后，当杂噪比增加到 25dB 时，更多频段变为性能受限于杂波；而当某频段变为杂波受限时，在该频段增加发射能量通常是无用的，因为杂波能量会与回波能量以相同的比例增加。因此，当杂噪比较高时，看到最优波形将其能量分散到接近 1/2 的可用频段内。

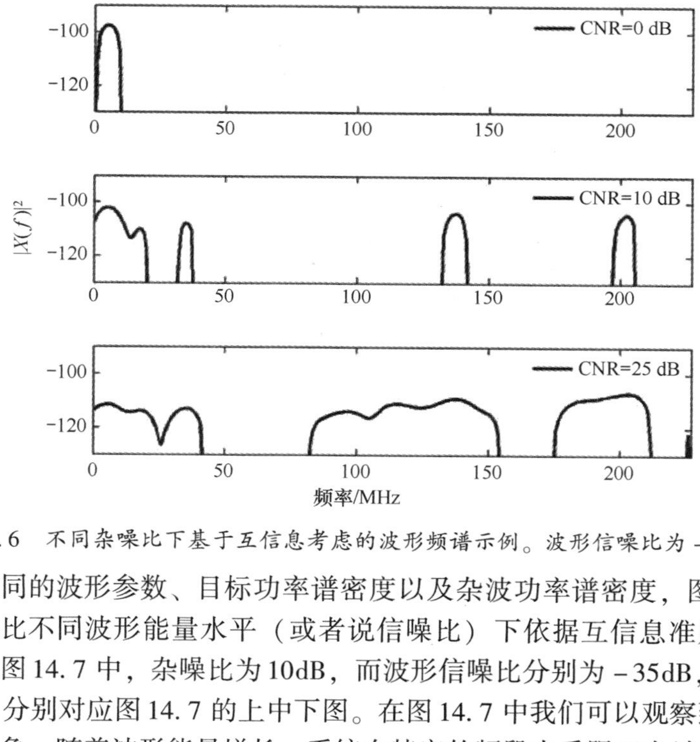

图 14.6　不同杂噪比下基于互信息考虑的波形频谱示例。波形信噪比为 –30dB

使用相同的波形参数、目标功率谱密度以及杂波功率谱密度，图 14.7 给出了恒定杂噪比不同波形能量水平（或者说信噪比）下依据互信息准则的最优波形频谱。在图 14.7 中，杂噪比为 10dB，而波形信噪比分别为 –35dB，–25dB 以及 –15dB，分别对应图 14.7 的上中下图。在图 14.7 中我们可以观察到与图 14.6 中相似的现象。随着波形能量增长，系统在特定的频段内受限于杂波，此时波形能量必须分配到这些频段之外以获得最大的互信息。

在相同的波形参数和杂噪比水平下依据信噪比指标重复以上波形设计过程时，发现波形特性仅发生了微小的变化。在杂波主导或者接近杂波主导的情况下，基于互信息以及信噪比准则的最优波形趋近于相同。而当杂波较弱时，基于互信息以及信噪比准则的最优波形可以观测到明显的区别。图 14.8 给出信噪比为 -15dB，杂噪比为 -10dB 情况下，根据两种不同设计准则获得的波形的比较。当杂波较弱时，波形必须在杂波主导的频带之外分配足够高的能量。因此在该情况下，甚至在杂波成为一个影响因素之前，波形可以利用多段频带以提高接收互信息/信噪比。而相比之下，最优互信息波形比最优信噪比波形更多地利用了低频频段部分。在图 14.8 中可以看到，基于互信息设计的波形将能量分配到多个离散频段，而基于信噪比指标的波形将更多的能量分配到目标传递函数相应最强的频带内。

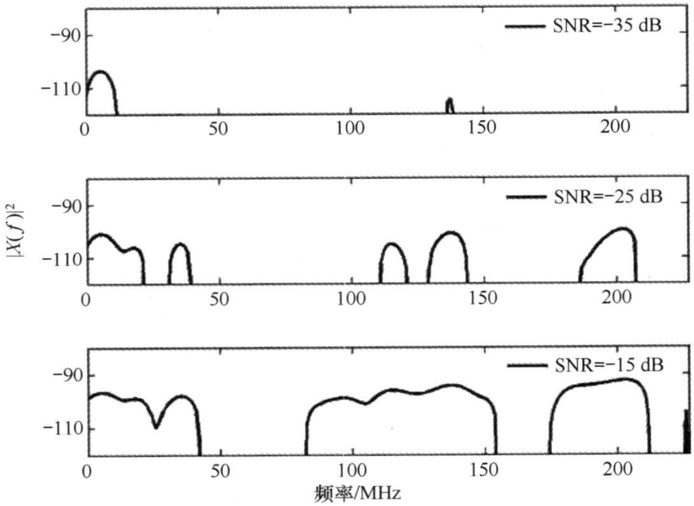

图 14.7　不同信噪比下最优互信息波形频谱。杂噪比水平为 10dB

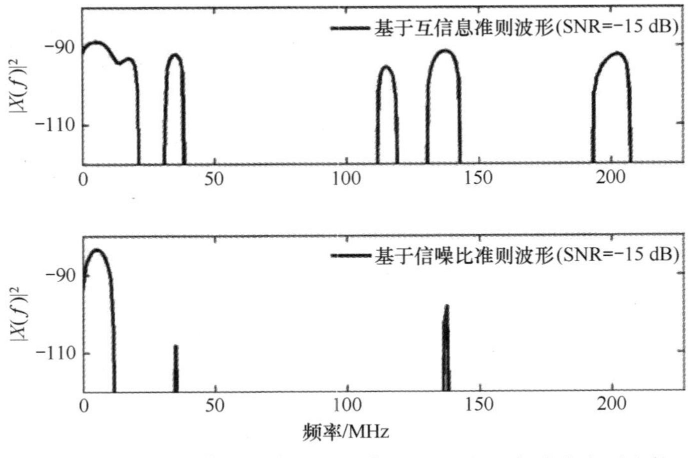

图 14.8　弱杂波情况下基于互信息以及信噪比准则的波形比较

14.3.2　饱和情况

在式（14.4）以及式（14.7）中，看到互信息以及信噪比均是通过对对应的频率函数在波形频带内积分获得。因此，式（14.4）的被积函数可以被看作互信息谱密度，而式（14.17）的被积函数可以被认为是信噪比谱密度。通过分析这两个谱密度，可以更好地理解之前得到的波形示例的原理。特别地，计算了被积函数关于波形谱密度的导数，其反映了在特定频率处增加波形发射能量可以额外获得的互信息或者信噪比。在存在与信号相关的干扰的情况下，可以看到该导数随着波形能量增大至无穷而趋近于零，该现象反映了杂波受限的饱和行为，该导数趋于零同样印证了之前得到的结果。当不存在与信号相关的干扰时，可以看到信噪比谱密度的导数与波形参数无关，这使得获得的波形频谱将发射能量集中在目标传递函数功率谱密度峰值所在的较窄频带内。

首先，推导互信息谱密度的导数，定义式（14.4）的被积函数为 $K_{\mathrm{MI}}(f)$，其关于 $|X(f)|^2$ 的导数为

$$\frac{\mathrm{d}K_{\mathrm{MI}}(f)}{\mathrm{d}(|X(f)|^2)} = \frac{S_{gg}(f)S_{nn}(f)}{(|X(f)|^2S_{gg}(f)+|X(f)|^2S_{cc}(f)+S_{nn}(f))(|X(f)|^2S_{cc}(f)+S_{nn}(f))} \tag{14.23}$$

式（14.23）给出了在频率 f 处波形能量增加单位量可获得的互信息。作为目标特性以及噪声分量的函数，式（14.23）量化了分配额外能量到波形频谱中可获得的增益。额外的信号能量应该被分配到式（14.23）最大值对应的频率处。比方说，从零发射能量的波形开始考虑，可获得 $|X(f)|^2=0$ 时，式（14.23）等于 $S_{gg}(f)/S_{nn}(f)$；当获得可用波形能量 ΔE_x 时，最有效的能量分配是将 ΔE_x 能量分配在 $S_{gg}(f)/S_{nn}(f)$ 数值最大的频率处。但是注意到，式（14.23）在任意频率处都是非负的，随着 $|X(f)|^2$ 在特定频率处的增长，式（14.23）所示导数在该频率处趋近于零，因此随着发射能量的涌入，其伴随的增益是逐渐衰减的。随着波形能量的增加，这一增益衰减现象迫使波形将其能量分散到更多的频段上。

再者，评估信噪比谱密度的导数，定义式（14.17）的被积函数为 $K_{\mathrm{SNR}}(f)$，其关于 $|X(f)|^2$ 的导数为

$$\frac{\mathrm{d}K_{\mathrm{SNR}}(f)}{\mathrm{d}(|X(f)|^2)} = \frac{S_{gg}(f)S_{nn}(f)}{(|X(f)|^2S_{cc}(f)+S_{nn}(f))^2} \tag{14.24}$$

上述关于波形能量饱和情况的分析同样适用于此，但这里关心当杂波趋近于零时的结果。假定 $S_{cc}(f)=0$，该导数为

$$\left.\frac{\mathrm{d}K_{\mathrm{SNR}}(f)}{\mathrm{d}(|X(f)|^2)}\right|_{S_{cc}(f)=0} = \frac{S_{gg}(f)}{S_{nn}(f)} \tag{14.25}$$

该导数与 $|X(f)|^2$ 无关。该波形独立性决定了无论信号能量为多少，将发射能量分配在 $S_{gg}(f)/S_{nn}(f)$ 最大值所在频率处成为该情况下获得最优信噪比的一贯策略。即当不存在杂波干扰时，基于最优信噪比准则的波形为单频信号，其频率恰为 $S_{gg}(f)/S_{nn}(f)$ 取得最大值的频率。

在前面指出，基于 SNR 设计的波形符合图 14.6、14.7 显示的 MI 波形的行为。图 14.9 给出了杂噪比为 -70dB，信噪比为 15dB 情况下的最优信噪比波形。这里，假定杂波非常弱，并且信号比之前讨论的例子中都要强得多。尽管之前提到的，当波形发射能量增加时，更多频带会被利用，在图 14.9 中仅能看到单一的频率被利用，这与基于式（14.25）导数的分析是一致的；这一结果也与其他已发表的结果一致，在这些已发表的结果中，最优信噪比波形同样仅包含单一频率[14, 29]。最后，当 $S_{cc}(f)=0$ 时，最优信噪比波形同样可以表述为被积函数为目标自相关函数的积分方程。在该情况下，获得波形的单频特性同样可以依如下事实解释，即当时宽带宽积足够大时该系统的特征函数变为单频正弦曲线[30]。

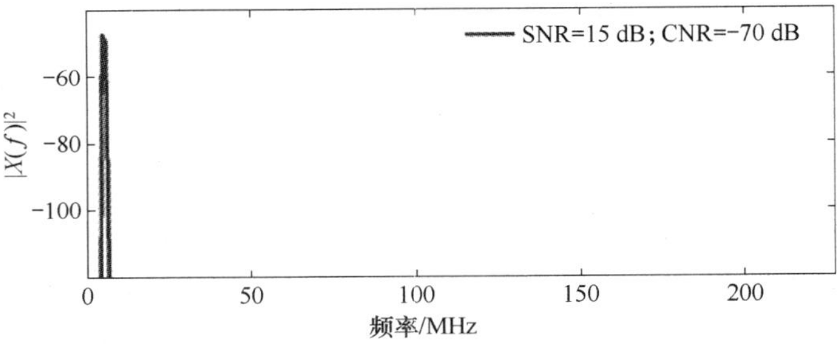

图 14.9　极低杂噪比下最优信噪比波形表现出单一谱峰

由于在特定频率处可获得的互信息是以对应频率处随机过程的熵为上界的，因此即使在不存在杂波时，最优互信息波形设计也存在饱和现象。当然，对于一广义平稳随机过程，由于在任意有限频段内都存在无穷多独立的频率可以对总的目标熵做出贡献，该随机过程的总熵是无上界的[20, 21]。

14.3.3　恒模约束

对于雷达波形，发射波形具有恒模——即恒定包络是非常重要的；这可以使得雷达系统在整个波形持续时间内工作在峰值功率，而非在脉冲发射时存在功率的起伏。之前考虑的波形均通过其频谱定义，不仅违背了 Paley-Wiener 定理[17]，也未能限定波形恒模。目前已有相关研究[23-25, 31,32]给出了多种兼顾功率谱或者其他特性的恒模波形设计方法。尽管这里不去讨论特定的波形设计方法，但已经可以证明通过设计准则得到的理想的功率谱在很多情况下都可由恒模波形近似得到。图 14.10 以及图 14.11 给出了一组恒模约束下的最优互信息波形设计结果。图 14.10 给出了信噪比为 -25dB，杂噪比为 10dB 情况下最优互信息波形的频谱，该结果与图 14.7 中部的结果一样。图 14.10 还给出了频谱接近于该最优结果的恒模波形结果。图 14.11 给出了引入恒模约束前后最优互信息波形的时域包络。图 14.11 中原有波形在实现中会存在特定的困难，即信号发生器以及放大器必须准确控制以避免饱和，而这会破坏波形的原有特性。为了避免器件饱和，波形在大概 0.11μs 处的包络峰值必须与放大器在不饱和条件下允许的最大输入匹配。而这一约束意味着放大器在整个发射脉冲期间的功率远低于其峰值功率，进而造成真实的发射功率远低于波形设计中假设的波形功率。尽管图 14.10 中加入恒模考虑的波形频谱与最优频谱存在差异，但其对应的时域包络更有利于系统实现。对由于非理想频谱造成的损失与由于时变包络造成的功率损失间的权衡的分析可见文献［26］。

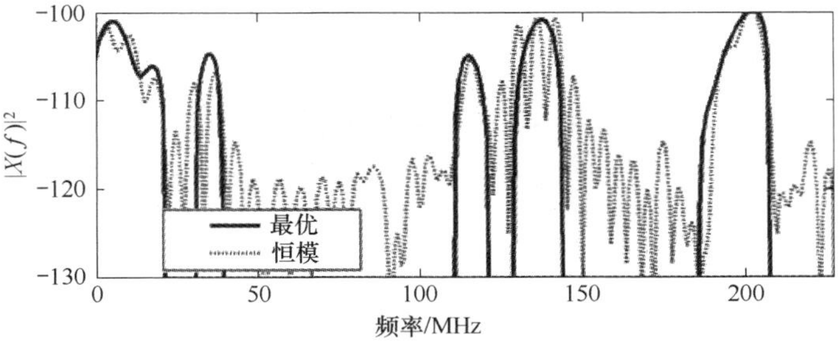

图 14.10　最优互信息波形频谱与恒模波形近似估计的比较

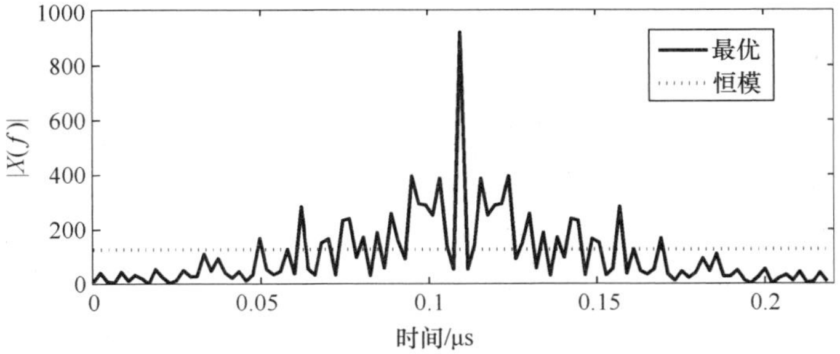

图 14.11　具有理想 MI 优化能量谱的波形与恒模约束波形的时域包络

可以自由设计恒模波形以满足特定需求的根本原因在于之前给出的设计方程仅指定了最优波形的能量谱，因此可以自由控制波形的相位以获得其他需求的特性，比方说恒模特性。

14.3.4　自相关函数及距离旁瓣

之前讨论的最优互信息/信噪比波形设计均未考虑波形的模糊函数，并且从观察波形频谱的角度看，获得波形的距离旁瓣性能在传统衡量体系下很可能非常差[7, 33]。图 14.12 给出了图 14.10 所示理想频谱波形的距离自相关函数。该波形

在一些频带上有能量扩展，但是只有一小半可用频谱被使用。注意到，波形模糊函数的零多普勒切面是波形功率谱的逆傅里叶变换，有

$$R_x(\tau) = \int_{-\infty}^{\infty} |X(f)|^2 \exp(j2\pi f\tau)\, df \tag{14.26}$$

通过将图 14.10 中的最优波形频谱代入式（14.26）可以获得图 14.12，作为参考，图中还给出了在可用带宽内具有平坦功率谱密度的宽带波形的自相关函数。由于该波形利用了分布较广的频带，最优互信息波形的自相关主瓣与平坦功率分布的波形主瓣接近；但是，由于其频谱在频带内稀疏的分布，其距离旁瓣要高得多。

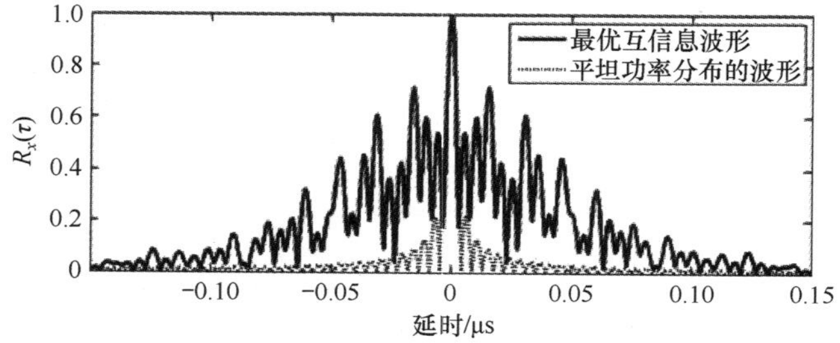

图 14.12　如图 14.10 所示最优波形频谱对应的距离自相关函数

当雷达系统需要通过匹配滤波成像时，图 14.12 的自相关函数远称不上理想。在成像应用中，较高的距离旁瓣会严重影响雷达对目标散射点的定位与区分能力。但是正如在本章引言中讨论的，并不一定需要通过雷达成像实现目标分类。之所以传统的方法通过雷达成像，并将结果传输给后续识别器实现目标分类，是由于这样的方法与我们认知事物的方式一致。但是在基于计算机的识别中，通常是提取图像的特征并利用这些特征实现目标分类，因此该方法中成像步骤是否真的重要还有待商榷。回归本章主题，要强调目标传递函数的峰值以及零点都是与目标类型、观测方向密切相关的，因此其传递方程的谱特征可以为目标分类提供重要信息，上面讨论的波形设计技术为改善该谱特征保真程度提供了途径。尽管所得波形的模糊函数在传统观念下表现出较差的性能，该波形却可以很好地应对目标分类这一特殊任务。

14.4　应用于雷达目标分类

这里直接将本章先前给出的波形设计技术用于雷达目标分类。首先，在推导波形时，假定目标服从广义平稳模型，而这与目标真实的有限持续时间特性相悖，为此需要做出一些修正。在做出必要的修正后，将展示修正后的设计方程是如何使波形能量侧重于不同目标类别的谱差异的。

14.4.1 对有限持续目标的修正

在前述章节中，给出的最优波形功率谱是基于目标可以被描述为广义平稳随机过程这一假设推导的。在最优互信息波形推导过程中，同样假设目标为高斯随机过程。由于真实目标尺寸有限，其在距离维或时延维只具有有限的分布，所以广义平稳随机过程的假设显然是不符合物理规律的。在本小节，引入有限时间随机目标概念以应对该问题。与具有无限能量/有限平均功率的广义平稳随机过程不同，有限时间的随机目标具有有限的能量；其最优波形表达式推导中需要的功率谱密度是通过对目标或接收信号在持续时间内做时间平均得到的。

对一广义平稳随机过程的目标 $g(t)$ ，通过对其乘以一持续时间为 T_g ，具有恒定单位幅度的窗函数，使其具有有限持续时间特性。窗函数截断后，得到的目标随机过程具有与窗函数截断之前相同的平均功率。在窗函数截断部分之外，对应目标为零。此外，在窗函数的时间范围内，如果信号是平稳的，任意两点之间的自相关可以描述为两个点在时间上的差的函数。如果其中一个点落在所用窗函数范围之外，无论两时间点之间的绝对间隔为多少，其自相关为零。由于上述所得的有限持续时间目标随机过程在窗函数 T_g 宽度范围内的任意时刻都具有广义平稳随机过程的特性[13, 34]，称为局部稳定。

由于所得的有限持续时间目标随机过程 $\tilde{g}(t)$ 具有有限能量，其具有定义明确的傅里叶变换。进而，$\tilde{g}(t)$ 的傅里叶变换是一系列随机传递函数 $\tilde{G}(f)$ 的集合，该有限持续时间目标的能量期望可以表示为

$$\bar{\varepsilon} = E\left[\int_{T_g} |\tilde{g}(t)|^2 \mathrm{d}t\right] = \int_{T_g} E[|\tilde{g}(t)|^2]\mathrm{d}t = \int_{-\infty}^{\infty} E[|\tilde{G}(f)|^2]\mathrm{d}f \quad (14.27)$$

显然地，$E[|\tilde{G}(f)|^2]$ 并不是对应于在广义平稳随机过程中具有的功率谱密度，事实上在式（14.27）中，$E[|\tilde{G}(f)|^2]$ 可以被理解为能量谱密度，或者说 $E[|\tilde{G}(f)|^2]$ 定义了该有限持续时间目标在每一频谱分量中具有的期望能量。

前述介绍的波形设计方法中需要用到的是目标功率谱密度而非能量谱密度，而我们可以通过时间平均获得单位时间内的平均功率。对所有时刻作时间平均得到的平均功率为零，但是这不能反映窗函数宽度范围内目标的特性，因此这里获得目标平均功率的有效方式是仅对目标持续时间范围内作时间平均。该平均功率可以表示为

$$\bar{\mathcal{P}} = \frac{1}{T_g}\bar{\varepsilon} = \frac{1}{T_g}\int_{T_g} E[|\tilde{g}(t)|^2]\mathrm{d}t = \frac{1}{T_g}\int_{T_g} E[|\tilde{G}(f)|^2]\mathrm{d}f \quad (14.28)$$

$Y_G(f) = \dfrac{1}{T_g}E[|\tilde{G}(f)|^2]$ 可以被理解为单位频率上的时间平均功率。这里称 $Y_G(f)$ 为功率谱密度并不准确，因为这暗示了其时间平稳性；因此，称为功率谱

方差（PSV）。这里谱方差的命名与文献［11］契合。

尽管至此用有限持续时间目标的功率谱方差 $Y_G(f)$ 代替广义平稳目标的功率谱密度 $S_{gg}(f)$ 看起来可以，但这并不是一个好的选择。在式（14.4）以及式（14.17）中的 $|X(f)|^2 S_{gg}(f)$ 是广义平稳随机过程的功率谱密度，其对应于发射波形与广义随机平稳目标传递函数的卷积结果。对于有限持续时间目标，由于目标响应与反射信号的持续时间是不相同的，其输出随机过程的功率谱方差并不等于波形频谱与输入功率谱方差的乘积。将具有持续时间为 T 的波形与具有持续时间为 T_g 的目标随机过程卷积后，得到的波形将具有 $T_z = T + T_g$ 的非零相应持续时间。假定 $\tilde{z}(t)$ 代表波形 $x(t)$ 与有限持续时间随机目标 $\tilde{g}(t)$ 的卷积输出，其输出的傅里叶变换可表示为 $\tilde{Z}(f) = X(f)\tilde{G}(f)$；进而

$$E[|\tilde{Z}(f)|^2] = E[|X(f)|^2 |\tilde{G}(f)|^2] \tag{14.29}$$

而输出的期望能量为

$$\begin{aligned}\bar{\varepsilon}_z &= \int_{T_z} E[|\tilde{z}(t)|^2]\mathrm{d}t = \int_{-\infty}^{\infty} E[|\tilde{Z}(f)|^2]\mathrm{d}f \\ &= \int_{-\infty}^{\infty} E[|X(f)|^2 |\tilde{G}(f)|^2]\mathrm{d}f\end{aligned} \tag{14.30}$$

作为两个有限持续时间信号的卷积，即便在信号持续时间内 $E[|\tilde{z}(t)|^2]$ 也不再是平稳的或者说恒定的。通常来讲，上述卷积将有一个上升过程，信号之间重叠量恒定的过程和一个下降过程，两个信号重叠部分会存在增加过程、恒定过程以及减少过程。而输出信号在这三个过程中都具有不同的统计特性，因为发射信号与目标重叠部分的结构是随时间变化的。尽管如此，可以直接在整个信号持续时间内定义时间平均的输出功率：

$$\bar{P}_z = \frac{1}{T_z}\int_{T_z} E[|\tilde{z}(t)|^2]\mathrm{d}t = \frac{1}{T_z}\int_{T_z} E[|\tilde{Z}(f)|^2]\mathrm{d}f \tag{14.31}$$

利用式（14.29），有限持续时间输出信号的时间平均功率谱方差可表示为

$$Y_Z(f) = \frac{1}{T_z}E[|\tilde{Z}(f)|^2] = \frac{1}{T_z}|X(f)|^2 E[|\tilde{G}(f)|^2] \tag{14.32}$$

最后，利用定义 $Y_G(f) = \frac{1}{T_g}E[|\tilde{G}(f)|^2]$，可以得到

$$Y_Z(f) = \frac{T_g}{T_z}|X(f)|^2\left\{\frac{1}{T_g}E[|\tilde{G}(f)|^2]\right\} = \alpha|X(f)|^2 Y_G(f) \tag{14.33}$$

式中：$\alpha = T_g/T_z$。

式（14.33）代表了一个有趣的量。如果一个目标是有限持续时间的，其可以通过对某平均谱特征积分获得其实现的平均能量。而已确定的发射波形经过某随机过程目标的作用可以获得具有有效能量谱密度的有限持续时间随机输出信

号。由于考虑的随机过程不是稳定的，通过时间平均获得其对应的功率密度。尽管 $E[|\tilde{z}(t)|^2]$ 显然是随时间变化的，采用上述近似可以得到一个恒定的时间平均功率 $\overline{\mathcal{P}}_z$。具体考虑到信噪比或互信息情况，做时间平均等同于假设在整个接收信号持续时间内单位时间内获得的互信息或者信噪比是恒定的，尽管该假设显然是不成立的。而用来应对有限持续时间非平稳随机过程的工具是非常有限的；但上述给出的方法从直觉上看还是可行的。进一步地，下面还会看到其他表明时间平均手段有效的证据，包括该方法得到结果在合适的环境下可以收敛到一些已知的结果，并且具有良好的性能表现。

为了完善这部分内容，将时间平均功率谱方差代入到波形设计公式中的任意情况输出功率谱密度 $|X(f)|^2 S_{gg}(f)$。对于最优互信息波形设计，其待优化的表达式为

$$\mathrm{MI} \approx T_z \int_B \ln\left[1 + \frac{\alpha |X(f)|^2 Y_G(f)}{|X(f)|^2 S_{cc}(f) + S_{nn}(f)}\right] \mathrm{d}f \tag{14.34}$$

而得到的最优互信息波形可以用下式定义：

$$|X(f)|^2 = \max\left[0, \ -W_1(f) + \sqrt{W_1^2(f) + W_2(f)(A - W_3(f))}\right] \tag{14.35}$$

其中：

$$W_1(f) = \frac{S_{nn}(f)(2S_{cc}(f) + \alpha Y_G(f))}{2S_{cc}(f)(S_{cc}(f) + \alpha Y_G(f))} \tag{14.36}$$

$$W_2(f) = \frac{S_{nn}(f)\alpha Y_G(f)}{S_{cc}(f)(S_{cc}(f) + \alpha Y_G(f))} \tag{14.37}$$

$$W_3(f) = \frac{S_{nn}(f)}{\alpha Y_G(f)} \tag{14.38}$$

对于最优信噪比波形，其待优化的指标表达式为

$$\mathrm{SNR} = \int_B \frac{|X(f)|^2 \alpha Y_G(f)}{|X(f)|^2 S_{cc}(f) + S_{nn}(f)} \mathrm{d}f \tag{14.39}$$

得到的最优信噪比波形可由下式定义：

$$|X(f)|^2 = \max[0, \ C(f)(A - W(f))] \tag{14.40}$$

其中：

$$C(f) = \frac{\sqrt{\alpha Y_G(f) S_{nn}(f)}}{S_{cc}(f)} \tag{14.41}$$

$$W(f) = \sqrt{\frac{S_{nn}(f)}{\alpha Y_G(f)}} \tag{14.42}$$

需要指出的是如果随机目标变为无限持续时间，那么 $T_g/T_z = \alpha \to 1$，并且 $\alpha Y_G(f) \to S_{zz}(f) = |X(f)|^2 S_{gg}(f)$，这便得到了原始基于广义平稳随机过程推导得到的波形设计公式。再者，如果假设波形持续时间较长，满足 $T \gg T_g$，那么

$T_z \approx T$ 并且 $\alpha \approx T_g/T$。根据上面 $Y_G(f)$ 的定义，可以得到 $\alpha Y_G(f) \to E[|\tilde{G}(f)|^2]/T$，而这与文献［11］中所用的谱方差的定义相同。进一步地，在假设 $T \gg T_g$ 下考虑零杂波情况，得到的最优互信息波形频谱为

$$|X(f)|^2 = \max[0,\ A - W(f)] \tag{14.43}$$

其中：

$$W(f) = \sqrt{\frac{TS_{nn}(f)}{E[|\tilde{G}(f)|^2]}} \tag{14.44}$$

在相同的相对持续时间假设下，由式（14.43）、式（14.44）定义的波形与文献［11］中相同，尽管这里我们是通过时间平均获得功率谱方差方式获得的。

14.4.2 目标集的谱方差表达式

在 14.4.1 节介绍了有限持续时间目标的相关内容，这里将目标分类问题看作一种假设检验问题，并将阐述如何借助于本章介绍的波形设计方法以更有效地利用雷达的发射能量和时间轴。

首先进行了一个简单的设定来说明这个方法。假定已经检测到目标，并且已知该目标为 M 种可能的一种。在下一次波形发射之前，令第 m 种假设成立的概率为 P_m。此时最简单的情况是，M 种潜在目标分别具有确知的冲激响应。该情况对应于文献［3］给出的情形，其中文献［3］中使用一个确知的平均目标模板来表示目标在一定角度扇区内的情况。令这些冲激响应为 $g_m(t)$；$m \in [1, 2, \cdots, M]$，其对应的传递函数为 $G_m(f)$；$m \cup [1, 2, \cdots, M]$。雷达发射一准有限时间/带宽的波形 $x(t)$，如果存在地杂波的话，该波形与目标和地杂波相互作用，而且加性白噪声也会出现在接收信号中，如此在第 m 种目标假设下的接收信号 $y(t)$ 为

$$y(t) = x(t) * g_m(t) + x(t) * c(t) + n(t) \tag{14.45}$$

在本章前段，推导了随机目标集下的最优信噪比或最优互信息波形频谱。给出的波形示例以及分析展示了波形是如何通过将波形能量更多地分配到目标传递函数响应最强的频段以增强信噪比或者互信息的。根据杂波强度以及波形性能衡量指标的不同，最优波形可能会将其发射能量分配到多个频段，但是将发射能量着重分配到目标响应较强频带的理念仍然是适用的。在识别问题中，将发射能量分配到某个各类别目标响应差异大的频带对提高性能至关重要。如果所有目标在特定的频段响应一致，即便接收信号在该频段内强度良好，这也无助于各目标的区分。

基于上述的分析，在目标分类应用中获得最优波形的方法依然是利用目标谱方差。对于式（14.35）至式（14.38）以及式（14.40）至式（14.42）考虑的有限持续时间目标，这些修正后的波形设计表达式依赖于功率谱方差 $Y_G(f)$。这里功率谱方差量化了目标传递函数单位谱分量上的时间平均功率。尽管该表达式最初是在目标特性连续变化假设下推导给出的，但对于具有 M 种可能的离散目标情况，给出这些目标的谱方差依然是可能的。利用先验概率，目标传递函数期望为

$$E[\tilde{G}(f)] = \sum_{m=1}^{M} P_m G_m(f) \tag{14.46}$$

即可以表示为各目标传递函数的概率加权求和。类似地，该离散的目标集的方差可以量化为

$$\begin{aligned} Y_G(f) &= \frac{1}{T_g}\{E[|\tilde{G}(f)|^2] - E[\tilde{G}(f)]^2\} \\ &= \frac{1}{T_g}\left\{\sum_{m=1}^{M} P_m |G_m(f)|^2 - \left|\sum_{m=1}^{M} P_m G_m(f)\right|^2\right\} \end{aligned} \tag{14.47}$$

式（14.47）所示功率谱方差在各目标响应差异较大的频段较大，而在各目标响应接近的频段较小。当目标假设在某频率处的响应完全相等时，其谱方差为零，意味着在该频率处分配发射能量对于区分各目标没有帮助。如果用上述谱方差代替有限持续时间目标设计方程中的谱方差，得到的波形会将发射能量着重分配在最具有分辨能力的频段范围内。

图 14.13 至图 14.15 演示了使用目标集谱方差来设计波形的思路以及结果。图 14.13 给出了四个具有不同谱响应结构的目标，图 14.4 给出了四个目标等概率出现情况下的谱方差，以及在信噪比为 -20dB 情况下的最优互信息波形。可以看到，各目标传递函数谱响应峰值基本对应了谱方差的峰值，进而也对应了波形发射功率分配的峰值。尽管由于一或两个目标具有较深的目标零点，有一些频率的方差看上去很高，但是在那个有用频段上，其他的目标可能非常相近。此外，

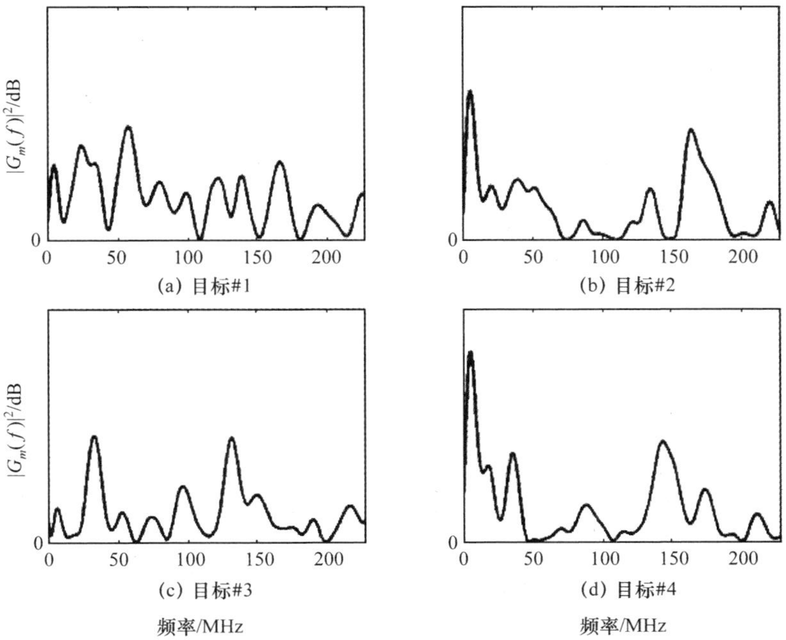

图 14.13　四种目标的样本功率谱方差

还考虑了四个目标不等概率出现的情况，其中 $P_1 = P_2 = 0.05$ 而 $P_3 = P_4 = 0.45$，该情况对应的谱方差以及最优互信息波形如图 14.15 所示。比较图 14.14 与图 14.15可以发现，在 0MHz 附近，尽管目标 3 与目标 4 存在一定的差异，由于两者的响应峰值几乎在相同的频段，所得波形发射能量在此处有所削减。而目标 4 在 145MHz 处存在峰值，目标 3 在 130MHz 处存在峰值，这使得波形在 150MHz 处分配的能量有明显增加。

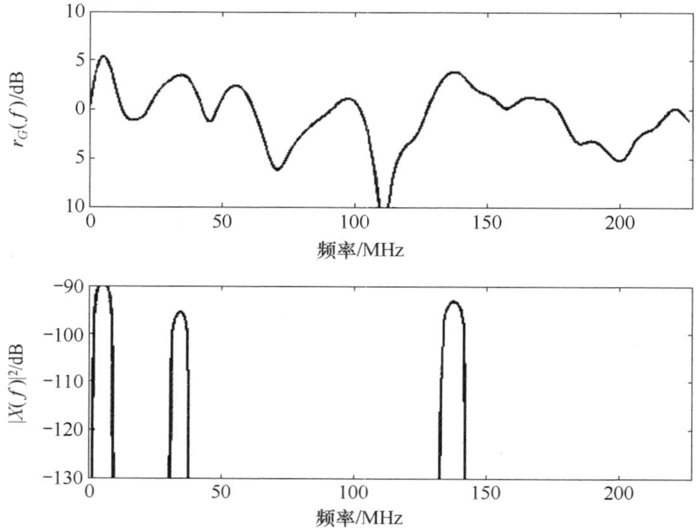

图 14.14　具有图 14.13 中传递函数的等概率目标的谱方差和最优互信息波形，SNR 为 −20dB

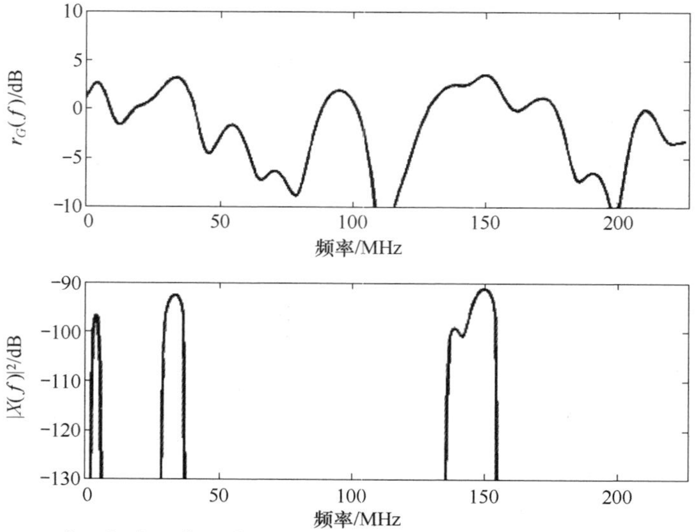

图 14.15　先验概率不等的情况下谱方差和最优互信息波形。图 14.13 中目标传递函数#3 和#4 有更高的似然。SNR 为 −20dB

上面的例子也展示了波形设计方法的自适应性所在。波形设计方案直接与目标谱方差 $Y_G(f)$ 相关。对于有限个数的目标集，可以根据各目标传递函数特征以及其对应的先验概率计算该谱方差。当一次发射结束并对接收数据处理后，会得到关于各目标出现概率新的估计，进而会得到新的目标集谱方差以及下一次发射的最优波形。当特定的目标假设被排除时，其目标谱特征对最终谱方差的影响也将大大削弱，而最优波形也将更关注与其他目标的区分。因此，这里提出的波形设计策略在于放大不同目标的差异，并且能够根据先验信息的改变做出调整。

14.4.3　性能展示

本章提出的自适应目标分类波形设计方法包括以下步骤：首先，需要定义不同目标类的谱特征，在特定的情形下，该谱特征可以根据目标在一定姿态角范围内的平均目标模板定义。当不同目标被赋予一定的先验出现概率时，可以根据目标的谱模板以及出现概率计算这些潜在目标集的谱方差。将该谱方差以及噪声、杂波特征代入之前提及的针对有限持续时间目标修正后的波形设计方程。基于特定的设计方程可以获得对应的最优波形频谱，继而可以使用具有特定期望特性（如恒模特性）的波形去逼近最优频谱。得到的波形被发射后，基于接收信号，可以更新各目标假设的信息。各目标更新后的出现概率之后被用来获得新的谱方差，而上述步骤将被重复执行直到系统可以对目标做出分类判决。

这里给出几个仿真结果用以说明自适应波形控制的优点以及实现有益效果的条件。使用两个不同的性能衡量指标，即一定发射次数下的错误概率以及获得指定分类精度所需要的平均发射次数。在这两种衡量指标下，若非特殊说明，每次发射后均对目标类别出现概率以及波形进行更新。

基于式（14.45）模型更新目标出现概率并进行目标分类。对于给定的目标假设和姿态角（或者较小的姿态角扇区），将目标冲激响应 $g_m(t)$ 看作确定的平均模板响应，而一旦波形 $x(t)$ 给出，波形 $x(t)$ 与冲激响应 $g_m(t)$ 的卷积也将是确定的。式（14.45）中的其他两项分别为零均值的高斯杂波项和接收机加性高斯噪声项。假设杂波以及接收机噪声的功率谱密度是已知的，在特定目标假设下，接收信号服从高斯分布，其均值与发射波形有关，因而每次波形发射后便需要对其进行更新。根据贝叶斯准则的假设条件似然概率对目标假设概率进行更新，收集完数据并完成对假设概率的更新后，分类判决会选取具有最大后验概率的目标作为判决结果，即这里的分类器是贝叶斯分类器。

这里选用前面介绍的 FDTD 目标模型作为目标假设。将 F-16 战机 CAD 模型在方位角为 1.5°整数倍（且位于 90°范围内）的位置进行评估，假定目标仰角为零度。可以得到不同的目标和 F-16 角度假设对应的目标冲激响应。进而一共存在 60 个不同的目标模板可选，在每次蒙特卡罗实验中我们从中选取 M 个模板。每次蒙特卡罗实验最开始时，我们假定各目标的先验概率相等。

图 14.16 给出了基于单次发射的分类性能。对于每次蒙特卡罗实验，我们从 F-16 模板库中随机选取 4 个目标响应作为目标假设，计算其谱方差并基于最优互信息或最优信噪比准则设计获得波形，我们同样考虑发射功率在允许带宽范围内均匀分布的宽带波形作为基准参考。如前面示例，波形带宽约为 226MHz，脉冲宽度约为 0.22μs，即时宽带宽积约为 50。目标冲激响应的持续时间与目标方位角有关，基于 FDTD 建立的冲激响应，选择 T_g = 0.14 μs，该数值略大于 F-16 战机各传播方向最长的时延，这其中额外的时长可以保证捕获多次反射中最强的分量。从结果中可以看到，基于互信息以及信噪比设计的波形性能均胜过传统宽带波形。

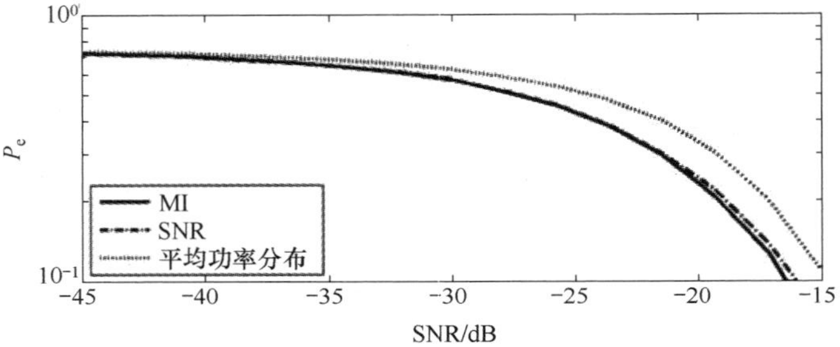

图 14.16　不同波形设计策略下单次发射的误差概率性能，共存在 4 个目标，杂噪比为 −10dB

下面考虑系统在做出分类判决前发射多组波形的情况。如前面所述，由于可以发射多个波形，待发射的波形可以根据新获得的测量信息自适应调整。图 14.17给出了杂波以及白噪声并存情况下，基于 15 次自适应发射的误差概率。基于互信息以及信噪比准则的自适应波形策略具有相似的性能，并且均胜过传统宽带波形以及非自适应的最优互信息波形。非自适应的最优互信息波形是指假定各目标等概率出现并依据互信息准则设计的波形，该波形并不根据已发射波形以及接收数据自适应改变。非常有趣地，传统宽带波形与非自适应最优互信息波形在信噪比为 −20 ~ −25dB 具有相近的性能，这意味着在高信噪比条件下，将发射波形能量分散开十分重要；而当信噪比较低时，将发射波形能量集中可以克服接收机噪声。自适应波形设计方法在各目标先验概率接近时将发射能量集中分布在若干离散频段克服了该问题，而随着假设检验越来越倾向于特定目标，谱方差函数区域平坦，而波形自然地将能量分散到更宽的频带范围内。因此，自适应波形设计实际上执行了由聚焦能量到分散能量的过程，这一过程前期聚焦能量有助于提高增益，后期分散发射能量有助于提高稳健性。

另一种评估分类性能的方式是在确定的期望误差概率下，连续发射测量直到某次分类达到需求的置信水平。利用顺序检验[35-37]可以得到与误差率对应的检测似然概率以及门限。该似然概率在连续的测量（在该问题中即波形发射）过程中不断积累增长，直到其超过对应门限。受噪声的影响，达到指定门限所需的波形发射次数是变化的。由于该发射波形次数是一个随机量，可以使用达到特定误差率所需的平均发射次数作为衡量性能的指标。图 14.18 给出了白噪声背景下，能以 0.01 错误概率分类四个目标所需的平均发射次数。从某种意义上讲，图 14.18 中的波形性能与图 14.17 类似，即两种自适应波形设计方法需要更少的波形平均发射次数以达到指定的分类效果，性能上胜过另外两种波形方案。这一所需波形发射次数的减少意味着使用自适应波形的系统可以更有效地利用雷达工作时间以及发射功率。非自适应互信息波形以及传统宽带波形再一次，不过是在较低信噪比情况下性能接近。在不使用自适应波形的情况下，随着波形发射次数的增加将波形发射能量分散到更多频带似乎对分类性能有帮助。自适应波形大概提供了 5dB 的增益，利用雷达方程关于径向距离四次方的关系可以等效为对静止目标分类威力范围33% 的提升。对于朝向雷达运动的目标，非自适应波形所需额外波形发射次数可以等效为需要等目标运动到离雷达更近的距离雷达才能做出分类判决。在这一期间，目标所运动的距离与目标速度以及雷达波形周期有关。

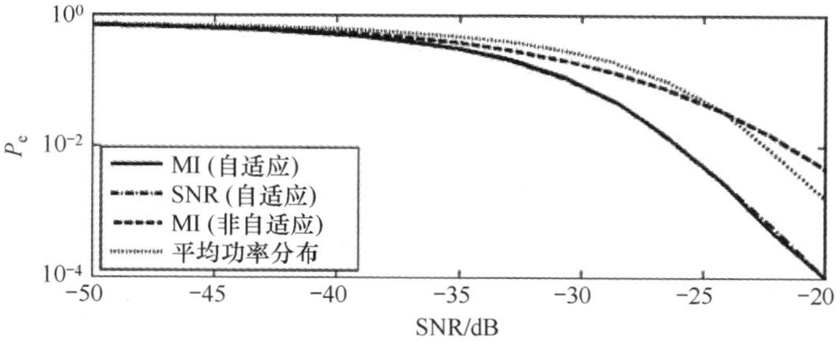

图 14.17　加性白噪声背景下迭代 15 次分类 4 个目标的误差概率

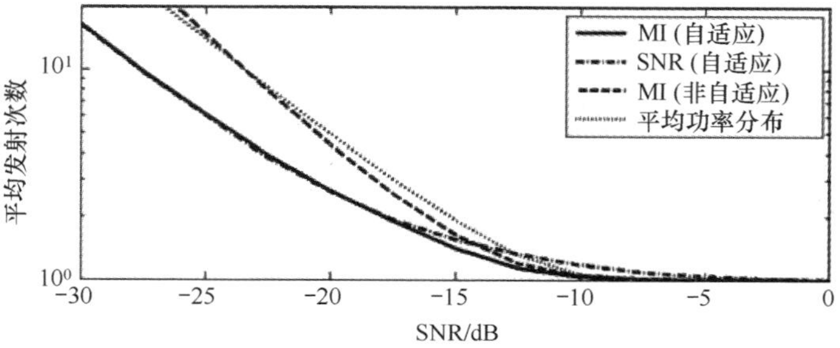

图 14.18　白噪声背景下四目标分类问题顺序检验所需平均波形发射次数，期望误差率为 0.01

下面，给出不同杂噪比水平下两种波形性能指标的结果。图 14.19 以及图 14.20给出了杂噪比分别为 0dB 和 13dB 情况下的误差概率。很显然，即便使用自适应波形，杂波水平的升高依然会破坏优化后波形的性能。这一现象可以用前面分析的杂波造成波形饱和结论解释。当趋于饱和，优化波形使用越来越宽的可用频带，这使得其趋于传统的宽带波形。

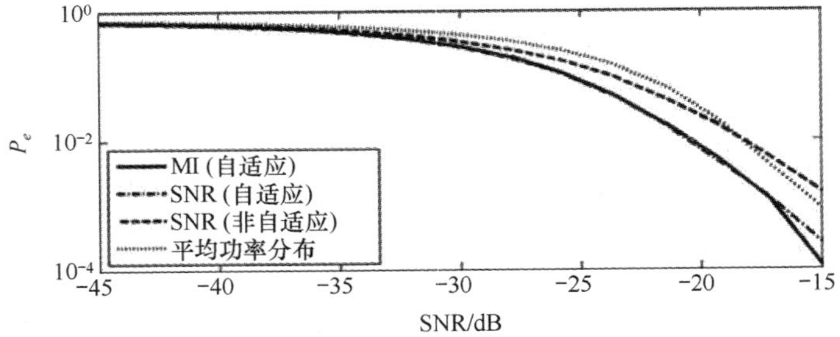

图 14.19　杂波干扰下对四目标分类的误差概率，杂噪比为 0dB，迭代次数 6 次

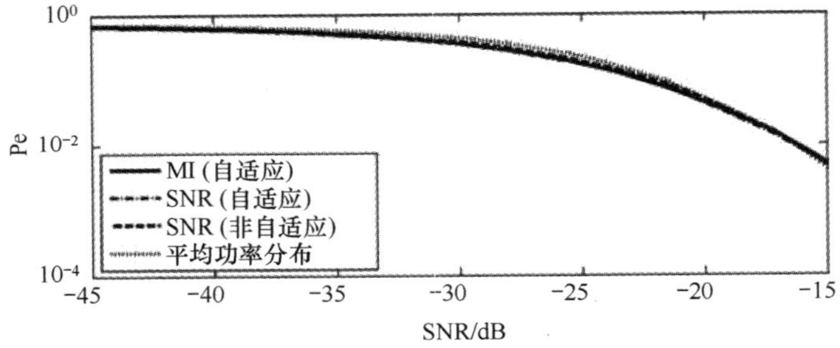

图 14.20　杂波干扰下对四目标分类的误差概率，杂噪比为 13dB，迭代次数 6 次

图 14.21 以及图 14.22 给出了杂噪比分别为 0dB 和 13dB 下顺序分类检验所需的平均波形发射次数。再一次地，自适应波形方案在杂噪比水平较低时取得了明显的优势，但是随着杂噪比水平的升高，波形趋于饱和，自适应波形方案的优势也逐渐消失。

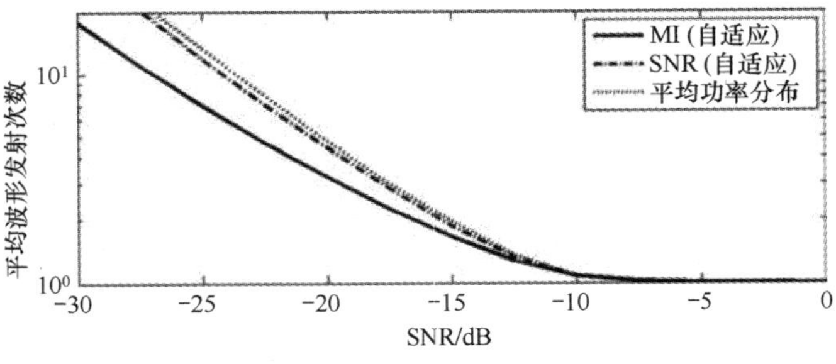

图 14.21　杂波干扰下对四目标分类所需平均波形发射次数，杂噪比为 0dB，期望误差概率为 0.01

对于本章给出的波形设计方案还有许多变种，如分析中使用不同的杂波模型。在本章中，假定每次波形发射中与信号相关的杂波独立；但是如果考虑的杂波是由某种物理机制引起的，即在相邻发射波形脉冲间保持不变，则假定相邻波形发射间杂波存在相关性更为合适。类似地，目标特性也可能是起伏的，此时目标模板应当随着波形发射而变化。根据目标与雷达站的相对运动、干扰源以及目标特性，同样可以采用许多不同的多波形发射统计模型；文献［13］中便考虑了多种这样的模型。另外，以目标协方差矩阵而非平均模板表示目标类别可以得到另一种变种，该情况需要对式（14.47）做出修正，进而可以依据一系列目标的谱方差而非平均模板计算得到有效的谱方差[13, 38]。

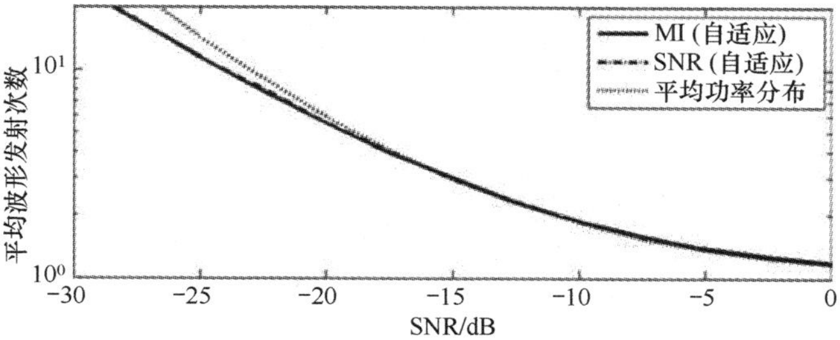

图 14.22　杂波干扰下对四目标分类所需平均波形发射次数，杂噪比为 13dB，期望误差概率为 0.01

致　　谢

作者对其研究生们为该工作的付出与帮助表示感谢。Ric A. Romero 主持开展了最优互信息以及信噪比波形设计工作，并对有限持续时间目标作出修正。Junhyeong Bae 提供了目标冲激响应以及本章仿真示例所用到的恒模波形设计算法。Phaneendra Venkata 主持开展了如下前期工作，即建立顺序检验的框架，利用概率加权求得谱方差进而使得波形更新成为可能。作者还要感谢亚利桑那州大学的 Mark A. Neifeld 教授早期对该主题内容的收集，以及一些宝贵的建议与支持。最后，作者要感谢空军科学研究处以及海军研究办公室对本工作的支持，同样要感谢 Remcom 提供 XFdtd 软件。

参考文献

［1］L. M. Novak, G. J. Owirka, and A. L. Weaver, "Automatic target recognition using enhanced resolution SAR data," *Ieee Transactions on Aerospace and Electronic Systems*, vol. 35, no. 1, pp. 157 – 175, Jan, 1999.

［2］L. M. Novak, S. D. Halversen, G. J. Owirka, and M. Hiett, "Effects of polarization and resolution on SAR ATR," *Ieee Transactions on Aerospace and Electronic Systems*, vol. 33, no. 1, pp. 102 – 116, Jan, 1997.

[3] S. P. Jacobs, and J. A. O'Sullivan, "Automatic target recognition using sequences of high resolution radar range-profiles," *Ieee Transactions on Aerospace and Electronic Systems*, vol. 36, no. 2, pp. 364 – 382, Apr, 2000.

[4] A. Zyweck, and R. E. Bogner, "Radar target classification of commercial aircraft," *Ieee Transactions on Aerospace and Electronic Systems*, vol. 32, no. 2, pp. 598 – 606, Apr, 1996.

[5] V. C. Chen, F. Y. Li, S. S. Ho, and H. Wechsler, "Micro-doppler effect in radar: Phenomenon, model, and simulation study," *Ieee Transactions on Aerospace and Electronic Systems*, vol. 42, no. 1, pp. 2 – 21, Jan, 2006.

[6] T. Thayaparan, S. Abrol, E. Riseborough, L. Stankovic, D. Larnothe, and G. Duff, "Analysis of radar micro-Doppler signatures from experimental helicopter and human data," *Iet Radar Sonar and Navigation*, vol. 1, no. 4, pp. 289 – 299, Aug, 2007.

[7] P. Z. Peebles, *Radar Principles*, NewYork, NY: JohnWiley & Sons, 1998.

[8] N. Levanon, *Radar Principles*, NewYork, NY: JohnWiley & Sons, 1988.

[9] S. U. Pillai, H. S. Oh, D. C. Youla, and J. R. Guerci, "Optimum transmit-receiver design in the presence of signal-dependent interference and channel noise," *Ieee Transactions on Information Theory*, vol. 46, no. 2, pp. 577 – 584, Mar, 2000.

[10] P. M. Woodward, Probability and Information Theory, with Applications to Radar, London: Pergamon Press, 1953.

[11] M. R. Bell, 'Information theory and radar waveform design', IEEE Trans. Inf. Theory, vol. 39, no. 5, pp. 1578 – 1597, September 1993.

[12] R. Romero and N. A. Goodman, 'Waveform design in signal-dependent interference and application to target recognition with multiple transmissions', IET Radar Sonar Nav., vol. 3, no. 4, pp. 328 – 340, August 2009.

[13] R. Romero, J. Bae and N. A. Goodman, 'Theory and application of SNR and mutual information matched illumination waveforms', IEEE Trans. Aerosp. Electron. Syst., vol. 47, no. 2, pp. 912 – 927, April 2011.

[14] D. A. Garren, M. K. Osborn, A. C. Odom, J. S. Goldstein, S. U. Pillai and J. R. Guerci, 'Enhanced target detection and identification via optimised radar transmission pulse shape', IEE Proc. Radar Sonar Nav., vol. 148, no. 3, pp. 130 – 138, June 2001.

[15] E. M. Kennaugh and D. L. Moffatt, 'Transient and impulse response approximations', Proc. IEEE, vol. 53, no. 8, pp. 893 – 901, August 1965.

[16] A. Taflove and S. Hagness, Computational Electrodynamics: The Finite-Difference Time-Domain Method, 3rd edn, Norwood, MA: Artech House, 2005.

[17] B. P. Lathi, Linear Systems and Signals, Carmichael, CA: Berkeley-Cambridge Press, 1992.

[18] H. J. Landau and H. O. Pollak, 'Prolate spheroidal wave functions, Fourier analysis and uncertainty – III: the dimension of the space of essentially timeand band-limited signals', Bell Syst. Tech. J., vol. 41, pp. 1295 – 1336, July 1962.

[19] M. A. Richards, J. Scheer and W. Holm, Eds., Principles of Modern Radar, vol. I: Basic Principles, Raleigh, NC: Scitech Publishing, 2010.

[20] T. M. Cover and J. A. Thomas, Elements of Information Theory, NewYork, NY: JohnWiley & Sons, 1991.

[21] R. G. Gallager, Information Theory and Reliable Communication, New York, NY: JohnWiley & Sons, 1968.

[22] J. Mathews and R. L. Walker, Mathematical Methods of Physics, 2nd edn, Redwood City, CA: Addison-Wesley, 1970.

[23] S. U. Pillai, K. Y. Li and H. Beyer, 'Construction of constant envelope signals with given Fourier transform magnitude', Proceedings of the IEEE Radar Conference, Pasadena, CA, 4 – 8 May 2009.

[24] L. K. Patton, 'On the satisfaction of modulus and ambiguity function constraints in radar waveform optimization for detection', Ph. D. dissertation, Wright State University, 2009.

[25] L. K. Patton and B. D. Rigling, 'Modulus constraints in adaptive radar waveform design', Proceedings of the IEEE Radar Conference, Rome, Italy, 26 – 30 May 2008.

[26] J. H. Bae and N. A. Goodman, 'Evaluation of modulus-constrained matched illumination waveforms for target identification', in Proceedings of the 2010 IEEE Radar Conference, pp. 871 – 876, Washington, DC, May 2010.

[27] S. Kay, 'Optimal signal design of Gaussian point targets in stationary Gaussian clutter/reverberation', IEEE J. Sel. Top. Signal Proc., vol. 1, no. 1, pp. 31 – 41, June 2007.

[28] S. Kay, Fundamentals of Statistical Signal Processing, vol. I: Estimation Theory, Upper Saddle River, NJ: Prentice-Hall PTR, 1993.

[29] N. A. Goodman, P. R. Venkata and M. A. Neifeld, 'Adaptive waveform design and sequential hypothesis testing for target recognition with active sensors', IEEE J. Sel. Top. Signal Process., vol. 1, no. 1, pp. 105 – 113, June 2007.

[30] R. M. Gray, 'One the asymptotic eigenvalue distribution of Toeplitz matrices', IEEE Trans. Inf. Theory, vol. IT – 18, pp. 725 – 730, November 1972.

[31] A. De Maio, S. De Nicola, Y. Huang, Z. -Q. Luo and S. Zhang, 'Design of phase codes for radar performance optimization with a similarity constraint', IEEE Trans. Signal Process., vol. 57, no. 2, pp. 610 – 621, February 2009.

[32] I. W. Selesnick and S. U. Pillai, 'Chirp-like transmit waveforms with multiple frequency notches', Proceedings of the 2011 IEEE Radar Conf., Kansas City, MO, pp. 1106 – 1110, May 2011.

[33] M. A. Richards, Fundamentals of Radar Signal Processing, New York, NY: McGraw-Hill, 2005.

[34] J. L. Doob, *Stochastic Processes*, NewYork, NY: JohnWiley & Sons, 1953.

[35] A. Wald, 'Sequential tests of statistical hypotheses', Ann. Math. Statist., vol. 16, no. 2, pp. 117 – 186, June 1945.

[36] P. Armitage, 'Sequential analysis with more than two alternative hypotheses and its relation to

discriminant function analysis', J. R. Stat. Soc., Ser. B, vol. 12, no. 1, pp. 137 - 144, 1950.

[37] C. W. Baum and V. V. Veeravalli, 'A sequential procedure for multihypothesis testing', IEEE Trans. Inf. Theory, vol. 40, no. 6, pp. 1994 - 2007, November 1994.

[38] J. H. Bae and N. A. Goodman, 'Adaptive waveforms for target class discrimination', Proceedings of the 2007 International Waveform Diversity and Design Conference, Pisa, Italy, pp. 395 - 399, June 2007.

第 15 章　基于跟踪的自适应波形设计

Antonia Papandreou-Suppappola, Jason Jun Zhang, Bhavana Chakraborty, Ying Li, Darryl Morrell, and Sandeep P. Sira

摘　　要

基于目标跟踪的波形捷变设计方法可以通过优化某些代价函数如预测的跟踪估计均方误差，来对下一次发射的波形进行自适应配置。这种波形方案在复杂跟踪场景下，如接收回波存在多径情况、目标在强杂波下或者目标被遮蔽情况下，优势明显。因此，本章针对多种极具挑战的跟踪应用，如 MIMO 雷达、强杂波下城市地形多径开发雷达以及综合城市地形 MIMO 雷达，分析了对应的波形捷变设计方法。

关键词：波形捷变感知；目标跟踪；雷达信号处理；粒子滤波；MIMO 雷达；城市地形；多径应用

15.1　波形捷变跟踪简介

在雷达应用中，经典的目标跟踪问题指的是检测到目标后对目标变化参数的动态估计[1]。由于诸如检测和跟踪等雷达传感器操作对于智能和交互式功能的要求日益增加，这里有必要将其处理能力及模式进行扩展。这种需求是技术进步的产物，这包括可以在每一个时间步骤改变发射信号的先进的硬件设备，亦或是具有多个发射传感器的系统。该需求在雷达使用现场从乡村进入城区时也显得尤为必要。

自适应地控制雷达的发射波形是提高雷达跟踪处理能力以改善其目标参数估计性能的一种手段。服务于跟踪的波形捷变处理是为下一时刻自适应选择波形以优化特定的代价函数[2-6]的过程。这是基于一个闭环反馈优化操作来设计预测的发射波形。波形可以从某波形库内适当选取以匹配跟踪环境。代价函数则可以根据需求选取以达到期望的跟踪应用结果，如最小化目标参数估计误差或者最大化互信息。文献［5］对波形捷变感知方法进行了全面的综述。

用卡尔曼滤波来跟踪一维目标下一个时刻运动的最优波形参数选择最早见于文献［2］，其之后被扩展至基于数据融合的多目标跟踪情形[3]。最近，波形捷变感知已经应用到非线性跟踪中，在非线性跟踪中需要使用具有时间捷变调频（FM）功能的波形[5-8]，已经证明具有捷变非线性调频功能的跟踪可以提高跟踪估计性能，而且优于捷变线性调频功能下的跟踪[6]；这里捷变波形的选择同样依赖于发射环境[6,7]。波形捷变感知还与极化分集跟踪[9]、多目标非线性跟踪[10]、强海杂波下检测与跟踪[11-15]，以及低信噪比环境下检测与跟踪[16-18]相结合。文献［19，20］介绍了基于信息论准则的波形捷变感知，其通过最大化目标未知参数与接收观测量之间的互信息从给定波形库内选择波形。文献［20］表明，当线性调频波形的调频斜率达到最大值或最小值时其具有最大互信息。关于雷达跟踪应用的波形库的研究见于文献［4，21，22］。

本章讨论了若干新的极具挑战的跟踪应用下的波形捷变感知方案，这包括：①MIMO 雷达系统；②强杂波的城市地形环境中利用多径回波的雷达系统；③城区地形综合 MIMO 雷达系统。通过自适应选择发射波形以最小化目标参数估计的预测均方误差实现波形捷变的非线性跟踪。在上述跟踪应用中，挑战在于如何自适应整合各种模式以成功地改善跟踪的整体性能。图 15.1 给出了波形捷变感知过程的示意图。

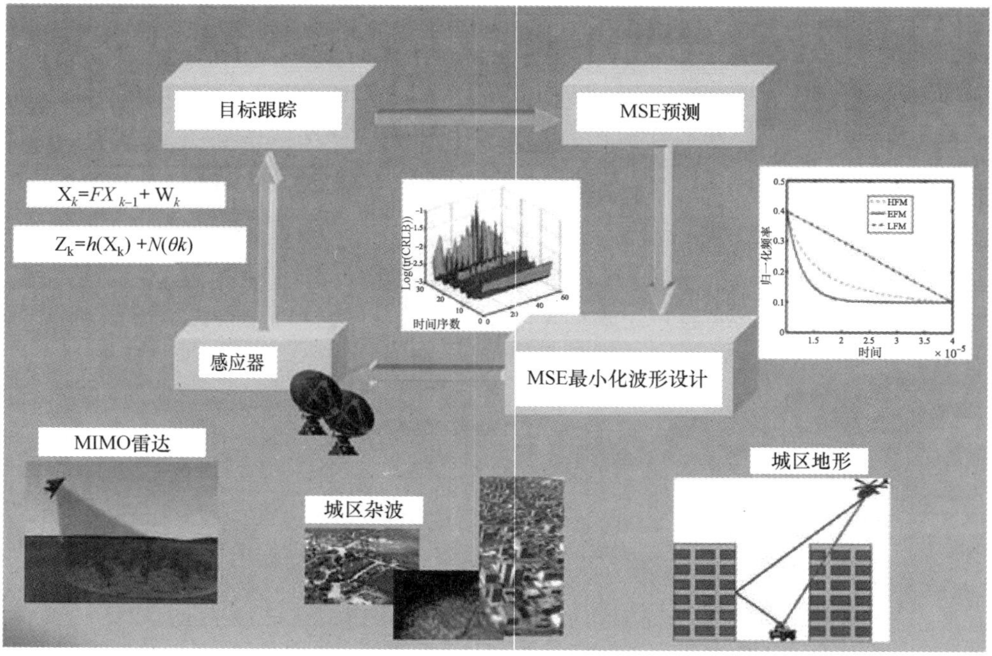

图 15.1　通过自适应选择发射波形以最小化估计的预测均方误差的波形捷变跟踪

本章安排如下。在 15.2 节中，对动态非线性目标跟踪进行了概述。在 15.3

节中，介绍了波形捷变这一动态选择下一时刻波形以优化跟踪性能的工具。在之后章节中，将波形捷变跟踪应用于不同的极具挑战的场景。在 15.4 节中介绍 MIMO 雷达系统中的应用，15.5 节介绍城区应用，15.6 节中介绍强杂波城区应用，15.7 节中介绍城区地形下综合 MIMO 雷达系统的应用。在上述所有场景中，给出了对应的仿真结果以说明自适应波形参数设计相对于固定波形参数在跟踪性能方面的优势。

表 15.1 给出了本章所用标识。

表 15.1　符号描述

符　号	描　述
$AF_{sm,sm}(\tau_{l,m},v_{lm})$	发射波形 $s_m(t)$ 模糊函数在第 l 个接收器时延 $\tau_{l,m}$ 多普勒 $\nu_{l,m}$ 的输出
c	发射波形传播速度
$\det(\cdot)$	矩阵行列式
CRLB_{xx}	目标参数矢量 $\boldsymbol{x}$ 的克拉美罗限
$E[\cdot]$	统计期望
$\varepsilon_{l,m}$	对应于第 m 个发射器，第 1 个接收器波形的能量
$f(\cdot),f_k(\cdot)$	时刻 k 的状态方程函数
$\boldsymbol{F},\boldsymbol{F}_{\mathrm{k}}$	时刻 k 的状态方程矩阵
f_c	发射波形载频
$h_k(\cdot)$	时刻 k 的测量方程函数
H	城区地图中的街道宽度
$\Im\{\cdot\}$	虚部
$\boldsymbol{I}_{\mathrm{N}}$	$N\times N$ 单位阵
$\mathcal{L}_{xx}$	目标参数矢量 $\boldsymbol{x}$ 的费希尔信息矩阵
$J(\theta)$	波形参数矢量 $\boldsymbol{\theta}$ 的预测均方误差
N_T，N_R	MIMO 雷达系统中发射器以及接收器个数
$\mathcal{P}_k$	时刻 k 多径回波个数
P_D，P_{FA}	检测概率以及虚警概率
$P_{k\mid k-1}$，$P_{k\mid k}$	时刻 k 的预测以及更新估计状态协方差矩阵
$p(\boldsymbol{x}_k\mid z_k)$	给定 z_k 时 $\boldsymbol{x}_k$ 的概率密度方程
$\boldsymbol{Q},q$	过程噪声方差，过程噪声强度
$\Re\{\cdot\}$	实部
$\boldsymbol{R}$	测量噪声协方差
$\mathcal{R}$	预测的目标区域
r_k，$\dot{r}_k$	时刻 k 时的距离以及距离变化率
$s_m(t)$	第 m 个天线的发射波形
T_d	发射波形长度
$\mathrm{tr}\{\cdot\}$	矩阵迹

（续）

符　　号	描　　述
T_s	采样周期
$\mathcal{V}_k$	时刻 k 的有效区间体积
$\boldsymbol{v}_k$	时刻 k 的观测误差过程
$\boldsymbol{w}_k$	时刻 k 的模型误差过程
$\boldsymbol{x}_k$	时刻 k 的目标状态矢量
(x_k, y_k, z_k)，$(\dot{x}_k, \dot{y}_k, \dot{z}_k)$	三维笛卡儿坐标系下目标的位置、速度
$y_{l,m}(t)$	对应第 m 个发射天线第 1 个接收天线的波形
z_k，Z_k	时刻 k 测量矢量，以及从目标到杂波的测量矢量
β_p	第 p 条路径的散射系数
$\beta_{l,m}$	由第 m 个发射单元到第 1 个接收单元对应路径的散射系数
δt	相邻测量间的时间间隔
$\boldsymbol{\theta}_k$	时刻 k 选择的波形参数矢量
κ	信息缩减因子
$\boldsymbol{\Lambda}$	恒定单位加权矩阵
$\mu_{k,j}$	时刻 k 第 j 个过程模型的概率
v_p，$v_{l,m}$	第 p 条路径回波的多普勒频移；第 m 个发射机到第 l 个接收机的多普勒频移
$\boldsymbol{\Pi}$	转移概率矩阵
ρ	杂波密度
ϱ_i	Unscented 变换 Sigma 点的第 i 个权值
$\boldsymbol{\Sigma}$	关联概率矩阵
τ_p，$\tau_{l,m}$	第 p 条路径的时延。由第 m 个发射单元到第 l 个接收单元的路径
Υ_k	时刻 k 杂波测量数
ϕ_k	时刻 k 的时延以及多普勒矢量
$\boldsymbol{\chi}_k$	时刻 k 的 Unscented 变换的 Sigma 点矢量
ω	目标旋转速率

15.2　目标跟踪公式化

考虑对目标在每一时刻的动力学参数进行估计与跟踪的问题。具体地说，需要估计目标的动态矢量 $\boldsymbol{x}_k=[x_k\ \dot{x}_k\ y_k\ \dot{y}_k]^{\mathrm{T}}$，其给出了目标在二维笛卡儿坐标系下在时刻 k 的目标位置（x_k，y_k）以及速度（$\dot{x}_k$，$\dot{y}_k$）。该描述目标状态变化的动态模型可以表示为

$$\boldsymbol{x}_k=f_k(\boldsymbol{x}_{k-1},\ \boldsymbol{w}_{k-1}) \tag{15.1}$$

式中：f_k 为时变的并且可能是非线性的函数；$\boldsymbol{w}_k$ 为建模误差，T 表示矢量转置。涉及目标状态与观测量的测量模型可以表示为

$$\boldsymbol{z}_k = h_k(\boldsymbol{x}_k, \boldsymbol{v}_k) \tag{15.2}$$

式中：h_k 为时变的有可能还是非线性的函数；$\boldsymbol{v}_k$ 为观测噪声。利用状态空间式（15.1）和式（15.2），跟踪问题可以描述为在给定可用观测 $\boldsymbol{z}_{1:k} = \{\boldsymbol{z}_1, \boldsymbol{z}_2, \cdots, \boldsymbol{z}_k\}$ 下对未知状态矢量 $\boldsymbol{x}_k$ 的估计。

假定目标具有基本恒定的速度，因此式（15.1）可以被简化为

$$\boldsymbol{x}_k = \boldsymbol{F}\boldsymbol{x}_{k-1} + \boldsymbol{w}_{k-1} \tag{15.3}$$

式中：$\boldsymbol{F}$ 为状态演变矩阵：

$$\boldsymbol{F} = \begin{bmatrix} 1 & \delta t & 0 & 0 \\ 0 & 1 & 0 & 0 \\ 0 & 0 & 1 & \delta t \\ 0 & 0 & 0 & 1 \end{bmatrix} \tag{15.4}$$

δt 为相邻测量间的时间间隔。过程噪声 $\boldsymbol{w}_k$ 假定为零均值，白高斯噪声，其噪声协方差为

$$\boldsymbol{Q} = q\begin{bmatrix} \delta t^3/3 & \delta t^2/2 & 0 & 0 \\ \delta t^2/2 & \delta t & 0 & 0 \\ 0 & 0 & \delta t^3/3 & \delta t^2/2 \\ 0 & 0 & \delta t^2/3 & \delta t \end{bmatrix}$$

式中：q 为噪声强度[23]。测量矢量 $\boldsymbol{z}_k$ 给出了时刻 k 在距离 r_k 距离变化率 $\dot{r}_k$ 处的噪声估计。具体地讲式（15.2）可以被写作

$$\boldsymbol{z}_k = h_k(\boldsymbol{x}_k) + \boldsymbol{v}_k = [r_k\ \dot{r}_k]^{\mathrm{T}} + \boldsymbol{v}_k \tag{15.5}$$

其中，

$$r_k = \sqrt{(x_k - x_R)^2 + (y_k - y_R)^2}, \quad \dot{r}_k = \frac{1}{r_k}[\dot{x}_k(x_k - x_R) + \dot{y}_k(y_k - y_R)] \tag{15.6}$$

(x_R, y_R) 为雷达在二维笛卡儿坐标系下的坐标，测量噪声 $\boldsymbol{v}_k$ 为零均值协方差矩阵为 $\boldsymbol{R}$ 的高斯白噪声。注意到，在物理雷达系统中，目标距离以及距离变化率信息是通过对后向散射信号进行检测以及最大似然估计获取的[1]。

15.3　波形捷变跟踪

考虑在时刻 k 发射的波形 $s_k(t;\boldsymbol{\theta}_k)$，其中 $\boldsymbol{\theta}_k$ 为该波形的参数矢量。通过优化选取每一时刻 k 对应的波形参数 $\boldsymbol{\theta}_k$ 最小化跟踪估计预测均方差，可以使波形以及其分辨特性相应变化以满足期望的跟踪性能。其中，表征跟踪性能的预测均方差是信号参数 $\boldsymbol{\theta}_k$ 的方程，可以表示为

$$J(\boldsymbol{\theta}_k) = E_{\boldsymbol{x}_k, \boldsymbol{z}_k | \boldsymbol{z}_{1:k-1}}[(\boldsymbol{x}_k - \hat{\boldsymbol{x}}_k)^{\mathrm{T}}\boldsymbol{\Lambda}(\boldsymbol{x}_k - \hat{\boldsymbol{x}}_k)] \tag{15.7}$$

式中：$E[\cdot]$ 为期望因子；$\hat{\boldsymbol{x}}_k$ 为给定观测序列 $\boldsymbol{z}_{1:k-1}$ 时对 $\boldsymbol{x}_k$ 的估计；$\boldsymbol{\Lambda}$ 为为了让不同

类型和单位的状态参数下的代价函数具有相同量纲的加权矩阵。所以，在所有可能的波形中选择使式（15.7）的估计均方差最小的波形作为下一次发射的波形，这样可以最大化估计性能。波形捷变跟踪问题可以描述为

$$s_k(t;\hat{\boldsymbol{\theta}}_k) = \arg\min_{\theta_k} J(\boldsymbol{\theta}_k) \tag{15.8}$$

式中：$\hat{\boldsymbol{\theta}}_k$ 为最优选取获得的波形参数。

由式（15.7）以及式（15.8）给出的波形捷变跟踪描述可被用来预测特定波形下的期望估计误差。正如之前表明的[1,24]，窄带模糊函数可以被用来选择发射波形。具体地讲，可以将与发射波形相关的测量噪声协方差矩阵 $\boldsymbol{R}(\theta_k)$ 设置为匹配滤波估计器的克拉美罗限，而该克拉美罗限在信噪比较高时，可以直接从模糊函数在距离－多普勒平面原点处的峰值曲率获得[2,6]。式（15.8）中的优化依赖于状态空间公式的复杂度以及式（15.7）中对 $\hat{\boldsymbol{x}}_k$ 估计的解。当动态模型（15.3）以及测量模型（15.5）为线性时，式（15.7）给出的预测均方差具有解析形式，并且波形最优参数可以通过卡尔曼滤波获得[2,25]。当上述模型为非线性时，蒙特卡罗方法如随机优化方法或者梯度优化算法等可以用来近似求解预测均方差[5,7]。

以上提及的波形捷变跟踪方法计算量非常繁重，这里考虑一种将粒子滤波、Uncented 变换以及具有参数向量 $\boldsymbol{\theta}_k$ 匹配波形库结合的技术[6,7,26,27]。特别地，根据观测量 $\boldsymbol{z}_1$ 至 $\boldsymbol{z}_{k-1}$ 获取时刻 $k-1$ 状态估计的协方差矩阵 $\boldsymbol{P}_{k|k-1}$，根据 $k-1$ 时刻的测量值计算 k 时刻状态估计的预测协方差估计：$\boldsymbol{P}_{k|k-1} = \boldsymbol{F}\boldsymbol{P}_{k-1|k-1}\boldsymbol{F}^{\mathrm{T}} + \boldsymbol{Q}$，其 k 时刻状态估计误差协方差可以计算为

$$\boldsymbol{P}_{k|k}(\theta_k) = \boldsymbol{P}_{k|k-1} - \boldsymbol{P}_{xz}[\boldsymbol{P}_{zz} + \boldsymbol{R}(\theta_k)]^{-1}\boldsymbol{P}_{xz}^{\mathrm{T}} \tag{15.9}$$

这里，协方差矩阵如下：

$$\begin{cases} \boldsymbol{P}_{xz} = \sum_{i=0}^{2N_x} \varrho_i(\boldsymbol{\chi}_i - \bar{\boldsymbol{x}})(h_k(\boldsymbol{\chi}_i) - \bar{z})^{\mathrm{T}} \\ \boldsymbol{P}_{zz} = \sum_{i=0}^{2N_x} \varrho_i(h_k(\boldsymbol{\chi}_i) - \bar{z})(h_k(\boldsymbol{\chi}_i) - \bar{z})^{\mathrm{T}} \end{cases} \tag{15.10}$$

$\boldsymbol{\chi}_i$ 以及 ϱ_i 分别为 Uncented 变换[28]的采样点以及权值，

$$\bar{\boldsymbol{x}} = \sum_{i=0}^{2N_x} \varrho_i \boldsymbol{\chi}_i,\quad \bar{z} = \sum_{i=0}^{2N_x} \varrho_i h_k(\boldsymbol{\chi}_i)$$

由于 $J(\boldsymbol{\theta}_k)$ 为 $\boldsymbol{\Lambda P}_{k|k}(\theta_k)$ 的迹，选取得到的波形为

$$s_k(t;\hat{\boldsymbol{\theta}}_k) = \arg\min \operatorname{tr}\{\boldsymbol{\Lambda P}_{k|k}(\theta_k)\} \tag{15.11}$$

式中：tr{·} 表示矩阵的迹。

15.4 MIMO 雷达波形捷变跟踪

MIMO 雷达系统具有可以从不同天线发射不同波形这一优势。当天线共置时，MIMO 雷达可以改善检测以及参数识别性能，这是因为发射波形可以在不同的波束方向图下进行设计[29-36]。当天线分置时，MIMO 雷达系统可以从不同雷达截面的反射回波获得高的空间分集增益，相对于传统雷达系统这可以提高检测以及估计性能[37-41]。

每个天线可以发射不同波形的灵活性可以和最优波形设计相结合，从而获得额外的性能增益。在文献［42，43］中的 MIMO 雷达波形设计使用信息论方法最小化了目标冲激响应的均方误差。文献［44］设计波形来估计一个假设为 Kronecker 结构模型的参数。文献［32］在若干估计方差克拉美罗限的基础上进行了波形优化。文献［45］在共置 MIMO 雷达基础上利用波束形成设计随机发射波形，以改善输出 SNR 进而提高检测以及估计性能。文献［46］设计波形来最大化目标检测中的信干噪比。对不同假设下 MIMO 雷达系统目标参数估计克拉美罗限的研究可见文献［31，32，37，40，47－53］。同样地，MIMO 雷达模糊函数以及相关克拉美罗限推导的研究可见文献［54，55］。最近我们通过推导联合参数估计协方差克拉美罗限在共置 MIMO 雷达结构下，使用波形捷变感知技术对距离－波达方向进行联合估计[51]。在文献［52］中，我们给出了共置 MIMO 雷达与频分复用技术的结合，该系统通过恰当地设计发射波束形状以改善对快速起伏目标的目标参数估计性能。

在本章中，我们考虑了分置 MIMO 雷达捷变波形设计以提高目标跟踪性能。具体地讲，我们在多发射波形设计框架下通过利用推导得到的目标位置以及速度参数协方差的克拉美罗限来提高目标跟踪性能[48-50]。

15.4.1 分置 MIMO 雷达信号模型

本节考虑具有 N_T 个分置发射天线，N_R 个分置接收天线的 MIMO 雷达系统，如图 15.2 所示。第 m，$m=1,\cdots,N_T$ 个发射天线发射具有载频 f_m 的波形 $s_m(t)$。与分置天线大多数情况相同，我们假设各发射信号是相互正交的。如这些信号是通过不同频段发射的。因此。尽管第 l，$l=1,\cdots,N_R$ 接收天线收到的信号 $y_l(t)$ 是噪声以及所有发射波形经过时频的平移后的线性组合，我们认为其可以被分解为 N_T 个不同分量 $y_{l,m}(t)$。因此，由第 m 个发射单元发射，第 l 个接收单元接收的信号可以表示为

$$y_{l,m}(t)=\beta_{l,m}s_{l,m}(t;\boldsymbol{\theta})+w_{l,m}(t)=\beta_{l,m}s_m(t-\tau_{l,m};\boldsymbol{\theta})\mathrm{e}^{\mathrm{j}2\pi v_{l,m}t}+w_{l,m}(t) \quad (15.12)$$

式中：$\beta_{l,m}$ 为第（l，m）接收－发射对单元的散射系数。第 m 个发射单元以及第1个

接收单元间的双程时延为 $\tau_{l,m}$ 、多普勒频移为 $v_{l,m}$ 。假定 $w_{l,m}(t)$ 为加性高斯白噪声。通过以间隔 T_s 采样，信号采样可以表示为 $y_{l,m}[n] = y_{l,m}(nT_s)$，$n = 1,\cdots,N$。我们组成接收信号矢量 $y = [y_1^{\mathrm{T}}\cdots y_{N_T}^{\mathrm{T}}]^{\mathrm{T}}$，其中 $y_m = [y_{1,m}^{\mathrm{T}}\cdots y_{N_R,m}^{\mathrm{T}}]^{\mathrm{T}}$，$y_{l,m} = [y_{l,m}[1]\cdots y_{l,m}[N]]^{\mathrm{T}}$。类似地，我们定义 $s_{l,m,\theta} = [s_{l,m,\theta}[1]\cdots s_{l,m,\theta}[N]]^{\mathrm{T}}$，$w_{l,m} = [w_{l,m}[1]\cdots w_{l,m}[N]]^{\mathrm{T}}$，以及 $\boldsymbol{\beta} = [\boldsymbol{\beta}_{1,1}^{\mathrm{T}}\cdots\boldsymbol{\beta}_{l,m}^{\mathrm{T}}\cdots\boldsymbol{\beta}_{N_R,N_T}^{\mathrm{T}}]^{\mathrm{T}}$，其中 $\boldsymbol{\beta}_{l,m} = [\Re\{\boldsymbol{\beta}_{l,m}\}\ \ \Im\{\boldsymbol{\beta}_{l,m}\}]^{\mathrm{T}}$。这里，$\Re\{\boldsymbol{\beta}_{l,m}\}$ 以及 $\Im\{\boldsymbol{\beta}_{l,m}\}$ 分别对应 $\boldsymbol{\beta}_{l,m}^{T}$ 的实部和虚部。

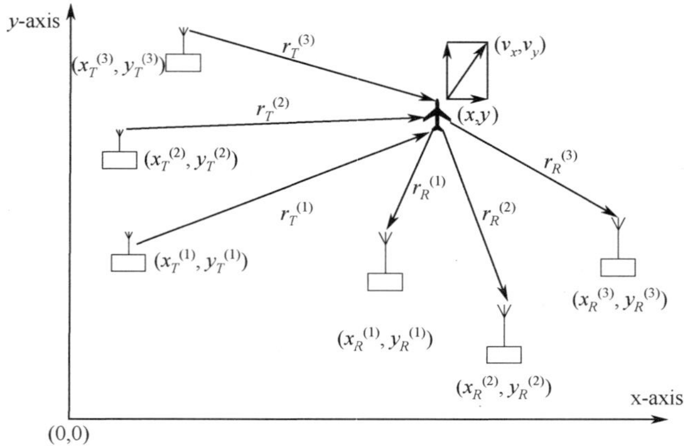

图 15.2 MIMO 雷达系统。$N_T = 3$ 个分置发射单元在二维笛卡儿坐标系下的坐标为 $(x_T^{(m)}, y_T^{(m)})$，$m = 1,2,3$，$N_R = 3$ 个分置接收单元的坐标分别为 $(x_R^{(l)}, y_R^{(l)})$，$l = 1,2,3$

15.4.2 分置 MIMO 雷达发射波形的克拉美罗限

下面推导分置 MIMO 雷达系统目标位置速度联合估计协方差的克拉美罗限。除了利用该克拉美罗限作为估计协方差的界限，在波形捷变跟踪过程中同样用到该参数。

根据式（15.12），接收信号的概率密度函数可以表示为

$$p(y \mid \boldsymbol{\beta},x) = \frac{1}{\pi^{NN_RN_T}\det(\boldsymbol{C}_w)}\mathrm{e}^{-\sum_{m=1}^{N_T}\sum_{l=1}^{N_R}(\boldsymbol{y}_{l,m}-\beta_{l,m}\boldsymbol{s}_{l,m,\theta})^{\mathrm{H}}\boldsymbol{C}_w^{-1}(\boldsymbol{y}_{l,m}-\beta_{l,m}\boldsymbol{y}_{l,m,\theta})} \tag{15.13}$$

式中：$x = [x\ \dot{x}\ y\ \dot{y}]^{\mathrm{T}}$，$(x,y)$ 以及 $(\dot{x},\dot{y})$ 分别为目标在二维笛卡儿坐标系下的位置以及速度；$\boldsymbol{C}_w = \sigma_w^2\boldsymbol{I}_N$ 为加性高斯白噪声协方差矩阵，$\boldsymbol{I}_N$ 为 $N \times N$ 单位矩阵；$\det(\cdot)$ 为矩阵行列式；H 表示矢量 Hermitian 转置。注意到，为了简单起见，在目标状态参数 $x_k = x$ 中没有考虑式（15.1）中的时刻索引 k。

在式（15.3）的基础上，目标参数 β 以及 x 的费希尔信息矩阵（FIM）可以表示为

$$\mathcal{L}(\beta,x) = \frac{1}{\sigma_w^2}\begin{bmatrix} \mathcal{L}_{\beta\beta} & \mathcal{L}_{x\beta}^{\mathrm{T}} \\ \mathcal{L}_{\beta\beta} & \mathcal{L}_{xx} \end{bmatrix} \tag{15.14}$$

上述费希尔信息矩阵的第一部分可以按如下分块对角矩阵计算：

$$\begin{aligned} \mathcal{L}_{\beta\beta} &= 2\Re\left\{\sum_{m=1}^{N_T}\sum_{l=1}^{N_R}\left(\frac{\partial\beta_{l,m}\boldsymbol{s}_{l,m,\theta}}{\partial\boldsymbol{\beta}^T}\right)^{\mathrm{H}}\frac{\partial\beta_{l,m}\boldsymbol{s}_{l,m,\theta}}{\partial\boldsymbol{\beta}^T}\right\} \\ &= \begin{bmatrix} \mathcal{L}_{\beta_{1,1}\beta_{1,1}} & \mathbf{0} & \mathbf{0} \\ \mathbf{0} & \vdots & \mathbf{0} \\ \mathbf{0} & \mathbf{0} & \mathcal{L}_{\beta_{N_R,N_T}\beta_{N_R,N_T}} \end{bmatrix} \end{aligned} \tag{15.15}$$

这其中的元素为

$$\mathcal{L}_{\beta_{l,m}\beta_{l,m}} = 2\Re\left\{\left(\frac{\partial\beta_{l,m}\boldsymbol{s}_{l,m,\theta}}{\partial\boldsymbol{\beta}_{l,m}^{\mathrm{T}}}\right)^{\mathrm{H}}\frac{\partial\beta_{l,m}\boldsymbol{s}_{l,m,\theta}}{\partial\boldsymbol{\beta}_{l,m}^{\mathrm{T}}}\right\} = 2\begin{bmatrix} s_{l,m,\theta}^{\mathrm{H}}s_{l,m,\theta} & 0 \\ 0 & s_{l,m,\theta}^{\mathrm{H}}s_{l,m,\theta} \end{bmatrix}$$

式（15.14）费希尔信息矩阵的第 2 部分与参数估计协方差克拉美罗限有关，可以如下确定：

$$\begin{aligned} \mathcal{L}_{xx} &= \sum_{m=1}^{N_T}\sum_{l=1}^{N_R}2\Re\left\{\left(\frac{\partial\beta_{l,m}\boldsymbol{s}_{l,m,\theta}}{\partial\boldsymbol{x}^{\mathrm{T}}}\right)^{\mathrm{H}}\frac{\partial\beta_{l,m}\boldsymbol{s}_{l,m,\theta}}{\partial\boldsymbol{x}^{\mathrm{T}}}\right\} \\ &= 2\sum_{m=1}^{N_T}\sum_{l=1}^{N_R}|\beta_{l,m}|^2\Re\left\{\left(\frac{\partial\boldsymbol{s}_{l,m,\theta}}{\partial\boldsymbol{x}^{\mathrm{T}}}\right)^{\mathrm{H}}\frac{\partial\boldsymbol{s}_{l,m,\theta}}{\partial\boldsymbol{x}^{\mathrm{T}}}\right\} \end{aligned}$$

因此，克拉美罗限可以通过计算 $\partial\boldsymbol{s}_{l,m,\theta}/\partial\boldsymbol{x}^{\mathrm{T}}$ 得到。如果将第 (l,m) 雷达传感器对的传输时延以及多普勒频移设为参数矢量 $\boldsymbol{\phi}_{l,m}=[\tau_{l,m}\ v_{l,m}]^{\mathrm{T}}$，则 $\boldsymbol{\phi}_{l,m}$ 可以从对 x 估计中获得，具体地讲 $\dfrac{\partial s_{l,m,\theta}}{\partial x^T}=\dfrac{\partial s_{l,m,\theta}}{\partial\phi_{l,m}^T}\dfrac{\partial\phi_{l,m}}{\partial x^T}$，其中：

$$\begin{cases} \dfrac{\partial s_{l,m,\theta}}{\partial\phi_{l,m}^{\mathrm{T}}} = \begin{bmatrix} \dfrac{\partial s_{l,m,\theta}}{\partial\tau_{l,m}} & \dfrac{\partial s_{l,m,\theta}}{\partial v_{l,m}} \end{bmatrix} \\ \dfrac{\partial\phi_{l,m}}{\partial x^{\mathrm{T}}} = \boldsymbol{H}_{l,m} = \begin{bmatrix} \dfrac{\partial\tau_{l,m}}{\partial x} & \dfrac{\partial\tau_{l,m}}{\partial\dot{x}} & \dfrac{\partial\tau_{l,m}}{\partial y} & \dfrac{\partial\tau_{l,m}}{\partial\dot{y}} \\ \dfrac{\partial v_{l,m}}{\partial x} & \dfrac{\partial v_{l,m}}{\partial\dot{x}} & \dfrac{\partial v_{l,m}}{\partial y} & \dfrac{\partial v_{l,m}}{\partial\dot{y}} \end{bmatrix} \end{cases} \tag{15.16}$$

式（15.16）中各项可由雷达几何分布决定。具体地说，如果 MIMO 发射单元分布在 $(x_T^{(m)},\ y_T^{(m)})$，$m=1,2,\cdots,N_T$，接收单元分布在 $(x_R^{(l)},\ y_R^{(l)})$，$l=1,2,\cdots,N_R$，那么对于第 l 个接收单元接收到由第 m 个发射单元发射的信号的情况，传输时延 $\tau_{l,m}$ 多普勒频移 $v_{l,m}$ 分别如下给出：

$$\tau_{l,m} = \frac{1}{c}(r_T^{(m)} + r_R^{(l)}),\quad v_{l,m} = \frac{f_m}{c}(\dot{r}_T^{(m)} + \dot{r}_R^{(l)}) \tag{15.17}$$

其中，

$$r_T^{(m)}=[(x-x_T^{(m)})^2+(y-y_T^{(m)})^2]^{1/2},\quad r_R^{(l)}=[(x-x_R^{(m)})^2+(y-y_R^{(m)})^2]^{1/2} \tag{15.18}$$

$$\dot r_T^{(m)}=[\dot x(x-x_T^{(m)})+\dot y(y-y_T^{(m)})]/r_T^{(m)},\quad \dot r_R^{(l)}=[[\dot x(x-x_R^{(m)})+\dot y(y-y_R^{(m)})]/r_R^{(l)} \tag{15.19}$$

因此，$\boldsymbol{H}_{l,m}$ 的元素可由下式确定：

$$\frac{\partial\tau_{l,m}}{\partial x}=\frac{1}{c}\left(\frac{x-x_T^{(m)}}{r_T^{(m)}}+\frac{x-x_R^{(l)}}{r_R^{(l)}}\right),\frac{\partial\tau_{l,m}}{\partial y}=\frac{1}{c}\left(\frac{y-y_T^{(m)}}{r_T^{(m)}}+\frac{y-y_R^{(l)}}{r_R^{(l)}}\right)$$

$$\frac{\partial\tau_{l,m}}{\partial\dot x}=\frac{\partial\tau_{l,m}}{\partial\dot y}=0,\frac{\partial v_{l,m}}{\partial x}=\frac{f_m}{c}\left(\frac{\dot x}{r_T^{(m)}}-\dot r_T^{(m)}\frac{x-x_T^{(m)}}{(r_T^{(m)})^2}+\frac{\dot x}{r_R^{(l)}}-\dot r_R^{(l)}\frac{x-x_R^{(l)}}{(r_R^{(l)})^2}\right)$$

$$\frac{\partial v_{l,m}}{\partial y}=\frac{f_m}{c}\left(\frac{\dot y}{r_T^{(m)}}-\dot r_T^{(m)}\frac{y-y_T^{(m)}}{(r_T^{(m)})^2}+\frac{\dot y}{r_R^{(l)}}-\dot r_R^{(l)}\frac{y-y_R^{(l)}}{(r_R^{(l)})^2}\right)$$

$$\frac{\partial v_{l,m}}{\partial\dot x}=\frac{f_m}{c}\left(\frac{x-x_T^{(m)}}{r_T^{(m)}}+\frac{x-x_R^{(l)}}{r_R^{(l)}}\right),\frac{\partial v_{l,m}}{\partial\dot y}=\frac{f_m}{c}\left(\frac{y-y_T^{(m)}}{r_T^{(m)}}+\frac{y-y_R^{(l)}}{r_R^{(l)}}\right)$$

得到的费希尔信息矩阵成分如下给出：

$$\mathcal{L}_{xx}(\boldsymbol{\phi},\boldsymbol{\theta})=2\sum_{m=1}^{N_T}\sum_{l=1}^{N_R}|\beta_{l,m}|^2\Re\left\{\boldsymbol{H}_{l,m}^{\mathrm{T}}\left(\frac{\partial s_{l,m,\theta}}{\partial\boldsymbol{\phi}_{l,m}^T}\right)^{\mathrm{H}}\frac{\partial s_{l,m,\theta}}{\partial\boldsymbol{\phi}_{l,m}^T}\boldsymbol{H}_{l,m}\right\} \tag{15.20}$$

注意到 $\mathcal{L}_{x\beta}=[\mathcal{L}_{x\beta_{1,1}}\cdots\mathcal{L}_{x\beta_{l,m}}\cdots\mathcal{L}_{x\beta_{N_R,N_T}}]$，式（15.14）中最后一项可以如下计算：

$$\begin{aligned}\mathcal{L}_{x\beta_{l,m}}&=2\Re\left\{\left(\frac{\partial\beta_{l,m}s_{l,m,\theta}}{\partial x^{\mathrm{T}}}\right)^{\mathrm{H}}\frac{\partial\beta_{l,m}s_{l,m,\theta}}{\partial x^{\mathrm{T}}}\right\}\\&=2\Re\left\{[1\quad j]\otimes\left[\beta_{l,m}^*\boldsymbol{H}_{l,m}^{\mathrm{T}}\left(\frac{\partial s_{l,m,\theta}}{\partial\boldsymbol{\phi}_{l,m}^{\mathrm{T}}}\right)^{\mathrm{H}}s_{l,m,\theta}\right]\right\}\end{aligned} \tag{15.21}$$

式中：⊗ 表示 Kroneker 积。

可以利用矩阵逆准则获得 x 的克拉美罗限，具体如下：

$$\mathrm{CRLB}_{xx}(\boldsymbol{\phi},\boldsymbol{\theta})=\sigma_w^2\{\mathcal{L}_{xx}-\mathcal{L}_{x\beta}\mathcal{L}_{\beta\beta}^{-1}\mathcal{L}_{x\beta}^{-1}\}^{-1}$$

综合式（15.15）、式（15.20）、式（15.21）的结果并进行化简，关于 x 的克拉美罗限可以表示为

$$\mathrm{CRLB}_{xx}(\boldsymbol{\phi},\boldsymbol{\theta})=\sigma_w^2\left[2\sum_{m=1}^{N_T}\sum_{l=1}^{N_R}|\beta_{l,m}|^2\boldsymbol{H}_{l,m}^{\mathrm{T}}\mathcal{L}_{l,m}(\boldsymbol{\phi})\boldsymbol{H}_{l,m}\right]^{-1} \tag{15.22}$$

其中：

$$\begin{aligned}\mathcal{L}_{l,m}(\phi,\theta)=\Re\Bigg\{&\left(\frac{\partial\boldsymbol{s}_{l,m,\theta}}{\partial\boldsymbol{\phi}_{l,m}^{\mathrm{T}}}\right)^{\mathrm{H}}\frac{\partial\boldsymbol{s}_{l,m,\theta}}{\partial\boldsymbol{\phi}_{l,m}^{\mathrm{T}}}-\left(\frac{\partial\boldsymbol{s}_{l,m,\theta}}{\partial\boldsymbol{\phi}_{l,m}^{\mathrm{T}}}\right)^{\mathrm{H}}\times\\&\boldsymbol{s}_{l,m,\theta}(\boldsymbol{s}_{l,m,\theta}^{\mathrm{H}}\boldsymbol{s}_{l,m,\theta})^{-1}\boldsymbol{s}_{l,m,\theta}^{\mathrm{H}}\frac{\partial\boldsymbol{s}_{l,m,\theta}}{\partial\boldsymbol{\phi}_{l,m}^{\mathrm{T}}}\Bigg\}\end{aligned} \tag{15.23}$$

式（15.22）给出的克拉美罗限与发射波形（15.22）的物理特征有关。为说明这一点，首先将式（15.23）中的矩阵各个元素单独表示为

$$\mathcal{L}_{l,m}(\phi,\theta) = \begin{bmatrix} \xi_{1,1}(\phi) & \xi_{1,2}(\phi) \\ \xi_{2,1}(\phi) & \xi_{2,2}(\phi) \end{bmatrix}^{-1} \tag{15.24}$$

其各个元素均与发射波形 $s_{l,m}(t)$ 有关，即

$$\xi_{1,1}(\boldsymbol{\phi}) \approx 4\pi^2\left(\int f^2 |S_m(f-v_{l,m})|^2 \mathrm{d}f - \frac{1}{\varepsilon_{l,m}}\left|\int f|S_m(f-v_{l,m})|^2 \mathrm{d}f\right|^2\right)$$

$$\xi_{1,2}(\boldsymbol{\phi}) = \xi_{2,1}(\phi) \approx$$

$$2\pi\Re\left\{\int t s_m(t-\tau_{l,m})\frac{\partial}{\partial t}s_m^*(t-\tau_{l,m})\mathrm{d}t - \frac{1}{\varepsilon_{l,m}}\int \hat{t}|s_m(\hat{t}-\tau_{l,m})|^2\mathrm{d}\hat{t}\int s_m(t-\tau_{l,m})\right.$$

$$\left.\frac{\partial}{\partial t}s_m^*(t-\tau_{l,m})\mathrm{d}t\right\}$$

$$\xi_{2,2}(\boldsymbol{\phi}) \approx 4\pi^2\left(\int t^2 |s_m(t-\tau_{l,m})|^2 \mathrm{d}t - \frac{1}{\varepsilon_{l,m}}\left|\int t|s_m(t-\tau_{l,m})|^2 \mathrm{d}t\right|^2\right)$$

式中：$S_m(f)$ 为 $s_m(t)$ 的傅里叶变换；$\varepsilon_{l,m} = s_{l,m,\theta}^{\mathrm{H}} s_{l,m,\theta} \approx \int |s_m(t)|^2 \mathrm{d}t$ 正比于发射信号能量，$\xi_{1,1}(\phi)$ 以及 $\xi_{2,2}(\phi)$ 分别与信号均方根（rms）带宽和均方根持续时长成正比。$\xi_{1,1}(\phi)$ 可以由 Parseval 关系获得。注意到式（15.24）与发射信号的时延以及频移无关[48,56,57]。

15.4.3　基于波形捷变的 MIMO 雷达跟踪

对于一分置 MIMO 雷达系统，其动态跟踪测量方程形式可以由 15.2 节式（15.5）简化而来。这是因为分置的多天线使得融合接收的信息成为可能，这使得时刻 k 目标状态（位置以及速度）x_k 可以被看作噪声观测量[58]。因此，在状态空间上的测量方程可以表示为

$$\boldsymbol{z}_k = \boldsymbol{x}_k + \boldsymbol{v}_k \tag{15.25}$$

式中：$\boldsymbol{v}_k$ 为时刻 k 的观测噪声。式（15.25）中的观测量 z_k 可以直接通过接收波形计算目标位置以及速度的最大似然估计获得。该最大似然估计与互模糊函数有关并且如下获得[58]：

$$\hat{\boldsymbol{\phi}} = [\hat{\boldsymbol{\tau}},\ \hat{\boldsymbol{v}}]^{\mathrm{T}} = \arg\max \frac{2}{\sigma_w^2}\sum_{m=1}^{N_T}\sum_{l=1}^{N_R}\frac{1}{\varepsilon_{l,m}}|AF_{y_{l,m},s_m}(\tau_{l,m},v_{l,m})|^2 \tag{15.26}$$

式（15.17）至（15.19）给出了 $\hat{\boldsymbol{\tau}} = [\hat{\tau}_{1,1}\cdots\hat{\tau}_{N_R,N_T}]^{\mathrm{T}}$，$\hat{\boldsymbol{v}} = [\hat{v}_{1,1}\cdots\hat{v}_{N_R,N_T}]^{\mathrm{T}}$ 以及 $\hat{\boldsymbol{x}} = [\hat{x}\ \hat{\dot{x}}\ \hat{y}\ \hat{\dot{y}}]^{\mathrm{T}}$ 之间的关系。对应第 m 个发射单元以及第 l 个接收单元波形的互模糊函数如下给出[41,54,59]：

$$\mathrm{AF}_{y_{l,m},s_m}(\tau_{l,m},v_{l,m}) = \int y_{l,m}(t)s_m^*(t-\tau_{l,m})\mathrm{e}^{-\mathrm{j}2\pi v_{l,m}t}\mathrm{d}t \tag{15.27}$$

注意到目标状态可以使用多基地雷达系统进行估计，具体地讲，多基地雷达系统中每个雷达可以估计目标距离以及距离变化率，之后中央处理单元可以根据各雷达对目标距离以及距离变化率的估计情况作出对目标位置以及速度的估计。同样地，区别于集中式处理方式，在分散式处理中，各个接收单元可以各自估计目标的位置以及速度矢量。这些提取出的信息之后被送往中央单元，并根据所有接收单元的估计找出最优参数矢量[60]。

如果假定信噪比较高，则 $\boldsymbol{v}_k$ 的协方差矩阵 $\boldsymbol{R}_k$ 可以表示为式（15.22）中对于 x_k 的克拉美罗限，即 $\boldsymbol{R}_k = \mathrm{CRLB}_{x_k x_k}$ [6]。因此，动态目标跟踪问题可以由式（15.3）以及式（15.25）给出，此外由于这两个方程均为线性的，可以用卡尔曼滤波来获得其最优状态估计。

当给定观测值 $z_1 \sim z_{k-1}$，卡尔曼滤波器对于时刻（$k-1$）的协方差估计表示为 $\boldsymbol{P}_{k-1|k-1}$。则 $\boldsymbol{P}_{k|k}$ 可以通过下式迭代的计算得到[61]：

$$\boldsymbol{P}_{k|k} = [(\boldsymbol{Q} + \boldsymbol{F}\boldsymbol{P}_{k-1|k-1}\boldsymbol{F}^{\mathrm{T}})^{-1} + \boldsymbol{R}_k^{-1}]^{-1}$$

注意到 $\boldsymbol{R}_k$ 是目标状态 x_k、式（15.22）中的反射系数以及波形物理特性的函数，因此，预测估计误差的协方差 $\boldsymbol{P}_{k|k}$ 同样是这些参数的函数。

通过设置适合于分置式发射单元的波形参数，将波形捷变用于 MIMO 雷达跟踪器。具体地讲，在时刻 k，第 m 个天线可以发射高斯信号 $s_{k,m}(t)$，该信号参数由变化的带宽参数 $\theta_{k,m}$ 确定：

$$s_{k,m}(t;\theta_{k,m}) = \left(\frac{\theta_{k,m}}{\pi}\right)^{1/4} \mathrm{e}^{-\theta_{k,m}^2 t^2/2} \mathrm{e}^{\mathrm{j}2\pi f_m t} \tag{15.28}$$

式中：f_m 为第 m 个天线的载频。使用该波形时，在时刻 k 式（15.24）可以化简为

$$\mathcal{L}_{k,l,m}(\theta_{k,m}) = 4\pi^2 \begin{bmatrix} 0.5\theta_{k,m}^2 & 0 \\ 0 & 0.5/\theta_{k,m}^2 \end{bmatrix}$$

可以证明

$$\boldsymbol{R}_k(\boldsymbol{\theta}_k) = \sigma_w^2 \left[2\sum_{m=1}^{N_T} \sum_{l=1}^{N_R} |\beta_{l,m}|^2 \Re\{\boldsymbol{H}_{k,l,m}^{\mathrm{T}} \mathcal{L}_{k,l,m}(\theta_{k,m}) \boldsymbol{H}_{k,l,m}\} \right]^{-1}$$

这里 $\boldsymbol{H}_{k,l,m}$ 如式（15.16）给出，下脚标 k 表示 $\boldsymbol{H}_{k,l,m}$ 是基于 k 时刻的目标状态 $\hat{\boldsymbol{x}}_k = [\hat{x}_k \hat{\dot{x}}_k\ \hat{y}_k \hat{\dot{y}}_k]^{\mathrm{T}}$ 在时刻 k 获得的。

在（$k-1$）时刻使用卡尔曼滤波，可以得到目标状态估计 $\hat{x}_{k-1}$ 以及误差协方差矩阵 $\boldsymbol{P}_{k-1|k-1}$。我们的目标是通过最小化估计协方差矩阵 $\boldsymbol{P}_{k|k} = [(\boldsymbol{Q} + \boldsymbol{F}\boldsymbol{P}_{k-1|k-1}\boldsymbol{F}^{\mathrm{T}})^{-1} + \boldsymbol{R}_k^{-1}]^{-1}$ 的迹以获得波形参数。为计算 $\boldsymbol{P}_{k|k}$，需要计算 $\boldsymbol{H}_{k,l,m}$，进而也需要计算 $\boldsymbol{R}_k(\boldsymbol{\theta}_k)$。然而，由于直接计算需要目标未来状态 x_k 以及发射系数，可以使用目标状态的预测值 $\tilde{\boldsymbol{x}}_k(\boldsymbol{\theta}_k) = \boldsymbol{F}\tilde{\boldsymbol{x}}_{k-1}$ 来近似得到 $\boldsymbol{H}_{k,l,m}$。同

样地，假设随机反射系数是平稳的，协方差 $E[|\beta_{l,m}|^2]$ 保持不变，此时 $\tilde{\boldsymbol{R}}_k(\boldsymbol{\theta}_k)$ 可以由 $\tilde{x}_k$ 和 $E[|\beta_{l,m}|^2]$ 获得。进而可以使用 $\tilde{\boldsymbol{R}}_k(\boldsymbol{\theta}_k)$ 来近似得到 $\boldsymbol{P}_{k|k}$：

$$\tilde{\boldsymbol{P}}_{k|k}(\boldsymbol{\theta}_k) = [(\boldsymbol{Q} + \boldsymbol{F}\boldsymbol{P}_{k-1|k-1}\boldsymbol{F}^{\mathrm{T}})^{-1} + \tilde{\boldsymbol{R}}_k^{-1}(\boldsymbol{\theta}_k)]^{-1}$$

正如数值结果表明的，该近似方法可以很好地适用于远场跟踪应用。

在特定的约束下利用序列二次规划来最小化 $\tilde{\boldsymbol{P}}_{k|k}(\theta_k)$ 的迹。具体地说，在一个高斯波形库内考虑，波形库内波形具有恒定能量，并且式（15.28）中带宽参数可在区间 $\theta_{\min} \sim \theta_{\max}$ 内变化。则自适应设计的参数矢量可以如下给出：

$$\hat{\boldsymbol{\theta}}_k = \min_{\theta_k} \mathrm{tr}\{\Lambda\tilde{\boldsymbol{P}}_{k|k}(\boldsymbol{\theta}_k)\} \ \mathrm{S.\,t.}\ \theta_{\min} \leqslant \theta_{k,m} \leqslant \theta_{\max} \tag{15.29}$$

因此，选取出的波形 $s_{k,m}(t;\hat{\theta}_{k,m})$ 是矢量 $\hat{\boldsymbol{\theta}}_k = [\hat{\theta}_{k,1} \cdots \hat{\theta}_{k,N_T}]$ 的第 m 个元素。

15.4.4　仿真结果

在我们的数值仿真中，我们考虑二维空间内沿特定轨迹运动的单个目标，该目标具有 20m/s² 的最大加速度。目标起始位置坐标为（30，30）km，起始速度为（100，100）m/s。我们使用的 MIMO 雷达系统具有 3 对收发单元，分别位于（0，0）m，（10，0）km 以及（0，10）km。接收信号内混有加性高斯白噪声，信噪比为 10dB。基于该假设，我们在每一时刻对 MIMO 雷达测量的协方差进行计算。我们在时刻 $k = 1,\cdots,30$ 对第 m，$m = 1,2,3$ 个天线使用式（15.28）所示的捷变高斯信号，该高斯信号带宽变化范围为 $\theta_{\min} = 1\mathrm{kHz}$ 到 $\theta_{\max} = 10\mathrm{MHz}$。各时刻间间隔为 $\delta t = 1\mathrm{s}$，并且 $c = 3 \times 10^8 \mathrm{m/s}$。三个发射单元的载频分别设为 $f_1 = 9.985\mathrm{GHz}$，$f_2 = 10\mathrm{GHz}$，$f_3 = 10.015\mathrm{GHz}$。为了形成比较，同样还考虑了在每一时刻随机选择发射波形的 MIMO 雷达系统。

图 15.3 给出了 MIMO 雷达系统在使用优化波形以及随机波形时的跟踪结果。图 15.4（a）对比了这两种方案 100 次蒙特卡罗实验的跟踪均方误差。当使用的波形为最优选取的时候，可以看到雷达对目标位置的跟踪性能得到了明显的改善；同样地使用最优选取的波形时对目标速度的估计性能也得到了改善，如图 15.4（b）。图 15.4（c）给出了每一时刻最优选取波形的参数。图 15.4（d）给出了随机选取波形在每一时刻的参数。

15.5　城区地形捷变波形跟踪

经典的雷达系统通常只能在无遮蔽的环境下进行视线观察进而执行跟踪侦查任务。但是，对于现代防御而言，城区内检测跟踪目标正变得重要起来。在城市环境下，经典雷达系统将会失效。具体地讲，由于建筑物的反射会出现多径回波，此时目标检测概率会降低，此外建筑物遮挡以及较强的杂波也会影响目标检测性能[62, 63]。在城市环境下检测跟踪目标存在如下几个难点，这包括由于并不总

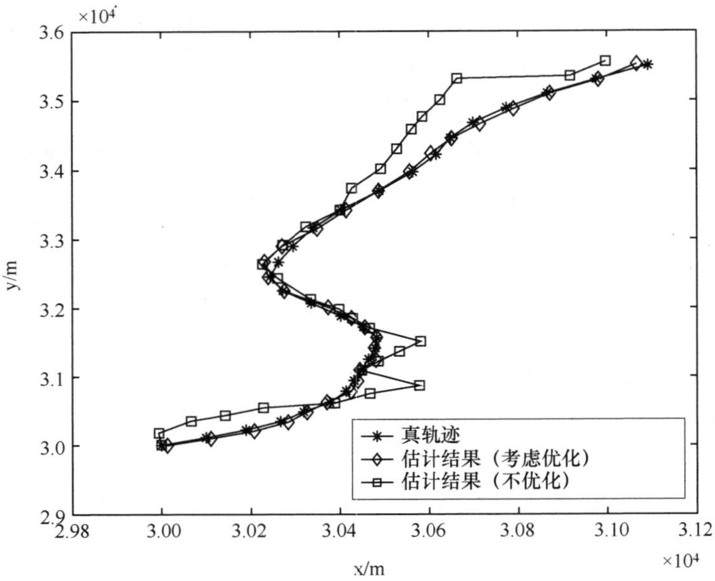

图 15.3　MIMO 雷达跟踪仿真示例：目标真实轨迹以及估计轨迹

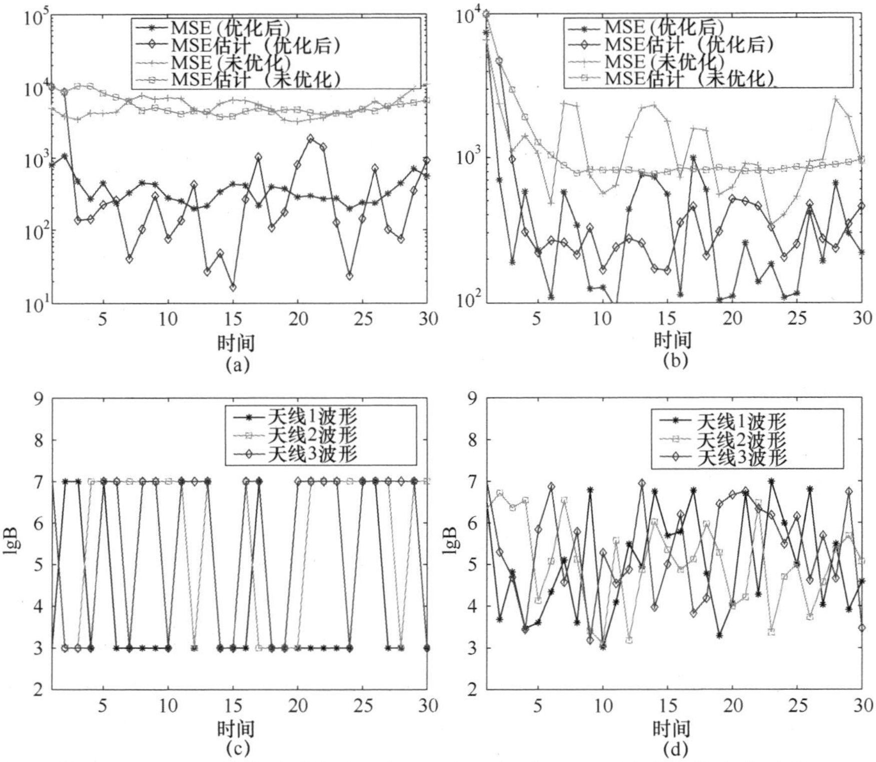

图 15.4　MIMO 雷达跟踪仿真示例。x 轴目标的：(a) 位置估计均方误差，(b) 速度估计均方误差。(c) 最优选取波形的参数，(d) 随机选取波形的参数

能够获得目标的视线观察路径而造成的遮挡问题；邻近车辆多次反射造成的高杂波问题，这可能使检测并跟踪真实目标变得尤其困难；由于建筑物表面以及道路不可能是完全光滑的，由此造成的多重回波会引起自相矛盾的视线测量结果。尽管可以移除杂波以及较强的多径回波以提高目标检测以及跟踪性能，但是视线回波的缺失会对系统性能造成不利影响。

最近，利用多径回波的雷达系统被用于城区目标检测与跟踪，该雷达提高了雷达观测范围以及场景可见度。由于利用了环境信息，这种雷达减轻了建筑物的遮蔽影响[62-64]，提高了系统性能。在我们的工作中，首先建立了在三维城区空间内运动目标经任意多镜面反射的多径传输模型，将自适应波形设计与多径回波信息利用相结合提高目标跟踪性能[65, 66]。

15.5.1 多径传输几何架构

文献［64］讨论了二维空间内的多径传输几何架构，这里我们考虑三维空间内的对应几何架构，在该架构下收发雷达对城市环境内的一个动目标进行跟踪。我们假定在三维多径传输架构下，信号均发生镜面反射——即波形入射角等于反射角。因此，当信号被建筑物遮挡并且没有视线观测时，可以定义对应的虚拟目标，该虚拟目标可以产生与真实目标多径反射回波相同的视线回波。当存在视线回波时，传输路径对应于目标到雷达的传输时间；当存在多次反射时，传输路径对应于雷达到虚拟目标的传输时间。

在归纳多个建筑物之间各种可能反射情况之前，我们考虑发射波形仅经过两个建筑反射的情况。假设波形在从发射单元到目标（上行链路）过程中经过平面 $\mathcal{L}_t$（建筑 1 或者建筑 2 的）反射，之后再从目标到接收单元（下行链路）过程中经过平面 $\mathcal{L}_r$（建筑 1 或者建筑 2 的）反射。值得注意的是，$\mathcal{L}_t$ 并不一定等于 $\mathcal{L}_r$，因此上行链路路径与下行链路路径并不一定是相同的。图 15.5 给出了该情景的示意图，图中存在 3 条路径：①视线路径，②经建筑 1 的单跳多径以及③经建筑 2 的单跳多径。其对应的距离分别表示为 $r_{k,0}$，$r_{k,1}$ 以及 $r_{k,2}$。鉴于镜面反射的架构，这两个单跳多径对应了两个虚拟目标。该虚拟目标的位置可以被看作是不存在建筑遮挡时信号的反射点。如上行链路路径可以看作是虚拟目标到雷达的视线路径。

在图 15.5 中，三维笛卡儿坐标系下雷达以及目标的坐标分别表示为 (x_R, y_R, z_R)，(x_k, y_k, z_k)。k 时刻视线路径的传输距离可以由目标到雷达的欧几里德距离确定（见式（15.6））

$$r_{k,0} = [(x_k - x_R)^2 + (y_k - y_R)^2 + (z_k - z_R)^2]^{1/2} \tag{15.30}$$

对应距离变化率为其关于时间的偏导数，因此 k 时刻式（15.30）给出的视线距离的变化率可以表示为

$$\dot{r}_{k,0} = \frac{1}{r_{k,0}}[\dot{x}_k(x_k - x_R) + \dot{y}_k(y_k - y_R) + \dot{z}_k(z_k - z_R)] \tag{15.31}$$

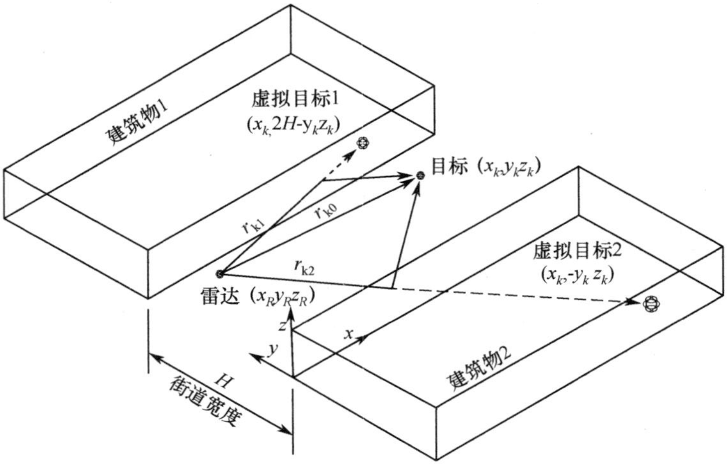

图 15.5 视线路径以及单跳多径反射几何架构

式中：$(\dot{x}_k, \dot{y}_k, \dot{z}_k)$ 为目标 k 时刻的速度。对于多跳路径，其经建筑 i 第 ℓ 次反射后雷达到目标的传输距离同样可以根据目标真实位置 (x_k, y_k, z_k) 计算[67]

$$r_{k,\ell,i} = \left((x_k - x_R)^2 + \{(-1)^{\ell+1}[2(\ell/2)_i H - (-1)^{i+1} y_k] - y_R\}^2 + (z_k - z_R)^2\right)^{1/2} \tag{15.32}$$

式中：H 为道路宽度，$[\ell/2]_1 = \lceil \ell/2 \rceil$（向上取整），$[\ell/2]_2 = \lfloor \ell/2 \rfloor$（向下取整），我们假定第一次反射是从建筑 $i, i = 1,2$ 离开。其对应距离变化率可以通过对式（15.30）表示的距离关于时间求偏导数获得。

多条路径下对应的传输距离可以表示为 $r_{k,p}, p = 1, \cdots, \mathcal{P}_k$，其中 $\mathcal{P}_k$ 是双程下可能的路径数目；该数量与发生反射的次数以及式（15.30）中反射表面的个数有关，并且该数量是时变的。比如说，在图 15.5 中，我们将 $\ell = 1$ 单次反射路径、上行链路路径与下行链路路径考虑在内，则双程条件下可能的路径数目为 $\mathcal{P}_k = 9$；这些路径中包括了视线路径 $r_{k,0}$ 以及单跳路径 $r_{k,1,1}$ 和 $r_{k,1,2}$。具体地说，对于 $\ell = 1$ 单次反射情况，$r_{k,p}$，$p = 1, \cdots, \mathcal{P}_k$ 可由下式确定：

$$[r_{k,1}\ r_{k,2} \cdots r_{k,p_k}] = [2r_{k,0}\ 2r_{k,\ell,1}\ 2r_{k,\ell,1} (r_{k,\ell,1} + r_{k,\ell,2})(r_{k,\ell,2} + r_{k,\ell,1}) (r_{k,\ell,0} + r_{k,\ell,1})(r_{k,\ell,0} + r_{k,\ell,2})\ (r_{k,\ell,1} + r_{k,\ell,0})\ (r_{k,\ell,2} + r_{k,\ell,0})] \tag{15.33}$$

$\ell = 1$ 时的距离变化率：

$$[\dot{r}_{k,1}\ \dot{r}_{k,2} \cdots \dot{r}_{k,p_k}] \tag{15.34}$$

可以对式（15.33）距离求关于时间的偏导数获得。注意到，尽管这里存在 $\mathcal{P}_k = 9$ 条路径，但其中只有 6 条路径是明确的（因为在式（15.31）中，$r_{k,4} = r_{k,5}$，$r_{k,6} = r_{k,8}$，$r_{k,7} = r_{k,9}$），可以为跟踪提供有效测量信息。当 $\ell = 2$，即两次反射情况，双程情况下所有可能的路径数为 $\mathcal{P}_k = 25$。但是需要指出的是，实测数据表明经过两次反射的回波通常由于衰减较大而难以被观测到[67]。

15.5.2　城区目标跟踪

这里以如图 15.6（a）所示城区建筑分布场景为例，以阐述城市环境跟踪这一具有挑战性的问题。目标为在二维空间内在地面运动的车辆，车辆目标围绕其中一个建筑做绕圈轨迹运动，该路径会途经另外两个建筑。一个机载雷达在目标东南侧 8km，1.4km 高度处进行探测；此时雷达与建筑之间的投影角使得目标在建筑之间运动时视线路径被遮蔽。基于城区地图提供的先验信息，可以获得目标在不同位置时可能的多径数量。图 15.6（b）给出了这些不同的测量类型。

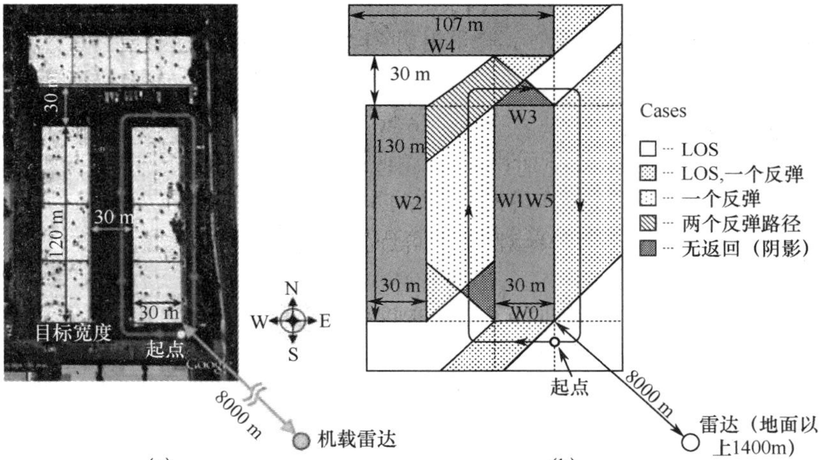

(a)　　　　　　　　　　(b)

图 15.6　（a）代表性的城区示例；（b）可用观测路径

沿用 15.2 节中式（15.3）和式（15.5）给出的目标跟踪模型。对于城区跟踪，式（15.3）状态方程提供了两种不同的模型：①目标作匀速直线运动；②目标以恒定速率转动。因此，式（15.3）中的矩阵 $\boldsymbol{F}$ 根据不同的运动模型是有区别的。具体地讲，可以将式（15.3）重写为

$$\boldsymbol{x}_k = \boldsymbol{F}_j \boldsymbol{x}_{k-1} + \boldsymbol{w}_k, \quad j = 1,2 \tag{15.35}$$

当使用匀速运动模型时，式（15.4）中 $\boldsymbol{F}_1 = \boldsymbol{F}$；当使用恒速率转动模型时[23]：

$$\boldsymbol{F}_2 = \begin{bmatrix} 1 & \frac{1}{\omega}\sin(\omega\delta t) & 0 & -\frac{1}{\omega}(1-\cos(\omega\delta t)) \\ 0 & \cos((\omega\delta t)) & 0 & -\sin(\omega\delta t) \\ 0 & \frac{1}{\omega}(1-\cos(\omega\delta t)) & 1 & \frac{1}{\omega}\sin(\omega\delta t) \\ 0 & \sin(\omega\delta t) & 0 & \cos((\omega\delta t)) \end{bmatrix} \tag{15.36}$$

式中：ω 为恒定的旋转角速度。

由于存在多次反射，接收波形由发射波形经多条延迟的路径组合而成。这里每条路径的观测模型均服从式（15.5）模型；综合式（15.31）所有路径，k 时刻的观测量可以表示为

$$\boldsymbol{z}_k = \boldsymbol{h}_k(\boldsymbol{x}_k) + \boldsymbol{v}_k = \begin{bmatrix} r_{k,0} & r_{k,1} & \cdots & r_{k,p_k} \\ \dot{r}_{k,0} & \dot{r}_{k,1} & \cdots & \dot{r}_{k,p_k} \end{bmatrix} + \boldsymbol{v}_k \tag{15.37}$$

式中：$r_{k,p}$ 以及 $\dot{r}_{k,p}$ 分别表示式（15.30）、式（15.31）、式（15.33）以及式（15.34）定义的测量的距离以及距离变化率；$\mathcal{P}_k$ 为 k 时刻的路径数量；v_k 为零均值高斯白噪声。这些参数可以通过使用城区地图对 $\mathcal{P}_k$ 个延迟以及多普勒参数进行估计获得。具体地讲，对于发射信号 $s(t)$，接收信号为 $y(t;\phi) = \sum_{p=1}^{P_k}\beta_p s_p(t) + w(t)$，其中 $s_p(t) = s(t-\tau_p)\mathrm{e}^{\mathrm{j}2\pi v_p t}$，$\beta_p$ 为第 p 条路径的反射系数。τ_p 和 v_p 分别是第 p 条路径的时移和多普勒频移，$\boldsymbol{\phi} = [\boldsymbol{\phi}_1\ \boldsymbol{\phi}_2\ \cdots\ \boldsymbol{\phi}_{P_k}]^{\mathrm{T}}$，$\boldsymbol{\phi}_p = [\tau_p\ v_p]$，$w(t)$ 为零均值加性高斯白噪声。对接收信号以采样间隔 T_s 采样后，接收信号采样可表示为 $y[n;\boldsymbol{\phi}] = y(nT_s;\boldsymbol{\phi}), n = 1,\cdots,N$。同样地，$s_p[n] = s_p(nT_s)$，$w[n] = w(nT_s)$ 为独立的零均值加性高斯白噪声采样，其方差为 σ_w^2。则文献［68］给出了用以估计 $\boldsymbol{\phi}$ 的费希尔信息矩阵：

$$[\boldsymbol{I}(\boldsymbol{\phi})]_{ij} = \frac{1}{\sigma_w^2}\sum_{n=1}^{N}\frac{\partial s_p[n;\phi_p]}{\partial\phi_i}\frac{\partial s_p[n;\boldsymbol{\phi}_p]}{\partial\phi_j} \quad i,j = 1,\cdots,P_k \tag{15.38}$$

而对于目标延迟以及多普勒协方差估计的克拉美罗限为 $\mathrm{CRLB}(\phi) = \boldsymbol{I}(\boldsymbol{\phi})^{-1}$。

由于式（15.37）的测量等式是非线性的，并且函数 $\boldsymbol{h}_k(\boldsymbol{x}_k)$ 与每一时刻路径数目有关，随时间变化，我们需要利用粒子滤波顺序蒙特卡罗估计器获取目标参数。同样地，由于上面假设了两种运动模型，可以综合利用粒子滤波器和交互式多模型（IMM）方法决定每一时刻适用的动态模型[69]。在每一时刻，每个粒子的模型类型可以由之前时刻的模型类型以及转移矩阵 $\boldsymbol{\Pi}$ 确定，该转移矩阵第（i, j）个元素表示了从模型 $i, i = 1,2$ 转变成模型 $j, j = 1,2$ 的概率（由于仅存在两个模型）。交互式多模型粒子滤波器通过粒子滤波以及测量量 $\boldsymbol{z}_k$ 自动选择每一时刻的运动模型以及状态 $\boldsymbol{x}_k$。

15.5.3 城区跟踪自适应波形选择

利用多径信息的跟踪器结合波形捷变算法可以进一步提高跟踪性能。考虑一个包络为高斯型的线性调频信号，即 $s(t;\boldsymbol{\theta}) = a(t)\mathrm{e}^{\mathrm{j}2\pi(\theta/T_{\mathrm{eff}})(t/t_r)^2}$，其中 $a(t) = (\pi T_d)^{-1/4}\mathrm{e}^{-t_2/(2T_d^2)}$ 为高斯窗，$\boldsymbol{\theta} = [\theta\ T_d]^{\mathrm{T}}$，$T_d$ 以及 θ 分别为脉冲长度以及线性调频波形带宽，为了归一化，令 $t_r = 1$。脉冲有效长度 T_{eff} 定义为信号幅度超过其最大幅度 0.1% 的时间长度。为了强调接收信号与参数矢量 $\boldsymbol{\theta}$ 的关系，接收信号按如下定义：

$$
\begin{aligned}
y(t;\boldsymbol{\phi},\boldsymbol{\theta}) &= \sum_{p=1}^{P_k}\beta_p s_p(t;\boldsymbol{\phi}_p,\boldsymbol{\theta}) + w(t) \\
&= \sum_{p=1}^{P_k}\beta_p s_p(t-\tau_p;\boldsymbol{\theta})\mathrm{e}^{\mathrm{j}2\pi v_p t} + w(t)
\end{aligned}
\tag{15.39}
$$

当以采样间隔 T_s 对其采样后，接收信号采样值可以表示为 $y[n;\boldsymbol{\phi},\boldsymbol{\theta}] = y(nT_s;\boldsymbol{\phi},\boldsymbol{\theta}),n=1,\cdots,N$ 。同样地有如下信号采样值 $s_p[n;\boldsymbol{\phi}_p,\boldsymbol{\theta}] = s_p(nT_s;\boldsymbol{\phi}_p,\boldsymbol{\theta})$ ，以及噪声采样值 $w[n] = w(nT_s)$ 为独立零均值加性高斯白噪声，其协方差为 σ_w^2 。用以估计 $\boldsymbol{\phi}$ 的费希尔信息矩阵的第 ij 个元素 $[\mathcal{L}(\phi,\boldsymbol{\theta})]_{ij}$ 基本可以利用式（15.38)计算，区别在于需要用 $s_p[n;\boldsymbol{\phi}_p,\boldsymbol{\theta}]$ 代替其中的 $s_p[n;\boldsymbol{\phi}_p]$ 。对于距离以及多普勒协方差估计的克拉美罗限为 $\mathrm{CRLB}(\boldsymbol{\phi}_p,\boldsymbol{\theta}) = \mathcal{L}(\boldsymbol{\phi}_p,\boldsymbol{\theta})^{-1}$ ，该克拉美罗限与发射波形参数 θ 有关。因此，在测量距离以及距离变化率时的噪声协方差也是波形参数的函数，并且可以计算为 $\boldsymbol{R}(\boldsymbol{\theta}) = \boldsymbol{B}_c\mathcal{L}(\boldsymbol{\phi},\boldsymbol{\theta})^{-1}\boldsymbol{B}_c^{\mathrm{T}}$ ，其中 $\boldsymbol{B}_c$ 为 P_k 块的分块对角阵，其每个对角阵为 $\mathrm{diag}(0.5c,0.5c/f_c)$ ，c 为发射波形的传输速度，f_c 为载频。

波形选择步骤中，我们自适应地给出每一时刻的波形参数 T_d 以及 θ ，以此最小化跟踪均方误差。波形库由一系列线性调频信号组成，在每一时刻 k，信号的参数 θ_k ，都处在一个预定的范围内，这个范围根据具体的跟踪区域环境确定。如 15.3 节描述的，在每一时刻 k，我们从波形库内选取波形参数矢量，以使跟踪均方误差最小化。上述过程通过粒子滤波以及 Unscented 变换实现，进而预测均方误差可以由状态协方差矩阵 $\boldsymbol{P}_{k|k}(\theta_k)$ 近似，因此可以用式（15.9）估计。这样得到的线性调频信号 $s_k(t;\hat{\boldsymbol{\theta}}_k)$ 可由式（15.11）获得。

15.5.4　仿真结果

在图 15.6（b）所示的具有代表性的跟踪场景下进行的仿真结果可以说明城区雷达结合自适应波形选择这种方法的有效性。在该示例中，假定目标沿着圆圈轨迹以速度 5m/s 运动，波形载频为 $f_c = 1\mathrm{GHz}$ ，波形传播速度 $c = 3\times10^8\ \mathrm{m/s}$。此外，假设发射波形每经过一次反射会产生 10dB 的能量损失。假定在视线观察区域 $P_{FA} = 0.01$ ，$\mathrm{SNR} = 20\mathrm{dB}$ ，$P_D = 0.6579$ ；在单次反射区域内 $P_D = 0.3307$（由 $P_D = P_{FA}^{1/(1+\mathrm{SNR}_{\mathcal{R}})}$ 计算得到，其中 $\mathrm{SNR}_{\mathcal{R}}$ 为目标预测区域 $\mathcal{R}$ 内的信噪比）。波形库内每个可能的线性调频波形具有恒定的时宽带宽积以及单位能量。脉冲持续时间从 0.1μs 到 1ms 不等；带宽范围为 1kHz ~ 10MHz。图 15.7（a）给出了目标真实轨迹以及利用波形选择算法获得的估计轨迹。在阴影区内，由于此段时间内接收不到测量量，而状态矢量仅由处理模型更新，跟踪性能如预期的出现恶化。图 15.7（b)给出了每一时刻选择的波形持续时间以及带宽参数。对使用波形选择的跟踪系统的性能与开环跟踪系统的性能进行了比较，该开环系统的发射波形通过循环选取波形库内波形获得。两系统对目标位置以及速度跟踪均方误差的比较分别见图 15.7（c）以及图 15.7（d）。除了阴影区域，可以看到使用波形捷变跟踪时跟踪均方误差得到了抑制。

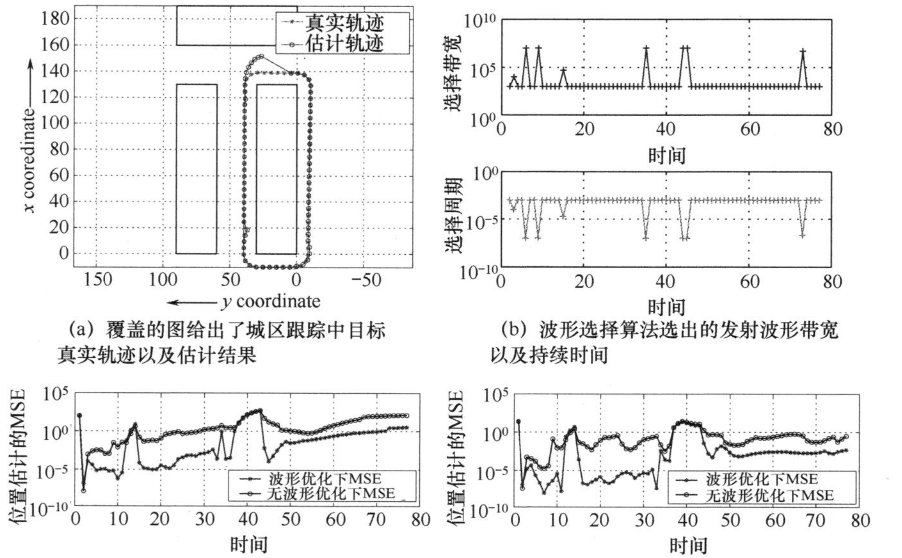

（a）覆盖的图给出了城区跟踪中目标真实轨迹以及估计结果

（b）波形选择算法选出的发射波形带宽以及持续时间

（c）位置估计的平均跟踪均方误差

（d）速度估计的平均跟踪均方误差

图 15.7　单收发单元使用自适应波形选择时的目标跟踪仿真结果：（a）城区跟踪中目标真实轨迹以及估计结果；（b）每个时刻波形选择算法选出的发射波形带宽以及持续时间；（c）位置估计的平均跟踪均方误差；（d）速度估计的平均跟踪均方误差

15.6　基于波形捷变的高杂波城区目标跟踪

城市环境下较强的杂波使得多径传输回波遭受较大的信噪比损失。因此，尽管多径传输回波可以用来提高城区内目标跟踪性能，但是由于杂波影响，其准确检测目标的概率是相对较低的。比如说，在高杂波情况下，每一次反射，信号都会衰减 10dB 甚至更多。因此，如果能对多径传输回波进行有效的测量，则可以大幅度影响检测概率。此外，由于不同多径回波通常发生在不同的时刻，在城区内目标机动现象会时常发生，进而同样会影响检测概率。当目标在机动时，在目标与雷达之间发生的反射会发生在不同的建筑物之间，这使得检测概率也发生变化。此时，数据关联方法可以被用来整合每一时刻任意反射获得的观测值，进而自适应调整以适应所在区域的检测概率。该方法会使用到最近邻标准滤波器，最优贝叶斯数据融合器[70]以及概率数据融合滤波器（PDAF）[71, 72]，在应用于多径传输情况时需要作出相应修正。文献［73］在超视距雷达下考虑了这个问题，文献中使用多径数据融合（MDA）方法来初始化和跟踪恒定检测概率的非机动目标。在文献［74］中，多径数据融合被用于多径传输场景，但是其目的是为了消除多径并找到视线观测量。为了在检测概率变化的情况下利用多径信息，我们设计了一种交互式多模型概率数据融合滤波器（IMM-PDAF），该滤波器可以在检测概率发生变化的情况下有效使用视线回波以及多径回波。之后我们将该系统与自适应波形设计结合以进一步提高跟踪性能。

15.6.1　高杂波城区跟踪

正如在 15.5 节中看到的，当不存在杂波时，来自目标的接收信号包括视线回波以及 P_k 个多径回波。这些回波被处理后可以获得对距离以及距离变化率的测量量，这样，目标在 k 时刻的原始测量量 $\boldsymbol{z}_k^{(t)}$，可以表述为（见式（15.37））

$$\boldsymbol{z}_k^{(t)} = \boldsymbol{h}_k(\boldsymbol{x}_k) + \boldsymbol{v}_k = \begin{bmatrix} r_{k,0} & r_{k,1} & \cdots & r_{k,P_k} \\ \dot{r}_{k,0} & \dot{r}_{k,1} & \cdots & \dot{r}_{k,P_k} \end{bmatrix} + \boldsymbol{v}_k \tag{15.40}$$

式中：$\boldsymbol{v}_k$ 为零均值，高斯白噪声。当存在高强度杂波时，除了目标回波外，发生虚警的情况同样受到多径影响。假定 k 时刻的虚警数 Y_k 可以用泊松密度分布描述，该分布具有均值 $\rho\boldsymbol{v}_k$，其中 ρ 为杂波强度，$\boldsymbol{v}_k$ 为 k 时刻有效区域的体积[70]。那么在 k 时刻出现 λ 次虚警的概率可以计算为 $Pr(Y_k = \lambda) = \mathrm{e}^{-\rho v_k}(\rho\boldsymbol{v}_k)/\lambda!$，其中 $\lambda! = \lambda(\lambda-1)\cdots(2)1$。注意到这里的有效区间是指测量空间内真实观测量高概率出现的区间。因此，在该区间内检测结果与感兴趣的目标相关联并被认为是有效的。在该有效区间内，认为杂波是均匀分布的。

检测到真实目标的概率可以计算为 $P_D = P_{FA}^{1/(1+SNR_{\mathcal{R}})}$，其中 $SNR_{\mathcal{R}}$ 为预测目标位置区域 $\mathcal{R}$ 的信噪比。该区域包括视线观察区以及单次反射区，并且在考虑的城区条件下认为这些区域均是已知的。由于发射信号每经过一次反射都会经受一定的能量损失，不同区域的信噪比会具有不同的数值。而式（15.40）测量矢量中存在的路径数目 P_k 决定了该区域的类型。

结合交互多模型方法考虑式（15.35）所示两种可能的运动模型，并根据一具有 2×2 确知传输概率矩阵 $\boldsymbol{\Pi}$ 的马尔科夫链在这两种模型间转换。对于两种模型的预测状态 $\boldsymbol{x}_{k|k-1,j}$ 以及对应的协方差矩阵 $\hat{\boldsymbol{P}}_{k|k-1,j}, j = 1,2$ 可以根据式（15.35）以及式（15.40）计算。为了将城区环境下的多时延路径考虑在内，对文献［75］内的交互多模型概率数据融合滤波器进行修正。由目标以及杂波引起的观测量均被接收，而有效区域内的测量量必须在每个模型匹配滤波器下被提取，进而被跟踪器使用。假定这之中有 Y_k 个测量量是由杂波造成的，定义整体测量矢量为 $\mathcal{Z}_k = [\boldsymbol{z}_k^{(t)}\boldsymbol{z}_k^{(1)} \cdots \boldsymbol{z}_k^{(Y_k)}]^{\mathrm{T}}$，从而将式（15.40）中的由目标造成的测量值 $\boldsymbol{z}_k^{(t)}$ 以及杂波造成的测量量 $\boldsymbol{z}_k^{(\lambda)}, \lambda = 1,\cdots,Y_k$ 包括在内。而测量矢量 $\mathcal{Z}_{k,p}$ 由整体测量矢量的第 p 次反射分量组成。在已有所有 k 时刻之前时刻的测量量条件下，当前

真实测量量的概率密度函数 $p(\mathcal{Z}_k \mid \mathcal{Z}_{1:k-1})$ 被假定为高斯分布。在这样的条件下，有效区间内接收的用以状态估计的测量量为：$\mathcal{V}_k = \{\boldsymbol{z}:\tilde{\boldsymbol{v}}_k^{\mathrm{T}} \boldsymbol{S}_k^{-1} \tilde{\boldsymbol{v}}_k \leqslant \gamma\}$，其中 $\tilde{\boldsymbol{v}}_k$ 为第 p 条路径的接收测量量 $\mathcal{Z}_{k,p}$ 与预测测量量 $\boldsymbol{h}_k(\hat{\boldsymbol{x}}_{k|k-1,j})$ 之间的差分矢量。协方差矩阵 $\boldsymbol{S}_k$ 以及门限 γ 可由文献［70］获得。有效区域为一椭圆体，其体积为 $\mathcal{V}_k = v_d \mid \gamma S_k \mid^{1/2}$，其中 v_d 为 d－维超空间的体积，$d = 2(\mathcal{P}_k + 1)$ 为测量矢量的维度。注意到当维度为偶数时 $v_d = \pi^{d/2}/(d/2)!$（正如这里的测量矢量情况一样）。

不同路径下的有效测量值组合形成维度为 $d = 2(\mathcal{P}_k + 1)$ 的测量矢量。如果存在 Y_k 个有效测量值，那么根据泊松杂波模型下的参数概率数据融合滤波器，其关联概率 $\sigma_{k,1}, \sigma_{k,2}, \cdots, \sigma_{k,Y_k}$ 分别分配给各个对应测量量。该关联概率表示由目标产生的有效测量量的条件概率。进而该关联概率可以被用以更新目标的预测状态 $\hat{\boldsymbol{x}}_{k|k,j} = \boldsymbol{x}_{k|k-1,j} + K(k)\vartheta_k$，其中 $K(k)$ 为扩展卡尔曼滤波器增益，并且 $\vartheta_k = \sum_{n=1}^{Y_k}\sigma_{k,n}\tilde{\boldsymbol{v}}_{k,n}$。更新后状态的协方差 $\hat{\boldsymbol{P}}_{k|k,j}$ 同样可以根据文献［70］中的附录 D.3 获得。

每个模型更新后的状态需要结合 $\mu_{k,j}$ 的信息确定，其中 $\mu_{k,j}$ 表示 k 时刻时第 j 个模型有效的概率。该数值需要计算在 k 时刻第 j 个模型的似然性 $L_{k,j} = p(Z_k \mid z_{1:k-1}^{(t)})$。利用 $L_{k,j}$ 以及 $\boldsymbol{\Pi}$，可以获得

$$\mu_{k,j} = \frac{1}{c} L_{k,j} \sum_{i=1}^{2} \boldsymbol{\Pi}_{i,j} \mu_{k-1,j}, \quad j = 1,2$$

最终，条件模型的估计以及协方差为

$$\boldsymbol{x}_{k|k} = \sum_{j=1}^{2} \hat{\boldsymbol{x}}_{k|k,j}\mu_{k,j}, \boldsymbol{P}_{k|k} = \sum_{j=1}^{2}\mu_{k,j}\left[\hat{\boldsymbol{P}}_{k|k,j} + (\hat{\boldsymbol{x}}_{k|k,j} - \boldsymbol{x}_{k|k})(\hat{\boldsymbol{x}}_{k|k,j} - \boldsymbol{x}_{k|k})^{\mathrm{T}}\right]$$

15.6.2 自适应波形选择

在自适应波形选择中我们选择发射波形的参数以最小化跟踪的估计均方误差。在 IMM-PDAF 框架下，两种运动模型会使得两个概率数据融合滤波器并行运行。因此，需要为这两种滤波器并行运行两种波形选择算法。而选出的波形为这两者中具有较小跟踪均方误差的波形。该跟踪均方误差可以由每个与模型匹配的概率数据融合滤波器中的预测状态协方差矩阵近似得到。在无杂波情况下，假定可以实现完美检测，即 $P_D = 1$，并且认为只有类于目标的测量量有助于协方差的更新，在这种情况下，预测状态协方差矩阵可以使用 Uncented 变换[6, 25]并依照式（15.9）计算得到。这一构架同样可以被扩展至存在杂波的情况，具体地说，第 j 个运动模型的预测状态协方差矩阵可以如下计算：

$$\boldsymbol{P}_{k|k,j}(\boldsymbol{\theta}_k) = \boldsymbol{P}_{k|k-1}^{j} - q_k^j \boldsymbol{P}_{xz}^{j}[\boldsymbol{P}_{zz}^{j} + \boldsymbol{R}(\boldsymbol{\theta}_k)]^{-1}(\boldsymbol{P}_{xz}^{j})^{\mathrm{T}} \tag{15.41}$$

式中：$\boldsymbol{\theta}_k$ 为发射波形参数矢量；而 $\boldsymbol{R}(\boldsymbol{\theta}_k)$ 为与波形有关的测量协方差矩阵。信息缩减因子 q_{kj}[76]依赖于检测 PD（检测概率），ρ，$\mathcal{V}_k$ 以及区域 $\mathcal{R}$，并且其数值在 0～1范围内变化。该参数反映了由于测量中存在杂波以及噪声而造成的信息损

失，并对跟踪性能造成影响。对于高 SNR 条件下发射线性调频信号的情况下，$\boldsymbol{R}(\theta_k)$ 的说明可参见 15.5.3 节。

考虑一个波形库，库内波形具有参数矢量 $\boldsymbol{\theta}_k$ 。对于每一时刻 k，希望从波形库中选出能够最小化第 j 个模型预测状态协方差矩阵迹的波形参数。该预测状态协方差矩阵的迹为

$$\mathbf{C}^j(\boldsymbol{\theta}_k) = \mathrm{tr}\{\boldsymbol{\Lambda P}_{k|k,j}(\boldsymbol{\theta}_k)\}$$

其中，估计状态误差协方差 $\boldsymbol{P}_{k|k,j}(\boldsymbol{\theta}_k)$ 由式（15.41）给出，$\boldsymbol{\Lambda}$ 由式（15.7）给出。最优波形参数矩阵 $\hat{\boldsymbol{\theta}}_k$ 可以通过如下方式获得

$$\hat{\boldsymbol{\theta}}_k = \arg \min_j \min_{\theta_k} \boldsymbol{C}^j(\boldsymbol{\theta}_k)$$

15.6.3　仿真结果

本小节将说明为发射波形选取使预测跟踪均方误差最小化的波形参数对系统跟踪性能的改善。将视线传播区内的信噪比定为 20dB，并假定信噪比每经过一次反射衰减 10dB。仿真中，杂波密度被选为每单位有效体积的虚警数为 $\rho = 10^{-3}$，虚警概率被设定为 $P_{FA} = 0.01$ ，视线区的检测概率 $P_D = 0.6579$，单次反射路径情况下检测概率为 0.3307，等等。波形库内波形具有恒定的时宽带宽积以及单位能量，波形脉冲时长在 0.1us ~1ms 带宽设置为 1KHz ~10MHz。载频为 1GHz，波形传播速度为 $c = 3\times10^8$ m/s。图 15.8（a）给出了使用波形捷变跟踪时目标真实轨迹以及估计轨迹的对比图。从图 15.8（b）以及图 15.8（c）中可以看到，当使用优化得到的波形参数时，对目标位置以及速度估计的性能得到了明显的改善。正如图 15.9（a）所示的，我们在 90% 时间里，以 95% 置信度在直线以及转动运动模型中选择。同样地，失去跟踪的情况只占 1% 。在视线传播区以及单次反射区，可以看到跟踪性能得到了最大的提升；这是因为在如示区域内，接收信号携带了最大的信息量。图 15.9（b）给出了每一时刻的带宽参数，其中与深色区域重叠的部分表示存在目标。这里不同区域代表了处理中用到的不同类型测量量。

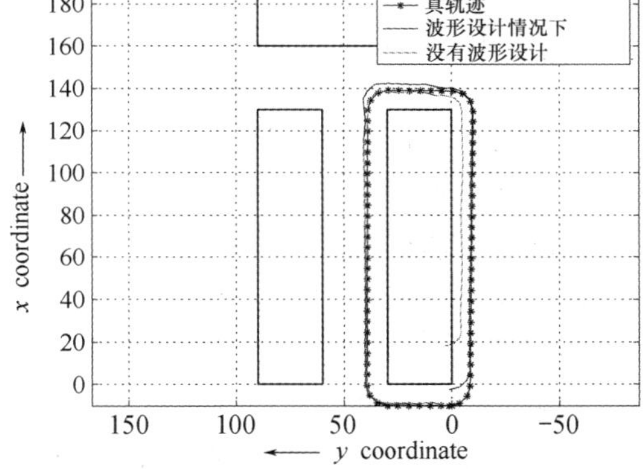

(a)

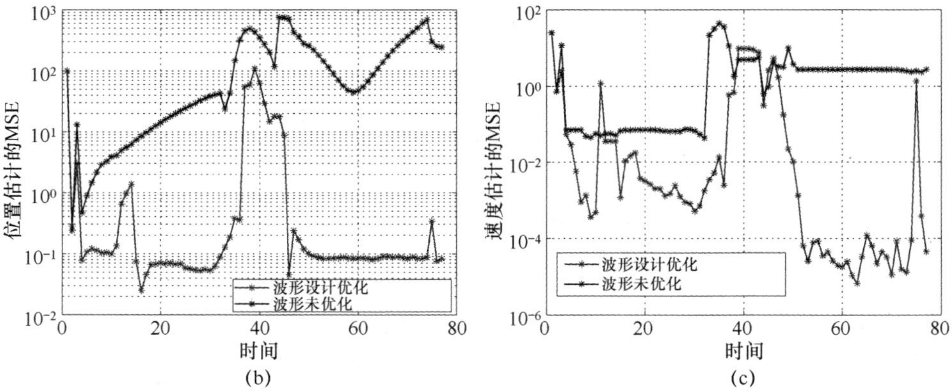

图 15.8　城区高杂波下波形捷变跟踪：(a) 目标真实轨迹以及估计轨迹的对比图；(b) 目标位置估计的均方误差性能；(c) 目标速度估计的均方误差性能

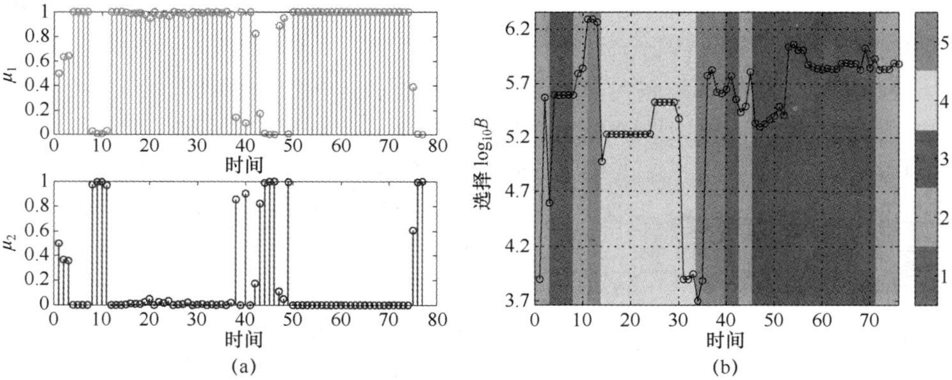

图 15.9　(a) 不同运动模型概率，上图为直线运动，下图为圆周运动。(b) 最优选取的波形带宽，重叠在阴影区域的部分表示了不同类型多径回波。阴影区的含义如右侧条状图所示：区域 1 代表两次反射，区域 2 代表视线传播区，区域 3 代表视线传播以及单次反射混合区，区域 4 代表单次反射区，区域 5 为遮蔽区

15.7　基于波形捷变的 MIMO 雷达城区跟踪

这里将自适应波形选择引入 MIMO 雷达以实现城区内的动态目标跟踪。所提出的方法通过优化分置 MIMO 雷达传感器结构并利用多径回波信息来实现最大化目标信息的目的。具体地说，自适应选择每一时刻的 MIMO 雷达发射波形的参数以此最小化整体跟踪均方误差。这里考虑的分置 MIMO 雷达可以综合利用来自不同视角的目标回波，进而可以提高检测性能、角分辨率、测向性能[37, 39-41, 47]。由于可以大幅度改善目标参数估计性能，该系统所提供的多视角视图对于城区跟踪操作有着重要意义。因此，这里将进一步为 MIMO 雷达系统设计一种波形选择

算法以增强其跟踪性能。

15.7.1　MIMO 雷达信号模型以及城区跟踪

考虑的 MIMO 雷达系统如 15.4 节所示，具有 N_T 个发射单元以及 N_R 个接收单元。其第 $m, m=1,\cdots,N_T$ 个发射单元以及第 $l, l=1,\cdots,N_R$ 个接收单元在三维笛卡儿坐标系下的位置坐标分别为 $(x_T^{(m)}, y_T^{(m)}, z_T^{(m)})$，$(x_R^{(l)}, y_R^{(l)}, z_R^{(l)})$。在 k 时刻，目标位置以及速度分别为 (x_k, y_k, z_k)，$(\dot{x}_k, \dot{y}_k, \dot{z}_k)$。当目标位于第 m 个发射单元和第 1 个接收单元的视线路径上时，其 k 时刻的距离可以计算为

$$\begin{aligned} r_{k,l,m} =& [(x_k - x_T^{(m)})^2 + (y_k - y_T^{(m)})^2 + (z_k - z_T^{(m)})^2]^{1/2} + \\ & [(x_k - x_R^{(l)})^2 + (y_k - y_R^{(l)})^2 + (z_k - z_R^{(l)})^2]^{1/2} \end{aligned}$$

距离变化率可以通过对上述距离求时间导数获得。当目标不在视线范围内时，由于多径情况，接收单元或者发射单元或者两者都有可能分别检测到来自或者射向目标的信号。在这种情况下，距离同时与这些参数相关：街道宽度 H 、建筑物数量、第 m 个发射单元信号从发射到目标的反射次数 ℓ_m ，以及信号从目标去往第 1 个接收单元信号的反射次数 ℓ_l 。特别地，假定第一次反射情况发生在远离建筑物 $i, i=1,2$ 时，其距离可以计算为

$$r_{k,\ell_m,\ell_l,i,m,l} = r_{k,\ell_m,i,m} + r_{k,\ell_l,i,l} \tag{15.42}$$

其中，

$$\begin{aligned} r_{k,\ell_m,i,m} =& ((x_k - x_T^{(m)} + \{(-1)^{\ell_m+1}[2[\ell_m/2]_i H \\ & - (-1)^{i+1} y_k] - y_T^{(m)}\})^2 + (z_k - z_T^{(m)})^2)^{1/2} \\ r_{k,\ell_l,i,l} =& ((x_k - x_R^{(l)} + \{(-1)^{\ell_l+1}[2[\ell_l/2]_i H \\ & - (-1)^{i+1} y_k] - y_R^{(l)}\})^2 + (z_k - z_R^{(l)})^2)^{1/2} \end{aligned}$$

式中：$[\ell_m/2]_i$ 已在式（15.32）后给出。

举一个具体的例子，考虑一个 MIMO 雷达系统，在 15.5.2 节所示城区范围内其两个发射站分别在东南角以及西北角，两个接收站分别在西南角以及东北角。在如是构架下，为了找出测量映射关系，需要针对每种可能的反射情况重建不同的多径区域，该过程中认为目标分别每个所考虑的发射站以及接收站观测到。为了找出对应于任意发射－接收（TX-RX）对的区域，我们首先需要找到如果每个位置都有一部单基地收发雷达将形成的四个单独的地形图。如是，这四组地形图可以根据表 15.2 总结的区域合并准则进行合并。表 15.3 给出了这里用于描述映射不同区域的术语解释。

表 15.2 区域合并准则

准则编号	发射站（TX）区域	接收站（RX）区域	联合区域
1	视线区	视线区	视线区
2	视线区	单次反射区	单次反射区
3	视线区	两个单次反射区	两个单次反射区
4	视线区	遮蔽区	遮蔽区
5	单次反射区	视线区	单次反射区
6	单次反射区	单次反射区	两次反射区
7	单次反射区	两个单次反射区	两个两次反射区
8	单次反射区	遮蔽区	遮蔽区
9	两个单次反射区	视线区	两个单次反射区
10	两个单次反射区	单次反射区	两个两次反射区
11	两个单次反射区	两个单次反射区	四个两次反射区
12	两个单次反射区	遮蔽区	遮蔽区
13	遮蔽区	视线区	遮蔽区
14	遮蔽区	单次反射区	遮蔽区
15	遮蔽区	两个单次反射区	遮蔽区
16	遮蔽区	遮蔽区	遮蔽区

比如说，假定发射站（TX）以及接收站（RX）为单站雷达，并且假定在固定的区域 $\mathcal{R}$，发射站 TX 的映射图属性为视线区，接收站 RX 映射图属性为单次反射区，那么根据准则 2，这两者的联合映射图属性为单次反射区域 $\mathcal{R}$

表 15.3 不同映射区域术语的定义

术　语	单站映射	MIMO 雷达映射
视线区	MR↔目标	TX→目标→RX
遮蔽区	MR↮目标	TX↛目标→RX
		TX→目标↛RX
		TX↛目标↛RX
单次反射区	MR→建筑物→目标→MR	TX→建筑物→目标→RX
	MR→目标→建筑物→MR	TX→目标→建筑物→RX
两个两次反射区	两个唯一的单次反射	两个唯一的单次反射
两次反射	MR→建筑物→目标→建筑物→MR	TX→建筑物→目标→建筑物→RX

注：MR 表示单站雷达，TX 表示发射站，RX 表示接收站。箭头方向表征了反射的路径

图 15.10 给出了四个单基地雷达的测量地图。比如说，图 15.10（a）给出了 TX_1 的测量映射图，这里假定发射站 TX_1 为一单基地雷达，并且其可以发射和接收数据。在白色以右（图中偏右）的建筑，可以看到地图中的大部分对应于视线区以及单次反射路径区。在图 15.10（d）中，接收站 RX_2 被设定为单基地雷达，其相应区域被划分为阴影部分。通过合并上述两图的信息，并观察这两组

测量地图中发射站 TX_1 在哪里发射，接收站 RX_2 在哪里接收，图 15. 11（b）中的对应区域也被划分为阴影部分。上述讨论服从表 15. 2 给出的合并准则 8。因此，任意来自于发射站 TX_1 的电磁波都不会被接收站 RX_2 所接收到。

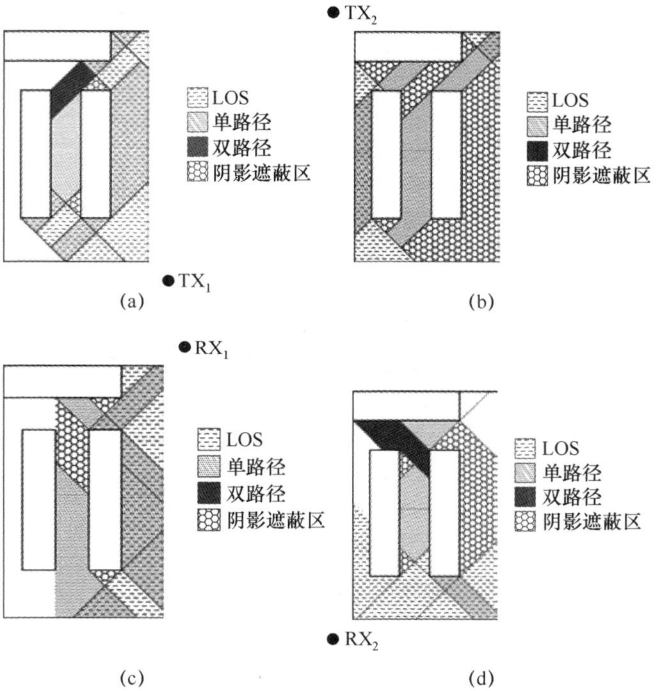

图 15. 10　单基地雷达分别位于四个角落时的测量映射图：
（a）TX_1；（b）TX_2；（c）RX_1；（d）RX_2

通过合并处理图 15. 10 所示的映射图可以获得最终的测量映射图，如图 15. 11所示。从图 15. 11 可以看出使用 MIMO 雷达构架的一个重要优势。即对于任意区域，当观察所有四组映射图时，可以发现阴影遮蔽区被完全消除，因此这里的 MIMO 结构相对于仅仅利用多径信息存在着额外的优势。因此，对不同的场景，不同的 MIMO 结架安排是值得研究的。

这里沿用 15. 5. 2 节中的地面运动（恒速或者转动）车辆模型表征目标的动态变化。根据目标的位置，每个接收站的接收信号由不同路径的回波组成。因此，接收信号是产生时移和多普勒频移的发射信号的线性组合，其中各路径由式（15. 42）的多次反射给出。因此，时延以及多普勒，进而对应于不同回波的目标距离和距离变化率均可以从城区地图以及对已知发射信号进行匹配滤波过程中获得。测量方程中包含了存在噪声情况下目标的位置以及速度 $\boldsymbol{z}_k = \boldsymbol{x}_k + \boldsymbol{v}_k$，其中 $\boldsymbol{v}_k$ 为零均值加性高斯白噪声，其协方差矩阵为 $\boldsymbol{R}_k$。

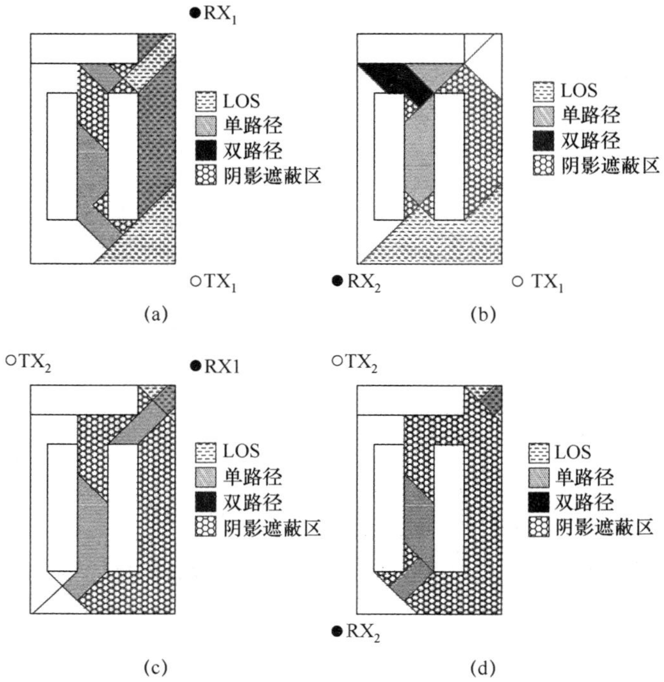

图 15.11　MIMO 雷达系统使用发射站 TX_1、TX_2 以及接收站 RX_1、RX_2 的派生测量映射图。(a) 使用 TX_1 与 RX_1；(b) 使用 TX_1 以及 RX_2 时；(c) 使用 TX_1、TX_2 以及 RX_1、RX_2 时

15.7.2　自适应波形选择

这里在时刻 k 设计 MIMO 雷达系统中第 m 个发射单元的发射波形 $s(t;\theta_{k,m})$ 以进一步改善复杂城区系统下的跟踪性能，这里设计的信号 $s(t;\theta_{k,m})$ 带宽为 $\theta_{k,m}$。因为发射波形与测量噪声协方差 $\boldsymbol{R}_k(\boldsymbol{\theta}_k)$ 直接相关，可以将其纳入到自适应选择问题，假设高信噪比情况下，目标参数估计器可以达到克拉美罗界。所以，估计发射波形所有 P_k 条路径的克拉美罗限，并且假定测量噪声协方差等于克拉美罗限。如果 k 时刻，第 m 个发射站的发射波形为式（15.28）所示高斯信号，那么最终的克拉美罗限或者说测量噪声协方差可以计算为[49]

$$\boldsymbol{R}_k(\boldsymbol{\theta}_k) = \sigma_w^2\left[2\sum_{m=1}^{N_T}\sum_{l=1}^{N_R}\sum_{p=1}^{P_k}|\beta_{l,m,p}|^2\times\Re\left\{\boldsymbol{H}_{l,k,m,p}^{\mathrm{T}}\left(4\pi^2\begin{bmatrix}0.5\theta_{k,m}^2 & 0\\ 0 & 0.5/\theta_{k,m}^2\end{bmatrix}\right)\boldsymbol{H}_{l,k,m,p}\right\}\right]^{-1}$$

式中：在每一时刻 k，$\boldsymbol{H}_{l,k,m,p}$ 可以根据目标状态 x_k 获得，其中 $\beta_{l,m,p}$ 为第 p 条路径的反射系数。对于第 m 个发射单元自适应选择出的波形为使式（15.29）预测跟踪均方误差最小的波形。

15.7.3　仿真结果

仿真中，考虑一 MIMO 雷达，该雷达系统具有两个发射站和两个接收站，分别记为 TX_1, TX_2, RX_1, RX_2 分别位于（−8000　−8000 1400）m，（8000 8000 1400）m，（8000　−8000 1400）m，（−8000 8000 1400）m。使用的波形库内波形具有恒定时宽带宽积以及单位能量，其持续时间变化范围为 0.1μs ~ 0.5ms，带宽对应在 1kHz ~ 0.5MHz 范围内变动。对于某一 TX-RX 对，仅当 k 时刻目标预测位置不落在阴影区内时发射波形。在我们的仿真中，将具有波形捷变跟踪功能的MIMO雷达系统性能与另外两种系统比较：即不使用波形自适应选择的单站雷达和MIMO雷达。

第一组比较，即和单站系统的比较结果在图 15.12（a）至（d）中给出。其中，真实以及估计的轨迹见图 15.12（a），其中 MIMO 雷达系统自适应地为下一时刻从一个波形库内选取最优波形发射；在单站系统中，波形同样来自于上述 MIMO 雷达系统所用波形库，但是选取方法是循环选取的。图 15.12（c）、（d）给出了两系统跟踪过程中位置以及速度的估计均方误差。选取的波形参数如图 15.12（b）所示。注意到，由于在 MIMO 雷达系统中，所有遮蔽区域均被消除，跟踪过程中其不存在某一区域跟踪是仅依赖于状态估计的，这一点有别于单站雷达情况。当然，这一优势是需要通过最优分配发射站以及接收站位置获得的，并以此保证最大化性能增益。图 15.12（e）、（f）给出了两组 MIMO 雷达系统的性能比较，这两组 MIMO 雷达系统仅有一组具有自适应波形选择能力。不具备波形自适应选择的 MIMO 雷达系统发射波形从波形库内循环选择，正如上面的单站系统那样。可以看到，尽管当不使用自适应波形选择时 MIMO 雷达系统在跟踪位置时的估计均方误差性能较单站系统中也有改善，但是与捷变波形 MIMO 雷达系统相比还是具有明显差异。

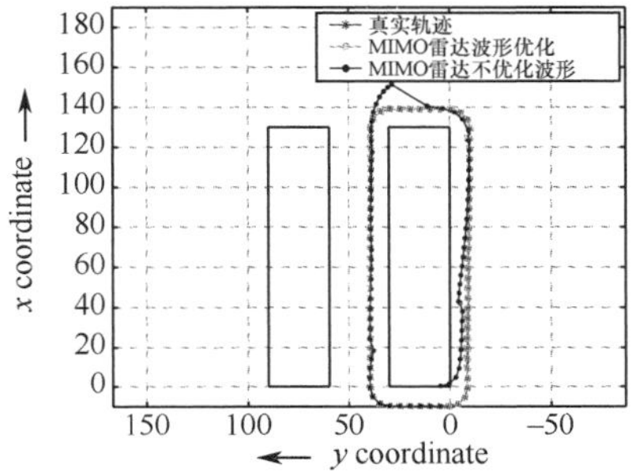

(a) 真实和估计轨迹的对比图：MIMO 雷达波形设计和单波雷达无波形设计的比较

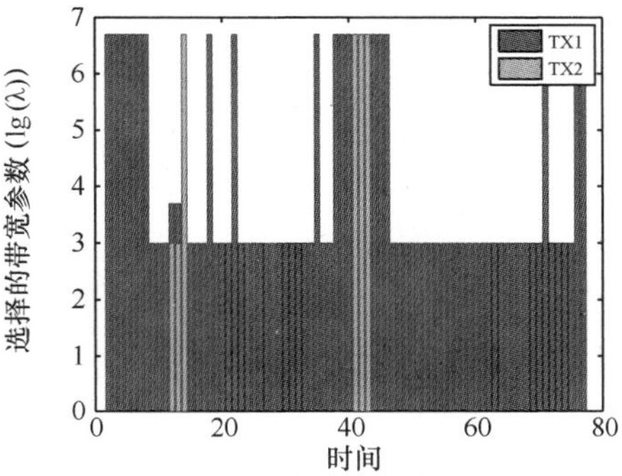

(b) 捷变波形带宽

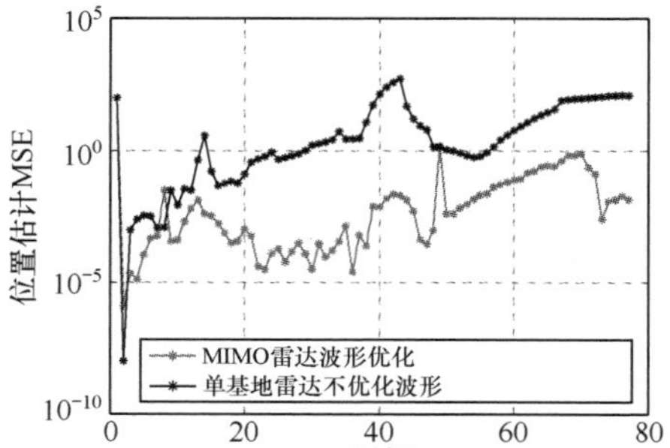

(c) 平均跟踪位置估计的MSE

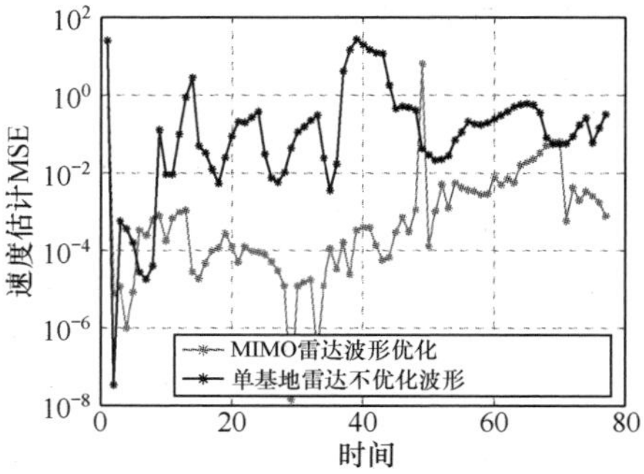

(d) 平均跟踪速度估计的MSE

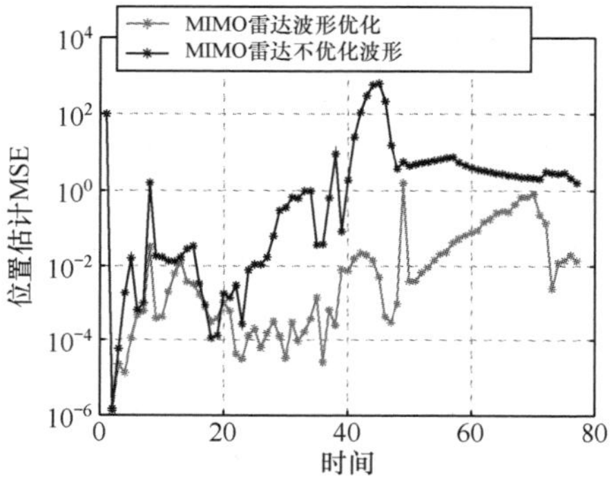

(e) 平均跟踪位置估计的MSE

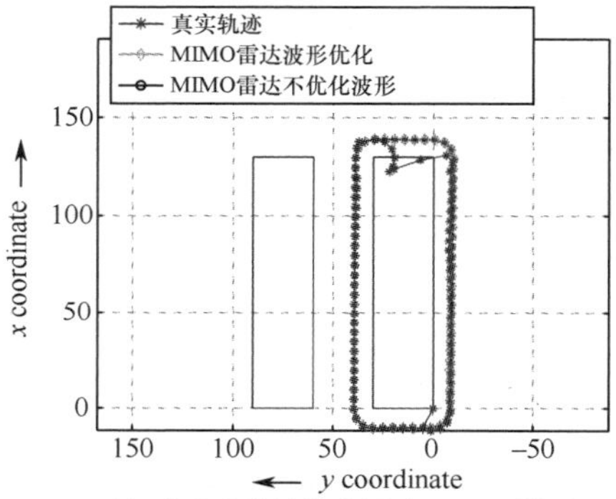

(f) 真实和估计轨迹的对比图：进行和不进行波形设计的MIMO雷达的比较

图 15.12 基于波形捷变的 MIMO 雷达系统城区跟踪仿真结果

15.8 结 论

由于城市在现代战争中正成为越来越普遍的战场，因此城区的雷达跟踪也成为了一个复杂的问题，并有诸多难点亟待解决，比如说电子干扰、杂波，遮蔽现象，以及较强的多径回波。城区目标跟踪中这众多极具挑战的问题并不能完全通过利用多径回波信息以增加雷达检测范围以及可视性来解决；当接收信号中存在较强杂波时尤其需要注意这一现实。本章中我们演示了使用波形捷变技术并结合多径回波信息的利用以提升目标跟踪性能。特别地讲，当最优选择下一时刻要发射的波形时，目标参数估计的预测均方误差可以被最小化。我们还演示了如何通过结合多径数据融合算法以关联接收回波，从而降低杂波的影响，并进一步改善系统性能。同样地，我们还展示了分置式 MIMO 雷达与波形捷变跟踪的结合。这种雷达系统的主要优势在于，可以利用城市地图预测特定的区域内发射波形是否可以被接收到，进而对应地选择在特定时间内不进行工作。

致　　谢

本章的研究部分由美国国防部空军办公室的科学研究 MURI 资金 FA9550 – 05 – 0443 支持。

参考文献

[1] M. I. Skolnik, Introduction to Radar Systems, 3rd edn, McGraw-Hill, 2008.

[2] D. J. Kershaw and R. J. Evans, 'Optimal waveform selection for tracking systems', IEEETrans. Inf. Theory, vol. 40, no. 5, pp. 1536 – 1550, September 1994.

[3] D. J. Kershaw and R. J. Evans, 'Waveform selective probabilistic data association', IEEE Trans. Aerosp. Electron. Syst., vol. 33, pp. 1180 – 1188, October 1997.

[4] S. D. Howard, S. Suvorova and W. Moran, 'Waveform libraries for radar tracking applications', International Conference on Waveform Diversity and Design, Edinburgh, UK, pp. 1 – 5, November 2004.

[5] S. Sira, Y. Li, A. Papandreou-Suppappola, D. Morrell, D. Cochran and M. Rangaswamy, 'Waveform-agile sensing for tracking: a review perspective', IEEE Signal Process. Mag., vol. 26, no. 1, pp. 53 – 64, January 2009.

[6] S. P. Sira, A. Papandreou-Suppappola and D. Morrell, 'Dynamic configuration of time-varying waveforms for agile sensing and tracking in clutter', IEEE Trans. Signal Process., vol. 55, no. 7, pp. 3207 – 3217, July 2007.

[7] S. P. Sira, A. Papandreou-Suppappola and D. Morrell, Advances inWaveform-Agile Sensing for Tracking, Morgan & Claypool Publishers, 2009.

[8] S. P. Sira, D. Morrell and A. Papandreou-Suppappola, 'Waveform design and scheduling for agile sensors for target tracking', Asilomar Conference on Signals, Systems and Computers, vol. 1, pp. 820 – 824, November 2004.

[9] M. Hurtado, J. Xiao and A. Nehorai, 'Target estimation, detection, and tracking', IEEE Signal Process. Mag., vol. 26, no. 1, pp. 42 – 52, January 2009.

[10] S. P. Sira, A. Papandreou-Suppappola and D. Morrell, 'Waveform-agile sensing for tracking multiple targets in clutter', Conference on Information Sciences and Systems, Princeton, NJ, pp. 1418 – 1423, March 2006.

[11] S. -M. Hong, R. J. Evans and H. -S. Shin, 'Control of waveforms and detection thresholds for optimal target tracking in clutter', IEEE Conference on Decision and Control, vol. 4, pp. 3906 – 3907, December 2000.

[12] S. -M. Hong, R. J. Evans and H. -S. Shin, 'Optimization of waveform and detection threshold for range and range-rate tracking in clutter', IEEE Trans. Aerosp. Electron. Syst., vol.

41, no. 1, pp. 17 – 33, January 2005.

[13] Y. Li, S. P. Sira, W. Moran, S. Suvorova, D. Cochran, D. Morrell, et al., 'Adaptive sensing of dynamic target state in heavy sea clutter', International Workshop in Computational Advances in Multi-Sensor Adaptive Processing, pp. 9 – 12, December 2007.

[14] Y. Li, S. P. Sira, A. Papandreou-Suppappola, D. Cochran and L. L. Scharf, 'Maximizing detection performance with waveform design for sensing in heavy sea clutter', IEEE Statistical Signal Processing Workshop, Madison, WI, pp. 249 – 253, August 2007.

[15] S. P. Sira, D. Cochran, A. Papandreou-Suppappola, D. Morrell, W. Moran, S. D. Howard, et al., 'Adaptive waveform design for improved detection of low-RCS targets in heavy sea clutter', IEEE J. Sel. Top. Signal Process., vol. 1, pp. 56 – 66, June 2007.

[16] C. Rago, P. Willett andY. Bar-Shalom, 'Detection-tracking performance with combined waveforms', IEEE Trans. Aerosp. Electron. Syst., vol. 34, no. 2, pp. 612 – 624, April 1998.

[17] R. Niu, P. Willett andY. Bar-Shalom, 'Tracking considerations in selection of radar waveform for range and range-rate measurements', IEEE Trans. Aerosp. Electron. Syst., vol. 38, no. 2, pp. 467 – 487, April 2002.

[18] I. Kyriakides, I. Konstantinidis, D. Morrell, J. J. Benedetto and A. Papandreou-Suppappola, 'Target tracking using particle filtering and CAZAC sequences', InternationalWaveform Diversity and Design Conference, Pisa, Italy, pp. 367 – 371, June 2007.

[19] S. Suvorova, S. D. Howard and W. Moran, 'Multi step ahead beam and waveform scheduling for tracking of manoeuvring targets in clutter', IEEE International Conference on Acoustics, Speech, and Signal Processing, vol. 5, Philadelphia, PA, pp. 889 – 892, March 2005.

[20] S. Suvorova, S. D. Howard, W. Moran and R. J. Evans, 'Waveform libraries for radar tracking applications: maneuvering targets', Conference on Information Sciences and Systems, Princeton, NJ, pp. 1424 – 1428, March 2006.

[21] S. Suvorova, S. D. Howard andW. Moran, 'Generalized frequency modulated waveform libraries for radar tracking applications', Asilomar Conference on Signals, Systems and Computers, Pacific Grove, CA, pp. 151 – 155, 2009.

[22] D. Cochran, S. Suvorova, S. Howard and W. Moran, 'Waveform libraries', IEEE Signal Process. Mag., vol. 26, no. 1, pp. 12 – 21, January 2009.

[23] X. R. Li and V. P. Jilkov, 'Survey of maneuvering target tracking. Part I. Dynamic models', IEEETrans. Aerosp. Electron. Syst., vol. 39, pp. 1333 – 1364, October 2003.

[24] H. L. Van Trees, Detection Estimation and Modulation Theory, Part III, NewYork, NY: JohnWiley & Sons, 1971.

[25] D. J. Kershaw and R. J. Evans, 'A contribution to performance prediction for probabilistic data association tracking filters', IEEE Trans. Aerosp. Electron. Syst., vol. 32, no. 3, pp. 1143 – 1148, July 1996.

[26] S. P. Sira, A. Papandreou-Suppappola and D. Morrell, 'Time-varying waveform selection and configuration for agile sensors in tracking applications', IEEE International Conference on Acoustics, Speech, and Signal Processing, vol. 5, Philadelphia, PA, pp. 881 – 884,

March 2005.

[27] S. P. Sira, A. Papandreou-Suppappola and D. Morrell, 'Waveform scheduling in wideband environment', IEEE International Conference on Acoustics, Speech, and Signal Processing, pp. 1121 - 1124, May 2006.

[28] S. Julier and J. Uhlmann, 'Unscented filtering and nonlinear estimation', Proceedings of the IEEE, vol. 92, pp. 401 - 422, 2004.

[29] J. Li, P. Stoica and Y. Xie, 'On probing signal design for MIMO radar', Asilomar Conference on Signals, Systems and Computers, pp. 31 - 35, 2006.

[30] J. Li, P. Stoica, L. Xu and W. Roberts, 'On parameter identifiability of MIMO radar', IEEE Signal Process. Lett., vol. 14, no. 12, pp. 968 - 971, 2007.

[31] J. Li, L. Xu, P. Stoica, K. W. Forsythe and D. W. Bliss, 'Range compression and waveform optimization for MIMO radar: a Cramér-Rao bound based study', IEEE Trans. Signal Process., vol. 56, pp. 218 - 232, January 2008.

[32] L. Xu and J. Li, 'Iterative generalized-likelihood ratio test for MIMO radar', IEEE Trans. Signal Process., vol. 55, no. 6, pp. 2375 - 2385, 2007.

[33] L. Xu, J. Li and P. Stoica, 'Adaptive techniques for MIMO radar', IEEE Sensor Array and Multichannel Signal ProcessingWorkshop, pp. 258 - 262, 2006.

[34] D. R. Fuhrmann and G. S. Antonio, 'Transmit beamforming for MIMO radar systems using partial signal correlation', Asilomar Conference on Signals, Systems and Computers, vol. 1, pp. 295 - 299, 2004.

[35] G. S. Antonio and D. R. Fuhrmann, 'Beampattern synthesis for wideband MIMO radar systems', IEEE International Workshop on Computational Advances in Multi-Sensor Adaptive Processing, pp. 105 - 108, 2005.

[36] T. Aittomäki and V. Koivunen, 'Low-complexity method for transmit beamforming inMIMOradars', IEEE International Conference onAcoustic, Speech and Signal Processing, vol. 2, pp. 305 - 308, 2007.

[37] E. Fishler, A. Haimovich, R. Blum, D. Chizhik, L. Cimini and R. Valenzuela, 'MIMO radar: an idea whose time has come', Proceedings of IEEE Radar Conference, pp. 71 - 78, April 2004.

[38] E. Fishler, A. Haimovich, R. Blum, L. Cimini, D. Chizhik and R. Valenzuela, 'Performance of MIMO radar systems: advantages of angular diversity', Asilomar Conference on Signals, Systems and Computers, vol. 1, pp. 305 - 309, 2004.

[39] E. Fishler, A. Haimovich, R. S. Blum, J. Cimini, L. J., D. Chizhik and R. A. Valenzuela, 'Spatial diversity in radars-models and detection performance', IEEE Trans. Signal Process., vol. 54, no. 3, pp. 823 - 838, March 2006.

[40] N. H. Lehmann, E. Fishler, A. M. Haimovich, R. S. Blum, D. Chizhik, L. J. Cimini, et al., 'Evaluation of transmit diversity in MIMO-radar direction finding', IEEE Trans. Signal Process., vol. 55, no. 5, pp. 2215 - 2225, 2007.

[41] A. M. Haimovich, R. S. Blum and L. J. Cimini, 'MIMO radar with widely separated anten-

nas', IEEE Signal Process. Mag., vol. 25, no. 1, pp. 116 – 129, January 2008.

[42] Y. Yang and R. S. Blum, 'MIMO radar waveform design based on mutual information and minimum mean-square error estimation', IEEETrans. Aerosp. Electron. Syst., vol. 43, pp. 330 – 343, January 2007.

[43] Y. Yang and R. S. Blum, 'Minimax robust MIMO radar waveform design', IEEE J. Sel. Top. Signal Process., vol. 1, no. 1, pp. 147 – 155, June 2007.

[44] Y. Yang, Z. He and W. Xia, 'Waveform design for MIMO radar using kronecker structured matrix estimation', IEEE International Conference on Communication Systems, Singapore, pp. 431 – 435, November 2008.

[45] J. Li and P. Stoica, 'MIMO radar with colocated antennas: review of some recent work', IEEE Signal Process. Mag., vol. 24, no. 5, pp. 106 – 114, September 2007.

[46] B. Friedlander, 'Waveform design for MIMO radars', IEEE Trans. Aerosp. Electron. Syst., vol. 43, no. 3, pp. 1227 – 1238, July 2007.

[47] J. Li and P. Stoica, MIMO Radar Signal Processing, Hoboken, NJ: Wiley-IEEE Press, 2008.

[48] J. Zhang, B. Manjunath, G. Maalouli, A. Papandreou-Suppappola and D. Morrell, 'Waveform design for dynamic target tracking in MIMO radar', Asilomar Conference on Signals, Systems, and Computers, Pacific Grove, CA, pp. 31 – 35, October 2008.

[49] B. Manjunath, J. Zhang, A. Papandreou-Suppappola and D. Morrell, 'Sensor scheduling with waveform design for dynamic target tracking using MIMO radar', Asilomar Conference on Signals, Systems and Computers, pp. 141 – 145, November 2009.

[50] J. Zhang, G. Maalouli, A. Papandreou-Suppappola and D. Morrell, 'Cramér-Rao lower bounds for the joint estimation of target attributes with MIMO radars', International Waveform Diversity and Design Conference, Orlando, FL, pp. 103 – 107, February 2009.

[51] B. Manjunath, J. Zhang, A. Papandreou-Suppappola and D. Morrell, 'Waveform-agile sensing for range and DoA estimation in MIMO radars', International Waveform Diversity and Design Workshop, Orlando, FL, pp. 145 – 149, February 2009.

[52] J. Zhang and A. Papandreou-Suppappola, 'MIMO radar with frequency diversity', InternationalWaveform Diversity and Design Conference, pp. 208 – 212, 2009.

[53] Q. He, R. S. Blum and A. M. Haimovich, 'Noncoherent MIMO radar forlocation and velocity estimation: more antennas means better performance', IEEE Trans. Signal Process., vol. 58, pp. 3661 – 3680, July 2010.

[54] G. S. Antonio, D. R. Fuhrmann and F. C. Robey, 'MIMO radar ambiguity functions', IEEE J. Sel. Top. Signal Process., vol. 1, no. 1, pp. 167 – 177, 2007.

[55] N. H. Lehmann, A. M. Haimovich, R. S. Blum and L. Cimini, 'High resolution capabilities of MIMO radar', Asilomar Conference on Signals, Systems and Computers, Pacific Grove, CA, pp. 25 – 30, 2006.

[56] A. Dogandzic and A. Nehorai, 'Cramér-Rao bounds for estimating range, velocity, and direction with a sensor array', IEEE Trans. Signal Process., vol. 49, pp. 1122 – 1137, 2001.

[57] J. Zhang, 'Derivation of Cramér-Rao bounds for estimating range, velocity and direction with

MIMO radars', Technical Report, Department of Electrical Engineering, Arizona State University, 2008.

[58] R. Niu, R. S. Blum, P. K. Varshney and A. L. Drozd, 'Target tracking in widely separated noncoherent multiple-input multiple-output radar systems', Asilomar Conference on Signals, Systems and Computers, Pacific Grove, CA, pp. 1181 – 1185, 2009.

[59] J. J. Zhang, 'Waveform diversity and design for agile sensing and environment characterization', Ph. D. dissertation, Arizona State University, December 2008.

[60] H. Godrich, V. M. Chiriac, A. M. Haimovich and R. S. Blum, 'Target tracking in MIMO radar systems: techniques and performance analysis', IEEE Radar Conference, Washington, DC, pp. 1111 – 1116, May 2010.

[61] R. E. Kalman, 'A new approach to linear filtering and prediction problems', Trans. ASME, vol. 82, pp. 35 – 45, 1960.

[62] E. J. Baranoski, 'Urban operations, the new frontier for radar', Proceedings of the 24th DARPA Systems and Technology Symposium, Anaheim, CA, pp. 155 – 159, August 2005.

[63] P. R. Barbosa, E. K. P. Chong, S. Suvarova and B. Moran, 'Multitargetmultisensor tracking in an urban environment: a closed-loop approach', International Society for Optical Engineering, vol. 6969, 2008.

[64] J. L. Krolik, J. Farrell and A. Steinhardt, 'Exploiting multipath propagation for GMTI in urban environments', IEEE Conference on Radar, pp. 65 – 68, April 2006.

[65] B. Chakraborty, Y. Li, J. J. Zhang, T. Trueblood, A. Papandreou-Suppappola and D. Morrel, 'Multipath exploitation with adaptive waveform design for tracking in urban terrain', IEEE International Conference on Acoustic, Speech and Signal Processing, Dallas, TX, pp. 3894 – 3897, March 2010.

[66] B. Chakraborty, J. J. Zhang, A. Papandreou-Suppappola and D. Morrell, 'Waveform-agile MIMO radar for urban terrain tracking', IEEE Digital Signal ProcessingWorkshop, Sedona, AZ, January 2011.

[67] T. Trueblood, 'Multipath exploitation radar for tracking in urban terrain', Master' s thesis, Arizona State University, May 2009.

[68] S. M. Kay, Fundamentals of Statistical Processing, Volume I: Estimation Theory, Upper Saddle River, NJ: Prentice-Hall, 1993.

[69] Y. Boers and J. N. Driessen, 'Interacting multiple model particle filter', IEE Proc. Radar Sonar Navig., vol. 150, 2003, pp. 344 – 349.

[70] Y. Bar-Shalom andT. E. Fortmann, Tracking and Data Association, San Diego, CA: Academic Press, 1988.

[71] Y. Bar-Shalom, F. Daum and J. Huang, 'The probabilistic data association filter', IEEE Control Syst. Mag., vol. 29, no. 6, pp. 82 – 100, December 2009.

[72] T. Kirubarajan and Y. Bar-Shalom, 'Probabilistic data association techniques for target tracking in clutter', Proc. IEEE, vol. 92, no. 3, pp. 536 – 557, March 2004.

[73] G. W. Pulford and R. J. Evans, 'A multipath data association tracker for over-the-horizon ra-

dar', IEEE Trans. Aerosp. Electron. Syst., vol. 34, no. 4, pp. 1165 – 1183, October 1998.

[74] T. Sathyan, D. Humphrey and M. Hedley, 'Target tracking in multipath environments: an algorithm inspired by data association', International Conference on Information Fusion, pp. 1650 – 1657, 2009.

[75] T. Kirubarajan, Y. Bar-Shalom, W. D. Blair and G. A. Watson, 'IMMPDAF for radar management and tracking benchmark with ECM', IEEE Trans. Aerosp. Electron. Syst., vol. 34, no. 4, pp. 1115 – 1134, October 1998.

[76] Y. Bar-Shalom and X. -R. Li, Multitarget Multisensor Tracking: Principles and Techniques, 3rd edn, Yaakov Bar-Shalom, 1995.

第 16 章　基于目标检测与跟踪的自适应极化波形设计

Martin Hurtado, Sandeep Gogineni and Arye Nehorai

摘　要

在雷达系统中使用具有不同极化方式的发射波形能够提供更完整的目标与环境信息，可以显著增强雷达性能。常规极化雷达发射具有固定极化模式的波形，与目标与杂波特征无关。本章将探讨雷达极化波形自适应设计。我们关注一个闭环系统，它依次估计目标与杂波散射参数，然后利用这些估计值选择后续波形的极化。通过本章可向大家证明当最优且自适应地选择发射信号的极化用以匹配目标与环境的极化因素时，雷达系统性能显著提高。尤其是，总结概括了基于雷达检测与跟踪的极化设计的最新成果。

关键词：极化雷达；单基地雷达；MIMO 雷达；检测；跟踪；自适应设计

16.1　简　介

雷达系统发射电磁波，接收回波，处理记录的数据从而获得远距离目标或环境的信息。极化指电场和磁场在平面的振荡方向与波传播方向垂直。电磁信号的多极化状态使它能够捕获目标的多重信息，这就是所谓的极化分集。极化分集成为检测与跟踪小雷达横截面目标的重要工具。不同于传统的、用相同极化的天线发射与接收的雷达系统，极化雷达发射并接收具有不同极化的波形，兼容地获得目标与环境的完整极化信息。极化能提供更完整的有关目标/环境特征的信息，例如形状、材料与方向等。利用极化信息能极大增强雷达性能，尤其是当常用的信号描述，例如时间、频率与方位等，不足以将目标从杂波/环境中识别出来时。

利用极化分集增强雷达性能的工作可追溯到 20 世纪 50 年代（见文献［1，2］与其他相关文献）。在文献［3］中，Sindair 建立了一个模型来描述发射极化波的天线，计算了当接收任意极化波时传感器输出端的电压。在文献［4］中，Kennaugh 证明存在使雷达接收到最大功率的信号极化状态。后来 Huynen 又扩展了这个最优极化的概念[5]。在文献［6］中，Ioannidis 与 Hammers 提出了一个选择最优天线极化用以在杂波环境中识别目标的方法。近期，Novak 等人[7,8]推导出了一种最优极化探测器。此外，他们进行了拓展将模型应用到全极化情况，解释了非均匀杂波的影响。几位作者证明了当极化联合其他信号特征如方位、频率或编码[9-13]等一起处理时，能够提高雷达分辨率。文献［14］提出了用于提高目标检测与识别性能的极化波形设计问题。大多数关于极化分集的现存资料，都是探讨那些发射固定极化方式波形的雷达系统性能（例如，在 H 与 V 极化信号之间选择）。

本章将论述当最优地、自适应地选择发射信号的极化以匹配目标与环境的极化时，雷达系统的检测与跟踪性能将得到显著提高。概括了最近的研究结果，表明雷达信号极化的自适应设计能够在几种工作模式下获得最优的性能[15-18]。尤其是，讨论了三个有关极化波形设计的问题。

首先讨论用于最优目标检测的极化波形设计问题。给出一个具有解析表达式的检测检验统计量，它包含了目标和杂波极化的估计信息。检测性能的分析被用于自适应地设定下一个发射极化，以提高目标检测性能。在目标存在的假设下，选择使检测统计分布的非中心参数最大化的信号极化[15]。

然后，针对天线分隔较宽的极化多输入多输出（MIMO）雷达系统，研究目标检测的最优设计问题。这些系统除了利用传统单输入单输出（SISO）极化雷达系统提供的极化分集之外，还利用空间分集。每个发射机能够根据环境的知识自适应地选择其发射波形的极化方式[16]。通过获得近似的检测概率和虚警概率的表达式来分析检测器性能。利用这些表达式，选择最优的发射波形极化方式。本书将证明由于最优极化设计，性能上有显著的提高。

当检测统计量超过门限，表明存在目标时，跟踪系统开始初始化以连续地估计目标参数。因此，在序贯贝叶斯推理的架构下，考虑用于跟踪杂波中目标的自适应极化波形设计问题。我们利用适用于非线性和非高斯状态与测量模型的序贯蒙特卡罗方法实现跟踪算法。通过计算递归形式的后验克拉美罗界（PCRB），讨论一个选择最优波形极化的准则[17]。

16.2 非均匀强杂波中的目标检测

强杂波中静止的或慢速动目标的检测是一个很有挑战性的问题，主要是因为不可能通过多普勒效应从杂波中区分出目标。极化分集提供了额外的信息以提高目标检测性能，尤其是在上面提到的情况下。如果最优地选择发射信号的极化以匹配目标极化方向，那么检测性能将进一步提高。本节中，提出了一个对非均匀强杂波有很强鲁棒性的极化检测器，即检测器在保持高检测概率的同时，虚警概率对杂波中的变化不敏感。从检测器推导的检验统计量具有一个与发射波形参数相关的众所周知的分布。最后，我们给出了一个使目标检测概率最大的信号极化选择方法。

16.2.1　极化雷达模型

考虑一个能够一个脉冲接一个脉冲地发射任意极化波形的单站雷达。记录的数据不仅由目标回波组成，也由来自目标环境的不想要的反射回波组成（图 16.1）。注意到为了完全区分目标和杂波的极化方向，雷达必须由采用不同极化的脉冲组成。接收到来自一个被测距离单元的回波，具有 Q 个传感器的不同极压方式的阵列的输出可以表示为

$$\boldsymbol{y}(t) = \boldsymbol{B}(\boldsymbol{S}^t + \boldsymbol{S}^c)\boldsymbol{\xi}(t) + \boldsymbol{e}(t), t = 1, \cdots, N \tag{16.1}$$

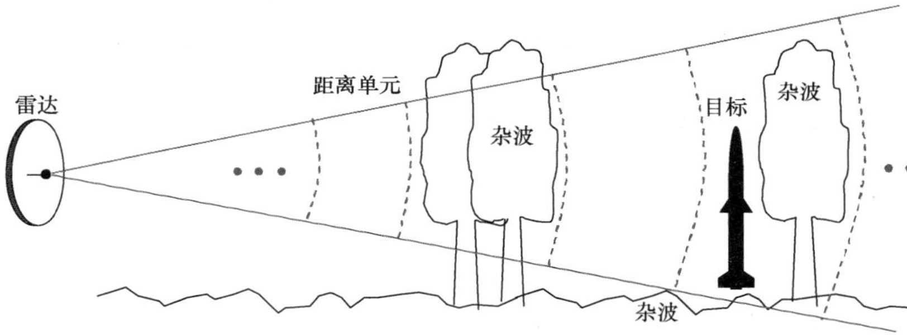

图 16.1　问题的几何表示：在一个产生非期望回波的环境（杂波）中的感兴趣的物体（目标）

其中：

（1）$Q \times 1$ 向量 $\boldsymbol{y}(t)$ 是测量值的复包络。

（2）$Q \times 2$ 矩阵 $\boldsymbol{B}$ 是不同极化传感器阵列的响应。如果接收机阵列是一个向量传感器[11]，则阵列响应为

$$\boldsymbol{B} = \begin{bmatrix} -\sin\varphi & -\cos\varphi\sin\psi \\ \cos\varphi & -\sin\varphi\sin\psi \\ 0 & \cos\psi \\ -\cos\varphi\sin\psi & \sin\varphi \\ -\sin\varphi\sin\psi & -\cos\varphi \\ \cos\psi & 0 \end{bmatrix} \tag{16.2}$$

式中：φ 和 ψ 分别为被测单元的方位和俯仰角。如果阵列是三极天线[9]，那么

$$\boldsymbol{B} = \begin{bmatrix} -\sin\varphi & -\cos\varphi\sin\psi \\ \cos\varphi & -\sin\varphi\sin\psi \\ 0 & \cos\psi \end{bmatrix} \tag{16.3}$$

对于测量电场的水平和垂直成分的传统极化雷达，并且假设这两个感应器是垂直于指向被测单元方向，其阵列响应矩阵 $\boldsymbol{B} = \boldsymbol{I}_2$。

（3）复散射矩阵 $\boldsymbol{S}$ 代表发射信号在目标或杂波上反射的极化变化：

$$\boldsymbol{S} = \begin{bmatrix} s_{11} & s_{12} \\ s_{21} & s_{22} \end{bmatrix} \tag{16.4}$$

其中对于特定的极化基，变量 s_{11} 和 s_{22} 是共极化散射系数，s_{12} 和 s_{21} 是交叉极化系数。对于单站雷达的情况，$s_{12} = s_{21}$。极化基经常是水平和垂直线极化成分；但是，其他的极化基，不常用的是左旋和右旋圆极化，以及左斜和右斜极化。式（16.1）上角标 $\boldsymbol{t}$ 和 $\boldsymbol{c}$ 分别指的是目标和杂波。

（4）向量 $\boldsymbol{\xi}(t)$ 是窄带发射信号，可以表示为

$$\boldsymbol{\xi}(t) = \begin{bmatrix} \xi_1 \\ \xi_2 \end{bmatrix} s(t) = \begin{bmatrix} \cos\alpha & \sin\alpha \\ -\sin\alpha & \cos\alpha \end{bmatrix} \begin{bmatrix} \cos\beta \\ \mathrm{j}\sin\beta \end{bmatrix} s(t) \tag{16.5}$$

式中：ξ_1 和 ξ_2 为发射极化基的信号成分；α 和 β 分别为极化方向角和离心率；$s(t)$ 为发射信号的复包络。

（5）向量 $\boldsymbol{e}(t)$ 代表雷达测量值中的热噪声。

（6）N 表示每个脉冲的采样点数。

式（16.1）可以根据散射系数写成一个线性方程：

$$\boldsymbol{y}(t) = s(t)\boldsymbol{B}\bar{\boldsymbol{\xi}}(\boldsymbol{\mu} + \boldsymbol{x}) + \boldsymbol{e}(t) \tag{16.6}$$

其中目标和杂波的散射系数向量分别为 $\boldsymbol{\mu} = [s_{11}^{\mathrm{t}}, s_{22}^{\mathrm{t}}, s_{12}^{\mathrm{t}}]^{\mathrm{T}}$ 和 $\boldsymbol{x} = [s_{11}^{\mathrm{c}}, s_{22}^{\mathrm{c}}, s_{12}^{\mathrm{c}}]^{\mathrm{T}}$，维数 $P = 3$。极化矩阵 $\bar{\boldsymbol{\xi}}$ 为

$$\bar{\boldsymbol{\xi}} = \begin{bmatrix} \xi_1 & 0 & \xi_2 \\ 0 & \xi_2 & \xi_1 \end{bmatrix} \tag{16.7}$$

时间采样值可以组成一个 $NQ \times 1$ 维向量：

$$\boldsymbol{y} = (\boldsymbol{s} \otimes \boldsymbol{B}\bar{\boldsymbol{\xi}})(\boldsymbol{\mu} + \boldsymbol{x}) + \boldsymbol{e} \tag{16.8}$$

式中：$\boldsymbol{s} = [s(1), \cdots, s(N)]^{\mathrm{T}}$；$\otimes$ 为克罗内克积。把对应一个列不同极化的 K 个脉冲的数据模型堆叠在一起，产生一个被测距离单元的单独快拍：

$$\boldsymbol{y} = \boldsymbol{A\mu} + \boldsymbol{Ax} + \boldsymbol{e} \tag{16.9}$$

其中

$$\boldsymbol{A} = \begin{bmatrix} \boldsymbol{s} \otimes \boldsymbol{B}\bar{\boldsymbol{\xi}}_1 \\ \vdots \\ \boldsymbol{s} \otimes \boldsymbol{B}\bar{\boldsymbol{\xi}}_K \end{bmatrix} \tag{16.10}$$

式中：$\bar{\xi}_k$ 为每个不同极化脉冲（$k = 1, \cdots, K$）的极化矩阵；这个矩阵的维数为 $M \times P$，其中 $M = KNQ$。

通过观察表达式（16.9）的第二项，注意到目标记录数据正被杂波反射回波所污染。由于后者也与发射信号相关（已包含在矩阵 $\boldsymbol{A}$ 中），这一问题可以被分

类为与信号相关的噪声问题[19]。假设目标是一个小的人造物体。因此，$\boldsymbol{\mu}$ 为确定向量。另外，被测距离单元中的杂波可以被认为是一个反散雷达信号的非相干散射体的大集合。然后，$\boldsymbol{x}$ 是一个零均值，协方差矩阵为 $\boldsymbol{\Sigma}$ 的复高斯随机向量[20]。由于我们认为热噪声测量值在传感器与传感器之间是独立的，并且每一个都有相同的功率，所以噪声 $\boldsymbol{e}$ 是一个零均值，协方差矩阵为 $\sigma\boldsymbol{I}_M$ 的复高斯随机向量，其中 $\boldsymbol{I}_M$ 为 $M \times M$ 单位矩阵。除此之外，假设杂波反射回波和热噪声是统计独立的。

雷达单元经常由一列被测距离单元的快拍组成。如果形成快拍的脉冲持续时间同目标和环境的动态变化相比较短，可以假设它们的散射系数在每个脉冲持续时间内都是常数。但是，脉冲与脉冲之间，我们认为杂波散射系数是同一个随机过程（16.1）的独立实现。然后，每一个快拍的分布为

$$\boldsymbol{y}_d \sim \mathcal{CN}(\boldsymbol{A\mu},\boldsymbol{A\Sigma A}^{\mathrm{H}} + \sigma\boldsymbol{I}_M),d = 1,\cdots,D \tag{16.11}$$

式中：$\mathcal{CN}$ 为复正态（高斯）分布，D 为雷达驻留内的快拍总数，$D > M$。

通过合并两个第一项，并且定义 $\boldsymbol{x} \sim \mathcal{CN}(\boldsymbol{\mu},\boldsymbol{\Sigma})$，不需要修改式（16.11）给出的数据的统计模型，模型（16.9）可以重写。但是式（16.9）更直观，因为它明确地表明 μ 和 x 分别代表不同的物体：目标和杂波。

主动和被动传感系统的主要不同是对于前者，波形和波形的发射方向是已知的。另外，一个合理的假设是接收天线阵已经被正确地校准。因此，系统响应矩阵 $\boldsymbol{A}$ 是已知的。假设热噪声功率 σ 已知，因为当没有发射信号时，它可以很容易地从记录数据中被估计出来。我们没有关于目标和杂波的先验知识。因此，向量 $\boldsymbol{\mu}$ 和矩阵 $\boldsymbol{\Sigma}$ 是统计数据模型（16.11）的未知参数。

16.2.2　检测检验

感兴趣的问题是，基于记录的数据，在被测距离单元确定一个目标是否存在。更正式些[21]，决策问题就是在两个可能假设中的选择：零假设 H_0（目标不存在的假设）或备择假设 H_1（目标存在的假设）。它可以被描述为参数检验：

$$\begin{cases} H_0: \boldsymbol{\mu} = \boldsymbol{0},\boldsymbol{\Sigma} \\ H_1: \boldsymbol{\mu} \neq \boldsymbol{0},\boldsymbol{\Sigma} \end{cases} \tag{16.12}$$

式中：矩阵 $\boldsymbol{\Sigma}$ 被认为是有点难处理的参数。

众所周知，最优检测器是似然比检验[22]，给定一个确定的虚警概率时，它提供了最大检测概率（P_D）。由于缺少数据分布的完整知识，似然比检验不能用于我们的问题。一个可能的替代是广义似然比（GLR）检验，其中数据分布的未知参数用似然比检验中它们的最大似然估计（MLE）替代[22]。尽管 GLR 检验没有之前描述的最优特性，但是它在实际中运行得很好。

（1）GLR 检验：对数 GLR 检验决策为 H_1，如果

$$\ln L_{\mathrm{GLR}} = \ln f_1(\boldsymbol{y}_{1,\cdots},\boldsymbol{y}_D;\hat{\boldsymbol{\mu}}_1,\hat{\boldsymbol{\Sigma}}_1) - \ln f_0(\boldsymbol{y}_1,\cdots,\boldsymbol{y}_D;\hat{\boldsymbol{\Sigma}}_0) > \gamma \tag{16.13}$$

式中：f_0 和 f_1 为 H_0 和 H_1 假设下的似然函数；$\hat{\boldsymbol{\Sigma}}_0$ 和 $\hat{\boldsymbol{\Sigma}}_1$ 为 H_0 和 H_1 假设下 $\boldsymbol{\Sigma}$ 的 MLE；$\hat{\boldsymbol{\mu}}_1$ 是 H_1 假设下 $\boldsymbol{\mu}$ 的 MLE；γ 为检测门限。为了标记简单，在章节中剩下的部分，在讨论函数 f_0 和 f_1 时，将会省略参数的引用。

在假设 H_0 时，假定 $\boldsymbol{\mu} = \mathbf{0}$；然后

$$\ln f_0(\boldsymbol{\Sigma}) = -D[\boldsymbol{M}\ln\pi + \ln|\boldsymbol{C}| + \mathrm{tr}(\boldsymbol{C}^{-1}\boldsymbol{S}_0)] \tag{16.14}$$

式中：$|\cdot|$ 表示矩阵的行列式；$\boldsymbol{C} = \boldsymbol{A\Sigma A}^{\mathrm{H}} + \sigma\boldsymbol{I}_M$ 是式（16.11）定义的数据的理论协方差矩阵；$\boldsymbol{S}_0$ 是样本协方差矩阵：

$$\boldsymbol{S}_0 = \frac{1}{D}\sum_{d=1}^{D}\boldsymbol{y}_d\boldsymbol{y}_d^{\mathrm{H}} \tag{16.15}$$

$\boldsymbol{\Sigma}$ 的 MLE 是（见参考文献［23］）：

$$\hat{\boldsymbol{\Sigma}}_0 = \boldsymbol{A}^{+}\boldsymbol{S}_0\boldsymbol{A}^{+\mathrm{H}} - \sigma(\boldsymbol{A}^{\mathrm{H}}\boldsymbol{A})^{-1} \tag{16.16}$$

式中：$\boldsymbol{A}^{+} = (\boldsymbol{A}^{\mathrm{H}}\boldsymbol{A})^{-1}\boldsymbol{A}^{\mathrm{H}}$ 是伪逆矩阵。关于 $\boldsymbol{\Sigma}$ 的对数似然函数给定为

$$\begin{aligned}\ln f_0(\hat{\boldsymbol{\Sigma}}_0) = -D[&P + M\ln\pi + (M-P)\ln\sigma + \ln|\boldsymbol{A}^{\mathrm{H}}\boldsymbol{A}| \\ &+ \sigma^{-1}\mathrm{tr}(\boldsymbol{\Pi}^{\perp}\boldsymbol{S}_0) + \ln|\boldsymbol{A}^{+}\boldsymbol{S}_0\boldsymbol{A}^{+\mathrm{H}}|]\end{aligned} \tag{16.17}$$

式中：$\boldsymbol{\Pi}^{\perp} = \boldsymbol{I}_M - \boldsymbol{AA}^{+}$ 是正交投影矩阵，其投影一个向量到一个与由 $\boldsymbol{A}$ 的列向量张成空间正交的空间。在假设 H_1 下，似然函数为

$$\ln f_1(\boldsymbol{\mu},\boldsymbol{\Sigma}) = -D[\boldsymbol{M}\ln\pi + \ln|\boldsymbol{C}| + \mathrm{tr}(\boldsymbol{C}^{-1}\tilde{\boldsymbol{C}}_1)] \tag{16.18}$$

其中：

$$\tilde{\boldsymbol{C}}_1 = \frac{1}{D}\sum_{d=1}^{D}(\boldsymbol{y}_d - \boldsymbol{A\mu})(\boldsymbol{y}_d - \boldsymbol{A\mu})^{\mathrm{H}} \tag{16.19}$$

未知参数的 MLE 为

$$\hat{\boldsymbol{\mu}}_1 = \boldsymbol{A}^{+}\bar{\boldsymbol{y}} \tag{16.20}$$

$$\hat{\boldsymbol{\Sigma}}_1 = \boldsymbol{A}^{+}\boldsymbol{S}_1\boldsymbol{A}^{+\mathrm{H}} - \sigma(\boldsymbol{A}^{\mathrm{H}}\boldsymbol{A})^{-1} \tag{16.21}$$

式中：$\bar{\boldsymbol{y}}$ 是样本均值向量：

$$\bar{\boldsymbol{y}} = \frac{1}{D}\sum_{d=1}^{D}\boldsymbol{y}_d \tag{16.22}$$

$\boldsymbol{S}_1$ 是样本协方差矩阵：

$$\boldsymbol{S}_1 = \frac{1}{D}\sum_{d=1}^{D}(\boldsymbol{y}_d - \bar{\boldsymbol{y}})(\boldsymbol{y}_d - \bar{\boldsymbol{y}})^{\mathrm{H}} \tag{16.23}$$

$\boldsymbol{\mu}$ 和 $\boldsymbol{\Sigma}$ 的对数似然函数为

$$\begin{aligned}\ln f_1(\hat{\boldsymbol{\mu}}_1,\hat{\boldsymbol{\Sigma}}_1) = -D[&P + M\ln\pi + (\mathrm{M}-\mathrm{P})ln\sigma + ln|\boldsymbol{A}^{\mathrm{H}}\boldsymbol{A}| \\ &+ \sigma^{-1}\mathrm{tr}(\boldsymbol{\Pi}^{\perp}\boldsymbol{S}_0) + \ln|\boldsymbol{A}^{+}\boldsymbol{S}_1\boldsymbol{A}^{+\mathrm{H}}|]\end{aligned} \tag{16.24}$$

除此之外，考虑以下等式，其对任何 $M \times M$ 维矩阵 $\boldsymbol{S}$ 都是有效的：

$$\ln|\boldsymbol{A}^{+}\boldsymbol{S}\boldsymbol{A}^{+\mathrm{H}}| = \ln|\boldsymbol{A}^{\mathrm{H}}\boldsymbol{S}\boldsymbol{A}| - 2\ln|\boldsymbol{A}^{\mathrm{H}}\boldsymbol{A}| \tag{16.25}$$

然后，把似然函数式（16.17）和式（16.24）代入式（16.13），利用式（16.25），GLR 统计量的对数为

$$\ln L_{\mathrm{GLR}} = -D(\ln|\boldsymbol{A}^{\mathrm{H}}\boldsymbol{S}_1\boldsymbol{A}| - \ln|\boldsymbol{A}^{\mathrm{H}}\boldsymbol{S}_0\mathrm{A}|) \tag{16.26}$$

显而易见：

$$|\boldsymbol{A}^{\mathrm{H}}\boldsymbol{S}_0\boldsymbol{A}| = |\boldsymbol{A}^{\mathrm{H}}\boldsymbol{S}_1\boldsymbol{A}|[1 + \bar{\boldsymbol{y}}^{-\mathrm{H}}\boldsymbol{A}(\boldsymbol{A}^{\mathrm{H}}\boldsymbol{S}_1\boldsymbol{A})^{-1}\boldsymbol{A}^{\mathrm{H}}\bar{\boldsymbol{y}}] \tag{16.27}$$

这样，通过消除对数操作，式（16.26）可以重写成

$$L_{\mathrm{GLR}} = [1 + y^{-\mathrm{H}}\boldsymbol{A}(\boldsymbol{A}^{\mathrm{H}}\boldsymbol{S}_1\boldsymbol{A})^{-1}\boldsymbol{A}^{\mathrm{H}}\bar{\boldsymbol{y}}]^{D} \tag{16.28}$$

由于式（16.28）是括号中第二项的单调递增函数，则可以定义一个等效的检测检验统计量：

$$T_{\mathrm{GLR}} = \bar{\boldsymbol{y}}^{\mathrm{H}}\boldsymbol{A}(\boldsymbol{A}^{\mathrm{H}}\boldsymbol{S}_1\boldsymbol{A})^{-1}\boldsymbol{A}^{\mathrm{H}}\bar{\boldsymbol{y}} \tag{16.29}$$

（2）检测性能：令 $\boldsymbol{z}_d = \boldsymbol{A}^{\mathrm{H}}\boldsymbol{y}_d(d = 1,\cdots,D)$，然后检验统计量式（16.29）可以写成

$$T_{\mathrm{GLR}} = \bar{\boldsymbol{z}}^{\mathrm{H}}\boldsymbol{S}_z^{-1}\bar{\boldsymbol{z}} \tag{16.30}$$

式中：$\bar{\boldsymbol{z}}$ 和 $\boldsymbol{S}_z$ 为一个大小为 D 的，服从 $\mathcal{CN}(\boldsymbol{A}^{\mathrm{H}}\boldsymbol{A\mu},\boldsymbol{A}^{\mathrm{H}}\boldsymbol{A\Sigma A}^{\mathrm{H}}\boldsymbol{A} + \boldsymbol{\sigma}\mathrm{A}^{\mathrm{H}}\boldsymbol{A})$ 分布的随机采样的样本均值和协方差，

$$\bar{\boldsymbol{z}} = \frac{1}{D}\sum_{d=1}^{D}\boldsymbol{z}_{\boldsymbol{d}} \tag{16.31}$$

$$\boldsymbol{S}_z = \frac{1}{D}\sum_{d=1}^{D}(\boldsymbol{z}_{\boldsymbol{d}} - \bar{\boldsymbol{z}})(\boldsymbol{z}_{\boldsymbol{d}} - \bar{\boldsymbol{z}})^{\mathrm{H}} \tag{16.32}$$

应用参考文献［24］中的推论 5. 2. 1，很明显能证明检测统计量按下式分布：

$$T_{\mathrm{GLR}}\frac{D-P}{P} \sim \begin{cases} F_{2P,2(D-P)}, & \text{假设 } H_0 \text{ 成立} \\ F'_{2P,2(D-P)}(\lambda), & \text{假设 } H_1 \text{ 成立} \end{cases} \tag{16.33}$$

式中：$F_{v1,v2}$ 为 F 分布，自由度为 v_1 和 v_2，$F'_{v1,v2}(\lambda)$ 为一个非中心 F 分布，自由度为 v_1 和 v_2，非中心参数为 λ。非中心参数由下式给出：

$$\begin{aligned}\lambda &= 2D\boldsymbol{\mu}^{\mathrm{H}}\boldsymbol{A}^{\mathrm{H}}\boldsymbol{A}[\boldsymbol{A}^{\mathrm{H}}(\boldsymbol{A\Sigma A}^{\mathrm{H}} + \sigma\boldsymbol{I}_M)\boldsymbol{A}]^{-1}\boldsymbol{A}^{\mathrm{H}}\boldsymbol{A\mu} \\ &= 2D\boldsymbol{\mu}^{\mathrm{H}}[\boldsymbol{A}^{+}(\boldsymbol{A\Sigma A}^{\mathrm{H}} + \sigma\boldsymbol{I}_M)\boldsymbol{A}^{+\mathrm{H}}]^{-1}\boldsymbol{\mu} \\ &= 2D\boldsymbol{\mu}^{\mathrm{H}}[\boldsymbol{\Sigma} + \sigma(\boldsymbol{A}^{\mathrm{H}}\boldsymbol{A})^{-1}]^{-1}\boldsymbol{\mu}\end{aligned} \tag{16.34}$$

这个等式的最后一项是通过利用 $\boldsymbol{A}^{+}\boldsymbol{A} = \boldsymbol{I}_P$ 得到的。这样，检测性能变为

$$\begin{aligned}P_{FA} &= Q_{F_{2P,2(D-P)}}(\gamma) \\ P_D &= Q_{F'_{2P,2(D-P)}\lambda}(\gamma)\end{aligned} \tag{16.35}$$

式中：Q 为右尾概率函数[22]；γ 为根据虚警概率设定的检测门限。尤其，注意到 P_{FA} 的表达式既不依赖于杂波和热噪声的协方差，也不依赖于发射信号；这样式（16.29）成为一个 CFAR 检验。

对于实数随机变量，上面提到的推论已经被证明。对于复数的情况，结果

是相似的，但是在非中心参数和 F 分布的自由度中有一个因子 2，因为同实数情况相比，复数的情况有 2 倍的实数数量。关于复数正态变量的 F 分布，读者可以查阅参考文献［25］来获得更进一步的信息。

16.2.3 目标检测优化

我们的目标是通过优化我们系统的设计来改进目标检测。我们已经表明目标的检测概率与非中心参数 λ 相关，所以与系统特性相关，而且参数 λ 又与系统相应 $\boldsymbol{A}$ 相关。考虑到矩阵 $\boldsymbol{A}$ 带有发射波形和接收传感阵列的信息。我们的优化方法通过设计矩阵 $\boldsymbol{A}$ 来最大化参数 λ 和检测概率。为了找到最大化矩阵 $\boldsymbol{A}$ 的 λ 的值，我们重写式（16.34）：

$$\begin{aligned}\frac{\lambda}{2D} &= \frac{1}{\sigma}\boldsymbol{\mu}^{\mathrm{H}}\left[(\boldsymbol{A}^{\mathrm{H}}\boldsymbol{A})^{-1}+\frac{\boldsymbol{\Sigma}}{\sigma}\right]^{-1}\boldsymbol{\mu}\\ &= \boldsymbol{\mu}^{\mathrm{H}}\boldsymbol{\Sigma}^{-1}\boldsymbol{\mu}-\boldsymbol{\mu}^{\mathrm{H}}\left(\boldsymbol{\Sigma}+\frac{\boldsymbol{\Sigma}\boldsymbol{A}^{\mathrm{H}}\boldsymbol{A}\boldsymbol{\Sigma}}{\sigma}\right)^{-1}\boldsymbol{\mu}\end{aligned} \tag{16.36}$$

给定 $\boldsymbol{\mu}$ 和 $\boldsymbol{\Sigma}$ 时，最大化 λ 等价于使式（16.36）的第二项最小。用 $\boldsymbol{\eta}$ 表示波形参数向量，它的组成可以表征信号的特征，如带宽、脉冲持续时间和极化，或者对应于波形库中某种信号的一个参数。然后，系统响应矩阵的参数化形式为 $\boldsymbol{A}=\boldsymbol{A}(\boldsymbol{\eta})$。为了提升目标检测性能，找到

$$\hat{\boldsymbol{\eta}} = \arg\min_{\boldsymbol{\eta}}\left\{\boldsymbol{\mu}^{\mathrm{H}}\left[\boldsymbol{\Sigma}+\frac{\boldsymbol{\Sigma}\boldsymbol{A}^{\mathrm{H}}(\boldsymbol{\eta})\boldsymbol{A}(\boldsymbol{\eta})\boldsymbol{\Sigma}}{\sigma}\right]^{-1}\boldsymbol{\mu}\right\} \tag{16.37}$$

我们在这儿提到：在实际应用中，$\boldsymbol{\mu}$ 和 $\boldsymbol{\Sigma}$ 的真实值是未知的。它们的估计值 $\hat{\boldsymbol{\mu}}_1$ 和 $\hat{\boldsymbol{\Sigma}}_1$ 应该被用于在下一次发射时，基于当前记录的数据，来获得最优波形参数。然而，用真实目标和杂波值求解式（16.37）能给出检测性能提升的上限。更多的细节和仿真结果见参考文献［15］。

16.3 用于目标检测的分置天线极化 MIMO 雷达

传统的单天线雷达系统中，发射机发射信号是为了探测到一个反射信号回接收机的目标。信号经历的衰减由目标特性所决定。在实际场景中，经历的衰减通常是目标观测角的函数。如果目标的观测角彼此之间足够不同，那么衰减系数将会存在非常小的相关性。因此，即使某些衰减系数非常小，它们也非常有可能被其他衰减系数补偿。带有分布式天线的 MIMO 雷达通过获得不同的目标观测角，利用了这一特性[26,27]。它采用了多天线来获得不同角度的信息，因而获得了空间分集。我们将会介绍一个雷达系统，它综合了分布式天线 MIMO 系统和优化选择发射波形极化所带来的好处。我们讨论点目标的目标检测问题。

16.3.1　信号模型

在我们给出数学模型之前，首先描述目标和雷达系统。假设目标是静止的，且位于雷达照射空间。且目标被进一步假设为点目标，其散射矩阵依赖于观测角。考虑一个雷达系统，它有 M 个发射天线和 N 个接收天线，所有天线都分隔很宽，如图 16.2 所示。每个接收天线采用了一个两维向量传感器，可以分别测量接收到的极化信号的水平和垂直极化成分。在单天线系统中，存在描述接收到信号的极化模型[1]。我们把这些模型拓展到分布式天线系统。

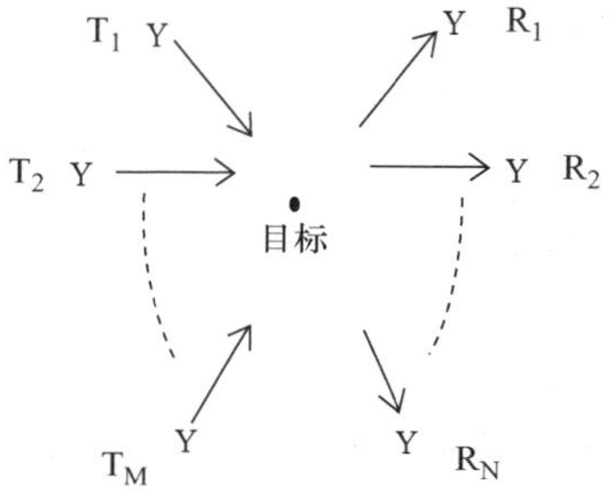

图 16.2　分置天线 MIMO 雷达系统

我们从描述发射端信号开始。定义第 i 个发射机的极化向量为 $\boldsymbol{t}^i = [t_h^i, t_v^i]^{\mathrm{T}}$，其中每一个量都是复数，$[\cdot]^{\mathrm{T}}$ 代表 $[\cdot]$ 的转置。我们进一步假设 $\|\boldsymbol{t}^i\| = 1$，$\forall_i = 1,\cdots,M$。从第 i 个发射天线发射的复数脉冲波的形状定义为 $w^i(t)$。我们假设所有这些发射波形及延时 i 后的波形都是彼此正交的[26,27]。换句话说，对于不同的时间间隔，我们假设这些不同发射波形之间的互相关是可以忽略的。在接收端，这个情况帮助我们区分从不同发射天线发射的信号。在参考文献［28］中，我们研究了当信号互相关非零时的 MIMO 检测问题。

发射之后，极化波形将会在空间中传播，从目标表面向接收机反射，极化特性会改变。我们现在讨论接收端的测量值。极化信号到达第 j 个接收天线，它是所有从目标表面朝向第 j 个接收机反射信号的集合。设 $\boldsymbol{y}^j(t)$ 为第 j 个接收天线收到信号的复包络。注意到 $\boldsymbol{y}^j(t)$ 是一个两维列向量，由接收信号的水平和垂直极化成分组成，它可以用类似于文献［15，29，30］中的公式来表示：

$$\boldsymbol{y}^j(t) = \sum_{i=1}^{M} a^{ij}\boldsymbol{S}^{ij}\boldsymbol{t}^i w^i(t - \tau^{ij}) + \boldsymbol{e}^j(t) \tag{16.38}$$

式中：$\boldsymbol{e}^j(t)$ 为二维加性噪声，基于传播和衰减被分成两个因子 a^{ij} 和 $\boldsymbol{S}^{ij}$，τ^{ij} 为时延。a^{ij} 是衰减部分，它依赖于介质、目标和雷达之间的距离等特性。我们假设系数 $\{a^{ij}\}$ 已知，因为雷达知道其所照射的区域和介质的特性。$\boldsymbol{S}^{ij}$ 代表目标的散射矩阵，它完全描述了从第 i 个发射天线发射到第 j 个接收天线的信号的极化特性变化。这代表了衰减的未知部分。它有四个复成分：

$$\boldsymbol{S}^{ij}=\begin{bmatrix} s_{hh}^{ij} & s_{hv}^{ij} \\ s_{vh}^{ij} & s_{vv}^{ij} \end{bmatrix} \tag{16.39}$$

为了分离来自不同发射天线的信号，在每个接收机处都用 M 个匹配滤波器来处理接收到的信号。在每个接收机，第 i 个匹配滤波器和第 i 个发射波形匹配。通过使用一个类似于文献［29］中单天线系统给出的方法，可以获得 MIMO 雷达系统的数学模型。通过除以 a^{ij}，在匹配滤波器输出端的信号被归一化。注意到归一化改变了归一化噪声项的方差，因此对于所有的发射－接收组合来说，这些方差不一定是相同的。第 j 个接收机的第 i 个匹配滤波器的归一化向量输出可以表示为

$$\boldsymbol{y}^{ij}=\boldsymbol{S}^{ij}\boldsymbol{t}^{i}+\boldsymbol{e}^{ij} \tag{16.40}$$

式中：列向量 $\boldsymbol{y}^{ij}=[y_h^{ij},y_v^{ij}]^{\mathrm{T}}$ 分别由水平和垂直成分组成。我们得到了每个天线接收端的测量值表达式。下面，执行一些简单的操作，用一个线性模型来描述所有这些测量值。

重排散射矩阵 $\boldsymbol{S}^{ij}$ 中的元素，使其成为一个向量，我们定义 $\boldsymbol{s}^{ij}=[s_{hh}^{ij},s_{hv}^{ij-},s_{vh}^{ij},s_{vv}^{ij}]^{\mathrm{T}}$。有 MN 个这样的向量，把它们安排进一个单独的向量，得到一个 $4MN\times1$ 维列向量：

$$\boldsymbol{s}=[(\boldsymbol{s}^{11})^{\mathrm{T}},\cdots,(\boldsymbol{s}^{1N})^{\mathrm{T}},\cdots,(\boldsymbol{s}^{M1})^{\mathrm{T}},\cdots,(\boldsymbol{s}^{MN})^{\mathrm{T}}]^{\mathrm{T}} \tag{16.41}$$

类似地，重排匹配滤波器的归一化输出和相应的加性噪声成分到列向量中，我们定义：

$$\boldsymbol{y}=[(\boldsymbol{y}^{11})^{\mathrm{T}},\cdots,(\boldsymbol{y}^{1N})^{\mathrm{T}},\cdots,(\boldsymbol{y}^{M1})^{\mathrm{T}},\cdots,(\boldsymbol{y}^{MN})^{\mathrm{T}}]^{\mathrm{T}} \tag{16.42}$$

$$\boldsymbol{e}=[(\boldsymbol{e}^{11})^{\mathrm{T}},\cdots,(\boldsymbol{e}^{1N})^{\mathrm{T}},\cdots,(\boldsymbol{e}^{M1})^{T},\cdots,(\boldsymbol{e}^{MN})^{\mathrm{T}}]^{\mathrm{T}} \tag{16.43}$$

定义一组矩阵：

$$\boldsymbol{P}^{i}=\begin{bmatrix} t_h^i & t_v^i & 0 & 0 \\ 0 & 0 & t_h^i & t_v^i \end{bmatrix} \tag{16.44}$$

$\forall_i=1,\cdots,M$，都对应一个发射天线。

利用上面的定义，可以用下面的数学模型表示出测量向量 $\boldsymbol{y}$：

$$\boldsymbol{y}=\boldsymbol{H}\boldsymbol{s}+\boldsymbol{e} \tag{16.45}$$

其中

$$\boldsymbol{H}=\begin{bmatrix} \boldsymbol{P}^1 & \cdots & \boldsymbol{0} & \cdots & \boldsymbol{0} & \cdots & \boldsymbol{0} \\ \vdots & \ddots & \vdots & \vdots & \vdots & \vdots & \vdots \\ \boldsymbol{0} & \cdots & \boldsymbol{P}^1 & \cdots & \boldsymbol{0} & \cdots & \boldsymbol{0} \\ \vdots & \vdots & \vdots & \ddots & \vdots & \vdots & \vdots \\ \boldsymbol{0} & \cdots & \boldsymbol{0} & \cdots & \boldsymbol{P}^M & \cdots & \boldsymbol{0} \\ \vdots & \vdots & \vdots & \vdots & \vdots & \ddots & \vdots \\ \boldsymbol{0} & \cdots & \boldsymbol{0} & \cdots & \boldsymbol{0} & \cdots & \boldsymbol{P}^M \end{bmatrix} \tag{16.46}$$

0 是一个维数 2×4 的零矩阵。$\boldsymbol{y}$ 和 $\boldsymbol{e}$ 分别是 $2MN\times1$ 维观测和噪声向量。这样，我们已经简化我们的数学模型为著名的线性形式。现在考察这些项中所做的统计假设。

假设 $\boldsymbol{e}$ 中的噪声项是不相关的，$\boldsymbol{e}$ 服从"Proper"复高斯分布。如果 $\mathrm{Cov}(\boldsymbol{\zeta}_R,\boldsymbol{\zeta}_R)=\mathrm{Cov}(\boldsymbol{\zeta}_1,\boldsymbol{\zeta}_1)$，并且 $\mathrm{Cov}(\boldsymbol{\zeta}_R,\boldsymbol{\zeta}_1)=-\mathrm{Cov}(\boldsymbol{\zeta}_1,\boldsymbol{\zeta}_R)$，复随机向量 $\boldsymbol{\zeta}=\boldsymbol{\zeta}_R+\mathrm{j}\boldsymbol{\zeta}_1$ 被认为是"Proper"随机向量。因此，协方差矩阵 $\boldsymbol{e}$ 将是对角线矩阵 $\sigma^2\boldsymbol{I}$。这个对角线假设表明：对于任何给定的时间快拍，在两种极压的各个分置的接收机之间的匹配滤波器输出端的噪声成分是统计独立的。在天线分隔很远的时候，这个假设是合理的[26]。定义协方差矩阵为 $\boldsymbol{\Sigma}_e$，并假设它是已知的。矩阵 $\boldsymbol{H}$ 是一个 $2MN\times MN$ 维设计矩阵，它的组成元素依赖于发射波形的极化。我们假设向量 $\boldsymbol{s}$，由所有散射矩阵的元素构成，是一个服从"Proper"复高斯分布的随机向量，其 $4MN\times4MN$ 协方差矩阵由 $\boldsymbol{\Sigma}_s$ 给定。我们进一步假设 $\boldsymbol{\Sigma}_s$ 是已知的。如果随机矩阵 $\boldsymbol{S}^{ij}$ 是统计独立的，那么 $\boldsymbol{\Sigma}_s$ 将有一个块对角线结构。但是，对 $\boldsymbol{\Sigma}_s$ 并不强加任何这样的结构限制。更进一步，我们假设 $\boldsymbol{s}$ 和 $\boldsymbol{e}$ 是独立的。

16.3.2　问题公式化

当目标位于照射空间中时，上面的数学模型给出了观测向量的表达式。当目标不在时，观测值将只由接收机噪声向量 $\boldsymbol{e}$ 组成。因此，探测目标的问题简化为以下的二元假设检验问题：

$$H_0:\boldsymbol{y}=\boldsymbol{e} \tag{16.47}$$

$$\mathrm{H}_1:\boldsymbol{y}=\boldsymbol{Hs}+\boldsymbol{e} \tag{16.48}$$

因此，在零假设下，$\boldsymbol{y}$ 将服从均值为 0，协方差矩阵为 $\boldsymbol{\Sigma}_e$ 的复高斯分布。在备择假设下，$\boldsymbol{s}$ 和 $\boldsymbol{e}$ 的独立表明 $\boldsymbol{y}$ 服从的复高斯分布满足均值为 0，协方差矩阵为 $\boldsymbol{C}+\boldsymbol{\Sigma}_e$，其中 $\boldsymbol{C}=\boldsymbol{H}\boldsymbol{\Sigma}_s\boldsymbol{H}^{\mathrm{H}}$ 表示 $\boldsymbol{Hs}$ 的协方差矩阵。这使得可以应用著名的高斯随机向量特性[31]。下面描述这个问题的聂曼－皮尔逊检测器。

16.3.3　检测器

（1）检验统计量：在上面提到的假设下，观测向量的概率密度函数为

$$f(\boldsymbol{y}\mid H_0)\propto\frac{1}{|\boldsymbol{\Sigma}_e|}\boldsymbol{e}^{-\mathrm{y}^{\mathrm{H}}\boldsymbol{\Sigma}_e^{-1}\boldsymbol{y}} \tag{16.49}$$

$$f(\boldsymbol{y}\mid H_1)\propto\frac{1}{|\boldsymbol{\Sigma}_e+\boldsymbol{C}|}\boldsymbol{e}^{-\boldsymbol{y}^{\mathrm{H}}(\boldsymbol{\Sigma}_e+\boldsymbol{C})^{-1}\boldsymbol{y}} \tag{16.50}$$

聂曼－皮尔逊引理表明对于任何给定的规模，似然比检验都是最有效的检验[32]。似然比为

$$\frac{f(\boldsymbol{y}\mid H_0)}{f(\boldsymbol{y}\mid H_1)}=\frac{|\boldsymbol{\Sigma}_e+\boldsymbol{C}|}{|\boldsymbol{\Sigma}_e|}\boldsymbol{e}^{-\mathrm{y}^{\mathrm{H}}(\boldsymbol{\Sigma}_e^{-1}-(\boldsymbol{\Sigma}_e+\boldsymbol{C})^{-1})\boldsymbol{y}} \tag{16.51}$$

计算上面表达式的对数，并且忽略已知的常数，能清楚地看到 $\boldsymbol{y}^{\mathrm{H}}(\boldsymbol{\Sigma}_e^{-1}-(\boldsymbol{\Sigma}_{\mathrm{e}}+\boldsymbol{C})^{-1})y$ 是我们的检验统计量，在做出判决之前，我们把它和门限相比较：

$$\boldsymbol{y}^{\mathrm{H}}(\boldsymbol{\Sigma}_e^{-1}-(\boldsymbol{\Sigma}_{\mathrm{e}}+\boldsymbol{C})^{-1})y \gtrless_{H_0}^{H_1} k \tag{16.52}$$

式中：门限 k 基于检验指定的规模而选定。

（2）估计协方差矩阵：实践中，实现检测器所需的协方差矩阵可能并不已知。在这种情况下，可以用这些矩阵的 MLE 代替来执行检验。由于观测值在两种假设下服从高斯分布，协方差矩阵的 MLE 由相应的样本协方差矩阵给定[32,33]。样本协方差矩阵在实际中很容易计算。我们假设有足够数量的采样点，以获得这些协方差矩阵的精确估计。每个接收机的噪声方差可以通过在检测器开始工作之前利用一大批训练数据求样本方差计算出来。当检测器在使用时，利用在特定时间窗口内的所有观测样本，备择假设下的协方差矩阵可以通过计算样本协方差矩阵计算出来。这两个估计的矩阵足够用以执行检测器。如果在照射空间没有目标，那么这两个估计的矩阵会比较接近，进而引起检验统计量低于门限。

（3）性能分析：为了分析上面提到的检测器的性能，需要知道检验统计量在两种假设下的分布。检验统计量是复高斯随机向量 $\boldsymbol{y}$ 的二次型。众所周知，在统计学中，一个协方差矩阵为 $\boldsymbol{B}$，实高斯随机向量 z 的二次型 $\boldsymbol{z}^{\mathrm{T}}\boldsymbol{U}_z$ 将会服从卡方分布，当且仅当矩阵 $\boldsymbol{UB}$ 是幂等的[34]。利用这个结果，我们推导出对于 $\boldsymbol{\Sigma}_e$ 和 $\boldsymbol{C}$ 的所有可行的选择，我们的检验统计量不一定服从卡方分布，因为我们在 $\boldsymbol{\Sigma}_s$ 上没有施加任何限制。因此，很难找到它的确切的概率密度函数（pdf）。为了研究我们的检验统计量的 pdf，首先从假设 $\boldsymbol{C}$ 是对角阵开始。后面，会通过采用恰当的对角化，拓展这个方法到非对角的情况。

定义 $\boldsymbol{C}$ 的第 L 个对角元素为 $\boldsymbol{c}^l$，$\boldsymbol{\Sigma}_e$ 的为 v^l。那么，检验统计量简化为

$$\sum_{i=1}^{M}\sum_{j=1}^{N}\left(\left(\frac{1}{v^{(2(i-1)N+2j-1)}}-\frac{1}{v^{(2(i-1)N+2j-1)}+c^{(2(i-1)N+2j-1)}}\right)| y_h^{ij}|^2\right)$$
$$+\sum_{i=1}^{M}\sum_{j=1}^{N}\left(\left(\frac{1}{v^{(2(i-1)N+2j)}}-\frac{1}{v^{(2(i-1)N+2j)}+c^{(2(i-1)N+2j)}}\right)| y_h^{ij}|^2\right)$$

式中：由于假设 $\boldsymbol{\Sigma}_e$ 和 $\boldsymbol{C}$ 为对角阵，所以在两种假设下对于所有的发射机－接收机对，y_h^{ij} 和 y_v^{ij} 都是独立高斯随机向量。因此，检验统计量是独立卡方随机变量的加权和，并且它不一定服从卡方分布。它的实际分布由加权值决定。独立随机变量和的 pdf 可以通过在各组成 pdf 中执行多卷积获得。但是，这种情况下，很难找到确切的解。因此，我们应该寻找实际 pdf 的近似。

在参考文献［35］中，研究了卡方变量的加权和的分布。如果 π_q 是正实数，N_q 是独立标准正态随机变量 $\forall_q=1,\cdots,K$，那么 $R=\sum_{q=1}^{K}\pi_q N_q^2$ 的伽马近似 pdf 为

$$f_R(r,\alpha,\beta) = r^{\alpha-1}\frac{e^{-\frac{r}{\beta}}}{\beta^{\alpha}\Gamma(\alpha)} \tag{16.53}$$

其中参数 α 和 β 为

$$\alpha = \frac{1}{2}\left(\frac{(\sum_{q=1}^{K}\pi_q)^2}{\sum_{q=1}^{K}\pi_q^2}\right) \tag{16.54}$$

$$\beta = \left(\frac{1}{2}\left(\frac{(\sum_{q=1}^{K}\pi_q)}{\sum_{q=1}^{K}\pi_q^2}\right)\right)^{-1} \tag{16.55}$$

Γ 为伽马函数，定义为 $\Gamma(\alpha) = \int_0^{\infty} t^{\alpha-1}\mathrm{e}^{-t}\mathrm{d}t$ 。

在零假设下，y_h^{ij} 和 y_v^{ij} 分别有零均值和方差 $v^{(2(i-1)N+2j-1)}$ 和 $v^{(2(i-1)N+2j)}$ 。因此，采用合适的权值应用上面的近似，伽马分布的参数为

$$\alpha_{H_0} = \left(\frac{\left(\sum_{l=1}^{2MN}\frac{c^1}{v^1+c^1}\right)^2}{\left(\sum_{l=1}^{2MN}\frac{c^1}{v^1+c^1}\right)^2}\right) \tag{16.56}$$

$$\beta_{H_0} = \left(\frac{\sum_{l=1}^{2MN}\frac{c^1}{v^1+c^1}}{\sum_{l=1}^{2MN}\left(\frac{c^1}{v^1+c^1}\right)^2}\right)^{-1} \tag{16.57}$$

在备择假设下，y_h^{ij} 和 y_v^{ij} 具有零均值，方差分别为 $v^{(2(i-1)N+2j-1)}+c^{(2(i-1)N+2j-1)}$ 和 $v^{(2(i-1)N+2j)}+c^{(2(i-1)N+2j)}$ 。伽马近似的参数为

$$\alpha_{H_1} = \left(\frac{\left(\sum_{l=1}^{2MN}\frac{c^l}{v^l}\right)^2}{\sum_{l=1}^{2MN}\left(\frac{c^l}{v^l}\right)^2}\right) \tag{16.58}$$

$$\beta_{H_1} = \left(\frac{\sum_{l=1}^{2MN}\frac{c^l}{v^l}}{\sum_{l=1}^{2MN}\left(\frac{c^l}{v^l}\right)^2}\right)^{-1} \tag{16.59}$$

注意到现在为止在前面提到的讨论中，我们已经假设了一个矩阵 $\boldsymbol{C}$ 的对角结构。但是，我们还需要找到当 $\boldsymbol{C}$ 非对角时，检验统计量的 pdf 的表达式。需要将对角情况下的理论扩展到在非对角情况下进行分析[36]。由于 $\boldsymbol{\Sigma}_e$ 和 $\boldsymbol{C}$ 是协方差矩

阵，$(\boldsymbol{\Sigma}_e^{-1}-(\boldsymbol{\Sigma}_e+\boldsymbol{C})^{-1})$ 将会是 Hermit 矩阵，因而可以分解为 $\boldsymbol{D}^{\mathrm{H}}\boldsymbol{\Lambda}\boldsymbol{D}$，其中 $\boldsymbol{\Lambda}$ 是对角矩阵，其对角线元素由特征值组成，$\boldsymbol{D}$ 包含相应的标准正交特征向量。检验统计量现在成为 $(\boldsymbol{Dy})^{\mathrm{H}}\boldsymbol{\Lambda}(\boldsymbol{Dy})$。如果我们表明在两种假设下，$\boldsymbol{Dy}$ 都具有对角协方差矩阵，那么适当调整伽马近似的参数，我们的分析就拓展到了 $\boldsymbol{C}$ 不是对角的情况。在 H_0 假设下，$\boldsymbol{Dy}$ 是一个复高斯随机变量，协方差矩阵为 $\mathrm{Cov}_{H_0}(\boldsymbol{Dy})=\boldsymbol{D}\bar{\boldsymbol{\Sigma}}_e\bar{\boldsymbol{D}}^{\mathrm{H}}$，它是对角的，$\boldsymbol{\Sigma}_e=\sigma^2\boldsymbol{I}$ 且 $\boldsymbol{D}$ 具有标准正交向量。类似地，在 H_1 假设下，$\boldsymbol{Dy}$ 是复正态随机向量，协方差矩阵为

$$\mathrm{Cov}_{H_1}(\boldsymbol{Dy})=\boldsymbol{D}(\boldsymbol{\Sigma}_e+\boldsymbol{C})\boldsymbol{D}^{\mathrm{H}} \tag{16.60}$$

$$=(\boldsymbol{D}(\boldsymbol{\Sigma}_e+\boldsymbol{C})^{-1}\boldsymbol{D}^{\mathrm{H}})^{-1} \tag{16.61}$$

$$=(\boldsymbol{D}((\boldsymbol{\Sigma}_e+\boldsymbol{C})^{-1}-\boldsymbol{\Sigma}_e^{-1}+\boldsymbol{\Sigma}_e^{-1})\boldsymbol{D}^{\mathrm{H}})^{-1} \tag{16.62}$$

$$=(\boldsymbol{D}\boldsymbol{\Sigma}_e^{-1}\boldsymbol{D}^{\mathrm{H}}-\boldsymbol{\Lambda})^{-1} \tag{16.63}$$

它是对角的。因此，在两种假设下，即使当矩阵 $\boldsymbol{C}$ 不是对角的情况，检验统计量也是卡方随机变量的加权和。唯一的不同是权值现在会是不同的，并且它们是通过对角化过程定义的。

在利用伽马密度近似 pdf 之后，检测概率（P_D）和虚警概率（P_{FA}）定义为

$$P_D=\int_k^{\infty}t^{\alpha_{H_1}-1}\frac{e^{-\frac{1}{\beta_{H_1}}}}{\beta_{H_1}^{\alpha_{H_1}}\Gamma(\alpha_{H_1})}\mathrm{d}t \tag{16.64}$$

$$P_{FA}=\int_k^{\infty}t^{\alpha_{H_0}-1}\frac{e^{-\frac{1}{\beta_{H_0}}}}{\beta_{H_0}^{\alpha_{H_0}}\Gamma(\alpha_{H_0})}\mathrm{d}t \tag{16.65}$$

式中：参数 α_{H_0}，β_{H_0}，α_{H_1} 和 β_{H_1} 如前所述。对于给定的 P_{FA}，通过上面的表达式很容易算出门限值 k，因为计算上面表达式的函数在 Matlab 里可以找到。在求得门限值之后，相应地可以计算 P_D。注意到门限值和 P_D 依赖于矩阵 $\boldsymbol{C}$，它又依赖于发射波形的极化。因此，检测器的性能和发射波形的极化是相关的。

（4）优化设计：为了找到最优的设计，利用上面的 P_D 和 P_{FA} 的表达式，我们在所有发射天线的所有可能的波形极化上执行一个网格搜索。优化的设计对应于在给定的 P_{FA} 的情况下，使 P_D 最大的发射极化。后面，我们会绘出接收机工作特性（ROC）曲线，来观察由优化设计带来的性能提升。

16.3.4 标量测量模型

大多数传统的极化雷达系统都是在每个接收机把两个接收到的信号线性地和相参地合成在一起，只给出依赖于接收极化向量的标量测量值。对于这样的系统，每个接收天线的输出可以建模成一个接收信号和接收天线极化的内积[1,29]。这个接收极化向量和发射波形极化都可以通过最优选择来获得性能的提高。我们

现在推导这种系统的信号模型。从现在开始，我们把这种模型称为标量测量模型。

设 $\boldsymbol{r}^j = [r_h^j, r_v^j)]^{\mathrm{T}}$ 是第 j 个接收机的极化向量。其中每个量都是复数。我们进一步假设 $\|\boldsymbol{r}^j\| = 1$, $\forall_j = 1,\cdots,N$ 。其余变量和以前定义的相同，除了每个接收机的测量值和噪声，根据这个模型它们将是复标量。在第 j 个接收机的标量观测值 $y^j(t)$ 现在可以表示为[15-29]

$$y^j(t) = \sum_{i=1}^{M} a^{ij}\boldsymbol{r}^{jT}\boldsymbol{S}^{ij}\boldsymbol{t}^i w^i(t-\tau^{ij}) + e^j(t) \tag{16.66}$$

这个信号现在通过了一系列的匹配滤波器，其输出被适当地归一化以把 a^{ij} 的影响移到噪声项中。最后，第 j 个接收机的第 i 个匹配滤波器的归一化输出可以表示为

$$y^{ij} = \boldsymbol{r}^{jT}\boldsymbol{S}^{ij}\boldsymbol{t}^i + \boldsymbol{e}^{ij} \tag{16.67}$$

以与之前采用的类似的方法，把所有的观测值和噪声成分排列到列向量中，我们分别得到 $MN\times1$ 维向量 $\boldsymbol{y}$ 和 $\boldsymbol{e}$。向量 $\boldsymbol{s}$ 仍然和之前定义的一样。但是矩阵 $\boldsymbol{H}$ 变了，现在也包含接收机极化向量的元素。我们定义一系列向量：

$$\boldsymbol{\eta}^{ij} = [(r_h^j t_h^i),(r_h^j t_v^i),(r_v^j t_h^i),(r_v^j t_v^i)] \tag{16.68}$$

$\forall_i = 1,\cdots,M$ ，每个都对应一个相应的发射机 - 接收机对。在这种定义下，观测向量表示为

$$\boldsymbol{y} = \boldsymbol{Hs} + \boldsymbol{e} \tag{16.69}$$

式中：$\boldsymbol{H}$ 为一个 $MN\times4MN$ 维矩阵：

$$\boldsymbol{H} = \begin{bmatrix} \boldsymbol{\eta}^{11} & \cdots & \mathbf{0} & \cdots & \mathbf{0} & \cdots & \mathbf{0} \\ \vdots & \ddots & \vdots & \vdots & \vdots & \vdots & \vdots \\ \mathbf{0} & \cdots & \boldsymbol{\eta}^{1N} & \cdots & \mathbf{0} & \cdots & \mathbf{0} \\ \vdots & \vdots & \vdots & \ddots & \vdots & \vdots & \vdots \\ \mathbf{0} & \cdots & \mathbf{0} & \cdots & \boldsymbol{\eta}^{\mathrm{M1}} & \cdots & \mathbf{0} \\ \vdots & \vdots & \vdots & \vdots & \vdots & \ddots & \vdots \\ \mathbf{0} & \cdots & \mathbf{0} & \cdots & \mathbf{0} & \cdots & \boldsymbol{\eta}^{MN} \end{bmatrix} \tag{16.70}$$

因而，我们获得了一个适用于标量测量值系统的相似线性模型。唯一的区别在于模型中某些向量的维度和矩阵 $\boldsymbol{H}$ 的组成元素和之前相比有不同之处。这样一个系统的优化设计将不仅包括发射极化 $\boldsymbol{t}^i$ 的优化，也会包括接收极化向量 $\boldsymbol{r}^j$ 的优化选择。问题公式化和检测器的分析还是和之前的模型一样，因为模型的基本架构还是一样的。

16.3.5　数值结果

我们考虑一个有两个发射天线和两个接收天线的系统，目标检测场景同之前描述的一致。因此，在随机向量 $\boldsymbol{s}$ 中有 16 个复元素。我们选择这个向量的协

方差矩阵为以下形式：

$$\boldsymbol{\Sigma}_s = \begin{bmatrix} \boldsymbol{\Sigma}_s^{11} & \mathbf{0} & \mathbf{0} & \mathbf{0} \\ \mathbf{0} & \boldsymbol{\Sigma}_s^{12} & \mathbf{0} & \mathbf{0} \\ \mathbf{0} & \mathbf{0} & \boldsymbol{\Sigma}_s^{21} & \mathbf{0} \\ \mathbf{0} & \mathbf{0} & \mathbf{0} & \boldsymbol{\Sigma}_s^{22} \end{bmatrix} \tag{16.71}$$

式中：$\boldsymbol{\Sigma}_s^{ij}$ 代表随机向量 $\boldsymbol{s}^{ij}$ 的协方差矩阵，$\mathbf{0}$ 是一个 4×4 维零矩阵。这些矩阵的每一个都被选为

$$\boldsymbol{\Sigma}_s^{11} = \begin{bmatrix} 0.3 & 0.1\varepsilon & 0.1\varepsilon & 0.1\varepsilon \\ 0.1\varepsilon^* & 0.2 & 0.1\varepsilon & 0.1\varepsilon \\ 0.1\varepsilon^* & 0.1\varepsilon^* & 0.4 & 0.1\varepsilon \\ 0.1\varepsilon^* & 0.1\varepsilon^* & 0.1\varepsilon^* & 0.5 \end{bmatrix} \tag{16.72}$$

$$\boldsymbol{\Sigma}_s^{12} = \begin{bmatrix} 0.5 & 0.05\varepsilon & 0.05\varepsilon & 0.05\varepsilon \\ 0.05\varepsilon^* & 0.3 & 0.05\varepsilon & 0.05\varepsilon \\ 0.05\varepsilon^* & 0.05\varepsilon^* & 0.4 & 0.05\varepsilon \\ 0.05\varepsilon^* & 0.05\varepsilon^* & 0.05\varepsilon^* & 0.3 \end{bmatrix} \tag{16.73}$$

$$\boldsymbol{\Sigma}_s^{21} = \begin{bmatrix} 0.4 & 0.1\varepsilon & 0.1\varepsilon & 0.1\varepsilon \\ 0.1\varepsilon^* & 0.3 & 0.1\varepsilon & 0.1\varepsilon \\ 0.1\varepsilon^* & 0.1\varepsilon^* & 0.2 & 0.1\varepsilon \\ 0.1\varepsilon^* & 0.1\varepsilon^* & 0.1\varepsilon^* & 0.4 \end{bmatrix} \tag{16.74}$$

$$\boldsymbol{\Sigma}_s^{22} = \begin{bmatrix} 0.4 & 0.05\varepsilon & 0.05\varepsilon & 0.05\varepsilon \\ 0.05\varepsilon^* & 0.4 & 0.05\varepsilon & 0.05\varepsilon \\ 0.05\varepsilon^* & 0.05\varepsilon^* & 0.2 & 0.05\varepsilon \\ 0.05\varepsilon^* & 0.05\varepsilon^* & 0.05\varepsilon^* & 0.5 \end{bmatrix} \tag{16.75}$$

式中：$\varepsilon = 1 + \sqrt{-1}$。假设噪声向量 $\boldsymbol{e}$ 的复元素是不相关的，每个元素的方差 $\sigma^2 = 0.2$。在我们采用伽马近似来获得优化设计之前，我们首先检查这样的近似是否合理，在这种情况下，画出近似伽马分布的累积分布函数（cdf），把它和所用卡方分布所产生的随机样本形成的 cdf 去比较。这个比较前提假设所有的天线都是水平极化的。

在这个场景下，我们有如下可用信息：

$$\boldsymbol{t}^1 = [1,0]^{\mathrm{T}} \tag{16.76}$$

$$\boldsymbol{t}^2 = [1,0] \tag{16.77}$$

因此，矩阵 $\boldsymbol{P}^1$ 和 $\boldsymbol{P}^2$ 变成 $\boldsymbol{P}^1 = \boldsymbol{P}^2 = \begin{bmatrix} 1 & 0 & 0 & 0 \\ 0 & 0 & 1 & 0 \end{bmatrix}$。矩阵 $\boldsymbol{C}$ 在这个例子中是非对角的。因此，在执行适当的对角化和计算权值之后，零假设下伽马近似的

系数变为 $\alpha_{H_0}=7.6833$ 和 $\beta_{H_0}=0.6283$。图 16.3（b）给出了上面提到的参数情况下近似的伽马分布的 cdf。为了检查这是否是一个好的近似，我们产生零假设下生成观测向量 $\boldsymbol{y}$ 的随机样本。我们针对每一个随机样本值计算检验统计量，生成样本 cdf，如图 16.3（a）所示。很显然，从这两张图中可见：我们做的伽马近似确实非常精确，并且和采样分布很接近。这个结果同参考文献［35］给出的结果是一致的。当参量值为 5 和 7.5 时，伽马近似的 cdf 取值为 0.5863 和 0.9242，样本 cdf 取值为 0.5827 和 0.9233。这表明这两条曲线上的值只有在小数点后第三位才有不同。

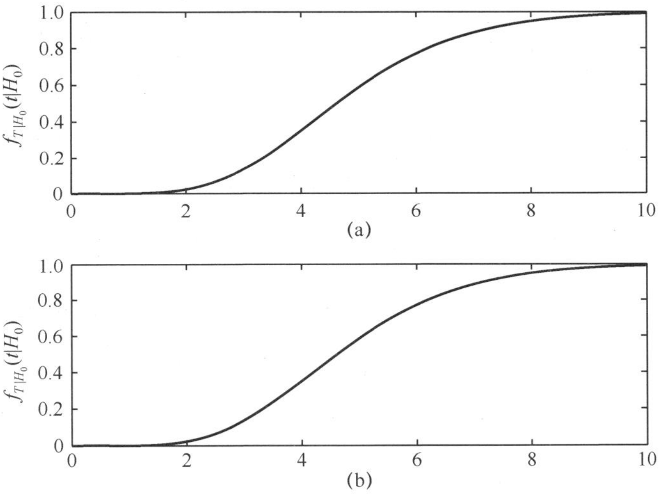

图 16.3　零假设下选定示例的检验统计量的累积分布函数：（a）样本 cdf；（b）伽马近似

现在我们有了检验统计量分布的一个足够好的近似，我们看一下极压优化选择是怎样提高检测器性能的。我们固定复噪声协方差 $\sigma^2=0.2$，改变 P_{FA} 的值。这个方法使我们能通过利用之前得到的分析结果，执行网格搜索，从而画出优化的 ROC 曲线。下面，假设所有的发射天线是水平或垂直极化的，通过计算 ROC 曲线，获得结果的参考曲线。这些图如图 16.4 所示，能很清楚地看到当采用优化波形极化时，性能上有一个非常大的提高。

至此，我们已经论述了通过优化选择发射极化，能够获得与传统固定极化 MIMO 雷达相比性能上的提升。现在，画出优化发射极化的 SISO 雷达的 ROC 曲线，来表明由于多个分置天线带来的性能上的增益。对于 SISO 系统，只考虑上面提到的例子中的第一个发射和接收天线。因此，散射点向量 $\boldsymbol{s}$ 的协方差矩阵变成 $\boldsymbol{\Sigma}_s=\boldsymbol{\Sigma}_s^{11}$。为了做出一个公平的比较，SISO 雷达比 MIMO 雷达每个天线发射的功率更大。从图 16.5 明显可见：2×2 极化 MIMO 雷达系统性能明显优于它的 SISO 的相对部分，即使是当 SISO 系统采用 4 倍于 2×2 系统每个天线使用的发射功率。

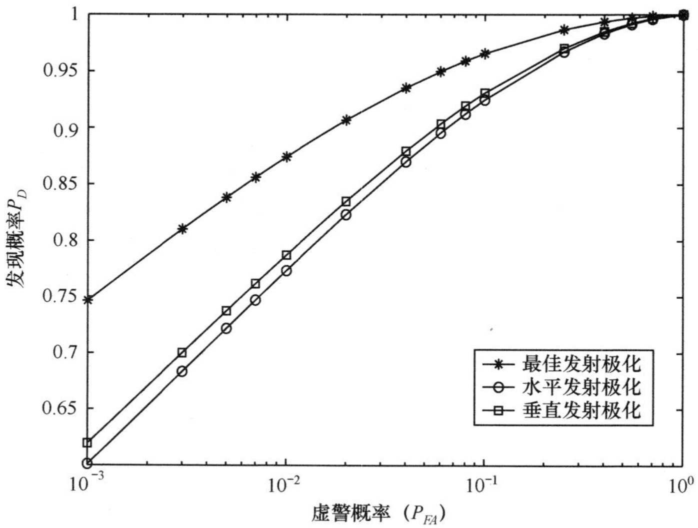

图 16.4 当 $\sigma^2=0.2$ 时，证实优化极化选择带来改善的 ROC 曲线

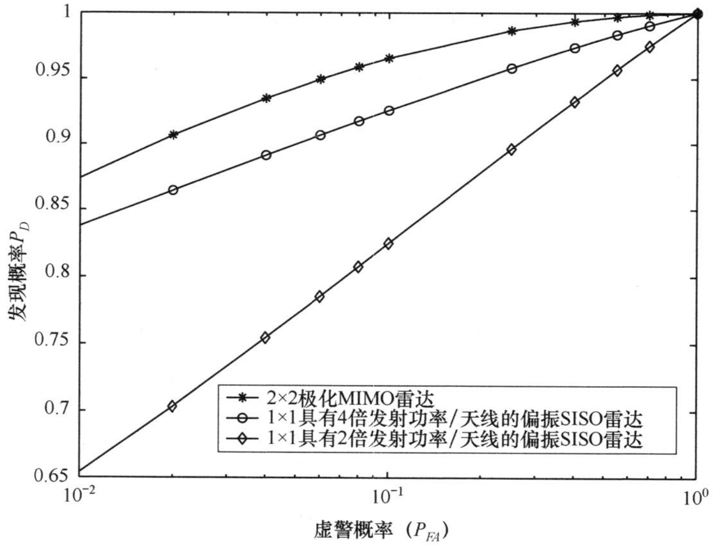

图 16.5 当 $\sigma^2=0.2$ 时，证实与 SISO 系统相比采用多个分置天线带来改善的 ROC 曲线

使用向量测量模型的网格优化搜索的复杂性并没有随着接收机数量的增加而增加太多，因为进行优化时的变量的数量只依赖于发射天线的数量。但是，利用标量测量模型，在网格搜索中，每额外增加一台接收机就会增加额外的变量（接收极化向量），这使计算更为复杂。因此，为了跟标量测量系统比较向量测量系统的性能，我们利用同样的如前所述的数值例子；但是，这次我们仅保留两

个发射机和一个接收机以简化优化步骤的复杂性。矩阵 $\boldsymbol{\Sigma}_s$ 现在有如下形式：

$$\boldsymbol{\Sigma}_s = \begin{bmatrix} \boldsymbol{\Sigma}_s^{11} & \mathbf{0} \\ \mathbf{0} & \boldsymbol{\Sigma}_s^{21} \end{bmatrix} \tag{16.78}$$

式中：$\boldsymbol{\Sigma}_s^{11}$ 和 $\boldsymbol{\Sigma}_s^{21}$ 设成相同的矩阵，如本节之前定义的。噪声方差对于两个系统还是相同的，因为接收极化向量假设为单位范数。为了进行严格对比，我们假设两个系统有同样的噪声方差 $\sigma^2 = 0.1$ 。图 16.6 比较了两个系统在优化选择极化向量下的性能。明显可以看出通过保留二维向量测量值，同标量测量系统相比，结果得到了显著改善。即使我们在标量测量系统中执行发射和接收极化的联合优化，我们只会得到在每个接收机处两个接收测量值的线性组合。但是，线性组合不一定是全局最优解，这么做可能会失去一些重要的信息。通过保留向量测量值，这种情况可以被避免，进而给出更好的性能，如图 16.6 所示。

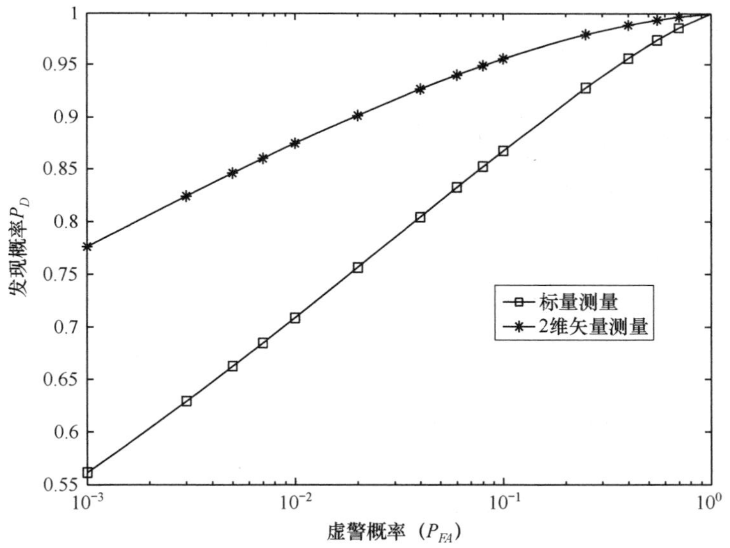

图 16.6　$\sigma^2 = 0.1$ 时，作为虚警概率的函数，标量测量系统和二维向量测量系统的性能比较

16.4　基于序贯贝叶斯推理基于目标跟踪的自适应极化波形设计

我们给出了一个用于跟踪杂波中目标的极化波形设计的方案。这个方案是有源传感系统中，用于参数估计和优化发射波形设计的序贯贝叶斯滤波的组合。

16.4.1 自适应波形设计的序贯贝叶斯架构

这个自适应波形设计的架构包括四个阶段：①创建一个动态状态模型和一个统计测量模型；②置信预测和更新；③贝叶斯状态估计和④优化波形选择。详细描述如下：

（1）动态状态模型和测量模型：为了进行序贯贝叶斯估计，首先考虑一个状态序列 $\{\boldsymbol{x}_k, k \in N\}, \boldsymbol{x}_k \in \mathbb{R}^{nx}$，其被假设成一个未受关注的（隐）马尔科夫过程，初始分布为 $p(\boldsymbol{x}_0)$。状态序列的演变为

$$\boldsymbol{x}_k = \boldsymbol{f}_k(\boldsymbol{x}_{k-1}, \boldsymbol{v}_{k-1}) \tag{16.79}$$

式中：$\boldsymbol{f}_k: \mathbb{R}^{nx} \times \mathbb{R}^{nv} \to \mathbb{R}^{ny}$ 为状态的非线性函数；$\{\boldsymbol{v}_k, k \in \mathbb{N}\}$ 为过程噪声序列；n_x 和 n_v 分别为状态维数和过程噪声向量维数。这个状态模型代表了我们的先验知识，如目标的动态运动。

我们也有一列测量值 $\{\boldsymbol{y}_k, k \in \mathbb{N}\}, \boldsymbol{y}_k \in \mathbb{R}^{n_y}$。这些测量值通过观测方程和目前的状态向量建立联系：

$$\boldsymbol{y}_k = \boldsymbol{h}_k(\boldsymbol{x}_k, \boldsymbol{e}_k) \tag{16.80}$$

式中：$\boldsymbol{h}_k: \mathbb{R}^{nx} \times \mathbb{R}^{nc} \to \mathbb{R}^{ny}$ 为非线性函数；$\{\boldsymbol{e}_k, k \in \mathbb{R}\}$ 为测量噪声序列；n_y 和 n_e 分别是测量值和噪声向量的维数。

（2）置信预测和更新：分别用 $\boldsymbol{x}_{0:k} \triangleq \{\boldsymbol{x}_0, \cdots, \boldsymbol{x}_k\}$ 和 $\boldsymbol{y}_{1:k} \triangleq \{\boldsymbol{y}_1, \cdots, \boldsymbol{y}_k\}$ 表示 k 个状态序列和观测值。在贝叶斯推理结构下，对于给定的观测值 $\boldsymbol{y}_{1:k}$，所有 $\boldsymbol{x}_{0:k}$ 的相关信息都可以从后验概率密度（也叫置信）$p(\boldsymbol{x}_{0:k} \mid \boldsymbol{y}_{1:k})$ 获得。因此，我们的目的就是在时间上连续地估计出分布 $p(\boldsymbol{x}_{0:k} \mid \boldsymbol{y}_{1:k})$ 和它的相关特征，包括 $p(\boldsymbol{x}_k \mid \boldsymbol{y}_{1:k})$。

为了获得序贯贝叶斯推理过程，我们考虑以下满足一阶隐马尔科夫过程的条件独立假设。

A1：以 $\boldsymbol{x}_k$ 为条件，目前的测量值 $\boldsymbol{y}_k$ 是独立于过去的状态 $\boldsymbol{x}_{0:k-1}$ 和过去的测量值 $\boldsymbol{y}_{1:k-1}$，即

$$p(\boldsymbol{y}_k \mid \boldsymbol{x}_{0:k}, \boldsymbol{y}_{1:k-1}) = p(\boldsymbol{y}_k \mid \boldsymbol{x}_k) \tag{16.81}$$

A2：以 $\boldsymbol{x}_{k-1}$ 为条件，目前状态 $\boldsymbol{x}_k$ 是独立于状态 $\boldsymbol{x}_{0:k-2}$ 和过去的测量值 $\boldsymbol{y}_{1:k-1}$，即

$$p(\boldsymbol{x}_k \mid \boldsymbol{x}_{0:k-1}, \boldsymbol{y}_{1:k-1}) = p(\boldsymbol{x}_k \mid \boldsymbol{x}_{k-1}) \tag{16.82}$$

基于以上假设，当新的测量值 y_k 可用时，我们得到计算新的置信度 $p(\boldsymbol{x}_{0:k} \mid \boldsymbol{y}_{1:k})$ 的递归公式：

$$p(\boldsymbol{x}_{0:k} \mid \boldsymbol{y}_{1:k-1}) = p(\boldsymbol{x}_k \mid \boldsymbol{x}_{k-1}) p(\boldsymbol{x}_{0:k-1} \mid \boldsymbol{y}_{1:k-1}) \tag{16.83}$$

和

$$p(\boldsymbol{x}_{0:k} \mid \boldsymbol{y}_{1:k}) = \frac{p(\boldsymbol{y}_k \mid \boldsymbol{x}_k) p(\boldsymbol{x}_{0:k} \mid \boldsymbol{y}_{1:k-1})}{p(\boldsymbol{y}_k \mid \boldsymbol{y}_{1:k-1})} \tag{16.84}$$

其中

$$p(\boldsymbol{y}_k \mid \boldsymbol{y}_{1:k-1}) = \int p(\boldsymbol{y}_k \mid \boldsymbol{x}_k) p(\boldsymbol{x}_{0:k} \mid \boldsymbol{y}_{1:k-1}) \mathrm{d}\boldsymbol{x}_{0:k} \tag{16.85}$$

对于线性和高斯状态和测量值模型，上面的等式成为卡尔曼滤波器。

等式（16.83）和式（16.84）形成了一个置信度预测的过程，并根据置信度迭代地进行更新。在式（16.83）所示预测阶段，我们利用状态转移 $p(\boldsymbol{x}_k \mid \boldsymbol{x}_{k-1})$ 和历史测量值 $y_{1:k-1}$ 的概率模型，来预测第 k 个时间步长的状态的先验 pdf。在式（16.84）所示更新阶段，当前测量值 $\boldsymbol{y}_k$（通过似然函数 $p(\boldsymbol{y}_k \mid \boldsymbol{x}_k)$）被用于改变先验密度 $p(\boldsymbol{x}_k \mid \boldsymbol{y}_{1:k-1})$，以获得当前时间步长的置信度。

（3）贝叶斯状态估计：在第 k 个时间步长，在获得当前置信度 $p(\boldsymbol{x}_k \mid \boldsymbol{y}_{1:k})$ 之后，能够得到当前状态 $\boldsymbol{x}_k$ 的优化估计。在目标跟踪中，这个估计能被用于确定当前目标状态（如位置和速度）和环境参数。在贝叶斯框架下，这个估计是通过优化效用函数来计算的。例如，当我们应用最小均方差（MMSE）准则，这个估计为置信度 $p(\boldsymbol{x}_k \mid \boldsymbol{y}_{1:k})$ 的均值。

（4）最优波形选择：在最优波形选择中，利用来自当前置信度 $p(\boldsymbol{x}_k \mid \boldsymbol{y}_{1:k})$ 的信息，还有状态转移分布和测量模型，来对目标状态和环境情况做出反应，提前一步最优地选择波形。因此，我们可以实现最佳的传感性能。

为了获得用于优化波形选择的数学公式，首先根据某一准则建立一个效能函数，它代表了传感器性能；然后，通过优化（比如最大化）这一效能函数，来确定下一次发射波形的参数。用 $J(\cdot)$ 来表示效能函数，$\boldsymbol{\theta}_{K+1}$ 表示在第（$k+1$）个时间步长的波形参数，$\boldsymbol{y}_{k+1}(\boldsymbol{\theta}_{k+1})$ 表示在第（$k+1$）个时间步长的测量值。在当前第 k 个时间步长时，选择下一次发射波形 $\boldsymbol{\theta}_{k+1}^*$ 为

$$\boldsymbol{\theta}_{k+1}^* = \arg_{\boldsymbol{\theta}_{k+1} \in \boldsymbol{\Theta}} \max J[p(\boldsymbol{x}_{k+1} \mid \boldsymbol{y}_{1:k}, \boldsymbol{y}_{k+1}(\boldsymbol{\theta}_{k+1}))] \tag{16.86}$$

式中：$\boldsymbol{\Theta}$ 表示 $\boldsymbol{\theta}_{k+1}$ 的允许的取值的集合，或者一个可能的波形库。

注意到前面的效能函数同第（$k+1$）个时间步长的置信度是相关的。为了确定这个置信度，需要测量值 $\boldsymbol{y}_{k+1}$，它在当前第 k 个时间步长下不可用。因此，通过忽略 $\boldsymbol{y}_{k+1}$ 的特定值，可以计算效能函数 $J(\cdot)$。观察到对于任何给定的 $\boldsymbol{y}_{k+1}$，能获得一个作用于新的置信度 $p(\boldsymbol{x}_{k+1} \mid \boldsymbol{y}_{1:k}, \boldsymbol{y}_{k+1}(\boldsymbol{\theta}_{k+1}))$ 的 $J(\cdot)$ 的特定值。现在对每个波形参数 $\boldsymbol{\theta}_{k+1}$，考虑不同 $\boldsymbol{y}_{k+1}$ 的 $J(\cdot)$ 所有值的序列。通过一个单独的量概述这列 $J(\cdot)$ 值的结果可能是均值、最大值和最小值[37]。例如，如果用均值作为效能，则下一个发射波形通过下式来选择：

$$\boldsymbol{\theta}_{k+1}^* = \arg_{\boldsymbol{\theta}_{k+1} \in \Theta} \max E_{\boldsymbol{y}_{k+1} \mid \boldsymbol{y}_{1:k}} \{J[p(\boldsymbol{x}_{k+1} \mid \boldsymbol{y}_{1:k}, \boldsymbol{y}_{k+1}(\boldsymbol{\theta}_{k+1}))]\} \tag{16.87}$$

式中：$E_{\boldsymbol{y}_{k+1} \mid \boldsymbol{y}_{1:k}}\{\cdot\}$ 代表这列新的置信度的权值为 $p(\boldsymbol{y}_{k+1} \mid \boldsymbol{y}_{1:k})$ 的加权平均。

注意到许多跟踪应用需要快速实时处理。当选择效能函数 $J(\cdot)$ 时，需要在性能和计算量之间进行折中。

16.4.2　目标动态状态模型和测量模型

首先创造一个用于目标跟踪的动态状态模型。基于这个模型，能跟踪目标

位置、速度和散射系数。然后得到一个测量模型，它是接收传感器阵列的输出。这个模型提供了一个自然地将目标和杂波的极化融入到跟踪滤波器的方式。

（1）目标动态状态模型：在状态模型中，包含了目标散射系数，它是对于目标分类和识别等应用中非常重要的参数[1]。用 S_t 表示复散射矩阵，它代表发射信号被目标反射后的极化变化：

$$\boldsymbol{S}_t = \begin{bmatrix} s_{hh} & s_{hv} \\ s_{vh} & s_{vv} \end{bmatrix} \tag{16.88}$$

根据雷达极化基，目标的散射矩阵可以写成[38]

$$\boldsymbol{S}_t = \boldsymbol{R}^{\mathrm{T}}\boldsymbol{S}_d\boldsymbol{R} \tag{16.89}$$

其中：

（1）$\boldsymbol{R}$ 是一个从目标特征向量到雷达基的酉变换矩阵

$$\boldsymbol{R} = \begin{bmatrix} \cos\vartheta & \sin\vartheta \\ -\sin\vartheta & \cos\vartheta \end{bmatrix} \cdot \begin{bmatrix} \cos\epsilon & j\sin\epsilon \\ j\sin\epsilon & \cos\epsilon \end{bmatrix} \tag{16.90}$$

式中：ϑ 为在视线范围的目标特征位置相对于雷达的方位角（$-90° \leqslant \vartheta \leqslant 90°$）；$\epsilon$ 为目标的椭圆率（$-45° \leqslant \epsilon \leqslant 45°$）。

（2）$\boldsymbol{S}_d$ 是对角矩阵，代表特征极化基中的目标散射矩阵：

$$\boldsymbol{S}_d = m\mathrm{e}^{\mathrm{j}\%} \begin{bmatrix} \mathrm{e}^{\mathrm{j}2v} & 0 \\ 0 & \tan^2\gamma\mathrm{e}^{-\mathrm{j}2v} \end{bmatrix} \tag{16.91}$$

式中：m 为最大目标幅度；ϱ 为散射矩阵的绝对相位（$-180° \leqslant \varrho \leqslant 180°$）；$v$ 为跳跃角，它和反射的信号的去极化相关（$-45° \leqslant v \leqslant 45°$）；$\gamma$ 为特性角，代表目标使一个入射的非极化场形成极化的能力（$0° \leqslant \gamma \leqslant 45°$）[1]。这四个参数 $\{m, \varrho, v, \gamma\}$ 不随着目标关于视线的方向的变化而变化；因此，它们称为不变参数。非互换情况（即 $s_{hv} \neq s_{vh}$）的散射矩阵的分解可以在参考文献［39］中找到。

然后，我们把第 k 个时间步长的目标状态表示为

$$\boldsymbol{x}_k = [\boldsymbol{\rho}_k^{\mathrm{T}}, \boldsymbol{s}_k^{\mathrm{T}}]^{\mathrm{T}} \tag{16.92}$$

式中：$\boldsymbol{\rho}_k = [x_k, y_k, z_k, \dot{x}_k, \dot{y}_k, \dot{z}_k]^{\mathrm{T}}$ 包括第 k 个时间步长的笛卡儿坐标系下的目标位置和速度；$\boldsymbol{s}_k = [\vartheta_k, \varepsilon_k, m_k, \varrho_k, v_k, \gamma_k]^{\mathrm{T}}$ 为目标散射参数。

我们假设：①目标做匀速和随机加速运动；②目标散射参数近似恒定，有随机变化率；③位置和速度统计独立于散射系数。然后，获得一个线性目标动态状态模型：

$$\boldsymbol{x}_k = \boldsymbol{F}\boldsymbol{x}_{k-1} + \boldsymbol{v}_{k-1} = \begin{bmatrix} \boldsymbol{F}_\rho & \boldsymbol{0} \\ \boldsymbol{0} & \boldsymbol{F}_s \end{bmatrix}\boldsymbol{x}_{k-1} + \boldsymbol{v}_{k-1} \tag{16.93}$$

式中：$\boldsymbol{F}_\rho$ 为状态 ρ 的转移矩阵：

$$\boldsymbol{F}_\rho = \begin{bmatrix} \boldsymbol{I}_3 & T_{\mathrm{PRI}}\boldsymbol{I}_3 \\ \boldsymbol{0} & \boldsymbol{I}_3 \end{bmatrix} \tag{16.94}$$

式中：$\boldsymbol{I}_n$ 为尺寸为 n 的单位矩阵，T_{PRI} 为脉冲重复间隔（PRI）。$\boldsymbol{F}_S = \boldsymbol{I}_6$ 是状态 s 的转移矩阵。v_k 是独立过程噪声，代表状态模型的不确定性，被假设成零均值高斯分布，协方差矩阵 $\boldsymbol{Q}$ 为

$$\boldsymbol{Q} = \begin{bmatrix} \boldsymbol{Q}_\rho & \boldsymbol{0} \\ \boldsymbol{0} & \boldsymbol{Q}_S \end{bmatrix} \tag{16.95}$$

其中 $\boldsymbol{Q}_\rho$ 和 $\boldsymbol{Q}_S$ 代表目标加速度和散射参数变化率的协方差矩阵[40]：

$$\boldsymbol{Q}_\rho = q_\rho \begin{bmatrix} T_{\mathrm{PRI}}^4/4 & 0 & 0 & T_{\mathrm{PRI}}^3/2 & 0 & 0 \\ 0 & T_{\mathrm{PRI}}^4/4 & 0 & 0 & T_{\mathrm{PRI}}^3/2 & 0 \\ 0 & 0 & T_{\mathrm{PRI}}^4/4 & 0 & 0 & T_{\mathrm{PRI}}^3/2 \\ T_{\mathrm{PRI}}^3/2 & 0 & 0 & T_{\mathrm{PRI}}^2 & 0 & 0 \\ 0 & T_{\mathrm{PRI}}^3/2 & 0 & 0 & T_{\mathrm{PRI}}^2 & 0 \\ 0 & 0 & T_{\mathrm{PRI}}^3/2 & 0 & 0 & T_{\mathrm{PRI}}^2 \end{bmatrix} \tag{16.96}$$

$$\boldsymbol{Q}_s = q_s T_{\mathrm{PRI}}^2 \boldsymbol{I}_6$$

式中：q_ρ 和 q_s 为常数。

在这个状态模型中，目标散射系数变化较慢这一假设，适合于目标距离传感器阵列较远，并且是目标位置在跟踪期间的变化同目标和传感器阵列之间的距离相比不大的情况。

通常来说，散射系数的动态模型是一个关于其他状态的非线性函数；因此，目标动态状态模型将是非线性的。在某些情况下，很难确定解析的散射系数的动态转移模型。一个解决方案是假设状态转移密度 $p(\boldsymbol{s}_{k+1} \mid \boldsymbol{s}_k)$ 是一个均匀分布，中心为 $\boldsymbol{s}_k$，半径等于散射系数在 T_{PRI} 期间变化的可能的最大值。也就是，我们不提供关于 $\boldsymbol{s}_k$ 变化的任何先验信息，除了 $\boldsymbol{s}_{k+1}$ 将会在某一范围内。

（2）统计测量模型：我们考虑一个目标，它有方位 ϕ，俯仰 ψ，距离 r，多普勒偏移 ω_D 和散射矩阵 $\boldsymbol{S}_t$。这些参数同式（16.92）中的状态 $\boldsymbol{x}$ 相关。为了唯一地确定一个目标的极化状态，需要极化分集，并且要处理从目标反射回来的信号的全部 EM 信息[41]。为了提供这些测量值，我们采用了一列 EM 向量传感器[11]作为接收机，其中每个传感器测量 EM 场有 6 个成分（接收信号的 3 个电场和 3 个磁场成分）。

考虑一列 M 个向量传感器接收来自一个目标的信号回波。测量值的复包络可以表示为

$$\boldsymbol{y}(t) = \boldsymbol{A}(\phi,\psi)\boldsymbol{S}_t\xi(t-\tau)\mathrm{e}^{\mathrm{j}\omega_D t} + \boldsymbol{e}(t), \quad t = t_1,\cdots,t_N \tag{16.97}$$

其中：

①矩阵 $\boldsymbol{A}(\phi,\psi) = \boldsymbol{p}(\phi,\psi) \otimes V(\phi,\psi)$ 是阵列响应，其中 $\otimes$ 是克罗内克积；$[\phi,\psi]^{\mathrm{T}}$ 是方位角向量；$\boldsymbol{p}(\phi,\psi) = [\mathrm{e}^{\mathrm{j}2\pi u^{\mathrm{T}} r_1/\lambda},\cdots,\mathrm{e}^{\mathrm{j}2\pi u^{\mathrm{T}} r_M/\lambda}]^{\mathrm{T}}$ 代表了从第 m 个传感器

$(m=1,\cdots,M)$，位置在 r_m，方向向量为 $\boldsymbol{u}=[\cos\phi\cos\psi,\sin\phi\cos\psi,\sin\psi]^{\mathrm{T}}$ 来的平面波的相位；λ 是信号波长；$V(\phi,\psi)$ 是参考文献［11］给出的单向量传感器响应：

$$\boldsymbol{V}(\phi,\psi)=\begin{bmatrix}-\sin\phi & -\cos\phi\sin\psi\\ \cos\phi & -\sin\phi\sin\psi\\ 0 & \cos\psi\\ -\cos\phi\sin\psi & \sin\phi\\ -\sin\phi\sin\psi & -\cos\phi\\ \cos\psi & 0\end{bmatrix}\tag{16.98}$$

② 极化发射波 $\boldsymbol{\xi}(t)$ 是一个窄带信号，可以用一个复向量表示[1,11]：

$$\boldsymbol{\xi}(t)=\begin{bmatrix}\boldsymbol{\xi}_h(t)\\ \boldsymbol{\xi}_h(t)\end{bmatrix}=g(t)\boldsymbol{Q}(\alpha)\boldsymbol{w}(\boldsymbol{\beta})\tag{16.99}$$

其中：

$$\boldsymbol{Q}(\alpha)=\begin{bmatrix}\cos\alpha & \sin\alpha\\ -\sin\alpha & \cos\alpha\end{bmatrix},\quad \boldsymbol{w}(\beta)=\begin{bmatrix}\cos\beta\\ \mathrm{j}\sin\beta\end{bmatrix}\tag{16.100}$$

角 α 和 β 是方向角和极化椭圆的椭圆率。函数 $g(t)$ 代表了发射脉冲的标量复包络。时延 $\boldsymbol{\tau}=2r/c$，其中 r 是从目标到传感器阵列的距离，c 是波传播速度。

③ 向量 $\boldsymbol{e}(t)$ 是污染雷达测量值的加性噪声；它代表了传感器热噪声和杂波（目标环境的反射）。

④ N 表示在脉冲重复间隔 T_{PRI} 期间的样本数量。

由于 $\boldsymbol{\xi}(t)$ 是发射信号，波形设计问题由选择包络 $g(t)$ 和式（16.99）中的极化角 α 和 β 组成。我们把这些波形参数用 $\boldsymbol{\theta}$ 表示。

可以证明目标参数 $[\phi,\psi,r,\omega_D,S_t]$ 和状态 $\boldsymbol{x}=[\boldsymbol{\rho}^{\mathrm{T}},\boldsymbol{S}^{\mathrm{T}}]^{\mathrm{T}}$ 之间的关系为

$$\phi=\arctan\left(\frac{y}{x}\right)\tag{16.101a}$$

$$\psi=\arctan\left(\frac{z}{\sqrt{x^2+y^2}}\right)\tag{16.101b}$$

$$r=\sqrt{x^2+y^2+z^2}\tag{16.101c}$$

$$\omega_D=\frac{2\omega_c}{c}\frac{\dot{x}x+\dot{y}y+\dot{z}z}{\sqrt{x^2+y^2+z^2}}\tag{16.101d}$$

$$S_t=S_t(\boldsymbol{s})\tag{16.101e}$$

式中：ω_c 为载频；$\boldsymbol{S}_t$ 和 $\boldsymbol{s}$ 之间的关系在式（16.89）至式（16.91）中给出。当我们把式（16.101）代入到测量模型式（16.97），我们观察到测量值 $\boldsymbol{y}(t)$ 和状态 $\boldsymbol{x}$ 之间的一个非线性关系。我们把这个第 k 个时间步长的非线性关系写成

$$\boldsymbol{y}_k(t)=\boldsymbol{h}(t,\boldsymbol{x}_k;\boldsymbol{\theta}_k)+\boldsymbol{e}_k(t)\tag{16.102}$$

其中

$$\tilde{\boldsymbol{h}}(t,\boldsymbol{x};\theta) = \boldsymbol{A}(\phi,\psi)\boldsymbol{S}_t\boldsymbol{\xi}(t-\tau)\mathrm{e}^{\mathrm{j}w_D t}, \quad t = t_1,\cdots,t_N \tag{16.103}$$

当我们把 $\{\boldsymbol{y}_k(t), t = t_1,\cdots,t_N\}$ 混在一起成为一个向量，获得以下的测量值模型：

$$\begin{aligned}\boldsymbol{y}_k &= \begin{bmatrix}\boldsymbol{y}_k(t_1)\\ \vdots \\ \boldsymbol{y}_k(t_N)\end{bmatrix} = \begin{bmatrix}\tilde{\boldsymbol{h}}(t_1,x_k;\boldsymbol{\theta}_k)\\ \vdots \\ \tilde{\boldsymbol{h}}(t_N,x_k;\boldsymbol{\theta}_k)\end{bmatrix} + \begin{bmatrix}\boldsymbol{e}_k(t_1)\\ \vdots \\ \boldsymbol{e}_k(t_N)\end{bmatrix} \\ &= \boldsymbol{h}(x_k;\boldsymbol{\theta}_k) + \boldsymbol{e}_K\end{aligned} \tag{16.104}$$

（3）极化杂波模型：测量噪声 $\boldsymbol{e}(t)$ 不仅代表接收机传感器的热噪声，也代表从包围目标或目标之后的环境的反射。我们的目的是用这个模型代表杂波反射波，例如，海面目标或陆地目标的情况。

众所周知，杂波响应非常依赖于发射信号极化[1]。我们提出一个极化杂波模型，它明确地说明照射信号的极化，并且只有杂波散射系数用一个随机向量代表。对于估计这个随机向量的统计参数，需要记录简单的两个不同极化脉冲的训练数据[41]。

发射信号照射目标和杂波，它们的反射被同一个接收机所记录。因此，同测量模型式（16.97）相似，提出一个噪声模型：

$$\boldsymbol{e}(t) = A(\phi_0,\psi_0)\boldsymbol{S}_c\boldsymbol{\xi}(t-\tau_0) + \boldsymbol{n}(t),\ t = t_1,\cdots,t_N \tag{16.105}$$

式中：$\boldsymbol{n}(t)$ 为加性热噪声；$\boldsymbol{S}_c$ 为杂波的散射矩阵。角度 $[\phi_0,\psi_0]$ 是雷达波束指向的方向，它可能和目标角度不同。杂波延迟 τ_0 与平均杂波位置相关，它也可能和目标延迟不同。对于我们感兴趣的情况，我们认为杂波没有产生多普勒偏移；即杂波同目标速度相比时，杂波速度可以被忽略。杂波散射系数是随机变量，因为它们代表了从许多构成杂波的非相参点散射体的反射。下面参考文献［41］中的模型可以稍加调制，以使杂波散射系数表示成一个向量：

$$\boldsymbol{e}(t) = A(\phi_0,\psi_0)\boldsymbol{\xi}(t-\tau_0)\bar{\boldsymbol{S}}_c + \boldsymbol{n}(t),\ t = t_1,\cdots,t_N \tag{16.106}$$

其中：

$$\boldsymbol{\xi}(t) = \begin{bmatrix}\boldsymbol{\xi}_h(t) & 0 & \boldsymbol{\xi}_v(t)\\ 0 & \boldsymbol{\xi}_v(t) & \boldsymbol{\xi}_h(t)\end{bmatrix} \tag{16.107}$$

并且

$$\bar{\boldsymbol{S}}_c = [s_{hh}^c,\ s_{vv}^c,\ s_{hv}^c]^{\mathrm{T}} \tag{16.108}$$

式中：变量 $\boldsymbol{s}^c$ 为杂波散射系数。

我们假设热噪声和杂波散射系数可以建模成

$$\boldsymbol{n}(t) \sim \mathcal{CN}(\boldsymbol{0},\sigma^2\boldsymbol{I}_{6\mathrm{M}}),\ \bar{\boldsymbol{S}}_c \sim \mathcal{CN}(\boldsymbol{0},\boldsymbol{\Sigma}_c) \tag{16.109}$$

式中：σ^2 为噪声功率，杂波协方差矩阵可以参数化为[41]

$$\boldsymbol{\Sigma}_c = \begin{bmatrix}\sigma_p^2\boldsymbol{Q}(\vartheta_c)\boldsymbol{w}(\varepsilon_c)\boldsymbol{w}(\varepsilon_c)^{\mathrm{H}}\boldsymbol{Q}(\vartheta_c) + \sigma_u^2\boldsymbol{I}_2 & \begin{matrix}0\\ p_x\end{matrix}\end{bmatrix} \tag{16.110}$$

式中：σ_p^2 和 σ_u^2 为杂波的极化和非极化成分的功率；ϑ_c 和 ε_c 为杂波的方向角和椭

圆率角；矩阵 $\boldsymbol{Q}(\cdot)$ 和向量 $\boldsymbol{w}(\cdot)$ 在式（16.100）中定义；p_x 为杂波的交叉极化成分的功率。

（4）极化波形结构：极化波形的设计包括选择信号包络 $g(t)$ 的参数和式（16.99）中它的极化。这里，我们考虑一个例子，一个带有高斯包络的线性调频（LFM）脉冲，定义为

$$g(t)=(\pi\eta^2)^{-1/4}\exp\left[-\left(\frac{1}{2\eta^2}-\mathrm{j}b\right)t^2\right] \tag{16.111}$$

式中：η 为脉冲长度；b 为扫频率。信号带宽 $BW=7.4\eta b$[42]。然后，我们提出采用下面的极化波形方案[43]：

$$\boldsymbol{\xi}(t)=\sum_{l=0}^{L-1}g(t-lT_{\mathrm{EPT}})\boldsymbol{Q}(\alpha_l)\boldsymbol{w}(\beta_l) \tag{16.112}$$

式中：L 为发射 LFM 脉冲的个数；$T_{\mathrm{EPL}}=7.4\eta$ 为有效脉冲长度[42]。在这个方案下，波形参数是 $\boldsymbol{\theta}=[\eta,b,\alpha_0,\beta_0,\cdots,\alpha_{L-1},\beta_{L-1}]^{\mathrm{T}}$。

注意到如果散射矩阵完全未知，至少需要发射两个带有不同极化的脉冲，即 $L>0$，从而唯一地确定 $\boldsymbol{S}_t$。

16.4.3 利用序贯蒙特卡罗方法的目标跟踪

本节中，基于提出的动态状态模型式（16.93）和统计测量模型式（16.104）讨论一个目标跟踪方法。由于这些模型都是非线性的，我们提出一个序贯蒙特卡罗方法（粒子滤波），它基于概率密度的质点表现，对于解决非线性和非高斯贝叶斯推理问题很高效。

与普通的序贯蒙特卡罗方法相比，在我们提出的方法中，我们采用吉布斯采样器从一个重要性采样函数[44]得到采样点，通过它我们能处理潜在的状态向量的大维数。我们首先描述普通序贯重要性采样（SIS）粒子滤波，然后我们讨论其他可能的重要性采样函数的使用。

（1）序贯重要性采样粒子滤波：序贯蒙特卡罗方法是一个通过蒙特卡罗仿真来执行递归贝叶斯滤波的技术[44]。关键的思想是通过一系列具有相关联权值的随机样本来表示所需的后验密度函数，并且基于这些样本和权值计算估计值。

设 $\{\boldsymbol{x}_{0:k}^{(i)},\boldsymbol{w}_k^{(i)},i=1,\cdots,N_s\}$ 表示一个表征置信度 $p(\boldsymbol{x}_{0:k}\mid\boldsymbol{y}_{1:k})$ 的随机测量值，其中 $\{\boldsymbol{x}_{0:k}^{(i)},i=1,\cdots,N_s\}$ 是一系列带有关联权值 $\{\boldsymbol{w}_k^{(i)},i=1,\cdots,N_s\}$ 的支撑点。然后，在第 k 个时间步长的置信度可以近似为

$$p(\boldsymbol{x}_{0:k}\mid y_{1:k})\approx\sum_{i=1}^{N_s}\boldsymbol{w}_k^{(i)}\delta(\boldsymbol{x}_{0:k}-\boldsymbol{x}_{0:k}^{(i)}) \tag{16.113}$$

其中利用重要性采样原理选定权值[44]。设 $\{\boldsymbol{x}_{0:k}^{(i)},i=1,\cdots,N_s\}$ 是样本值，它很容易从给定的重要性密度函数 $q(\boldsymbol{x}_{0:k}{}^{(i)}\mid\boldsymbol{y}_{1:k})$ 产生。然后，通过参考文献［45］得

出式（16.113）中的权值：

$$w_k^{(i)} \propto \frac{p(\boldsymbol{x}_{0:k}^{(i)} \mid \boldsymbol{y}_{1:k})}{q(\boldsymbol{x}_{0:k}^{(i)} \mid \boldsymbol{y}_{1:k})} \tag{16.114}$$

对于序贯滤波的情况，其中在每个时间步长只需要 $p(\boldsymbol{x}_k \mid \boldsymbol{y}_{1:k})$，可以选择重要性密度 $q(\cdot)$，这样就获得了权值更新方程[46]：

$$w_k^{(i)} \propto w_{k-1}^{(i)} \frac{p(\boldsymbol{y}_k \mid \boldsymbol{x}_k^{(i)})p(\boldsymbol{x}_k^{(i)} \mid \boldsymbol{x}_{k-1}^{(i)})}{q(\boldsymbol{x}_k^{(i)} \mid \boldsymbol{x}_{k-1}^{(i)}, \boldsymbol{y}_{1:k})} \tag{16.115}$$

并且置信度 $p(\boldsymbol{x}_k \mid \boldsymbol{y}_{1:k})$ 可以被估计为

$$p(\boldsymbol{x}_k \mid \boldsymbol{y}_{1:k}) \approx \sum_{i=1}^{N_s} w_k^{(i)} \delta(\boldsymbol{x}_k - \boldsymbol{x}_k^{(i)}) \tag{16.116}$$

式中：$\{\boldsymbol{x}_{0:k}^{(i)}, i = 1, \cdots, N_s\}$ 为从重要性密度 $q(\boldsymbol{x}_k \mid \boldsymbol{x}_{k-1}^{(i)}, \boldsymbol{y}_k)$ 采样而来。

（2）基于吉布斯采样的粒子滤波：考虑我们的目标跟踪问题，从动态状态模型（16.93）我们观察到如果我们想同时跟踪目标位置、速度和散射系数，状态空间的维数就很大。直接从重要性密度 $q(\boldsymbol{x}_k \mid \boldsymbol{x}_{k-1}^{(i)}, \boldsymbol{y}_k)$ 获取采样通常是无效的。因此，我们应用马尔科夫链蒙特卡罗（MCMC）方法（一类基于迭代仿真的方法），从重要性密度获得采样样本。MCMC 方法是一套使更复杂模型的仿真问题得到有效解的方法[47]。MCMC 方法的基本思想是模拟一个遍历马尔科夫链，它的样本根据期望的密度函数渐进地分布。在我们的工作中，我们采用了一个经典的 MCMC 算法 – 吉布斯采样器。给定状态 $\boldsymbol{\theta}$，吉布斯采样器首先定义 $\boldsymbol{\theta}$ 成分的一部分：$\boldsymbol{\theta}_1, \cdots, \boldsymbol{\theta}_p (p \leqslant \dim(\boldsymbol{\theta}))$，然后从完整的条件分布 $p(\boldsymbol{\theta}_l \mid \boldsymbol{\theta}_{-l})$ 先后采样，其中 $\boldsymbol{\theta}_{-l} \triangleq (\boldsymbol{\theta}_1, \cdots, \boldsymbol{\theta}_{l-1}, \theta_{l+1}, \cdots, \boldsymbol{\theta}_p)$。

在我们的粒子滤波器中，选择重要性密度为过渡性先验 $p(\boldsymbol{x}_k \mid \boldsymbol{x}_{k-1}^{(i)}), i = 1, \cdots, N_s$。采用上面的吉布斯采样，提出下面的从 $p(\boldsymbol{x}_k \mid \boldsymbol{x}_{k-1}^{(i)})$ 获取采样点的方法。根据状态模型（16.93），分割 $\boldsymbol{x}_k$ 的成分为 $\boldsymbol{x}_k = [\boldsymbol{\rho}_k^{\mathrm{T}}, s_k^{\mathrm{T}}]^{\mathrm{T}}$，其中 $\boldsymbol{\rho}_k$ 包括目标位置和速度，$\boldsymbol{s}_k$ 包括目标散射参数。然后，介绍吉布斯采样算法，以在粒子滤波中获得第 k 个时间步长的采样 $\boldsymbol{x}_k^{(i)} \sim p(\boldsymbol{x}_k \mid x_{k-1}^{(i)})$。这样的吉布斯采样描述如下。

① 初始化，$j=0$。随机地或固定地选取：

$$\boldsymbol{x}_k^{(i,0)} = [(\boldsymbol{\rho}_k^{(i,0)})^{\mathrm{T}}, (\boldsymbol{s}_k^{(i,0)})^{\mathrm{T}}]^{\mathrm{T}}$$

② 迭代 j，$j=1, \cdots, M$，其中 M 是一个大数。

a. 采样 $\boldsymbol{\rho}_k^{(i,j)} = p(\boldsymbol{\rho}_k \mid \boldsymbol{s}_k^{(i,j-1)}, \boldsymbol{x}_{k-1}^{(i)})$。

b. 采样 $\boldsymbol{s}_k^{(i,j)} \sim p(\boldsymbol{s}_k \mid \boldsymbol{\rho}_k^{(i,j)}, \boldsymbol{x}_{k-1}^{(i)})$。

③ 将 $\boldsymbol{\rho}_k^{(i,M)}$ 和 $\boldsymbol{s}_k^{(i,M)}$ 代入 $\boldsymbol{x}_k^{(i)}$：

$$\boldsymbol{x}_k^{(i)} = [(\boldsymbol{\rho}_k^{(i,M)})^{\mathrm{T}}, (\boldsymbol{s}_k^{(i,M)})^{\mathrm{T}}]^{\mathrm{T}}$$

然后，获得的 $\boldsymbol{x}_k^{(i)}$ 是从 $p(\boldsymbol{x}_k \mid \boldsymbol{x}_{k-1}^{(i)})$ 的采样。

在特殊情况下，当划分 $\boldsymbol{\rho}$ 和 $\boldsymbol{s}$ 是彼此统计独立时，吉布斯采样可以简化如下。

④ 采样 $\boldsymbol{\rho}_k^{(i)} \sim p(\boldsymbol{\rho}_k \mid \boldsymbol{\rho}_{k-1}^{(i)})$。

⑤ 采样 $\boldsymbol{s}_k^{(i)} \sim p(\boldsymbol{s}_k \mid \boldsymbol{s}_{k-1}^{(i)})$。

然后，得到 $\boldsymbol{x}_k^{(i)} = [(\boldsymbol{\rho}_k^{(i)})^{\mathrm{T}},(\boldsymbol{s}_k^{(i)})^{\mathrm{T}}]^{\mathrm{T}}$。

(3) 讨论：在上面提出的基于吉布斯采样的粒子滤波中，我们采用了最简单的重要性密度函数 $p(\boldsymbol{x}_k \mid \boldsymbol{x}_{k-1}^{(i)})$。但是，这个重要性函数没有考虑当前测量值 $\boldsymbol{y}_k$，并且状态空间的探讨也没有考虑到任何的观测量的知识。因此，滤波器有可能是低效的，并且对异常值敏感。一个克服这一弊端的自然策略是使用最优重要性函数，它能使作用在状态 $\boldsymbol{x}_{0:k-1}^{(i)}$ 和测量值 $\boldsymbol{y}_{1:k}$ 之上的重要性权值的方差最小。这样一个最优重要性函数给定为[46]

$$q(\boldsymbol{x}_k \mid \boldsymbol{x}_{k-1}^{(i)},\boldsymbol{y}_k) = p(\boldsymbol{x}_k \mid \boldsymbol{x}_{k-1}^{(i)},\boldsymbol{y}_k) \tag{16.117}$$

并且式（16.115）中的重要性权值为

$$\boldsymbol{w}_k^{(i)} \propto \boldsymbol{w}_{k-1}^{(i)} p(\boldsymbol{y}_k \mid \boldsymbol{x}_{k-1}^{(i)}) \tag{16.118}$$

但是，这个最优重要性函数有两个缺陷：它需要有从 $p(\boldsymbol{x}_k \mid \boldsymbol{x}_{k-1}^{(i)},\boldsymbol{y}_k)$ 采样的能力，这很不容易，并且它需要计算 $p(\boldsymbol{y}_k \mid \boldsymbol{x}_{k-1}^{(i)}) = \int p(\boldsymbol{y}_k \mid \boldsymbol{x}_k)p(\boldsymbol{x}_k \mid \boldsymbol{x}_{k-1}^{(i)})\mathrm{d}x_k$ 来得到。这个积分通常情况下没有解析形式。克服缺陷的实际方法是利用高斯密度来近似最优重要性函数，它使我们很容易获得采样值。高斯重要性函数的参数是利用最初的最优重要性函数的局部线性化得到的[46,48]。这个方法可以扩展到利用高斯密度的和来近似最优重要性函数，当最优重要性函数是多模的时候，它能提供更精确的近似。

16.4.4 基于后验克拉美罗界的最优波形设计

现在，提出一个用于目标跟踪的新的波形优化设计方法。这个方法基于提出的动态状态模型（16.93）和统计测量模型（16.104）。它和前述的目标跟踪算法结合在一起形成自适应波形设计方案。

为了寻找第 k 个时间步长的优化，我们设计了一个当采用特定的波形参数时预测第 k+1 时间步长的跟踪性能的方法。然后，我们选择使某一准则最优的波形参数。由于目标跟踪方法是在序贯贝叶斯推理框架下获得的，所以我们基于后验克拉美罗界（CRB）设计波形选择准则。

(1) 后验克拉美罗界：对于随机参数，如同我们的用于目标跟踪的序贯贝叶斯滤波，存在一个下界，它和非随机参数估计的 CRB 类似，在参考文献 [49] 和 [50] 中推导得出。这个下界通常被称为后验 CRB（PCRB）或贝叶斯 CRB。

我们用 $\boldsymbol{y}$ 表示测量值向量，用 $\boldsymbol{x}$ 表示要估计的随机参数向量。设 $p(\boldsymbol{y},\boldsymbol{x})$ 为 $(\boldsymbol{y},\boldsymbol{x})$ 的联合 pdf，$\hat{\boldsymbol{x}} = \boldsymbol{g}(\boldsymbol{y})$ 为 $\boldsymbol{x}$ 的估值。然后，均方估计误差的 PCRB 满足

$$\sum = E_{y,x}[(\boldsymbol{g}(\boldsymbol{y}) - \boldsymbol{x})(\boldsymbol{g}(\boldsymbol{y}) - \boldsymbol{x})^{\mathrm{T}}] \geqslant \boldsymbol{J}^{-1} \tag{16.119}$$

式中：$\boldsymbol{J}$ 为贝叶斯信息矩阵（BIM），$\boldsymbol{J}^{-1}$ 是 PCRB；$E_{y,x}[\cdot]$ 是 $p(\boldsymbol{y},\boldsymbol{x})$ 的期望，公式中的不等号表明差 $\sum - \boldsymbol{J}^{-1}$ 是一个非负正定矩阵。设 $\boldsymbol{\Delta}_{\boldsymbol{\psi}}^{\boldsymbol{\eta}}$ 是 $m \times n$ 矩阵对 m 维参数 $\boldsymbol{\psi}$ 和 n 维参数向量 $\boldsymbol{\eta}$ 的二阶偏导，即

$$\boldsymbol{\Delta}_{\boldsymbol{\psi}}^{\boldsymbol{\eta}} = \begin{pmatrix} \dfrac{\partial^2}{\partial\psi_1\partial\eta_1} & \cdots & \dfrac{\partial^2}{\partial\psi_1\partial\eta_n} \\ \vdots & \ddots & \vdots \\ \dfrac{\partial^2}{\partial\psi_m\partial\eta_1} & \cdots & \dfrac{\partial^2}{\partial\psi_m\partial\eta_n} \end{pmatrix} \tag{16.120}$$

利用这个设定，则 $\boldsymbol{x}$ 的 BIM 可以定义为[50]

$$\boldsymbol{J} = E_{y,x}[-\boldsymbol{\Delta}_{\psi}^{\eta}\log p(\boldsymbol{y},\boldsymbol{x})] \tag{16.121}$$

从这一属性中，我们观察到 PCRB 是误差协方差矩阵 $\sum$ 的一个下界，并且它只和状态和测量模型相关，与特定的估计方法无关。因此，我们能够利用 PCRB 作为跟踪系统性能的精确测量。

（2）最优波形选择准则：考虑我们的目标跟踪问题：在第 k 个时间步长，我们想利用测量值 $\boldsymbol{y}_{1:k}$ 估计状态 $\boldsymbol{x}_k$。我们用 $\boldsymbol{X}_k = [\boldsymbol{x}_0^{\mathrm{T}},\cdots,\boldsymbol{x}_k^{\mathrm{T}}]^{\mathrm{T}}$ 表示一直到时间 k 的状态序列。然后，目标状态的 BIM（它的逆是 PCRB）定义为

$$\bar{\boldsymbol{J}}_k \triangleq E_{\boldsymbol{y}_{1:k},\boldsymbol{x}_{0:k}}[-\Delta_{X_k}^{X_k}\log p(\boldsymbol{y}_{1:k},\boldsymbol{x}_{0:k})] \tag{16.122}$$

这个 BIM 和相应的 PCRB$\bar{\boldsymbol{J}}_k^{-1}$ 是 $(k+1)n_x \times (k+1)n_x$ 维矩阵。$\boldsymbol{J}_k^{-1}$ 的右下 $n_x \times n_x$ 块是估计 $\boldsymbol{x}_k$ 的 PCRB，它的逆是估计 $\boldsymbol{x}_k$ 的 BIM，用 $\boldsymbol{J}_k$ 表示。根据这一定义，在我们的优化波形选择算法中，在第 k 个时间步长，基于 BIM$\boldsymbol{J}_{k+1}$ 设计一个准则，来选择要在第 $k+1$ 个时间步长发射的波形。

为了获得优化波形选择准则，我们采用参考文献［50］中的递归方程来更新 BIM$\boldsymbol{J}_{k+1}$。对于带有加性高斯噪声的线性状态模型的特殊情况，这个递归 BIM 可以写成（见参考文献［51］）

$$\boldsymbol{J}_{k+1}(\boldsymbol{\theta}_{k+1}) = [\boldsymbol{Q} + \boldsymbol{F}\boldsymbol{J}_k(\boldsymbol{\theta}_k)^{-1}\boldsymbol{F}^{\mathrm{T}}]^{-1} + \boldsymbol{\Gamma}_{k+1}(\boldsymbol{\theta}_{k+1}) \tag{16.123}$$

式中：$\boldsymbol{\theta}_k$ 和 $\boldsymbol{\theta}_{k+1}$ 分别为时间步长 k 和 $k+1$ 时的波形参数；矩阵 $\boldsymbol{F}$ 和 $\boldsymbol{Q}$ 分别在式（16.93）和式（16.95）中定义，并且

$$\boldsymbol{\Gamma}_{k+1}(\boldsymbol{\theta}_{k+1}) = E_{\boldsymbol{y}_{k+1},\boldsymbol{x}_{k+1}}[-\Delta_{X_{k+1}}^{X_{k+1}}\log p(\boldsymbol{y}_{k+1}(\boldsymbol{\theta}_{k+1}) \mid \boldsymbol{x}_{k+1})] \tag{16.124}$$

在我们的序贯波形设计算法中，尝试利用状态和测量模型提供的信息以及历史测量值 $\boldsymbol{y}_{1:k}$，使目标状态估计的误差最小。因此，把矩阵 $\boldsymbol{\Gamma}_{k+1}$ 修改成包含历史测量值，并且基于新的矩阵 $\tilde{\boldsymbol{\tau}}_{k+1}$ 设计了一个准则：

$$\tilde{\boldsymbol{\Gamma}}_{k+1}(\boldsymbol{\theta}_{k+1}) = \boldsymbol{E}_{\boldsymbol{y}_{k+1},\boldsymbol{x}_{k+1}\mid\boldsymbol{y}_{1:k}}[-\Delta_{X_{k+1}}^{X_{k+1}}\log p(\boldsymbol{y}_{k+1}(\boldsymbol{\theta}_{k+1}) \mid \boldsymbol{x}_{k+1})] \tag{16.125}$$

通过把 $\boldsymbol{\Gamma}_{k+1}$ 替换为 $\tilde{\boldsymbol{\Gamma}}_{k+1}$，利用了历史测量值 $\boldsymbol{y}_{1:k}$ 信息来提高我们对状态 $\boldsymbol{x}_{k+1}$ 的先验知识。从数学上讲，当计算 $\boldsymbol{\Gamma}_{k+1}$ 时，我们用 $p(\boldsymbol{x}_{k+1} \mid \boldsymbol{y}_{1:k})$ 替换了先验密度

$p(\boldsymbol{x}_{k+1})$（详见式（16.128））。因此，相比 $\boldsymbol{\Gamma}_{k+1}$，$\widetilde{\boldsymbol{\Gamma}}_{k+1}$ 提供了状态 $\boldsymbol{x}_{k+1}$ 的更多信息，并且基于 $\widetilde{\boldsymbol{\Gamma}}_{k+1}$ 的波形选择准则具有提供更好处理性能的潜力。注意到 $\widetilde{\boldsymbol{\Gamma}}_{k+1}$ 是通过 $\boldsymbol{y}_{k+1}$ 的所有可能值的平均计算得来的。这意味着不需要知道下一次测量值的特定值来计算准则函数。然后，为了选择下一次发射波形的优化参数，提出利用式（16.123）的逆的加权迹，把 $\boldsymbol{\Gamma}_{k+1}$ 替换成 $\widetilde{\boldsymbol{\Gamma}}_{k+1}$：

$$\boldsymbol{\theta}_{k+1}^{*} = \arg\min_{\theta^{k+1}\in\Theta} \mathrm{tr}\{\boldsymbol{\Pi}\bar{\boldsymbol{J}}_{k+1}^{-1}(\boldsymbol{\theta}_{k+1})\} \tag{16.126}$$

式中：Θ 表示 $\boldsymbol{\theta}_{k+1}$ 的允许取值的集合，或者所有可能波形的库；$\boldsymbol{\Pi}$ 为加权矩阵，用于平衡状态向量中不同参数的幅度（详见参考文献［43］），并且在式（16.123）中通过把 $\boldsymbol{\Gamma}_{k+1}$ 替换成 $\widetilde{\boldsymbol{\Gamma}}_{k+1}$，定义了 $\tilde{\boldsymbol{J}}_{k+1}$。

（3）准则函数计算：提出的准则函数通过 $\widetilde{\boldsymbol{\Gamma}}_{k+1}$ 项不仅依赖于状态模型提供的信息 $\boldsymbol{F}$，也依赖于测量模型和历史测量值。为了计算前面的矩阵，式（16.125）中的期望通常没有解析解，必须用数值方法求解。我们提出采用蒙特卡罗积分来计算期望，把这个数值过程融入序贯蒙特卡罗方法以跟踪目标。

为了计算 $\widetilde{\boldsymbol{\Gamma}}_{k+1}$ 的数值结果，我们定义矩阵函数：

$$\boldsymbol{\Lambda}(\boldsymbol{y}_{k+1},\boldsymbol{x}_{k+1}) = -\Delta_{x_{k+1}}^{x_{k+1}}\log p(\boldsymbol{y}_{k+1} \mid \boldsymbol{x}_{k+1}) \tag{16.127}$$

然后，可以把 $\widetilde{\boldsymbol{\Gamma}}_{k+1}$ 重写成

$$\begin{aligned}\widetilde{\boldsymbol{\Gamma}}_{k+1} = &\int_{\boldsymbol{x}_{k+1}}\Big[\int_{\boldsymbol{y}_{k+1}}\boldsymbol{\Lambda}(\boldsymbol{y}_{k+1},\boldsymbol{x}_{k+1})p(\boldsymbol{y}_{k+1\,k+1} \mid \boldsymbol{x}_{k+1})\mathrm{d}\boldsymbol{y}_{k+1}\Big]\\ &\times p(\boldsymbol{x}_{k+1} \mid \boldsymbol{y}_{1:k})\mathrm{d}\boldsymbol{x}_{k+1}\end{aligned} \tag{16.128}$$

根据这个等式，为了计算 $\widetilde{\boldsymbol{\Gamma}}_{k+1}$，可以首先提取对条件密度函数 $p(\boldsymbol{y}_{k+1} \mid \boldsymbol{x}_{k+1})$ 的期望，然后提取对密度 $p(\boldsymbol{x}_{k+1} \mid \boldsymbol{y}_{1:k})$ 的期望，即

$$\widetilde{\boldsymbol{\Gamma}}_{k+1} = E_{\boldsymbol{x}_{k+1}\mid y_{1:k}}[\Xi_{k+1}] \tag{16.129}$$

$$\Xi_{k+1} = E_{\boldsymbol{y}_{k+1}\mid x_{k+1}}[-\Delta_{x_{k+1}}^{x_{k+1}}\log p(\boldsymbol{y}_{k+1} \mid \boldsymbol{x}_{k+1})] \tag{16.130}$$

注意 Ξ_{k+1} 是标准费希尔信息矩阵（FIM），用于基于观测值 $\boldsymbol{y}_{k+1}$ 估计状态向量 $\boldsymbol{x}_{k+1}$。

为了计算式（16.129），我们需要对预测的目标状态 $\boldsymbol{x}_{k+1}$ 进行采样。我们能应用序贯蒙特卡罗方法来获得这些采样。对于序贯蒙特卡罗方法，从置信度 $p(\boldsymbol{x}_k \mid \boldsymbol{y}_{1:k})$ 获得第 k 个时间步长的 N_s 个采样值和它的关联权值 $\{\boldsymbol{x}_k^{(i)},\boldsymbol{\omega}_k^{(i)};i=1,\cdots,N_s\}$。然后，相应的预测状态的采样和权值为 $\{\boldsymbol{x}_{k+1}^{(i)},\boldsymbol{\omega}_k^{(i)};i=1,\cdots,N_s\}$，其中 $\boldsymbol{x}_{k+1}^{(i)} \sim p(\boldsymbol{x}_{k+1} \mid \boldsymbol{x}_k^{(i)})$。因此，式（16.129）中的期望可以通过下面的两步计算：

① 对于 $i = 1,\cdots,N_s$，采样 $\boldsymbol{x}_{k+1}^{(i)} \sim p(\boldsymbol{x}_{k+1} \mid \boldsymbol{x}_k^{(i)})$。

② 矩阵 $\widetilde{\boldsymbol{\Gamma}}_{k+1}$ 近似为

$$\widetilde{\boldsymbol{\Gamma}}_{k+1} \approx \sum_{i=1}^{N_s} \boldsymbol{w}_k^{(i)} \Xi_{k+1}(\boldsymbol{x}_{k+1}^{(i)}) \tag{16.131}$$

为了计算式（16.130），对每一个 $\boldsymbol{x}_{k+1}^{(i)}$，从似然函数 $p(\boldsymbol{y}_{k+1} \mid \boldsymbol{x}_{k+1}^{(i)})$ 提取 N_y 个独立同分布（i. i. d.）的采样值 $\{\boldsymbol{y}_{k+1}^{(j)};j = 1,\cdots,N_y\}$。然后，我们把 $\mathrm{FIM}^{\Xi_{k+1}}(\boldsymbol{x}_{k+1}^{(i)})$ 近似为

$$\Xi_{k+1}(x_{k+1}^{(i)}) \approx \frac{1}{N_y}\sum_{j=1}^{N_y} \Lambda(\boldsymbol{y}_{k+1}^{(j)},\boldsymbol{x}_{k+1}^{(i)}) \tag{16.132}$$

因此，利用蒙特卡罗方法近似 $\widetilde{\boldsymbol{\Gamma}}_{k+1}$ 为

$$\widetilde{\boldsymbol{\Gamma}}_{k+1} \approx \frac{1}{N_y}\sum_{i=1}^{N_s}\sum_{j=1}^{N_y} \boldsymbol{w}_k^{(i)} \Lambda(\boldsymbol{y}_{k+1}^{(j)},\boldsymbol{x}_{k+1}^{(i)}) \tag{16.133}$$

（4）高斯测量噪声下的计算：式（16.133）给出的计算 $\widetilde{\boldsymbol{\Gamma}}_{k+1}$ 的蒙特卡罗积分适合于任何统计测量模型。但是，如果测量模型（16.104）中的加性噪声 $\boldsymbol{e}_k$ 服从高斯分布，我们能够获得 $\mathrm{FIM}\Xi_{k+1}$ 的解析形式；因此，利用式（16.129）计算 $\widetilde{\boldsymbol{\Gamma}}_{k+1}$ 的运算量将显著减少。

假设测量噪声 $\boldsymbol{e}_{k+1}$ 服从复高斯分布，给定 $\boldsymbol{x}_{k+1}$ 的测量值 $\boldsymbol{y}_{k+1}$ 的分布为

$$\boldsymbol{y}_{k+1} \mid \boldsymbol{x}_{k+1} \sim \mathcal{CN}(h(x_{k+1}),\boldsymbol{\Sigma}_{k+1}) \tag{16.134}$$

式中：$h(\cdot)$ 在式（16.104）中定义。我们也假设测量噪声值 $\{\boldsymbol{e}_{k+1}(t),t = t_1,\cdots,t_N\}$ 在不同采样时间是独立的。然后，式（16.134）中的协方差矩阵可以写成块对角矩阵：

$$\sum\nolimits_{k+1} = \mathrm{diag}\{\boldsymbol{\Sigma}_{k+1}(t_1),\cdots,\boldsymbol{\Sigma}_{k+1}(t_N)\} \tag{16.135}$$

其中，如果测量噪声 $\boldsymbol{e}_{k+1}$ 服从 16.4.2 中描述的模型，那么

$$\sum\nolimits_{k+1}(t) = A(\phi_0,\psi_0)\boldsymbol{\xi}(t-\tau_0)\boldsymbol{\Sigma}_c\boldsymbol{\xi}^{\mathrm{H}}(t-\tau_0)^{\mathrm{H}}(\phi_0,\psi_0) + \sigma^2 I_{6M} \tag{16.136}$$

因此，根据参考文献［20］中 15.7 章节的结果，式（16.130）中的 FIM 为

$$[\Xi_{k+1}(\boldsymbol{x}_{k+1})]_{ij} = 2\sum_{t=t_1}^{t_N} \mathrm{Re}\left\{\left[\frac{\partial \tilde{\boldsymbol{h}}(t,\boldsymbol{x}_{k+1})}{\partial \boldsymbol{x}_{k+1,i}}\right]^{\mathrm{H}} \sum\nolimits_{k+1}^{-1}(t)\left[\frac{\partial \tilde{\boldsymbol{h}}(t,\boldsymbol{x}_{k+1})}{\partial \boldsymbol{x}_{k+1,j}}\right]\right\} \tag{16.137}$$

式中：$\tilde{h}(\cdot)$ 在式（16.103）中定义。

（5）次优准则函数：利用蒙特卡罗积分计算 $\widetilde{\boldsymbol{\Gamma}}_{k+1}$ 是很密集的和需要时间的，因为每一个粒子都要计算 $\mathrm{FIM}\Xi_{k+1}$。因此，提出一个次优准则函数，其中矩阵 $\widetilde{\boldsymbol{\Gamma}}_{k+1}$ 被在期望的预测状态计算的 Ξ_{k+1} 所代替。因此，次优准则可以通过下列步骤计算：

① 对于 $i=1,\cdots,N_s$，采样 $\boldsymbol{x}_{k+1}^{(i)} \sim p(\boldsymbol{x}_{k+1} \mid \boldsymbol{x}_k^{(i)})$。

② 预测状态的期望近似为

$$\hat{\boldsymbol{x}}_{k+1} \approx \sum_{i=1}^{N_s} \boldsymbol{w}_k^{(i)} \boldsymbol{x}_{k+1}^{(i)} \tag{16.138}$$

③ 在式（16.123）中用 $\Xi_{k+1}(\hat{\boldsymbol{x}}_{k+1})$ 替换 $\tilde{\boldsymbol{\Gamma}}_{k+1}$。

这个次优准则以牺牲积分计算的精度为代价，显著地减少了计算时间；因此，选择的波形可能不是最优的。

16.4.5 数值示例

用数值示例来研究所提出的用于在杂波中跟踪目标的自适应波形设计方法的性能。通过这些例子，证明了相比于固定发射波形方案，自适应波形设计方案的好处。首先，提供了一个对所考虑的目标和跟踪系统的仿真机制的描述，然后讨论不同的数值示例。本节总结的结果来源于平均超过 100 次的蒙特卡罗仿真结果。

1. 目标和杂波

数值示例包含一个单目标，它平行于水平面移动，速度为 200m/s。目标轨迹是半径为 1.5km 的圆的一部分，从位置 $r_0=[10,10]$km 开始，如图 16.7 所示。假设目标的散射参数部分已知，具有下列值：$m=1, \varepsilon=15°, \varrho=0°, \bar{\gamma}=20°$；但是，它的方向角 ϑ 随着目标运动而变化。除此之外，假设杂波协方差参数已经利用训练数据得到估计，并且它们有如下值：$\vartheta_c=85°, \varepsilon_c=5°, \sigma_p^2=0.4, \sigma_u^2=0.4, p_x=0.2$。杂波协方差会被改变大小以满足需要的目标杂波比（TCR）。根据参考文献［8］中 Novak 等人的工作定义 TCR：

$$\mathrm{TCR}=\frac{\| \boldsymbol{s}_{\mathrm{hh}}, \boldsymbol{s}_{vv}, \boldsymbol{s}_{hv} \|^2}{\mathrm{tr}(\boldsymbol{\Sigma}_c) \|} \tag{16.139}$$

式中：$\boldsymbol{s}_{hh}, \boldsymbol{s}_{vv}, \boldsymbol{s}_{hv}$ 为式（16.88）中定义的目标散射系数；$\|\cdot\|$ 是向量的范数。

下面定义 SNR 为

$$\mathrm{SNR}=\frac{\int_{t_t}^{t_f} |p(t)|^2 \partial t}{\int_{t_t}^{t_f} E[|n(t)|^2] \partial t}=\frac{L}{\sigma^2(t_f-t_i)} \tag{16.140}$$

式中：L 为发射脉冲数；σ^2 为热噪声过程的功率；t_i, t_f 定义了系统被允许跟踪目标的时间窗口；$p(t)$ 为发射信号的脉冲包络。对于仿真的例子，这些参数是以系统能够跟踪径向距离为 10～25km 的目标来设定的。

2. 发射信号

我们考虑一个雷达系统，它以间隔 $T_{\mathrm{PRI}}=250\mathrm{ms}$ 发射一个脉冲（$L=1$），载频 $f_c=15\mathrm{GHz}(\lambda=20\mathrm{mm})$。最大信号带宽为 $BW_{\max}=500\mathrm{kHz}$。系统能够

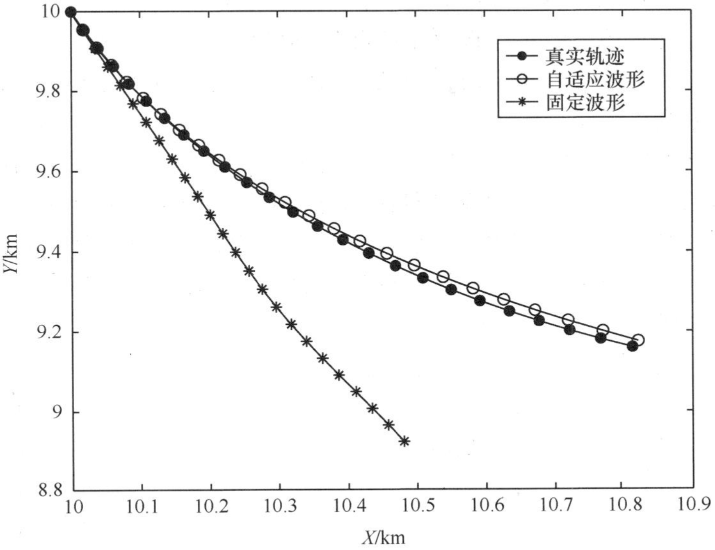

图 16.7　自适应和固定波形方案的平均跟踪结果对比

发射 LFM 脉冲，它可以在脉冲与脉冲之间改变长度 η，调频率 b，极化角 α 和 β。

3. 跟踪系统

跟踪器的接收机由两个位于 $r_1=[-0.25\lambda,0]$ 和 $r_2=[0.25\lambda,0]$ 的向量传感器（$M=2$）组成。记录雷达回波的采样频率 $f_s=1\text{MHz}$。系统跟踪目标的位置和速度，还有它的方向角；因此，状态向量为 $x=[x,\dot{x},y,\dot{y},\vartheta]^{\mathrm{T}}$。粒子滤波器利用过渡的先验概率 $p(x_k \mid x_{k-1}^i)$ 作为重要性密度函数来抽取 $N_s=500$ 个粒子。过程噪声的强度设定为 $q_p=500$ 和 $q_s=50$。除此之外，我们假设初始状态的协方差为 $J_0^{-1}=\mathrm{diag}[500,500,200,200,0.5]$。加权矩阵 $\boldsymbol{\Pi}$ 是一个对角矩阵，它的主对角线元素是 10 的幂，用于平衡不同参数的协方差。

例 1　在这个例子中，我们比较自适应和固定波形系统的性能，假设目标沿着整条轨迹的方向角为 $\vartheta=0°$。对于自适应系统，波形参数为 $\eta=100\mu\text{s}$ 和 $b_{\max}=BW_{\max}/7.4\eta$（对于信号带宽允许的最大调频率），信号的极化从下列波形库中选择：

$$\Theta=\{\boldsymbol{\theta}_{in}=(\alpha_1,\beta_n,\eta,b);l=0,\cdots,36;n=0,\cdots,6\} \tag{16.141}$$

其中

$$\alpha_1=-90°+l\cdot5°,\ \beta_n=-45°+n\cdot15° \tag{16.142}$$

对于固定波形，发射信号对应波形 $\boldsymbol{\theta}_{0,3}$（垂直极化）。图 16.7 给出了运动目标在 TCR = 10dB 和 SNR = 10dB 的环境中的平均跟踪结果。对于固定波形，垂直极化是不利的，因为它和杂波的极化响应比较接近。因此，接收信号被杂波反射波严重污染，跟踪滤波器不能跟踪目标。另一方面，自适应波形方法，尽管它也是从垂直极化开始，但马上选择了匹配目标极化的波形，增大了从目标反射回来的信号能量，并且降低了杂波反射波。因此，自适应波形选择方案的跟踪性能比固定波形方案要好很多。

利用同样的仿真设置，重复了这一示例。但是，这一次，应用次优准则函数选择波形以减少自适应波形设计算法的计算量。图 16.8 示出了目标位置的平均均方误差（MSE）的平方根。和预料的一样，次优算法产生的估计误差更大。但是，由于性能的损失较小，并且计算时间的减少很显著，我们将在下面的例子中采用这个次优方法。

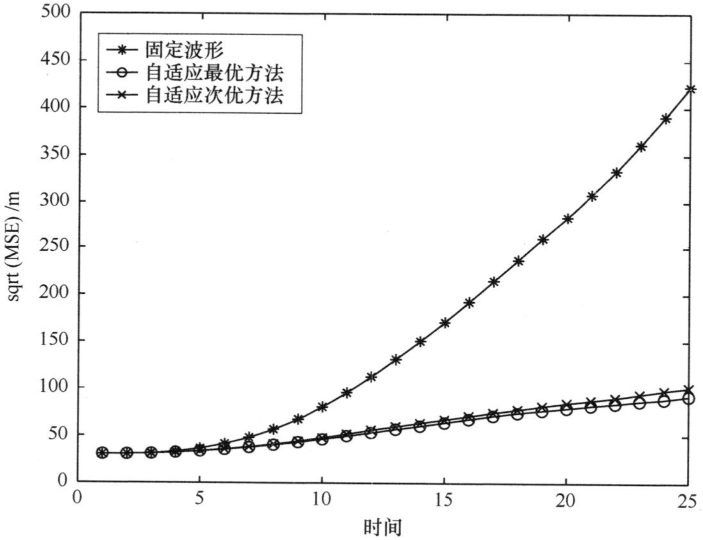

图 16.8　目标位置的平均均方误差（MSE）的平方根

例 2　当状态模型和目标运动不匹配时，分析跟踪滤波的表现。在这种情况下，我们考虑跟例 1 一样的设置和波形库；但是，目标的方向角 ϑ 依照图 16.9 给出的线性分段函数改变。这张图也给出了估计的目标方向角和自适应算法选出的用于发射的波形极化角 α。在两个场景下进行了同样的仿真：TCR = SNR = 10dB 和 TCR = SNR = 15dB。

在图 16.9 中，可以观察到当方向角线性变化时，滤波器尽力跟踪真实的方向角，即使状态模型中的参数被定义为恒定的。很明显，当杂波和噪声干扰较小时，估计的方向角收敛更快。我们注意到滤波器选择了同估计的目标极化最匹配的波形，为了增大目标反射的能量。

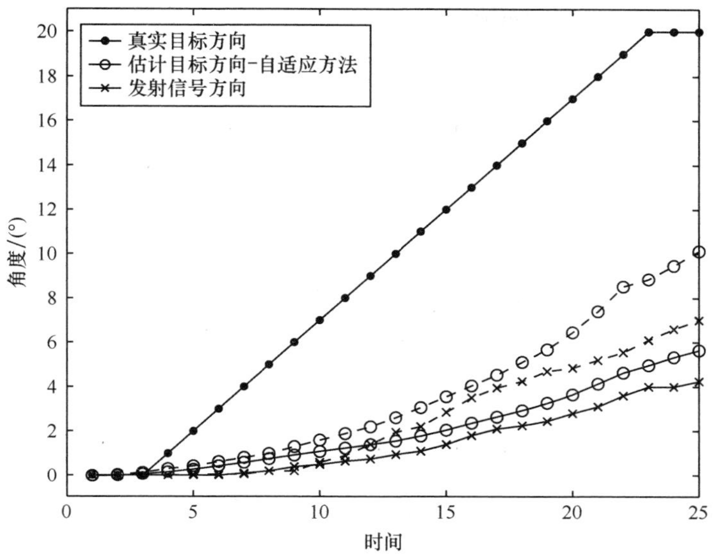

图 16.9　两个场景的平均方向角：TCR = SNR = 10dB（实线）和 TCR = SNR = 15dB（虚线）

16.5　结　论

我们解决了基于目标检测和跟踪的最优信号极化设计问题。回顾最近的一些关于自适应选择雷达发射波形极化的结果，其目的是通过自适应设计实现极化分集。我们研究的结果表明同固定极化方案相比，极化的优化选择显著提高了雷达系统检测和跟踪的性能。我们证明了支持捷变极化的雷达系统性能明显低于传统的传感系统。但是，为了进一步提高雷达性能，还需要考虑几个研究过程中的挑战。从统计信号处理的观点来看，这些包含了探究目标和杂波散射的更现实的模型，各种关键场景的合适的工作指标，鲁棒是有效的优化算法。另外，信号极化设计的问题能够被拓展到其他的雷达应用中，如序贯检测和目标分类。

致　　谢

本章的工作得到了美国国防部空军科学研究办公室的支持，以及 MURI 基金 FA9550 - 05 - 1 - 0443，ONR 基金 N000140810849，AFOSR 基金 FA9550 - 11 - 1 - 0210 的支持。

参考文献

[1] D. G. Giuli, 'Polarimetric modeling and parameters estimation with applications to remote sensing', *Proc. IEEE*, vol. 74, pp. 245 – 269, February 1986.

[2] W. M. Boerner andY. Yamaguchi, 'A state-of-the-art review in radar polarimetry and its applications in remote sensing', *IEEE Aerosp. Electron. Syst. Mag.*, vol. 5, pp. 3 – 6, June 1990.

[3] G. Sinclair, 'The transmission and reception of elliptically polarized waves', *Proc. IRE*, vol. 38, pp. 148 – 151, February 1950.

[4] E. M. Kennaugh, 'Effects of type of polarization on echo characteristics', Technical Report, Antennas Laboratory, The Ohio State University, Columbus, OH, 1954.

[5] J. R. Huynen, 'Phenomenological theory of radar targets', Ph. D. dissertation, Rotterdam, The Netherlands, 1970.

[6] G. Ioannidis and D. Hammers, 'Optimum antenna polarizations for target discrimination in clutter', *IEEE Trans. Antennas Propag.*, vol. 27, pp. 357 – 363, May 1979.

[7] L. M. Novak, M. B. Sechtin and M. J. Cardullo, 'Studies of target detection algorithms that use polarimetric radar data', *IEEE Trans. Aerosp. Electron. Syst.*, vol. 25, pp. 150 – 165, March 1989.

[8] R. D. Chaney, M. C. Bud and L. M. Novak, 'On the performance of polarimetric target detection algorithms', *IEEE Aerosp. Electron. Syst. Mag.*, vol. 5, pp. 10 – 15, November 1990.

[9] R. T. Compton, 'On the performance of a polarization sensitive adaptive array', *IEEE Trans. Antennas Propag.*, vol. 29, pp. 718 – 725, September 1981.

[10] E. Ferrara and T. Parks, 'Direction finding with an array of antennas having diverse polarizations', *IEEE Trans. Antennas Propag.*, vol. 31, pp. 231 – 236, March 1983.

[11] A. Nehorai and E. Paldi, 'Vector-sensor array processing for electromagnetic source localization', *IEEE Trans. Signal Process.*, vol. 42, pp. 376 – 398, February 1994.

[12] M. Hurtado and A. Nehorai, 'Performance analysis of passive low-grazingangle source localization in maritime environments using vector sensors', *IEEE Trans. Aerosp. Electron. Syst.*, vol. 43, pp. 780 – 789, April 2007.

[13] S. D. Howard, A. R. Calderbank and W. Moran, 'A simple signal processing architecture for instantaneous radar polarimetry', *IEEE Trans. Inf. Theory*, vol. 53, pp. 1282 – 1289, April 2007.

[14] D. A. Garren, A. C. Odom, S. U. Pillai and J. R. Guerci, 'Full polarization matched illumination for target detection and identification', *IEEE Trans. Aerosp. Electron. Syst.*, vol. 38, pp. 824 – 837, July 2002.

[15] M. Hurtado and A. Nehorai, 'Polarimetric detection of targets in heavy inhomogeneous clutter', *IEEE Trans. Signal Process*, vol. 56, pp. 1349 – 1361, April 2008.

[16] S. Gogineni and A. Nehorai, 'Polarimetric MIMO radar with distributed antennas for target detection', *IEEE Trans. Signal Process.*, vol. 58, pp. 1689 – 1697, March 2010.

[17] M. Hurtado, T. Zhao and A. Nehorai, 'Adaptive polarized waveform design for target tracking

based on sequential Bayesian inference', *IEEE Trans. Signal Process.*, vol. 56, pp. 1120 - 1133, March 2008.

[18] M. Hurtado, J. J. Xiao and A. Nehorai, 'Target estimation, detection, and tracking: a look at adaptive polarimetric design', *IEEE Signal Process. Mag.*, vol. 26, pp. 42 - 52, January 2009.

[19] S. Kay and J. H. Thanos, 'Optimal transmit signal design for active sonar/radar', *Proc. IEEE Int. Conf Acoust. Spe. Signal Process.*, vol. 2, pp. 1513 - 1516, 2002.

[20] S. M. Kay, *Fundamentals of Statistical Signal Processing: Estimation Theory.* New Jersey: Prentice-Hall, Inc., 1993.

[21] A. D. Maio, G. Alfano and E. Conte, 'Polarization diversity detection in compound-Gaussian clutter', *IEEE Trans. Aerosp. Electron. Syst.*, vol. 40, pp. 114 - 131, January 2004.

[22] S. M. Kay, *Fundamentals of Statistical Signal Processing: Detection Theory.* New Jersey: Prentice-Hall, Inc., 1993.

[23] P. Stoica and A. Nehorai, 'On the concentrated stochastic likelihood function in array signal processing', *Circ. Syst. Signal Process.*, vol. 14, pp. 669 - 674, September 1995.

[24] T. W. Anderson, *An Introduction to Multivariate Statistical Analysis.* Hoboken, NJ: JohnWiley & Sons, 2003.

[25] A. T. James, 'Distribution of matrix variates and latent roots derived from normal samples', *Ann. Math. Stat.*, vol. 35, pp. 475 - 501, June 1964.

[26] A. M. Haimovich, R. S. Blum and L. J. Cimini, 'MIMO radar with widely separated antennas', *IEEE Signal Process. Mag.*, vol. 25, pp. 116 - 129, January 2008.

[27] J. Li and P. Stoica, *MIMO Radar Signal Processing.* Hoboken, NJ: John Wiley & Sons, 2009.

[28] M. Akcakaya and A. Nehorai, 'MIMO radar sensitivity analysis for target detection', *IEEE Trans. Signal Process.*, vol. 59, pp. 3241 - 3250, July 2011.

[29] J. -J. Xiao and A. Nehorai, 'Joint transmitter and receiver polarization optimization for scattering estimation in clutter', *IEEE Trans. Signal Process.*, vol. 57, pp. 4142 - 4147, October 2009.

[30] R. Touzi, W. M. Boerner, J. S. Lee and E. Lueneburg, 'A review of polarimetry in the context of synthetic aperture radar: Concepts and information extraction', *Can. J. Remote Sensing*, vol. 30, no. 3, pp. 380 - 407, 2004.

[31] J. A. Gubner, *Probability and Random Processes for Electrical and Computer Engineers.* New-York, NY: Cambridge University Press, 2006.

[32] L. L. Scharf, *Statistical Signal Processing: Detection, Estimation, and Time Series Analysis.* Reading, MA: Addison-Wesley Publishing Company, Inc., 1991.

[33] E. J. Kelly, 'An adaptive detection algorithm', *IEEE Trans. Aerosp. Electron. Syst.*, vol. 22, pp. 115 - 127, March 1986.

[34] S. R. Searle, *Linear Models.* Hoboken, NJ: JohnWiley & Sons, 1971.

[35] A. H. Feiveson and F. C. Delaney, 'The distribution and properties of a weighted sum of Chi squares', *NASA Technical Note*, May 1968.

[36] S. M. Kay, *Fundamentals of Statistical Signal Processing: Detection Theory.* NJ: Prentice-Hall, Inc., 1998.

[37] M. Chu, H. Haussecker and F. Zhao, 'Scalable information-driven sensor querying and routing for ad hoc heterogeneous sensor networks', *Int. J. High-Perform. Comput. Appl.*, vol. 16, pp. 90 – 110, 2002.

[38] J. R. Huynen, 'Measurement of the target scattering matrix', *Proc. IEEE*, vol. 53, pp. 936 – 946, August 1965.

[39] V. Karnychev, V. A. Khlusov, L. P. Ligthart and G. Sharygin, 'Algorithms for estimating the complete group of polarization invariants of the scattering matrix (sm) based on measuring all sm elements', *IEEE Trans. Geosci. Remote Sens.*, vol. 42, pp. 529 – 539, March 2004.

[40] Y. Bar-Shalom, X. -R. Li and T. Kirubarajan, *Estimation with Applications to Tracking and Navigation*. Hoboken, NJ: JohnWiley & Sons, 2001.

[41] B. Hochwald and A. Nehorai, 'Polarimetric modeling and parameters estimation with applications to remote sensing', *IEEE Trans. Sig. Process.*, vol. 43, pp. 1923 – 1935, August 1995.

[42] S. P. Sira, A. Papandreou-Suppappola and D. Morrell, 'Time-varying waveform selection and configuration for agile sensors in tracking applications', *Proceedings of the IEEE International Conference on Acoustics, Speech, and Signal Processing*, vol. 5, Philadelphia, PA, pp. 881 – 884, March 2005.

[43] M. Hurtado and A. Nehorai, 'Optimal polarized waveform design for active target parameter estimation using electromagnetic vector sensors', *Proceedings of the IEEE International Conference on Acoustics, Speech, and Signal Processing*, vol. 5, Toulousse, France, pp. 1125 – 1128, May 2006.

[44] B. Ristic, S. Arulampalam and N. Gordon, *Beyond the Kalman Filter-Particle Filters for Tracking Applications*. Boston, MA: Artech House, 2004.

[45] M. S. Arulampalam, S. Maskell, N. J. Gordon and T. Clapp, 'A tutorial on particle filters for online nonlinear/non-Gaussian Bayesian tracking', *IEEE Trans. Signal Process.*, vol. 50, pp. 174 – 178, February 2002.

[46] A. Doucet, S. Godsill and C. Andrieu, 'On sequential Monte Carlo sampling methods for Bayesian filtering', *Stat. Comput.*, vol. 10, pp. 197 – 208, 2000.

[47] B. P. Carlin, N. G. Polson and D. S. Stoffer, 'A Monte Carlo approach to nonnormal and nonlinear state-space modeling', *J. Am. Stat. Assoc.*, vol. 87, June 1992.

[48] M. Orton andW. Fitzgerald, 'A Bayesian approach to tracking multiple targets using sensor arrays and particle filters', *IEEE Trans. Signal Process.*, vol. 5, pp. 216 – 223, February 2002.

[49] H. L. van Trees, *Estimation and Modulation Theory*. New York, NY: John Wiley & Sons, 1968.

[50] P. Tichavsky, C. H. Muravchik and A. Nehorai, 'Posterior Cramér-Rao bounds for discrete-time nonlinear filtering', *IEEE Trans. Signal Process.*, vol. 46, pp. 1386 – 1396, May 1998.

[51] K. L. Bell and H. L. van Tress, 'Posterior Cramér-Rao bound for tracking target bearing', *Proceedings of the 13th Annual Workshop Adaptive Sensor Array Processing (ASAP '05)*, Lincoln Laboratory, Lexington, MA, June 2005.

第 17 章　与信号相关的杂波背景下知识辅助发射信号与接收滤波器设计

A. Aubry, A. De Maio, A. Farina and M. Wicks

摘　要

本章，我们将考虑在与信号相关的杂波背景下，关于点目标的知识辅助的发射信号和接收滤波器设计问题。我们假设雷达系统能够访问含有被照射地形的特征的地理信息系统、一些先验的电磁反射率和杂波谱模型的动态数据库，可以完成对实际散射环境的初步预测。因此，可以通过优化发射信号和接收滤波器来最大化信干噪比（SINR）。收敛性可被证明的算法的每步迭代，是一个凸优化或一个隐性凸优化问题的解。由此产生的计算复杂度与迭代次数呈线性关系，与接收滤波器长度呈多项式关系。在理论分析阶段，我们将评估所提出的技术在均匀地杂波场景或非均匀陆地海洋混合杂波环境中的性能。

关键词：波形设计；接收机设计；知识辅助雷达；与信号相关的杂波

17.1　引　言

在过去的 50 年，雷达相关文献中出现了一些涉及雷达波形分集和接收滤波器优化设计的论文。这方面的关注，是由于在距离－多普勒分辨率、目标跟踪和低旁瓣信号/滤波器的杂波抑制能力等方面紧迫的性能需求引起的，这些经常出现在国防应用领域中，如空中早期预警和国土安全[1-3]。此外，全新的计算架构、高速且现成的（OTS）处理器、数字任意波形产生器和固态发射机为实现日益提升的性能要求提供了可能，在若干年前进行复杂且有效的信号处理[4]是不可想象的。因此，雷达信号处理已经开拓出了新的领域，如近期知识辅助模式[5-7]的成功案例。这表明，在接收信号处理和发射波形设计时，巧妙地利用一些作战环境的先验信息可达到在检测、分类和跟踪过程中明显的性能改善。根据此处理理念，先进算法的设计是非常重要的，它利用先验知识源（如当前位置的电磁干扰、作战环境的反射特性和天气条件），使合成的发射波形和接收滤波器适应于作战环境。

自 1965 年以来，通过波形优化提高雷达性能一直是一个持续的研究课题。因为 H. Van Trees，（见文献［8］和［9］），注意到一个合适的发射波形比最优接收器设计更重要，并认为“对抗混响最有效的方式（在我们的模型限制范围内）是通过适当的信号设计”。从那时起，雷达界中许多成果已趋向于通过波形分集优化雷达性能。到目前已经有两条不同的研究路线。

第一条是针对与信号不相关的干扰并建立合理的模型，但不局限于主要由系统噪声或有意干扰（干扰机）或无意的电信设备发射信号或源于其他雷达平台的信号的地形散射（热杂波）构成干扰的雷达环境[10]。第二条着眼于与信号相关的干扰，即由被照射区域内无战略意义的目标和地形反射的雷达发射信号。或者说，这是一种由于发射波与散射环境相互作用造成的自我产生的雷达干扰，通常简称为混响现象。

在与信号不相关的噪声背景下，即已知协方差矩阵的有色干扰下的波形设计已在第 13 章和其中相应的文献中彻底地解决了。至于与信号相关的杂波场景，这些年来的许多研究工作都着眼于发射机和接收机的联合设计问题（详见文献［9］）。在文献［11］中，作者为一个由不相干散射体所产生的杂波环境中的运动点目标，设计出了一种最大化 SINR 的算法，来获得发射信号和接收滤波器。其中，对发射波形进行了能量约束。在文献［12］中，假设了与文献［11］同样的环境特征，在优化问题中增加了对发射波形的动态范围约束。由此产生的迭代算法收敛到一个满足 Kuhn - Tucker 条件的解信号，其中 Kuhn - Tucker 条件是最优化的必要条件[13]。很多文献在设计过程中同时考虑执行误差[12]、幅度和相位调制的限制[14]与量化误差的影响[15]，对文献［11］中的处理过程进行了修改。文献［16］中，参照零多普勒点目标和离散不相关散射体，在与信号相关杂波背景下，设计出了目标后向散射估计均方误差的优化算法。并对发射波形附加了恒模或低峰值平均功率比值约束。在文献［17］中，考虑的是随机高斯扩展目标，并将与信号相关的噪声建模为随机线性时不变（LTI）滤波器（其脉冲响应假定为一个平稳高斯随机过程）的输出。发射波形在能量约束条件下进行优化，将 SINR 和互信息（MI）作为优化指标。在文献［18］和文献［19］中，作者为优化发射信号功率谱问题提供了解析解，以便在与信号相关杂波背景下，最大限度地提高零多普勒高斯点目标最优检测器的检测性能，同样将与信号相关的杂波建模为具有平稳高斯脉冲响应的随机 LTI 滤波器的输出。最后，在文献［20］中，该作者采用频率波数谱的概念将其在文献［18］和文献［19］中的结果归纳为一个空时处理过程。

在本章中，我们仍然处理工作在高度混响环境下的雷达系统的发射信号和接收滤波器的联合设计问题。特别地，以 SINR（没有对干扰的多元统计特性作任何假设）为性能指标，假设一个运动点目标处在不相干散射体产生的杂波环境中，我们同时对雷达编码和接收滤波器进行优化。除能量约束之外，为控制一些波形相关特性，如距离－多普勒分辨率信号模值的波动，峰值旁瓣电平等，需对雷达发射信号引入一个类似的在信号幅度和峰值旁瓣电平上的约束条件。

我们假设，雷达系统能够使用环境数据库（可能是动态的），包括描述探测场景特征的地理信息系统（和/或数字地形图）、气象资料、一些理论上的（也可能是经验上的）先验电磁反射系数（σ_0）和可以预测实际散射环境的杂波谱模型。由此，可以为发射信号和接收滤波器设计一个顺序提高 SINR 的优化步骤。算法（收敛性已证）的每次迭代，需要问题解是、一个凸优化或一个隐性凸优化问题的解。其计算复杂度与迭代次数呈线性关系，与接收滤波器长度呈多项式关系。新算法的性能在两种场景中进行了分析：平坦地形以及陆海混合杂波环境。结果表明，发射与接收联合优化能够获得可观的 SINR 改善。

本章结构组织如下。在 17.2 节，描述了发射信号、接收信号和与信号相关杂波的模型。在 17.3 节，阐述了关于雷达编码和接收滤波器设计的约束优化问题。此外，针对所设想的问题，提出了一个顺序优化的方法，以找到一个合适的解，并对该算法的收敛性进行了透彻的分析。在 17.4 节，评估了所提出算法的性能，并分析了在可获得 SINR 与波形模糊函数结构之间的权衡关系。最后，在 17.5 节给出了结论，并概述了一些可能的未来研究方向。

17.2　系统模型

假设有一个单基地雷达系统发射 N 个相参脉冲。我们用 $\boldsymbol{s} = [s(1), s(2), \cdots, s(N)]^{\mathrm{T}}$ 来表示该雷达编码，并假设具有单位幅值。在接收端，回波信号首先下变频至基带，通过一个脉冲匹配滤波器处理，然后再进行采样。距离－方位检测单元中的 N 维观测值列向量 $\boldsymbol{v} = [\boldsymbol{v}(1), \boldsymbol{v}(2), \cdots, \boldsymbol{v}(\mathrm{N})]^{\mathrm{T}} \in \mathbf{C}^N$ 可表示为

$$\boldsymbol{v} = \alpha_T \boldsymbol{s} \odot \boldsymbol{p}(v_{d_T}) + \boldsymbol{c} + \boldsymbol{n} \tag{17.1}$$

式中 α_T 为表示感兴趣距离－方位单元中的通道传播和目标反向散射效应的复参数；$\boldsymbol{p}(v_{d_T}) = [1, \mathrm{e}^{\mathrm{j}2\pi v_{d_T}}, \cdots, \mathrm{e}^{\mathrm{j}2\pi(N-1)v_{d_T}}]^{\mathrm{T}}$ 为时间导向矢量；v_{d_T} 为归一化的目标多普勒频率；$\boldsymbol{c}$ 为经过滤波后的 N 维杂波矢量；$\boldsymbol{n}$ 为经过滤波后的 N 维噪声矢量。杂波矢量 $\boldsymbol{c}$ 是来自不同的不相关散射体回波的叠加[21]，来自第（r，i）个距离－方位的杂波散射单元①如图 17.1 所示。因此，杂波矢量 $\boldsymbol{c}$ 可表述如下：

$$\boldsymbol{c} = \sum_{r=1}^{N_c-1}\sum_{i=0}^{L-1}\alpha_{(r,i)}\boldsymbol{J}_r(\boldsymbol{s}\odot\boldsymbol{p}(v_{d_{(r,i)}})) + \sum_{i=0}^{L-1}\alpha_{(0,i)}\boldsymbol{s}\odot\boldsymbol{p}(v_{d_{(0,i)}}) \tag{17.2}$$

---

① 这个模型可以很容易地概括为位于同一个距离—方位单元的多个源产生的杂波。在这种情况下，每个距离—方位单元产生的杂波可以用于空间模型来表示，即 $\boldsymbol{H\theta}$，$\boldsymbol{H}$ 表示导向矩阵，$\boldsymbol{\theta}$ 是每个杂波源的后向散射复幅度向量。在下文中，将重点介绍单个杂波散射的情况下的设计，尽管很容易扩展到多个源的情况。

式中：$N_c \leqslant N$ 为所关注的距离－方位单元（0，0）的干扰的距离环数①；L 为方位角量化数；$\alpha_{(r,i)}$ 和 $v_{d_{(r,i)}}$ 分别为处于距离－方位单元（r，i）的散射体的回波强度和归一化多普勒频率；此外，$\forall r \in \{1,\cdots,N-1\}$

$$\boldsymbol{J}_r(l,m) = \begin{cases} 1, \text{if } l-m=r \\ 0, \text{if } l-m \neq r \end{cases} \quad (l,m) \in \{1,\cdots,N-1\}^2$$

表示时移矩阵，且 $\boldsymbol{J}_{-r} = \boldsymbol{J}_r^{\mathrm{T}}$。注意到式（17.2）清晰地描述了干扰成分与发射信号 $\boldsymbol{s}$ 的函数关系，该函数包括了在混响环境中每一个散射体的时间导向矢量的调制。于是，源自孤立点状反射体的回波强度可通过后向散射幅度 $\alpha_{(r,i)}$ 定量描述，距离可通过操作矩阵 $\boldsymbol{J}_r$ 引入的时间平移来表示。最后，所有的分量加到一起构成了式（17.2）所示求和项。

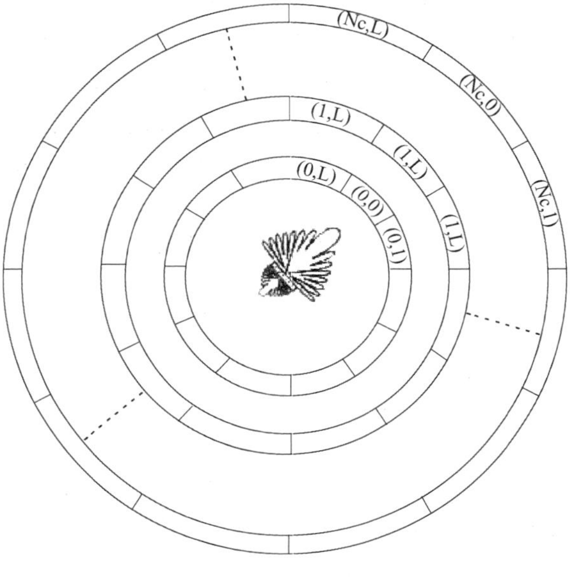

图 17.1　雷达天线方向图照射区域的距离－方位单元

关于噪声矢量 $\boldsymbol{n}$ 的特性，可假设为零均值白噪声，即

$$E[\boldsymbol{n}] = \boldsymbol{0}, \quad E[\boldsymbol{n}\boldsymbol{n}^{\mathrm{H}}] = \sigma_n^2 I \quad \text{（上角标 } H \text{ 表示向量的共轭转置）}$$

接下来分析杂波矢量 $\boldsymbol{c}$ 的特性。如前所述，假设散射体是不相关的；进一步，对于每一个散射体，有 $\sigma_{(r,i)}^2 = E[|\alpha_{(r,i)}|^2]$，假设其复幅度的期望值为 V 零②，即 $E[\alpha_{(r,i)}] = 0$，以及其归一化多普勒频率在多普勒频率均值 $\bar{v}_{d_{(r,i)}}$ 附近均

① 注意到模型（17.2）指的是距离模糊杂波的一般情况，当 $N_c = 1$，它就表示无距离模糊的情况，这相当于抑制（17.2）中的第一个求和项。

② 这是一个合理假设，因为 $\alpha_{(r,i)}$ 的相位值 $\arg(\alpha_{r,i})$ 可以精确地建模为和幅值统计独立，并且均匀分布在［$-\pi$，π］，即 $\arg(\alpha_{r,i})0 \sim u(-\pi,\pi)$。

匀分布，即 $v_{d_{(r,i)}} \sim U\left(\bar{v}_{d_{(r,i)}} - \frac{\epsilon_{(r,i)}}{2}, \bar{v}_{d_{(r,i)}} + \frac{\epsilon_{(r,i)}}{2}\right)$，其中 $\epsilon_{(r,i)}$ 表示杂波多普勒频率的不确定性。因此，有

$$E[\boldsymbol{c}] = 0$$

以及

$$\boldsymbol{\Sigma}_c(\boldsymbol{s}) = E[\boldsymbol{c}\boldsymbol{c}^{\mathrm{H}}] = \sum_{r=1}^{N_c-1}\sum_{i=0}^{L-1}\sigma^2_{(r,i)}\boldsymbol{J}_r\boldsymbol{\Gamma}(\boldsymbol{s},(r,i))\boldsymbol{J}_{\mathrm{r}}^{\mathrm{T}} + \sum_{i=0}^{L-1}\sigma^2_{(0,i)}\boldsymbol{\Gamma}(\boldsymbol{s},(0,i)) \quad (17.3)$$

式中：$\boldsymbol{\Gamma}(\boldsymbol{s},(r,i)) = \mathrm{diag}(\boldsymbol{s})\boldsymbol{\Phi}_{\epsilon_{(r,i)}}^{\bar{v}_{d(r,i)}}\mathrm{diag}(\boldsymbol{s})^{\mathrm{H}}$，且有

$$\boldsymbol{\Phi}_{\epsilon}^{\bar{v}_d}(l,m) = \begin{cases} 1 & l = m \\ \mathrm{e}^{\mathrm{j}2\pi\bar{v}_d(l-m)}\dfrac{\sin[\pi\epsilon(l-m)]}{\pi\epsilon(l-m)} & l \neq m \end{cases} (l,m) \in \{1,\cdots,N\}^2 \quad (17.4)$$

这里没有对杂波 $\boldsymbol{c}$ 的多元统计特性做假设。

接下来将介绍一些可用式（17.3）建模与描述的相关场景。其中文献［22，23］以及文献［4］中的第 15 章和 16 章中，假设对于任意（r，i）距离 – 方位单元，散射体的雷达截面（RCS）$\sigma_0^{(r,i)}$ 可以通过数字地形图（如国土覆盖数据 NLCD）和 RCS 杂波模型共同进行预测。的确，通过分析 NLCD，可以对雷达照射的环境进行分类，因此可以将每一个（r，i）距离 – 方位单元标示为特有的反射环境。实际上，NLCD 数据可以将地形图按等级划分为 9 个主要的类别，如城市地区、荒地、水域等。每一个主要分类又可以进一步分为 21 个次级分类，如高密度居住城市地区、低密度居住城市地区等。一旦对每一个距离 – 方位单元完成分类，则可以通过对该分类环境采用特有的杂波模型来确定其 RCS 均值。

让我们来介绍一些相关的 RCS 杂波模型；如果第（r，i）个距离 – 方位单元被分类为覆盖乔木的丘陵地区，则 RCS 可估计为[24]

$$\sigma_0^{(r,i)} = \frac{0.00032}{\lambda}A_{(r,i)}\sin\psi_{(r,i)}$$

式中：λ 为雷达工作波长，$A_{(r,i)}$ 和 $\psi_{(r,i)}$ 分别为第（r，i）个单元的面积与掠射角。此外，如果第（r，i）个距离 – 方位单元被分类为海域，则 RCS 可通过下式获得[24]

$$\sigma_0^{(r,i)} = \frac{10^{0.6K_b\sin\psi_{(r,i)}}}{2.51\times10^6\lambda}A_{(r,i)}$$

式中：K_b 为描述海态中海浪等级的常数；λ 为雷达工作波长；$A_{(r,i)}$ 和 $\psi_{(r,i)}$ 分别为第（r，i）个单元的面积与掠射角。

其他可靠的海杂波模型也可作为备选，如佐治亚理工学院（GIT）模型，还包含了气象参数[25]。其他有关地形类型如农村耕地、沙漠、密林、丛林、城市等在不同频带和掠射角下的反射率信息可参阅文献［25］、第 7 章。当完成对 $\sigma_0^{(r,i)}$ 的估计后，如前所述，可以获得对 $\sigma^2_{(r,i)}$ 的估计如下：

$$\sigma^2_{(r,i)} = \sigma_0^{(r,i)} K_r \mid G(\theta_i) \mid^2 \tag{17.5}$$

式中：K_r 为描述信道传播效应的常数，如自由空间双程路径损失以及额外的系统损失（雷达方程）；θ_i 为第（r，i）个单元的方位角；$G(\theta)$ 为在角度 θ 处的单向天线增益①。

根据式（17.3），另一种包括均匀散射场，也即 $\sigma_0 = \sigma_0^{(r,i)}$ 的有趣的场景，可以进行建模。当没有获得任何杂波反射率先验知识时，这样的模型是有意义的。在这种情况下，有

$$\sigma^2_{(r,i)} = \sigma_0 K_r \mid G(\theta_i) \mid^2 \tag{17.6}$$

因此，描述综合干扰矢量 $\boldsymbol{c} + \boldsymbol{n}$ 二阶统计特性的基本参量为在杂波多普勒上的不确定因子 $\boldsymbol{\varepsilon}$、发射天线的辐射方向图和杂噪比（CNR）。其中杂噪比定义如下：

$$\text{CNR} = \frac{\sigma_0}{\sigma_n^2}$$

可以从一些辅助数据或杂波图[26]中获得对 *CNR* 的精确估计。

为了确定第（r，i）个距离-方位单元扩展杂波的均值多普勒频率 $\bar{v}_{d_{(r,i)}}$ 和不确定因子 $\boldsymbol{\varepsilon}_{(r,i)}$，一个有效的标准就是使 $\bar{v}_{d_{(r,i)}}$ 等于杂波随机过程（描述第（r，i）个单元）功率谱密度（*PSD*）的频谱峰值，使 $\boldsymbol{\varepsilon}_{(r,i)}$ 等于功率带宽的90/95%，而这些参数可通过一个先验的杂波谱模型来获得。此外，可以利用 *NLCD* 来对每个单元进行分类，以确定该单元 *PSD* 的适当模型。例如，在文献［27］和文献［28］中所描述，*PSD* 的指数模型是描述有风时的地物杂波谱最精确的近似模型，如下所示：

$$S(f) = \sigma_0^g \left[\frac{d}{1+d}\delta_d(f) + \frac{1}{1+d}\frac{\beta\lambda}{4}\exp\left(-\frac{\beta\lambda}{2}\mid f \mid\right) \right]$$

式中：$\delta_d(f)$ 为狄拉克 δ 函数；d 代表了直流电（*DC*）与交流电（*AC*）的比值，可用 $d = 489.8w^{-1.55}f_0^{1.21}$ 进行估计[27]，其中 w 为以每小时英里数（*mi/h*）表示的风速，f_0 为雷达载波频率；λ 为雷达工作波长，单位为 m；β 为形状参量，是风况的函数[27]，即 $\beta^{-1} = 0.1048(\log_{10}w + 0.4147)$。

此外，至于海杂波，在文献［29］中已有描述，PSD 可以粗略近似为

$$S(f) = \sigma_0^s \frac{1}{f_e\sqrt{\pi}}\exp\left[-\frac{(f-f_G)^2}{f_e} \right]$$

式中：f_G 为高斯函数的取峰值的频率值，也即均值多普勒频率；f_e 为多普勒频率宽度。f_G 和 f_e 的典型值在文献［29］中已用表格的形式给出。

综上所述，可以通过联合地理信息、气象数据和杂波 RCS 和 PSD 的统计（也有可能是经验模型）模型来获得典型的杂波统计参数。

---

① 为表示简单，我们考虑二维场景，（可以直接扩展到三维场景）。

17.3　问题阐述与设计

我们在一定的编码形状约束下，为最大化 SINR 进行雷达编码与接收滤波器联合优化设计。特别地，假设观测矢量 $\boldsymbol{v}$ 是经过 $\boldsymbol{w}$ 滤波后的输出，则在滤波器①输出端的 SINR 可表述如下：

$$\mathrm{SINR}=\frac{|\alpha_T|^2|\boldsymbol{w}^{\mathrm{H}}(\boldsymbol{s}\odot\boldsymbol{p}(v_{d_T}))|^2}{\boldsymbol{w}^{\mathrm{H}}\boldsymbol{\Sigma}_c(\boldsymbol{s})\boldsymbol{w}+\sigma_n^2\|\boldsymbol{w}\|^2}\tag{17.7}$$

式中：$|\alpha_T|^2|\boldsymbol{w}^{\mathrm{H}}(\boldsymbol{s}\odot\boldsymbol{p}(v_{d_T}))|^2$ 为在滤波器输出端有用的信号能量；$\sigma_n^2\|\boldsymbol{w}\|^2$ 和 $\boldsymbol{w}^{\mathrm{H}}\boldsymbol{\Sigma}_c(\boldsymbol{s})\boldsymbol{w}$ 分别代表在滤波器输出端的噪声和杂波能量。注意到，杂波能量 $\boldsymbol{w}^{\mathrm{H}}\boldsymbol{\Sigma}_c(\boldsymbol{s})\boldsymbol{w}$ 同接收处理 $\boldsymbol{w}$ 和发射波形均具有函数关系（即关于变量 $\boldsymbol{w}$ 和 $\boldsymbol{s}$ 的四次多项式）。该项表达式是与信号相关和与信号不相关之间的主要区分，在与信号不相关环境中输出杂波能量仅是 $\boldsymbol{w}$ 的函数，为变量 $\boldsymbol{w}$ 的齐次二项式形式。

这里有必要进行重点论述。对于一个标准的雷达处理，使用确定的发射波形 $\bar{\boldsymbol{s}}$ 和匹配滤波接收机 $\bar{\boldsymbol{s}}\odot\boldsymbol{p}(v_{d_T})$，则 SINR 为

$$\mathrm{SINR}_{\mathrm{MF}}=\frac{|\alpha_T|^2}{\bar{\boldsymbol{s}}^{\mathrm{H}}[\mathrm{diag}(\boldsymbol{p}(v_{d_T})^*)\boldsymbol{\Sigma}_c(\bar{\boldsymbol{s}})\mathrm{diag}(\boldsymbol{p}(v_{d_T}))+\sigma_n^2\boldsymbol{I}]\bar{\boldsymbol{s}}}\tag{17.8}$$

此外，由于式（17.7）以下式为上界

$$\mathrm{SINR}_{\mathrm{UB}}=\frac{|\alpha_T|^2}{\sigma_n^2+\min\limits_{\boldsymbol{s},\|\boldsymbol{s}\|=1}\lambda_{\min}[\boldsymbol{\Sigma}_c(\boldsymbol{s})]}\tag{17.9}$$

则下述不等式恒成立：

$$\mathrm{SINR}_{\mathrm{UB}}\geqslant\max_{\boldsymbol{w},\boldsymbol{s}}\mathrm{SINR}\geqslant\mathrm{SINR}_{\mathrm{MF}}\tag{17.10}$$

上式确定了相对于传统处理方法，通过发射/接收联合设计算法可能获得的性能提升（就 SINR 而言）范围。显然，$[\mathrm{SINR}_{\mathrm{UB}},\mathrm{SINR}_{\mathrm{MF}}]$ 间隔大小取决于特定的环境（通过矩阵 $\boldsymbol{\Sigma}_c(\boldsymbol{s})$ 影响）。如果 $\boldsymbol{\Sigma}_c(s)$ 与单位矩阵成比例关系则 $\mathrm{SINR}_{\mathrm{UB}}=\mathrm{SINR}_{\mathrm{MF}}$，证实了在白噪声干扰环境下匹配滤波器的最优性。

为展开 SINR 最优化算法，在这里介绍如下引理，该引理提供了另一个可供选择的 SINR 表达式。

引理 17.1　等效的 SINR 表达式如下：

$$\mathrm{SINR}=\frac{|\alpha_T|^2|\boldsymbol{s}^{\mathrm{T}}(\boldsymbol{w}^*\odot\boldsymbol{p}(v_{d_T}))|^2}{\boldsymbol{s}^{\mathrm{T}}\boldsymbol{\Theta}_c(\boldsymbol{w})\boldsymbol{s}^*+\sigma_n^2\|\boldsymbol{w}\|^2}\tag{17.11}$$

其中：

① 显然，这里假设 $\boldsymbol{w}\neq0$。

$$\boldsymbol{\Theta}_c(\boldsymbol{w}) = \sum_{r=1}^{N_c-1}\sum_{i=0}^{L-1}\sigma^2_{(r,i)}\operatorname{diag}(\boldsymbol{J}_{-r}\boldsymbol{w}^*)\boldsymbol{\Phi}^{\bar{v}_{d(r,i)}}_{\varepsilon(r,i)}\operatorname{diag}(\boldsymbol{J}_{-r}\boldsymbol{w}) + \sum_{i=0}^{L-1}\sigma^2_{(0,i)}\operatorname{diag}(\boldsymbol{w}^*)\boldsymbol{\Phi}^{\bar{v}_{d(0,i)}}_{\varepsilon(0,i)}\operatorname{diag}(\boldsymbol{w})$$

证明见附录 A。

至于编码的形状，可以假设 $\|\boldsymbol{s}\|^2 = 1$，来说明雷达发射的能量是有限的。此外，可加入相似度约束[30]，即

$$\|\boldsymbol{s}-\boldsymbol{s}_0\|^2 \leqslant \delta \tag{17.12}$$

式中参数 $\delta \geqslant 0$ 控制了相似范围的大小，$\boldsymbol{s}_0$ 是事先选定的编码。在雷达编码设计中，使用相似度约束是有原因的。事实上，最优化接收滤波器输出端的 SINR 获得的编码，并没有对最终编码波形的外形做任何类型的控制。准确地说，无约束的最优化 SINR，将导致信号具有严重的幅度起伏、距离分辨率差、峰值旁瓣电平高，更一般来讲将具有非期望的模糊函数。这些缺陷可以在搜索雷达编码时附加相似度约束后改进一部分。如此可以使得优化解与已知的编码 $\boldsymbol{s}_0$（$\|\boldsymbol{s}_0\|^2 = 1$）相似，共享一些良好的特性，如恒幅调制、合理的距离分辨率和峰值旁瓣电平。换句话说，附加式（17.12）所示约束，可以间接地控制所关心编码脉冲串的模糊函数：δ 越小，则所设计的雷达编码的模糊函数与 $\boldsymbol{s}_0$ 的模糊函数之间的相似度越高。

根据前面所提到的准则和定义，雷达编码和接收滤波器的联合设计可以描述为如下的约束优化问题：

$$\mathcal{P}\begin{cases}\max\limits_{s,w} & \dfrac{|\alpha_T|^2\,|\boldsymbol{w}^{\mathrm{H}}(\boldsymbol{s}\odot\boldsymbol{p}(v_{d_T}))|^2}{\boldsymbol{w}^{\mathrm{H}}\boldsymbol{\Sigma}_c(\boldsymbol{s})\boldsymbol{w}+\sigma_n^2\|\boldsymbol{w}\|^2}\\ \text{s.t.} & \|\boldsymbol{s}\|^2 = 1\\ & \|\boldsymbol{s}-\boldsymbol{s}_0\|^2 \leqslant \boldsymbol{\delta}\end{cases} \tag{17.13}$$

问题 $\mathcal{P}$ 是一个非凸优化问题（目标函数是非凸函数，$\|\boldsymbol{s}\|^2 = 1$ 定义了一个非凸集合），这里采用的是基于顺序最优化处理的方法来寻找优良解。处理思路是对 SINR 进行迭代优化。确切地讲，从接收滤波器 $\boldsymbol{w}^{(n-1)}$ 出发，在第 n 步寻找对应接收滤波器 $\boldsymbol{w}^{(n-1)}$ 且最大化 SINR 的可行集内的雷达编码 $\boldsymbol{s}^{(n)}$。当 $\boldsymbol{s}^{(n)}$ 找到时，则搜索对应雷达编码 $\boldsymbol{s}^{(n)}$ 最大化 SINR 的自适应滤波器 $\boldsymbol{w}^{(n)}$，等等。另外，将 $\boldsymbol{w}^{(n)}$ 用作第 $n+1$ 步的出发点。为启动这个程序，需假设有对应于可行集内编码 $\boldsymbol{s}^{(0)}$ 的最优化接收滤波器 $\boldsymbol{w}^{(0)}$。从理论上来说，$\boldsymbol{s}^{(n)}$ 和 $w^{(n)}$ 分别是如下所定义的最优化问题 $P^{(n)}$ 和 $P^{(n)}$ 的最优解。

$$\mathcal{P}_s^{(n)}\begin{cases}\max\limits_{s} & \dfrac{|\alpha_T|^2\,|\boldsymbol{w}^{(n-1)H}(\boldsymbol{s}\odot\boldsymbol{p}(v_{d_T}))|^2}{\boldsymbol{w}^{(n-1)H}\boldsymbol{\Sigma}_c(\boldsymbol{s})\boldsymbol{w}^{(n-1)}+\sigma_n^2\|\boldsymbol{w}^{(n-1)}\|^2}\\ \text{s.t.} & \|\boldsymbol{s}\|^2 = 1\\ & \|\boldsymbol{s}-\boldsymbol{s}_0\|^2 \leqslant \boldsymbol{\delta}\end{cases} \tag{17.14}$$

$$\mathcal{P}_{w}^{(n)}\left\{\max_{w} \quad \frac{|\alpha_T|^2 |\boldsymbol{w}^{\mathrm{H}}(\boldsymbol{s}^n \odot \boldsymbol{p}(v_{d_T}))|^2}{\boldsymbol{w}^{\mathrm{H}}\boldsymbol{\Sigma}_c(\boldsymbol{s}^{(n)})\boldsymbol{w} + \sigma_n^2 \|\boldsymbol{w}\|^2}\right. \tag{17.15}$$

上述处理程序有一些有趣的特性，以定理的形式总结如下：

定理 17.1　假设问题 $\mathcal{P}_w^{(n)}$ 和 $\mathcal{P}_s^{(n)}$ 是可解的①。不妨令 $\{(\boldsymbol{s}^{(n)},\boldsymbol{w}^{(n)})\}$ 为经过上述顺序优化处理获得的点序列；$\mathrm{SINR}^{(n)}$ 为对应于第 n 步迭代的点 $(\boldsymbol{s}^{(n)},\boldsymbol{w}^{(n)})$ 相应的 SINR 值。则

（1）序列 $\mathrm{SINR}^{(n)}$ 是一个递增序列。

（2）序列 $\mathrm{SINR}^{(n)}$ 收敛于一个有限值 $\mathrm{SINR}^{\star}$。

（3）从序列 $\{(\boldsymbol{s}^{(n)},\boldsymbol{w}^{(n)})\}$ 出发，可以构建另一个收敛于问题 $\mathcal{P}$ 中可行点 $(\tilde{\boldsymbol{s}}^{\star},\tilde{\boldsymbol{w}}^{\star})$ 的序列 $\{(\tilde{\boldsymbol{s}}^{(n')},\tilde{\boldsymbol{w}}^{(n')})\}$，如此则在 $(\tilde{\boldsymbol{s}}^{\star},\tilde{\boldsymbol{w}}^{\star})$ 中估计得到的 SINR 等于 $\mathrm{SINR}^{\star}$。

证明见附录 C。

从实际应用的角度来看，上述提出的最优化处理需要一个条件来终止迭代。有多种方式可以实现；例如可以考虑最大可接受的迭代次数，或连续两次优化后的 SINR 之间的差（即附加一项迭代增益约束），或这两者的组合。基于可利用的杂波环境信息，雷达编码和接收滤波器联合最优化处理示意图如图 17.2 所示。具体来讲，通过使用特定场所（有可能是动态的）中包含地理信息系统、数字地形图、杂波模型（就电磁反射率和谱密度而言）和气象信息的环境数据库，可以获得 $\sigma^2_{(r,i)}$，$\bar{v}_{d_{(r,i)}}$ 和 $\varepsilon_{(r,i)}$ 这些每一个距离－方位单元 (r,i) 的杂波特性描述。于是，从初始编码 $\boldsymbol{s}^{(0)}$ 启动最优化处理程序，继而可以获得对应的自适应滤波器 $\boldsymbol{w}^{(0)}$，在第 n 步顺序解决问题 $\mathcal{P}_s^{(n)}$ 和 $\mathcal{P}_w^{(n)}$ 最优化 SINR，获得 $(\boldsymbol{s}^{(n)},\boldsymbol{w}^{(n)})$。一直持续进行到终止条件得到满足，输出雷达编码 $\boldsymbol{s}^{\star}$ 和接收滤波器 $\boldsymbol{w}^{\star}$。

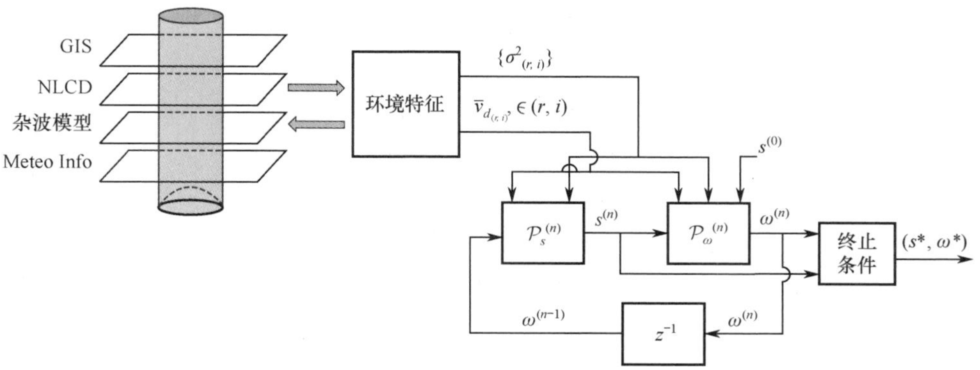

图 17.2　发射－接收最优化处理框图

① 可解的意思是，这个问题是可解但有约束限制的，这种情况下能得到最优解。[31]

要点：从信息论角度可以获得类似的最优化问题，见文献［32］，也就是在和式（17.13）中问题 $\mathcal{P}$ 同样的约束条件下，最优化接收到的观测量 $\boldsymbol{v}$ 与复随机目标后向散射 α_T 之间的互信息（MI）下界。更详细的讨论和分析见附录 D。

17.3.1 节将致力于求解上述顺序最优化处理的最优化问题 $\mathcal{P}_w^{(n)}$ 和 $\mathcal{P}_s^{(n)}$ 的研究。

17.3.1 接收滤波器优化：问题 $\mathcal{P}_w^{(n)}$ 的解

在本小节，将分析问题 $\mathcal{P}_w^{(n)}$ 的相关性质。具体来讲，可以证明问题 $\mathcal{P}_w^{(n)}$ 是可解的，并可找到对应任意 $\boldsymbol{s}^{(n)}$ 的最优解析解 $\boldsymbol{w}^{(n)}$ 。

引理 17.2 为找到 $\mathcal{P}_w^{(n)}$ 的最优解，只需解决如下给定的 $\mathcal{P}_1$ 即可

$$\mathcal{P}_1\begin{cases}\min\limits_{\boldsymbol{w}} & \boldsymbol{w}^{\mathrm{H}}\boldsymbol{\Sigma}_c(\boldsymbol{s}^{(n)})\boldsymbol{w}+\sigma_n^2\|\boldsymbol{w}\|^2\\ \text{s. t.} & \mathcal{R}(\boldsymbol{w}^{\mathrm{H}}(\boldsymbol{s}^{(n)}\odot\boldsymbol{p}(v_{d_T})))=1\end{cases} \tag{17.16}$$

也就是，假若 $\boldsymbol{w}^\star$ 是 $\mathcal{P}_1$ 的最优解，则 $\boldsymbol{w}^\star$ 也同样是 $\mathcal{P}_w^{(n)}$ 的最优解。证明．见附录 G。

根据引理 17.2 和文献［33］，可以给出 $\mathcal{P}_w^{(n)}$ 的最优解如下

$$\boldsymbol{w}^{(n)}=\frac{(\boldsymbol{\Sigma}_c(\boldsymbol{s}^{(n)})+\sigma_n^2\boldsymbol{I})^{-1}}{(\boldsymbol{s}^{(n)}\odot\boldsymbol{p}(v_{d_T}))^{\mathrm{H}}(\boldsymbol{\Sigma}_c(\boldsymbol{s}^{(n)})+\sigma_n^2\boldsymbol{I})^{-1}(\boldsymbol{s}^{(n)}\odot\boldsymbol{p}(v_{d_T}))}(\boldsymbol{s}^{(n)}\odot\boldsymbol{p}(v_{d_T})) \tag{17.17}$$

从上式可以明显地看出 $\boldsymbol{s}^{(n)}$ 和导向矢量 $\boldsymbol{p}(v_{d_T})$ 对 $\boldsymbol{w}^{(n)}$ 的影响。

17.3.2 雷达编码优化：问题 $\mathcal{P}_s^{(n)}$ 的解

在本节，将分析问题 $\mathcal{P}_s^{(n)}$ 的主要性质。确切来说，我们证明了该问题是可解的，并描述了一种寻找问题 $\mathcal{P}_s^{(n)}$ 最优解的算法。首先，使用引理 17.1，则 $\mathcal{P}_s^{(n)}$ 等价于 $\mathcal{P}_2$ ，即

$$\mathcal{P}_2\begin{cases}\max\limits_{s} & \dfrac{|\boldsymbol{s}^{\mathrm{T}}(\boldsymbol{w}^{(n-1)*}\odot\boldsymbol{p}(v_{d_T}))|^2}{\boldsymbol{s}^{\mathrm{T}}\boldsymbol{\Theta}_c(\boldsymbol{w}^{(n-1)})\boldsymbol{s}^*+\sigma_n^2\|\boldsymbol{w}^{(n-1)}\|^2}\\ \text{s. t.} & \|\boldsymbol{s}\|^2=1\\ & \|\boldsymbol{s}-\boldsymbol{s}_0\|^2\leqslant\boldsymbol{\delta}\end{cases} \tag{17.18}$$

这是一个分式二次问题，为解决该问题，可以参照文献［34］中的准则。这里我们定义：

$$\boldsymbol{S}=(\boldsymbol{w}^{(n-1)}\odot\boldsymbol{p}(v_{d_T})^*)(\boldsymbol{w}^{(n-1)}\odot\boldsymbol{p}(v_{d_T})^*)^H$$

以及

$$\boldsymbol{M}=\boldsymbol{\Theta}_c(\boldsymbol{w}^{(n-1)})^*+\sigma_n^2\|\boldsymbol{w}^{(n-1)}\|^2\boldsymbol{I}$$

则 $\mathcal{P}_2$ 的另一种等价形式为

$$
\mathcal{P}_2'\begin{cases}
\max\limits_{s,t} & \dfrac{\operatorname{tr}\left(\begin{bmatrix}\boldsymbol{S} & \boldsymbol{0}\\ \boldsymbol{0} & \boldsymbol{0}\end{bmatrix}\begin{bmatrix}\boldsymbol{s}\boldsymbol{s}^\dagger & \boldsymbol{s}t^*\\ \boldsymbol{s}^\dagger t & |t|^2\end{bmatrix}\right)}{\operatorname{tr}\left(\begin{bmatrix}\boldsymbol{M} & \boldsymbol{0}\\ \boldsymbol{0} & 0\end{bmatrix}\begin{bmatrix}\boldsymbol{s}\boldsymbol{s}^\dagger & \boldsymbol{s}t^*\\ \boldsymbol{s}^\dagger t & |t|^2\end{bmatrix}\right)}\\
\text{s. t.} & \operatorname{tr}\left(\begin{bmatrix}\boldsymbol{I} & -\boldsymbol{s}_0\\ -\boldsymbol{s}_0^\dagger & \|\boldsymbol{s}_0\|^2-\boldsymbol{\delta}\end{bmatrix}\begin{bmatrix}\boldsymbol{s}\boldsymbol{s}^\dagger & \boldsymbol{s}t^*\\ \boldsymbol{s}^\dagger t & |t|^2\end{bmatrix}\right)\leqslant 0\\
& \operatorname{tr}\left(\begin{bmatrix}\boldsymbol{I} & \boldsymbol{0}\\ \boldsymbol{0} & 0\end{bmatrix}\begin{bmatrix}\boldsymbol{s}\boldsymbol{s}^\dagger & \boldsymbol{s}t^*\\ \boldsymbol{s}^\dagger t & |t|^2\end{bmatrix}\right)=1\\
& \operatorname{tr}\left(\begin{bmatrix}\boldsymbol{0} & \boldsymbol{0}\\ \boldsymbol{0} & 1\end{bmatrix}\begin{bmatrix}\boldsymbol{s}\boldsymbol{s}^\dagger & \boldsymbol{s}t^*\\ \boldsymbol{s}^\dagger t & |t|^2\end{bmatrix}\right)=1\\
& \boldsymbol{s}\in\mathbb{C}^N, t\in\mathbb{C}
\end{cases}
\tag{17.19}
$$

很显然问题 $\mathcal{P}_2$ 和 $\mathcal{P}_2'$ 是等价的。事实上，显然有 $\boldsymbol{v}(\mathcal{P}_2)\leqslant\boldsymbol{v}(\mathcal{P}_2')$；从另一方面来说，当 $(\boldsymbol{s}^\star,t^\star)$ 是 $\mathcal{P}_2'$ 的最优解时，$\mathcal{P}_2$ 中的目标函数在点 $\boldsymbol{s}^\star/t^\star$ 的值等于 $\mathcal{P}'_2$ 的最优值。

见文献 [31]，舍弃问题 $\mathcal{P}_2'$ 中的秩 1 约束，得到松弛后的半正定规划（SDP）问题 $\mathcal{P}_3$，即

$$
\mathcal{P}_3\begin{cases}
\max\limits_{\boldsymbol{W}} & \dfrac{\operatorname{tr}(\boldsymbol{Q}_{-1}\boldsymbol{W})}{\operatorname{tr}(\boldsymbol{Q}_0\boldsymbol{W})}\\
\text{s. t.} & \operatorname{tr}(\boldsymbol{Q}_1\boldsymbol{W})\leqslant 0\\
& \operatorname{tr}(\boldsymbol{Q}_2\boldsymbol{W})=1\\
& \operatorname{tr}(\boldsymbol{Q}_3\boldsymbol{W})=1\\
& \boldsymbol{W}\succeq 0
\end{cases}
\tag{17.20}
$$

其中 $\boldsymbol{W}\in\mathbb{H}^{N+1}$，矩阵 $\boldsymbol{Q}_i$ 定义如下：

$$
\boldsymbol{Q}_{-1}=\begin{bmatrix}\boldsymbol{S} & \boldsymbol{0}\\ \boldsymbol{0} & 0\end{bmatrix},\boldsymbol{Q}_0=\begin{bmatrix}\boldsymbol{M} & \boldsymbol{0}\\ \boldsymbol{0} & 0\end{bmatrix}
\tag{17.21}
$$

以及

$$
\boldsymbol{Q}_1=\begin{bmatrix}\boldsymbol{I} & -\boldsymbol{s}_0\\ -\boldsymbol{s}_0^\dagger & \|\boldsymbol{s}_0\|^2-\delta\end{bmatrix},\boldsymbol{Q}_2=\begin{bmatrix}\boldsymbol{I} & \boldsymbol{0}\\ \boldsymbol{0} & 0\end{bmatrix},\boldsymbol{Q}_3=\begin{bmatrix}\boldsymbol{0} & \boldsymbol{0}\\ \boldsymbol{0} & 1\end{bmatrix}
\tag{17.22}
$$

如文献 [34] 所述，$\mathcal{P}_2$ 的最优解 $\boldsymbol{s}^{(n)}$ 可以通过两步获得，$\mathcal{P}_2'$ 同样如此。第一步获得问题 $\mathcal{P}_3$ 的解，或与之等效的如下 SDP 问题的解：

$$
\mathcal{P}_4\begin{cases}\max\limits_{X,u} & \operatorname{tr}(\boldsymbol{Q}_{-1}\boldsymbol{X}) \\ \text{s. t.} & \operatorname{tr}(\boldsymbol{Q}_0\boldsymbol{X}) = 1 \\ & \operatorname{tr}(\boldsymbol{Q}_1\boldsymbol{X}) \leqslant 0 \\ & \operatorname{tr}(\boldsymbol{Q}_2\boldsymbol{X}) = u \\ & \operatorname{tr}(\boldsymbol{Q}_3\boldsymbol{X}) = u \\ & \boldsymbol{X} \succeq 0, u \geqslant 0\end{cases} \tag{17.23}
$$

式中：$\boldsymbol{X} \in \mathbb{H}^{N+1}$，$u \in \mathbb{R}$。事实上，问题 $\mathcal{P}_3$ 和 $\mathcal{P}_4$ 是可解的且具有相同的最优值；而且，由文献［34］，如果 $(\boldsymbol{X}^\star, u^\star)$ 是 $\mathcal{P}_4$ 的解，则 $\boldsymbol{X}^\star/u^\star$ 是 $\mathcal{P}_3$ 的解，如果 $\boldsymbol{X}^\star$ 是 $\mathcal{P}_3$ 的解，则 $(\boldsymbol{X}^\star/\operatorname{tr}(\boldsymbol{Q}_0\boldsymbol{X}^\star), 1/\operatorname{tr}(\boldsymbol{Q}_0\boldsymbol{X}^\star))$ 是 $\mathcal{P}_4$ 的解。

第二步求解具有秩 1 结构的 $\mathcal{P}_3$ 的最优解 $\boldsymbol{x}^\star(\boldsymbol{x}^\star)^\dagger$，从 $\boldsymbol{X}^\star$（已得到的 $\mathcal{P}_3$ 的最优解）出发，采用秩 1 矩阵分解定理文献［35］，定理 2.3，这里以引理的形式引用如下。

引理 17.3 设 $\boldsymbol{X}$ 为非零 $N \times N(N \geqslant 3)$ 的复 Hermitian 半正定矩阵，$\{\boldsymbol{A}_1, \boldsymbol{A}_2, \boldsymbol{A}_3, \boldsymbol{A}_4\}$ 为 Hermitian 矩阵。假定对任意非零 $N \times N$ 的复 Hermitian 半正定矩阵 $\boldsymbol{Y}$，有 $(\operatorname{tr}(\boldsymbol{Y}\boldsymbol{A}_1), \operatorname{tr}(\boldsymbol{Y}\boldsymbol{A}_2), \operatorname{tr}(\boldsymbol{Y}\boldsymbol{A}_3), \operatorname{tr}(\boldsymbol{Y}\boldsymbol{A}_4)) \neq (0,0,0,0)$，则有

（1）如果 $\operatorname{rank}(\boldsymbol{X}) \geqslant 3$，可以在多项式运算时间内找到一个秩 1 矩阵 $\boldsymbol{x}\boldsymbol{x}^\dagger$，使得 $\boldsymbol{x}$（可综合表示为 $\boldsymbol{x} = \mathcal{D}_2(\boldsymbol{X}, \boldsymbol{A}_1, \boldsymbol{A}_2, \boldsymbol{A}_3, \boldsymbol{A}_4)$）在空间 range（$\boldsymbol{X}$）内，且

$$\boldsymbol{x}^\dagger \boldsymbol{A}_i \boldsymbol{x} = \operatorname{tr}(\boldsymbol{X}\boldsymbol{A}_i), i = 1,2,3,4$$

（2）如果 $\operatorname{rank}(\boldsymbol{X}) = 2$，对任意不在 $\boldsymbol{X}$ 列空间内的 $\boldsymbol{z}$，可以找到一个秩 1 矩阵 $\boldsymbol{x}\boldsymbol{x}^\dagger$，使得 $\boldsymbol{x}$（可综合表示为 $\boldsymbol{x} = \mathcal{D}_2(\boldsymbol{X}, \boldsymbol{A}_1, \boldsymbol{A}_2, \boldsymbol{A}_3, \boldsymbol{A}_4)$）在由 $\{\boldsymbol{z}\} \cup \operatorname{range}(\boldsymbol{X})$ 构成的线性子空间内，且

$$\boldsymbol{x}^\dagger \boldsymbol{A}_i \boldsymbol{x} = \operatorname{tr}(\boldsymbol{X}\boldsymbol{A}_i), i = 1,2,3,4$$

现在来检验该引理在 $\boldsymbol{X}^\star$ 和 $\mathcal{P}_3$ 中矩阵参量上的适用性。的确，条件 $N \geqslant 3$ 是宽松且切合实际的（发射的脉冲数通常大于或等于 3）。为了验证

$$(\operatorname{tr}(\boldsymbol{Y}\boldsymbol{Q}_1), \operatorname{tr}(\boldsymbol{Y}\boldsymbol{Q}_2), \operatorname{tr}(\boldsymbol{Y}\boldsymbol{Q}_3), \operatorname{tr}(\boldsymbol{Y}\boldsymbol{Q}_4)) \neq (0,0,0,0), \text{对任意非零 } \boldsymbol{Y} \succeq 0$$

只需证明存在 $(a_1, a_2, a_3, a_4) \in \mathbf{R}^4$ 使得

$$a_1\boldsymbol{Q}_1 + a_2\boldsymbol{Q}_2 + a_3\boldsymbol{Q}_3 + a_4\boldsymbol{Q}_4 \succ 0$$

其中

$$\boldsymbol{Q}_4 = \begin{bmatrix} \boldsymbol{S} - v(\mathcal{P}_3)\boldsymbol{M} & \boldsymbol{0} \\ \boldsymbol{0} & 0 \end{bmatrix}$$

这对于 P_4 中的矩阵参量①来说是显然的。由于 $\mathcal{P}_3$ 是与 $\mathcal{P}_2$ 等价的分式 QPQC 问题 $\mathcal{P}_2'$ 的松弛，记 $\boldsymbol{x}^\star = \begin{bmatrix} \boldsymbol{y}^\star \\ t^\star \end{bmatrix}$，则 $\mathcal{P}_s^{(n)}$ 的最优解为 $\boldsymbol{s}^{(n)} = \dfrac{\boldsymbol{y}^\star}{t^\star}$。

① 事实上，若 $a_1 = a_4 = 0, a_3 = a_2 = 1$，则 $a_1Q_1 + a_2Q_2 + a_3Q_3 + a_4Q_4 = I \succ 0$。

算法 1 总结了获得 $\mathcal{P}_s^{(n)}$ 最优解 $\boldsymbol{s}^{(n)}$ 的处理程序。

算法 1： 雷达编码最优化算法

输入：$\boldsymbol{M},\boldsymbol{S},\boldsymbol{Q}_1$ 。

输出：$\mathcal{P}_s^{(n)}$ 的最优解 $\boldsymbol{s}^{(n)}$ 。

1. 求解 SDP 问题 $\mathcal{P}_4$ ，寻找最优解 $(\boldsymbol{X}^\star,u^\star)$ 以及相应的最优值 $v^\star$ ；

2. 令 $\boldsymbol{X}^\star = \boldsymbol{X}^\star/u^\star$ ；

3. **if** rank$(\boldsymbol{X}^\star) = 1$ **then**

4. 执行特征分解 $\boldsymbol{X}^\star = \boldsymbol{x}^\star(\boldsymbol{x}^\star)^\dagger$ ，其中 $\boldsymbol{x}^\star = \begin{bmatrix} \boldsymbol{y}^\star \\ t^\star \end{bmatrix}$ ；输出 $\boldsymbol{s}^{(n)} = \boldsymbol{y}^\star/t^\star$ 并结束。

5. **else if** rank$(\boldsymbol{X}^\star) = 2$ **then**

6. 找到 $\boldsymbol{x}^\star = \mathcal{D}_2\left(\boldsymbol{X}^\star, \begin{bmatrix} \boldsymbol{S}-v^\star\boldsymbol{M} & \boldsymbol{0} \\ \boldsymbol{0} & 0 \end{bmatrix}, \begin{bmatrix} \boldsymbol{I} & -\boldsymbol{s}_0 \\ -\boldsymbol{s}_0^\dagger & \|\boldsymbol{s}_0\|^2-\delta \end{bmatrix}, \begin{bmatrix} \boldsymbol{I} & \boldsymbol{0} \\ \boldsymbol{0} & 0 \end{bmatrix}, \begin{bmatrix} \boldsymbol{0} & \boldsymbol{0} \\ \boldsymbol{0} & 1 \end{bmatrix}\right)$ ；

7. **else**

8. 找到 $\boldsymbol{x}^\star = \mathcal{D}_1\left(\boldsymbol{X}^\star, \begin{bmatrix} \boldsymbol{S}-v^\star\boldsymbol{M} & \boldsymbol{0} \\ \boldsymbol{0} & 0 \end{bmatrix}, \begin{bmatrix} \boldsymbol{I} & -\boldsymbol{s}_0 \\ -\boldsymbol{s}_0^\dagger & \|\boldsymbol{s}_0\|^2-\delta \end{bmatrix}, \begin{bmatrix} \boldsymbol{I} & \boldsymbol{0} \\ \boldsymbol{0} & 0 \end{bmatrix}, \begin{bmatrix} \boldsymbol{0} & \boldsymbol{0} \\ \boldsymbol{0} & 1 \end{bmatrix}\right)$ ；

9. **end**

10. 令 $\boldsymbol{x}^\star = \begin{bmatrix} \boldsymbol{y}^\star \\ t^\star \end{bmatrix}$ ；输出 $\boldsymbol{s}^{(n)\star} = \boldsymbol{y}^\star/t^\star$ 。

17.3.3 发射 – 接收系统的设计步骤

在本小节，将之前提到的雷达编码与接收滤波器的顺序最优化处理总结和归纳为算法 2。为启动递归处理，需提供一个初始雷达编码 $\boldsymbol{s}^{(0)}$ ，从该编码可以获得最优接收滤波器 $\boldsymbol{w}^{(0)}$ ；显然通常选择 $\boldsymbol{s}^{(0)} = \boldsymbol{s}_0$ 。

算法 2： 发射 – 接收系统设计算法

输入：$\{\boldsymbol{\sigma}_{(r,i)}\}$ ，$\{\bar{v}_{d_{(r,i)}},\varepsilon_{(r,i)}\}$ ，σ_n^2 ，$\boldsymbol{s}_0$ ，v_{d_T} ，$\boldsymbol{Q}_1$ 。

输出：$\mathcal{P}$ 的优化解 $(\boldsymbol{s}^\star,\boldsymbol{w}^\star)$ 。

1. 令 $n=0$ ，$\boldsymbol{s}^{(n)} = \boldsymbol{s}_0$ ，

$$\boldsymbol{w}^{(n)} = \frac{(\boldsymbol{\Sigma}_c(\boldsymbol{s}_0) + \sigma_n^2\boldsymbol{I})^{-1}}{(\boldsymbol{s}_0\odot\boldsymbol{p}(v_{d_T}))^{\mathrm{H}}(\boldsymbol{\Sigma}_c(\boldsymbol{s}_0) + \sigma_n^2\boldsymbol{I})^{-1}(\boldsymbol{s}_0\odot\boldsymbol{p}(v_{d_T}))}(\boldsymbol{s}_0\odot\boldsymbol{p}(v_{d_T}))，$$

以及 $\mathrm{SINR}^{(n)} = \mathrm{SINR}$ ；

2. 进行下列步骤：

3. $n = n+1$ ；

4. 构造矩阵

$\boldsymbol{S}=(\boldsymbol{w}^{(n-1)}\odot\boldsymbol{p}(v_{d_T})^*)(\boldsymbol{w}^{(n-1)}\odot\boldsymbol{p}(v_{d_T})^*)^{\mathrm{H}}$ 及

$\boldsymbol{M}=\boldsymbol{\Theta}_c(\boldsymbol{w}^{(n-1)})^*+\sigma_n^2\|\boldsymbol{w}^{(n-1)}\|^2\boldsymbol{I}$;

5. 求解问题 $\mathcal{P}_s^{(n)}$，通过利用算法 **1** 寻找最优雷达编码 $\boldsymbol{s}^{(n)}$;

6. 构造矩阵 $\boldsymbol{\Sigma}_c(\boldsymbol{s}^{(n)})$;

7. 求解问题 $\boldsymbol{P}^{(n)}$，寻找最优接收滤波器

$$\boldsymbol{w}^{(n)}=\frac{(\boldsymbol{\Sigma}_c(\boldsymbol{s}^{(n)})+\sigma_n^2\boldsymbol{I})^{-1}}{(\boldsymbol{s}^{(n)}\odot\boldsymbol{p}(v_{d_T}))^{\mathrm{H}}(\boldsymbol{\Sigma}_c(\boldsymbol{s}^{(n)})+\sigma_n^2\boldsymbol{I})^{-1}(\boldsymbol{s}^{(n)}\odot\boldsymbol{p}(v_{d_T}))}(\boldsymbol{s}^{(n)}\odot\boldsymbol{p}(v_{d_T}))$$

以及在点 $(\boldsymbol{s}^{(n)},\boldsymbol{w}^{(n)})$ 处的 SINR 值;

8. 令 $\mathrm{SINR}^{(n)}=\mathrm{SINR}$;

9. 直到 $|\mathrm{SINR}^{(n)}-\mathrm{SINR}^{(n-1)}|\leqslant\zeta$

10. 输出 $\boldsymbol{s}^\star=\boldsymbol{s}^{(n)}$ 和 $\boldsymbol{w}^\star=\boldsymbol{w}^{(n)}$。

至于运行算法 2 时的计算复杂度，取决于迭代次数 $\overline{N}$ 以及每一步迭代的复杂度。具体来说，总体复杂度关于 $\overline{N}$ 成线性关系，其中每一次迭代包括对 $\boldsymbol{\Sigma}_c(\boldsymbol{s}^{(n)})$ 求逆的计算以及算法 1 的复杂度。前者大约为 $O(N^3)$ [36]，后者与求解 SDP 问题 $\mathcal{P}_4$ 的复杂度相似，大约为 $O(N^{3.5}\log(1/\eta))$ [31]，η 是指定的精确度，其中秩 1 分解处理的复杂度为 $O(N^3)$ [35]。

一些有趣的注解现注明如下：

（1）显然，算法 2 需要有目标多普勒 v_{d_T} 的明确说明；因而，雷达编码 $\boldsymbol{s}^\star$ 和接收滤波器 $\boldsymbol{w}^\star$ 依赖于该预设值。因此有必要对所提构架的重要性和适用性提供一些指导准则。

① 在杂波 PSD 占优的情况下（即目标多普勒对应为 PSD 峰值），雷达编码与接收滤波器可被综合设计（最坏情形下进行优化）。

② 一般场景时，可以联合设计雷达编码和接收滤波器。换句话说，可以选择如下问题的解作为雷达编码，即

$$\mathcal{P}^1\begin{cases}\max\limits_{\boldsymbol{s},\boldsymbol{w}} & \dfrac{|\alpha_T|^2\boldsymbol{w}^{\mathrm{H}}\mathrm{diag}(\boldsymbol{s})\boldsymbol{\Phi}_{\varepsilon_T}^{\bar{v}_{d_T}}\mathrm{diag}(\boldsymbol{s})^{\mathrm{H}}\boldsymbol{w}}{\boldsymbol{w}^{\mathrm{H}}\boldsymbol{\Sigma}_c(\boldsymbol{s})\boldsymbol{w}+\sigma_n^2\|\boldsymbol{w}\|^2}\\ \text{s. t.} & \|\boldsymbol{s}\|^2=1\\ & \|\boldsymbol{s}-\boldsymbol{s}_0\|^2\leqslant\boldsymbol{\delta}\end{cases}\tag{17.24}$$

其中假设①$v_{d_T}\sim\mathcal{U}\left(\bar{v}_{d_T}-\dfrac{\varepsilon_{(0,0)}}{2},\bar{v}_{d_T}+\dfrac{\varepsilon_{(0,0)}}{2}\right)$，$\boldsymbol{\Phi}_{\varepsilon_T}^{\bar{v}_{d_T}}$ 如式（17.4）所定义。在此情况下，问题 $\mathcal{P}_w^{1(n)}$ 变形为

---

① 很容易推广到归一化目标多普勒频率服从其他分布的情况。

$$\mathcal{P}_{\boldsymbol{w}}^{1(n)}\left\{\max_{\boldsymbol{w}} \quad \frac{|\alpha_T|^2 \boldsymbol{w}^{\mathrm{H}} \operatorname{diag}(\boldsymbol{s}^{(n)}) \boldsymbol{\Phi}_{\varepsilon_T}^{\bar{v}_{d_T}} \operatorname{diag}(\boldsymbol{s}^{(n)})^{\mathrm{H}} \boldsymbol{w}}{\boldsymbol{w}^{\mathrm{H}} \boldsymbol{\Sigma}_c(\boldsymbol{s}^{(n)}) \boldsymbol{w} + \sigma_n^2 \|\boldsymbol{w}\|^2}\right. \tag{17.25}$$

很容易证明其最优解 $\boldsymbol{w}^{(n)}$ 等于矩阵

$$(\boldsymbol{\Sigma}_c(\boldsymbol{s}^{(n)}) + \sigma_n^2 \boldsymbol{I})^{-\frac{1}{2}} \operatorname{diag}(\boldsymbol{s}^{(n)}) \boldsymbol{\Phi}_{\varepsilon_T}^{\bar{v}_{d_T}} \operatorname{diag}(\boldsymbol{s}^{(n)})^{\mathrm{H}} (\boldsymbol{\Sigma}_c(\boldsymbol{s}^{(n)}) + \sigma_n^2 \boldsymbol{I})^{-\frac{1}{2}}$$

的最大特征向量。即对应最大广义特征值的矩阵（$\boldsymbol{\Sigma}_c(\boldsymbol{s}^{(n)}) + \sigma_n^2 \boldsymbol{I}$）和 $\operatorname{diag}(\boldsymbol{s}^{(n)}) \boldsymbol{\Phi}_{\varepsilon_T}^{\bar{v}_{d_T}} \operatorname{diag}(\boldsymbol{s}^{(n)})^{\mathrm{H}}$ 的广义特征向量。对于 $\mathcal{P}_s^{1(n)}$ 的解，可以再次使用算法 1，其中 $\boldsymbol{S}$ 替换为

$$\boldsymbol{S}^1 = \operatorname{diag}(\boldsymbol{w}^{(n-1)}) \boldsymbol{\Phi}_{\varepsilon_T}^{\bar{v}_{d_T}*} \operatorname{diag}(\boldsymbol{w}^{(n-1)*})$$

③ 假设经过未编码（或标准编码）发射后，在给定的多普勒单元，以高的虚警概率（P_{fa}）给出了一个检测结果。于是，为了以更小的 P_{fa} 值确认在先前单元的检测结果，对接下来的发射可以用联合优化处理来设计波形和接收滤波器（确认过程）。

④ 该编码程序可被应用在波形分集背景下，此时将以时序发射更多的波形，每种波形适应于特定的多普勒频率。在接收端，滤波器处理与它们各自匹配的接收信号。显然，就 SINR 而言可以获得性能上的改善，但是将以加大雷达的时间开支为代价。

（2）如图 17.2 中框图所描述，所提出的技术需要有杂波特性的先验知识。对于该项需求，知识辅助方法（见文献［37］和文献［38］）是很适合的。另外，对于在线实时处理，还需考虑采用前瞻性的计算结构。事实上，为使雷达编码与接收滤波器适应于 t 时刻的探测场景（关注于分析距离 – 方位单元 (0,0)），需要知道在该时刻的环境特性，正如在算法 2 中输入参数所示。给定内存访问等待时间以及算法 2 计算耗时，则需要在 $t-\Delta t$ 时刻知道在 Δt 时延后，也即在 t 时刻雷达将到达的位置以及将要做的事情。当 Δt 大于内存访问等待时间以及处理耗时，则该探测系统是物理可实现的[37]。

17.4　性能分析

本节将进行所提出的雷达编码和接收滤波器联合优化算法的性能分析。假设有一部 L 波段雷达，工作频率为 $f_0 = 1.4$ GHz，采用带有 $N_a = 21$ 阵元的正侧视面阵且指向所关心的距离 – 方位单元 (0,0)。特别地，假设采用以 $d = \dfrac{\lambda}{2}$ 均匀分布的均匀加权线阵。相应地，其天线辐射方向图如下：

$$G(\theta) = \begin{cases} \dfrac{1}{N_a} \dfrac{\sin\left[N_a \dfrac{\pi}{2}\cos(\theta)\right]}{\sin\left[\dfrac{\pi}{2}\cos(\theta)\right]} & 0 \leqslant \theta \leqslant \pi \\ G_{\text{back}} & \pi \leqslant \theta \leqslant 2\pi \end{cases}$$

式中：$G_{back} = 10^{-3}$ 对应后瓣衰减。

在接下来的小节，将关注两类主要场景：第一类具有距离－方位均匀杂波特性，第二类为非均匀杂波。在这两种场景中，均假设干扰感兴趣距离－方位单元（0,0）的距离环数 $N_c = 2$，每个距离环（见图 17.1）中的方位单元数为 $L = 100$。此外，假定长度为 $N = 20$ 的脉冲串并选择广义巴克码作为相似编码 s_0。广义巴克码是多相编码序列，其自相关函数在排除最远端旁瓣后具有最小的主旁瓣比。可在文献［39］和文献［40］中找到广义巴克码的描述，以及其他 N 值的序列。采用的用来终止程序的终止条件给定如下：

$$|\mathrm{SINR}^{(n)} - \mathrm{SINR}^{(n-1)}| \leqslant 10^{-3} \tag{17.26}$$

也就是当目标函数的增量小于 $\zeta = 10^{-3}$ 时，算法终止。最后，在数值仿真中，采用 MATLAB SeDuMi 工具箱[41]来解决之前描述的松弛 SDP 问题，采用文献［42］中 MATLAB 工具箱来绘制编码脉冲串的模糊函数。

17.4.1 均匀杂波环境

在本小节中，将评估在均匀杂波环境下算法 2 的性能。如图 17.3 中右下角所示，当模拟的反射环境关于距离－方位单元在物理上是均匀的时候，这样的选择证明是有效的，同样地，当探测场景中没有可用的先验信息时也是有效的。至于均匀杂波的参数，假定有 $\frac{\sigma_0}{\sigma_n^2}K_r = \mathrm{CNR}K_r = 30$ dB，多普勒频率均值 $\bar{v}_d = 0$，每个距离－方位单元的多普勒不确定性 $\frac{\varepsilon}{2} = 0.35$。此外，假设存在一个具有信噪

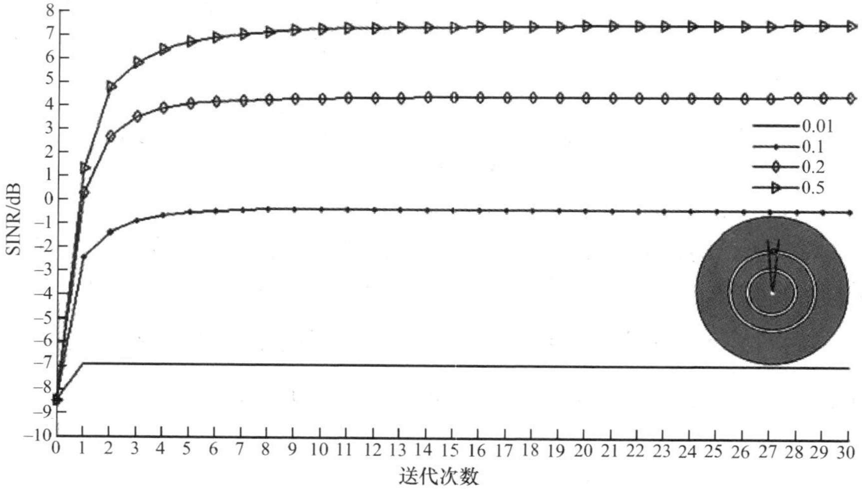

图 17.3 对应相似度参数 $\delta = [0.01, 0.1, 0.2, 0.5]$ 的 SINR 性能。右下角插图为白点所对应位置的雷达照射的均匀地形环境。有效的后向散射距离环（白环）为 $N_c = 2$

比（SNR）$\frac{|\alpha_T|^2}{\sigma_n^2}$ = SNR = 10 dB 且归一化多普勒频率 v_{d_T} = −0.4 的目标。

在图 17.3 中，关于不同的相似度参数 δ 值，绘制了 SINR 的性能随迭代次数的关系曲线。正如预期的那样，增加 δ，使得最优化问题的可行集越来越大，因此 SINR 的最优值得到改善（事实上，可看到当 $\delta = 0.5$ 时性能提升将达到 15dB，即使这仅是潜在值。在现实条件下，由于先验信息的误差，得到的性能改进要小一些）。同样可以看到，达到收敛所需要的迭代次数也是随 δ 增加而增加的。

在图 17.4 中，关于不同的相似度范围大小，绘制了最优综合编码 $\boldsymbol{s}^\star$ 的模糊函数①。由此，可获得一个相对于图 17.3 相反的性能关系。确切来说，增加 δ，可行点集越来越大，获得的模糊函数越来越差。

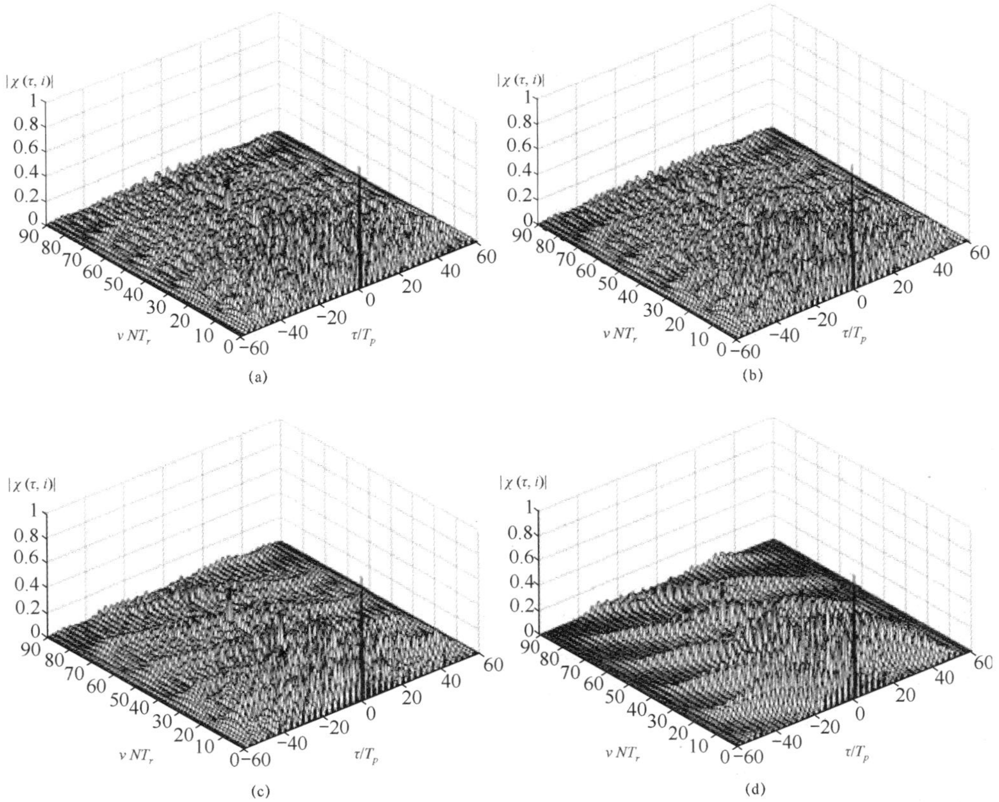

图 17.4　(a) 雷达编码 s_0 的模糊函数幅度，假定 $T_r = 3T_p$。(b) 对应 $\delta = 0.01$ 的雷达编码 $\boldsymbol{s}^\star$ 的模糊函数幅度，假定 $T_r = 3T_p$。(c) 对应 $\delta = 0.2$ 的雷达编码 $\boldsymbol{s}^\star$ 的模糊函数幅度，假定 $T_r = 3T_p$。(d) 对应 $\delta = 0.5$ 的雷达编码 $\boldsymbol{s}^\star$ 的模糊函数幅度，假定 $T_r = 3T_p$

① 我们考虑理想矩形脉冲的脉冲串，脉冲宽度是 T_p，脉冲重复时间是 T_r。

最后，让我们来关注一下雷达编码在时域和频域的特性。在图 17.5 中，研究了对应不同 δ 值的最优编码 $\boldsymbol{s}^{\star}$ 编码串的幅度和相位的时域特性。该图表明，随着 δ 的增加，编码与初始巴克码 $\boldsymbol{s}_0$ 的差异越来越大，这与图 17.4 中的图形十分吻合。

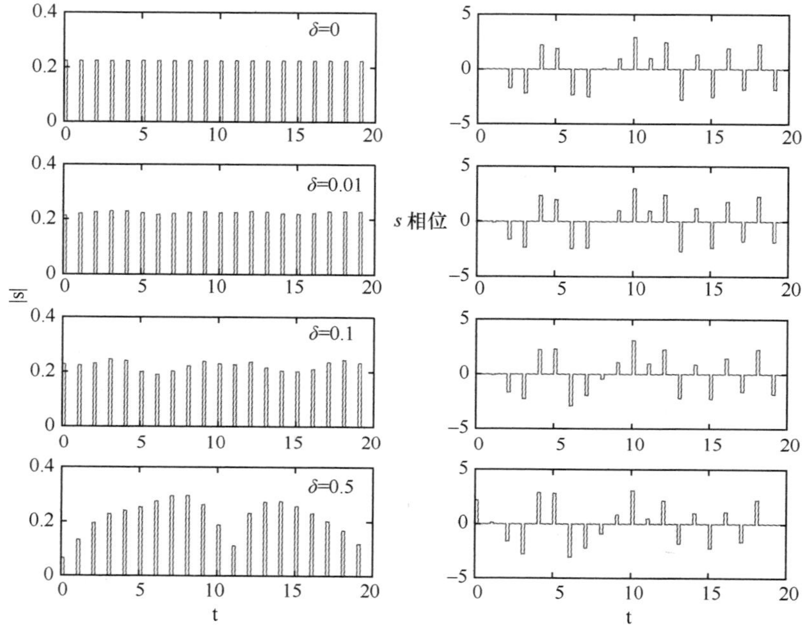

图 17.5 就幅度（左图）和相位（右图）而言，$s^{\star}$ 的时域特性

此外，在图 17.6 中，分析了当 $\delta = 0.5$ 时，对应不同迭代次数（$n = [0,3,10,30]$）的雷达编码和接收滤波器的频域特性。确切来讲，是绘制了如下互模糊函数的等高线图。

$$g^{(n)}(m,v_d) = |\boldsymbol{w}^{(n)\mathrm{H}}(\boldsymbol{J}_m(\boldsymbol{s}^{(n)} \odot \boldsymbol{p}(v_d)))|^2 \tag{17.27}$$

式中：m 为时延；v_d 为输入信号的多普勒频率。正如设计程序所附加的那样，互模糊函数在对应目标的距离–多普勒位置（m,v_d）=（0，−0.4）处等于1。而且，随着迭代次数 n 的增加，可以看到 $g^{(n)}(m,v_d)$ 在带状区域 $0 \leqslant m \leqslant 2$，$-0.35 \leqslant v_d \leqslant 0.35$ 的值越来越小。有趣的是，该性能趋势反映了所提出的发射–接收联合最优化处理的能力，即有序地改善互模糊函数形状，以获得越来越好的杂波抑制等级（即使互模糊函数的第二旁瓣出现在几乎没有杂波的某些距离–多普勒区域）。在图 17.7 中，分析了对应 $\delta = 0.5$ 以及不同的迭代次数（$n = [0,3,10,30]$），设计的雷达编码和接收滤波器的 SINR 的频域特性。具体来讲，是 SINR 即式（17.28）绘制了关于 v_d 的关系曲线，相当于描绘了互模糊函数的归一化多普勒切面（即对应 $m = 0$）。这些曲线表明，SINR 在归一化多普勒频率 $v_{d_T} = -$

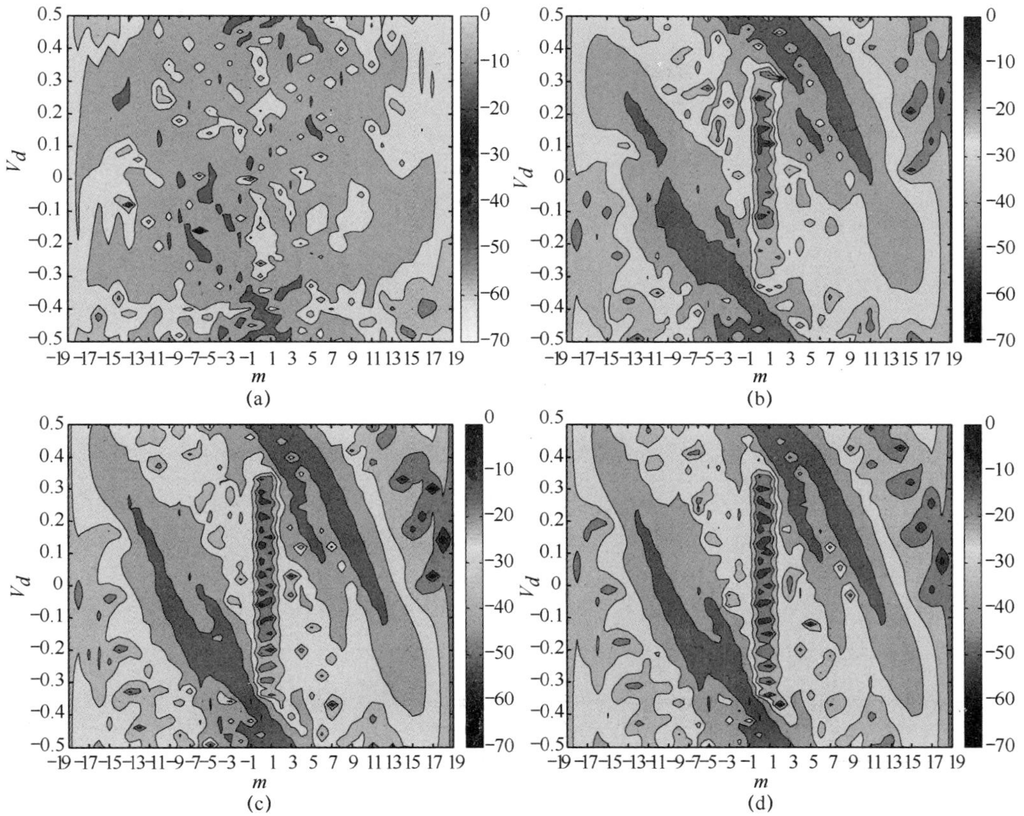

图 17.6　(a) 以 dB 表示的雷达编码与接收滤波器 ($\boldsymbol{s}^{(0)}, \boldsymbol{w}^{(0)}$) 的互模糊函数；(b) 以 dB 表示的雷达编码与接收滤波器 ($\boldsymbol{s}^{(3)}, \boldsymbol{w}^{(3)}$) 的互模糊函数；(c) 以 dB 表示的雷达编码与接收滤波器 ($\boldsymbol{s}^{(10)}, \boldsymbol{w}^{(10)}$) 的互模糊函数；(d) 以 dB 表示的雷达编码与接收滤波器 ($\boldsymbol{s}^{(30)}, \boldsymbol{w}^{(30)}$) 的互模糊函数

0.4 附近的 $\Delta v_d = 0.008$ 范围内均具有相当平坦的形状，也即所提出的处理方法表现出内在的多普勒鲁棒性。

$$\mathrm{SINR}^{(n)} = \frac{|\alpha_T|^2 \, |\boldsymbol{w}^{(n)\mathrm{H}}(\boldsymbol{s}^{(n)} \odot \boldsymbol{p}(v_d))|^2}{\boldsymbol{w}^{(n)\mathrm{H}} \boldsymbol{\Sigma}_c(\boldsymbol{s}^{(n)}) \boldsymbol{w}^{(n)} + \sigma_n^2 \|\boldsymbol{w}^{(n)}\|^2} \tag{17.28}$$

17.4.2　非均匀杂波环境

在本小节中，我们将评估在混杂杂波环境下算法 2 的性能。针对图 17.8 右下角描绘的情形，也即海陆混合杂波环境。如先前所述，雷达可以通过访问 NLCD数据库来获得地理上的先验信息。现在来描述陆地和海洋环境的统计特性。对于陆地上的距离 – 方位单元，假设有 $\frac{\sigma_0^g}{\sigma_n^2}K_r = \mathrm{CNR}_g K_r = 30\ \mathrm{dB}$，均值多普勒频

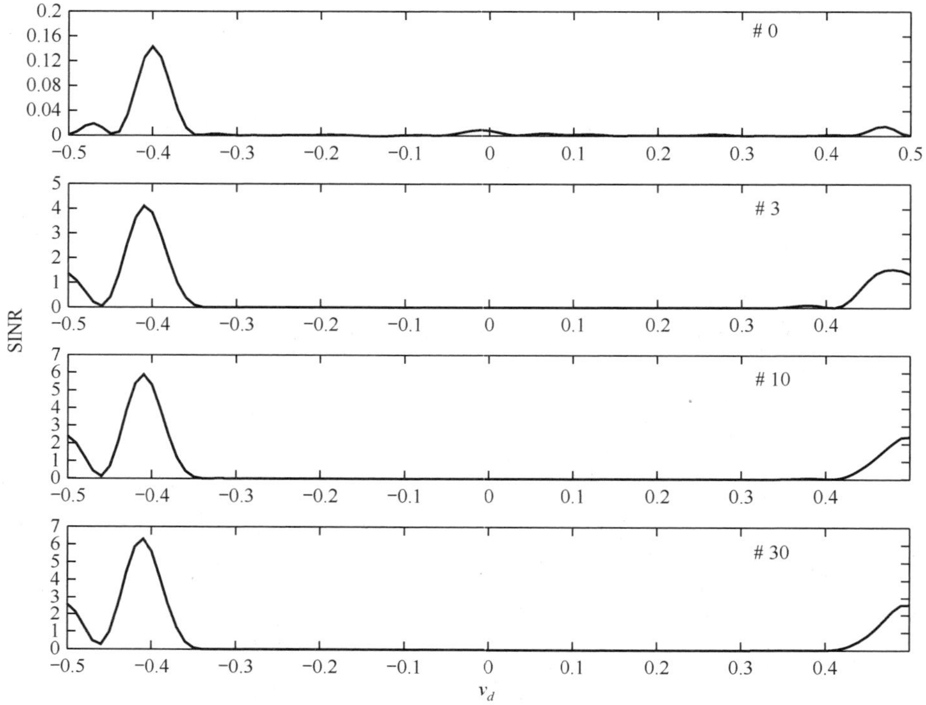

图 17.7　对应 $n = [0,3,10,30]$ 的 $\mathrm{SINR}^{(n)}$ 与归一化多普勒频率 v_d 的关系曲线

率 $\bar{v}_{d_g} = 0$ ，多普勒不确定性 $\frac{\varepsilon_g}{2} = 0.30$ 。此外，对于海面上的距离 - 方位单元，假设有 $\frac{\sigma_0^s}{\sigma_n^2}K_r = \mathrm{CNR}_s K_r = 25\ \mathrm{dB}$，均值多普勒频率 $\bar{v}_{d_s} = -0.1$ ，相应的多普勒不确定性 $\frac{\varepsilon_s}{2} = 0.25$ 。最后，假设在每一个距离环，海面占据的方位角范围为 $\frac{\pi}{4} \leqslant \theta \leqslant \frac{\pi}{2} + \frac{\pi}{4}$ ，其中参考目标位于 $\theta = \frac{\pi}{2}$ 处，且有 $\frac{|\alpha_T|^2}{\sigma_n^2} = \mathrm{SNR} = 10\ \mathrm{dB}$ 以及归一化多普勒频率 $v_{d_T} = -0.4$ 。

在图 17.8 中，关于不同的相似度参数 δ 值，绘制了 SINR 的性能随迭代次数的关系曲线。与在均匀情况下的结果一致，增加 δ，使得最优化问题的可行集越来越大，因此 SINR 的最优值得到改善。此外，达到收敛所需要的迭代次数也是增加的。

在图 17.9 中，关于不同的相似度范围大小，绘制了最优综合编码 $s^\star$ 的模糊函数。同样，可获得一个相对于图 17.8 相反的结论。确切来说，增加 δ，可行点集越来越大，获得的模糊函数越来越差，与均匀杂波环境下的结论保持一致。

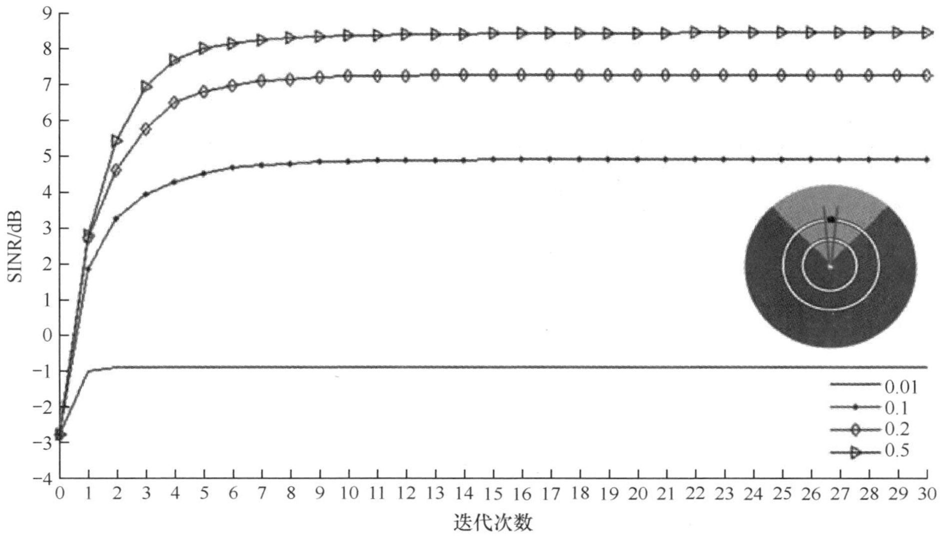

图 17.8　对应相似度参数 $\delta = [0.01, 0.1, 0.2, 0.5]$ 的 SINR 性能。右下角插图为白点所对应位置的雷达照射的混杂地形环境（陆地：深灰；海洋：浅灰）。有效的后向散射距离环（白环）为 $N_c = 2$，目标处在黑点所在位置

现在，来分析一下雷达编码在时域和频域两者的特性。在图 17.10 中，研究了对应不同 δ 值的最优编码 $\boldsymbol{s}^{\star}$ 编码串的幅度和相位的时域特性。随着 δ 的增加，编码与初始巴克码 $\boldsymbol{s}_0$ 的差异性也是增加的。此外，可以看到非均匀杂波环境将导致所获得的最优编码与均匀杂波环境下获得的最优编码相比，相对于初始编码显示出更显著的结构差异。

在图 17.11 中，分析了当 $\delta = 0.5$ 时，对应不同迭代次数的雷达编码和接收滤波器的频域特性。确切来讲，是绘制了式（17.27）所定义的互模糊函数的等高线图。该图表明，随着迭代次数 n 的增加，可以看到 $g^{(n)}(m, v_d)$ 在带状区域 $0 \leqslant m \leqslant 2$，$-0.35 \leqslant v_d \leqslant 0.3$ 的值越来越小。此外，对应海杂波多普勒中心 $v_d = -0.1$ 处，由于杂波多普勒频率在非常靠近 $v_d = -0.1$ 处取值概率很高，因此互模糊函数在此处存在一个凹口。与均匀场景中结论类似，该性能趋势反映了所提出的发射－接收联合最优化处理有序提高杂波抑制的能力。

最后，在图 17.12 中，分析了 SINR 关于 v_d 的频域特性。具体来讲，是绘制了当 $\delta = 0.5$ 时，对应不同迭代次数（$n = [0, 3, 10, 30]$）的优化雷达编码和接收滤波器所决定的，如式（17.28）所定义的 $\mathrm{SINR}^{(n)}$ 关于 v_d 的关系曲线。这些曲线表明，SINR 在归一化多普勒频率 $v_{d_T} = -0.4$ 附近的 $\Delta v_d = 0.01$ 范围内均具有相当平坦的形状。换句话说，对于混杂环境的情况，所提出的处理方法表现出良好的多普勒鲁棒性。

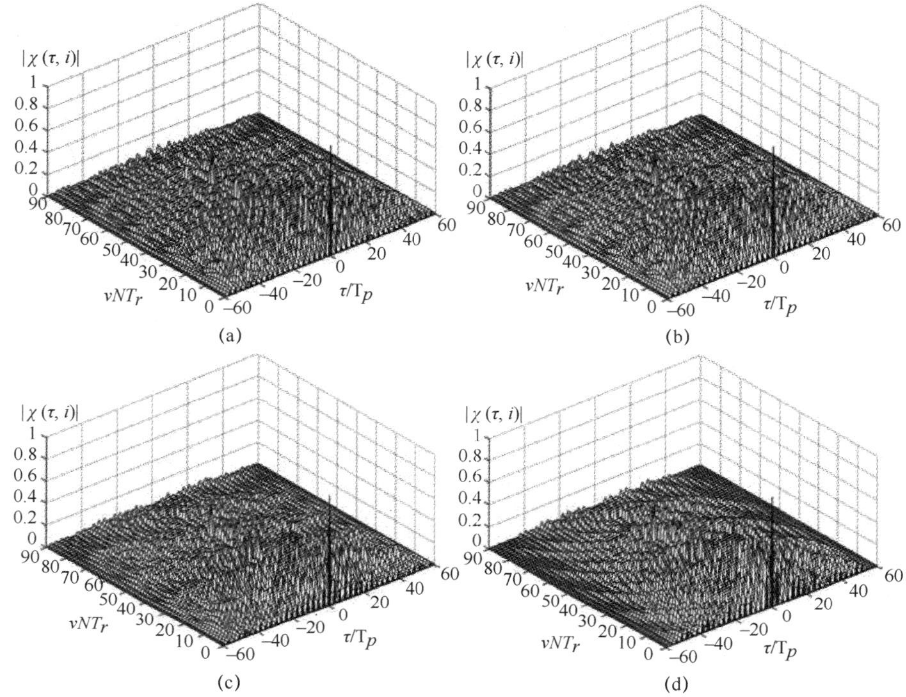

图 17.9 (a) 雷达编码 $\boldsymbol{s}_0$ 的模糊函数幅度，假定 $T_r = 3T_p$。(b) 对应 $\delta = 0.01$ 的雷达编码 $\boldsymbol{s}^\star$ 的模糊函数幅度，假定 $T_r = 3T_p$。(c) 对应 $\delta = 0.2$ 的雷达编码 $\boldsymbol{s}^\star$ 的模糊函数幅度，假定 $T_r = 3T_p$。(d) 对应 $\delta = 0.5$ 的雷达编码 $\boldsymbol{s}^\star$ 的模糊函数幅度，假定 $T_r = 3T_p$

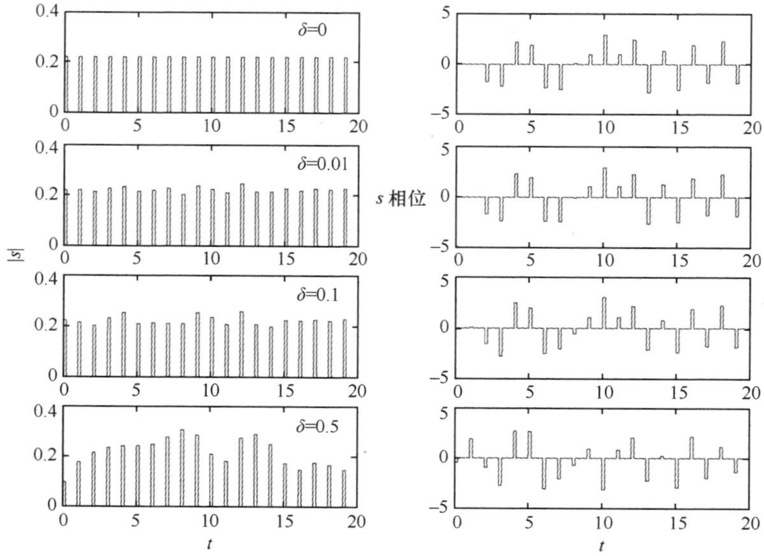

图 17.10 就幅度（左图）和相位（右图）而言，$\boldsymbol{s}^\star$ 的时域特性

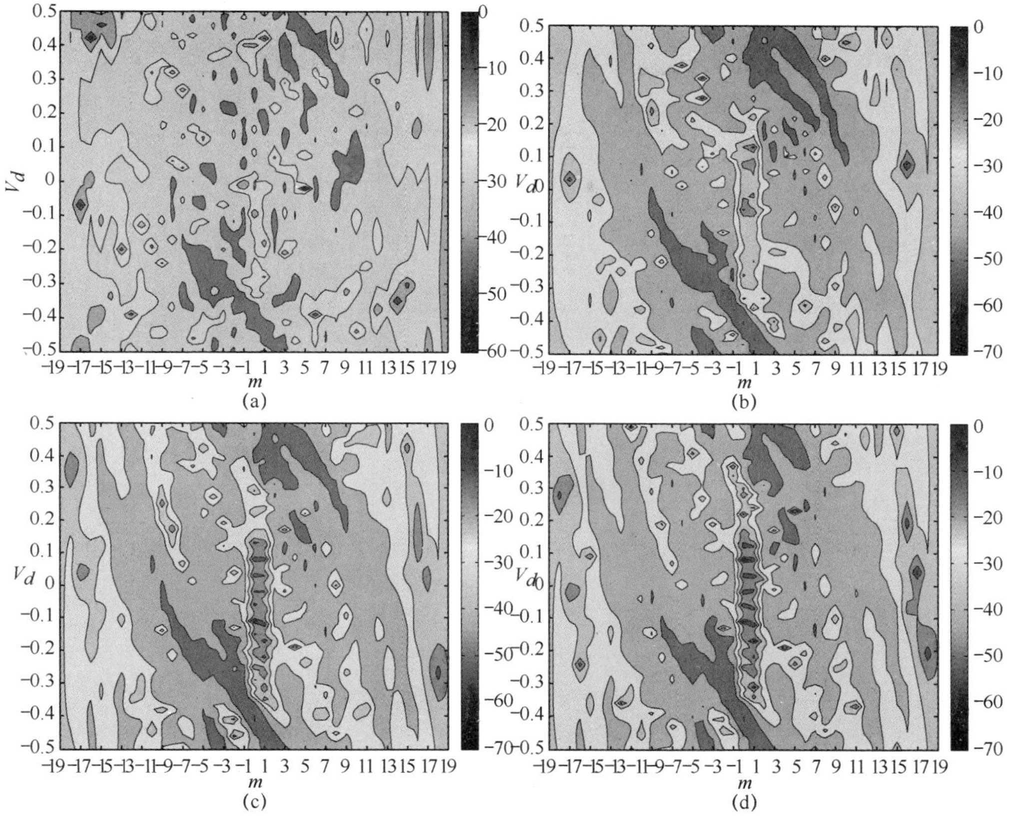

图 17.11　(a) 以 dB 表示的雷达编码与接收滤波器 $(\boldsymbol{s}^{(0)},\boldsymbol{w}^{(0)})$ 的互模糊函数。(b) 以 dB 表示的雷达编码与接收滤波器 $(\boldsymbol{s}^{(3)},\boldsymbol{w}^{(3)})$ 的互模糊函数。(c) 以 dB 表示的雷达编码与接收滤波器 $(\boldsymbol{s}^{(10)},\boldsymbol{w}^{(10)})$ 的互模糊函数。(d) 以 dB 表示的雷达编码与接收滤波器 $(\boldsymbol{s}^{(30)},\boldsymbol{w}^{(30)})$ 的互模糊函数

17.5 结　论

在本章中，我们考虑了在与信号相关杂波环境中基于知识的发射信号与接收滤波器联合最优化问题。首先，定义了与信号相关的杂波模型并对雷达系统处理该问题所需的先验信息进行了详述。在设计阶段，假设已知雷达与地理数据库之间的相互作用，由此来获得所探测场景的拓扑结构。然后，基于前面提到的地理信息、气象数据、一些电磁反射率以及杂波频谱模型，雷达可以预测它即将面对的散射环境。

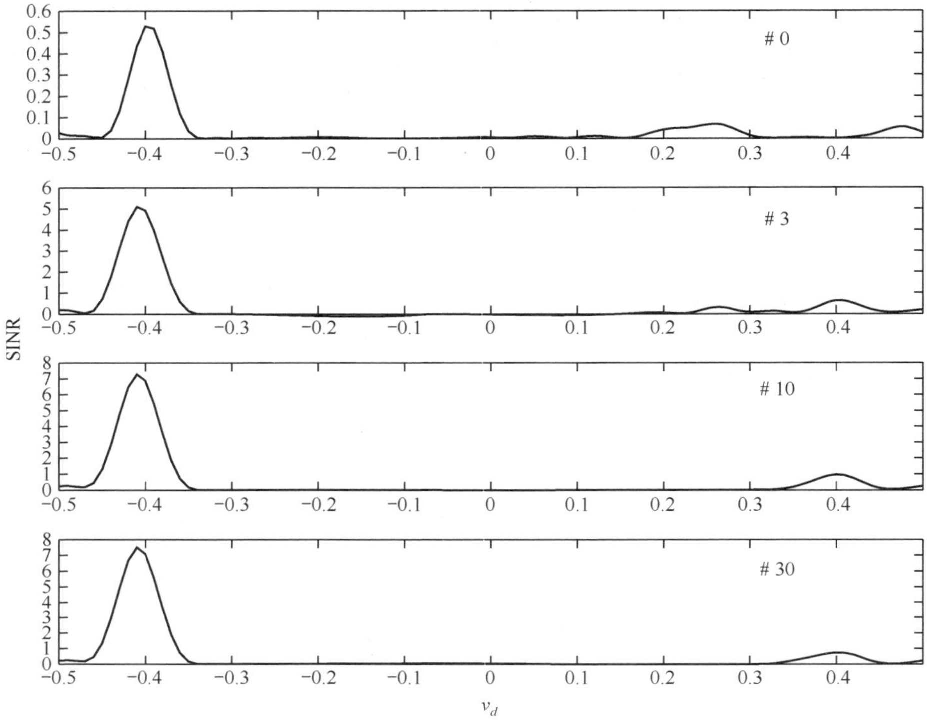

图 17.12　对应 $n=[0,3,10,30]$ 的 $\mathrm{SINR}^{(n)}$ 与归一化多普勒频率 v_d 的关系曲线

于是，我们设计出一种发射波形和接收滤波器联合设计的迭代算法。在每步迭代中均需要解决一个凸优化和一个隐性凸优化问题。总的计算复杂度与迭代次数成线性关系，与接收滤波器长度成多项式关系。

在分析阶段，我们评估了所提出的算法就 SINR 而言，关于迭代次数、获得的编码脉冲串波形的模糊函数、配对的发射信号与接收滤波器的互模糊函数的性能。结果表明，在存在理想的先验知识时，可实现发射机与接收机联合最优化，可获得可观的 SINR 性能提升（可达 15dB）。

未来可能的研究方向也许更关注对所提出算法在实测雷达数据上的分析，以及该处理方法在认知雷达理论[37,38]上的延伸，在该理论中，发射脉冲串的每个脉冲可以利用由前一个脉冲通过接收机的反馈网络提供的信息。最后，该成熟的框架在扩展目标场景上的推广也可能受到关注。

致　谢

A. Aubry 和 A. De Maio 的成果是在美国空军科研办公室、美国空军材料指挥部、USAF 的资助下完成的，基金编号 FA8655 - 09 - 1 - 3006。虽然在其上有版权说明，但已授权美国政府以政府用途复制和发行重印本。

本章的作者感谢 Dr. G. Truong，其在 A. Farina 位于华盛顿北约 LS - 119 海军研究实验室的演讲期间，指出了关于与信号相关杂波波形设计研究的关注点。

附 录

附录 A 引理 17.1 的证明

首先从分析下式的分子开始

$$\mathrm{SINR}=\frac{|\alpha_T|^2\,|\boldsymbol{w}^{\mathrm{H}}(\boldsymbol{s}\odot\boldsymbol{p}(v_{d_T}))|^2}{\boldsymbol{w}^{\mathrm{H}}\boldsymbol{\Sigma}_c(\boldsymbol{s})\boldsymbol{w}+\sigma_n^2\,\|\boldsymbol{w}\|^2} \tag{17.29}$$

利用以下性质：

$$\boldsymbol{x}\odot\boldsymbol{y}=\mathrm{diag}(\boldsymbol{x})\boldsymbol{y}$$

可以得到

$$\begin{aligned}\boldsymbol{w}^{\mathrm{H}}(\boldsymbol{s}\odot\boldsymbol{p}(v_{d_T}))&=\boldsymbol{w}^{\mathrm{H}}(\mathrm{diag}(\boldsymbol{s})\boldsymbol{p}(v_{d_T}))\\&=\boldsymbol{s}^{\mathrm{T}}(\mathrm{diag}(\boldsymbol{w}^*)\boldsymbol{p}(v_{d_T}))\\&=\boldsymbol{s}^{\mathrm{T}}(\boldsymbol{w}^*\odot\boldsymbol{p}(v_{d_T}))\end{aligned} \tag{17.30}$$

接下来分析式（17.29）中的分母。更具体来讲就是分析 $\boldsymbol{w}^{\mathrm{H}}\boldsymbol{\Sigma}_c(\boldsymbol{s})\boldsymbol{w}$ 。使用以下性质：

$$\boldsymbol{x}^{\mathrm{H}}\boldsymbol{J}_r\mathrm{diag}(\boldsymbol{y})=\boldsymbol{y}^{\mathrm{T}}\mathrm{diag}(\boldsymbol{J}_{-r}\boldsymbol{x}^*) \tag{17.31}$$

上式的证明已在附录 B 中给出，于是有

$$\begin{aligned}\boldsymbol{w}^{\mathrm{H}}\boldsymbol{\Sigma}_c(\boldsymbol{s})\boldsymbol{w}&=\boldsymbol{w}^{\mathrm{H}}\Big(\sum_{r=1}^{N_c-1}\sum_{i=0}^{L-1}\sigma_{(r,i)}^2\boldsymbol{J}_r\boldsymbol{\Gamma}(\boldsymbol{s},(r,i))\boldsymbol{J}_r^{\mathrm{T}}+\sum_{i=0}^{L-1}\sigma_{(0,i)}^2\boldsymbol{\Gamma}(\boldsymbol{s},(0,i))\Big)\boldsymbol{w}\\&=\sum_{r=1}^{N_c-1}\sum_{i=0}^{L-1}\sigma_{(r,i)}^2\boldsymbol{w}^{\mathrm{H}}\boldsymbol{J}_r\boldsymbol{\Gamma}(\boldsymbol{s},(r,i))\boldsymbol{J}_r^{\mathrm{T}}\boldsymbol{w}+\sum_{i=0}^{L-1}\sigma_{(0,i)}^2\boldsymbol{w}^{\mathrm{H}}\boldsymbol{\Gamma}(\boldsymbol{s},(0,i))\boldsymbol{w}\\&=\sum_{r=1}^{N_c-1}\sum_{i=0}^{L-1}\sigma_{(r,i)}^2\boldsymbol{w}^{\mathrm{H}}\boldsymbol{J}_r\mathrm{diag}(\boldsymbol{s})\boldsymbol{\Phi}_{\varepsilon_{(r,i)}}^{\bar{v}_{d(r,i)}}\mathrm{diag}(\boldsymbol{s})^{\mathrm{H}}\boldsymbol{J}_r^{\mathrm{T}}\boldsymbol{w}\\&\quad+\sum_{i=0}^{L-1}\sigma_{(0,i)}^2\boldsymbol{w}^{\mathrm{H}}\mathrm{diag}(\boldsymbol{s})\boldsymbol{\Phi}_{\varepsilon_{(0,i)}}^{\bar{v}_{d(0,i)}}\mathrm{diag}(\boldsymbol{s})^{\mathrm{H}}\boldsymbol{w}\\&=\sum_{r=1}^{N_c-1}\sum_{i=0}^{L-1}\sigma_{(r,i)}^2\boldsymbol{s}^{\mathrm{T}}\mathrm{diag}(\boldsymbol{J}_{-r}\boldsymbol{w}^*)\boldsymbol{\Phi}_{\varepsilon_{(r,i)}}^{\bar{v}_{d(r,i)}}\mathrm{diag}(\boldsymbol{J}_{-r}\boldsymbol{w})\boldsymbol{s}^*\\&\quad+\sum_{i=0}^{L-1}\sigma_{(0,i)}^2\boldsymbol{s}^{\mathrm{T}}\mathrm{diag}(\boldsymbol{w}^*)\boldsymbol{\Phi}_{\varepsilon_{(0,i)}}^{\bar{v}_{d(0,i)}}\mathrm{diag}(\boldsymbol{w})\boldsymbol{s}^*\end{aligned}$$

$$= \boldsymbol{s}^{\mathrm{T}}\boldsymbol{\Theta}_c(\boldsymbol{w})\boldsymbol{s}^* \tag{17.32}$$

将式（17.30）和（17.32）代入，引理得证。

附录 B　式（17.31）的证明

证明. 首先，注意到

$$\begin{aligned}\boldsymbol{x}^{\mathrm{H}}\boldsymbol{J}_r &= (\boldsymbol{J}_r^{\mathrm{H}}\boldsymbol{x})^{\mathrm{H}} \\ &= (\boldsymbol{J}_{-r}\boldsymbol{x})^{\mathrm{H}} \qquad (17.33)\\ &= [x(r+1)^*,\cdots,x(N)^*,\boldsymbol{0}_r^{\mathrm{T}}] \qquad (17.34)\end{aligned}$$

因此有

$$\begin{aligned}\boldsymbol{x}^{\mathrm{H}}\boldsymbol{J}_r\mathrm{diag}(\boldsymbol{y}) &= [x(r+1)^*y(1),\cdots,x(N)^*y(N-r),\boldsymbol{0}_r^{\mathrm{T}}] \\ &= \boldsymbol{y}^{\mathrm{T}}\mathrm{diag}(\boldsymbol{J}_{-r}\boldsymbol{x}^*)\end{aligned} \tag{17.35}$$

在式（17.35）中，利用了

$$\boldsymbol{J}_{-r}\boldsymbol{x}^* = \begin{bmatrix} x(r+1)^* \\ \vdots \\ x(N)^* \\ \boldsymbol{0}_r \end{bmatrix}$$

由此，式（17.31）得证。

附录 C　定理 17.1 的证明

首先证明 $\mathrm{SINR}^{(n)}$ 是一个单调递增序列，即 $\mathrm{SINR}^{(n)} \leqslant \mathrm{SINR}^{(n+1)}$。事实上有

$$\mathrm{SINR}^{(n)} = \frac{|\alpha_T|^2|\boldsymbol{w}^{(n)\mathrm{H}}(\boldsymbol{s}^{(n)}\odot\boldsymbol{p}(v_{d_T}))|^2}{\boldsymbol{w}^{(n)\mathrm{H}}\boldsymbol{\Sigma}_c(\boldsymbol{s}^{(n)})\boldsymbol{w}^{(n)}+\sigma_n^2\|\boldsymbol{w}^{(n)}\|^2} \leqslant v(\mathcal{P}_s^{(n+1)}) \tag{17.36}$$

$$\begin{aligned}v(\mathcal{P}_s^{(n+1)}) &= \frac{|\alpha_T|^2|\boldsymbol{w}^{(n)\mathrm{H}}(\boldsymbol{s}^{(n+1)}\odot\boldsymbol{p}(v_{d_T}))|^2}{\boldsymbol{w}^{(n)\mathrm{H}}\boldsymbol{\Sigma}_c(\boldsymbol{s}^{(n+1)})\boldsymbol{w}^{(n)}+\sigma_n^2\|\boldsymbol{w}^{(n)}\|^2} \leqslant v(\mathcal{P}_{\boldsymbol{w}}^{(n+1)}) \\ &= \frac{|\alpha_{\mathrm{T}}|^2|\boldsymbol{w}^{(n+1)\mathrm{H}}(\boldsymbol{s}^{(n+1)}\odot\boldsymbol{p}(v_{d_T}))|^2}{\boldsymbol{w}^{(n+1)\mathrm{H}}\boldsymbol{\Sigma}_c(\boldsymbol{s}^{(n+1)})\boldsymbol{w}^{(n+1)}+\sigma_n^2\|\boldsymbol{w}^{(n+1)}\|^2} = \mathrm{SINR}^{(n+1)}\end{aligned} \tag{17.37}$$

从式（17.36）和（17.37）可以得到

$$\mathrm{SINR}^{(n)} \leqslant v(\mathcal{P}_{\mathrm{s}}^{(n+1)}) \leqslant v(\mathcal{P}_{w}^{(n+1)}) = \mathrm{SINR}^{(n+1)}$$

单调性得证。

关于序列 $\mathrm{SINR}^{(n)}$ 的收敛性，注意到对于所有的可行点 $(\boldsymbol{s},\boldsymbol{w})$：

$$\frac{|\alpha_T|^2|\boldsymbol{w}^{\mathrm{H}}(\boldsymbol{s}\odot\boldsymbol{p}(v_{d_T}))|^2}{\boldsymbol{w}^{\mathrm{H}}\boldsymbol{\Sigma}_c(\boldsymbol{s})\boldsymbol{w}+\sigma_n^2\|\boldsymbol{w}\|^2} = \frac{|\alpha_T|^2\left|\dfrac{\boldsymbol{w}^{\mathrm{H}}}{\|\boldsymbol{w}\|}(\boldsymbol{s}\odot\boldsymbol{p}(v_{d_T}))\right|^2}{\dfrac{\boldsymbol{w}^{\mathrm{H}}}{\|\boldsymbol{w}\|}\boldsymbol{\Sigma}_c(\boldsymbol{s})\dfrac{\boldsymbol{w}}{\|\boldsymbol{w}\|}+\sigma_n^2}$$

$$\leqslant \frac{|\alpha_T|^2}{\frac{\boldsymbol{w}^{\mathrm{H}}}{\|\boldsymbol{w}\|}\boldsymbol{\Sigma}_c(\boldsymbol{s})\frac{\boldsymbol{w}}{\|\boldsymbol{w}\|}+\sigma_n^2} \tag{17.38}$$

$$\leqslant \frac{|\alpha_T|^2}{\sigma_n^2} \tag{17.39}$$

其中在式（17.38）中，利用了施瓦尔兹不等式以及 $\frac{\boldsymbol{w}}{\|\boldsymbol{w}\|}$ 和 $\boldsymbol{s}$ 均具有单位范数的条件。此外，式（17.39）是由于 $\boldsymbol{\Sigma}_c(\boldsymbol{s}) \geq 0$ 造成的。因此有

$$0 \leqslant \mathrm{SINR}^{(n)} \leqslant \frac{|\alpha_T|^2}{\sigma_n^2}$$

由于 $\mathrm{SINR}^{(n)}$ 有上界并且是单调递增序列，因而断定 $\mathrm{SINR}^{(n)}$ 收敛于一个有限值 $\mathrm{SINR}^{\star}$。

最后，注意到，给定点 $\{(\boldsymbol{s}^{(n)},\boldsymbol{w}^{(n)})\}$ 序列，可以构造问题 $\mathcal{P}$ 的可行点 $\{(\tilde{\boldsymbol{s}}^{(n)},\tilde{\boldsymbol{w}}^{(n)})\}$ 序列，其中 $\tilde{\boldsymbol{s}}^{(n)}=\boldsymbol{s}^{(n)}$ 且 $\tilde{\boldsymbol{w}}^{(n)}=\frac{\boldsymbol{w}^{(n)}}{\|\boldsymbol{w}^{(n)}\|}$，满足以下条件：

（1）$\widetilde{\mathrm{SINR}}^{(n)}=\mathrm{SINR}^{(n)}\ \forall n$，其中 $\widetilde{\mathrm{SINR}}^{(n)}$ 是在点 $(\tilde{\boldsymbol{s}}^{(n)},\tilde{\boldsymbol{w}}^{(n)})$ 处 SINR 的估计值；

（2）$(\tilde{\boldsymbol{s}}^{(n)},\tilde{\boldsymbol{w}}^{(n)})\in\mathcal{A}\ \forall n$，其中 $\mathcal{A}=\{(\boldsymbol{s},\boldsymbol{w}):\|\boldsymbol{s}\|=1,\|\boldsymbol{s}-\boldsymbol{s}_0\|0\leqslant\delta,\|\boldsymbol{w}\|=1\}$，是一个紧集（$\mathbf{C}^{2N}$ 中闭合且有界的集合）。

因此，可以从 $(\tilde{\boldsymbol{s}}^{(n)},\tilde{\boldsymbol{w}}^{(n)})$ 中抽出一个收敛的子序列[31,定理 A.4.2] $(\tilde{\boldsymbol{s}}^{(n')},\tilde{\boldsymbol{w}}^{(n')})$，其极限点 $(\tilde{\boldsymbol{s}}^{\star},\tilde{\boldsymbol{w}}^{\star})\in\mathcal{A}$，也即 $(\tilde{\boldsymbol{s}}^{\star},\tilde{\boldsymbol{w}}^{\star})$ 是问题 $\mathcal{P}$ 的可行点。此外，SINR 为 $(\boldsymbol{s},\boldsymbol{w})$ 的连续函数，于是有

$$\mathrm{SINR}^{*}=\lim_{n\to\infty}\widetilde{\mathrm{SINR}}^{(n)}=\lim_{n'\to\infty}\widetilde{\mathrm{SINR}}^{(n')}=\frac{|\alpha_T|^2\,|\tilde{\boldsymbol{w}}^{\star\dagger}(\tilde{\boldsymbol{s}}^{\star}\odot\boldsymbol{p}(v_{d_T}))|^2}{\tilde{\boldsymbol{w}}^{\star\dagger}\boldsymbol{\Sigma}_c(\tilde{\boldsymbol{s}}^{\star})\tilde{\boldsymbol{w}}^{\star}+\sigma_n^2\|\tilde{\boldsymbol{w}}^{\star}\|^2} \tag{17.40}$$

从而，在 $(\tilde{\boldsymbol{s}}^{\star},\tilde{\boldsymbol{w}}^{\star})$ 处估计得到的 SINR 等于 $\mathrm{SINR}^{\star}$，证明完结。

附录 D　互信息分析

同样可以用于设计雷达波形的一个有趣的性能参数是接收观测量 $\boldsymbol{v}$ 与复随机目标后向散射 α_T[43]之间的 MI[32]：

$$f_{\mathrm{MI}}(\boldsymbol{s})=I(\alpha_T;\boldsymbol{v}\mid H_1,\boldsymbol{s}) \tag{17.41}$$

可以进行一项鲁棒设计，即最优化式（17.41）中给定的 MI 下界，而该 MI 仅依赖于独立随机参量 α_T、$\boldsymbol{c}$ 和 $\boldsymbol{n}$ 的二阶统计信息。事实上，或（17.41）表示的 MI 显著地依赖于 α_T、$\alpha_{(r,i)}$、$v_{d_{(r,i)}}$ 和 $\boldsymbol{n}$ 概率密度函数，在设计阶段对先验信息需求过多是不太合理的。确切地说，在 17.2 节的假定下，假设 α_T 是具有有限能量 $E[|\alpha_T|^2]=\sigma_T^2$ 的零均值复随机变量，可以证明[44,45]：

定理 17.2 假设 α_T、$\alpha_{(r,i)}$ 和 $\boldsymbol{n}$ 是统计独立的圆对称复随机矢量[10]，且具有平稳的概率密度函数，则或（17.41）表示的 MI 的下界为

$$f_{\mathrm{MI}}(\boldsymbol{s}) \geqslant \log(1+\sigma_T^2(\boldsymbol{s}\odot\boldsymbol{p}(v_{d_T}))^{\mathrm{H}}[\boldsymbol{\Sigma}_c(\boldsymbol{s})+\boldsymbol{I}]^{-1}(\mathrm{s}\odot\mathrm{p}(v_{d_T}))) - D(\alpha_T,\alpha_T^G) \tag{17.42}$$

式中：α_T^G 为方差为 σ_T^2 的零均值圆对称复高斯随机变量；$D(\alpha_T,\alpha_T^G)$ 为随机变量 α_T 的分布和 α_T^G 的分布之间的库尔贝克－莱布勒散度[32]。

证明. 见附录 E。

因此，以定理 17.2 中给出的 MI 下界作为优化指标，雷达编码的设计可以阐述为如下的有约束最优化问题：

$$\mathcal{P}_{\mathrm{MI}}\begin{cases}\max\limits_{s} & \log(1+\sigma_{\mathrm{T}}^2(\boldsymbol{s}\odot\boldsymbol{p}(v_{d_T}))^{\mathrm{H}}[\boldsymbol{\Sigma}_c(\boldsymbol{s})+\boldsymbol{I}]^{-1}(\mathrm{s}\odot\mathrm{p}(v_{d_T}))) \\ & -D(\alpha_T,\alpha_T^G) \\ \mathrm{s.t.} & \|\boldsymbol{s}\|^2=1 \\ & \|\boldsymbol{s}-\boldsymbol{s}_0\|^2\leqslant\boldsymbol{\delta}\end{cases} \tag{17.43}$$

由于函数是 $\log(1+\beta_1 x)+\beta_2$ 关于 x 是单调递增的，问题 $\mathcal{P}_{\mathrm{MI}}$ 等价于问题 $\mathcal{P}'_{\mathrm{MI}}$：

$$\mathcal{P}'_{\mathrm{MI}}\begin{cases}\max\limits_{\mathrm{s}} & (\boldsymbol{s}\odot\boldsymbol{p}(v_{d_T}))^{\mathrm{H}}[\boldsymbol{\Sigma}_c(\boldsymbol{s})+\boldsymbol{I}]^{-1}(\boldsymbol{s}\odot\boldsymbol{p}(v_{d_T})) \\ \mathrm{s.t.} & \|\boldsymbol{s}\|^2=1 \\ & \|\boldsymbol{s}-\boldsymbol{s}_0\|^2\leqslant\delta\end{cases} \tag{17.44}$$

最后，为解决问题 P'_{MI}，证明如下引理：

引理 17.4 式（17.44）中给出的问题 $\mathcal{P}'_{\mathrm{MI}}$ 等价于式（17.13）中给出的问题 $\mathcal{P}$，即给定 $\mathcal{P}'_{\mathrm{MI}}$ 的最优解 $\boldsymbol{s}_{\mathrm{MI}}^\star$，则

$$\left(\boldsymbol{s}_{\mathrm{MI}}^\star,\frac{(\boldsymbol{\Sigma}_c(\boldsymbol{s}_{\mathrm{MI}}^\star)+\sigma_n^2\boldsymbol{I})^{-1}}{(\boldsymbol{s}_{\mathrm{MI}}^\star\odot\boldsymbol{p}(v_{d_T}))^{\mathrm{H}}(\boldsymbol{\Sigma}_c(\boldsymbol{s}_{\mathrm{MI}}^\star)+\sigma_n^2\boldsymbol{I})^{-1}(\boldsymbol{s}_{\mathrm{MI}}^\star\odot\boldsymbol{p}(v_{d_T}))}(\boldsymbol{s}_{\mathrm{MI}}^\star\odot\boldsymbol{p}(v_{d_T}))\right)$$

是 $\mathcal{P}$ 的最优解，反过来说，给定 $\mathcal{P}$ 的最优解 $(\boldsymbol{s}^\star,\boldsymbol{w}^\star)$，则 $\boldsymbol{s}^\star$ 是 $\mathcal{P}'_{\mathrm{MI}}$ 的最优解。

证明. 见附录 F。

于是，可以利用算法 2 的最优处理程序来最优化随机目标后向散射 α_T 与接收信号 $\boldsymbol{v}$ 之间的 MI。此外，就 SINR 而言的最优发射信号 $\boldsymbol{s}^\star$ 也同样是根据命题 17.2定义的 MI 下界而定的最优发射信号。

附录 E　定理 17.2 的证明

证明：首先定义等价的接收向量

$$\begin{aligned}\boldsymbol{y} &= [\boldsymbol{\Sigma}_c(\boldsymbol{s})+\boldsymbol{I}]^{-(1/2)}\boldsymbol{v} \\ &= [\boldsymbol{\Sigma}_c(\boldsymbol{s})+\boldsymbol{I}]^{-(1/2)}[(\boldsymbol{s}\odot\boldsymbol{p}(v_{d_T}))\alpha_T+\boldsymbol{c}+\boldsymbol{n}] \\ &= \bar{s}\alpha_T+\boldsymbol{n}'\end{aligned} \tag{17.45}$$

式中：$\bar{\boldsymbol{s}}=[\boldsymbol{\Sigma}_c(\boldsymbol{s})+\boldsymbol{I}]^{-(1/2)}(\boldsymbol{s}\odot\boldsymbol{p}(v_{d_T}))$；$\boldsymbol{n}'=[\boldsymbol{\Sigma}_c(\boldsymbol{s})+\boldsymbol{I}]^{-(1/2)}(\boldsymbol{c}+\boldsymbol{n})$。此外，由于 $\boldsymbol{c}$ 和 $\boldsymbol{n}$ 是与 α_T 统计独立的圆对称随机向量，因此 $\boldsymbol{n}'$ 是与 α_T 统计独立的且具有单位方差的圆对称白噪声向量。于是，向量 $\boldsymbol{v}$ 和 $\boldsymbol{y}$ 通过一个可逆映射联系在一起，从数据处理不等式（见文献 [32]），可获得

$$I(\alpha_T;\boldsymbol{v}\mid H_1,\boldsymbol{s})=I(\alpha_T;\boldsymbol{y}\mid H_1,\bar{\boldsymbol{s}}) \tag{17.46}$$

接下来对式（17.46）右侧的 MI 以如下方式进行展开：

$$I(\alpha_T;\boldsymbol{y}\mid H_1,\bar{\boldsymbol{s}})=h(\alpha_T\mid H_1,\bar{\boldsymbol{s}})-h(\alpha_T\mid H_1,\boldsymbol{y},\bar{\boldsymbol{s}}) \tag{17.47}$$

式中：$h(x)$ 和 $h(\boldsymbol{x}\mid z)$ 分别为随机向量 $\boldsymbol{x}$ 的微分熵和随机向量 $\boldsymbol{x}$ 在给定 z 下的条件微分熵[32]。

条件微分熵 $h(\alpha_T\mid H_1,\boldsymbol{y},\bar{\boldsymbol{s}})$ 可通过利用如下不等式链来确定上界：

$$h(\alpha_T|H_1,\boldsymbol{y},\bar{\boldsymbol{s}})\leqslant h(\alpha_T|H_1,\bar{\boldsymbol{s}},\hat{\alpha}_T(\boldsymbol{y},\bar{\boldsymbol{s}})) \tag{17.48}$$

$$\leqslant h(\varepsilon_{\alpha_T}|H_1,\bar{\boldsymbol{s}} \tag{17.49}$$

式中：$\hat{\alpha}_T(\boldsymbol{y},\bar{\boldsymbol{s}})$ 表示基于 $\boldsymbol{y}$ 和 $\bar{s}$ 的 α_T 的一个估计值；$\varepsilon_{\alpha_T}=\alpha_T-\hat{\alpha}_T(\boldsymbol{y},\bar{\boldsymbol{s}})$ 表示相应的估计误差。此外，不等式（17.48）是从 $\alpha_T\rightarrow\boldsymbol{y}\rightarrow\hat{\alpha}_T(\boldsymbol{y},\bar{\boldsymbol{s}})$ 构成马尔科夫链这一事实得出的，式（17.49）则是由于条件使熵变小这一事实[32]。

令 $\hat{\alpha}_T(\boldsymbol{y},\bar{\boldsymbol{s}})$ 为受约束的线性最小均方误差（LMMSE）估计量，有

$$\hat{\alpha}_T=\sigma_T^2\bar{\boldsymbol{s}}^{\mathrm{H}}\left(\bar{\boldsymbol{s}}\sigma_T^2\bar{\boldsymbol{s}}^{\mathrm{H}}+\boldsymbol{I}\right)^{-1}\boldsymbol{y} \tag{17.50}$$

式中：利用了 α_T 和 $\boldsymbol{y}$ 均具有零均值这一事实。经过一些简单的代数变换，式（17.50）中估计量的误差方差可以表示为

$$\sigma_T^2-\sigma_T^2\bar{\boldsymbol{s}}^{\mathrm{H}}\left(\bar{\boldsymbol{s}}\sigma_T^2\bar{\boldsymbol{s}}^{\mathrm{H}}+\boldsymbol{I}\right)^{-1}\bar{\boldsymbol{s}}\sigma_T^2 \tag{17.51}$$

为获得式（17.47）的下界，将提供式（17.49）中估计误差的微分熵的上界。为此，将利用相同方差下的高斯分布具有最大熵的特性[32]。此外，对式（17.51）中的方差应用求逆定理[11]，可以获得

$$\begin{aligned}h(\alpha_T|H_1,\boldsymbol{y},\bar{\boldsymbol{s}})\leqslant&-\log(1+\sigma_T^2(\boldsymbol{s}\odot\boldsymbol{p}(v_{d_T}))^{\mathrm{H}}[\boldsymbol{\Sigma}_c(\boldsymbol{s})+\boldsymbol{I}]^{-1}(\boldsymbol{s}\odot\boldsymbol{p}(v_{d_T})))\\&+h(\alpha_T^G)\end{aligned} \tag{17.52}$$

因此，利用式（17.46）、式（17.47）和式（17.52），可以得到

$$\begin{aligned}I(\alpha_T;\boldsymbol{v}|H_1,\boldsymbol{s})\geqslant&\log(1+\sigma_T^2(\boldsymbol{s}\odot\boldsymbol{p}(v_{d_T}))^{\mathrm{H}}[\boldsymbol{\Sigma}_c(\boldsymbol{s})+\boldsymbol{I}]-1(\boldsymbol{s}\odot\boldsymbol{p}(v_{d_T})))\\&-D(\alpha_T,\alpha_T^G)\end{aligned} \tag{17.53}$$

其中利用了 $D(\alpha_T,\alpha_T^G)=h(\alpha_T^G)-h(\alpha_T|H_1,\bar{\boldsymbol{s}})$。

附录 F　引理 17.4 的证明

设 $\boldsymbol{s}_{\mathrm{MI}}^{\star}$ 为 $\mathcal{P}'_{\mathrm{MI}}$ 的最优解；由于

$$\left(\boldsymbol{s}_{\mathrm{MI}}^{\star},\frac{(\boldsymbol{\Sigma}_c(\boldsymbol{s}_{\mathrm{MI}}^{\star})+\sigma_n^2\boldsymbol{I})^{-1}}{(\boldsymbol{s}_{\mathrm{MI}}^{\star}\odot\boldsymbol{p}(v_{d_T}))^{\mathrm{H}}(\boldsymbol{\Sigma}_c(\boldsymbol{s}_{\mathrm{MI}}^{\star})+\sigma_n^2\boldsymbol{I})^{-1}(\boldsymbol{s}_{\mathrm{MI}}^{\star}\odot\boldsymbol{p}(v_{d_T}))}(\boldsymbol{s}_{\mathrm{MI}}^{\star}\odot\boldsymbol{p}(v_{d_T}))\right)$$

是 $\mathcal{P}$ 的一个可行点，显然有 $v(\mathcal{P}'_{\mathrm{MI}}) \leqslant v(\mathcal{P})$ 。相反地，设 $(\boldsymbol{s}^\star, \boldsymbol{w}^\star)$ 为 $\mathcal{P}$ 的最优解。这意味着

$$\boldsymbol{w}^\star = \frac{(\boldsymbol{\Sigma}_c(\boldsymbol{s}^\star) + \sigma_n^2\boldsymbol{I})^{-1}}{(\boldsymbol{s}^\star \odot \boldsymbol{p}(v_{d_T}))^{\mathrm{H}}(\boldsymbol{\Sigma}_c(\boldsymbol{s}^\star) + \sigma_n^2\boldsymbol{I})^{-1}(\boldsymbol{s}^\star \odot \boldsymbol{p}(v_{d_T}))}(\boldsymbol{s}^\star \odot \boldsymbol{p}(v_{d_T}))$$

因此，$\mathcal{P}$ 中目标函数的最优值为

$$(\boldsymbol{s}^\star \odot \boldsymbol{p}(v_{d_T}))^{\mathrm{H}}(\boldsymbol{\Sigma}_c(\boldsymbol{s}^\star) + \sigma_n^2\boldsymbol{I})^{-1}(\boldsymbol{s}^\star \odot p(v_{d_T}))$$

该最优值也可以通过在 $\mathcal{P}'_{\mathrm{MI}}$ 中选择 $\boldsymbol{s}_{\mathrm{MI}}^\star = \boldsymbol{s}^\star$ 获得。于是有 $v(\mathcal{P}'_{\mathrm{MI}}) \geqslant v(\mathcal{P})$ ，证毕。

附录 G　引理 17.2 的证明

证明：首先，证明 $\mathcal{P}_w^{(n)}$ 等价于问题 $\mathcal{P}_{1'}$ ，即

$$\mathcal{P}_{1'}\begin{cases}\max\limits_{w} & \dfrac{|\alpha_{\mathrm{T}}|^2 |\boldsymbol{w}^{\mathrm{H}}(\boldsymbol{s}^{(n)} \odot \boldsymbol{p}(v_{d_T}))|^2}{\boldsymbol{w}^{\mathrm{H}}\boldsymbol{\Sigma}_c(\boldsymbol{s}^{(n)})\boldsymbol{w} + \sigma_n^2\|\boldsymbol{w}\|^2} \\ \text{s. t.} & \boldsymbol{w}^{\mathrm{H}}(\boldsymbol{s}^{(n)} \odot \boldsymbol{p}(v_{d_T})) = 1\end{cases} \tag{17.54}$$

事实上，由于附加了一个约束条件，故有 $v(\mathcal{P}_w^{(n)}) \geqslant v(\mathcal{P}_{1'})$ 。此外，令 $\boldsymbol{w}^{(n)}$ 为问题 $\mathcal{P}_w^{(n)}$ 的最优解，则 $\boldsymbol{w}'_1 = \dfrac{\boldsymbol{w}^{(n)}}{|\boldsymbol{w}^{(n)\mathrm{H}}(\boldsymbol{s}^{(n)} \odot \boldsymbol{p}(v_{d_T}))|}\exp(\mathrm{j}\arg(\boldsymbol{w}^{(n)\mathrm{H}}(\boldsymbol{s}^{(n)} \odot \boldsymbol{p}(v_{d_T}))))$ 是问题 $\mathcal{P}_{1'}$ 的最优解，且 $v(\mathcal{P}_w^{(n)}) = v(\mathcal{P}_{1'})$ 。

显然，$\mathcal{P}_{1'}$ 等价于 $\mathcal{P}_{1''}$ ，即

$$\mathcal{P}_{1''}\begin{cases}\min\limits_{w} & \boldsymbol{w}^{\mathrm{H}}\boldsymbol{\Sigma}_c(\boldsymbol{s}^{(n)})\boldsymbol{w} + \sigma_n^2\|\boldsymbol{w}\|^2 \\ \text{s. t.} & \boldsymbol{w}^{\mathrm{H}}(\boldsymbol{s}^{(n)} \odot \boldsymbol{p}(v_{d_T})) = 1\end{cases} \tag{17.55}$$

即 $v(\mathcal{P}_{1'}) = \dfrac{1}{v(\mathcal{P}_{1''})}$ ，如果 $\boldsymbol{w}_{1'}^\star$ 是 $\mathcal{P}_{1'}$ 的最优解，则同样也是 $\mathcal{P}_{1''}$ 的最优解，反之亦然。

最后，$\mathcal{P}_{1''}$ 等价于 $\mathcal{P}_1$ ；事实上，由于附加了一个约束条件，故有 $v(\mathcal{P}_1) \leqslant v(\mathcal{P}_{1''})$。此外，令 $\boldsymbol{w}_1^\star$ 为问题 $\mathcal{P}_1$ 的最优解，则

$$\boldsymbol{w}'_{1''} = \frac{\boldsymbol{w}_1^\star}{|\boldsymbol{w}_1^{\star\mathrm{H}}(\boldsymbol{s}^{(n)} \odot \boldsymbol{p}(v_{d_T}))|}\exp(\mathrm{j}\arg(\boldsymbol{w}_1^{\star\mathrm{H}}(\boldsymbol{s}^{(n)} \odot \boldsymbol{p}(v_{d_T}))))$$

是 $\mathcal{P}_{1''}$ 的最优解，且 $v(\mathcal{P}_{1''}) = \dfrac{v(\mathcal{P}_1)}{|\boldsymbol{w}_1^{\star\mathrm{H}}(\boldsymbol{s}^{(n)} \odot \boldsymbol{p}(v_{d_T}))|^2}$ 。由于 $|\boldsymbol{w}_1^{\star\mathrm{H}}(\boldsymbol{s}^{(n)} \odot \boldsymbol{p}(v_{d_T}))| \geqslant 1$，可以得出 $\boldsymbol{w}'_{1''} = \boldsymbol{w}_1^\star$ 。从上述等价链，可以得出 $\mathcal{P}_1$ 的最优解 $\boldsymbol{w}_1^\star$ 也是 $\mathcal{P}_w^{(n)}$ 的最优解。

参考文献

[1] A. Farina, 'Waveform diversity: past, present, and future', *3rd International Waveform*

Diversity & Design Conference, Pisa, Italy, June 2007, Plenary Talk.

[2] A. Nehorai, F. Gini, M. S. Greco, A. Papandreou-Suppappola and M. Rangaswamy, 'Adaptive waveform design for agile sensing and communications', *IEEE J. Sel. Top. Signal Process.* (*Special Issue on Adaptive Waveform Design for Agile Sensing and Communications*), vol. 1, no. 1, pp. 2-213, June 2007.

[3] A. Farina, H. Griffiths, G. Capraro and M. Wicks, 'Knowledge-based radar signal & data processing', *NATO RTO Lecture Series* 233, November 2003.

[4] M. Skolnik, *Radar Handbook*, 3rd edn, NewYork, NY: McGraw-Hill, 2008.

[5] P. Antonik, H. Shuman, P. Li, W. Melvin and M. Wicks, 'Knowledge-based space-time adaptive processing', 1997 *IEEE National Radar Conference*, Syracuse, NY, May 1997.

[6] P. A. Antonik, H. Griffiths, D. D. Wiener and M. C. Wicks, 'Novel diverse waveform', Air Force Research Laboratory, New York, In-House Rep., June 2001.

[7] F. Gini and M. Rangaswamy, *Knowledge Based Radar Detection, Tracking and Classification*, Hoboken, NJ: JohnWiley & Sons, 2008.

[8] H. L. Van Trees, 'Optimum signal design and processing for reverberationlimited environments', *IEEE Trans. Mil. Electron.*, vol. 9, no. 3, pp. 212-229, July 1965.

[9] L. K. Patton, 'On the satisfaction of modulus and ambiguity function constraints in radar waveform optimization for detection', Doctor of Philosophy (PhD) Dissertation, Wright State University, Engineering PhD, 2009.

[10] J. S. Bergin, P. M. Techau, J. E. Don Carlos and J. R. Guerci, 'Radar waveform optimization for colored noise mitigation', 2005 *IEEE International Radar Conference*, Washington, DC, pp. 149-154, 9-12 May 2005.

[11] W. D. Rummler, 'A technique for improving the clutter performance of coherent pulse trains signals', *IEEE Trans. Aerosp. Electron. Syst.*, vol. AES-3, no. 6, pp. 689 - 699, November 1967.

[12] D. F. Delong Jr. and E. M. Hofstetter, 'The design of clutter-resistant radar waveforms with limited dynamic range', *IEEE Trans. Inf. Theory*, vol. IT-15, no. 3, pp. 376 - 385, May 1969.

[13] H. W. Kuhn and A. W. Tucker, 'Nonlinear programming', *Proceedings of 2nd Berkeley Symposium on Mathematical Statistics and Probability*, University of California Press, Berkeley, CA, pp. 481-492, 1951.

[14] J. S. Thompson and E. L. Titlebaum, 'The design of optimal radar waveforms for clutter rejection using the maximum principle', *Suppl. IEEE Trans. Aerosp. Electron. Syst.*, vol. AES-3, pp. 581-589, November 1967.

[15] A. I. Cohen, 'An algorithm for designing burst waveforms with quantized transmitter weights', *IEEE Trans. Aerosp. Electron. Syst.*, vol. AES-11, no. 1, pp. 56-64, January 1975.

[16] P. Stoica, H. He and J. Li, 'Optimization of the receive filter and transmit sequence for active sensing', *IEEE Trans. Signal Process.*, in Press.

[17] R. A. Romero and N. A. Goodman, 'Waveform design in signal-dependent interference and

application to target recognition with multiple transmissions', *IEE Proc. Radar Sonar Navig.*, vol. 3, no. 4, pp. 328–340, April 2009.

[18] S. M. Kay and J. H. Thanos, 'Optimal transmit signal design for active sonar/radar', 2002 *IEEE Conference on Acoustics, Speech, and Signal Processing, ICASSP* 02, vol. 2, Orlando, FL, USA, pp. 1513–1516, 2002.

[19] S. Kay, 'Optimal signal design for detection of gaussian point targets in stationary Gaussian clutter/reverberation', *IEEE J. Sel. Top. Signal Process.*, vol. 1, no. 1, pp. 31–41, June 2007.

[20] S. Kay, 'Optimal detector and signal design for STAP based on the frequency-wavenumber spectrum', available at http://www.ele.uri.edu/faculty/kay/New%20web/downloadable%20files/STAP_signal_design_AFOSR.pdf.

[21] J. Ward, 'Space-time adaptive processing for airborne radar', Technical Report 1015, 13 December 1994.

[22] National Land Cover Data (NLCD), available at http://landcover.usgs.gov.

[23] C. T. Capraro, G. T. Capraro, A. De Maio, A. Farina and M. Wicks, 'Demonstration of knowledge-aided space-time adaptive processing using measured airborne data', *IEE Proc. Radar Sonar Navig.*, vol. 153, no. 6, pp. 487–494, December 2006.

[24] D. K. Barton, *Modern Radar Systems Analysis*, Norwood, MA: Artech House, Inc., 1988.

[25] F. E. Nathanson, with J. P. Reilly and M. N. Cohen, *Radar Design Principles: Signal Processing and the Environment*, 2nd edn, Raleigh, NC: Scitech Publishing, Inc., 1999.

[26] A. De Maio, A. Farina and G. Foglia, 'Knowledge-aided bayesian radar detectors & their application to live data', *IEEE Trans. Aerosp. Electron. Syst.*, vol. AES-46, no. 1, pp. 170–183, January 2010.

[27] J. B. Billingsley, *Low-Angle Radar Land Clutter: Measurements and Empirical Models*, Norwich, NY: William Andrew Publishing, Inc., 2002.

[28] M. Greco, F. Gini, A. Farina and J. B. Billingsley, 'Analysis of clutter cancellation in the presence of measured L-band radar ground clutter data', 2000 *IEEE Radar Conference*, Washington, DC, pp. 422–427, 7–12 May 2000.

[29] A. Farina, F. Gini, M. V. Greco and P. H. Y. Lee, 'Improvement factor for real sea-clutter doppler frequency spectra', *IEE Proc. Radar Sonar Navig.*, vol. 141, no. 5, pp. 341–344, October 1996.

[30] J. Li, J. R. Guerci and L. Xu, 'Signal waveform' s optimal-under-restriction design for active sensing', *IEEE Sig. Process. Lett.*, vol. 13, no. 9, pp. 565–568, September 2006.

[31] A. Nemirovski, *Lectures on Modern Convex Optimization*, available at http://www.isye.gatech.edu/faculty-staff/profile.php?entry=an63.

[32] T. M. Cover and J. A. Thomas, *Elements of Information Theory*, 2nd edn, Hoboken, NJ: JohnWiley & Sons, Inc., 2006.

[33] H. L. Van Trees, *Optimum Array Processing, Part IV of Detection, Estimation, and Modulation Theory*, Hoboken, NJ: JohnWiley & Sons, Inc., 2002.

[34] A. De Maio, Y. Huang, D. P. Palomar, S. Zhang and A. Farina, 'Fractional QCQP with applications in ML steering direction estimation for radar detection', *IEEE Trans. Signal Process.*, vol. 59, no. 1, pp. 172 – 185, January 2011.

[35] W. Ai, Y. Huang, and S. Zhang, 'Further results on rank-one matrix decomposition and its application', Math. Program, January 2008.

[36] G. H. Golub and C. F. Van Loan, *Matrix Computations*, 3rd edn, Baltimore, MD: The Johns Hopkins University Press, 1996.

[37] J. R. Guerci, *Cognitive Radar, the Knowledge-Aided Fully Adaptive Approach*, Norwood, MA: Artech House, Inc., 2010.

[38] S. Haykin, 'Cognitive radar: a way of the future', *IEEE Mag. Sig. Process.*, vol. 23, no. 1, pp. 30 – 40, January 2006.

[39] L. Bomer and M. Antweiler, 'Polyphase barker sequences', *Electron. Lett.*, vol. 25, no. 23, pp. 1577 – 1579, November 1989.

[40] M. Friese, 'Polyphase barker sequences up to length 36', *IEEE Trans. Inf. Theory*, vol. IT-42, no. 4, pp. 1248 – 1250, July 1996.

[41] J. F. Sturm, 'Using SeDuMi 1. 02, a MATLAB toolbox for optimization over symmetric cones', *Optim. Methods Softw.*, vol. 11 – 12, pp. 625 – 653, August 1999.

[42] E. Mozeson and N. Levanon, 'MATLAB code for plotting ambiguity functions', *IEEE Trans. Aerosp. Electron. Syst.*, vol. AES-38, no. 3, pp. 1064 – 1068, July 2002.

[43] M. R. Bell, 'Information theory and radar waveform design', *IEEE Trans. Inf. Theory*, vol. IT-39, no. 5, pp. 1578 – 1597, September 1993.

[44] T. Yoo and A. Goldsmith, 'Capacity and power allocation for fading MIMO channels with channel estimation error', *IEEE Trans. Inf. Theory*, vol. IT-52, no. 5, pp. 2203 – 2214, May 2006.

[45] A. Aubry, 'MIMO multiple access channels with partial channel state information', Doctor of Philosophy (PhD) Dissertation, Engineering PhD, Naples University, 2011.

内容简介

本书共17章，主要围绕三个主题进行了介绍：测量分集、知识辅助处理与设计和自适应动态设计。第1章首先介绍了经典雷达波形设计的基本知识；第2章介绍了信息论在波形设计中的作用；第3章讨论了分布式MIMO雷达的模糊函数；第4章回顾了几类经典MIMO雷达波形；第5章讨论了无源雷达的波形设计问题；第6章研究了蝙蝠回声定位能力来考察波形的基本性质；第7章讨论了汽车雷达波形设计问题；第8章和第9章讨论了多基地波形分集雷达的相关问题；第10章研究了非合作雷达网络的波形设计问题；第11章将相位共轭和时间反演的概念应用于波形设计；第12章讨论了空时编码在检测和分类应用中的应用；接下来的5章介绍了雷达在了解动态环境信息情况下进行波形设计以提升雷达在检测、目标分类、跟踪等方面的性能，其中第16章涉及极化分集的概念。

本书是由波形设计与分集领域内知名的研究人员总结的该领域的最近研究进展。因此是非常前沿且权威的一本关于波形设计与分集的书籍。本书的各章之间既各自独立又具有一定的联系。本书读者可选择感兴趣的章节阅读。本书也可作为一本面向初学者全面了解先进雷达系统波形的专著。